黄土高原生态修复的水土效应

卫 伟 等著

科 学 出 版 社
北 京

内 容 简 介

本书基于野外长期定位监测、水文模拟、遥感解译和 meta 集成分析等多种方法，系统阐述了以植被恢复和整地工程为核心的黄土高原生态修复措施对坡面和流域水土过程的综合影响；定量刻画了降雨、土壤生物结皮、植被类型及其配置、坡面整地工程及其与植被耦合的水土效应，同时基于国家和全球相关数据，系统集成和量化评估了大尺度梯田格局对土壤保持、水源涵养、生物固碳、粮食安全和生态恢复的服务效应与宏观影响，研究可为黄土高原及类似地区生态保育、土地整治、植被恢复、水蚀防控和生态文明建设提供参考依据。

本书适合作为景观与区域生态学、自然地理学、环境科学、水土保持学、生态水文学领域的研究生和本科生参考用书，也适合该领域的专家学者和科研教学人员参阅。

审图号：GS（2020）5176 号

图书在版编目(CIP)数据

黄土高原生态修复的水土效应／卫伟等著．—北京：科学出版社，2020. 11

ISBN 978-7-03-066626-0

Ⅰ. ①黄…　Ⅱ. ①卫…　Ⅲ. ①黄土高原-水土保持-生态恢复-研究
Ⅳ. ①S157

中国版本图书馆 CIP 数据核字（2020）第 214215 号

责任编辑：李轶冰／责任校对：王晓茜
责任印制：赵　博／封面设计：无极书装

科 学 出 版 社 出版
北京东黄城根北街 16 号
邮政编码：100717
http://www.sciencep.com
北京建宏印刷有限公司印刷
科学出版社发行　各地新华书店经销
*
2020 年 11 月第　一　版　开本：787×1092　1/16
2025 年 1 月第二次印刷　印张：24 1/4
字数：570 000

定价：268.00 元

（如有印装质量问题，我社负责调换）

前 言

地处我国西北的黄土高原，是中华民族的重要发祥地，约占整个黄河流域全部国土面积的80%，是我国西部地区的重要生态安全屏障。千百年以来，黄土高原以其深厚的土壤孕育了灿烂的华夏文明，成为古老东方追忆历史的圣土，亦是数以亿计的人民群众生存繁衍的家园。然而，由于长期的掠夺式发展方式，乱垦滥伐、破坏森林、陡坡开荒现象在过去长期存在，且在特定时期愈演愈烈，加之气候变迁，干旱程度加重，下垫面在自然运营力和人类强烈活动的干扰下越加脆弱，曾经美丽富饶的黄土高原面临着极大的水土流失、植被稀疏退化和荒漠化持续加剧风险，严重威胁黄河下游地区的生态安全与民生福祉。值得庆幸的是，国家愈发认识到这一问题的严重性，相继启动了一系列生态修复与保护工程。尤其是党的十八大以来，以习近平同志为核心的党中央从全民族的高度号召建设绿水青山，开展水土综合治理和生态系统大保护大修复，生态、民生和社会经济综合效益成效卓著。而从生态学家和地理学家的角色与定位出发，如何在前人大量工作的基础上，更加清晰准确揭示黄土高原不同生态修复措施的水土过程、效应与机理，服务区域生态保护与可持续发展，显得尤为必要，对于促进黄土高原生态系统管理和人-地关系和谐共生具有无比重要的理论与现实意义。

本书依托国家重点研发课题（2016YFC0501701）、国家自然科学基金（41971129，41371123）和中国科学院青年创新促进会优秀会员项目的资助，基于野外长期定位观测、降雨水文模拟实验、遥感解译与地理信息技术、数理统计定量分析、meta集成分析等多种手段和方法，系统开展了不同降雨特性和生态修复措施（植被措施和坡改梯工程措施）影响下的水土流失、径流产水、泥沙迁移、土壤水分、树干液流和土壤理化属性及其微生物效应，并基于中国和全球梯田工程的分布格局，评估了梯田的综合生态服务效应。全书融合作者2004年以来的部分研究工作和几名同仁、研究生、博士后的部分工作，经过深入思考和系统整理而成。

全书共有13章内容。第1章为绪论。主要从黄土高原基本概况、历史治理情况以及降雨、植被和整地工程措施的水土效应研究进展进行了系统陈述（由卫伟、于洋、冯天骄撰写）。第2~4章分别从降雨特性的水土效应、生物土壤结皮的水土效应和植被/土地利用的水土效应入手，探讨水土流失过程对降雨、地表生物结皮和植被及土地利用的响应机制（由卫伟、余韵撰写）；第5章主要围绕植被恢复对土壤属性和微生物的影响开展论述（由胡婵娟撰写），第6章探讨了植被恢复的树干液流效应（由张涵丹、卫伟撰写），第7~8章分别阐述了植被恢复对浅层土壤水分和深层土壤水分的影响（由杨磊撰写）；第9章重点分析了土壤水和降水对草地植被群落功能性状的影响（由张钦弟撰写）；第10章综合分析了坡面整地工程措施对树干液流和土壤水分的影响（由张涵丹、冯天骄、于洋撰写）；

第 11 章分析了整地措施对土壤理化属性的影响（由冯天骄、卫伟撰写）；第 12 章重点阐释了整地和植被恢复工程对水土效应的综合影响（由卫伟、冯憬、于洋等撰写）；第 13 章从宏观尺度评估了梯田工程的水土综合效应（由陈蝶、卫伟撰写），全书由卫伟统稿。全书在文献整理和校对过程中，得到我的博士后和研究生潘岱立、陈蝶、杨永、王琳、黄玥、赵炯昌等同学的协助。感谢陈利顶研究员、傅伯杰院士等老师们在日常科研生涯中给予的长期指导和无私关怀。

我们希望本书可以抛砖引玉，暨以进一步推动并深化我国旱区生态修复与水土资源保育的理论与实践工作。本书的出版可为从事自然地理、景观与区域生态、生态水文、水土保持与土壤侵蚀、植被恢复和环境教育的教学与科技工作者提供参考，也可为自然资源、生态环境和林业部门的管理者提供参考。但限于作者水平和时间，不足、缺憾之处在所难免，敬请读者不吝赐教。

卫　伟
2020 年 11 月 1 日

目 录

第1章　绪　　论

中国西北部的黄土高原，以其独特深厚的黄土覆盖和强烈的土壤侵蚀为世人瞩目。严重的土壤侵蚀与该区特有的自然条件和人类长期的掠夺式开发息息相关。历史地理学家经过大量考证和研究发现，黄土高原也曾青山绿水、郁郁葱葱，与今日荒山秃岭、千沟万壑的景观形成鲜明对照（史念海，2000）。数十年前，作为世界上水土流失最严重的地区，其平均侵蚀模数高达5000～10 000 t/(km^2·a)，在某些特定年份，局部地区侵蚀模数可高达20 000～30 000 t/(km^2·a)（唐克丽和史立人，2004）。一方面，严重的水土流失导致土地退化、环境恶化和下游河床持续抬升。曾有学者发现，黄河内90%的泥沙都来源于黄土高原的土壤侵蚀（唐克丽，1998）。另一方面，严重的水土流失也给该地区造成了巨大的经济包袱和社会负荷（朱显谟，1995）。在过去的几十年里，黄土丘陵沟壑区大量可耕作的土地由于侵蚀问题而最终不得不废弃，仅此一项就已造成大约13亿美元的经济损失（叶青超等，1982）。值得庆幸的是，近20年以来，随着国家大力推进生态保护工程和生态文明建设，退耕还林还草、天然林保护、坡改梯整治和植被恢复等多项综合工程协同发力，黄土高原生态环境面貌发生极大变化，总体治理成就卓著。

然而，由于黄土高原地处半干旱区，水资源短缺是难以回避和逾越的客观难题，降水事件的高度不可预测性及间断性导致土壤水分与养分等关键资源的捕获也呈不连续的脉动状态。黄土高原土壤水分由于降雨补给少、蒸散损耗大，土壤供水能力很弱，难以满足植被需要，许多植被因水分限制而无法良好生长，且降水多表现为集中式暴雨，水土流失严重（李斌和张金屯，2003；Wang et al.，2010；Rodríguez-Carretero et al.，2013；Zhao et al.，2017a）。因此，土壤水已成为黄土高原旱区植被生长和生态恢复的最大限制因子（郭忠升和邵明安，2003；胡良军等，2004；张建军等，2012；Feng et al.，2016）。通过有效的土地整修，改造有利地形，则能改善土壤性质，防治水土流失，提高植被成活率，并为有效解决土壤风蚀、水蚀和土壤退化问题以及保护生态环境提供支持（张青峰等，2012；刘国彬等，2017）。定量描述水分循环过程中的整地措施与不同植被类型耦合条件下的土壤水分特征，是防治水土流失及科学开展植被恢复的关键，探讨人为干扰（整地和人工植被建设）下的水土效应，对退化生态系统恢复与水土资源管理意义重大。

针对脆弱山地和旱区，生态恢复措施的核心手段主要有两个，即人工植被建设和土地整治工程。一般来讲，在进行人工植被建设前期，为了减少干旱胁迫和水土流失、提高水分拦蓄和植被成活率，都会先期实施必要的土地整治工程，植被恢复和整地工程耦合作用自此产生（Feng et al.，2019）。而事实上，围绕植被恢复和整地工程在生态恢复过程中的作用，学者已经开展了很多研究（Wei et al.，2012；卫伟等，2013；Wei et al.，2019），然而大多数研究主要集中于探讨植被形态结构对降雨分配的影响及不同尺度植被格局与环境因子之间的响应关系（Gao et al.，2018a），而从整地工程与植被恢复耦合的角度出发，深入探讨其生态水文效应与机理的研究依然较少。在广阔的干旱半干旱山地生态系统，水土保持工程措施已成为防治水土流失、提高生态环境质量的有效举措，被广泛应用于植被恢复工程中（李虹辰，2018）。那么，在不同时空尺度上，整地工程与植被恢复耦合作用下的生态水文效应如何，其机理依然不明。另外，地形作为影响水文过程的关键组成要素，也是在不同尺度上决定生态恢复质量的关键因子（刘宇等，2019）。围绕植被恢复与整地工程耦合效应的研究目前并不系统，无论是在实验方法上还是在监测技术上，都面临着重重的困难和限制，需要从不同尺度进行方法与理论的突破。从降雨特性、植被恢复和整地工程及三者耦合互动的视角出发，系统揭示多重驱动综合作用下的水土效应，有助于更加充分地认识降雨-植被-整地-生态响应的综合机理，进而为合理开展旱区生态系统恢复和水土资源综合整治工作提供科学依据。

1.1 降雨特性的水土效应

在全球脆弱山地和旱区，谈论生态修复的水土效应，最绕不开的是区域降雨特性及其水土效应。降雨是干旱半干旱黄土高原地区植被恢复和居民生产生活的主要水源，也是径流产水和侵蚀产沙过程的主要驱动力（章文波等，2003）。因此，在研究水力侵蚀发生机理时，降雨因素是最大的外界环境驱动力。暴雨侵蚀性很强，往往会导致大的水土流失和滑坡、泥石流事件发生。雨量、雨强和降雨历时是刻画降雨事件的核心指标。事实上，已有学者围绕次降雨事件下不同下垫面特征的径流泥沙效应，开展相关研究（Wang et al.，2018；Yang et al.，2018）。很多学者探讨了降雨侵蚀力对土壤侵蚀的影响，并针对降雨侵蚀力难以测定的难题提出了不少的界定方法。一般认为降雨侵蚀力取决于降雨量和降雨强度两个因素（王占礼等，1998）。除了降雨侵蚀力之外，很多学者分析了降雨量和土壤侵蚀的定量关系。例如，吴发启等（2003）对黄土高原南部缓坡耕地降雨量和土壤侵蚀量进行了回归分析，发现次降雨量和土壤侵蚀量呈幂函数关系。而孙立达等（1988）对黄土丘陵沟壑区第五副区的研究认为，降雨量和土壤侵蚀量呈线性关系。更多的学者研究了土壤侵蚀和降雨强度的关系，认为降雨强度是影响土壤侵蚀更为显著的因素（De Lima et al.，2003）。除了这些特征指标外，降雨的时空分布对径流和土壤侵蚀的影响也受到了不少学者的关注。例如，王万忠和焦菊英（1996）、章文波等（2003）根据降雨量和降雨强度的空间变化研究了中国降雨侵蚀力的分布规律。杨存建等（2001）利用遥感和地理信息系统技术研究了国内不同降雨带上的水土流失差异性，认为风蚀、冻融侵蚀和水蚀的最高值均出现在降雨量小于 200 mm 的干旱地带；而冻融侵蚀不会出现在降雨量大于 1600 mm 的地带。Morin 等（2006）研究认为暴雨事件的空间格局对流域的水文格局响应起着关键作用。

气候变化还会改变降雨时空分布格局，以及降雨的平均水平及其极端状态，从而对土壤侵蚀的发生和生态水文响应格局产生显著影响。极端降雨事件和降雨不确定性的增加将对干旱半干旱生态系统产生重要影响。同时降水事件还具有显著的季节内和年内变异性（Knapp et al.，2015）。所以，降雨变化，特别是降雨对干旱半干旱生态系统的影响得到了学者的广泛关注（Wei et al.，2007）。天然降雨的频率、降雨量及降雨强度具有高度的不可预测性和变异性，这种特性被称为降雨脉动，具有这类特性的脉冲式降雨可能是驱动干旱半干旱生态系统过程和功能的重要因子。“疏散型”、“聚合型”及“间距型”等脉冲式降雨的发生对植被群落演替、植被之间的相互作用及生态系统格局都会产生相应的影响，降雨是研究区内的主要水源，也是产流侵蚀的主要驱动力。例如，Michael等（2005）利用ENKE模型预测2050年德国东南降雨系统将会发生重大变化，这主要是气候变化导致，同时降雨系统将会影响水蚀变化。该研究认为，伴随着气候不同程度的变化，降雨的频率和强度也不断发生变化，明显影响了土壤侵蚀过程。例如，有学者研究了气候变化的一个典型——CO_2的增加，发现CO_2的增加对洪水干旱等极端水文事件的影响很大，并进一步影响水土流失规律（程诗悦等，2019）。

1.2 生物结皮的水土效应

降雨稀少与水土流失并存是黄土侵蚀区生态恢复的制约因素之一，也是该区典型特征。为了改善植被，防治水土流失，实现生态系统良性循环，退耕还林还草和天然林保护等大型治理工程相继实施，作为特有的低等植被，生物土壤结皮（biological soil crusts，BSCs），亦简称生物结皮，得以大面积发育，进而形成普遍存在的地表覆盖物（Chamizo et al.，2012）。BSCs分布广泛，从优势微生物组分及其演替阶段来看，主要有藻类结皮、地衣结皮及藓类结皮，此顺序也是BSCs的演替顺序。BSCs的作用如下：①能有效改善土壤表层结构、增加土体稳定性，减少直接威胁人类生存环境的沙尘暴危害；②使得微生物组分固氮、固碳作用明显且能显著提高土壤养分；③能大量捕获大气降尘、促进荒漠化区成土过程，为土壤生物及维管植物繁衍提供适宜生境。同时，BSCs作为介于林（草）间隙或稀疏植被下广泛发育的低等植物，以及由真菌、细菌、藻类、地衣、苔藓等及其代谢产物与土壤表层颗粒胶结而成的复合体，也是旱区常见的地表景观和植被类型，覆盖度高达70%以上，具有重要的生态学意义和研究价值。

近年来，不少学者尝试研究生物结皮培育技术。2001年魏春江院士率先提出“沙漠生物地毯工程”宏伟设想，即在流动沙丘表面播撒藻类结皮，使沙丘表面形成一层藻类结皮“地毯”，以达到固沙目的。这一设想使BSCs的人工培育成为研究热点。许多学者在荒漠化地区尝试进行藻类结皮的室内、野外培育试验，并认为野外大面积培育藻类结皮用于沙漠化地区固沙治理具有可行性。例如，肖波等（2008）将藓类结皮粉碎后撒播于野外小区进行培育，发现藓类结皮全年可减少26%的侵蚀，说明人工培育的BSCs具有明显的水土保持效应，这种方法或可成为荒漠化治理的一种新途径。然而，BSCs作为黄土丘陵区生态系统的重要组分，对区域水土过程和生态水文效应的作用机理尚不完全清楚，亟待深入研究。

1.2.1 生物结皮对土壤属性的影响

BSCs能有效改变土壤性质、改善土体结构并有助于生态恢复，BSCs对土壤理化性质的影响机理成为研究热点。例如，国外很多学者从不同角度证明 BSCs 显著影响干旱半干旱区的土壤表层有机碳含量；另有不少学者探讨了干旱区藻类结皮的抗侵蚀性，发现结皮中的藻类在生长发育过程中分泌的多糖不仅可以提供能源，而且可以通过藻丝体固定土表松散沙粒以提高土壤抗侵蚀能力；BSCs 是荒漠化系统中的重要氮源；黄土高原的藓类结皮和地衣结皮通过影响土表结构显著降低土壤饱和导水率，从而减少入渗，同时 BSCs 具有较高的田间持水量和饱和含水率；Xiao 等（2016）研究发现 BSCs 提高了土壤浅层处（10 cm）的土壤水分，显著降低了根区浅层处（30 cm）土壤温度。张元明等（2005）研究了我国沙漠地区 BSCs 对土壤有机质的影响，研究表明 BSCs 可以有效增加表层土壤 5 cm 的有机质含量；赵允格等（2006）研究了黄土高原退耕地 BSCs 对土壤理化性质的影响，结果表明 BSCs 可以显著提高土壤表层黏结力，且使土壤全氮、有机质聚集在土壤表层，随退耕年限增长，土壤养分聚集在土壤表层的现象更加明显。BSCs 下层土壤有机质、全氮有强表聚现象，全磷有弱表聚现象。已有的大量研究表明，BSCs 可以不同程度地改变土壤表层结构，提高有机质、粉粒含量，增加土壤孔隙度和土壤团聚体，从而提高土壤的抗蚀性。

1.2.2 生物结皮对水分入渗的影响

水分入渗是水文循环的重要一环，采取有效措施促进水分入渗，从而减少径流，对我国黄土高原水土保持至关重要（Wu et al., 2016；Zhao et al., 2018）。近年来，国内外学者也对 BSCs 与水分入渗的关系进行了大量试验研究，学者在野外分别采用人工模拟降雨法、双环法、圆环入渗法等方法，研究了 BSCs 对水分入渗的影响，然而所得结论不一致。可能研究区域、结皮种类、试验方法和手段及对照设置等的不同，导致结果存在很大分歧，大致可以总结为以下几种结论：①阻碍论。有学者发现，移除 BSCs 后土壤水分入渗能力显著提高，径流量显著降低，并且认为结皮的移除降低了灌丛径流的再分配，不利于植物多样性和生产力的提高；还有学者认为 BSCs 明显降低了土壤饱和导水率，这意味着 BSCs 降低了土壤导水能力和水分入渗能力；徐敬华等（2008）用人工模拟降雨法测定出 BSCs 的存在会显著降低瞬时入渗速率和入渗深度，并认为 BSCs 的发育最终会影响沙地植被演替，导致深根系灌木逐渐衰退而浅根系草本开始盛行。②促进论。Loope 和 Gifford（1972）发现 BSCs 能促进降雨入渗，认为其粗糙的表面阻碍水分流动，从而延长了雨水滞留时间，这成为增渗的主要原因；Perez 等（2008）通过圆环入渗法得出结论，覆盖苔藓结皮土壤的瞬时入渗率相对裸土提高 70%；卫伟等（2012）发现 BSCs 能减小土壤容重，提高土壤孔隙度，导致稳渗速率和入渗量的增加。③其他结论。Eldridge 和 Rosentreter（1999）通过试验得出“无论是饱和还是非饱和入渗，BSCs 对土壤水分入渗均无影响”的结论，他认为 BSCs 影响土壤水分入渗可以归因于土壤物理性质的不同、水分进入土壤通道的不同以及地表侵蚀史的差异，在大孔隙度高的稳定地表，BSCs 对土壤水分入渗的影响可忽略；Angulo-Martinez 等（2017）通过研究降雨特征和结皮、土壤水分入渗的关系发现，结皮对土壤水分入渗的影响受到雨强、雨滴中位数直径等多个降雨特征的影响。

Chamizo 等（2012）通过大量人工模拟降雨实验发现，BSCs 在小雨强降雨事件中对入渗和产流的影响明显，在大雨强降雨事件中影响作用相对较弱。

1.2.3 生物结皮对水蚀过程的影响

学术界关于 BSCs 对水蚀过程的影响尚未得到统一结论，目前主要有以下三种观点：①第一种观点。有研究报道，BSCs 会分泌疏水性物质，其分泌物和菌丝体吸水膨胀后阻塞土壤基质孔，从而减少入渗、增加地表产流，进而增加产沙的可能。②第二种观点。由于 BSCs 的生物黏着因素，如假根、菌丝体及分泌物捆绑、黏着土壤颗粒，显著增强土壤表层稳定性，减少降雨初期由雨滴动能打击地表造成的溅蚀及由于 BSCs 凹凸不平的粗糙表面增加了水滴与土表的接触面积，从而增加土壤表层的储水量，不平整的微地形同时也改变了产流产沙通道的连通性，进而在一定程度上减少水土流失。③第三种观点。次降雨性质决定 BSCs 水文响应差异。大雨强降雨事件中地表产流由降雨强度因子和 BSCs 覆盖因子共同控制，BSCs 可以直接或间接调控入渗、径流。研究发现大雨强降雨事件中地衣结皮分泌的疏水性物质最高，从而阻碍入渗、增加径流，地表产流量显著高于藻结皮；Wang 等（2017）、Zhou 等（2013）研究则认为降雨和水蚀本身对 BSCs 的形成具有影响，因此水蚀及降雨和 BSCs 之间存在互作机制，特别是在发生极端降雨时，降雨特征对结皮形成往往有决定性影响（Chamizo et al.，2008）。小雨强降雨事件中降雨量对土壤侵蚀的调控作用大于雨强，BSCs 覆盖因子发挥次要作用——改变土壤表层微地形，使之变得粗糙不平整，从而减少地表产流产沙量。在干旱半干旱区，对水蚀的研究热点还集中在上层维管植物格局方面（Boer and Puigdefábregas，2005；高光耀等，2013），然而作为该区典型地表景观的 BSCs，其格局对水蚀的响应研究还很少。

1.3 植被恢复的水土效应

1.3.1 植被恢复对生态系统的影响

植被是对整个地球表面某一地区植被群落类型的概称，反映了地表植物群落的空间分布和时间上的演替，其规律性则在于植物群落内有机物质的合成、积累和转化中，以及能量与水分循环同外界各自然要素之间相互作用和运动的具体表现（程积民等，2001）。因此，植被是一个地区生态系统中至关重要的组成部分。植被是防治水蚀和土地退化的重要因素，科学管理植被覆盖对于生态退化区的生态系统修复至关重要，对于干旱半干旱地区而言，其生态系统的退化主要源于自然植被破坏和土壤侵蚀（Li and Pan，2018）。这两个原因又互为因果，导致生态系统内在的修复机制和自修复能力进一步受到损害，对各种干扰的弹性和回复力减弱，使得其所保持或控制的基本资源（水土资源、养分等）急剧减少（黄志霖等，2002；Schenk et al.，2020）。因此，植被与所在区域环境条件存在相互制约、相互影响的关系。因此，植被恢复可以有效地改善区域植被群落的结构和物种组成，从而有利于优化生态系统结构，增强生态系统功能。例如，有研究表明，长期连续的自然植被正向演替过程能够有效地改善土壤微生物活动状况（魏兴琥等，2006）、提高土壤有机质含量（马祥华和焦菊英，2005；Gao et al.，2018b）、改善土壤通透性（温仲明等，2005；Zhang et al.，2018）、降低土壤容重、提高土体抗冲性（周正朝和上官周平，2006；Sun et al.，2019；Dunkerley，2020）等，最终形成植被-土壤-大气-水文的良性循环和互动（Feng et al.，2019）。而近几十年来，人类不合理的开发活动导致大量的植被资源遭到破坏，引发了一系列严重的环境失调问题（程冬兵等，2006）。正如朱显谟（1980）所指出的那样，植被是增加土壤抗冲抗蚀性能和保护土壤免受侵蚀的唯一自然因素。然而，由于人为的持续破坏，这种唯一能够消除水土流失的自然因素，在黄土高原地区，除少数山地外，都已经遭受了严重的破坏。现在黄土高原大部分地区植被覆盖率已在10%以下，不少陡坡沟壁已成为不毛之地。因此，如何快速有效地恢复干旱半干旱地区被破坏的植被，进而改善区域环境状况、遏制日趋恶化的水土流失等生态蜕变趋势，早已成为学术界和实践探索中一个亟待解决的技术层面的课题。然而，长期以来，人类由于认识水平的局限性及自身本位需求主义的影响，在相当程度上忽视了自然界和植被自身恢复生长所必须遵循的生态学规律，从而造成了非常不利的治理效果（解焱，2002；卫伟等，2004）。

现代生态学研究最受瞩目的趋势之一就是关于人类活动对环境的影响及退化生态系统的恢复与重建（马世骏，1990；程冬兵等，2006）。而植被恢复是退化生态系统恢复与重建的首要工作（彭少麟，1996）。植被恢复是指运用生态学的基本原理和方法，通过保护现有植被、封山育林或者营造人工乔木林、灌木林及草本植物群落，修复或重建被毁坏和退化的森林及其他自然生态系统，达到恢复其生物多样性、结构合理性、系统稳定性及完备的生态系统服务功能的目标。植被恢复和其他一些术语，如植被重建、植被修复、生物多样性恢复及生物工程治理等具有基本一致的内涵。因此，可以说植被恢复既是治理的方式和手段，也是治理的终极目标（程冬兵等，2006）。

关于植被恢复的生态环境效应研究。开展植被恢复的一个根本原因是它能够发挥改善区域生态环境的巨大功效（Feng et al.，2019）。因此，关于植被恢复的生态环境效应方面的研究一直是学术界关注的一个焦点。以往的研究主要集中在以下几个方面：第一，不同植被类型的水土保持及水循环效应。例如，章光新（2006）指出，景观中的植被可以从多个层次上影响降水、径流、蒸发和入渗过程，从而对水资源进行重新分配，由此影响并进一步改变了流域内的水文循环过程。第二，不同植被类型吸收有毒有害气体、净化水质和土壤的功效。大量研究显示，植被具有有效降低空气中的尘埃、吸附有害细菌的能力。例如，丁振才和黄利斌（2006）以虞山森林公园为研究对象，发现其林内的空气中细菌含量仅仅为市区的3.35%，林缘的空气细菌为市区的14.11%，都远远低于人口密集且植被稀疏的地区。吴晓娟和孙根年（2006）研究了西安城区的植被对大气污染物的吸附效应，发现针叶林和阔叶林可以显著降低空气中的TSP、SO_2、NO_x等物质浓度。第三，植被可以发挥调节光、热、水、气、温度等功能，有效改善和调节区域小气候。森林植被下的小气候宜人，空气清新、污染少，夏季降温增湿效果明显，可以有效降低热岛效应。第四，植被演替的土壤理化属性变化效应。例如，李裕元等（2006）研究发现，大量栽植豆科植物能够有效提高土壤氮素和有机质含量，从而大大提高退化土壤的生物活性，最终达到改良土壤理化性质的目标，这项研究结果在实践中也得到了广泛应用和推广。冰岛通过植被恢复固定了大量的碳，其效益已经大面积地削减了土壤退化和气候变迁所带来的各种危害（Kardjilov et al.，2006）。类似的研究还有很多，如 James（2000）证实通过栽培一种名为Kallar 的耐盐碱草本，可以显著地改善盐碱土的物理性状，并有明显的固氮增肥效果。郝艳茹和彭少麟（2005）指出，对土壤因子而言，随着植被恢复的正向演替，土壤保湿性和孔隙度会明显改善，酸碱度会趋于中性化，养分和有机质含量会增加，土壤微生物及其活性会显著增强。

水资源短缺是旱区植被恢复的瓶颈，半干旱地区的植被恢复主要受到水分短缺的制约，这是由该地区特定的气候条件决定的：降水稀少而蒸发量高，地下水埋藏很深而难以得到有效利用。水分的先天不足，决定了土壤水分的植被承载力非常有限。长期以来，土壤水分收支的负平衡导致土壤出现低湿层和干层，难以维持足够的植物进行正常的生长发育过程，从而进一步增大了该地区林草建设的难度。因此，如何科学有效地利用有限的淡水资源，最大限度地为植被生长发育服务，是理论研究和实践操作中的一个重点和难点问题。

植被恢复中的人为失误。在过去多年的治理过程中，由于不能做到“适地适树”“适地适林”，以及“重栽植、轻管理”，过于强调人力作用而忽视植被恢复本身所必须遵循的自然规律等错误的指导思想，实践中许多植被恢复工作遭遇严重挫折乃至失败。主要包括以下几个方面：第一，大量引进外来物种。研究表明，生态系统自身具有动态平衡和相对稳定性的自我维持能力，因此其物种组成和各物种之间的比例是不能随意配置的。在自然条件下，物种迁移的速度和能力是有限的，存在诸多的自然和地理障碍。但人类主观的介入却极大地加速了这一过程，同时也造成了许多畸形或者病态的生态系统（鲁先文等，2004）。盲目引进外来物种，也极易造成生物入侵，严重破坏本地物种及其生态系统，造成不可估量和无法挽回的生态灾难。因而，很多学者建议进行自然植被的修复，当前进行的封山育林措施就是典型。第二，破坏生态系统的异质性。生态学的基本原理表明，多样性决定稳定性。因此，对生态系统或者景观而言，具有较高异质性是维护其健康及保证其服务功能正常运转的需要。而在近半个世纪的植被恢复过程中，多采用的是单一物种种植模式，在很多地区营造了大面积的纯林。其结果是病虫害猖獗，生态服务功能低下。第三，考核植被恢复成效的指标过于单一。在过去的几十年乃至在目前的许多考核中，都存在过于依赖“植被覆盖率”这一单一指标，而缺乏对林内具体的生物多样性、环境效益及内在的生态过程（如养分和能量的流动、物种丰富度等指标）的监测评估的问题。因此，在实践中，必须根据植被恢复的具体目的，构建不同的评价指标及体系。第四，一些重点农业区的植被恢复工作遭到忽视。有研究显示，农业区的土壤退化和沙化已经成为我国北方沙漠化的重要原因（鲁先文等，2004）。第五，其他一些植被恢复的误区也需要进一步清除。例如，营林密度、立地条件与植被物种搭配等一系列问题都需要给予重视。

植被恢复对策和途径通常有三种。第一种就是要消除人为干扰破坏因素，完全通过自然恢复，这可能要经历一个比较漫长的历史过程，且自然力的逆作用有可能使得恢复过程进一步退化。第二种是在人类的协助下，恢复到初始状态或者次一级的阶段。如果能够最终演替到顶级植被群落阶段，则为真正意义上的恢复；如果不能够最终演替到顶级植被群落阶段，则可能恢复到某一个阶段，称之为重建过程。第三种是按照人们自身设想的意愿，通过建立人工植被群落类型，替代原生植被在无干扰前提下自然顺行演替的方向。这种选择可能导致植被结构简单化、物种单一化，但却有可能具有更高的土地生产力，如草地、荒地被农田取代等。很多学者建议选择第二种和第三种混合的模式，来构建和发展生态经济型植被结构，这样既可以达到遵循自然恢复演替规律的客观要求，又可以最大限度地满足人类自身发展的需要。同时，人类的适度干扰和帮助，使得自然修复的速度有所加快（包维楷和陈庆恒，1998）。因此，需要根据区域自然特征、退化现状和趋势、人类经营方式和人类干扰活动状况因地制宜、因势利导，分区分片进行植被恢复与重建（朱海丽，2006）。

1.3.2 植被恢复对土壤侵蚀的影响

植被恢复是防治土壤侵蚀加剧及土地退化的有效方式之一。植被可以“扮演物理障碍”，有效阻止地表沉积物的运移。植被在坡面尺度的分布格局是减少产流和产沙的关键因素，植被的这种屏障效应能够导致“植生成丘”（phytogenic mound）形成（Puigdefábregas，2005）。其形成含有多种内在机制，植被在与其紧密相关的环境因子影响下引起的不同侵蚀速率，或者是因地表径流减少导致的泥沙堆积（Bochet et al.，2006）。同时植被斑块的自身特征，包括植株高度、密度、冠层盖度及植被根系也对侵蚀产沙产生关键影响。研究表明，植被冠层及叶面可以抗雨滴击溅，而且植被根系有利于固土并改良土壤（Ola et al.，2015；Vannoppen et al.，2015）。Martinez-Turanzas 等（1997）通过四年的葡萄园内径流小区实验发现，植被空间配置能够有效地减少径流和土壤流失，不同植被类型的效果也存在差异；Rey（2004）研究了不同植被空间分布和配置对土壤侵蚀的拦截作用，指出下坡位植被覆盖率仅达到 20% 时就可以有效拦截上坡位水沙，可见下坡位植被覆盖对拦沙作用明显。相关学者以三种代表性的植被——迷迭香、细茎针茅和野豌豆为研究对象，发现三种植被类型在斑块尺度上能够很好地防治沟间侵蚀，不同的植株形态和植株组成能够解释三种植被对侵蚀的不同响应。冠层相对稠密的植被具有很好的截留效应，能够有效削弱雨滴动能，减少地表侵蚀；迷迭香除冠层具有机械保护作用外，其枯落物层还可改善植株底部表土结构土质。而野豌豆这类落叶型的灌丛，对降水动能的削减作用并不明显，所以冠层覆盖是减少地表径流和土壤侵蚀的关键（Bochet et al.，2006）。Bosch 和 Hewlett（1982）为统计植被对土壤侵蚀的作用，曾对全球 92 个流域的土壤流失和侵蚀研究结果进行对比总结，发现多数情况下森林覆盖度减小后径流量会明显增加，反之造林可以减少径流量，同时还发现不同植被类型覆盖变化对径流量的作用程度存在差异，通过全球尺度内水土流失（径流量）与森林覆盖度之间的关系研究表明，植被覆盖变化对地表径流和土壤侵蚀有明显影响。

植被对土壤水分的影响结果在降雨和非降雨条件下明显不同。在降雨条件下，植被主要通过地上部分冠层分布将降雨再分配为穿透雨、树干截流、树干茎流，同时地下的根系系统也影响水分的入渗过程（Cecchi et al.，2006）；在非降雨条件下，植被主要通过地上冠层的郁闭度阻挡太阳辐射从而减少土壤蒸发，同时根系吸水和植被蒸腾也会影响土壤水分含量（Wei et al.，2016）。植被生长过程的生理活动在很大程度上依赖于水分，其对水分的吸收和保持作用非常明显（Massawe et al.，2005）。根系和叶片进行生理活动时，会将水分吸收保持在植物体内，从而减少水分的流失，根系吸水和叶片蒸腾都是有效利用土壤水分的表现形式。植被覆盖下的土地裸露程度低，降雨条件下冠层会截流降雨，同时穿透雨落在地面上会有植被枝叶和枯枝落叶的保护以减弱对土壤的冲刷作用，同时枯枝落叶会形成腐殖化的保水层，增加土壤水分持水量，减缓汇水过程，减少地表径流总量，加大地表水下渗，增加地下径流总量，从而防止水分流失（Duan et al.，2010）。

水土流失是陆地生态系统存在的关键环境问题之一，土壤侵蚀造成的严重后果不仅存在于人为生态系统中，如作物、林地及牧草地，也存在于自然生态系统中。侵蚀由于加速了地表径流而削弱了土壤持水能力，会导致土壤的养分流和土壤生物发生不明确的运移。植被建设是防治土壤侵蚀加剧及土地退化的最有效方式。国外学者将植被对土壤的影响划分为两个主要的方面（Naylor et al.，2002），即生物防护（bio-protection）和生物建设（bio-construction）。植被通过减少地表径流和增加土壤水分入渗来有效地防治土壤侵蚀。植被通过冠层保护土壤免受雨滴的击溅，并且通过自身根系进行土壤固持（Rey，2003；Puigdefábregas，2005）。同时，植被也可以“扮演物理障碍”，有效阻止地表沉积物的运移。Zhao 等（2017b）通过相同冲水条件下有无冠层的对比试验发现，植被冠层为水流运动提供了额外 30 左右的流动阻力。植被在与其紧密相关的环境因子影响下引起的不同侵蚀速率，或者是因地表径流减少导致的泥沙堆积（Rostagno and Valle，1988；Sanchez and Puigdefábregas，1994；Bochet et al.，2006）。还有学者对植株形态与土壤侵蚀之间的内在联系进行研究，结果表明较长的植株和完整的冠层能够有效地捕获沉积物（van Dijk et al.，1996）。而植株分布不均匀条件下，地表径流可能形成集中流从而在局部形成非常大的剪切力，进而导致整体减沙效应的损失（Pan et al.，2017，2018）。从短期看，植被通过截留降雨从而保护土壤尽可能小地受到雨滴击溅的影响；从长期看，植被通过增加土壤团聚体的稳定性和结合力进而促进土壤水分入渗。人们已经指出降水的不规律性是半干旱地中海地区土壤侵蚀速率迥异的主要原因（Romero et al.，1999）。很多围绕水土流失的研究都从植被地上部分的形态特征出发，研究植被对水土流失和侵蚀防治的作用。然而，植被地上生物量在刈割或者火烧干扰的情况下，当产流发生时，植被的根系在阻滞侵蚀的过程中发挥着至关重要的作用，尤其是在半干旱生态系统中。Ghidey 和 Alberts（1997）研究发现，沟间侵蚀会因死亡根系的生物量和根系长度的增加而减弱。还有学者利用不同类型的根系功能性状，如比根长、根系密度来预测根系对侵蚀速率的影响（Vannoppen et al.，2015）。相关研究结果表明，侵蚀阻力随根系密度增加而呈现指数增加的变化趋势，植被根系能否支撑土壤抵抗侵蚀主要取决于根系直径小于 1 mm 的纤维根的数量和根系的分布，人们通过定位观测分析，也建立了根系表面积密度与土壤抗蚀性之间的指数函数关系

(Zhou and Shangguan, 2005)。早在1975年，相关学者就指出差异很大的不同植被根系构型能够导致对侵蚀的不同影响。所以，尽管大部分研究都认为植被地上生物量是减少侵蚀的主要原因，但实际上是植被冠层和根系共同作用的结果（Gyssels and Poesen, 2003）。

围绕植被在水土流失过程中的作用，人们开展了多尺度的研究。斑块尺度的植被格局由植被斑块与土壤斑块交替组成，所以研究目的更侧重于斑块的生态水文功能及其产生机理（Ludwig et al., 2007）。产流、入渗、侵蚀、截留构成了斑块尺度的水土流失过程。植被斑块在减少地表产流及土壤侵蚀、增加土壤含水量方面有着积极的作用。植被斑块能够有效地抑制侵蚀产沙并截留来自上坡位的径流和泥沙（Cammeraat, 2002）。同时植被斑块的自身特征，包括植株高度、密度、冠层盖度及植被根系也对侵蚀产沙产生关键影响。研究表明，植被冠层及叶面能够抗击雨滴击溅，植被根系有利于固土并改良土壤（Ola et al., 2015; Vannoppen et al., 2015）。基于不同斑块类型的模拟降雨结果显示，沙棘在下坡位时的水土保持效果最好（卫伟等，2012）。在半干旱地中海地区，多数研究围绕该地区天然植被对土壤侵蚀的影响，定量表达了不同植被类型与土壤侵蚀之间的关系，结果表明灌木是有效减少土壤侵蚀的植被类型，甚至在极端强度的模拟降水条件下，灌木也表现出很好的防治水土流失效应。与单层结构的植被群落相比，具有多层结构的植被群落能更有效地保护土壤，减小侵蚀强度，同时不同的植被空间分布格局也能发挥出很好的水土流失防治效应（Zuazo and Pleguezuelo, 2008）。相关学者以三种代表性的植被——迷迭香、细茎针茅和野豌豆为研究对象，发现三种植被类型在斑块尺度上能够很好地防治沟间侵蚀，不同的植株形态和植株组成能够解释三种植被对侵蚀的不同响应。冠层相对稠密的细茎针茅具有很好的截留效应，能够削弱雨滴动能，减少地表侵蚀；迷迭香除冠层具有机械保护作用外，其枯落物层还可改善植株底部表土结构土质。而野豌豆这类落叶型的灌丛，对降水动能的削减作用并不明显。所以，冠层覆盖是减少侵蚀和产流的关键（Bochet et al., 2006）。还有学者在该地区通过定位实验分析植被覆盖与泥沙输移的关系，结果发现植被的个体结构及植被之间的组合搭配是泥沙输移的重要影响因子，也控制着侵蚀的过程和格局（Cammeraat, 2002）。除植被地上部分形态外，植被的根系特征也对土壤侵蚀有重要影响，如前所述，在作物生态系统中，覆盖作物可以通过根系来改良土壤，防止水土流失并提高作物产量。在森林生态系统中，植被的根系生长与周转对养分循环有重要影响，同时因其生长改变了土壤结构，提高了土壤水分入渗能力，所以植被的地下部分也发挥着保持水土的功能。所以在斑块尺度，植被的形态特征与垂直结构对有效控制水土流失至关重要，廊道分布的结构性质和功能属性对径流和泥沙在空间上的连接和输送过程有重要影响（高光耀等，2013; Moreno-de-las-Heras et al., 2020）。

基于坡面尺度的植被格局配置对侵蚀产沙以及泥沙输出方面报道较多。在坡面尺度，植被视为“汇”，即径流泥沙等物质的阻滞单元，裸露地表被看作这些物质的产生区，即“源”。相关研究结果表明，不同坡面植被的空间配置对土壤侵蚀具有显著影响，坡面植被分布格局的不同会直接引起产流过程、径流量与泥沙量的规律性差异（丁文峰和李勉，2010）。还有学者在考虑植被分布格局的情况下对坡面径流进行定位观测，结果发现植被格局相关的属性和植物功能多样性与水文响应变量显著相关（Bautista et al., 2007）。基于

"源-汇"关系，国内外学者通过构建景观格局指数来表征侵蚀过程，相关指数的建立也能够体现出植被的重要作用。Mayor 等（2008）基于坡面小区观测实验，在划分"源-汇"的基础上，发展了基于植被空间分布和地形的表征径流、泥沙产生区域（源区）连接性程度的平均汇流路径长度指数。该指数将植被斑块和地形洼地视为径流、泥沙的汇，体现了径流、泥沙沿地表的运移过程和植被斑块、地形洼地的阻滞功能。Ludwig 等（2002）提出了描述植被斑块空间分布的方向性渗透指数，用来表征坡面/径流小区的阻蚀减沙能力。该指数将裸露区域看作物质的"源"，将植被斑块看作物质的"汇"，通过泥沙和径流源、汇之间的欧氏距离来反映整体的物质滞留能力。该指数与植被覆盖度、景观破碎程度呈负指数相关，与总产沙量和径流量呈正相关。总体来说，植被和土壤参数在空间上结构化分布的坡面产沙量和径流量大于植被、土壤在空间上均质分布的同等坡面（Boer and Puigdefábregas，2005）。采用^{137}Cs示踪方法的研究结果显示，在降低侵蚀量方面，沿坡面"草+成熟林+草"与"草+幼林+成熟林+草"的空间组合比"草+灌丛"的空间组合的效益高 42%。而通过植被覆盖阻止上坡汇流，下坡在大暴雨条件下的产沙可以减少 80% 以上（汪亚峰等，2009）。此外，侵蚀模型作为定量评价土壤流失的工具在坡面尺度得到广泛应用，其中通用土壤流失方程（universal soil loss equation，USLE）及其修正版 RUSLE 以高效实用的特点成为世界范围影响较大的经验模型，该模型与 GIS 集成也可应用于流域尺度的侵蚀评估。同样地，在流域尺度上，坡面产流与汇流汇入各级支流或干流，同时整个流域也发生着蒸发、入渗及侧渗等过程，所以流域作为水文响应的基本单元，植被格局与生态水文过程之间的作用较为复杂，在这一尺度上，泥沙和径流向沟道的输送是主要的侵蚀过程，而植被斑块在这一过程中具有汇的功能，作为地表单元其能够控制坡面产流产沙区域与坡底沟道的连接性，同时阻碍坡面产沙向沟道的输送。在流域尺度，植被格局与侵蚀过程耦合的模型应用与情景模拟是研究重点，不同植被格局的更替和空间分布格局的变化都会影响流域内不同元素之间的水文连接性。侵蚀模型对植被格局的考量在水土流失过程方面重点考虑各点在汇流路径中的位置参数表达，如通用土壤流失方程中的坡长因子，而对产沙输送过程的考量则通过与空间位置关联的不同景观单元进行表达（Alatorre et al.，2010）。

综上所述，围绕植被在防治水土流失过程中的作用，学者已经开展了大量的研究，然而大多数研究都单纯地集中在植被自身形态与功能及不同尺度的植被格局与水土流失之间的关系方面，从整地措施与植被耦合的角度出发开展的相关研究较少。在干旱半干旱生态系统中，水土保持工程措施已成为防治水土流失的有效举措，并广泛应用于植被恢复工程中，那么在坡面尺度，整地措施与植被耦合下的水文效应是如何体现的？目前对这一问题研究较少。所以探讨在人为干扰（整地措施）条件下的水文效应，对退化生态系统的水土资源管理而言意义重大。

如前所述，植被恢复具有良好的生态环境效应。而其中最为显著的是它的水土效应。大量研究表明，植被恢复可以有效地减缓地表径流和土壤侵蚀，从而达到保持水土的显著效果。关于这方面的研究已经很多，大致从以下几个方面展开论述。

第一，植被恢复可以有效防止土壤溅蚀的发生。植被以其茂盛的枝叶和林地地被层的有机结合，能够从根本上防止降雨击溅作用对地表土壤层造成的严重侵蚀。研究表明，具有不同弹性和开张角度的枝叶对雨滴动能具有显著的分解与消能作用。经过林冠截流和林内二次降雨分配后，雨滴动能和降落速度已经明显下降，最终落到具有缓冲作用和蓄水能力的地被层上，避免了对地表的直接冲击。有学者以黄土丘陵地区的油松林地为研究对象，发现树冠可削弱降雨总动能的 17%～40%，灌木和草本层可削弱降雨总动能的 44.4%，枯枝落叶层可削弱降雨总动能的 9% 左右（刘向东等，1991；周光益等，1996）。

第二，植被恢复可以有效防止土壤面蚀的发生。植被的生理和生长特性决定了它具有良好的保持水土、涵养水源、改善坡面水文状况、改良土壤理化性状的特性，因而能在很大程度上防止因地表径流冲刷而产生的面蚀问题。植被地上部分的干枝叶结构能够很好地拦截雨水，降低其侵蚀力；地被层能够有效蓄水、增进入渗、削弱径流，并可将枯枝落叶转化为腐殖质以增加养分、改良土壤基本性状；地下部分的根系可有效固土，同时也可改良土壤性状。可以说，植被的这种作用是其他工程措施无法替代的。

第三，植被恢复可以有效防止沟蚀的发生发展。在黄土丘陵沟壑区等土质疏松的地区，以溯源侵蚀为代表的沟道侵蚀非常严重（陈浩和蔡强国，2006）。除了水利部门极力倡导的通过淤地坝等工程措施进行治沟之外，在沟底恢复大量的植被是被实践证明行之有效的措施。一方面，植被通过其茂密枝叶、粗壮树干和地表层枯枝物等来降低侵蚀力和削弱径流；另一方面，植被通过发达的根系，增强土壤抗冲性，有效预防了沟岸重力侵蚀的发生。例如，周晓峰（2001）研究了植被根系和土壤可蚀性的关系后发现，直径小于 1 mm的细根十分密集，而这种根系能够显著提高土壤抗冲性、抗蚀性及土壤水分入渗率。

第四，植被恢复可以防止河流对河岸的长期侵蚀。研究表明，森林等植被类型能够显著改善和调节河川径流、削弱洪峰，从而有效降低损害。海滨植被甚至可以有效降低海啸和厄尔尼诺等反常现象所带来的巨大灾难。同时，河川防护林体系能有效预防其对河岸的直接侵蚀和冲击。

第五，植被恢复可以预防山体滑坡和泥石流的发生。研究表明，山体滑坡和泥石流的频繁发生往往和当地植被破坏密切相关。而恢复植被、营造防护坡林则可以明显提高土体的内聚性，增强斜坡的稳定性，减少山体滑坡事件发生。而营造水源涵养林、水土保持林、护堤固滩林等则可以有效减少泥沙补给量，达到防治泥石流的目的。

1.3.3　坡面覆被格局对土壤侵蚀的影响

我国半干旱黄土丘陵区水土流失十分严重，植被恢复是防治水土流失的重要措施。在干旱和半干旱区，坡面自然生长的植被在空间上呈离散分布，其覆被格局（如植被条带状分布和植被镶嵌等）会对土壤的侵蚀过程产生重要影响。因此水土流失与坡面覆被格局之间的关系属于黄土丘陵区景观生态格局与过程研究的重要内容。想要有效控制土壤侵蚀，一方面要对土地利用方式进行合理的选择；另一方面也要对植被格局进行合理的设计。目前国内外大量学者进行了干旱半干旱区覆被格局对水土流失的影响研究。国内学者研究方面，游珍等（2006）在宁夏固原自然荒草坡面的径流小区从坡顶或坡底开始，剪除部分地表植被，使其形成坡面不同植被分布格局，研究其对降雨侵蚀的影响，结果显示相同面积条件下位于坡底的植被比位于坡顶的植被的保水作用高2.4倍，保土作用高2.8倍。苏敏等（1990）在黄土高原山坡地小区内研究了草灌带状间作和草粮带状轮作两种不同植物配置方式的水土保持功能，结果显示草灌带状间作配置的水土保持功能强于草粮带状间作。朱冰冰等（2010）以一处植被均一且覆盖完整的原状坡面为例，从坡顶向下移除植被形成不同盖度的小区，研究了人工模拟降雨条件下草本植被盖度与坡面水土流失的关系，确定水蚀临界植被盖度为60%~80%。沈中原（2006）在宁夏固原一处荒草坡地上通过人工栽植方式研究了草地聚集格局（坡顶聚集、坡中聚集、坡底聚集）、随机格局、带状格局等多种格局对降雨径流侵蚀的影响，结果显示坡面植被格局产沙量大小顺序为坡顶聚集格局>坡底聚集格局>坡中聚集格局>带状格局>随机格局，产沙量大小顺序为带状格局>坡中聚集格局>坡顶聚集格局>随机格局>坡底聚集格局。李勉等（2005）采用室内放水冲刷法研究了坡面不同植被格局下坡沟系统的侵蚀产沙变化过程及特征，结果表明坡面植被格局产沙量大小顺序依次是坡上部>坡中部>坡下部。Fu等（2009）在黄土丘陵沟壑区通过Cs示踪量化了不同土地利用组合下土壤侵蚀强度的差异，并研究了整个坡面的不同土地利用方式对土壤水分分布的影响，结果表明坡面土壤侵蚀程度受土地利用类型和坡位的影响，并且发现位于坡中的林地和草地能够有效抑制土壤侵蚀。国外学者研究方面，以色列荒漠化灌丛区的实验研究表明，植被的斑块越少，越容易造成水土流失，增加一些能够发挥土壤及水分“汇”功能的植被或其他的斑块并且对其进行合理的布局，有利于保护和恢复生态系统。在澳大利亚北部半干旱区牧场小流域，长达6年的监测试验表明，当坡面上分布大量的裸地小斑块时，其径流量要比植被盖度较低、裸露斑块较少的坡面高6~9倍，而土壤流失量相差可达60倍，尤其是当植被盖度低的斑块靠近沟道和坡底时，坡面的产流产沙量明显增加。这项研究充分表明裸地斑块及其位置分布会对坡面径流侵蚀产生重要影响，通过在坡底布设中、高植被盖度的斑块能够有效阻截泥沙，大大降低河网的泥沙输入。Puigdefábregas（2005）分析了立地尺度上植被及干旱区斑块的非均匀分布特征对泥沙和径流的影响作用。Ludwig等（2007）在澳大利亚东北部微型小区和坡面尺度的观测研究表明，具有相似土壤类型和草本植被盖度、坡度的两个坡面，裸地斑块较大且植被格局粗粒化的坡面，其侵蚀速率是植被格局细粒化的坡面的40多倍，前者的实测值是线性递推结果的2.5倍，而后者则可直接通过微型小区的观测结果线性尺度上推。这主要是因为植被格局粗粒化的坡面的覆被斑块结构不能有效降低径流速度和留滞泥沙，坡面上呈离散分布的植被斑块造成了生态水文过程跨尺度的非线性特征。Boer和Puigdefábregas（2005）通过模拟研究发现，坡面植被空间结构化格局（植被斑块、裸露斑块镶嵌分布）比均一化格局下的产流产沙量大。Muñoz-Robles等（2011）研究了林下植被斑块、林间植被斑块及林间裸地斑块3种覆被斑块类型的水土流失效应。研究结果表明，产流产沙量大小顺序为林间裸地斑块>林间植被斑块>林下植被斑块，其中林间裸地斑块是水土流失的源，另外两种斑块类型是水土流失的汇。Bautista等（2007）在西班牙地中海半干旱景观坡面尺度上对植被功能多样性及其空间格局与坡面水文功能的关系进行了监测实验，发现径流量随着斑块密度的增加而减少，但产流产沙量则随着植被格局的粗粒化而增加。

1.4 整地工程的水土效应

黄土高原生态脆弱区的整地措施有诸多生态功效：第一，整地措施可以拦截径流，蓄水保墒；第二，整地措施可以提高土壤质量，改善水养条件；第三，整地措施可以改善土壤环境和植被生境；第四，整地措施可以优化土地资源利用，实现生态效益最大化。大量实验表明整地措施可以减灾、蓄水保土、改良土壤、提高生产力和促进农业可持续发展(Paningbatan，1994；吴发启等，2003)。总体而言，坡面不同整地方式是对自然坡面的有目的的改造，客观上改变了土地原有自然形态及其性质，增加了拦蓄雨量，同时也增加了蒸散面积（穆兴民和陈霁伟，1999)。对于生态恢复措施的涵养水源功能的贡献，主要从对水分的保持、收集作用和对土壤储水量两方面进行研究。因此，对现有土地利用方式实行整地改坡，是保护黄土高原土地资源长期利用和治理黄土高原生态环境问题的重要手段。

1.4.1 整地措施对土壤水库的影响

对于整地措施水分对比，国外主要研究方法集中在不同微地形的条件下进行过水分含量的对比，许多学者在乌干达、法国 Vernazza 盆地（Cevasco and Chiappe，2014)、非洲突尼斯中部、日本等地进行了研究，证明了梯田建设或整地之后生态系统涵养水源功能的优势性。Chow 等（1999）通过对梯田系统的水分运移的研究发现，梯田中的沟道可以缩短有效坡长，增加地表土壤水分储藏量，所以可以有效减少土壤侵蚀，并且增加土壤水分含量，促进作物生长。同时也有研究发现，土壤质地对土壤水分有显著影响（Hawley et al.，1983)，当然其他因素对土壤水分的动态变化有重要影响，而植被对水分的影响无疑是最重要的，植被根系吸水和蒸腾作用会影响土壤性质和土壤水分，所以植被、土壤和水分之间相互影响和相互作用。当土壤湿度很高时，主要影响土壤水分变化的是气候（大气）因素控制，只有当土壤水含量降低时，才会进入土壤、植被对水分的调控阶段。Mohanty 和 Skaggs（2001）利用遥感足迹数据研究不同土壤类型下 0～5 cm 土壤水分含量的时间稳定性，发现粉壤土的土壤水分含量的时间稳定性较沙壤土差。Moore 等（1983）对地形因素与土壤水分的关系进行了比较，发现单一地形因素与土壤水分的相关度较低。Famiglietti 等（1998）研究了草地覆盖条件下的坡面表层土壤水分变异，结果表明地形因素和土壤属性影响土壤水分的时间变异性存在差异。在美国北部平原，Tanaka 和 Anderson（1997）的实验结果表明，不同耕作方式对土壤蓄水量的影响不显著，但时间变异性存在差异：冬季土壤水分储存率最高（59%)，而夏季最低（13%～20%)，整地小区的土壤水分储存率和蓄水量有所提高，分别比对照高 12% 和 16%。研究表明多种整地和土地利用措施的共同作用相比单一措施有更好的生态效益（Baumhardt and Jones，2002)。

国内学者在研究不同生态恢复措施对水分含量的影响时，主要将研究区域集中在植物生长主要限制因子为水分的地区，如云南干热河谷地区（李艳梅等，2006)、宁夏半干旱地区（余峰等，2007）、云南哈尼梯田等地区，研究显示对坡面进行不同整地方式的微地形改造后，通过对不同处理的水分含量进行对比发现，整地小区水分优势为30%~60%。其中，刘绪军等（2007）在黑龙江省克山县的研究表明，整地小区0~40 cm土壤年含水量增加了1.95%，0~20 cm表层土壤年含水量增加相对较多，为2.51%，20~40 cm土壤年含水量增加相对较少，为1.38%，总体上讲，整地后相当于每公顷多蓄水97.33 t。同时对比切土与填土部分的水分，发现填土部分水分含量涨幅高，原因是动土客土后土壤环境变化有利于水分入渗。李艳梅等（2006）针对云南干热河谷地区气候高温少雨、水土流失严重的特点，对坡面进行不同整地方式的微地形改造，通过对不同处理的水分含量进行对比发现，水平台、台间坡面、自然坡面0~200 cm土层的平均含水率分别为29.44%、26.88%和15.67%，前两者分别比自然坡面高13.77个百分点和11.21个百分点。同时对比旱季、雨季等不同雨季及不同坡位的变化情况，一般来讲下坡位的含水量略高。余峰等（2007）在宁夏半干旱地区的彭阳县东北部通过对比水平梯田和坡面的水分变化发现，水平梯田土壤水分含量在各时期均高于坡面，平均比坡耕地土壤含水量高出1.58%。原因是梯田整地方式使土地承雨面积从坡面变成水平面，接收雨、拦蓄雨和入渗效率都有所增加，从而对保持和增加土壤水分起到了积极作用。虎久强等（2007）在黄河上游南部的宁夏西吉县对反坡梯田、水平沟和鱼鳞坑的土壤水分含量进行对比发现，不同整地方式中，水平沟、反坡梯田的土壤水分含量分别比鱼鳞坑高37.6%和24%，比坡地高46%和25.5%。同时发现在不同月份的不同降雨量情况下，反坡梯田和水平沟保墒效果均高于鱼鳞坑。另外，也有学者对土壤水分空间分布和水平、垂直变化进行了研究，成昌国等（2013）根据兰州市新修梯田土壤水分变化特点发现，梯田水平方向水分变化呈中间高、两边低的趋势，从内到外土壤含水量依次是8.44%、11.37%、10.17%；垂直方向由表及深分为多变层、次变层和稳定层，三者内侧、中间、外侧土壤含水量平均值分别为7.84%、10.19%、8.88%（多变层），8.70%、11.28%、10.28%（次变层），8.77%、12.63%、11.36%（稳定层），可见垂直方向随深度增加变幅减小和水分含量增加。同时，苗晓靖等（2006）对比了整地后的不同配置的水分保持效益，在对集流梯田工程（水平梯田和自然坡面相间布置的工程措施）和坡耕地进行对比研究后发现，整地后的集流梯田措施有利于提高土壤含水量，其测得播种前的土壤含水量对比中，集流梯田比坡耕地高11.76%~23.53%，其中不同配置的集流梯田（1∶1和1∶2型）土壤含水量分别比对照坡耕地高11.76%~21.60%和18.40%~23.53%。霍云霈和朱冰冰（2013）在陕西省绥德县韭园沟流域，进行采样检测和^{137}Cs示踪检测，结果表明土壤水分垂直方向上分为活跃层、次活跃层和稳定层，整地措施与对照的差异表层相对不明显，0~30 cm水平梯田和坡耕地土壤含水量分别为20.9%和20.4%，差异不大；但是当面积核算，整地还是具有明显的保水功效，如0~20 cm两者土壤含水量分别为21.5%和19.9%，相当于水平梯田每公顷保水32.0 t。另据绥德水保站监测资料，测定的5次平均含水量结果显示，新修和已修3年的水平梯田的土壤含水量较坡地分别高26.2%和59.5%；1963年6~9月的9次定期测定结果中，8次显示水平梯田的土壤含水量较高。实验说明，通过整地方式修整的水平梯田，可以提高土壤含水量。

储水能力的对比研究对象主要集中在水分流失严重、土壤质量和保墒性能较低及土壤退化趋势严重的地区。例如，张维国和曹丽萍（2008）在黑龙江中部、徐学选等（2007）在吉林西南部和延安燕沟流域等地进行调查发现，梯田整地不仅增强了土壤蓄水保水能力（土壤初渗量增加到 3 ~ 15 mm，蓄水量最大可达到 100 ~ 150 mm），而且显著改善了田间持水量。蔡进军等（2007）在对比不同土地利用类型的蓄水能力效益的实验中，主要通过对田间持水量、水源毛管持水量进行对比，发现水平梯田整地方式的田间持水量（40.16%）大于坡耕地的田间持水量（39.44%），所以整地方式对提升土壤蓄水能力有积极作用。张维国和曹丽萍（2008）在黑龙江省中部宾县调查了反坡梯田、水平沟整地后效益，得出反坡梯田整地和水平沟整地后的保土面积占总面积的 40%~70%；另外，反坡梯田整地和坡地整地后的田间持水量分别为 42.7%、34.3%，整地后的提升作用明显。通过指数模型方法，徐学选等（2007）依据位于延安燕沟流域的 26 个定位监测点 6 个月的数据，结合土壤属性和环境条件对水分的影响，得出了各土地利用类型的储水能力指数及流域内不同土地利用类型的储水量，不同土地利用类型的储水能力指数由高到低依次为：坝地 1.69、梯田 1.08、荒地 1.01、农坡地 0.98、林地 0.95、灌木地 0.81，可见各类整地方式提高水分效果明显。霍云霈和朱冰冰（2013）采用 ^{137}Cs 示踪检测的方法，在陕西省绥德县韭园沟流域的支沟——王茂沟流域进行采样检测，计算和比较梯田与坡地的土壤蓄水量，结果显示 0 ~ 20 cm土壤蓄水量差异较大，梯田高于坡耕地 7.2%；而随着土层深度增加，差异逐渐变小，0 ~ 40 cm 平均土壤蓄水量差异较小，梯田为 83.4 mm，印证了“水分变化存在活跃层和相对稳定层”的结论。虎久强等（2007）在宁夏西吉县对不同整地方式的储水能力进行了调查，结果表明水平沟的土壤蓄水量为荒坡的 6.22 倍，反坡梯田的土壤蓄水量为荒坡的 5.75 倍，鱼鳞坑的土壤蓄水量为荒坡的 5.00 倍，说明整地后单位面积的土壤储水能力有所提升。刘绪军和荣建东（2009）在黑龙江省克山县的研究表明，整地后 0 ~ 40 cm 土壤年含水量增加了 1.38%~2.51%，表层 0 ~ 20 cm 表层土壤年含水量增加相对较多，为 2.51%，20 ~ 40 cm 土壤年含水量增加相对较少，为 1.38%，总体上讲，整地后相当于每公顷多蓄水 97.33 t。同时对比切土与填土部分的水分，发现填土部分水分含量涨幅高，原因是动土客土后土壤环境变化有利于水分入渗。

1.4.2 整地措施对土壤理化属性的影响

整地方式主要通过改变局部地形的方法，使坡面土地平整，增加土壤持水量，较低的日降水量可以全部入渗，避免了径流的产生，起到了蓄水减沙的作用，达到保水、减沙、改善土壤性状的目的。国外关于整地措施和植被恢复对土壤改善主要集中在大尺度评估和估算，如 Comino 等（2018）研究了土地平整度和土地降雨径流之间的定量关系。Boerner 等（2013）在美国俄亥俄州研究了不同扰动情况下的土壤有机碳、氮素、磷素的形态及有效性的空间分布规律。Leifeld 等（2005）估算了瑞士农业用地中的土壤有机碳储量，表明土地利用类型、地形因素和土壤状况对土壤有机碳储量都有重要影响。Keesstra 等（2018）提出利用径流连接度为工具，确定适合的整地方式和程度。Keshavarzi 等（2018）在美国密歇根州的研究明确了土壤表层 0 ~ 5 cm 的可矿化碳组分的时空变化，分析了其与地形因素、土壤属性及植被生长间的相互关系。Rossi 等（2017）研究了坦桑尼亚热带森林地区生态系统的土壤有机碳形态、储量的空间分布格局。在非洲，Tesfahunegn 等（2016）使用地质统计法对埃塞俄比亚北部总面积达 1240 hm^2 的土壤养分进行速效检测，包括有机碳、全氮、全磷、速效磷、盐基饱和度等土壤养分系统的空间变异特征，并绘制了各养分指标的空间变异分布，提出了相应土地资源管理建议。

整地方式改造了地表下垫面，使径流路径缩短，从而增加了土壤水分入渗，并且减小了土壤蒸发面积，改善了土壤环境和理化属性。在黄土高原地区，关于整地方式的相关研究表明，该地区整地后的土壤持水性及植物抗旱力得到提高，整地能够有效改善土壤水分特性（刘恩斌和董水丽，1997）。同时发现整地后不同深度土壤水力学性质具有变异性（宁婷等，2014），并发现土壤属性，如土壤颗粒组成、土壤结构等会影响土壤水分特性垂直变异。

在黄土高原，学者已经开展了许多关于土壤物理性质的实验研究（白一茹和邵明安，2009；杨磊等，2011；于洋等，2016），但大多数是基于不同质地土壤或不同植被类型或农用地的土壤特性研究（王文焰等，2002；徐良富等，2004）。本书所关注的是与土壤水分特性相关的土壤属性，国内外也有许多相关研究。Zhang 等（2013）通过对改良整地措施后的沙地和裸地土壤水分特征曲线及其他水力学性质进行对比发现经过改良整地措施后的沙地土壤渗透系数和保水能力都优于裸地。Kargas 和 Londra（2015）利用水分特征曲线方法，将不同土地利用方式的土壤持水能力进行对比，发现不同整地方式的保水能力和土壤水分扩散能力存在差异，但都优于裸地。Taha 等（1997）研究表明表层 20 cm 处水力传导率非常高。Bevington 等（2016）通过电镜扫描和建模的方法对不同土地利用类型条件下的土壤结构进行分析，证明土壤结构的不同会导致土壤水分常数和水力学性质的差异。Lin 和 Chen（2015）在亚热带红壤区的研究表明，不同方式处理土地后，土壤储水量会增加，土壤持水能力会提高，土壤退化会减轻，这样更有利于植被的吸收和利用，从而更有效地抵御短期干旱。Lalibert 和 Brooks（1967）研究表明孔隙对土壤水力学性质有重要的影响。Ren 等（2016）在黄土高原的研究表明土壤砂粒和黏粒含量是影响土壤水分常数的主要因素，其次是容重、土壤孔隙度、根系密度等因素。Moreira 等（2016）研究了不同耕作模式下的土壤物理性质，结果表明对土地不同的耕作处理会造成土壤物理性质的变化，原因是土壤结构发生了变化。

黄土高原高温干燥、降雨集中，土层深厚松散，极易导致水土和养分流失；植被恢复成活率低、粮食产量不高等问题日益明显。为解决这一问题，学者在该地区实施了包括整修梯田、鱼鳞坑、反坡台、水平阶、水平沟等形式多样的整地措施（何永涛等，2004；卫伟等，2013）。研究证明，整地对黄土高原生态修复和环境改善有重要作用（刘恩斌和董水丽，1997；宁婷等，2014）。相比自然坡面，坡改梯整地方式有拦沙截流、蓄水保墒、改善土壤和植被生长条件等功效，同时大量实验表明整地有防洪减灾、蓄水保土、改良土壤、提高土地生产力等优势（Kargas and Londra，2015）。杨洁等（2010）在江西省红壤低丘岗地对不同整地方式及轮作方式的养分进行对比，试验设计了果农作物间作和梯田整地两种方式，结果表明采取水土保持措施的小区的养分含量相比未采取水土保持措施的小区有所提升，其中 pH 平均提高 8.6%，最高达到 6.01；有机质含量平均提高 9.2%，最高提高 26.6%；全氮含量平均提高 32.2%，最高提高 50% 以上；全磷含量平均提高 32.0%，最高提高 48%；全钾含量平均提高 11.5%，最高提高 20.4%；碱解氮、速效磷、速效钾含量分别平均提高 20.1%、47%、31.9%，最高提高 57.9%、143.6%、54.6%。张维国和曹丽萍（2008）以黑龙江宾县的整地方式为研究对象，对其梯田和坡地的全氮、全磷、全钾和有机质含量进行对比，结果显示梯田全氮含量比坡地高 28.1%，全磷含量比坡地高 11.5%，全钾含量比坡地高 5.56%，有机质含量比坡地高 41.7%。

虎久强等（2007）在宁夏南部的西吉县对不同整地方式的土壤性质进行检测和对比分析发现，整地后的土壤养分有所提高，在 60 cm 土层处，水平沟、反坡梯田、鱼鳞坑的土壤速效磷含量分别比荒坡高 3%~5%、2.5%~4%、1%~1.2%；而土壤速效钾含量也分别比荒坡高 15%~30%、12%~25%、5%~8%，证明整地方式对土壤有效养分有提高作用。刘绪军等（2007）在黑龙江省克山县粮食沟小流域的试验场内对整地后的不同改土客土位置进行性质对比，分析了填土和切土部分的土壤养分状况，数据显示 0 ~40 cm 土层处填土部分的有机质、水解氮、速效钾、速效磷含量都高出对照 7.84%~46.98%，而切土部分的平均含量较低，低于对照 18.56%~11.95%。张彦军等（2012）在黄土高原砖窑沟流域，对不同典型的水保整地方式和自然坡地比较土壤碳氮情况，证明了整地（水平梯田、林地与草地）后的土壤碳氮含量较坡地依次提高了 18% 和 24%、70% 和 59%、25% 和 21%。可见整地后的土壤条件明显改善，土壤养分含量明显提升。苗晓靖等（2006）在对水保措施（集流梯田）和坡耕地对比中，数据证明土壤性质有了很大的改善，其中土壤容重减少了 7.6%~11.02%；土壤孔隙度增加 8.05%~19.02%；土壤养分全氮、全磷、全钾和有机质含量分别增加了 8.06% ~ 16.13%、12.17% ~ 25.21%、13.81% ~ 28.67% 和 14.25%~30.13%。

1.4.3 整地措施对径流和侵蚀的影响

长期以来，整地措施的最初目的就是防止土壤侵蚀，增强土壤水土保持能力。目前，国外研究同样以径流小区监测方式为主，欧洲一些地区成为热点研究区，如在意大利，Cevasco 和 Giacomo Pepe（2014）在利吉里亚区（Liguria）的韦尔纳扎（Vernazza）盆地进行的研究显示，研究区山体滑坡多发，且降雨触发的山体滑坡在渗透性差的条件下最有可能发生，而整地后梯田提高了土壤水分渗透能力从而有利于避免山体滑坡。Zhang 等（2015）和党汉瑾（2013）发现黄土高原小流域的水土保持措施降低了年均径流系数，其中，生长季初期的年均径流系数减幅最大。对整地方式的土壤侵蚀实验主要集中在土地易侵蚀的地区，如云南元阳梯田、宁夏南部、黄土高原等地区。付素华（2001）对比不同整地方式发现，梯田的相对土壤流失率为 0.304，荒地和鱼鳞坑的相对土壤流失率分别为 0.095 和 0.040，在降雨密集的条件下，鱼鳞坑整地方式没有体现出保护土壤的功能，同时计算各水土保持措施效益值，梯田为 0.142、鱼鳞坑为 0.045 和荒地为 0.019。可见梯田整地方式对保持土壤有一定积极影响。董彦丽等（2013）对比了定西市安定区水平阶和梯田整地后的土壤水分与水土保持情况，发现梯田 2002 ~ 2011 年平均径流深为 12.04 mm，径流系数为 2.9%。水平阶多年产流产沙能力计算结果表明，25 m^2面积下的年均产流量为 0.3 m^3，产沙量为 3.96 kg。所以整地方式对减流减沙的效果明显。张维国和曹丽萍（2008）在黑龙江宾县的研究发现，开发 6 年的反坡梯田相比坡耕地可减少径流 37.6%，减少流沙 56.2%，生态措施的水土保持效果显著。虎久强等（2007）在黄河上游流域的实验证明，拦泥效益方面，水平沟是对照荒坡的 8.77 倍，反坡梯田是荒坡的 5.3 倍，鱼鳞坑是荒坡的 4.73 倍。刘世梁等（2011）利用 WEPP 坡面土壤流失模型，结合典型区（山东省泰安市丘陵山区）土地整理的气候要素和土壤条件，模拟了整地区域一年内的土壤流失量。结果表明，一年内土壤侵蚀模数约为 6900 t/km^2，在未开展土地整理前，土壤侵蚀模数为 7700 t/km^2，说明水平梯田对水土保持具有重要意义。甘德欣等（2007）对紫鹊界梯田蓄水的数据分析表明，梯田可拦截 70% ~ 95% 的地表径流和 90% ~ 100% 的泥沙。和继军等（2009）分析张家口各个地貌类型的水土流失监测站数据，以怀安县为例，两年数据表示水平梯田的拦蓄泥沙效益均在 90% 以上，而植被配置方面，则是经济林最高，蓄水效益在 30% ~ 68%，人工种草效益波动最大，为 4% ~ 86.2%。数据显示，经济林结合整地方式的配置最具有水土保持、减流减沙效益最佳（和继军等，2009；李仕华，2011）。可见梯田作为一种典型的水保措施的整地方式，能有效减小地表径流（张宇清等，2005；唐敏等，2018）。

土壤流失过程包括土壤物质的原位剥离（产沙过程）和泥沙在景观单元的再分配过程（输沙—沉积过程）。一个景观单元的侵蚀风险一部分是土壤颗粒被外力转变为可移动泥沙的风险（侵蚀风险），另一部分是泥沙输出风险（产沙风险）。所以这一过程受地表植被盖度、地形、土壤性质、气候及水土保持整地措施的影响。整地措施作为水土保持综合治理的重要组成部分，是防治土壤侵蚀的主要方式之一。学者将我国水土保持措施分为生物措施、工程措施和耕作措施 3 个一级类，并再划分出 32 个二级类和 59 个三级类（刘宝元等，2013）。黄土高原生态恢复的顺利与否很大程度上依赖于对水分的恢复，除人工进行植树造林外，还有一些水土保持措施的应用（Masselink et al.，2016，2017）。整地措施可以改善表层土壤状况，保蓄降水，减少径流，增加水分入渗。整地是指通过改变一定范围内（有限尺度）的小地形（如坡改梯等平整土地的措施），拦蓄地表径流，增加降水入渗，改善农林立地条件，充分利用光照、温度、水土资源，建立良性生态环境，减少或防止土壤侵蚀，合理开发利用水土资源。根据不同的整地措施开展目的和应用条件，大体可以分为山坡防护工程、山沟治理工程、山洪排导工程及小型蓄水用水工程。山坡防护工程的作用在于通过改变微地形防止坡地水土流失，将雨水及融雪水就地拦蓄，深入不同植被类型中，减少或防止形成坡面径流，增加作物、牧草及林木可以用的土壤水分。同时，山坡防护工程还将未能就地拦蓄的坡地径流引入小型蓄水工程，特别是在发生重力侵蚀危险的坡地上，还可以修筑排水工程或支撑建筑物防滑坡。山沟治理工程的作用在于防止沟床下切、沟岸扩张，减缓沟床纵坡，调节山洪洪峰流量，减少山洪或泥石流的固体物质含量，使山洪安全排泄。山洪排导工程的作用在于防止山洪或泥石流危害沟口，冲击锥上的房屋、道路及农田等具有重大经济意义的防护对象。小型蓄水用水工程的作用在于将坡地径流及地下潜流拦蓄起来，减少水土流失危害，灌溉农田，提高作物产量。工程措施的类型与简介见表1-1。

表1-1　工程措施类型与简介

工程措施类型		工程措施简介
山坡防护工程	梯田	梯田是在丘陵山坡地上沿等高线方向修筑的条状阶台式或波浪式断面的田地，是治理坡耕地水土流失的有效措施。其蓄水、保土、增产作用显著，有利于作物生长和营养物质的积累。按田面坡度的不同可分为水平梯田、坡式梯田和复式梯田等。宽度可根据地面坡度大小、土层厚薄、耕作方式、劳力多少和经济条件而定，与灌排系统、交通道路统一规划。修筑梯田时宜保留表土，梯田修成后配合深翻，种植适当先锋作物或植被，提高土壤肥力
	拦水沟埂	拦水沟埂是一种蓄水式防护工程，以蓄为主，主要用改变小地形的方法防治坡地水土流失，将雨水及融雪水就地拦蓄，减少或防止坡面径流
	水平沟	在坡地上沿等高线开沟截水和植树种草以防止水土流失
	水平阶	沿等高线自上而下内切外垫，修成一外高里低的台面，在土石山区坡度大的坡面上具有蓄水保土的功能，其设计与计算类同梯田
	水簸箕	在坡地上宽而浅的沟中修筑一道或数道平顶土埂，形似簸箕
	鱼鳞坑	在较陡的梁卯坡面和支离破碎的沟坡上沿等高线自上而下挖半月形坑，呈品字形排列，形如鱼鳞
	水窖	在土质地区常见，多为圆形断面，可分为圆柱形、瓶形、烧杯形、坛形等。其防渗材料可采用水泥砂浆抹面、黏土或现烧混凝土；岩土地区水窖一般为矩形宽窄式，多采用浆砌石砌筑。类型包括黏土水窖、水泥砂浆薄壁水窖、混凝土盖碗水窖等
山沟治理工程	沟头防护	沟头以上有天然集流槽，暴雨中坡面径流由此集中泄入沟头，引起沟头前进和扩张。沟头防护工程可制止坡面暴雨径流由坡面进入沟道或有控制地进入沟道，保护地面不被沟壑切割破坏，其自身防御标准应为十年3～6 h的大暴雨。沟头防护分为蓄水型和排水型两种工程布局
	谷坊工程	在易受侵蚀的沟道中，为了固定沟床而修筑的土、石建筑物。谷坊横卧在沟道中，高度一般为1～3 m，最高5 m。该项措施能够抬高沟底侵蚀基点，防治沟底下切和沟岸扩张，并使沟道坡度变缓。同时可以拦蓄泥沙，减少输入河川的固体径流量。坚固的永久性谷坊群还可以防治泥石流，减缓沟道水流速度，减轻下游山洪危害，并使沟道逐段淤平，形成可以利用的坝阶地
	拦沙坝	拦沙坝是在沟道中以拦蓄山洪和泥石流中固体物质为主要目的的拦挡建筑物，是荒溪治理的主要工程措施。其主要作用包括拦蓄山洪或泥石流中的泥沙，减轻对下游的危害；抬高坝址处的侵蚀基准，减缓坝上游沟床坡降，加宽沟底，减小水深、流速及其冲刷力。坝上游拦蓄的泥沙可掩埋滑坡的剪出口，使滑坡体趋于稳定
	淤地坝	淤地坝是水土流失地区各级沟道中，以拦泥淤地为目的而修建的坝工建筑物。一条沟内修建多个淤地坝是黄土高原水土流失严重地区的独特治沟工程体系，可滞洪、拦泥、淤地、蓄水、建设农田，减轻泥沙淤积

续表

工程措施类型		工程措施简介
山洪排导工程	排洪沟	排洪沟是为防洪灾而修建的沟渠，主要起泄洪作用，多用于矿山企业等生产现场，也可用于保护某些建筑物或工程项目安全，提高抵御洪水侵害的能力，主要可分为城市防洪和水利防洪
	导流堤	导流堤是用以平顺引导水流或约束水流的建筑物，用土石料或砌石等筑成。在不稳定河道上，常采用导流堤式渠首，在引水口下端筑堤。若河流不稳定且多泥沙时，用导流堤形成稳定的引水弯道式取水渠首，并形成人工环流，将表层水导入水闸而将含沙量较大的底流导入冲沙闸，引水防沙。其在水利工程中应用较广
小型蓄水用水工程	小水库	小水库是库容在10万～1000万m^3的水库
	蓄水塘坝	蓄水塘坝是在山区或丘陵地区修筑的一种小型蓄水工程，是拦截和储存当地地表径流需水量不足10万m^3的需水设施，可通过积聚附近的雨水、泉水来灌溉农田
	引洪漫地	应用导流设施把洪水引入耕地或者低洼地、河滩地，以改善土壤水分、养分条件

在干旱半干旱生态系统，地势低洼的土壤能够聚集植物生长必要的水分和养分，通过适当改变下垫面条件能够聚集资源并启动土壤的自修复过程。从植被角度来讲，植苗是非常关键的，所以整地措施能够形成对幼苗生长较为有利的环境。不同类型的整地措施在世界范围内已得到广泛的应用和推广，以梯田为例，其不仅仅在中国和其他东南亚一些国家应用广泛，在非洲和美国也应用广泛（Aase and Pikul，1995；Collins and Neal，1998；Atta and Aref，2010；Arnaez et al.，2015）。水平阶则可通过改变坡度、缩短坡长从而保护土壤，在黄土高原地区也得到了广泛的应用（党汉瑾，2013）。在减少水土流失的同时增加降水入渗。整地措施的开展，改善了荒山荒坡植物生长的立地条件，促进了植物生长，调蓄了土壤养分，同时植被群落的演替，使得植被逐渐适应了整地措施开展以后的环境，并逐步达到较为稳定的状态（李萍等，2012）。水平沟、鱼鳞坑及反坡台在该地区的应用也较为广泛。围绕不同整地措施的防治水土流失效应，国内外学者也开展了多方面的研究，在半干旱黄土高原，水平阶等整地措施可以改善立地光热条件，提高土壤养分利用率并增强植被的抗旱能力，从而降低对气候不良波动的敏感性和依赖性，提高生态系统的稳定性（焦菊英等，1999）。不同整地措施形成的微地形差异能够创造厌氧和需氧环境下土壤氮素的固定与转化机制，从而加速氮素循环（Wolf et al.，2011）。同时，整地措施直接改变了地表结构，通过增加地表起伏度而形成新的汇水单元，从而提升了天然降水的利用效率（Bergkamp，1998；Mayor et al.，2008）。开展鱼鳞坑和水平沟等整地措施后，不同整地措施间的土壤水分变化存在季节分异和年度分异特征（Liu et al.，2010）。通过进行荒地地形改造、增加缓坡坡地的长度，能够减少土壤流入临时和永久性的沟渠系统中（Clarke and Rendell，2000）。通常，牧草地的土壤流失量一般非常低，但是若有放牧活动，就会增加土壤流失量，梯田苹果树的土壤流失量明显低于没有采取水土保持措施的苹果树（Sanchez et al.，2002）。多年的观测结果显示，在陡坡上采取隔坡梯田的整地措施，能够有效接纳降水，强制入渗，同时能够减少侧坎土壤水分散失，0～50 cm土壤水分比对照提

高13.1%，比鱼鳞坑提高2.6%，该措施使有限的降水得到利用，从而有效促进植被恢复（张海等，2007）。通过对不同降水年（干旱年、丰水年和平水年）柠条锦鸡儿（以下简称柠条）水平阶的土壤水分进行监测，同时辅以对照进行对比发现，柠条水平阶的土壤水分含量要高于对照坡面（程积民等，2005）。红壤丘陵地区不同梯田类型径流年际分析结果显示，坡面耕地平均地表径流深最大，达到409.25 mm，远大于梯田小区的平均地表径流深，其最大只有140.19 mm，可见梯田作为一种典型的水土保持整地措施，能有效减小地表径流（张靖宇等，2010）。在丘陵山地，不同内倾角的反坡台分别能够降低57.9%和89.8%的土壤流失。而“梯田+水窖”模式，不仅能够对隔坡梯田降雨径流在时空上进行合理再分配，还能够解决作物水资源需求与天然水分供给在时间上的错位问题，发挥“适时”补充作物水分亏缺的功效；梯田春玉米年产量及水分利用效率均增加50%以上，并能有效防止水土流失（梁改革等，2011）。

1.5 植被和整地工程耦合的水土效应

整地措施主要围绕对下垫面的改造而进行，所以植被与整地措施的耦合影响实际上就是植被与下垫面地形对水土过程的耦合影响。在下垫面地形和植被的共同作用下，坡面产流量及其水动力特性发生变化，从而引起土壤侵蚀量发生时空变异。总体而言，坡改梯是山地生态系统和小流域水土保持的有效举措，包括淤地坝工程。学者在小流域土地利用方式改变对产沙格局的影响，沟道、坡地对产沙的贡献等方面已开展了广泛的研究，已证明了“整地措施先行，植被措施跟上”的治理原则是可行的（Xu et al.，2011；Li et al.，2012）。

坡面尺度主要表现为上坡植被与下垫面地形共同作用使下坡的上方来水与侵蚀动力发生改变，从而影响下坡段的产沙。而在更大的流域尺度上，植被与下垫面地形的耦合影响主要体现在植被格局方面，尤其是分布在流域内不同下垫面条件下的植被通过改变流域的产流和汇流路径而影响侵蚀过程。在黄土坡面内，有上部来水的坡段侵蚀产沙量较无来水时增加20%~70%（王文龙等，2004）。若上坡段被植被覆盖，则通过减少产流量、增大汇流阻力，降低径流流速，并使流态从紊流更趋于层流，显著减弱进入下坡段的径流侵蚀动力（潘成忠和上官周平，2004），最终减少大暴雨条件下80%以上的下坡段侵蚀产沙量。植被对下坡段侵蚀产沙量的影响除与其数量、结构有关外，还取决于覆盖的地形部位与镶嵌格局。相关研究结果表明，相同类型和数量的植被分布于坡面下部时的侵蚀产沙量小于坡面中部和上部，且这种差异在小雨强时更加明显（游珍等，2006）。具体就低矮灌草植被而言，分布于坡面底部时阻蚀减沙效果最佳，植被盖度只要达到20%以上即可拦截大部分上坡来沙（Rey，2003）。目前国内研究主要集中在总结现象和厘清规律方面，对于微地形和植被并存条件下的径流、泥沙运移问题，国外已经有学者将微地形结构标准化，定量模拟并构建了对应的耦合模型（Yang and Chu，2015；Marchamalo et al.，2016），但对应的模型研究在国内尚未见报道。

与此同时，水文模型是实现不同尺度格局与过程耦合模拟研究的重要方法之一

(Appels et al., 2011)。例如，有学者考虑植被覆盖和地形对径流泥沙的阻滞作用，运用RUSLE模型，采用景观格局表征方法定量揭示了水源区侵蚀对水库和河流的泥沙输出风险(刘宇和傅伯杰，2013)。在分析土地利用格局与土壤侵蚀的关系中，人们将土地利用在坡度和距河流距离上的分布作为格局表征的方法，在此基础上分析了土地利用格局对径流泥沙关系的影响（Zhao J and Zhao S D，2004）。还有学者针对黄土高原坡面沟缘线上、下侵蚀产沙量分异显著的特点，以及机理模型在大中流域不易应用的现状，利用基于Hc-DEM的沟缘线自动提取技术，划分流域沟间地和沟谷地地貌单元。在改进坡长因子算法和改造沟坡侵蚀模型的基础上，提出沟间地运用USLE评估以面蚀为主的坡地侵蚀，沟谷地运用改造沟坡侵蚀模型评估以冲蚀为主的沟谷侵蚀，并与泥沙输移比分布模型集成确定流域侵蚀产沙分布的模型体系，模型在黄土高原大中流域也得到了很好的应用和验证（秦伟等，2015)。在侵蚀产沙的研究中，植被与地形是能够表征地表粗糙度的常用指标，采用统计或物理模型模拟等方法虽然能够确定不同植被格局导致的侵蚀产沙强度与分布变化，但由于缺乏表征植被格局及其与地形组合对侵蚀产沙量潜在影响的特征参数，还难以直接建立植被格局与侵蚀产沙量的定量关系。目前常采用平均坡度、沟壑密度、流域高差比、切割深度等由单一指标构成的综合指标体系确定流域尺度侵蚀产沙量与地形地貌的关系，通常以指数或幂函数形式出现。在流域尺度上，地形对侵蚀产沙量的影响除表现为某一地形特征指标与侵蚀产沙量存在显著关系外，还表现为泥沙在坡面至沟道输移过程中发生沉积或者再侵蚀导致出口的输沙量与流域面上侵蚀量间存在差异，即泥沙输移比。那么在植被与地形耦合的条件下，植被格局与地形之间也呈现出各异的水文连通性。相关研究表明，相同的植被在坡面内按照无序、均匀带状、均匀网格、坡顶聚集、坡底聚集及坡中聚集等方式分布时，坡面总侵蚀产沙量存在较大差异（张晓明等，2014)。由此可见，不同的植被格局与地形之间呈现出不同的水文连接属性。源自水文学和地貌学的景观连通度的概念可包括为三种：一是描述流域内地形单元间空间邻接关系的景观结构连通度，二是刻画径流从一个地方到另一个地方运动通道畅通的水文连通度，三是指示泥沙及其附着污染物在流域内的无力传输，且随颗粒大小变化的泥沙连通度（Borselli et al.，2008；刘宇等，2016)。基于景观连通度的概念，能够对植被格局与整地措施耦合条件下的侵蚀过程进行深入理解，在植被恢复及气候变化等自然和人为因素驱动下，流域植被格局的变化导致不同类型植被的更替和空间分布的变化，从而直接影响侵蚀产沙量和泥沙在不同植被格局下的再分配过程。所以也呈现出不同的景观连通度，那么如何在流域尺度上优化植被格局配置，并根据不同的地形特征使水土流失危害达到最低，同时如何应用景观连通度来刻画某一植被格局与地形耦合条件下的土壤侵蚀过程，并在此基础上指导植被恢复与流域治理，是需要深入思考的问题（Antoine et al.，2011；Appels et al.，2011)。

1.5.1 整地和植被恢复对生态恢复效益的耦合影响

在干旱条件下土壤蒸发是土壤水分散失的主要途径之一，而整地通过坡改梯的方式可以减小土壤蒸发的有效面积，有利于保持水分；整地之后植被生长环境得以改善，对植被的生理活动和生长有积极的促进作用（Wei et al.，2016，2019）。

国外对整地方式和植被生长之间的关系研究得比较细致。例如，Hawley 等（1983）研究发现，植被的出现降低了地形对土壤水分变异性的影响；Zhang 等（2007）研究发现，植被使土壤水分动态变得更加复杂；Asseng 和 Hsiao（2000）研究发现，植被能够通过冠层截流并且增加水分入渗来改善土壤水分状况；Gómez-Plaza 等（2000）研究发现，植被生长会影响土壤水分时间稳定性，并且当夏季植被生长迅速时，土壤水分时间稳定性较弱，而当冬季植被生长缓慢时，土壤水分时间稳定性较强。

国内在不同整地方式下的植被生长状况比较方面也开展了相关研究，朱小强和房堂来（2009）在陕西省山阳县宽坪镇，通过对比不同整地方式的米桐生长状况，得出梯田、水平沟、鱼鳞坑和一锄法（坡面栽植）的栽植成活率分别为 89.5%、81.3%、75.6% 和 34.7%，同时梯田、水平沟、鱼鳞坑的植被地下、地上生长状况，也优于直接坡面栽植，由此可知，梯田、水平沟和鱼鳞坑的整地方式对植被生长有积极影响。同时，虎久强等（2007）对宁夏南部西吉县不同整地方式的植被成活率进行对比发现，水平沟为 94%，反坡梯田为 93%，鱼鳞坑为 78%，整地后的植被成活率接近或超过 80%，整地方式对植被生长有积极意义，但与之前结果不同的是，水平沟的植被生长状况略优于梯田，原因是该实验的水平沟整地是严格地按照科学合理的“16542”（即沟宽 1 m、长 6 m，埂高 0.5 m、顶宽 0.4 m，自然集水面宽 2 m）修筑的，所以在保水、保墒和植被生长状况等方面都表现出优良的效益，可见在整地过程中科学合理的设计和实施方法也是极其重要的。史玉芳（2013）以核桃为栽植植被对不同整地方式进行对比，也证明了整地方式对植被生长有利，研究通过对比梯田、水平沟、鱼鳞坑、坡面四种整地方式发现，梯田造林效果最好，其优点是保水保墒，植被生长速度、生长状况都优于其他整地方式，树高是一锄法的 1.8 倍，冠幅是一锄法的 4.2 倍；平均单株结果个数多 31.9 个，果横径大 1.6～1.8 cm。水平沟的优点是施工方便，保水效果好，是较易推广使用的整地方式。鱼鳞坑优势不如前两者，但在坡度大（25°以上）的坡地应用较多。张维国在黑龙江地区的宾县进行整地方式的对比实验同样表明了整地方式下植被生长的优势性，经研究调查，反坡梯田的桑树主茎干、平均条长、平均条数和单株产叶量分别是坡地桑树的 1.2 倍、1.25 倍、1.75 倍和 2.4 倍。除此之外，赵芹珍和蔡继清（2012）在黄土高原王家沟流域研究梯田农作的基础上，对比了田地微集流处理（保水处理），实验表明有微集流保水处理条件下的玉米株高平均提高 94.25%，地上部分的生物量增量达到 144.96%，地下根系生物量增加了 187.33%，根系分布也更加丰富，所以黄土高原干旱和半干旱区整地措施对水分的保护至关重要。产量的对比中，刘绪军和荣建东（2009）在黑龙江省克山县粮食沟小流域的试验场内对整地后的不同改土客土位置进行性质对比，从对植被影响的结果表明，由于在整地方式对坡地改造分为切土和填土部位，效应分有正负效应，结果是新修梯田产量有所提高。数据表明，新修梯田产量为 7255.5 kg/hm^2，坡地对照的产量为 7254 kg/hm^2。但在不同部位梯田的产量的差别却很大。填土部位由于深翻松土，使土壤理化性质、保墒条件好，填土部分作物产量达到 8067.75 kg/hm^2，比坡地对照高 11.22%。切土部位由于活土层薄，土壤紧实，性质较差，作物产量为 6443.25 kg/hm^2，反而比对照减产了 11.18%。

1.5.2 整地和植被恢复对土壤理化性质的耦合影响

土壤理化性质是衡量和评估土壤质量的主要指标之一（Monger et al.，2015）。黄土高原气候干燥，降水集中，土层深厚，土质疏松。该地区生态环境不断恶化，土壤质量较低，植被幼苗成活率不高等问题日益明显，所以通过开展整地措施能够实现水土资源的高效利用。水平沟、水平阶、反坡台和鱼鳞坑是植被恢复实践过程中广泛采用的、典型的整地措施。相比自然坡面，实施整地措施能够有效拦沙截流、蓄水保墒、改良土壤和植被生长条件，同时植被恢复对土壤理化性质也有明显的改良作用，所以整地措施和植被恢复的耦合作用对于优化该地区的土地利用和促进生态环境改善具有重要意义（Wei et al.，2012；卫伟等，2013）。

在旱区，为保护水土资源，整地措施和植被恢复作为主要的生态恢复手段，其对土壤水文循环的生态效应成为干旱半干旱区生态修复关注的重点（Porporato and Rodriguez-Iturbe，2002；Legates et al.，2011）。土壤水分是作物需水的直接来源，是影响植被恢复和生态环境可持续发展的重要因素（Wang et al.，2009）。土壤水分含量主要受限于降雨，因为降雨是其主要和唯一的补充来源，研究发现土壤水分含量随降雨量的变化而变化。

从最早整地和梯田开始出现时，其目的就是节约用水、减少洪灾、扩大农田种植面积和恢复已退化的生态系统（Mcdonagh et al.，2014；Wei et al.，2016）。在实践过程中，通过整地改变微地形的措施，使地面变得平整，持水量增大，比较均匀，低水平日降雨量可以全部入渗，避免了径流的产生，起到了蓄水减沙的作用，达到了保水、减沙、改善土壤性状的目的（Wang et al.，2015）。另外，与平坦的表面相比，整地措施通过其梯田等地形的改变，可以减少土壤颗粒物流出，保持土壤水分和有机质含量，增加水分入渗。同时整地还会减少坡地的安全隐患等问题，因为整地会减小雨水对山体表面的冲刷，有效控制水土流失及其引起的滑坡。所有这些证据表明，适当的整地是一种有效提高土壤水分的方法，而提高土壤水分的补给可以帮助旱区生态系统恢复（Nanko et al.，2010；Wei et al.，2016）。

在整地措施与植被恢复的耦合条件下，究竟如何来区分整地措施与植被恢复各自对土壤理化性质的影响，相关的研究较少。整地措施改变了下垫面结构，而植被通过长时间的恢复也具备改良土壤的功能。因此，本书主要对整地措施与植被恢复耦合条件下的土壤理化性质进行研究，以柠条水平阶、侧柏鱼鳞坑、山杏水平沟、侧柏反坡台、油松鱼鳞坑和油松反坡台为主要研究对象，通过分析长时间实施整地措施后，整地措施与植被恢复对土壤理化性质的耦合影响，来区分整地措施与植被恢复各自对土壤理化性质的作用，同时为合理实施整地措施并建立相应的整地措施评价标准提供依据。

1.5.3 整地措施和植被恢复对产流产沙特征的耦合影响

人类活动造成的土地利用变化是影响流域侵蚀产沙的主要原因，而在这一过程中，整地措施对阻蚀减流做出了重要的贡献（张先仪等，1991；刘文耀等，1993；王进鑫等，2004；吴发启等，2004；Xu et al.，2011；Liu et al.，2013；Martínez- Hernández et al.，2017）。而伴随整地措施的开展，在整地措施与植被恢复耦合条件下坡面环境和“降雨–径流–泥沙”特征将与传统自然坡面不同，整地措施的应用增加了地表粗糙度，形成的汇水单元降低了坡面漫流的连通性，提升了雨水在土壤中的保持能力（刘宇和傅伯杰，2013；于洋等，2016），然而，对典型整地措施与植被恢复耦合下的水土效应的定量研究较少，优化土地利用结构，合理实施整地措施是行之有效的举措，而通过配对实验，即设计相同植被的自然坡面与实施整地措施的坡面小区进行对照，为定量评价整地措施的阻蚀减流效应提供思路。

与此同时，在开展植被恢复的过程中，影响水土流失的因素也很多，尤其是在以降雨为主要驱动力的黄土高原地区，降雨量、降雨强度、降雨历时及地形因子都会对水土流失过程产生不同程度的影响。当前，围绕降水对水土流失的影响方面相关报道较多（黄志霖等，2005；卫伟等，2006，2013；Nastos et al.，2010；Luffman et al.，2015；Zhou et al.，2016；Stefanidis et al.，2017），但结合次降水事件，识别整地措施与植被恢复耦合条件下的水土流失特征方面的报道较少。在以降水为主要驱动力的黄土高原地区，究竟是降雨量、降雨强度，还是降雨历时对整地措施产流产沙的影响最为关键？这一问题需要通过长期的定位监测及数据积累进行深入分析和判断。基于此，本部分采用配对研究的方法，通过设计相同植被自然坡面的径流小区作为对照，对整地措施的阻蚀减流效应进行定量评价，并结合生长季内的侵蚀性降水事件，识别影响不同整地措施产流产沙的关键降水因子，以期为坡面整地措施的合理实施及不同工程措施的水土流失效益评价提供依据。

综上所述，产流与侵蚀是发生在多变下垫面上的多因素耦合过程，而植被与地形是关键组成要素，也是在不同尺度上决定侵蚀产沙量的关键因子。目前围绕植被恢复与整地措施耦合效应的研究并不系统，在实验方法及监测技术上，都面临着重重困难和限制，而基于坡面尺度，通过搭建无干扰零微创的整地措施与植被耦合的径流小区来进行长期定位观测，同时采用配对自然坡面小区进行对照，是综合评价整地措施的有效途径之一。

参考文献

白一茹，邵明安 . 2009. 黄土高原水蚀风蚀交错带不同土地利用方式坡面土壤水分特性研究 . 干旱地区农业研究，27（1）：122-129.

包维楷，陈庆恒 . 1998. 退化山地植被恢复和重建的基本理论和方法 . 长江流域资源与环境，（4）：370-377.

蔡进军，蒋齐，张源润，等 . 2007. 宁南山区典型旱作农耕地土壤特性分析 . 西北农业学报，16（2）：75-79.

陈浩，蔡强国 . 2006. 坡面植被恢复对沟道侵蚀产沙的影响 . 中国科学（D 辑：地球科学），（1）：69-80.

成昌国，赵陟峰，刘敏 . 2013. 甘肃省半干旱区植被修复方法研究 . 水土保持通报 ，33（1）：309-312.

程冬兵，蔡崇法，孙艳艳 . 2006. 退化生态系统植被恢复理论与技术探讨 . 世界林业研究，（5）：7-14.

程积民，万惠娥，杜锋 . 2001. 黄土高原半干旱区退化灌草植被的恢复与重建 . 林业科学，（4）：50-57.

程积民，万惠娥，王静，等 . 2005. 半干旱区柠条生长与土壤水分消耗过程研究 . 林业科学，（2）：

37-41.
程诗悦，秦伟，郭乾坤，等 . 2019. 近 50 年我国极端降水时空变化特征综述 . 中国水土保持科学，17（3）：155-161.
党汉瑾 . 2013. 半干旱区带状植物篱系统径流调控效应研究 . 北京：中国林业科学研究院硕士学位论文 .
丁文峰，李勉 . 2010. 不同坡面植被空间布局对坡沟系统产流产沙影响的实验 . 地理研究，29（10）：1870-1878.
丁振才，黄利斌 . 2006. 常熟虞山森林空气环境效应测定分析 . 中国城市林业，（3）：31-32.
董彦丽，张富，杨彩红，等 . 2013. 半干旱区微集水系统土壤水分调控效果研究 . 水土保持通报，33（5）：35-39，44.
符素华，吴敬东，段淑怀，等 . 2001. 北京密云石匣小流域水土保持措施对土壤侵蚀的影响研究 . 水土保持学报，15（2）：21-24.
甘德欣，龙岳林，袁锡姿，等 . 2007. 紫鹊界梯田景区的生态旅游开发对策 . 经济地理，（6）：1056-1058，1062.
高光耀，傅伯杰，吕一河，等 . 2013. 干旱半干旱区坡面覆被格局的水土流失效应研究进展 . 生态学报，33（1）：12-22.
郭忠升，邵明安 . 2003. 半干旱区人工林草地土壤旱化与土壤水分植被承载力 . 生态学报，23（8）：1640-1647.
郝艳茹，彭少麟 . 2005. 根系及其主要影响因子在森林演替过程中的变化 . 生态环境，（5）：762-767.
何永涛，李文华，李贵才，等 . 2004. 黄土高原地区森林植被生态需水研究 . 环境科学，25（3）：35-39.
和继军，蔡强国，方海燕，等 . 2009. 张家口地区水土保持措施空间配置效应评价 . 农业工程学报，25（10）：69-75.
胡良军，邵明安，杨文治 . 2004. 黄土高原土壤水分的空间分异及其与林草布局的关系 . 草业学报，（6）：14-20.
虎久强，安永平，李英武 . 2007. 不同整地方法对造林成效影响的比较研究 . 宁夏师范学院学报，（3）：110-113.
黄志霖，傅伯杰，陈利顶 . 2002. 恢复生态学与黄土高原生态系统的恢复与重建问题 . 水土保持学报，（3）：122-125.
黄志霖，傅伯杰，陈利顶 . 2005. 黄土丘陵区不同坡度、土地利用类型与降水变化的水土流失分异 . 中国水土保持科学，（4）：11-18，26.
霍云霈，朱冰冰 . 2013. 黄土丘陵区水平梯田保水保土效益分析 . 水土保持研究，20（5）：24-28.
焦菊英，王万中，李靖 . 1999. 黄土丘陵区不同降雨条件下水平梯田的减水减沙效益分析 . 土壤侵蚀与水土保持学报，5（3）：59-63.
李斌，张金屯 . 2003. 黄土高原地区植被与气候的关系 . 生态学报，23（1）：82-89.
李虹辰 . 2018. 黄土丘陵区鱼鳞坑覆盖组合措施枣树水分耗散机制研究 . 杨凌：西北农林科技大学博士学位论文 .
李勉，姚文艺，陈江南，等 . 2005. 坡面草被覆盖对坡沟侵蚀产沙过程的影响 . 地理学报，60（5）：725-732.
李萍，朱清科，谢静，等 . 2012. 半干旱黄土区水平阶整地人工油松林地土壤水分和养分状况 . 水土保持通报，32（1）：60-65.
李仕华 . 2011. 梯田水文生态及其效应研究 . 西安：长安大学博士学位论文 .
李艳梅，王克勤，刘芝芹，等 . 2006. 云南干热河谷微地形改造对土壤水分动态的影响 . 浙江林学院学报，(3)：259-265.
李裕元，邵明安，上官周平，等.2006. 黄土高原北部紫花苜蓿草地退化过程与植被演替研究. 草业学报，(2)：85-92.
梁改革，高建恩，韩浩，等.2011. 基于作物需水与降雨径流调控的隔坡梯田结构优化. 中国水土保持科学，9 (1)：24-32.
刘宝元，刘瑛娜，张科利，等.2013. 中国水土保持措施分类. 水土保持学报，27 (2)：80-84.
刘恩斌，董水丽.1997. 黄土高原主要土壤持水性能及抗旱性的评价. 水土保持通报，(S1)：21-27.
刘国彬，上官周平，姚文艺，等.2017. 黄土高原生态工程的生态成效. 中国科学院院刊，32 (1)：11-19.
刘世梁，王聪，张希来，等.2011. 土地整理中不同梯田空间配置的水土保持效应. 水土保持学报，25 (4)：59-62，68.
刘淑明，孙长忠，吴发启，等.2004. 黄土高原主要造林树种集流面积的确定. 西北林学院学报，(1)：36-38，63.
刘文耀，刘伦辉，郑征.1993. 云南山区整地方式对水土流失的影响. 云南林业科技，(4)：59-61.
刘向东，吴钦孝，赵鸿雁.1991. 黄土丘陵区人工油松林和山杨林林冠截留作用的研究. 水土保持通报，(2)：4-7，42.
刘绪军，刘丙友，景国臣，等.2007. 新修梯田对土壤理化性质及作物产量的影响. 水土保持研究，(1)：276-277，280.
刘绪军，荣建东.2009. 深松耕法对土壤结构性能的影响. 水土保持应用技术，(1)：9-11.
刘宇，傅伯杰.2013. 黄土高原植被覆盖度变化的地形分异及土地利用/覆被变化的影响. 干旱区地理，36 (6)：1097-1102.
刘宇，王彦辉，郭建斌，等.2016. 六盘山华北落叶松人工林土壤水分空间异质性的降雨前后变化及其影响因素. 水土保持学报，30 (5)：197-204.
刘宇，杨盼盼，卜兆君，等.2019. 长白山区白江河泥炭地植被短期恢复实验. 生态学杂志，38 (7)：2000-2006.
鲁先文，马瑞君，张辉，等.2004. 植被恢复误区分析. 甘肃科技，(12)：16-19，29.
马世骏.1990. 中国生态环境问题分析及治理策略——以区域生态工程为主体的生态建设. 管理世界，(3)：172-176，225-226.
马祥华，焦菊英.2005. 黄土丘陵沟壑区退耕地自然恢复植被特征及其与土壤环境的关系. 中国水土保持科学，(2)：15-22，31.
苗晓靖，徐桂华，宋芳，等.2006. 集流梯田工程水土保持效益试验浅析——以黄前流域为例. 水土保持研究，(5)：220-221，224.
穆兴民，陈霁伟.1999. 黄土高原水土保持措施对土壤水分的影响. 土壤侵蚀与水土保持学报，(4)：3-5.
宁婷，郭忠升.2015. 半干旱黄土丘陵区撂荒坡地土壤水分循环特征. 生态学报，35 (15)：5168-5174.
宁婷，郭忠升，李耀林.2014. 黄土丘陵区撂荒坡地土壤水分特征曲线及水分常数的垂直变异. 水土保持学报，28 (03)：166-170.
潘成忠，上官周平.2004. 黄土半干旱区坡地土壤水分、养分及生产力空间变异. 应用生态学报，(11)：2061-2066.
彭少麟.1996. 恢复生态学与植被重建. 生态科学，(2)：28-33.
秦伟，曹文洪，左长清，等.2015. 考虑沟–坡分异的黄土高原大中流域侵蚀产沙模型. 应用基础与工程科学学报，23（1）：12-29.
沈中原．2006. 坡面植被格局对水土流失影响的研究．西安：西安理工大学硕士学位论文．
史念海．2000. 司马迁规划的农牧地区分界线在黄土高原上的推移及其影响．运城高专学报，（1）：1-11.
史玉芳．2013. 不同整地造林对核桃生长结果影响的试验研究．中国林副特产，（6）：38-39.
苏敏，卢宗凡，张兴昌，等．1990. 黄土丘陵区不同种植方式水保效益的分析评价．水土保持通报，（4）：46-52.
孙立达，孙保平，陈禹，等．1988. 西吉县黄土丘陵沟壑区小流域土壤流失量预报方程．自然资源学报，3（2）：141-153.
唐克丽．1998. 黄土高原生态环境建设关键性问题的研讨．水土保持通报，（1）：2-8，26.
唐克丽，贺秀斌．2004. 黄土高原全新世黄土-古土壤演替及气候演变的再研讨．第四纪研究，（2）：129-139，245.
唐克丽，史立人．2004. 中国水土保持．北京：科学出版社．
唐敏，赵西宁，高晓东，等．2018. 黄土丘陵区不同土地利用类型土壤水分变化特征．应用生态学报，29（3）：765-774.
汪亚峰，傅伯杰，陈利顶，等．2009. 黄土丘陵小流域土地利用变化的土壤侵蚀效应：基于 ^{137}Cs 示踪的定量评价．应用生态学报，（7）：1571-1576.
王进鑫，黄宝龙，罗伟祥．2004. 反坡梯田造林整地工程对坡面产流的作用机制．农业工程学报，（5）：292-296.
王万忠，焦菊英．1996. 中国的土壤侵蚀因子定量评价研究．水土保持通报，（5）：1-20.
王文龙，雷阿林，李占斌，等．2004. 黄土区坡面侵蚀时空分布与上坡来水作用的实验研究．水利学报，（5）：25-30，38.
王文焰，王全九，张建丰，等．2002. 甘肃秦王川地区土壤水分运动参数及相关性．水土保持学报，（3）：110-113.
王占礼，邵明安，常庆瑞．1998. 黄土高原降雨因素对土壤侵蚀的影响．西北农业大学学报，（4）：3-5.
卫伟，彭鸿，李大寨．2004. 黄土高原丘陵沟壑区生态环境现状及对策——以延安市杜甫川流域为例．西北林学院学报，（3）：179-182.
卫伟，陈利顶，傅伯杰，等．2006. 半干旱黄土丘陵沟壑区降水特征值和下垫面因子影响下的水土流失规律．生态学报，26（11）：3847-3853.
卫伟，贾福岩，陈利顶，等．2012. 黄土丘陵区坡面水蚀对降雨和下垫面微观格局的响应．环境科学，33（8）：2674-2679.
卫伟，余韵，贾福岩，等．2013. 微地形改造的生态环境效应研究进展．生态学报，33（20）：6462-6469.
魏兴琥，谢忠奎，段争虎．2006. 黄土高原西部弃耕地植被恢复与土壤水分调控研究．中国沙漠，（4）：590-595.
温仲明，焦峰，刘宝元，等．2005. 黄土高原森林草原区退耕地植被自然恢复与土壤养分变化．应用生态学报，（11）：21-25.
吴发启，赵西宁，佘雕．2003. 坡耕地土壤水分入渗影响因素分析．水土保持通报，（1）：16-18，78.
吴发启，张玉斌，王健．2004. 黄土高原水平梯田的蓄水保土效益分析．中国水土保持科学，（2）：34-37.
吴晓娟，孙根年．2006. 西安城区植被净化大气污染物的时间变化．中国城市林业，（6）：31-33.
肖波，赵允格，邵明安．2008. 黄土高原侵蚀区生物结皮的人工培育及其水土保持效应．草地学报，

16（1）：28-33.
徐敬华，王国梁，陈云明，等. 2008. 黄土丘陵区退耕地土壤水分入渗特征及影响因素. 中国水土保持科学，6（2）：19-25.
徐良富，李洪建，刘太维. 1994. 晋西北砖窑沟流域几种主要土壤的持水特性. 土壤通报，（5）：199-200.
徐学选，琚彤军，郑世清. 2007. 黄土丘陵区植物道路的产流产沙试验研究. 农业环境科学学报，（3）：934-938.
解焱. 2002. 外来入侵种与生态系统. 西部大开发，（8）：14-15.
杨存建，张增祥，韩秀珍，等. 2001. 不同降雨带上的土壤侵蚀状况分析. 水土保持学报，（1）：50-53.
杨洁，喻荣岗，谢颂华. 2010. 水土保持措施对红壤坡地果园土壤结构和肥力的影响. 安徽农业科学，38（33）：18784-18786，18802.
杨磊，卫伟，莫保儒，等. 2011. 半干旱黄土丘陵区不同人工植被恢复土壤水分的相对亏缺. 生态学报，31（11）：3060-3068.
叶青超，杨毅芬，张义丰. 1982. 黄河冲积扇形成模式和下游河道演变. 人民黄河，（4）：32-37.
游珍，李占斌，蒋庆丰. 2006. 植被在坡面的不同位置对降雨产沙量影响. 水土保持通报，（6）：28-31.
于洋，卫伟，陈利顶，等. 2016. 黄土丘陵区坡面整地和植被耦合下的土壤水分特征. 生态学报，36（11）：3441-3449.
余峰，董立国，赵庆丰，等. 2007. 宁夏半干旱地区梯田土壤水分动态变化规律研究. 水土保持研究，14（1）：298-300，304.
张海，张立新，柏延芳，等. 2007. 黄土峁状丘陵区坡地治理模式对土壤水分环境及植被恢复效应. 农业工程学报，（11）：108-113.
张建军，陈凤娟，白建勤，等. 2012. 1983–2009 年黄土高塬沟壑区耕地结构特征演变分析. 农业工程学报，28（16）：232-239.
张靖宇，杨洁，王昭艳，等. 2010. 红壤丘陵区不同类型梯田产流产沙特征研究. 人民长江，41（14）：99-103.
张强，孙向阳，黄利江，等. 2004. 毛乌素沙地土壤水分特征曲线和入渗性能的研究. 林业科学研究，（S1）：9-14.
张青峰，王健，赵龙山，等. 2012. 基于 M-DEM 黄土人工锄耕坡面微地形特征研究. 干旱区资源与环境，26（9）：149-153.
张维国，曹丽萍. 2008. 反坡梯田整地效果的探讨. 防护林科技，（5）：126，130.
张先仪，邓宗付，李旭明. 1991. 山区整地方式对水土流失及杉木幼林生长的影响. 中国水土保持，（8）：43-45.
张晓明，曹文洪，周利军. 2014. 泥沙输移比及其尺度依存研究进展. 生态学报，34（24）：7475-7485.
张彦军，郭胜利，南雅芳，等. 2012. 黄土丘陵区小流域土壤碳氮比的变化及其影响因素. 自然资源学报，27（7）：1214-1223.
张宇清，朱清科，齐实，等. 2005. 梯田埂坎立地植物根系分布特征及其对土壤水分的影响. 生态学报，25（3）：500-506.
张元明，陈晋，王雪芹，等. 2005. 古尔班通古特沙漠生物结皮的分布特征. 地理学报，60（1）：53-60.
章光新. 2006. 关于流域生态水文学研究的思考. 科技导报，（12）：42-44.
章文波，谢云，刘宝元. 2003. 中国降雨侵蚀力空间变化特征. 山地学报，（1）：33-40.
赵芹珍，蔡继清. 2012. 黄土丘陵区旱作梯田土壤环境调控的技术研究. 安徽农业科学，40（18）：9700-

9701, 9850.
赵允格, 许明祥, 王全九, 等.2006. 黄土丘陵区退耕地生物结皮对土壤理化性状的影响. 自然资源学报, (3): 441-448.
周光益, 陈步峰, 曾庆波, 等.1996. 海南岛热带山地雨林短期水量平衡及主要养分的地球化学循环研究.生态学报, 16 (1): 28-32.
周晓峰.2001. 关于西部大开发的基本观点和植被建设中的若干问题. 林业科学, (6): 97-104.
周正朝, 上官周平.2006. 子午岭次生林植被演替过程的土壤抗冲性. 生态学报, 26 (10): 3270-3275.
朱冰冰, 李占斌, 李鹏, 等.2010. 草本植被覆盖对坡面降雨径流侵蚀影响的试验研究. 土壤学报, (3): 401-407.
朱海丽.2006. 退化生态系统植被恢复研究进展. 现代农业科技, (6): 100-102.
朱显谟.1980. 黄土高原的综合治理. 土壤通报, (2): 11-15.
朱显谟.1995. 再论黄土高原国土整治"28字方略". 土壤侵蚀与水土保持学报, 1 (1): 4-11.
朱小强, 房堂来.2009. 不同整地造林对油桐生长结果影响的试验研究. 陕西农业科学, 55 (1): 52-53, 74.
Aase J K, Pikul J L. 1995. Terrace formation in cropping strips protected by tall wheatgrass barriers. Journal of Soil and Water Conservation, 50 (1): 110-112.
Abrol V, Ben-Hur M, Verheijen F G A, et al. 2016. Biochar effects on soil water infiltration and erosion under seal formation conditions: rainfall simulation experiment. Journal of Soils and Sediments, 16: 2709-2719.
Alatorre L C, Beguería S, García-Ruiz J M. 2010. Regional scale modeling of hillslope sediment delivery: a case study in the Barasona Reservoir watershed (Spain) using WATEM/SEDEM. Journal of Hydrology, 391 (1-2): 109-123.
Angulo-Martinez M, Alastrué J, Moret-Fernάndez D, et al. 2017. Using rainfall simulations to understand the relationship between precipitation, soil crust and infiltration in four agricultural soils. Vienna, Austria: European Geosciences Union General Assembly Conference.
Antoine M, Javaux M, Bielders C L. 2011. Integrating subgrid connectivity properties of the micro-topography in distributed runoff models, at the interrill scale. Journal of Hydrology, 403 (3): 213-223.
Antoine M, Javaux M, Bielders C. 2009. What indicators can capture runoff-relevant connectivity properties of the micro-topography at the plot scale? Advances in Water Resources, 32 (8): 1297-1310.
Appels W M, Bogaart P W, van der Zee, et al. 2011. Influence of spatial variations of microtopography and infiltration on surface runoff and field scale hydrological connectivity. Advances in Water Resources, 34 (2): 303-313.
Arnάez J, Lana-Renault N, Lasanta T, et al. 2015. Effects of farming terraces on hydrological and geomorphological processes. A review. Catena, 128: 122-134.
Asseng S, Hsiao T C. 2000. Canopy CO_2 assimilation, energy balance, and water use efficiency of an alfalfa crop before and after cutting. Field Crops Research, 67 (3): 191-206.
Atta H A E, Aref I. 2010. Effect of terracing on rainwater harvesting and growth of Juniperus procera Hochst. ex Endlicher. International Journal of Environmental Science and Technology, 7 (1): 59-66.
Baumhardt R L, Jones O R. 2002. Residue management and tillage effects on soil-water storage and grain yield of dryland wheat and sorghum for a clay loam in Texas. Soil and Tillage Research, 68 (2): 71-82.
Bautista S, Mayor A G, Bourakhouadar J, et al. 2007. Plant spatial pattern predicts hillslope runoff and erosion in a semiarid Mediterranean landscape. Ecosystems, 10 (6): 987-998.

Bergkamp G. 1998. A hierarchical view of the interactions of runoff and infiltration with vegetation and microtopography in semiarid shrublands. Catena, 33 (3-4): 201-220.

Bevington J, Piragnolo D, Teatini P, et al. 2016. On the spatial variability of soil hydraulic properties in a Holocene coastal farmland. Geoderma, 262: 294-305.

Bochet E, Poesen J, Rubio J L. 2006. Runoff and soil loss under individual plants of a semi-arid Mediterranean shrubland: influence of plant morphology and rainfall intensity. Earth Surface Processes and Landforms, 31 (5): 536-549.

Boer M M, Puigdefábregas J. 2005. Effects of spatially structured vegetation patterns on hillslope erosion in a semiarid Mediterranean environment: a simulation study. Earth Surface Processes and Landforms, 30 (2): 149-167.

Boerner R E J, Scherzer A J, Brinkman J A. 1998. Spatial patterns of inorganic N, P availability, and organic C in relation to soil disturbance: a chronosequence analysis. Applied Soil Ecology, 7: 159-177.

Borselli L, Cassi P, Torri D. 2008. Prolegomena to sediment and flow connectivity in the landscape: a GIS and field numerical assessment. Catena, 75 (3): 268-277.

Bosch J M, Hewlett J D. 1982. A review of catchment experiments to determine the effect of vegetation changes on water yield and evapotranspiration. Journal of Hydrology, 55 (1-4): 3-23.

Cammeraat E L H. 2002. A review of two strongly contrasting geomorphological systems within the context of scale. Earth Surface Processes and Landforms, 27 (11): 1201-1222.

Cecchi G A, Kröpfl A I, Villasuso N M, et al. 2006. Stemflow and soil water redistribution in intact and disturbed plants of Larrea divaricata in southern Argentina. Arid Land Research and Management, 20 (3): 209-217.

Cevasco A, Pepe G, Brandolini P. 2014. The influences of geological and land use settings on shallow landslides triggered by an intense rainfall event in a coastal terraced environment. Bulletin of Engineering Geology and the Environment, 73: 859-875.

Cevasco G, Chiappe C. 2014. ChemInform abstract: are ionic liquids a proper solution to current environmental challenges? ChemInform, 45 (27): 2375-2385.

Chamizo S, Cantón Y, Lazaro R, et al. 2008. Soil crusting effects on infiltration under extreme rainfall in semiarid environments//Chelmiki W, Siwek J. Hydrological Extremes in Small Basins. XII Biennal International Conference. Cracow: Institute of Geography and Spatial Management Jagiellonian University: 69-72.

Chamizo S, Cantón Y, Rodríguez-Caballero E, et al. 2012. Runoff at contrasting scales in a semiarid ecosystem: a complex balance between biological soil crust features and rainfall characteristics. Journal of Hydrology, 452-453: 130-138.

Chow T L, Rees H W, Daigle J L. 1999. Effectiveness of terraces grassed waterway systems for soil and water conservation: a field evaluation. Journal of Soil and Water Conservation, 54 (3): 577-583.

Clarke M L, Rendell H M. 2000. The impact of the farming practice of remodelling hillslope topography on badland morphology and soil erosion processes. Catena, 40 (2): 229-250.

Collins R, Neal C. 1998. The hydrochemical impacts of terraced agriculture, Nepal. Science of The Total Environment, 212 (2-3): 233-243.

De Lima J L M P, Singh V P, De Lima M I P. 2003. The influence of storm movement on water erosion: storm direction and velocity effects. Catena, 52 (1): 39-56.

Duan L, Chang J, Duan Z Q. 2007. Surface managements and fertilization modes on phosphorus runoff from upland in Taihu Lake region. Journal of Agro-Environment Science, 26 (1): 24-28.

Dunkerley D. 2020. A Review of the Effects of Throughfall and Stemflow on Soil Properties and Soil Erosion//Van Stan J T Ⅱ, Gutmann E, Friesen J. Precipitation Partitioning by Vegetation. Cham: Springer: 183-214.

Eldridge D, Rosentreter R. 1999, Morphological groups: a framework for monitoring microphytic crusts in arid landscapes. Journal of Arid Environments, 41 (1): 11-25.

Feng T J, Wei W, Chen L D, et al. 2019. Combining land preparation and vegetation restoration for optimal soil eco-hydrological services in the Loess Plateau, China. Science of The Total Environment, 657: 535-547.

Feng X M, Fu B J, Piao S L, et al. 2016. Revegetation in China's Loess Plateau is approaching sustainable water resource limits. Nature Climate Change, 6 (11): 1019-1022.

Fu B J, Wang Y F, Lü Y H, et al. 2009. The effects of land use combination on soil erosion–a case study in Loess Plateau of China. Progress in Physical Geography, 33 (6): 793-804.

Gao X D, Liu Z P, Zhao X N, et al. 2018a. Extreme natural drought enhances interspecific facilitation in semiarid agroforestry systems. Agriculture, Ecosystems and Environment, 265: 444-453.

Gao X D, Li H C, Zhao X N, et al. 2018b. Identifying a suitable revegetation technique for soil restoration on water- limited and degraded land: Considering both deep soil moisture deficit and soil organic carbon sequestration. Geoderma, 319: 61-69.

Ghidey F, Alberts E E. 1997. Plant root effects on soil erodibility, splash detachment, soil strength, and aggregate stability. Transactions of the ASAE, 40 (1): 129-135.

Gyssels G, Poesen J. 2003. The importance of plant root characteristics in controlling concentrated flow erosion rates. Earth Surface Processes and Landforms, 28 (4): 371-384.

Gómez-Plaza A, Alvarez- Rogel J, Albaladejo J, et al. 2015. Spatial patterns and temporal stability of soil moisture across a range of scales in a semi-arid environment. Hydrological Processes, 14: 1261-1277.

Hawley M E, Jackson T J, McCuen R H. 1983. Surface soil moisture variation on small agricultural watersheds. Journal of Hydrology, 62 (1-4): 179-200.

James E K. 2000. Nitrogen fixation in endophytic and associative symbiosis. Field Crops Research, 65 (2-3): 197-209.

Kardjilov M I, Gisladóttir G, Gislason S R. 2006. Land degradation in northeastern Iceland: present and past carbon fluxes. Land Degradation and Development, 17 (4): 401-417.

Kargas G, Londra P A. 2015. Effect of tillage practices on the hydraulic properties of a loamy soil. Desalination and Water Treatment, 54 (8): 2138-2146.

Keesstra S, Nunes J P, Saco P, et al. 2018. The way forward: can connectivity be useful to design better measuring and modelling schemes for water and sediment dynamics? Science of The Total Environment, 644: 1557-1572.

Knapp A K, Hoover D L, Wilcox K R, et al. 2015. Characterizing differences in precipitation regimes of extreme wet and dry years: implications for climate change experiments. Global Change Biology, 21 (7): 2624-2633.

Lalibert G E, Brooks R H. 1967. Hydraulic Properties of Disturbed Soil Materials Affected by Porosity. Soil Science Society of America Proceedings, 31 (4): 451-454.

Legates D R, Mahmood R, Levia D F, et al. 2011. Soil moisture: a central and unifying theme in physical geography. Progress in Physical Geography, 35 (1): 65-86.

Leifeld J, Bassin S, Fuhrer J. 2005. Carbon stocks in Swiss agricultural soils predicted by land-use, soil characteristics, and altitude. Agriculture Ecosystems & Environment, 105 (2): 255-266.

Li C, Pan C. 2018. The relative importance of different grass components in controlling runoff and erosion on a hillslope under simulated rainfall. Journal of Hydrology, 558: 90-103.

Li X, Sun N, Dodson J, et al. 2012. Human activity and its impact on the landscape at the Xishanping site in the western Loess Plateau during 4800-4300 cal yr BP based on the fossil charcoal record. Journal of Archaeological Science, 39 (10): 3141-3147.

Lin L R, Chen J Z. 1992. The effect of conservation of plant roots on increasing the soil permeability on the Loess Plateau. Chinese Science Bulletin, 37: 1735-1738.

Liu D, Yu Z B, Lue H S. 2010. Data assimilation using support vector machines and ensemble Kalman filter for multi-layer soil moisture prediction. Water Science and Engineering, 3 (4): 361-377.

Liu S L, Dong Y H, Li D, et al. 2013. Effects of different terrace protection measures in a sloping land consolidation project targeting soil erosion at the slope scale. Ecological Engineering, 53: 46-53.

Loope W, Gifford G. 1972. Influence of a soil microfloral crust on select properties of soils under pinyon-juniper in southeastern Utah. Journal of Soil and Water Conservation, 27: 164-167.

Ludwig J A, Bastin G N, Chewings V H, et al. 2007. Leakiness: a new index for monitoring the health of arid and semiarid landscapes using remotely sensed vegetation cover and elevation data. Ecological Indicators, 7 (2): 442-454.

Luffman I E, Nandi A, Spiegel T. 2015. Gully morphology, hillslope erosion, and precipitation characteristics in the Appalachian Valley and Ridge province, southeastern USA. Catena, 133: 221-232.

Marchamalo M, Hooke J M, Sandercock P J. 2016. Flow and sediment connectivity in semi-arid landscapes in SE Spain: patterns and controls. Land Degradation and Development, 27 (4): 1032-1044.

Martinez-Turanzas G A, Coffin D P, Burke I C. 1997. Development of microtopography in a semi-arid grassland: effects of disturbance size and soil texture. Plant and Soil, 191 (2): 163-171.

Martínez-Hernández C, Rodrigo-Comino J, Romero-Díaz A. 2017. Impact of lithology and soil properties on abandoned dryland terraces during the early stages of soil erosion by water in south-east Spain. Hydrological Processes, 31 (17): 3095-3109.

Massawe P, Mtei K, Munishi L, et al. 2016. Improving soil fertility and crops yield through maize-legumes (common bean and dolichos lablab) intercropping systems. Journal of Agricultural Science, 8 (12): 148.

Masselink R J H, Heckmann T, Temme A J M, et al. 2017. A network theory approach for a better understanding of overland flow connectivity. Hydrological Processes, 31 (1): 207-220.

Masselink R J H, Keesstra S D, Temme A J A M, et al. 2016. Modelling discharge and sediment yield at catchment scale using connectivity components. Land Degradation and Development, 27 (4): 933-945.

Mayor P A, Springman S M, Teysseire P. 2008. In situ field experiment to apply variable high water levels to a river levee. //Toll D G, Augarde C E, Gallipoli D, et al. Unsaturated Soils: Advances in Geo-engineering (Proceedings of the 1st European Conference on Unsaturated Soils, E-UNSAT 2008, Durham, United Kingdom). London: Taylor and Francis: 947-952.

Mcdonagh J, Lu Y, Semalulu O. 2014. Adoption and adaptation of improved soil management practices in the Eastern Ugandan Hills. Land Degradation and Development, 25 (1): 58-70.

Michael A, Schmidta J, Enke W, et al. 2005. Impact of expected increase in precipitation intensities on soil loss—results of comparative model simulations. Cetena, 61 (2): 155-164.

Mohanty B P, Skaggs T H. 2001. Spatio-temporal evolution and time-stable characteristics of soil moisture within remote sensing footprints with varying soils, slope, and vegetation. Advances in Water Resources, 24: 1051-1067.

Monger H C, Kraimer R A, Khresat S E, et al. 2015. Sequestration of inorganic carbon in soil and groundwater. Geology, 43 (5): 375-378.

Moore I D, Burch G J, Mackenzie D H. 1988. Topographic effects on the distribution of surface soil water and the location of ephemeral gullies. Transactions of the ASAE, 31: 1098-1107.

Moreira W H, Tormena C A, Karlen D L, et al. 2016. Seasonal changes in soil physical properties under long-term no tillage. Soil & Tillage Research, 160: 53-64.

Moreno-de-las-Heras M, Merino-Martín L, Saco P, et al. 2020. Structural and functional control of surface-patch to hillslope-scale runoff and sediment connectivity in Mediterranean-dry reclaimed slope systems. Hydrology and Earth System sciences, DOI: 10.5914/hess-2019-570.

Morin E, Goodrich D C, Maddox R A, et al. 2006. Spatial patterns in thunderstorm rainfall events and their coupling with watershed hydrological response. Advances in Water Resources, 29: 843-860.

Muñoz-Robles C, Reid N, Tighe M, et al. 2011. Soil hydrological and erosional responses in patches and inter-patches in vegetation states in semi-arid Australia. Geoderma, 160 (3-4): 524-534.

Nanko K, Onda Y, Ito A, et al. 2010. Variability of surface runoff generation and infiltration rate under a tree canopy: indoor rainfall experiment using Japanese cypress, Chamaecyparis obtusa. Hydrological Processes, 24 (5): 567-575.

Nastos P T, Evelpidou N, Vassilopoulos A. 2010. Brief communication "Does climatic change in precipitation drive erosion in Naxos Island, Greece?" . Natural Hazards and Earth System Sciences, 10 (2): 379.

Naylor L A, Viles H A, Carter N E A. 2002. Biogeomorphology revisited: looking towards the future. Geomorphology, 47 (1): 3-14.

Ola A, Dodd I C, Quinton J N. 2015. Can we manipulate root system architecture to control soil erosion? . Soil, 1 (2): 603-612.

Pan D, Gao X, Dyck M, et al. 2017. Dynamics of runoff and sediment trapping performance of vegetative filter strips: run-on experiments and modeling. Science of The Total Environment, 593-594: 54-64.

Pan D, Gao X, Wang J, et al. 2018. Vegetative filter strips—effect of vegetation type and shape of strip on run-off and sediment trapping. Land Degradation and Development, 29 (11): 3917-3927.

Paningbatan E P. 1994. Management of soil erosion for sustainable agriculture in sloping lands. Philippine Agriculturist (Philippines) .

Porporato A, Rodriguez-Iturbe I. 2002. Ecohydrology- a challenging multidisciplinary research perspective/ ecohydrologie: une perspective stimulante de recherche multidisciplinaire. Hydrological Sciences Journal, 47 (5): 811-821.

Puigdefábregas J. 2005. The role of vegetation patterns in structuring runoff and sediment fluxes in drylands. Earth Surface Processes and Landforms, 30 (2): 133-147.

Ren Z, Zhu L, Bing W, et al. 2016. Soil hydraulic conductivity a s affected by vegetation restoration ageon the Loess Plateau, China. Journal of Arid Land, 8: 546-555.

Rey F. 2003. "Efficacité des barrières végétales pour la lutte contre l'envasement des retenues de barrages. " La houille blanche, 6: 41-45.

Rey F. 2004. Effectiveness of vegetation barriers for marly sediment trapping. Earth Surface Processes and Landforms, 29 (9): 1161-1169.

Rodrigo Comino J, Keesstra S D, Cerdà A. 2018. Connectivity assessment in Mediterranean vineyards using improved stock unearthing method, LiDAR and soil erosion field surveys. Earth Surface Processes and

Landforms, 43 (10): 2193-2206.

Rodríguez-Carretero M T, Lorite I J, Ruiz-Ramos M, et al. 2013. Impact of climate change on water balance components in Mediterranean rainfed olive orchards under tillage or cover crop soil management. EGU General Assembly Conference Abstracts, 15: 11446-11447.

Romero-Díaz A, Cammeraat L, Vacca A, et al. 1999. Soil erosion at three experimental sites in the Mediterranean. Earth Surface Processes & Landforms, 24 (13): 1243-1256.

Rossi J, Govaerts A, De Vos B, et al. 2009. Spatial structures of soil organic carbon in tropical forests-a case study of Southeastern Tanzania. Catena, 77: 19-27.

Rostagno C M, Valle H F E. 1988. Mounds associated with shrubs in aridic soils of northeastern Patagonia: characteristics and probable genesis. Catena, 15 (3-4): 347-359.

Sanchez G, Puigdefabregas J. 1994. Interactions of plant growth and sediment movement on slopes in a semi-arid environment. Geomorphology, 9 (3): 243-260.

Sanchez L A, Ataroff M, Lopez R. 2002. Soil erosion under different vegetation covers in the Venezuelan Andes. Environmentalist, 22 (2): 161-172.

Schenk E R, O'Donnell F, Springer A E, et al. 2020. The impacts of tree stand thinning on groundwater recharge in aridland forests. Ecological Engineering, 145: 105701.

Stefanidis S, Chatzichristaki C, Stefanidis P. 2017. Development of a GIS toolbox for automated estimation of soil erosion//Proceedings of the Sixth International Conference on Environmental Management, Engineering, Planning & Ecomomics. Thessaloniki, Greeze.

Sun W, Mu X, Gao P, et al. 2019. Landscape patches influencing hillslope erosion processes and flow hydrodynamics. Geoderma, 353: 391-400.

Taha A, Gresillon J M, Clothier B E. 1997. Modelling the link between hillslope water movement and stream flow: application to a small Mediterranean forest watershed. Journal of Hydrology, 203: 11-20.

Tanaka D L, Anderson R L. 1997. Soil water storage and precipitation storage efficiency of conservation tillage systems. Journal of Soil and Water Conservation, 52 (5): 363-367.

Tesfahunegn G B, Tamene L, Vlek PLG. 2011. Catchment-scale spatial variability of soil properties and implications on site-specific soil management in northern Ethiopia. Soil and Tillage Research, 117: 124-139.

van Dijk P M, van der Zijp M, Kwaad F J P M. 1996. Soil erodibility parameters under various cropping systems of maize. Hydrological Processes, 10 (8): 1061-1067.

Vannoppen W, Vanmaercke M, De Baets S, et al. 2015. A review of the mechanical effects of plant roots on concentrated flow erosion rates. Earth-Science Reviews, 150: 666-678.

Wang H, Boutton T W, Xu W, et al. 2015. Quality of fresh organic matter affects priming of soil organic matter and substrate utilization patterns of microbes. Scientific reports, 5 (1): 1-13.

Wang L X, D'Odorico P, Manzoni S, et al. 2009. Soil carbon and nitrogen dynamics in southern African savannas: the effect of vegetation-induced patch-scale heterogeneities and large scale rainfall gradients. Climatic Change, 94 (1-2): 63.

Wang L, Fang N, Yue Z J, et al. 2018. Raindrop size and flow depth control sediment sorting in shallow flows on steep slopes. Water Resources Research.

Wang L, Zhang G, Zhu L, et al. 2017. Biocrust wetting induced change in soil surface roughness as influenced by biocrust type, coverage and wetting patterns. Geoderma, 306: 1-9.

Wang Y Q, Shao M A, Shao H B. 2010. A preliminary investigation of the dynamic characteristics of dried soil layers on the Loess Plateau of China. Journal of Hydrology, 381 (1-2): 9-17.

Wei W, Chen L D, Fu B J, et al. 2007. The effect of land uses and rainfall regimes on runoff and soil erosion in the semi-arid loess hilly area, China. Journal of Hydrology, 335 (3-4): 247-258.

Wei W, Chen L D, Yang L, et al. 2012. Microtopography recreation benefits ecosystem restoration. Environmental Science and Technology, 46: 10875-10876.

Wei W, Chen D, Wang L, et al. 2016. Global synthesis of the classifications, distributions, benefits and issues of terracing. Earth-Science Reviews, 159: 388-403.

Wei W, Feng X R, Yang L, et al. 2019. The effects of terracing and vegetation on soil moisture retention in a dry hilly catchment in China. Science of the Total Environment 647: 1323-1332.

Wolf R E, Morman S A, Hageman P L, et al. 2011. Simultaneous speciation of arsenic, selenium, and chromium: species stability, sample preservation, and analysis of ash and soil leachates. Analytical and Bioanalytical Chemistry, 401 (9): 2733.

Wu G L, Yang Z, Cui Z, et al. 2016. Mixed artificial grasslands with more roots improved mine soil infiltration capacity. Journal of Hydrology, 535: 54-60.

Xiao B, Hu K, Ren T S, et al. 2016. Moss-dominated biological soil crusts significantly influence soil moisture and temperature regimes in semiarid ecosystems. Geoderma, 263: 35-46.

Xu Y, Yang B, Tang Q, et al. 2011. Analysis of comprehensive benefits of transforming slope farmland to terraces on the Loess Plateau: a case study of the Yangou Watershed in Northern Shaanxi Province, China. Journal of Mountain Science, 8 (3): 448.

Yang J, Chu X F. 2015. A new modeling approach for simulating microtopography-dominated, discontinuous overland flow on infiltrating surfaces. Advances in Water Resources, 78: 80-93.

Yang Y, Wei W, Chen L D, et al. 2018. Quantifying the effects of precipitation, vegetation, and land preparation techniques on runoff and soil erosion in a Loess watershed of China. Science of The Total Environment, 652: 755-764.

Zhang J, Zhang L M, Huang H W. 2013. Evaluation of generalized linear models for soil liquefaction probability prediction. Environmental Earth Sciences, 68 (7): 1925-1933.

Zhang Q, Jia X, Zhao C, et al. 2018. Revegetation with artificial plants improves topsoil hydrological properties but intensifies deep-soil drying in northern Loess Plateau, China. Journal of Arid Land, 10 (3): 335-346.

Zhang S Y, Zhou Z F, Xia J B, et al. 2007. The responses of *Euonymus fortunei* var. *radicans* Sieb. leaf photosynthesis to light in different soil moisture. Acta Botanica Boreali-Occidentalia Sinica, 27 (12): 2514.

Zhang Y, Guo S, Liu Q, et al. 2015. Responses of soil respiration to land use conversions in degraded ecosystem of the semi-arid Loess Plateau. Ecological Engineering, 74: 196-205.

Zhao G, Zhai J, Tian P, et al. 2017a. Variations in extreme precipitation on the Loess Plateau using a high-resolution dataset and their linkages with atmospheric circulation indices. Theoretical and Applied Climatology: 1-13.

Zhao C, Gao J E, Huang Y, et al. 2017b. The Contribution of *Astragalus adsurgens* roots and canopy to water erosion control in the water-wind crisscrossed erosion region of the Loess Plateau, China. Land Degradation and Development, 28 (1): 265-273.

Zhao J, Zhao S D. 2004. Apply the participatory rural appraisal method to the research of land use change in local scale——a case study of village Yaoledianzi of Korqin Sands. Areal Research and Development, 1.

Zhao L, Hou R, Wu F, et al. 2018. Effect of soil surface roughness on infiltration water, ponding and runoff on tilled soils under rainfall simulation experiments. Soil and Tillage Research, 179: 47-53.

Zhou H, Peng X, Darboux F. 2013. Effect of rainfall kinetic energy on crust formation and interrill erosion of an ultisol in subtropical China. Vadose Zone Journal, 12 (4): 4949-4960.

Zhou H, Yang W T, Zhou X, et al. 2016. Accumulation of heavy metals in vegetable species planted in contaminated soils and the health risk assessment. International Journal of Environmental Research and Public Health, 13 (3): 289.

Zhou Z C, Shangguan Z P. 2005. Soil anti-scouribility enhanced by plant roots. Journal of Integrative Plant Biology, 47 (6): 676-682.

Zuazo V H D, Pleguezuelo C R R. 2008. Soil-erosion and runoff prevention by plant covers. A review. Agronomy for Sustainable Development, 28: 65-86.

第2章　降雨特性的水蚀效应

在半干旱黄土丘陵沟壑区，由于黄土层非常深厚（一般可达40～60 m，厚则超过100 m），地下水资源埋藏极深，难以得到有效利用。同时该地区降雨稀少而蒸发量很大，导致许多地区河川常年干涸，没有可以利用的地表水资源。在这种情况下，降雨成为土壤水分的唯一输入途径和植被生长发育及更新演替的根本水源，同时也成为径流侵蚀发生发展的原动力。而事实上，水土流失过程是多种因素错综交织的结果（Fu and Gulinck，1994）。除了土地利用类型/植被覆盖以外，水土流失还受到其他很多自然和人为因素的影响与制约，以往研究中提及最多的因素就是降雨因子（Wei et al.，2007）。降雨在其降落地面的过程中会对地表层的土壤产生冲击，从而诱发地表径流和土壤侵蚀（Sharma et al.，1993；Van Dijk et al.，2002）。

降雨的各个特征值不同，则会直接影响其地表径流和土壤流失效应的分化与差异性。例如，有研究发现，当降雨强度增加11.7倍时，洪水、泥沙和洪峰模数分别增加11.1倍、580.2倍和90.8倍（薛辉，2006）。Morgan（1986）也发现，坡面漫流所导致的土壤颗粒搬运是降雨事件中降雨强度、降雨量和降雨历时综合作用的结果。Hammad等（2006）利用逐步回归分析的方法研究地中海地区的土壤侵蚀问题时发现，径流、溅蚀及细沟侵蚀与雨滴动能、暴雨历时、降雨侵蚀力（EI_{30}）及最大30 min雨强（I_{30}）的关系极为密切。

同时，降雨强度对径流特别是侵蚀的影响非常显著，其往往比其他降雨特征值对侵蚀的影响要更大些，尽管其他降雨特征值在描述整体降雨事件中也是不可或缺的（Wei et al.，2007）。在西班牙东北部，一次最大降雨强度超过187 mm/h的降雨事件，土壤侵蚀率高达2.82×10^5 kg/hm^2，造成了很大的经济损失和环境损害（Castillo et al.，2003）。另外，降雨发生的频率也是影响水土流失的重要因素。在降雨强度、降雨量和降雨历时相近的条件下，降雨事件发生的次数将成为一个关键指标（卫伟等，2006），它能够有效提高该类降雨事件的影响力。除了暴雨事件能产生严重的土壤侵蚀问题外，那些降雨强度不大但发生频率很高的降雨事件也能产生较高的侵蚀效应。

降雨的分布和落区是一个复杂的问题，它与局地环流特征和下垫面性质（包括地形、水域、建筑等）都有密切的关系（周淑贞等，1989）。在黄土高原地区，降雨时空异质性明显。这种特有的降雨时空异质性和不均匀的分布特征对径流和侵蚀的时空格局及其过程都会产生重要影响。研究发现，降雨过程的时空格局与流域内水文效应之间存在着复杂的作用关系（Morin et al.，2006）。De Lima等（2003）也指出区域的暴雨格局对塑造该区域内的径流水文曲线图起着极为重要的作用，降雨时间序列的分布状态（发生时间及事件的集中程度）是控制土壤水文响应机制的一个重要因素。在某些特定的干旱环境下，径流的产生及其过程对小尺度的降雨变异（rainfall variability）也很敏感（Faures et al., 1995；Morin et al., 2006）。

同时，在不同类型的降雨事件作用下，不同土地利用/植被覆盖类型的水土流失效应差别较大；即使是同样特征的降雨事件，由于发生的时间（如年份、季节等）不同，也有可能产生截然不同的径流侵蚀效果（Wei et al., 2007）。目前关于这方面的研究相对匮乏，更多的学者侧重于研究某一个或两个降雨因子与不同植被类型对土壤侵蚀过程的影响。例如，沈玉芳等（2003）分析了不同植被（高粱、豌豆、苜蓿、草木犀）盖度和降雨特征（降雨量和降雨强度）与侵蚀速率之间的关系。也有一些学者划分了不同级别的降雨类型（焦菊英等，1999；Yeh et al., 2000），但多以单个降雨特征值，如降雨量、降雨强度（以下简称雨强）等为衡量标准（Salles et al., 2002；Kirkby et al., 2005），没有考虑基于多个降雨特征划分的降雨格局，而且较少从植被长期生长的动态角度来探讨土地利用在不同降雨格局作用下的径流侵蚀过程。因此，研究不同降雨特性及其格局下土地利用/植被覆盖对水蚀过程的影响，对以科学防控水土流失为目的的土地利用结构调整和生态系统恢复具有重要意义。

2.1 降雨特征值与径流侵蚀

在半干旱黄土丘陵沟壑区，降雨作为唯一的水分输入方式和水力侵蚀的原动力，对水土流失的影响是最为直接而显著的。当前，关于降雨对水土流失影响方面的研究和报道已经很多，如降雨量、降雨动能、雨滴击溅等方面的报道已有很多，但大多是基于单个降雨特征值进行的孤立探讨。而事实上，分析降雨因子和径流侵蚀的关系，应该综合考虑其各降雨特征值，只有这样才能完整准确地反映降雨事件的特征，以及降雨事件和地表径流、土壤侵蚀的内在关系。鉴于此，本章从每一次降雨事件所对应的降雨量、降雨历时、平均雨强、最大 30 min 雨强，以及降雨量×最大 30 min 雨强等多个指标入手进行分析探讨。但是，研究发现这些因素之间存在较为显著的自相关关系（表 2-1），这对相关性分析的选择提出了要求。

表 2-1 各降雨特征值的 Pearson 相关性分析

降雨特征值	降雨量（P）	降雨历时（D）	平均雨强（AI）	最大 30 min 雨强（I_{30}）	降雨量×最大 30 min 雨强（PI_{30}）
降雨量（P）	1	0.650**	-0.230**	0.096	0.617**
降雨历时（D）	0.650**	1	-0.493**	-0.402**	0.008
平均雨强（AI）	-0.230**	-0.493**	1	0.651**	0.272**
最大 30 min 雨强（I_{30}）	0.096	-0.402**	0.651**	1	0.740**
降雨量×最大 30 min 雨强（PI_{30}）	0.617**	0.008	0.272**	0.740**	1

** 表示相关性在 0.01 的水平上显著

由表 2-1 可知，降雨量（P）和降雨历时（D）、平均雨强（AI）、降雨量×最大 30min 雨强（PI_{30}）都有显著相关关系，只有和最大 30 min 雨强（I_{30}）没有显著相关性；降雨历时（D）和降雨量×最大 30 min 雨强（PI_{30}）无显著相关性，和其他特征因子都有显著相关性。而根据统计学的基本原理，利用一般的相关分析方法无法有效剔除这种干扰和影响，从而无法有效遴选最相关的影响因素，也有可能导致结果出现较大的偏差。

鉴于此，采用偏相关分析方法对各降雨特征值和不同组合类型下（表 2-2）的径流侵蚀量关系进行深入探讨，以避免这种自相关对分析结果带来的干扰和影响。

表 2-2　不同组合类型的下垫面处理

土地利用类型	坡度		
	10°	15°	20°
农田	R_{1-1} 或 E_{1-1}	R_{1-2} 或 E_{1-2}	R_{1-3} 或 E_{1-3}
	（P_4）	（P_1）	（P_{11}）
牧草地	R_{2-1} 或 E_{2-1}	R_{2-2} 或 E_{2-2}	R_{2-3} 或 E_{2-3}
	（P_2）	（P_5）	（P_{12}）
灌丛	R_{3-1} 或 E_{3-1}	R_{3-2} 或 E_{3-2}	R_{3-3} 或 E_{3-3}
	（P_3）	（P_6）	（P_9）
乔木林	R_{4-1} 或 E_{4-1}	R_{4-2} 或 E_{4-2}	R_{4-3} 或 E_{4-3}
	（P_8）	（P_7）	（P_{10}）
自然草地	R_{5-1} 或 E_{5-1}	R_{5-2} 或 E_{5-2}	R_{5-3} 或 E_{5-3}
	（P_{13}）	（P_{15}）	（P_{14}）

注：R、E、P 分别代表径流、侵蚀、径流小区

对表 2-2 中不同处理下的多年平均径流量、多年平均侵蚀量与各降雨特征值进行偏相关分析，结果分别见表 2-3 和表 2-4。

表 2-3　不同处理下的径流量与各降雨特征值偏相关分析

处理类型	降雨量（P）	降雨历时（D）	平均雨强（AI）	最大 30 min 雨强（I_{30}）	降雨量×最大 30 min 雨强（PI_{30}）
R_{1-1}	0.257**	−0.097	−0.177	0.296**	0.376***
R_{2-1}	0.317***	−0.072	−0.056	0.266***	0.242**
R_{3-1}	0.287**	−0.048	−0.007	0.004	0.275**
R_{4-1}	0.305***	−0.177	−0.088	0.271**	0.192*
R_{5-1}	0.414***	−0.152	−0.161	0.332**	−0.100
R_{1-2}	0.283**	−0.125	−0.202*	0.401***	0.154*
R_{2-2}	0.327***	−0.128	−0.151	0.440***	0.147*
R_{3-2}	0.272**	−0.066	−0.045	0.046	0.150
R_{4-2}	0.229*	−0.131	−0.045	0.182*	0.270**

续表

处理类型	降雨量（P）	降雨历时（D）	平均雨强（AI）	最大 30 min 雨强（I_{30}）	降雨量×最大 30 min 雨强（PI_{30}）
R_{5-2}	0.492***	-0.158	-0.151	0.292***	-0.039
R_{1-3}	0.344***	-0.197	-0.222*	0.485***	0.024
R_{2-3}	0.300***	-0.187*	-0.110	0.311***	0.039*
R_{3-3}	0.311***	-0.068	-0.059	0.068	0.133
R_{4-3}	0.318***	-0.204*	0.121	0.291**	0.143
R_{5-3}	0.414***	-0.150	0.142	0.372***	0.084

* 表示相关性在 0.05 的水平上显著；** 表示相关性在 0.01 的水平上显著；*** 表示相关性在 0.001 的水平上显著

由表 2-3 可知，在控制其他降雨特征值不变的条件下，以及在不考虑土地利用类型等其他立地条件差异的情况下，不同处理下的径流量与降雨量、最大 30 min 雨强的正相关性较为显著；其次为 PI_{30}；而与平均雨强的相关性较差，只有个别处理与之呈现出较为显著的相关性。因此可以认为，影响径流量的降雨特征值主要为降雨量、最大 30 min 雨强，以及两者之积，在以后的研究中应重点考虑。而对于其他因素，在土地利用类型及其他立地条件十分相似的前提下，可以不做重点考虑。

表 2-4　不同处理下的侵蚀量与各降雨特征值偏相关分析

处理类型	降雨量（P）	降雨历时（D）	平均雨强（AI）	最大 30 min 雨强（I_{30}）	降雨量×最大 30 min 雨强（PI_{30}）
E_{1-1}	-0.128	-0.069	-0.102	0.014*	0.366**
E_{2-1}	-0.111	-0.035	-0.026	-0.013	0.306**
E_{3-1}	0.151	-0.093	-0.032	0.058	-0.041
E_{4-1}	-0.192*	0.030	0.012	-0.149	0.420**
E_{5-1}	0.094	-0.124	-0.155	0.221*	-0.074
E_{1-2}	-0.145	-0.038	-0.031	-0.065	0.386**
E_{2-2}	-0.063	-0.079	-0.055	0.075*	0.196*
E_{3-2}	0.092	-0.059	-0.149	0.194*	-0.063
E_{4-2}	-0.192*	0.033	-0.014	-0.111	0.396**
E_{5-2}	0.102	-0.120	-0.180	0.261**	-0.099
E_{1-3}	-0.160	-0.041	-0.052	-0.026	0.378**
E_{2-3}	0.164	-0.091	-0.264**	0.337**	-0.195*
E_{3-3}	-0.175	-0.012	0.001	-0.098	0.372**
E_{4-3}	-0.086	-0.042	-0.103	0.023*	0.261**
E_{5-3}	0.133	-0.146	-0.173	0.283**	-0.082

* 表示 $0.01<p<0.05$；** 表示 $0.001<p<0.01$

由表 2-4 可知，在控制其他降雨特征值不变的条件下，不同处理下的侵蚀量和降雨量×最大 30 min 雨强（PI_{30}）的相关性最显著，其次为最大 30 min 雨强（I_{30}），而与降雨量、降雨历时、平均雨强的相关性较差。因此可以认为，PI_{30}和 I_{30}是影响侵蚀量的两个决定性降雨特征。对比表 2-3 和表 2-4，发现一个有趣的规律：降雨量直接影响径流量，但从降雨量的多少来判断是否产生侵蚀或侵蚀量的大小则是非常不可靠的。这也同时印证了一个事实，即在黄土丘陵沟壑区，降雨事件是地表径流发生的根本前提，但并非每一次降雨事件都能产生地表径流，这取决于降雨量的大小和特有的立地属性；能够产生地表径流的次降雨事件并不一定都能导致土壤流失和侵蚀，这主要取决于雨强、侵蚀力和立地属性的综合结果。

2.2 不同降雨格局划分及其水蚀效应

2.2.1 不同降雨特征值的遴选

在进行降雨格局划分之前，利用因子分析方法，对降雨特征值的数量进行消减，以较少的指标来替代多个指标，以简化计算，并减少各因子之间的自相关性，以削弱对结果造成的可能影响。进行因子分析时，必须要检验这些变量是否适合于因子分析。检验方法是 Kaiser-Meyer-Olkin（KMO）检验和巴特利特（Bartlett）球形检验。KMO 用于比较变量间的简单相关系数和偏相关系数，取值范围为 0～1。例如，KMO 越大，则所有变量之间的简单相关系数平方和越大于偏相关系数平方和，因此越适合做因子分析；KMO 越小，则越不适合做因子分析。一般认为 KMO > 0.70 时比较适合做因子分析。Bartlett 球形检验是以变量的相关系数矩阵为出发点的。如果该值较大，且对应的相伴概率值小于显著性水平，则认为适合做因子分析。

由表 2-5 可知，KMO 的值为 0.747，大于 0.70；Bartlett 球形检验值为 599.743，球形检验相伴概率值 Sig. =0.000<0.05，即相关系数矩阵不是一个单位矩阵，因而比较适合做因子分析。对各降雨特征值做因子分析，得到图 2-1 所示的载荷散点图。

表 2-5　KMO 检验和 Bartlett 球形检验

足够样本的 KMO 检验	0.747	
Bartlett 球形检验	Approx. Chi-Square	599.743
	自由度 *df*	10
	显著性 Sig.	0.000

从图 2-1 中可以看出，五个降雨特征值分布于不同的轴线区间内，说明其相关性和相关程度不同。降雨量、降雨量×最大 30 min 雨强、平均雨强三个指标位于一个区间内，降雨历时和最大 30 min 雨强分别位于两个区间内。因此，最终选择降雨量、降雨历时、最大 30 min 雨强三个降雨特征值来划分降雨格局。

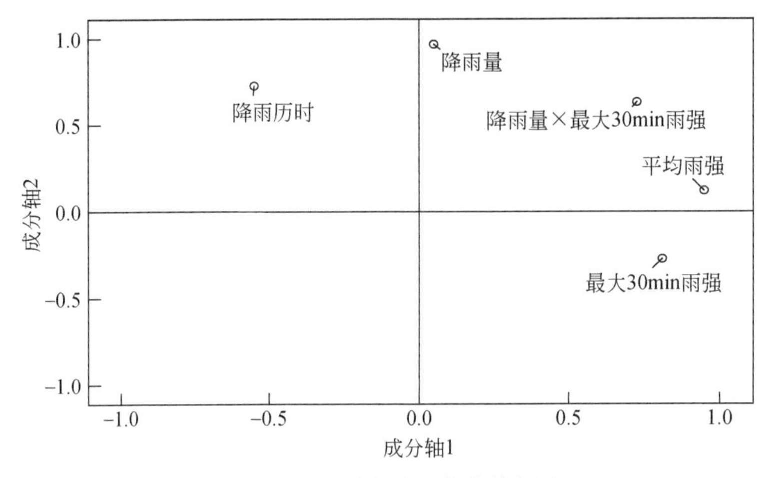

图 2-1　因子分析中的载荷散点图

2.2.2　降雨格局划分及特征分析

（1）快速聚类方法

选择 SPSS 13.0 软件进行降雨事件的聚类分析。聚类分析（cluster analysis）是直接比较各个事物之间的性质，即根据事物本身的特性研究个体分类的方法。该方法的原则是保证所划分的同一类中的个体有较大的相似性，不是同一类的个体之间差异很大。聚类分析主要有两种基本分析方法，即分层聚类分析（hierarchical cluster analysis）和快速聚类分析（K-means cluster analysis）。前者又可以进一步划分为样品（Q 型）聚类和变量（R 型）聚类。由于本研究中所涉及的样本量较大，不适宜选用分层聚类分析中的 Q 型聚类法，而更适宜选用快速聚类分析方法（Horváth，2002）。后者不同于前者的地方主要在于，其聚类的具体数目要首先由使用者根据需要自行指定，然后 SPSS 13.0 软件将属于每一类的降雨事件进行自动归类。其优点是准确可靠，且处理速度快，占用内存少。但是，具体分类数量在事先必须指定，而事实上具体合适的类别具有相当大的尝试性，有时候需要反复进行快速聚类，以求最终确定一个比较合适的聚类数量。理论上，如果分类结果中每一个变量（即各个特征值）之间的 F 统计量的相伴概率值都小于或远小于 0.05（即 $p< 0.05$），则认为聚类分析比较成功，聚类效果比较理想（余建英和何旭宏，2003）。

（2）降雨格局划分及其特征分析

基于以上筛选出的降雨量、降雨历时、最大 30 min 雨强三个降雨特征值，对 1986 ~ 2005 年共计 156 次产流性降雨事件进行不同降雨格局的划分。SPSS 13.0 软件最终将所有产流性降雨事件划分成三种降雨格局，各种降雨格局之间采用欧氏距离比较法（余建英和何旭宏，2003）。利用 SPSS 13.0 软件中的描述性统计（descriptive statistics）分析模块对每一类降雨事件进行统计学特征分析（表 2-6）。

表 2-6 不同降雨格局的统计学特征

降雨格局	降雨特征值	标准差	平均值	变异系数	总和	次数
Ⅰ	降雨量（mm）	10.90	24.34	0.43	1 070.80	44
	降雨历时（min）	192	814	0.27	35 810	
	最大 30 min 雨强（mm/min）	0.13	0.16	0.81	—	
Ⅱ	降雨量（mm）	7.76	18.53	0.58	1 723.30	93
	降雨历时（min）	130	307	0.77	28 549	
	最大 30 min 雨强（mm/min）	0.18	0.28	0.64	—	
Ⅲ	降雨量（mm）	7.72	14.82	0.25	281.60	19
	降雨历时（min）	326	677	0.23	12 865	
	最大 30 min 雨强（mm/min）	0.08	0.11	0.73	—	

由表 2-6 可知，三种降雨格局内的次降雨事件的基本统计学特征差异很大。从降雨量的平均值来看，以降雨格局Ⅰ的平均值最大，为 24.34 mm；降雨格局Ⅱ次之，为 18.53 mm；降雨格局Ⅲ最小，平均值为 14.82 mm。而降雨历时平均值的大小顺序为降雨格局Ⅰ>降雨格局Ⅲ>降雨格局Ⅱ。最大 30 min 雨强的平均值则以降雨格局Ⅱ最大，为 0.28 mm/min；降雨格局Ⅰ次之，为 0.16 mm/min；而降雨格局Ⅲ的值最小，仅为 0.11 mm/min。从发生次数来看，降雨格局Ⅱ下共发生降雨事件 93 次，占所有降雨事件的 59.62%；其次为降雨格局Ⅰ，其下共发生降雨事件 44 次，占所有降雨事件的 28.20%；最少的为降雨格局Ⅲ，共发生降雨事件 19 次，占所有降雨事件的 12.18%。从降雨总量上看，仍以降雨格局Ⅱ为最大，降雨格局Ⅰ次之，降雨格局Ⅲ最小。

综上所述，可以得出这样的结论：降雨格局Ⅱ为高雨强、短历时、高频率降雨事件的集合体，降雨格局Ⅲ为低雨强、长历时、低频率降雨事件的集合体；而降雨格局Ⅰ可以界定为介于以上两类降雨格局之间的所有降雨事件的集合体。从所占比例来看，降雨格局Ⅱ在研究区域内占主要地位，辅以降雨格局Ⅰ这类降雨事件，而降雨格局Ⅲ这类事件所占比例远没有前两类事件大。从这三种降雨格局的变异程度来看，降雨格局Ⅱ的降雨量和降雨历时变异程度最大，而最大 30 min 雨强的变异程度最小，说明这类降雨事件最大 30 min 雨强居高不下，相对较稳定，但降雨量和降雨历时差异很大，总体上属于高变异性降雨事件。

(3) 不同年份的降雨格局特征

对三种降雨格局下，每年的降雨量、降雨发生次数、降雨历时及最大 30 min 雨强进行综合分析，如图 2-2 所示。

由图 2-2 可知，三种降雨格局下降雨量、降雨历时、降雨发生次数及最大 30 min 雨强的年际变异较大。由图 2-2（a）可知，在大多年份以降雨格局Ⅱ的降雨量最大；降雨格局Ⅲ降雨量最小，且在很多年份没有该类降雨事件发生，降雨量为 0 mm，因而在这三种降雨格局中所占比例最小；而一些年份内降雨格局Ⅰ的降雨量要高于降雨格局Ⅱ。从降雨发生次数来看［图 2-2（b）］，历年来均以降雨格局Ⅱ的降雨事件发生的次数和频率最高；

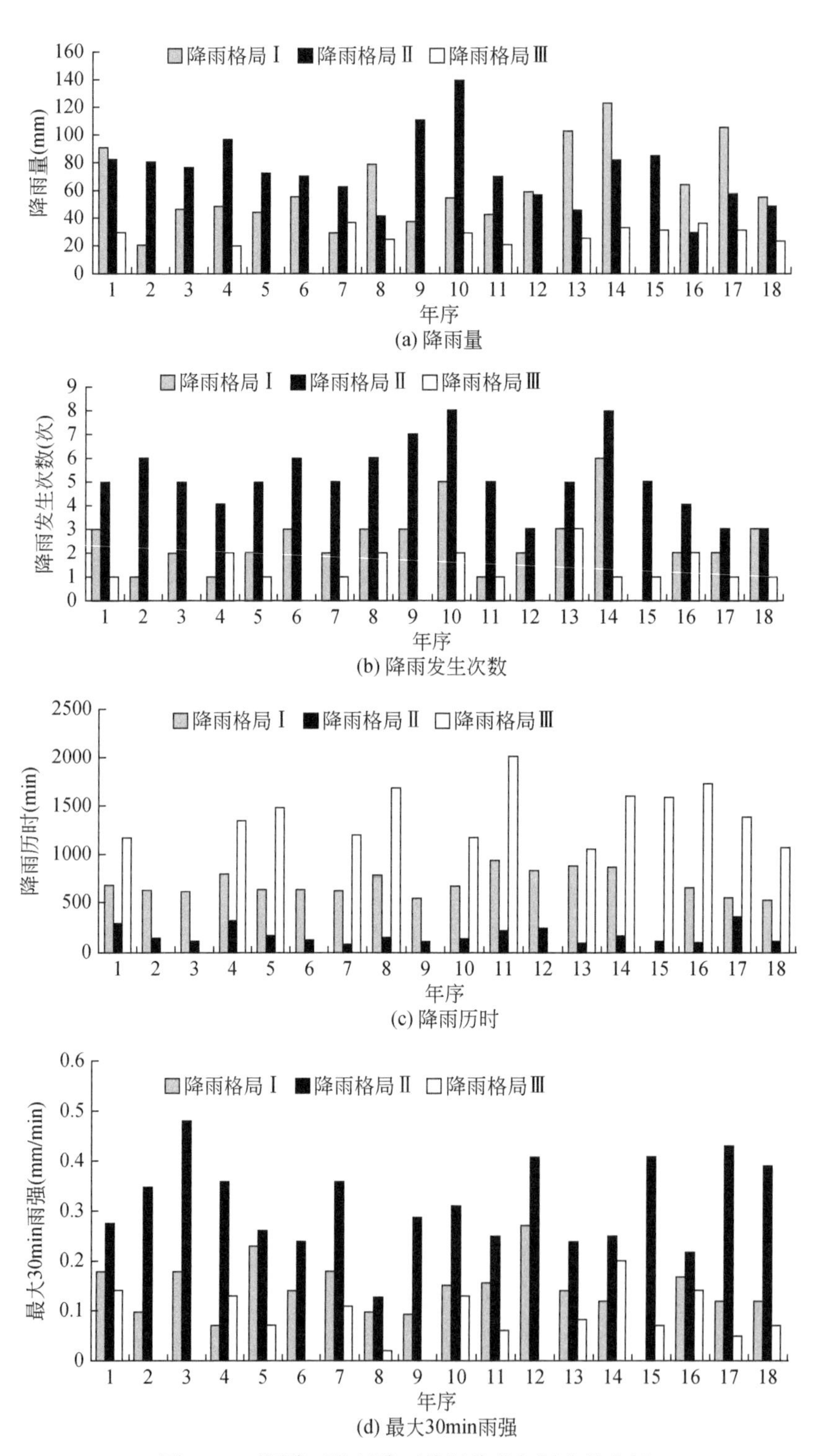

图 2-2 不同降雨格局降雨特征值的年际变异分析

降雨格局Ⅰ次之；降雨格局Ⅲ的降雨事件发生次数最少，许多年份没有该类降雨事件发生，但从最近几年的情况来看，降雨格局Ⅲ的年际发生频率有所增加，近几年几乎每年都会有该类降雨事件发生，这可能是降雨事件的分布格局发生异常的一个征兆。而从降雨历时来看［图 2-2（c）］，尽管降雨格局Ⅲ的降雨事件次数较少，但每次的降雨历时却是最长的，但其最大 30 min 雨强很低［图 2-2（d）］，因而其降雨量并不大；降雨格局Ⅰ的降雨历时次之；而以降雨格局Ⅱ的降雨历时最短，但该类降雨事件的最大30 min雨强最高，因而其降雨量还比较大。

（4）不同月份的降雨格局特征

降雨类型及其分布不仅具有显著的空间和年际特征，还有明显的季节变化特征。下面进一步分析不同月份下三种降雨格局的变异特征（表 2-7）。

表 2-7　不同月份下的三种降雨格局的变异特征

降雨格局	降雨特征值	5 月	6 月	7 月	8 月	9 月
Ⅰ	降雨总量（mm）	172.7	180.6	294.9	377.8	44.8
	降雨历时（min）	761	727	708	709	711
	最大 30 min 雨强（mm/min）	0.24	0.13	0.17	0.16	0.16
	发生次数（次）	6	8	11	18	2
Ⅱ	降雨总量（mm）	183.1	277.5	495.9	497.8	98.3
	降雨历时（min）	212	149	354	163	205
	最大 30 min 雨强（mm/min）	0.33	0.25	0.51	0.29	0.21
	发生次数（次）	10	23	16	25	7
Ⅲ	降雨总量（mm）	74.7	26.4	83.4	72	25.1
	降雨历时（min）	1400	1200	1531	1403	1535
	最大 30 min 雨强（mm/min）	0.07	0.08	0.11	0.09	0.065
	发生次数（次）	3	1	7	6	2

由表 2-7 可知，不同月份三种降雨格局的降雨特征值及分布迥异。从多年平均降雨总量来看，5 ~ 8 月，降雨格局Ⅰ和降雨格局Ⅱ的降雨量递增明显，并均在 8 月达到最高，特别是降雨格局Ⅱ下，7 月和 8 月的多年平均降雨总量高达 495.9 mm 和 497.8 mm，远高于 5 月和 6 月的 183.1 mm 和 277.5 mm。三种降雨格局下，9 月多年平均降雨总量最小，分别为44.8 mm、98.3 mm 和 25.1 mm，仍以降雨格局Ⅱ占据优势地位。

从多年平均降雨历时的特征和分布格局来看，其值以降雨格局Ⅲ为最大，最高值出现在 9 月，高达 1535 min，最低值出现在 6 月，也高达 1200 min；降雨格局Ⅰ次之，其平均降雨历时低于降雨格局Ⅲ而高于降雨格局Ⅱ，最高值和最低值分别出现在 5 月和 7 月，分别为761 min和 708 min；降雨格局Ⅱ的平均降雨历时最短，远低于降雨格局Ⅰ和降雨格局Ⅲ，其最高值出现在 7 月，仅为 354 min，最低值出现在 6 月，仅为 149 min。

从多年平均最大 30 min 雨强来看，总体上以降雨格局Ⅱ为最高，7 月最大 30 min 雨强高达 0.51 mm/min；其次为 5 月和 8 月，分别为 0.33 mm/min 和 0.29 mm/min；9 月的最大

30 min雨强虽然明显下降，但也达到0.21 mm/min。降雨格局Ⅰ的多年平均最大30 min雨强小于降雨格局Ⅱ，其最大值出现在5月，其值为0.24 mm/min；而7～9月最大30 min雨强分布很均匀，7月略高，为0.17 mm/min，其他两个月份均为0.16 mm/min，差异很小；最小值出现在6月，其值为0.13 mm/min。降雨格局Ⅲ的最大30 min雨强最小，最大值仅为0.11 mm/min，出现在7月；从5月的0.07 mm/min、6月的0.08 mm/min，上升至7月的0.11 mm/min，最大30 min雨强呈递增态势；自7月下降，至9月下降至最低值0.065 mm/min。

从三种降雨格局的发生次数来看，共有产流降雨156次，其中降雨格局Ⅰ、降雨格局Ⅱ和降雨格局Ⅲ的发生频率分别为44次、93次和19次（表2-7）。从三种降雨格局的月份分布来看，均以7月和8月的发生次数较高，即降雨事件较为频繁。同时发现，5～8月，各类降雨事件发生次数总体上呈波浪状递增趋势，而到9月则迅速减少，甚至降至最低。这种变化规律在降雨格局Ⅰ和降雨格局Ⅱ下最为明显，如降雨格局Ⅱ的发生次数从5月的10次上升至8月的25次，到9月却仅发生7次。降雨格局Ⅲ的发生次数较少，且月份间的变化规律不如其他两种降雨格局明显，该类降雨事件7月和8月发生次数较多，分别为7次和6次；5月发生次数次之，仅有3次；9月和6月发生次数较少，分别为2次和1次。

各类降雨格局主要集中在7月、8月，6月和5月次之，以9月相对最弱。降雨格局Ⅱ这类降雨事件在各月的分布依旧体现了其高雨强、短历时和高频率的特征，其影响力和分布比例都远远高于其他两种降雨格局；降雨格局Ⅰ次之；降雨格局Ⅲ的最大30 min雨强和发生次数都最弱，因而其在对应的每一个月份中影响力都属最弱。

同时从表2-7中还可以印证这样一个事实，即仅靠单一的降雨特征值无法准确推断一类降雨事件的特征及影响力。例如，对于降雨格局Ⅱ，5月的最大30 min雨强高于8月，但由于8月的发生次数远高于5月，其降雨量和降雨历时的比值即平均雨强也高于后者，8月降雨事件的影响力要大于5月。

2.2.3 不同降雨格局的径流侵蚀效应

在划分和界定不同降雨格局及其对应分布特征的基础上，本节重点讨论不同降雨格局对应的水土流失效应。结果发现，在三种降雨格局下，地表径流和土壤侵蚀发生的规律存在很大的差异，如图2-3所示。

由图2-3可知，在不考虑土地利用之间径流侵蚀差异的前提下，研究区内三种降雨格局下的径流系数和侵蚀模数迥异，且均以降雨格局Ⅱ的径流侵蚀最为严重。该类降雨格局下径流系数和侵蚀模数分别达到10.39%和2018 t/(km^2·a)；与之形成鲜明对比的是降雨格局Ⅲ，其径流系数仅为2.41%，侵蚀模数仅为30 t/(km^2·a)，仅相当于降雨格局Ⅱ下侵蚀量的1.49%，在很多时候其对地表水土的流失和搬运功能几乎可以忽略不计；降雨格局Ⅰ下的径流侵蚀介于两者之间，高于降雨格局Ⅲ而低于降雨格局Ⅱ。结合表2-6和图2-2所描述的三种降雨格局的基本特征，可以得出这样的结论，即高雨强、短历时、高

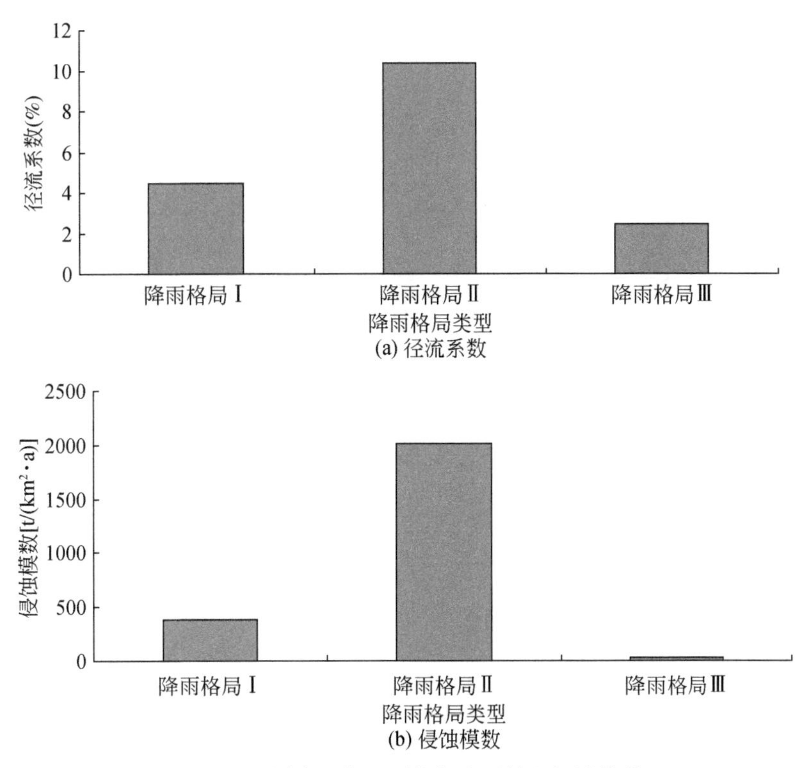

图 2-3　不同降雨格局下的径流系数和侵蚀模数

频率的降雨事件（降雨格局Ⅱ）是研究区内主要的降雨事件，该类降雨事件也是导致径流和侵蚀攀升的重要外在气象因素，需要加大力度防治该类降雨事件的水土流失效应。而低雨强、长历时、低频率的降雨事件（降雨格局Ⅲ）由于破坏力度较小且发生频率很低，对研究区的土壤侵蚀和地表径流不构成重要威胁，在人力、物力资源不足的情况下，可以不予以重点考虑。

地表径流和土壤侵蚀与降雨特征及其时空分布格局、地表覆被程度及覆盖类别、土地利用类型及微地形（如坡度）等因素的关系非常密切，其发生与否及发生的程度往往是这些因素交互作用的结果。基于此，本节深入探讨了不同降雨格局下、不同降雨格局和土地利用类型下，以及不同降雨格局和土地利用类型及坡度综合作用下的水土流失效应。

2.2.4　不同降雨格局和土地利用类型耦合下的水蚀效应

从静态角度出发，进一步分析不同降雨格局下五种土地利用类型的多年平均径流系数和侵蚀模数，如图 2-4 所示。

由图 2-4 可知，不同降雨格局下五种土地利用类型的水土流失效应存在很大的差异。但总体上看，尽管土地利用类型不同，三种降雨格局下的径流侵蚀效应却存在非常一致的变化趋势，即均以降雨格局Ⅱ下的径流侵蚀最为严重；其次为降雨格局Ⅰ；最弱的是降雨

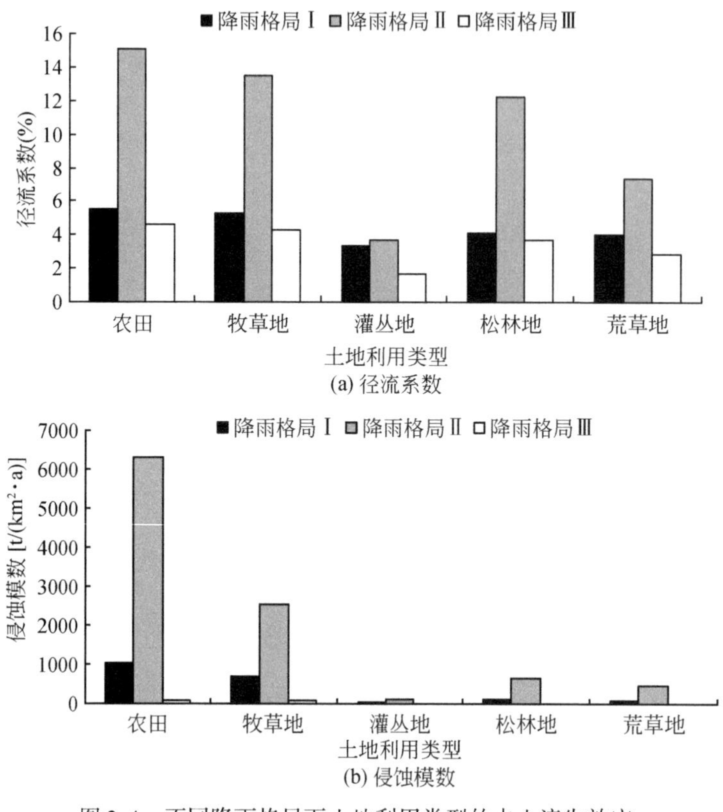

图 2-4　不同降雨格局下土地利用类型的水土流失效应

格局Ⅲ，其径流侵蚀在一定程度上几乎可以忽略。同时，可以看出，五种土地利用类型在三种降雨格局下的径流系数和侵蚀模数表现出很大的差异性。其径流系数和侵蚀模数的大小依次是农田>牧草地>松林地>荒草地>灌丛地。因此，可以肯定的是，径流系数和侵蚀模数在降雨格局和土地利用类型的耦合作用下趋于复杂化，以水土保持效果好的土地利用类型（如灌丛地等）在低雨强、长历时、低频率的降雨事件（如降雨格局Ⅲ）作用下的径流侵蚀最为微弱；以水土保持效果差的土地利用类型（如农田等）在高雨强、短历时、高频率的降雨事件（降雨格局Ⅱ）作用下的径流侵蚀最为严重。目前人工影响天气的技术和手段及在国内的空间覆盖面还不完善，降雨因素是目前人力无法从根本上调控的，因此，实践中为了有效降低水土流失，只有通过尽可能地优化土地利用类型及其结构，同时开展精确的气象预报，在侵蚀性暴雨多发季节，辅助其他如地表覆盖、降低人为干扰破坏、加固加高地埂等措施来削弱降雨侵蚀力。

2.2.5　不同年份降雨格局和植被生长耦合下的水蚀效应

由图 2-5 可知，不同降雨格局下，各土地利用类型在不同年份的径流系数迥异。不同年份的径流系数在降雨格局Ⅱ的影响和控制下波动最大，其次是降雨格局Ⅰ，波动最小的是降雨格局Ⅲ。这充分说明土地利用类型对降雨格局的响应及其程度不是消极被动的，更不是一成不变的；同时降雨格局Ⅱ对土地利用的径流效应影响最大。不同植被生长发育阶段对降雨的径流效应有不同程度的抵御功效。农田和牧草地具有比较接近的变化趋势，即总体上，在三种降雨格局下，农田和牧草地都处于随机变化过程，没有明显的规律可循，主要取决于降雨类型和人为干扰程度。而灌丛地则表现不同，从图 2-5 中可以看出，在降雨格局Ⅱ和降雨格局Ⅰ主导下，灌丛地的径流系数随着生长年限的不断延长和推进，而有明显的降低趋势，也就是说该类土地利用类型随着植被生长，对地表径流的遏制和抵御有明显加强态势。松林地和荒草地也有类似的变化趋势，但其规律性不如灌丛地更为显著。因此，可以说，地表径流发生的程度大小，一方面取决于不同降雨类型及其时空分布；另一方面取决于不同土地利用类型及不同植被所处的生长发育时期。

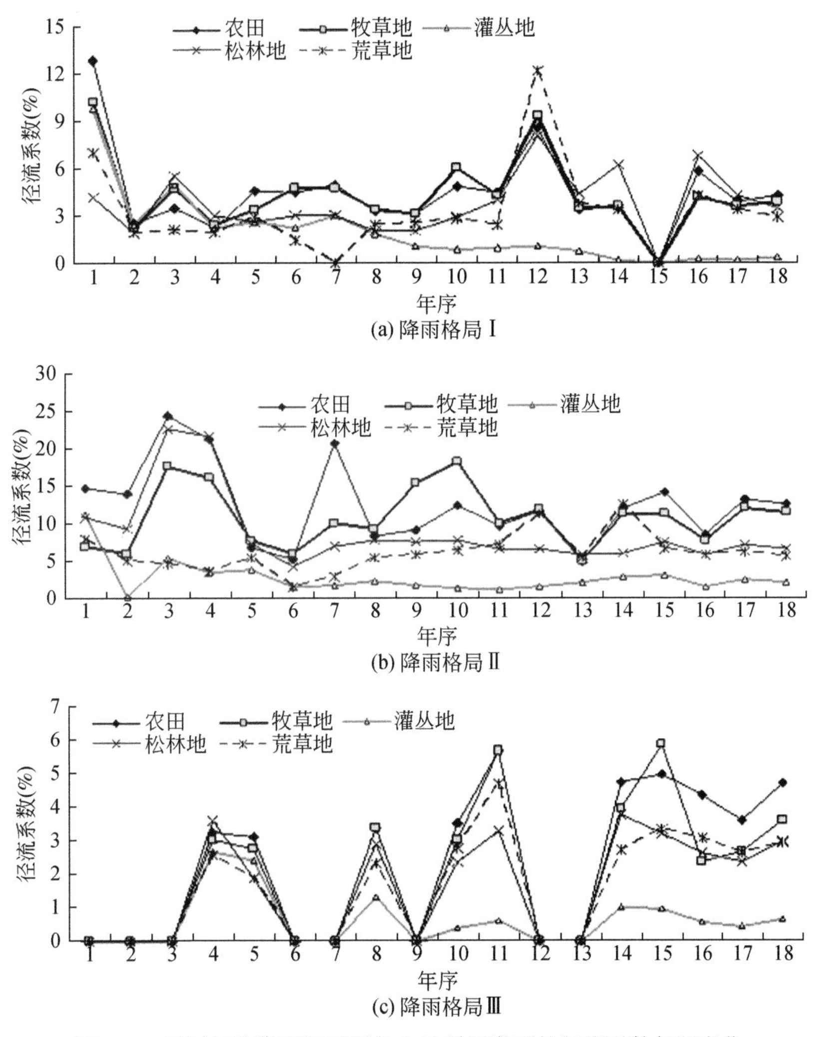

图 2-5　不同年份降雨格局下各土地利用类型的径流系数年际变化

图2-6显示的是不同降雨格局下各土地利用类型的侵蚀模数年际变化，其变化趋势和波动规律与对应的径流系数比较接近。从总体来看，尽管有些年份存在一定的差异性，五种土地利用类型下的侵蚀模数仍旧以农田为最高，其次分别是牧草地、荒草地、松林地和灌丛地。而对于三种降雨格局，大多数年份则仍以降雨格局Ⅱ作用下的侵蚀最严重；其次为降雨格局Ⅰ；对于降雨格局Ⅲ而言，其降雨强度最低且不少年份内没有该类降雨事件发生，因而其影响力最弱，侵蚀效应最差。与径流效应类似，灌丛地下的侵蚀有随着沙棘生长年限增长而不断减弱的趋势，这种趋势在降雨格局Ⅱ和降雨格局Ⅰ作用下尤其明显，即在定制最初的3～4年，侵蚀十分严重，个别年份甚至超过牧草地和松林地，而后下降很快，并趋于稳定在很低的水准上。而农田由于每年耕作和收割，随机变化性强，没有产生这种效应；牧草地由于经常受到人为扰动和破坏，加之其是否能够改善土壤理化属性尚存争议，其侵蚀效应也具有很大的随机性和不可预见性。松林地在降雨格局Ⅱ和降雨格局Ⅰ作用下与灌丛地有类似的地方，都是最初的几年侵蚀较严重，随后有所下降。所不同的是，松林地的侵蚀模数年际变化较大，没有灌丛地（沙棘林）下的土壤保持的功能稳定；特别是在降雨格局Ⅱ作用下，由于降雨强度都很大，侵蚀力较强，松林地下的侵蚀效应稳定性更差；降雨格局Ⅰ作用下情况稍好。这也在一定程度上反映出松林地对强降雨的敏感性要高于灌丛地对强降雨的敏感性。而在降雨格局Ⅲ作用下，由于该类事件在不少年份没有发生，其对应的侵蚀模数为零，同时降雨强度偏低，对土壤的搬运和冲刷力度较小，因而无明显变化趋势和规律遵循。

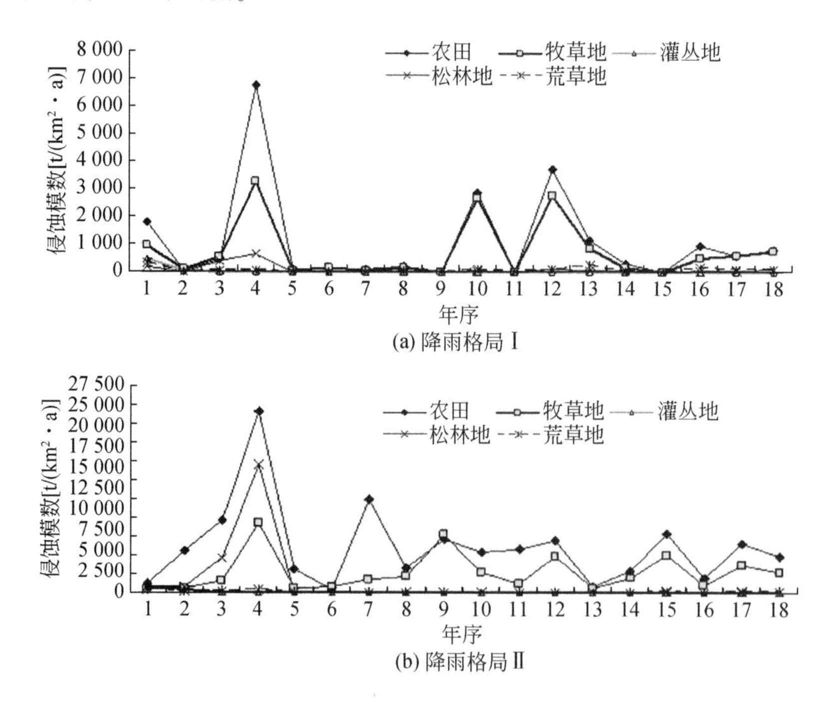

(a) 降雨格局Ⅰ

(b) 降雨格局Ⅱ

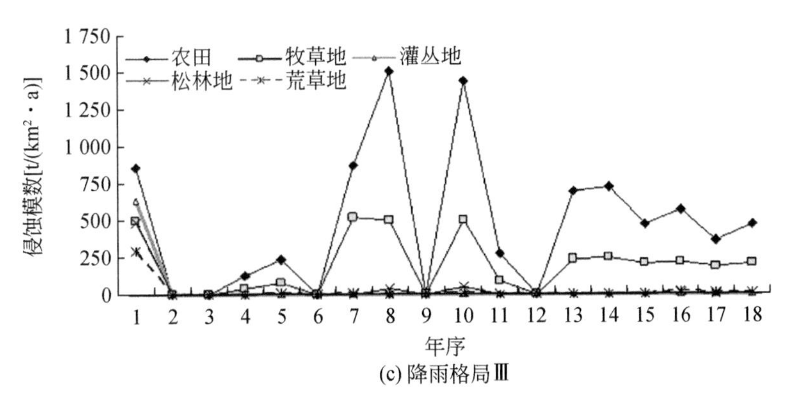

(c) 降雨格局Ⅲ

图 2-6　不同年份降雨格局下各土地利用类型的侵蚀模数年际变化

2.2.6　不同月份降雨格局和植被生长耦合的水蚀效应

对不同月份降雨格局和土地利用/植被生长耦合的径流系数与侵蚀模数进行分析，结果如图 2-7 和图 2-8 所示。

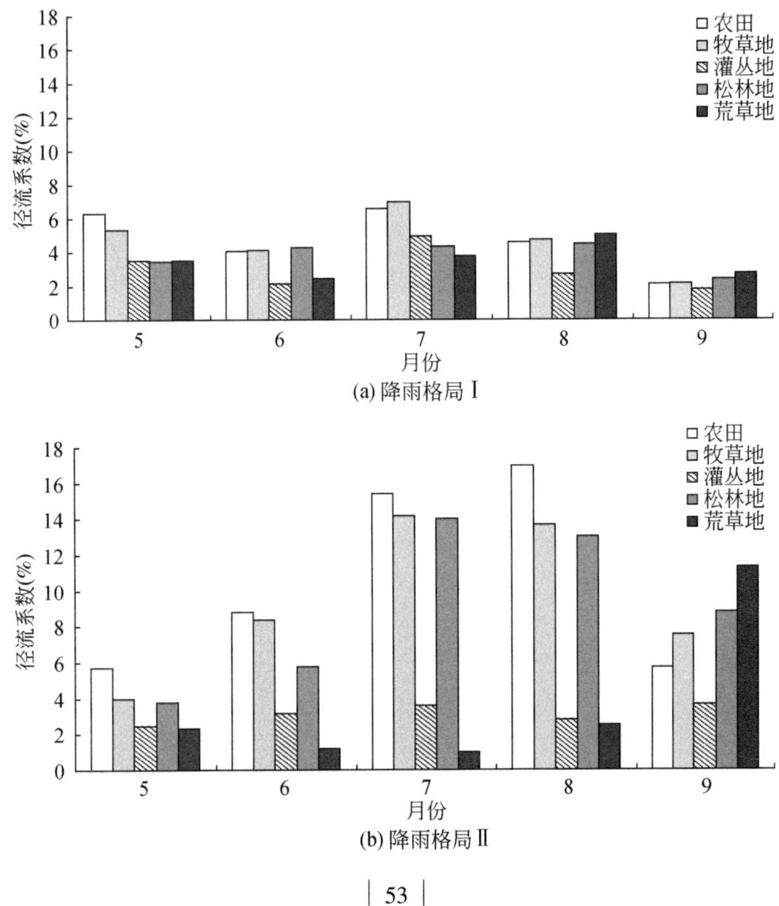

(a) 降雨格局Ⅰ

(b) 降雨格局Ⅱ

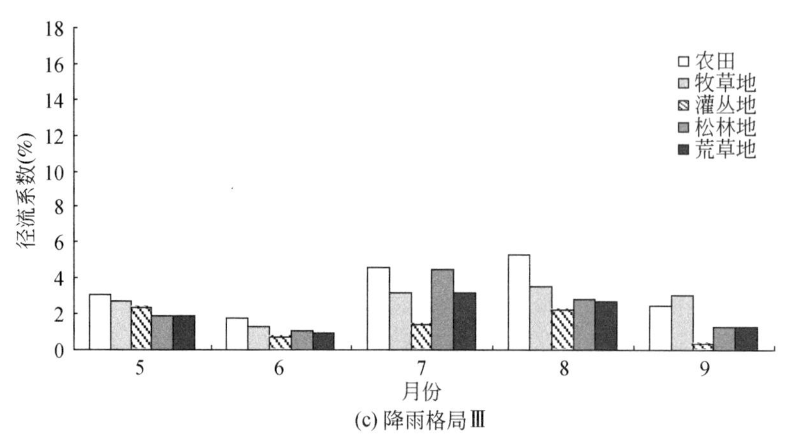

(c) 降雨格局Ⅲ

图 2-7　不同月份下降雨格局和植被生长耦合的径流系数

由图 2-7 可知，不同降雨格局下，各土地利用类型 5 ~ 9 月的径流系数随着植被生长的过程不断发生波动和变化。在不同降雨格局作用下，相同土地利用类型的径流系数差异显著，同时相同土地利用类型在不同月份的径流系数存在明显差异；在同一降雨格局作用下，不同土地利用类型的径流系数不同，同时相同土地利用类型的不同月份的径流系数不同。总体来看，在降雨格局Ⅱ和降雨格局Ⅰ作用下，以 7 月、8 月的径流系数较高，但不同土地利用类型之间存在差异，再次表明土地利用类型是影响径流效应的一个关键因素。而在降雨格局Ⅲ作用下，总体上其径流系数较前两种降雨格局小，地表径流的危害最小，很多时候几乎可以忽略。另外，不同的土地利用类型的径流系数在各个月份间的变化差异较大，这是由不同植被类型之间的综合水土保持效应差异性造成的。

由图 2-8 可知，5 ~ 9 月，不同降雨格局和土地利用类型共同作用下的土壤流失效应迥异。从三种降雨格局下各月份的侵蚀模数来看，以 7 月和 8 月的侵蚀程度较为严重，5 月和 6 月的侵蚀程度远远小于 7 月和 8 月，但又明显高于 9 月。这是特定的降雨属性和植被抵御降雨侵蚀力的能力复杂作用的结果，而这种差异性要远大于图 2-7 所示的径流系数之间的差异。

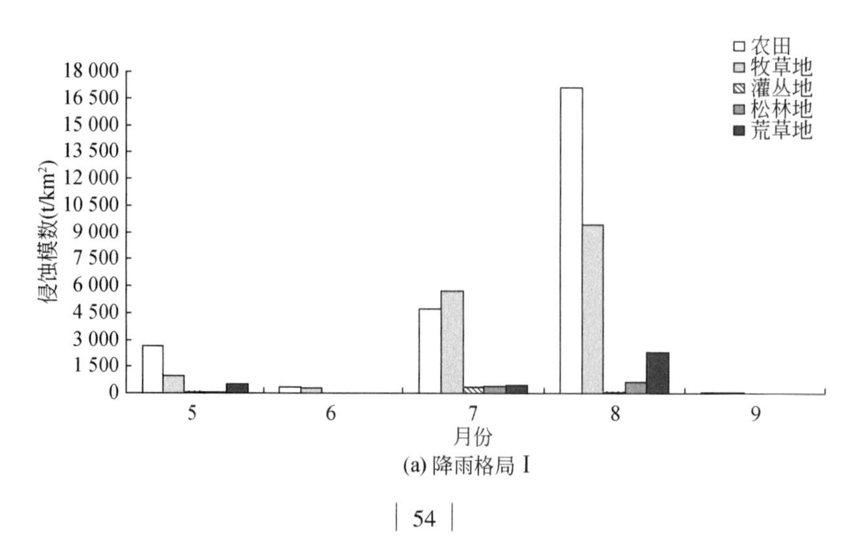

(a) 降雨格局Ⅰ

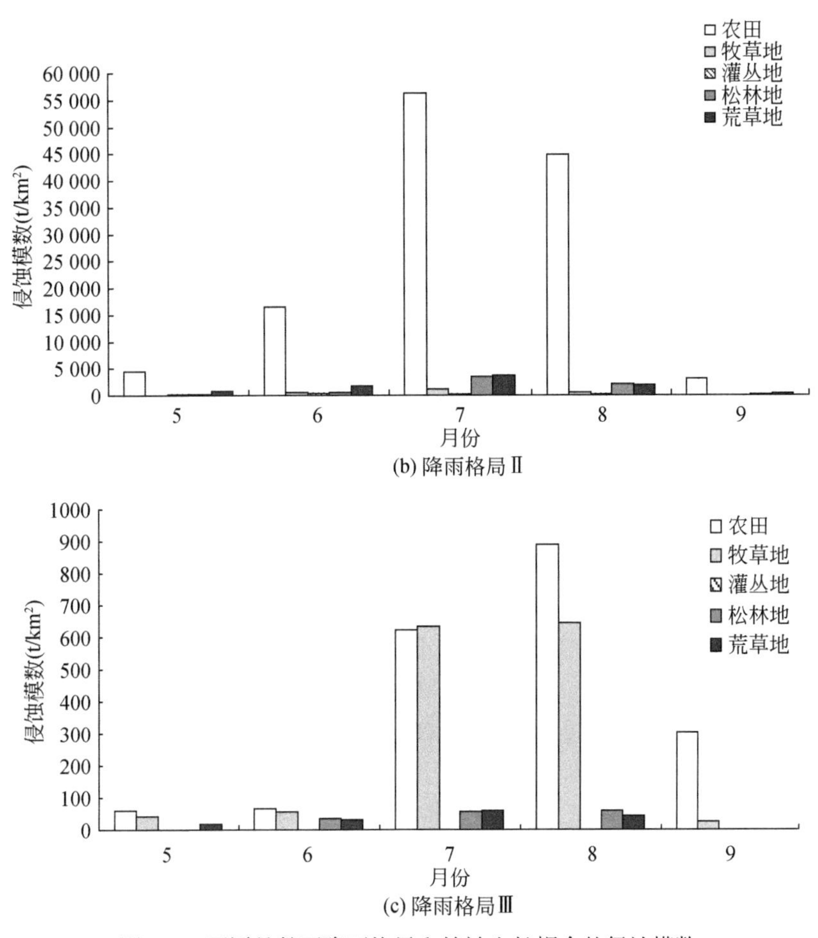

(b) 降雨格局Ⅱ

(c) 降雨格局Ⅲ

图 2-8　不同月份下降雨格局和植被生长耦合的侵蚀模数

同时，在三种降雨格局主导下，不同月份各土地利用类型的侵蚀模数也存在较大差异。在降雨格局Ⅱ作用下，农田的侵蚀模数最高，土壤流失程度远大于其他几种土地利用类型。其侵蚀模数以 7 月为最大，其次为 8 月，6 月的侵蚀模数远小于 7 月、8 月，但明显高于 5 月，9 月的侵蚀模数最小。牧草地的侵蚀模数低于农田而远高于其他土地利用类型，以 7 月侵蚀模数最高，8 月次之，但远低于 7 月，其他月份的侵蚀模数很小，几乎可以忽略。与农田、牧草地类似，松林地和荒草地的侵蚀模数也以 7 月为最大，8 月次之。灌丛地的侵蚀模数在每个月份内都是最小的，与其他土地利用类型相比，基本上可以忽略不计。而在降雨格局Ⅰ和降雨格局Ⅲ作用下，情况稍有不同，其农田最大侵蚀模数均出现在 8 月。

2.3　极端降雨界定及其水蚀效应

自然界中的极端水文事件具有很强的破坏性和随机性，而且在相当程度上往往又是难以避免的，如大范围的强降雨天气所导致的严重的土壤侵蚀、滑坡和泥石流等问题。对于半干旱黄土丘陵沟壑区来说，土壤侵蚀问题是该地区最为严重的生态环境问题（Shi and Shao，2000）。大量研究表明，该区严峻的水土流失是各种自然和人为因素错综交织的结果（Fu，1989）。在众多影响因素中，降雨作为水土流失发生发展的原动力（卢金发和刘爱霞，2002；卫伟等，2006），在很大程度上影响甚至决定着土壤侵蚀的发生强度和运行规律。尤其是近些年来，在全球气候急剧变化的大背景下，极端或者异常的降雨事件时有发生，其危害性和破坏性比一般的降雨事件更为严重。据此，面对日益严重的极端事件及其危害，2002 年的世界气象日将主题选定为“减低对天气和气候极端事件的脆弱性”（丁一汇等，2002），其目的则是在充分认识这些极端事件对社会和国民经济造成的负面影响的基础上，加强预防研究，力争把负面影响及由此而造成的自然灾害降低到最低程度，以保持社会-经济可持续发展。由此，这种严峻的形势和局面也可以窥见一斑。联合国政府间气候变化专门委员会（Intergovernmental Panel on Climate Change，IPCC）在 2001 年第三次评估报告中也预测，在未来的 100 年，极端气候事件将继续增加。对降雨而言，降雨的极值将比平均值增加更大。同时，极端降雨事件的频度和强度在各地都会大幅度上升。

因此，深入研究半干旱黄土丘陵沟壑区极端降雨事件的发生规律和分布特征，以及在其主导下的不同土地利用/土地覆被的径流与侵蚀特征，对于进一步深入理解和探讨水土流失的发生机理、采取更为有力的土壤侵蚀防治策略、开展卓有成效的植被恢复都有所裨益和启示。然而涉及降雨因素的土壤侵蚀效应，目前国内主要集中在降雨侵蚀力、雨滴击溅、植被对降雨的截流作用等方面的研究上，而对于如何划分和界定极端降雨事件，进而深入探讨其发生规律及其对径流和侵蚀的影响等研究则相对匮乏。

2.3.1 极端降雨事件的科学界定和划分

（1）极端降雨事件的划分标准

根据联合国政府间气候变化专门委员会（IPCC）第三次评估报告，极端天气事件是指某一地点或地区从统计分布的观点看，不常或极少发生的天气事件。而极端降雨事件是极端天气的一个重要组成部分，一般是指与历史同期相比出现较少的小概率降雨事件，具有危害性高、突发性强等特征。本书采用世界气象组织（World Meteorological Organization，WMO）关于极端气候事件的定义标准进行极端降雨事件的划分。WMO 规定：如果某一个或某些气候要素的时、日、月、年值达到 25 年以上一遇，或者与其对应的多年平均值（一般应达 30 年左右）的差值大于其两倍的均方差时，这个（些）气候要素值就属于异常气候值。出现异常气候值的事件就是极端气候事件。而降雨是表征气候属性的一个最基本的要素，因此将符合上述标准的降雨事件归属于极端降雨事件。同时，选择合适的降雨特征值对于科学划分和评价极端降雨事件至关重要。尽管大量研究已证明最大 30 min 雨强与土壤侵蚀的拟合效果最好（甘枝茂，1989），但其他因子（如降雨量、降雨历时等）也很重要，因此需要对其进行综合考虑。Martínez-Casasnovas 等（2002）也指出，降雨事件的极端性（或称异常性），不仅仅因为其降雨量以及年内各季节发生的极端性或者异常性，还必须要考虑其他特征值（如降雨强度）的异常性。

依据这样一个基本的原则，本书选择降雨量、最大 30 min 雨强两个降雨特征为基本衡量指标，结合研究地区 18 年连续的降雨数据，求算多年降雨事件的平均值和其两倍的均方差，最终确定了极端降雨事件的划分标准：

1）在满足降雨量大于多年平均值的前提下，最大 30 min 雨强超过 WMO 的相关规定（即其值与其对应的多年平均值的差值大于其两倍的均方差）；

2）如果最大 30 min 雨强达不到 WMO 的规定，降雨量必须达到或超过 WMO 的相关规定（即其值与其对应的多年平均值的差值大于其两倍的均方差）。

满足以上两个条件中任意一个条件的降雨事件则属于极端降雨事件。

（2）极端降雨事件的特征及其分布

根据研究区多年的降雨资料，结合 WMO 的上述规定，推算出研究区内极端降雨事件的降雨量和最大 30 min 雨强的临界值分别为 40.11 mm 和 0.55 mm/min，次降雨量（产流降雨事件）多年平均值为 18.87 mm。依据设定的标准，对 158 次降雨事件进行综合分析，发现其间共有 13 次极端降雨事件（表 2-8）。

表 2-8　极端降雨事件的时间分布及其特征

序列	时间（年-月-日）	降雨量（mm）	降雨历时（min）	最大 30 min 雨强（mm/min）
1	1986-5-19	49.1	885	0.65
2	1986-7-1	47.0	1260	0.33
3	1988-8-3	22.0	210	0.61
4	1989-7-26	43.4	365	0.78
5	1992-8-4	24.2	140	0.65
6	1993-7-8	40.1	1420	0.11
7	1996-7-28	41.9	940	0.15
8	1997-8-6	42.2	690	0.33
9	1999-7-13	28.6	425	0.67
10	2002-5-23	26.5	28	0.95
11	2003-8-1	46.9	1435	0.12
12	2004-7-25	66.6	440	0.63
13	2005-5-29	40.5	116	0.70

由表 2-8 可知，极端降雨事件的发生具有很强的随机性和偶然性。总体而言，近些年来几乎每年都会有一次极端降雨事件发生。与此同时，不同月份发生的次数差异很大：7 月 6 次，发生概率为 46.15%；8 月为 4 次，发生概率为 30.77%；5 月为 3 次，发生概率为 23.08%，而 17 年间每年的 6 月和 9 月均没有极端降雨事件出现。即大约 77% 的极端降

雨事件都集中分布于7月和8月，5月较少，而剩余的其他月份没有该类型的降雨事件发生。因而防治极端降雨事件及其危害的最关键时间段为每年的7月和8月，其次为5月。

基于降雨量和最大30 min雨强两个降雨特征值，利用层次聚类分析中的Cosine方法对以上13次极端降雨事件进行聚类，结果如图2-9所示。

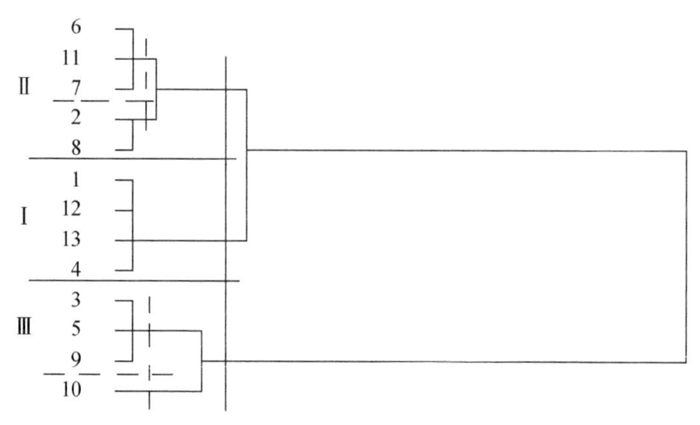

图2-9　极端降雨事件的聚类分析

极端降雨事件可以划分为图2-9中所示的三种情况：第一类（Ⅰ）是降雨量和最大30 min雨强都大于临界值（降雨事件1、4、12、13），这类极端降雨事件的特征是降雨强度较高而降雨历时适中，从而导致比较大的降雨量，占30.77%；第二类（Ⅱ）事件是降雨量大于临界值而最大30 min雨强没有达到临界值（降雨事件2、6、7、8、11），这类降雨事件的一般特征是降雨历时较长导致降雨量较大，占38.46%；第三类（Ⅲ）是最大30 min雨强大于临界值，降雨量大于多年平均值而小于临界值（降雨事件3、5、9、10），这类降雨事件的降雨历时、降雨量和最大30 min雨强等降雨特征值都比第一类极端事件对应的降雨特征值小，占30.77%。

进一步分析第二类（Ⅱ）和第三类（Ⅲ）极端降雨事件后发现，它们还存在明显的次级分类，如图2-9中虚线所隔离的部分。第二类（Ⅱ）降雨事件中，发生在1986年7月1日的降雨事件2和1997年8月6日的降雨事件8归属一个亚类，其余三个次降雨事件6、11和7归属另一类，主要区别在于前者的最大30 min雨强明显高于后者；第三类（Ⅲ）降雨事件中，发生在2002年5月23日的降雨事件10的最大30 min雨强异常高，达到0.95 mm/min，是历次降雨事件中最高的一次，而其降雨量仅有26.5 mm，明显区别于其他几次降雨事件，故自属于一个亚类。

2.3.2　极端降雨事件下的水蚀规律

在科学划分和界定极端降雨事件，并对其进行归类分析的基础上，对其主导下的地表径流和土壤侵蚀效应进行进一步的分析探讨，阐述如下。

（1）径流规律分析

对极端降雨事件作用下各土地利用类型的径流量与各自对应的18年间所有降雨事件

的多年平均径流系数进行比较，如图 2-10 所示。

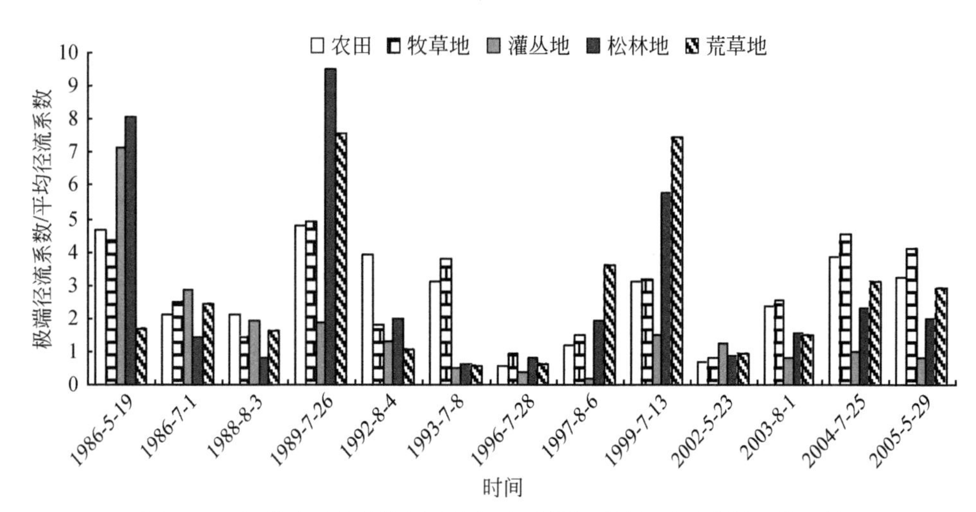

图 2-10 极端降雨事件作用下的径流系数与平均径流系数的比值比较

由图 2-10 可以看出，总体而言，在极端降雨事件作用下，各土地利用类型的径流系数要比平均状态下的径流系数高，也就是说，极端降雨事件作用下，地表径流更容易产生，其危害程度更高。而在一般降雨事件下所产生的地表径流量及其危害程度都比较低。极端降雨事件作用下，农田的径流系数最高为平均径流系数的 4. 80 倍；牧草地最高为平均径流系数的 4. 88 倍；灌丛地最高为平均径流系数的 7. 13 倍；松林地最高为平均径流系数的 9. 50 倍；荒草地最高为平均径流系数的 7. 55 倍。

按照上面划分的三类极端降雨事件标准，对比其径流系数，发现降雨量和最大 30 min 雨强都大于临界值的降雨事件（降雨事件 1、4、12 和 13）所产生的径流最为严重；最大 30 min 雨强较大而降雨量低于临界值的降雨事件（降雨事件 3、5、9、10）次之，也能产生较为严重的径流，如 1999 年 7 月 13 日发生的极端降雨事件，危害性较高；但当降雨历时足够长，即便最大 30 min 雨强较弱，同样也有可能产生较大的径流，以 1993 年 7 月 8 日的降雨事件 6 最为典型，其破坏性不容低估。

（2）侵蚀规律分析

对极端降雨事件作用下各土地利用类型的侵蚀量与各自对应的 18 年间所有降雨事件的多年平均侵蚀模数进行比较（表 2-9）。

表 2-9 极端降雨事件作用下的侵蚀模数与平均侵蚀模数的比值比较

序列	时间（年-月-日）	农田	牧草地	灌丛地	松林地	荒草地
1	1986-5-19	47. 58	9. 53	345. 18	76. 12	41. 72
2	1986-7-1	4. 68	26. 00	19. 73	15. 66	31. 42
3	1988-8-3	20. 18	16. 79	28. 90	9. 93	16. 46
4	1989-7-26	368. 53	353. 60	84. 00	222. 46	90. 45

续表

序列	时间（年-月-日）	农田	牧草地	灌丛地	松林地	荒草地
5	1992-8-4	1.55	1.65	0.00	1.29	0.00
6	1993-7-8	7.79	27.42	0.00	2.80	12.30
7	1996-7-28	0	0	0.00	0.00	0.00
8	1997-8-6	7.37	23.62	0.00	3.04	38.23
9	1999-7-13	36.09	61.41	4.75	39.32	29.76
10	2002-5-23	16.02	14.31	6.16	11.83	16.34
11	2003-8-1	65.30	54.88	1.21	2.06	15.34
12	2004-7-25	86.34	67.94	3.06	6.37	29.56
13	2005-5-29	75.36	59.68	2.25	5.68	16.39

由表2-9可知，在极端降雨事件作用下，侵蚀模数的变异幅度远大于径流系数的变异幅度。例如，农田（坡耕地）的侵蚀模数最高为平均侵蚀模数的368.53倍，牧草地最高为平均侵蚀模数的353.60倍，灌丛地最高为平均侵蚀模数的345.18倍，松林地最高为平均侵蚀模数的222.46倍，荒草地最高为平均侵蚀模数的90.45倍。并且出现最高值的时间不一致，表明降雨量只是影响土壤侵蚀的一个因素，土地利用类型也发挥着重要作用。同时，分析1989年7月26日出现的极端降雨事件，发现其最大30 min雨强在历次降雨中仅小于2002年5月23日的0.95 mm/min，是13次降雨事件中的第二大雨强降雨事件。这从而验证了最大30 min雨强是影响土壤侵蚀的关键因素，但同时也说明它不是唯一的关键因素，降雨量和降雨历时也同样十分重要，这可以从2002年5月23日出现的降雨事件10中得到验证，尽管这次极端事件的最大雨强高达0.95 mm/min，但其侵蚀量还比较小，主要原因是降雨历时太短，仅有28 min，降雨量也仅有26.5 mm，影响力还比较弱。

对比分析1993年7月8日出现的降雨事件6和1996年7月28日出现的降雨事件7，发现在相近的最大30 min雨强和降雨量作用下，土壤侵蚀发生的程度迥异，这可能和不同年份的下垫面状况发生变化有关。总体来看，降雨量和最大30 min雨强都很高的极端事件所产生的侵蚀要严重许多，如降雨事件1、4、12和13等，需要进行重点防治。

特别指出的是，灌丛地（沙棘）在随着时间生长演替的过程中，对极端降雨事件可能诱发的水土流失有良好的抵御作用，其径流侵蚀随时间的推移有明显下降趋势。这一点从图2-5、图2-6和表2-9中都能发现，自1989年以后，每一次极端降雨事件的最大30 min雨强和降雨量都有所不同，随机波动性较强，可以看出农田和牧草地等土地利用类型的径流系数、侵蚀模数不断波动，而灌丛地（沙棘）对这类降雨事件的反应变得很弱，这与沙棘的生长特性关系密切。国内研究表明，根系固土作用的大小，与根系生物量和分布密切相关。沙棘根系分布较浅，多呈水平分布，水平根幅度一般在2 m×2 m，最大可达6 m×

8 m，在土壤表层形成网状的根系层，对保持水土具有很大的作用（张勇，2005）。同时，沙棘在黄土高原地区阴坡长势极好，其良好的植被盖度（四年以后冠幅盖度可达 95% 以上）、特有的根蘖繁殖能力，以及枯枝落叶层使其对径流产生了极大的降低和削弱作用。

2.4 基于模拟降雨实验的坡面水蚀效应

2.4.1 模拟降雨系统简介

模拟降雨系统由美国农业部（United States Department of Agriculture，USDA）和美国土壤侵蚀研究所联合开发和研制。该模拟降雨系统利用振荡原理，模拟自然降雨情形，从而模拟自然降雨条件下的土壤侵蚀过程。设备的出水喷嘴放置在距地面 4 m 的地方，这样可以保证系统产生的雨滴的均匀性和自然性，进而有更好的雨滴分布和动能。为此，我们在实验前建立了一个高度为 4 m 的铁架来支撑机械系统，这确保了它模拟最自然的降雨。模拟降雨系统顶部的出水喷嘴高度为 4 m，每处出水口都通过一根橡胶软管与移动泵相连，操作时通过增加或减少水压和开关喷嘴频率来调整降雨强度。模拟降雨过程中，通过水阀调节水压，以及控制器调整喷嘴转动频率，从而改变模拟的降雨强度。例如，如果在恒定的水压下，喷头转动频率在每分钟 23 ~ 48 次切换，模拟的降雨强度将达到 15.88 ~ 33.7 mm/h。该 Norton 模拟降雨器不建议在高水压下工作（建议压力为每平方英寸 6 P. S. I 或 41.4 kPa）。

在每次模拟降雨实验中，降雨强度都从始至终保持不变。模拟降雨的降雨面积为 7.5 m×7.5 m，降雨高度为 2.5 ~ 3.5 m，这与实验小区的尺寸正好吻合。降雨均匀度计算公式如下所示（Yang et al.，2011）：

$$k = 1 - \sum_{i=1}^{n} \frac{|x_i - \bar{x}|}{n\bar{x}} \tag{2-1}$$

式中，k 是降雨均匀度；x_i是测定的降雨量；$\bar{x}$ 是平均降雨量；n 是降雨实验的测定次数。在本研究中，k 值都是大于 80% 的，这也说明了实验过程中的降雨的均匀性和稳定性。

在本研究中，使用三个雨强（15 mm/h、30 mm/h 和 60 mm/h）来模拟当地小雨强、中雨强和大雨强。根据中国气象局的数据，三个雨强的重现期分别为 2 年、15 年和 80 年。在 2016 年的 5 ~ 9 月，各项模拟降雨实验（每个小区、每个雨强各三次重复）在无风晴朗的天气进行。为了保持相似和一致的前期含水量（%），每次重复会隔 2 ~ 3 天的时间。

2.4.2 不同雨强与水蚀因子间的关系

表 2-10 中记录了模拟降雨不同雨强下的径流和侵蚀特征。在本研究中进行了三个主要的降雨强度［小雨强（LIRs）、中雨强（MIRs）和大雨强（HIRs）］的模拟实验，由表 2-10可知，三个降雨强度平均分别为 14.5 mm/h、28.6 mm/h 和 57.1 mm/h。从降雨历

时来看，小雨强为101.56 min，中雨强为75.97 min，大雨强为66.13 min。模拟降雨特征是基于现场测量的降水数据，降雨模拟实验过程中，大雨强下各小区的产流时间平均值为4.09 min，是三个雨强中径流产生最快的，而中雨强和小雨强的产流时间分别为16.18 min和47.19 min，相比高雨强延迟了3.96 倍和11.54 倍。在本实验中，小雨强的平均流速（MFR）和峰值流量（PFR）分别为160.39 mL/min 和216.69 mL/min，仅为高雨强时的0.08 倍和0.09 倍。同时，中雨强的 MFR 和 PFR 与小雨强相比分别为3.03 倍和3.13 倍。LIRs、MIRs 和 HIRs 的径流量分别为10 180 mL、31 509 mL、127 506 mL，对于 HIRs 和 MIRs，其径流量分别比 LIRs 高出2.10 倍和11.53 倍。经过计算，LIRs、MIRs 和 HIRs 的径流深分别为 0.905 mm、2.801 mm、11.334 mm，径流系数分别为 3.7%、7.7%、18.0%。三个降雨强度下的侵蚀量为：小雨强（LIRs）为23.38 g，中雨强（MIRs）为160.66 g，高雨强（HIRs）为1084.59 g。通过计算，LIRs 的侵蚀模数为2.078 t/km^2，分别是 MIRs 和 HIRs 的15% 和2%。

表 2-10　不同雨强与径流侵蚀因子之间的关系

降雨/产流因子	小雨强（LIRs）		中雨强（MIRs）		大雨强（HIRs）		比值
	平均值	标准差	平均值	标准差	平均值	标准差	
雨强（mm/h）	14.5	1.8	28.6	3.45	57.1	2.96	1∶1.97∶3.94
降雨历时（min）	101.56	13.538	75.97	6.159	66.13	1.481	1∶0.75∶0.65
前期含水量（%）	13.35	1.358	13.22	2.380	14.75	1.706	1∶0.99∶1.10
产流时间（min）	47.19	13.049	16.18	5.934	4.09	0.788	1∶0.34∶0.09
径流量（mL）	10 180	3 134.8	31 509	11 492.6	127 506	55 563.5	1∶3.10∶12.53
径流深（mm）	0.905	0.279	2.801	1.022	11.334	4.939	1∶3.10∶12.53
径流系数（%）	3.7	0.068	7.7	2.88	18.0	6.76	1∶2.10∶4.88
侵蚀量（g）	23.38	15.042	160.66	72.848	1 084.59	891.88	1∶6.87∶46.39
侵蚀模数（t/km^2）	2.078	1.337	14.281	6.475	96.408	79.278	1∶6.87∶46.39

本研究设定的三个降雨强度之比是1∶2∶4，并且具有相似的前期含水量（LIRs∶MIRs∶HIRs= 1∶0.99∶1.10）。然而值得注意的是，相关的径流和侵蚀参数随着雨强的增加，有更明显的增加，如径流量（1∶3.10∶12.53）、平均产流速率（1∶3.13∶11.68）、最高产流速率（1∶3.13∶11.68）、径流系数（1∶2.10∶4.88）和侵蚀量（1∶6.87∶46.39）等，可见不同雨强对土壤径流和侵蚀的影响非常明显。

2.4.3　不同雨强对水蚀的影响

本研究中所使用的三个雨强梯度（小雨强 15 mm/h、中雨强 30 mm/h 和大雨强60 mm/h）分别代表了当地的小雨、中雨和暴雨的侵蚀情形（Wei et al., 2014）。研究结果显示，随着雨强增加1 倍和3 倍，地表径流量和土壤侵蚀量会增加数倍，例如，中雨强和大雨强的径流量分别是小雨强的3.10 倍和12.53 倍（表2-10）。小、中、大雨强条件下的平均径流速率（RR）分别为 160. 39 mL/min、486. 09 mL/min 和 1985. 47 mL/min，侵蚀量分别为 23. 38 g、160. 66 g 和 1084. 59 g，平均侵蚀速率分别为 0. 43 g/min、2. 69 g/min 和 17. 48 g/min。综上所述，三个雨强之比是 1 ∶ 2 ∶ 4，并且前期含水量相似（1 ∶ 0. 99 ∶ 1. 10），而径流和侵蚀参数响应差异巨大：径流量（1 ∶ 3. 10 ∶ 12. 53），径流速率（1 ∶ 3. 03 ∶ 12. 38），径流系数（1 ∶ 2. 10 ∶ 4. 88），侵蚀量（1 ∶ 6. 87 ∶ 46. 39）。

根据分析，该结果是由不同雨强之间的降雨过程和雨滴性质决定的，如雨滴速度、大小和能量。在降雨过程中，开始阶段雨水入渗并进入土壤，随着雨强的增加，高雨强产流时间更短（相比中雨强和小雨强），同时高雨强的雨滴动能更大，更易导致溅蚀和剥离土壤颗粒进而运移产生径流和侵蚀。所以相比之下，高雨强具有更短的产流时间和更强的侵蚀能力，导致径流和侵蚀模数相比中雨强、小雨强，对高雨强条件下的响应更加敏感。这一结果对目前全球气候变化下半干旱区的水土保持工作提出警示，由于近年来的降雨格局急剧变化，特别是极端降雨事件频发，其对生态环境的破坏力远大于普通降雨事件（Sun et al.，2006；Wei et al.，2014）。特别是在地表破碎度高且生态环境脆弱的地区，一旦遭到破坏其恢复过程将极难极慢，雨强的轻微增加都会引起更严重的侵蚀（Martínez-Hernández et al.，2017）。

2.5 小　　结

本章对降雨特征进行划分，通过径流小区监测和模拟降雨实验，研究了不同降雨特性及格局下土地利用/植被覆盖对水蚀过程的影响，结论如下：

1）在其他降雨特征值不变条件下，以及在不考虑土地利用等其他立地条件差异的情况下，影响径流量的降雨特征值主要为降雨量和最大 30 min 雨强；降雨量与最大 30 min 雨强之积（PI_{30}）和最大 30 min 雨强（I_{30}）是影响侵蚀量的两个决定性降雨特征。

2）基于快速聚类分析方法划分三种降雨格局，降雨格局Ⅱ为高雨强、短历时、高频率降雨事件的集合体，降雨格局Ⅲ为低雨强、长历时、低频率降雨事件的集合体；而降雨格局Ⅰ可以界定为介于以上两类降雨格局之间的所有降雨事件的集合。降雨格局Ⅱ是研究区内主要的降雨事件，该类降雨事件也是导致水沙攀升的重要外在气象因素。

3）五种土地利用类型在三种降雨格局下的径流系数和侵蚀模数表现出很大的差异性。其径流系数和侵蚀模数的大小依次是农田>牧草地>松林地>荒草地>灌丛地。且灌丛地、松林地和荒草地的径流系数随着生长年限有明显降低趋势，说明随着植被生长，对地表径流的遏制和抵御有明显加强态势。地表径流发生程度，一方面取决于不同降雨类型及其时空分布；另一方面取决于不同土地利用类型及不同植被所处的生长发育时期。

4）不同降雨格局下，相同土地利用类型在不同月份的径流系数存在明显差异；同一降雨格局下，不同土地利用类型的径流系数不同，且相同土地利用不同月份的径流系数存在显著差异。从三种降雨格局下各月份的侵蚀模数来看，以 7 月和 8 月的侵蚀程度较为严重，5 月和 6 月的侵蚀程度远远小于 7 月和 8 月，但又明显高于 9 月。

5）极端降雨事件作用下，各土地利用类型的径流系数要比平均状态下的径流系数高。

侵蚀模数的变异幅度远大于径流系数的变异幅度。灌丛地（沙棘）在随着时间生长演替的过程中，对极端降雨事件可能诱发的水土流失有良好的抵御作用。模拟降雨实验表明，随着雨强增加 1 倍和 3 倍，水土流失量会增加数倍。高雨强具有更短的产流时间和更强的侵蚀能力，对高雨强条件下的响应更加敏感。

参考文献

常福宣，丁晶，姚健. 2002. 降雨随历时变化标度性质的探讨. 长江流域资源与环境，11（1）：79-83.

丁一汇，张锦，宋亚芳. 2002. 天气和气候极端事件的变化及其与全球变暖的联系. 气象，28（3）：1-7.

甘枝茂. 1989. 黄土高原地貌与土壤侵蚀研究. 西安：陕西人民出版社.

郭廷辅. 1991. 水土保持及其综合治理. 长春：吉林科学技术出版社.

郝文芳，梁宗锁，陈存根，等. 2005. 黄土丘陵沟壑区弃耕地群落演替与土壤性质演变研究. 中国农学通报，21（8）：226-231.

黄明斌，杨新民，李玉山. 2003. 黄土高原生物利用性土壤干层的水文生态效应研究. 中国农业生态学报，11（3）：113-116.

焦菊英，王万忠，郝小品. 1999. 黄土高原不同类型暴雨的降水侵蚀特征. 干旱区资源与环境，13（1）：34-41.

卢金发，刘爱霞. 2002. 黄河中游降雨特性对泥沙粒径的影响. 地理科学，22（5）：552-556.

沈玉芳，高明霞，吴永红. 2003. 黄土高原不同植被类型与降雨因子对土壤侵蚀的影响研究. 水土保持研究，10（2）：13-16.

卫伟，陈利顶，傅伯杰，等. 2006. 半干旱黄土丘陵沟壑区降水特征值和下垫面因子影响下的水土流失规律. 生态学报，26（11）：277-284.

薛辉. 2006. 黄土丘陵沟壑区王家沟流域水文特征分析. 山西水利，（1）：13-15.

余建英，何旭宏. 2003. 数理统计分析与 SPSS 应用. 北京：人民邮电出版社.

张勇. 2005. 浅论黄土高原水土流失治理与沙棘生态建设. 沙棘，18（3）：33-35.

周淑贞. 1990. 上海近数十年城市发展对气候的影响. 华东师范大学学报（自然科学版），（4）：64-73.

周淑贞，张超，郑景春，等. 1989. 城市气候与区域气候：着重上海城市气候的研究. 上海：华东师范大学出版社.

Aweto A O. 1981. Secondary succession and soil fertility restoration in south western Nigeria：II. Soil fertility restoration. Journal of Ecology，69：609-614.

Bedaiwy M N，Rolston D E. 1993. Soil surface densification under simulated high intensity rainfall. Soil Technology，6（4）：365-376.

Castillo V M，Gómez-Plaza A，Martínez-Mena M. 2003. The role of antecedent soil water content in the runoff response of semiarid catchments：a simulation approach. Journal of Hydrology，284（1-4）：114-130.

Chan K Y. 2004. Impact of tillage practices and burrows of a native Australian anecic earthworm on soil hydrology. Applied Soil Ecology，27（1）：89-96.

Chen L D，Messing I，Zhang S R，et al. 2003. Land use evaluation and scenario analysis towards sustainable planning on the Loess Plateau in China—case study in a small catchment. Catena，54：303-316.

De Lima J L M P，Singh V P，De Lima M I P. 2003. The influence of storm movement on water erosion：storm direction and velocity effects. Catena，52（1）：39-56.

Descroix L，Nouvelot J-F，Vauclin M. 2002. Evaluation of an antecedent precipitation index to model runoff yield in the western Sierra Madre (North-west Mexico). Journal of Hydrology, 263 (1-4): 114-130.

Fagerström M H H, Messing I, Wen Z M. 2003. A participatory approach for integrated conservation planning in a small catchment in Loess Plateau, China. Approach and Methods. Catena, 54: 255-269.

Faures J M, Goodrich D C, Woolhiser D A, et al. 1995. Impact of small-scale spatial rainfall variability on runoff modeling. Journal of Hydrology, 173: 309-326.

Fu B J. 1989. Soil erosion and its control in the Loess Plateau of China. Soil Use Manage, 5: 76-82.

Fu B J, Gulinck H. 1994. Land evaluation in an area of severe erosion: the loess plateau of China. Land Degradation and Rehabilitation, 5: 33-40.

Hammad A H A, Børresen T, Haugen L E. 2006. Effects of rain characteristics and terracing on runoff and erosion under the Mediterranean. Soil and Tillage Research, 87 (1): 39-47.

Horváth S. 2002. Spatial and temporal patterns of soil moisture variations in a sub-catchment of River Tisza. Physics and Chemistry of the Earth, 27: 1051-1062.

Jackson I J. 1975. Relationship between rainfall parameters and interception by tropical forest. Journal of Hydrology, 24 (3-4): 215-238.

James E K. 2000. Nitrogen fixation in endophytic and associative symbiosis. Field Crop Research, 65 (2-3): 197-209.

Kasai M, Brierley G J, Page M J, et al. 2005. Impact of land use change on patterns of sediment flux in Weraamaia catchment, New Zealand. Catena, 64 (1): 27-60.

Kirkby M J, Bracken L J, Shannon J. 2005. The influence of rainfall distribution and morphological factors on runoff delivery from dryland catchments in SE Spain. Catena, 62 (2-3): 136-156.

Martínez-Casasnovas J A, Ramos M C, Ribes-Dasi M. 2002. Soil erosion caused by extreme rainfall events: mapping and quantification in agricultural plots from very detailed digital elevation models. Geoderma, 105 (1): 125-140.

Martínez-Hernández C, Rodrigo-Comino J, Romero-Díaz A. 2017. Effects of lithology and land management on the early stages of water soil erosion in abandoned dryland terraces in southeast Spain. Hydrological Processes, 31: 3095-3109.

Morgan R P C. 1986. Soil erosion and conservation. London: Longman Group: 252.

Morin E, Goodrich D C, Maddox R A, et al. 2006. Spatial patterns in thunderstorm rainfall events and their coupling with watershed hydrological response. Advances in Water Resources, 29: 843-860.

Salles C, Poesen J, Sempere-Torres D. 2002. Kinetic energy of rain and its functional relationship with intensity. Journal of Hydrology, 257: 256-270.

Sharma P P, Gupta S C, Foster G R. 1993. Predicting soil detachment by raindrops. Soil science Society of America Journal, 57: 674-680.

Shi H, Shao M A. 2000. Soil and water loss from the Loess plateau in China. Journal of Arid Environments, 45: 9-20.

Shiau J T. 2003. Water release policy effects on the shortage characteristics for the shihmen reservoir system during droughts. Water Resources Management, 17 (6): 463-480.

Sun G, Zhou G Y, Zhang Z Q, et al. 2006. Potential water yield reduction due to forestation across China. Journal of Hydrology, 328: 548-558.

Van Dijk A I, Bruijnzeel L A, Rosewell C J. 2002. Rainfall intensity-kinetic energy relationships: a critical literature appraisal. Journal of Hydrology-Amsterdam, 261: 1-23.

Wei W, Chen L D, Fu B J, et al. 2007. The effect of land uses and rainfall regimes on runoff and soil erosion in the loess hilly area, China. Journal of Hydrology, 335: 247-258.
Wei W, Jia F Y, Yang L, et al. 2014. Effects of surficial condition and rainfall intensity on runoff in a loess hilly area, China. Journal of Hydrology, 513: 115-126.
Yang L H, Song X F, Cao L, et al. 2011. Experimental research on the homogeneity of artificial rainfall distribution of single nozzle. China Rural Water and Hydropower, 1: 33-35.
Yeh H Y, Wensel L C, Turnblom E C. 2000. An objective approach for classifying precipitation patterns to study climatic effects on tree growth. Forestry Ecology and Management, 139: 41-50.

第3章　土壤生物结皮的水蚀效应

植被是防治水土流失的重要因素，科学管理植被覆盖对于生态退化区的生态系统修复至关重要，在植被稀疏的黄土侵蚀区大面积发育着生物土壤结皮（BSCs），其对该区土壤侵蚀的影响越来越受到研究者的关注。BSCs是一种由真菌、细菌、藻类、地衣、苔藓等生物组分及其代谢产物与土壤表层颗粒胶结、捆绑而形成的结构复杂的复合体，是干旱半干旱区最常见的地表景观和低等的植被类型，其覆盖度高达70%以上（Zhao et al.，2006；高丽倩等，2012；李金峰等，2014），具有重要的生态学意义（Belnap，1996；张元明等，2005；李新荣等，2009；Bowker et al.，2010）。BSCs分布范围广泛，对其类型的划分方法也多样，通常以优势微生物组分及其演替阶段命名，分为藻结皮、地衣结皮及藓类结皮，此顺序也是BSCs的演替顺序（West et al.，1990；张元明和王雪芹，2008）。BSCs生态功能主要包括：①有效改善土壤表层结构、增加土壤稳定性（Patrick，2002），从而减少直接威胁人类生存环境的沙尘暴危害（李新荣等，2004）；②BSCs微生物组分具有固氮、固碳作用（刘利霞等，2007）且能显著提高土壤养分（郭轶瑞等，2008）；③大量捕获大气中的降尘（Fearnehough et al.，1998），促进荒漠化地区成土过程（Li et al.，2006），为土壤生物及维管植物繁衍提供适宜的生境（Zhang，2005）。然而，BSCs作为黄土丘陵区退化生态系统的重要组成部分，其发育对该区水土流失有何影响尚未明确，其对土壤侵蚀的影响机理也亟待研究。

土壤侵蚀作为黄土丘陵区重要的地表过程，包含风蚀和水蚀两种形式（海春兴等，2002；宋阳等，2006；李占斌等，2008；李秋艳等，2010；张庆印，2013）。BSCs由于自身发育特征，其增加土壤稳定性的作用及抗风蚀能力已被许多研究者证实（Belnap and Eldridge，2001；Ma et al.，2006；杨永胜，2012），然而其与水蚀关系的研究尚未得到统一结论。影响坡面水土流失过程发生发展的主要因素包括降水特征和下垫面特征（刘刚才等，2003；吕一河等，2011），其中下垫面特征中的土壤覆被层对水蚀的影响研究集中在维管植物覆被，而干旱半干旱区最常见的地表微景观BSCs对坡面水蚀的影响研究相对起步晚、研究少，人工培育BSCs与坡面水蚀的关系更亟待研究。对于目前有关BSCs对水蚀影响的分歧，有研究者认为与气候区、研究方法、BSCs种类、发育程度及其土壤类型有关（Eldridge，1993；肖波等，2007；徐敬华等，2008），随着研究不断深入，近年来有学者发现BSCs对土壤侵蚀的影响与土壤质地（Williams et al.，1999；Warren，2001）、退化程度（Eldridge and Rosentreter，1999）及降雨特征（Chamizo et al.，2012；Rodríguez-Caballero et al.，2013）等其他因素密切相关。由此可见，关于BSCs与水蚀关系的研究较多，而关于人工培育BSCs对坡面水蚀影响的研究较少。目前已有学者对荒漠化地区人工培育藻类结皮与土壤侵蚀的关系进行研究（肖波等，2008；杨建振，2010；张侃侃，

2012)，但对黄土丘陵区人工培育的不同种类、不同空间分布格局的 BSCs 及 BSCs 与不同上层维管植被组合形成的下垫面与坡面水蚀的关系的研究基本为空白。

鉴于此，该研究以黄土丘陵区人工培育的地衣结皮、藓类结皮为研究对象，旨在探讨 BSCs 的类型、分布格局及其与维管植被组合下垫面对坡面产流产沙的影响，从而进一步了解人工培育 BSCs 对该区水土流失过程的调控机理，为该区 BSCs 的科学管理和水土资源保育提供科学依据和理论支撑。

3.1 研究区概况

研究区位于甘肃省定西市安家沟小流域（35°35′N，104°39′E)。该流域位于甘肃省陇中地区定西市安定区城东，属于黄土高原陇中南部的典型半干旱丘陵区。流域面积为 2.98km^2，海拔为 1900 ~ 2250 m，年均气温为 6.3℃，极端高温为 34.3℃，极端低温为-27.1℃。年均降雨量为 427 mL，其中 60% 集中在 6 ~ 9 月，年日照时数为 2409 h，蒸发量为 1510 mL。安家沟小流域系黄河流域祖历河水系的一条支沟，流域四周为黄土丘陵环抱，其气候条件、地形地貌及植被类型均比较典型，代表着半干旱黄土丘陵沟壑区的特征。

研究区内以人工植被为主，天然植被盖度低：天然植被以多年生草本为主，主要有赖草（*Leymus secalinus*)、长芒草（*Stipa bungeana*)、阿尔泰狗娃花（*Heteropappus altaicus*）等；人工植被有油松（*Pinus tabuliformis* Carr.)、侧柏（*Platycladus orientalis* L.)、山杏（*Armeniaca sibirica* L.)、沙棘（*Hippophae rhamnoides* L.)、柠条锦鸡儿（*Caragana korshinskii*)、紫苜蓿（*Medicago sativa* L.)、针茅（*Stipa capillata* L）等；主要农作物有马铃薯（*Solanum tuberosum* L.)、小麦（*Triticum aestivum* L.)、玉米（*Zea mays* L.)、胡麻（*Sesamum indicum* L.）等。

流域内土壤主要是由黄绵土母质发育的灰钙质土。土壤机械组成方面，黏粒占 0.63%~10.74%，粉粒占 50.09%~78.65%，砂粒占 6.7%~26.27%，质地属于粉壤土，平均厚度为 40 ~ 60 m，平均孔隙度在 53.3% 左右，0 ~ 2 m 土层容重范围是 1.09 ~ 1.36 g/cm^3。该区土质疏松，土壤贫瘠，极易发生土壤侵蚀，侵蚀模数可高达 1.0 万 t/km^2。区内广泛发育有 BSCs，分布于多种典型土地利用类型中，如荒草地、灌丛、林地和农地等，以地衣结皮和藓类结皮最为常见。

3.2 试验内容及方法

3.2.1 生物结皮人工培育及微型小区布设

我们于 2011 年 7 月选择流域内一处十分具有代表性的典型荒草地（表 3-1）修建 27 个微型径流小区，大小为 1 m×2 m，小区均建设于坡中部，出口安装拦截、汇流装置。使用 5 mm 厚钢板围合小区，钢板地下部分长 150 mm，地上部分长 150 mm。BSCs 接种前将小区内所有杂草及自然生长的 BSCs 清理干净并整平土面，严格填埋土表及钢板与土层的微小缝隙，以防土壤缝隙影响试验结果。

表 3-1 取样地概况

土地利用类型	土壤机械组成（%）			植被盖度（%）	坡度（°）	坡向（°）	坡位	生物土壤结皮发育状况
	黏粒	粉粒	砂粒					
荒草地	3.5	69.7	26.8	87.0	10	300	中	藓类结皮盖度 11%，厚 1.37±0.20 cm 地衣结皮盖度 6%，厚 0.25±0.16 cm

注：荒草地主要物种有赖草、长芒草、百里香（*Thymus mongolicus*）和冷蒿（*Artemisia frigida*）等；表中藓类结皮盖度与地衣结皮盖度是指纯藓类结皮盖度及纯地衣结皮盖度，即藻类或地衣结皮上混生藓类结皮的 BSCs 覆盖度均不算在此处

以接种方式将 BSCs 培育成不同格局，地衣结皮和藓类结皮种源均来自试验荒草地。根据前人的 BSCs 野外培育经验（张侃侃，2012），将采集的藓类结皮粉碎，以 1200 g/m^2 的接种量按设计格局接种；地衣结皮格局小区采用 2 mm 地衣结皮原状土拼接而成。根据 BSCs 斑块状的分布特点及前人对坡面覆被格局研究的布设，将试验小区共设 9 个处理，主要处理如图 3-1 所示：①100% 覆盖藓类结皮；②零散藓类结皮；③上半裸土-下半藓类结皮；④上半藓类-下半裸土结皮；⑤100% 覆盖地衣结皮；⑥零散地衣结皮；⑦上半裸土-下半地衣结皮；⑧上半地衣-下半裸土结皮；⑨裸土对照（CK）。其中上半、下半和零星分布格局的 BSCs 盖度均为 50% 左右。小区布设完成后每星期浇水 500 mL，待生物结皮与土壤表层完全结合生长后停止人工浇灌。每个处理重复 3 次。

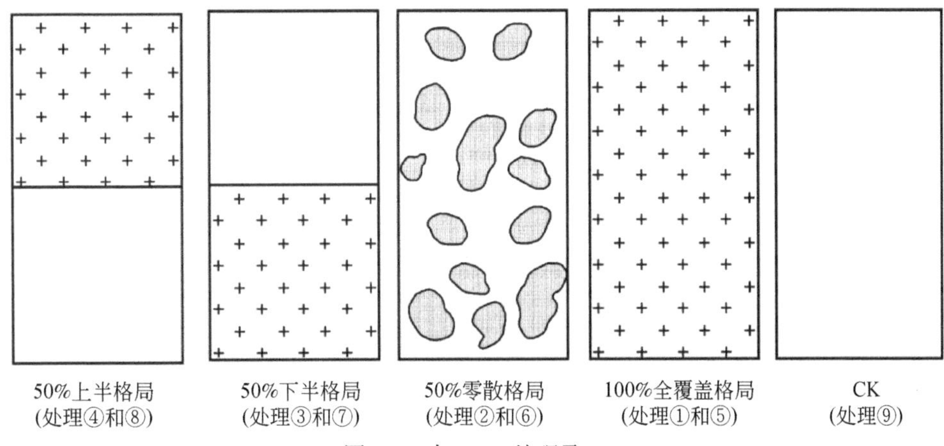

图 3-1 各 BSCs 处理及 CK

3.2.2 生物结皮对土壤物理性质的影响

2013 年 7 月进行人工培育 BSCs 覆盖下的土壤物理性质测定试验，此时在荒草坡面人

工接种的藓类结皮、地衣结皮均已发育良好：地衣结皮均为壳状地衣，呈灰黑色、平展形，紧附土壤基质生长；藓类结皮呈毯状，黄绿色，以假根缠绕土壤表层颗粒。藓类结皮高度范围为 7～10 mm，地衣结皮高度范围为 1～2 mm。用环刀采集 0～5 cm、5～10 cm 两个土层样品，采样重复 10 次。测定指标包括容重、总孔隙度、毛管孔隙度和土壤机械。

3.2.3 生物结皮对入渗的影响

2013 年 8 月进行入渗模拟试验。BSCs 原状土采集与入渗特征的模拟测定：用环刀采集每个样点表层 0～5 cm 的结皮覆盖原状土样品，设裸土为对照样（CK），采样重复 10 次。本研究采用环刀法模拟入渗过程。环刀法指在取样环刀上套一个空环刀，外部用防水胶带将两环刀连接处完全密封粘贴，水平放置，使环刀口保持水平，空环刀加水注满并随时保持水面与环刀上缘齐平，以保证所有试验控制条件相同。环刀下放置漏斗和烧杯，用以收集穿透土体的水分。环刀高 5.1 cm，体积为 100 cm^3。

自漏斗下渗第一滴水开始计时并测量，用量筒测量烧杯收集的水分，前 10 min 每分钟测量一次渗透水量，后面每 5 min 测量一次渗透水量。每次模拟试验进行 1 h（所有处理在 1 h 内均达到稳定入渗状态）。为消除温度对入渗过程的影响，在测定的同时，用温度计测定并记录水层温度，将测定的入渗速率 K_θ 值，按下列公式统一换算为 10℃时的入渗速率 K 值。

$$K=\frac{K_\theta}{0.7+0.03\theta}$$

式中，K 为统一换算得到的入渗速率（mL/min）；K_θ 为测定的入渗速率（mL/min）；θ 为测定的水温（℃）。

选择 3 种常用的入渗模型（田桂泉等，2005；张侃侃，2012），用 Origin8.0 软件进行拟合，评价三种模型模拟该区生物结皮入渗过程的适用性和准确度。

$$\text{Kostiakov 模型：} I(t)=mt^{-n}$$

式中，I 为入渗速率（mL/min）；t 为入渗时间（min）；m、n 为模型参数。

$$\text{Horton 模型：} I(t)=I_f+(I_i-I_f)e^{-t/c}$$

式中，I_i 为初始入渗速率；I_f 为稳定入渗速率；c 为模型参数。

$$\text{Philip 模型：} I(t)=a+bt^{-0.5}$$

式中，a、b 为模型参数。

3.2.4 模拟降雨条件下生物结皮对坡面水蚀的影响

人工降雨实验于 2013 年 7～9 月进行。试验时放置 4 个雨量筒于微型小区周围测量雨强和降水量。试验设置 0.66 mm/min（两台降雨模拟机对喷）和 0.33 mm/min（一台降雨模拟机）大、小两个雨强，记录每场产流时间，开始产流后降雨历时 1 h，过程中每 5 min 收集一次径流泥沙样。次降雨结束后立即测量降水量和每 5 min 的径流量，将所有 5 min

径流样品带回室内，用烘干法测其产沙量。

试验所用下喷式模拟降雨器由加拿大引进，采用美国进口的SPRACO锥形喷头开展试验。喷头高度（降雨高度）为4.5 m，利用降雨器下部的压力表和水阀开关调控水压和雨强。每场降雨前通过阀门将压力表调至0.07 MPa，此时降雨器均匀度最高，达85%以上，雨强为0.33 mm/min。

3.2.5 测定项目与数据分析

土壤容重：环刀法，具体操作见《土壤物理性质测定法》（中国科学院南京土壤研究所土壤物理研究室，1978），单位为 g/cm^3。

土壤总孔隙度：比重计法，具体操作见《土壤物理性质测定法》（中国科学院南京土壤研究所土壤物理研究室，1978），单位为%。

土壤毛管孔隙度：环刀法，具体操作见《土壤物理性质测定法》（中国科学院南京土壤研究所土壤物理研究室，1978），单位为%。

土壤机械组成：吸管法，具体操作见《土壤物理性质测定法》（中国科学院南京土壤研究所土壤物理研究室，1978），单位为%。

次降雨雨强：次降雨中采用自记录雨量温度计（型号7852）测定。小区四周分别布置4个雨量计取次降雨雨强，计算平均值，单位为mm/min。

产流时间：人工降雨开始至小区产流开始时间，单位为s。

径流样：小区开始产流后每5 min的径流量。次人工降雨结束后当场测定，单位为mL。

泥沙样：小区开始产流后每5 min的泥沙量。次人工降雨结束后带回实验室用烘干法测定，单位为g。

产流总量：小区开始产流后1 h的径流总量，单位为mL。

产沙总量：小区开始产流后1 h的泥沙总量，单位为g。

径流系数：小区任意时段内产流量与造成该时段径流所对应的降水量的比值，单位为%。

初始入渗速率：漏斗下渗发生后第一分钟烧杯所收集水量，单位为mL。

稳定入渗速率：漏斗下渗发生后前10 min每分钟测量一次渗透水量，后面每5 min测量一次渗透水量，烧杯收集渗透水量连续四次相等即视为入渗过程达到稳定入渗状态，此时水量除以5即为稳定入渗速率，单位为mL/min。

入渗总量、产流总量、产沙总量调控率：本研究引入无量纲的入渗总量、产流总量和产沙总量调控率，来更直观地了解BSCs对入渗、水蚀的影响。入渗量、产流量、产沙量调控率，指各处理的入渗总量、产流总量、产沙总量相对于对照（CK）的变化百分率，其绝对值表示调控作用的大小，“+”或“-”分别表示各处理相对于CK的增加或减少，单位为%。

本研究中用于分析的试验数据采用三次重复的均值，利用SPSS18.0软件进行数据分析，利用 Origin8.0 软件和 Excel 进行绘图。

3.3 生物结皮对土壤物理性质的影响

由表 3-2 可知，藓类结皮和地衣结皮覆盖的土壤容重在 0 ~ 5 cm 和 5 ~ 10 cm 两个土层较裸土对照均有一定程度的减小，土壤总孔隙度较裸土对照均有一定程度的增加。两种 BSCs 均显著影响其下两个土层土壤容重，其中藓类结皮下两个土层土壤容重较裸土相应层分别减小 7.9% 和 4.0%，地衣结皮分别减小 3.7% 和 0.2%。土壤总孔隙度受 BSCs 的影响同样较为显著，两种结皮覆盖下 0 ~ 5 cm 土层土壤总孔隙度均显著增大，较裸土分别增加 9.3% 和 6.4%。两种结皮间差异性不显著；藓类结皮下 5 ~ 10 cm 土层土壤总孔隙度较裸土显著增加，地衣结皮下该土层土壤总孔隙度与裸土和藓类结皮均无显著差异。相比土壤容重和土壤总孔隙度，BSCs 对土壤毛管孔隙度的影响相对较弱，藓类结皮下 0 ~ 5 cm 土层土壤毛管孔隙度较裸土显著增加 9.8%，而对其下 5 ~ 10 cm 土层土壤毛管孔隙度无显著影响，地衣结皮对其下两层土壤毛管孔隙度均无显著影响，两种结皮覆盖下土壤毛管孔隙度无显著差异。藓类结皮下土壤总孔隙度和土壤毛管孔隙度均稍大于地衣结皮。

表 3-2 BSCs 下层土壤容重、土壤总孔隙度和土壤毛管孔隙度

项目	土壤容重（g/cm^3）		土壤总孔隙度（%）		土壤毛管孔隙度（%）	
土层	0 ~ 5 cm	5 ~ 10 cm	0 ~ 5 cm	5 ~ 10 cm	0 ~ 5 cm	5 ~ 10 cm
藓类结皮	1.124 c	1.143 b	54.37 a	52.33 a	42.18 a	35.36 a
地衣结皮	1.175 b	1.189 a	52.92 ab	51.67ab	40.38 ab	33.91 a
裸土对照	1.220 a	1.191 a	49.74 c	48.62 b	38.41 b	32.46 a

注：表中 a、b、c 代表各指标中 3 种处理（藓类结皮、地衣结皮、裸土对照）的差异显著性（$p<0.05$），不同字母代表处理间差异显著，相同字母代表差异不显著

根据土壤颗粒国际制分级标准将测试土壤按粒径大小分为三个级别：黏粒（<0.002 mm）、粉粒（0.002 ~0.02 mm）和砂粒（>0.02 mm）。研究区土壤类型为黄土母质上发育而成的黄绵土，以粉粒、砂粒组成为主，质地属粉壤土。由表 3-3 可知，BSCs 显著影响该区表土层土壤机械组成，总体趋势是增加粉粒组成，减少砂粒组成，藓类结皮比地衣结皮影响更大。藓类结皮和地衣结皮均减少 0 ~ 5 cm 和 5 ~ 10 cm 两个土层黏粒含量，但较 CK 无显著差异，藓类结皮下 0 ~ 5 cm 土层黏粒减幅为 0.6%，地衣结皮黏粒减幅为 3.3%，藓类结皮下 5 ~ 10 cm 土层黏粒减幅为 1.4%，地衣结皮黏粒减幅为 0.8%。两种结皮均显著增加其下两个土层的粉粒含量，藓类结皮下 0 ~ 5 cm 土层粉粒增幅为 7.0%，藓类结皮下 5 ~ 10 cm土层粉粒增幅为 5.9%，地衣结皮下 0 ~ 5 cm 土层粉粒增幅为 5.2%，地衣结皮下5 ~ 10 cm 土层增幅为 4.6%。同时两种 BSCs 均减少砂粒含量，藓类结皮下 0 ~ 5 cm、5 ~ 10 cm 土层砂粒减幅分别为 20.0% 和 13.3%，地衣结皮下0 ~ 5 cm、5 ~ 10 cm 土层砂粒减幅分别为 13.2% 和 9.4%，差异均显著。总体来说，藓类结皮对土壤机械组成的影响大于地衣结皮，其中藓类结皮下 0 ~ 5 cm、5 ~ 10 cm 土层粉粒含量均大于地衣结皮，砂粒含量均小于

地衣结皮，但差异不显著。

表 3-3　BSCs 下层土壤机械组成

项目	黏粒（%）		粉粒（%）		砂粒（%）	
土层	0 ~ 5 cm	5 ~ 10 cm	0 ~ 5 cm	5 ~ 10 cm	0 ~ 5 cm	5 ~ 10 cm
藓类结皮	3. 34a	3. 55a	69. 22a	68. 91a	26. 44bc	27. 14bc
地衣结皮	3. 25a	3. 57a	68. 05b	68. 06ab	28. 71b	28. 37b
CK	3. 36a	3. 6a	64. 68c	65. 08c	33. 06a	31. 32a

注：表中 a、b、c 代表各指标中 3 种处理（藓类结皮、地衣结皮、裸土对照）的差异显著性（$p<0.05$），不同字母代表处理间差异显著，相同字母代表差异不显著

土壤物理性质直接影响土壤入渗能力，而水分入渗是影响地表产流的关键因素，土壤入渗能力越强，发生超渗产流的可能性越小，水土流失风险越低。相关研究认为影响土壤入渗能力的关键因素包括土壤机械组成、土壤容重和土壤总孔隙度等（徐燕和龙健，2005）。作为水流通道的土壤孔隙是影响入渗速率的主要因素；土壤容重是土壤气相比例、土壤紧实程度的间接反映，通过影响土壤孔隙状况间接影响土壤入渗能力；土壤机械组成也称土壤质地，是指土壤各级矿物质颗粒的相对含量和比例，它是直接影响土壤入渗特性的土壤物理性质之一。关于土壤容重、土壤孔隙度及土壤机械组成对土壤入渗能力的影响，学者进行了大量研究，所得基本结论是：土壤孔隙度直接影响土壤入渗能力，土壤容重间接影响土壤入渗能力。同一质地土壤入渗速率随土壤总孔隙度、土壤毛管孔隙度增大而增大，随土壤容重增大而减小（刘洁等，2011）；土壤机械组成直接影响土壤入渗特性，土壤黏粒含量较低，则土壤入渗速率较高，当土壤结构由疏松变密实时，其入渗能力随之减弱（熊东红等，2011）。由研究结果可知，随 BSCs 的发育，表层土壤容重显著降低，土壤孔隙度显著增加，粉粒含量增加，砂粒含量减少，此结果与相关研究结论（康磊等，2012；卫伟等，2012）一致。这是由于 BSCs 中的生物组分分泌的胶体物质及菌丝、假根捆绑土壤颗粒和土壤有机质，形成水稳性团聚体，改变了土壤物理结构（Eldridge et al.，1997；康磊等，2012）。由此表明，BSCs 的形成发育可以改善土壤表层结构，改变表土层水流通道，有效增强土壤入渗能力，减小地表产流的可能性，从而降低水土流失风险。

3. 4　人工培育生物结皮对入渗的影响

BSCs 对入渗的影响尚无统一结论，现阶段的研究仍停留在证据累积阶段，因此有必要大规模开展 BSCs 土壤水文过程试验研究（李守中等，2005）。入渗过程分为三个阶段，分别是初渗阶段、渗漏阶段和稳渗阶段（夏江宝等，2010）。由图 3-2 可知，各处理在初渗阶段瞬时入渗速率较大，随入渗时间延长，入渗速率快速下降，此阶段称为渗漏阶段，直至瞬时入渗速率不再随时间延长而变化，入渗过程进入稳渗阶段。本试验中测量的入渗速率直到连续 4 次相同即表示进入稳渗阶段，达到稳渗所需时间（即下面的自由入渗时间）是指自漏斗下渗第一滴水到入渗率连续 4 次相同的第一个时间点（段）所用时间。

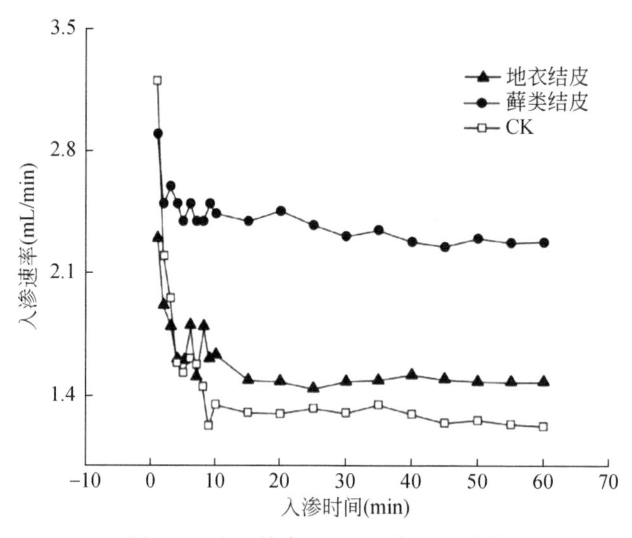

图 3-2　人工培育 BSCs 入渗过程曲线

入渗过程的第一阶段为初渗阶段，初始入渗速率较高，由于初渗阶段表层土壤干燥，水分入渗动力为分子力。由图 3-2 可知，BSCs 处理均明显降低初始入渗速率，初渗速率大小顺序为 CK>藓类结皮>地衣结皮，藓类结皮和地衣结皮初渗速率减幅分别为 9.4% 和 28.1%。入渗过程的第二阶段为渗漏阶段，水分主要在毛管力和重力作用下入渗，其瞬时入渗速率不断减小，此阶段一般情况下历时较短。前两个阶段的入渗由于都处于表层土体非饱和状态，合称为自由入渗（王建新等，2010）。由图 3-2 可知，BSCs 均缩短了自由入渗时间。与此同时，BSCs 显著降低了入渗速率标准差（表 3-4）。入渗速率标准差代表瞬时入渗速率的波动幅度，其值越大，表示入渗曲线波动幅度越大。表 3-4 中的计算值进一步论证了图 3-2 入渗曲线反映出的规律，即 BSCs 在缩短自由入渗时间的同时也使入渗速率波动幅度变小。总之，BSCs 降低了初始入渗速率，缩短了自由入渗时间，两种 BSCs 都阻碍了前期水分入渗。

表 3-4　人工培育 BSCs 入渗过程相关数据

土地利用类型	项目	初渗速率（mL/min）	稳渗速率（mL/min）	稳渗时间（min）	1 h 累积入渗量（mL）	入渗速率标准差
荒草地	地衣结皮	2.3*	1.5*	30～35	91.9*	0.211
	藓类结皮	2.9	2.3*	35～40	141.4*	0.148
	CK	3.2	1.2	45～50	81.6	0.471

*代表在 0.05 水平下与 CK 差异显著

随着时间的推移，表层土体饱和，土体渗透系数也逐渐达到饱和入渗系数，并开始积水，此时水分入渗动力为重力，入渗速率不再随时间延长而变化，入渗过程进入稳渗阶段。由表 3-4 可知，藓类结皮和地衣结皮稳渗速率增幅分别为 91.7% 和 58.3%。

由表 3-4 可知，各处理在 1 h 内均达到稳渗状态，1 h 累积入渗量直接反映各处理的入渗能力。人工培育的两种 BSCs 入渗量均与 CK 差异显著，各处理 1 h 累积入渗量大小顺序为藓类结皮>地衣结皮>CK，藓类结皮和地衣结皮的 1 h 累积入渗量分别为 CK 的 1.73 倍和 1.13 倍，这与前述 BSCs 对土壤水分稳渗速率的影响规律一致。图 3-3 反映的是人工培育 BSCs 的入渗量调控率，藓类结皮和地衣结皮均可以增加 1 h 累积入渗量，增幅分别为 73.3% 和 12.6%。由此可见，黄土丘陵区人工培育的藓类结皮和地衣结皮均可以有效地促进后期土壤入渗，且藓类结皮的增渗效果更为显著。

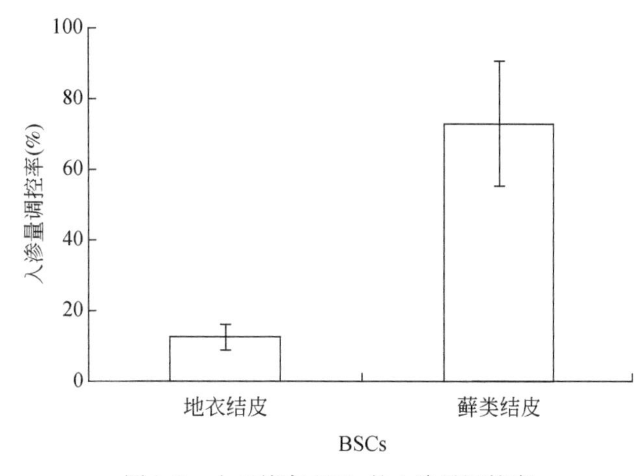

图 3-3　人工培育 BSCs 的入渗量调控率

土壤入渗模型模拟结果见表 3-5。Kostiakov 模型 m 值变化范围为 1.3626 ~ 6.1261，m 值表示入渗曲线的斜率，即 m 值越大，瞬时入渗速率减小越快。从表 3-5 中可以看出，CK 的瞬时入渗速率减小最快，藓类结皮的瞬时入渗速率减小最慢；n 值变化范围为 0.0906 ~ 0.4245，最大值出现在地衣结皮，最小值出现在 CK。Horton 模型 c 值变化范围为 6.8466 ~ 17.9878，最大值出现在藓类结皮，最小值出现在 CK，反映了瞬时入渗速率的递减状况。Philip 模型 a 值变化范围为 2.8998 ~ 5.7802，最小值出现在 CK，最大值出现在藓类结皮；b 值一定程度上反映了瞬时入渗速率的递减情况，即藓类结皮减小最慢，CK 减小最快。模型拟合效果由拟合决定系数 R^2 表示：R^2 值越大，拟合度越高。由表 3-5 可知，Horton 模型拟合效果相对最好，R^2 值范围为 0.8900 ~ 0.9767，最佳拟合效果出现在地衣结皮。出现上述拟合结果的原因是 Kostiakov 模型在 $t \to 0$ 时 $I(t) \to \infty$，$t \to \infty$ 时 $I(t) \to 0$，仅适用于水平吸渗，不符合垂直入渗的情况。而 Philip 模型虽然是物理模型，但其仅适用于匀质土壤一维入渗，不适用于 BSCs 这种非匀质土壤。但 Philip 模型模拟效果优于 Kostiakov 模型，原因在于 Philip 模型适用于有压力入渗的情况，而环刀法正是基于稳压状态下模拟水分入渗过程的方法。由以上分析可知，Kostiakov 模型和 Philip 模型拟合效果都不如 Horton 模型，说明 Horton 模型最适于描述本区人工培育结皮覆盖土壤的入渗特征。

表 3-5　土壤入渗模型模拟结果

项目	Kostiakov 模型			Horton 模型			Philip 模型	
	m	n	R^2	c	R^2	a	b	R^2
藓类结皮	4. 5547	0. 2431	0. 7654	17. 9878	0. 8900	5. 7802	1. 7472	0. 6529
地衣结皮	6. 8456	0. 4245	0. 8881	10. 6654	0. 9767	3. 6753	1. 8480	0. 8101
CK	7. 7369	0. 0906	0. 8952	6. 8466	0. 9759	2. 8998	2. 6906	0. 8577

土壤入渗能力是影响地表产流的关键因素，土壤入渗能力越强，发生超渗产流的可能性越小，水土流失风险越低。BSCs 均可以缩短自由入渗时间，原因是受 BSCs 持水性（王翠萍等，2009）的影响。BSCs 各处理均可以明显降低初始入渗速率，可能是由于 BSCs 较好的持水性能增加了土壤初始含水率，而初始含水率是影响土壤水分入渗能力的重要因素，随土壤初始含水率的增加，初始入渗速率减小（陈洪松等，2006），故土壤初始含水率较高的 BSCs，其土壤初始入渗速率较低。这与王翠萍等（2009）、卫伟等（2012）的结论一致。与阻碍前期入渗不同，BSCs 均可以增加土壤水分稳渗速率及 1 h 累积入渗量，原因是：①BSCs 能有效地累积土壤中的有机碳并固定大气中的氮，有机质含量高（王翠萍等，2009；李莉等，2010），导致土壤容重减小，从而间接增大了土壤孔隙度，进而为水分入渗创造了水流通道，导致入渗速率增加；②BSCs 不仅促进了土壤中水稳性团聚体的形成，而且抑制了对水分入渗有明显阻碍作用的物理结皮的产生，因此 BSCs 的存在相对提高了入渗速率；③BSCs 通过地下假根及地上部分的凹凸错落为小型土壤动物提供了适宜生境，有利于土壤动物的生殖繁衍，使得动物多样性增加（李新荣等，2008），土壤动物活动的增加，促进了土壤大孔隙的形成，从而有效地促进了水分入渗。该结果与王翠萍等（2009）对结皮稳渗速率的研究结果不同，这与试验对象、测定方法等因素密切相关：①本研究基于人工培育 BSCs 进行入渗模拟，而王翠萍的试验对象是自然生长结皮，两者的生长发育特征及对下层土壤结构的影响有何异同尚未可知；②本研究采用的是环刀法，通过测算每分钟烧杯收集的水分得出瞬时入渗速率，而王翠萍采用的是双环入渗法，通过注入水量计算入渗速率。双环入渗法的土体入渗表面积和水分穿透土体深度均大于环刀法，所以所测入渗速率及入渗量与本研究结果不一致。由表 3-4、图 3-3 可知，藓类结皮增渗效果好于地衣结皮，原因是藓类结皮是生物结皮发育的最高级阶段，自身生物量相对较大，从而能够更有效地增加土壤有机质含量及土壤孔隙度，加之地下假根对土壤表层的捆绑作用促进了土壤中水稳性团聚体的形成，所以其增渗效果好于地衣结皮。

人工培育 BSCs 均减小表土层 0 ~ 5 cm 和 5 ~ 10 cm 土壤容重，增加土壤总孔隙度和土壤毛管孔隙度，对 0 ~ 5 cm 土层的影响大于 5 ~ 10 cm 土层，藓类结皮较地衣结皮“减容增孔”效果更显著。BSCs 均增加 0 ~ 5 cm、5 ~ 10 cm 土层粉粒含量，减少砂粒含量，两种 BSCs 均对 0 ~ 5 cm 土层影响显著，对 5 ~ 10 cm 土层无显著性差异。除此之外，BSCs 对土壤物理性质的影响具有一定的种类差异性，总体来说藓类结皮对下层土壤结构的影响大于地衣结皮，说明藓类结皮较地衣结皮能够更有效改善土壤结构、土壤质地，改变土壤入渗特征，从而影响坡面水蚀的发生和过程。

人工培育两种 BSCs 均阻碍前期入渗，表现为降低水分初渗速率，缩短自由入渗时间。初渗速率、自由入渗时间大小顺序均为 CK>藓类结皮>地衣结皮。藓类结皮和地衣结皮均能够促进后期入渗，表现为增加稳渗速率和 1 h 累积入渗量，大小顺序均为藓类结皮>地衣结皮> CK，藓类结皮和地衣结皮初渗速率减幅分别为 9.4% 和 28.1%，稳渗速率增幅分别为 91.7% 和 58.3%，1 h 累积入渗量增幅分别为 73.3% 和 12.6%。

三种入渗模型中 Horton 模型的拟合效果最好，说明 Horton 模型较适于描述本区人工培育 BSCs 覆盖土壤的入渗特征。

3.5 生物结皮类型对坡面水蚀的影响

同一降雨条件下，下垫面的变化导致产流时间产生差异，从而使地表径流发生相应变化，最终导致土壤侵蚀有所不同。因此，研究人工培育 BSCs 对产流时间的影响，对于分析黄土高原 BSCs 的水土保持功能具有重要意义。由表 3-6 可知，小雨强降雨事件中裸土产流时间介于藓类结皮和地衣结皮之间，即地衣结皮缩短产流时间，藓类结皮延缓产流时间，两者产流时间分别为 CK 的 72% 和 1.14 倍；而两种结皮在大雨强降雨事件中均延缓了产流时间，地衣结皮和藓类结皮产流时间分别为 CK 的 2.5 倍和 4.13 倍。

表 3-6 人工培育 BSCs 的产流时间 （单位：s）

雨强	CK	地衣结皮	藓类结皮
小雨强	480b	346c	547a
大雨强	80c	200b	330a

注：不同字母代表处理（藓类结皮、地衣结皮、裸土对照）间差异显著（$p<0.05$），相同字母代表差异不显著

径流系数是一定汇水面积内总径流量与降雨量的比值，旨在说明在降雨量中有多少水变成径流，它综合反映了流域（或径流小区）内自然地理要素对径流的影响。根据模拟降雨实验的径流样，计算得到人工培育 BSCs 的 1 h 径流系数变化过程曲线，如图 3-4 所示。大、小雨强降雨事件中降雨历时 1 h 后径流系数大小顺序均为 CK>地衣结皮> 藓类结皮。由此可知 BSCs 可以有效减小径流系数，降雨历时 1 h 后，小雨强降雨事件中地衣结皮和藓类结皮径流系数分别为 CK 的 19.27% 和 9.21%，大雨强降雨事件中分别为 62.05% 和 14.98%，由此还可看出，BSCs 在小雨强降雨事件中减小径流系数的效果好于大雨强降雨事件，藓类结皮对径流系数的影响大于地衣结皮。

图 3-5 为 BSCs 在大、小雨强下的 1 h 产流总量。大、小雨强下 1 h 产流总量大小顺序均为 CK>地衣结皮>藓类结皮，此顺序与 BSCs 的径流系数排序相同。小雨强下地衣结皮和藓类结皮 1 h 产流总量分别为 CK 的 19.0% 和 4.8%，藓类结皮 1 h 产流总量为地衣结皮的 25.3%；大雨强下地衣结皮和藓类结皮 1 h 产流总量分别为 CK 的 57.4% 和 13.9%，藓类结皮 1 h 产流总量为地衣结皮的 24.2%。说明两种结皮均可以有效地减少产流总量，藓类结皮减流效果好于地衣结皮。

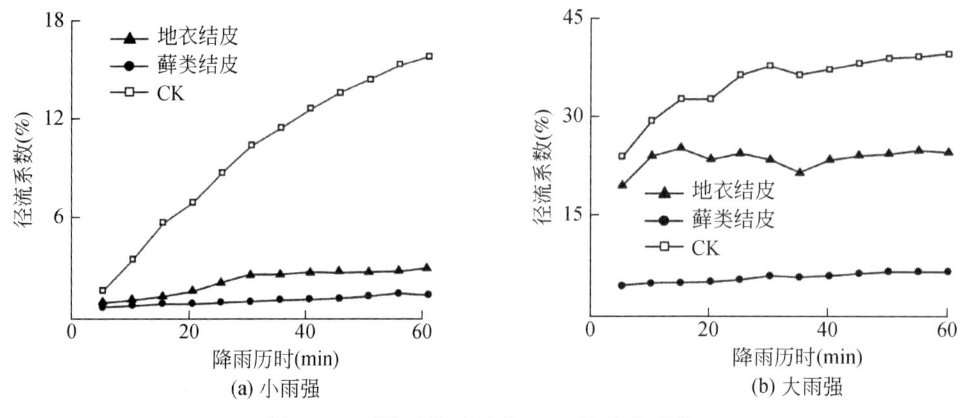

图 3-4 不同雨强下两种 BSCs 的径流系数

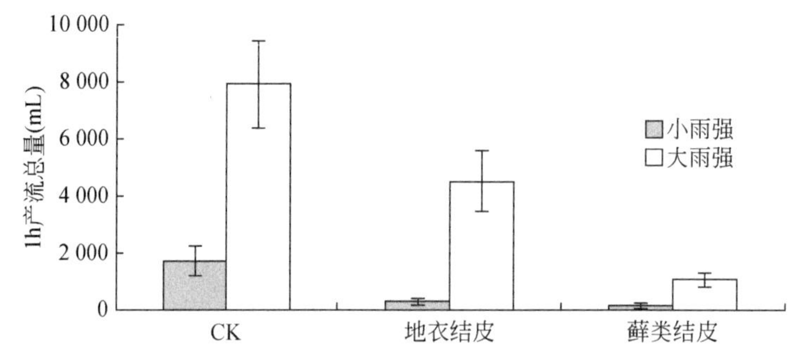

图 3-5 不同雨强下两种 BSCs 的 1 h 产流总量

图 3-6 为 BSCs 在大、小雨强下的 1 h 产沙总量。大、雨强下 1 h 产沙总量大小顺序均为 CK>地衣结皮> 藓类结皮，此顺序与 BSCs 的径流系数、产流总量排序相同，小雨强下地衣结皮和藓类结皮 1 h 产沙总量分别为 CK 的 36.7% 和 12.5%，藓类结皮 1 h 产沙总量为地衣结皮的 34.1%；大雨强下地衣结皮和藓类结皮 1 h 产沙总量分别为 CK 的 46.4% 和 29.0%，藓类结皮 1 h 产沙总量为地衣结皮的 62.5%。说明两种结皮均可以有效地减少产沙总量，同减流效果一样，藓类结皮的减沙效果好于地衣结皮。

为了更直观地了解 BSCs 对水分入渗的影响，本研究引入无量纲的产流总量调控率和产沙总量调控率，如图 3-7 所示，大、小雨强下产流总量调控率和产沙总量调控率均<0，说明两种 BSCs 均可以减少 1 h 产流产沙量，有效阻碍坡面水土流失。小雨强下地衣结皮产流总量调控率和产沙总量调控率分别为 -81.0% 和 -63.3%，藓类结皮为 -95.2% 和 -87.5%，藓类结皮保水作用是地衣结皮的 1.18 倍，保沙作用是地衣结皮的 1.38 倍；大雨强下地衣结皮产流总量调控率和产沙总量调控率分别为-42.6% 和-53.6%，藓类结皮为-86.1% 和-71.0%，藓类结皮保水作用是地衣结皮的 2.02 倍，保沙作用是地衣结皮的 1.32 倍。由此可见，黄土丘陵区人工培育 BSCs 对坡面侵蚀具有极为显著的调控作用，且受降雨特征的影响，相比大雨强，BSCs 在小雨强降雨事件中的减流减沙效果更显著，小

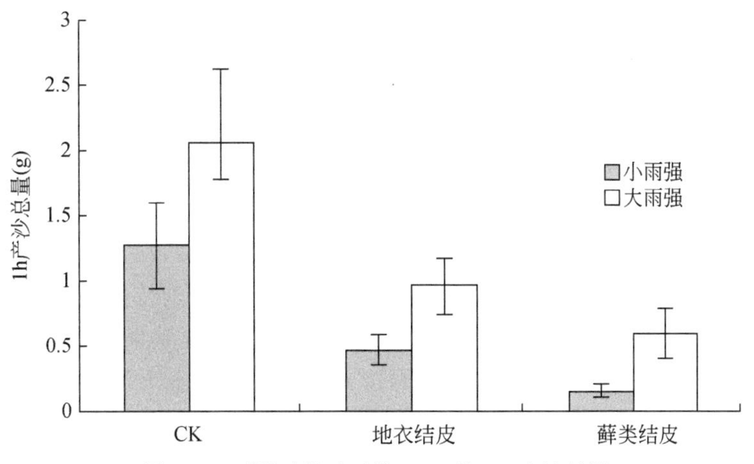

图3-6 不同雨强下两种BSCs的1 h产沙总量

雨强下藓类结皮的保水作用是大雨强下的1.11倍，小雨强下地衣结皮的保水作用是大雨强下的1.90倍；小雨强下藓类结皮的保沙作用是大雨强下的1.23倍，小雨强下地衣结皮的保沙作用是大雨强下的1.18倍。总体来说，BSCs减流效果好于减沙效果，且藓类结皮可以比地衣结皮更有效地阻碍黄土丘陵区坡面水土流失过程。

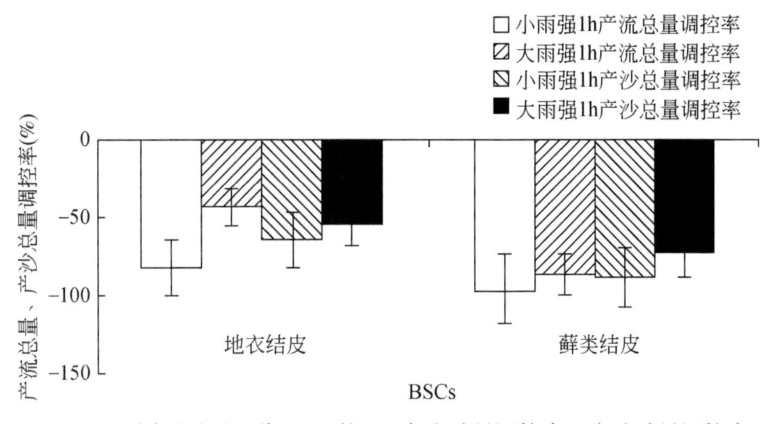

图3-7 不同雨强下两种BSCs的1 h产流总量调控率和产沙总量调控率

一次坡面水蚀事件主要分为两个阶段：①溅蚀阶段。降水初期雨滴动能打击地表，对表层土壤颗粒产生雨滴溅蚀作用；②片蚀阶段。随降雨历时延长，土壤含水率逐渐饱和，出现超渗产流，土表薄层水流对土壤颗粒的分散和输移过程。两种水蚀驱动形式分别是降雨驱动与径流驱动。本研究发现，两种BSCs均显著减小径流系数、降低产流产沙量，产流总量减幅范围为42.6%~95.2%，产沙总量减幅范围为53.6%~87.5%。BSCs减少水土流失，降低土壤侵蚀程度，这与前人的研究结果（Miralles-Mellado et al.，2011；Rodríguez-Caballero et al.，2013）相似。这主要有以下几点原因：①结构特征增加土壤稳定性。BSCs是一种水平方向上极稳定的层状结构体（杨凯等，2012），其发育特点能够显著增强土壤稳定性（Cantón et al., 2011），这一结构特征可以有效减少干旱半干旱区的风蚀和水蚀。②改变土壤结构，增加入渗。BSCs 固定大气中的氮素并累积土壤有机碳（Barger et al., 2006），且有效促进了土壤中水稳性团聚体的形成（Abed et al., 2012），导致土壤容重减小、土壤孔隙度增加，为水分入渗创造水流通道，增加入渗率（李莉等，2012）。③覆盖减少溅蚀。BSCs 覆盖消减了雨滴动能，从而减少了降雨侵蚀力分离的土壤颗粒，进而有效降低了溅蚀程度（Qin and Zhao, 2011）。

人工培育的藓类结皮和地衣结皮均可以有效阻碍坡面水蚀过程，减少产流产沙量。总体来说，BSCs 对坡面水蚀具有极为显著的调控作用，且受降雨特征的影响，相比大雨强，BSCs 在小雨强降雨事件中减少水土流失效果更显著，且减流效果好于减沙效果。除此之外，藓类结皮可以比地衣结皮更有效地阻碍黄土丘陵区坡面水土流失过程。两种 BSCs 均影响产流时间，小雨强下产流时间顺序为藓类结皮>CK>地衣结皮，大雨强下为藓类结皮>地衣结皮>CK。大、小雨强下水蚀过程径流系数、1 h 产流总量、1 h 产沙总量顺序均为藓类结皮<地衣结皮<CK。BSCs 减流量减幅范围为 42.6%～95.2%，减沙量减幅范围为 53.6%～87.5%。

3.6 生物结皮格局对坡面水蚀的影响

由表 3-7 可知，小雨强降雨事件中产流顺序依次为下半藓类>零散藓类>CK>零散地衣>下半地衣>上半地衣>上半藓类，最先产流的是上半藓类，最后产流的是下半藓类，产流时间分别为 CK 的 23% 和 1.89 倍。可见小雨强下所有地衣结皮格局和上半藓类较 CK 均提前产流，下半藓类和零散藓类延缓产流。而大雨强降雨条件下该顺序为零散地衣>下半藓类>零散藓类>下半地衣>CK>上半地衣>上半藓类。最先产流的是上半藓类，最后产流的是零散地衣，产流时间分别为 CK 的 44% 和 2.75 倍。可见大雨强下上半地衣结皮和上半藓类结皮较 CK 提前产流，其余 BSCs 格局均延缓产流。

表 3-7　不同格局 BSCs 的产流时间　（单位：s）

雨强	CK	上半地衣	零散地衣	下半地衣	上半藓类	零散藓类	下半藓类
小雨强	480	143*	328*	282*	112*	752*	907*
大雨强	80	40*	220*	96*	35*	180*	200*

*代表在 0.05 水平下与 CK 差异显著

如图 3-8 所示，小雨强下径流系数大小顺序为上半地衣>CK>上半藓类>下半地衣>下半藓类>零散地衣>零散藓类；大雨强下该顺序有所变动，依次为上半地衣>上半藓类>CK>下半地衣>零散藓类>下半藓类>零散地衣。由此可知，上半地衣在大、小雨强降雨事件中均增大径流系数，降雨历时 1 h 径流系数分别为 CK 的 1.32 倍和 1.45 倍。上半藓类在大雨强降雨事件下增加径流系数，降雨历时 1 h 后径流系数为 CK 的 1.15 倍，而在小雨强降雨 0～15 min 增大径流系数，15～60 min 减小径流系数。零散地衣和零散藓类在小雨强降雨事件中有效减小径流系数，降雨历时 1 h 后径流系数分别为 CK 的 1.9% 和 4.2%。大雨强降雨事件中最有效减小径流系数的 BSCs 格局为下半藓类和零散地衣，降雨历时 1 h 分别为 CK 的 36% 和 25%。此外还可看出，BSCs 格局在小雨强降雨事件中的减流效果好于大雨强降雨事件，这与降雨特征影响不同类型 BSCs 覆盖下的坡面水蚀一样，说明降雨特征是影响坡面水蚀的重要因素。

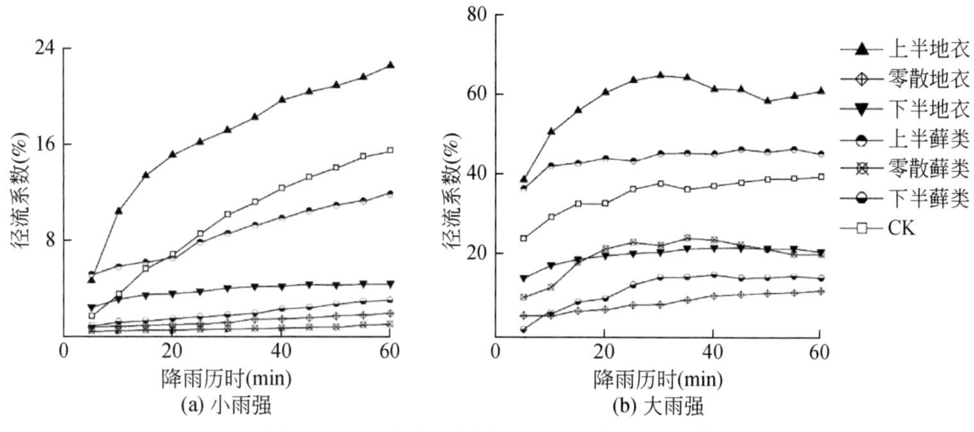

图 3-8　不同雨强下各格局 BSCs 的径流系数

径流系数与降雨历时密切相关，将大、小雨强下各处理的径流系数与降雨历时进行线性回归（$Y=a+bX$），表 3-8 为线性回归斜率 b 值和相关系数 R^2。斜率 b 值在统计学中表示自变量 X 每变动一个单位时因变量 Y 的平均变动值，含义是当其他因素不变时自变量单位变化引起的因变量的变化程度。各处理的斜率 b 值均>0，说明径流系数随时间延长而增加。大、小雨强下 b 值最大值均出现在上半地衣格局，该值也是唯一大于 CK 的 b 值，说明上半地衣格局径流系数随降雨历时的延长增长最快，水土流失风险最高。其余 BSCs 格局径流系数的增加速度均慢于 CK。

表 3-8　不同 BSCs 格局径流系数与降雨历时线性回归分析

BSCs 格局	小雨强		大雨强	
	b	R^2	b	R^2
CK	1. 246	0. 973	1. 158	0. 790
上半地衣	1. 349	0. 879	1. 198	0. 345
零散地衣	0. 109	0. 980	0. 630	0. 975
下半地衣	0. 154	0. 837	0. 496	0. 638
零散藓类	0. 048	0. 925	0. 798	0. 372
上半藓类	0. 632	0. 986	0. 617	0. 635
下半藓类	0. 196	0. 990	1. 065	0. 726

图 3-9 为各 BSCs 格局在大、小雨强下的 1 h 产流总量调控率、产沙总量调控率。由图 3-9可知，大、小雨强下 1 h 产流总量大小顺序均为上半地衣 >上半藓类>下半地衣>零

散藓类>下半藓类>零散地衣。小雨强降雨事件中，上半地衣相比 CK 促进产流，阻碍入渗，产流总量为 CK 的 1.7 倍。零散藓类和零散地衣格局分别有效减少产流总量 96.5% 和 98.1%，从而极大地降低了水土流失风险。大雨强降雨事件中，上半地衣和上半苔藓增加产流，地表径流量分别增加 29.6% 和 8.8%。零散地衣最有效减小地表径流，减少产流总量 75.4%。可以看出，除去上半地衣和上半藓类，其他 BSC 格局均减小 1 h 产流总量，其中以零散地衣减流效果最为显著。各 BSCs 格局对 1 h 产沙总量的影响与对 1 h 产流总量的影响结果一致。大、小雨强下 1 h 产沙总量大小顺序均为上半地衣 >上半藓类>下半地衣>零散藓类>下半藓类>零散地衣。小雨强降雨事件中，上半地衣结皮格局增加泥沙量 70.0%，其余 BSCs 格局均减少泥沙量，以零散地衣结皮格局减幅最多，为 96.4%。由图 3-9可知，BSCs 格局的减沙效果好于减流效果，这与全覆盖结皮小区的水土保持功能不一致。零散格局的抗侵蚀能力明显好于上半格局和下半格局。

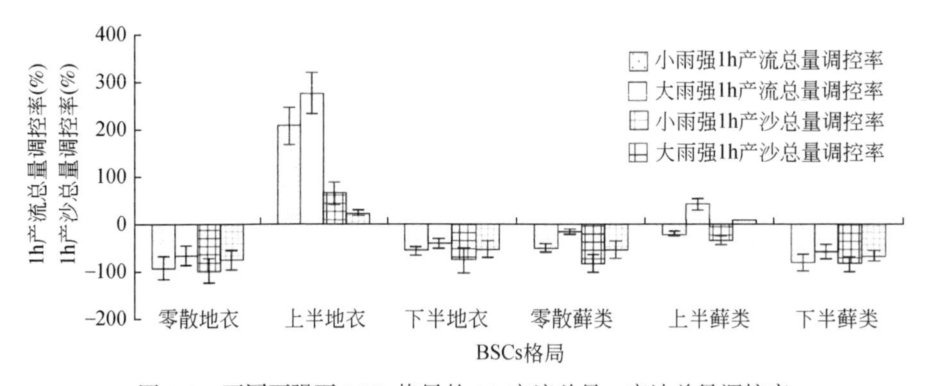

图 3-9　不同雨强下 BSCs 格局的 1 h 产流总量、产沙总量调控率

坡面覆被是水土流失的重要影响因素，覆被格局包括不同覆被类型（维管植被、枯落物、BSCs）、不同覆被空间分布、数量等。覆被空间分布格局直接控制坡面水土流失过程，其对坡面水蚀的影响关键在于改变了径流泥沙运移、汇集路径的连通性（Tongway et al.，2001；Boix-Fayoset al.，2006；Xu et al.，2006）。关于上层维管植被格局对土壤侵蚀的影响目前已有大量研究，而 BSCs 格局相关影响研究极少。本研究将两种 BSCs 分别布设为三种格局，即上半格局、下半格局及零散格局，每种格局 BSCs 盖度均为 50%。总体来说，各藓类结皮格局的水土保持效果好于地衣结皮，结合径流系数、产流产沙量结果可知，藓类结皮格局水土流失风险大小依次为下半<零散<CK<上半，地衣结皮格局顺序为零散<下半<CK<上半。除去上半格局，各 BSCs 处理均降低水土流失风险，其中以下半藓类结皮格局和零散地衣结皮格局的水土保持效果最为明显。可能的原因是：①BSCs 斑块作为地表径流、泥沙输移的阻碍功能单元，阻滞、截留产流产沙，是水土流失“源汇”理论中（陈利顶等，2006）径流泥沙的汇区域。②BSCs 零散格局可降低地表物质流连接性，从而有效阻碍地表径流搬运泥沙，减少水土流失量。③BSCs 下半格局主要起到拦截径流泥沙的作用。有研究指出，水土流失“源”距出口越近，泥沙越易输出，“汇”距离出口越近，与出口连接的“汇”单元越多，则该区域（小区）泥沙越不易输出（Mayor et al.,

2008）。此结果与黄土丘陵区维管植物格局对坡面水蚀影响的结果十分相似，即水蚀程度零散格局<坡底聚集<坡顶聚集（李勉等，2005；徐海燕等，2009），说明不论是生物组分为非维管植物的生物结皮还是上层维管植物，其格局利用对黄土侵蚀区的入渗–产流和土壤侵蚀都具有重要作用。

大、小雨强下各 BSCs 格局均影响产流时间。小雨强降雨事件中，CK 的产流时间几乎介于地衣结皮格局与藓类结皮格局之间：地衣结皮格局最早产流，而藓类结皮格局延长产流时间，两者影响范围分别为 CK 的 23% 和 1.89 倍。大雨强降雨事件中，上半地衣和上半苔藓缩短产流时间，分别为 CK 的 50% 和 35%，其余 BSCs 格局均延长产流时间，零散地衣最能有效地延缓产流时间，产流时间为 CK 的 5.25 倍。

BSCs 格局可以十分有效地控制坡面水土流失过程及总量，水土流失风险最小的格局为零散地衣，风险最大的格局为上半地衣。小雨强降雨事件中，上半地衣格局径流系数、1 h 产流总量、1 h 产沙总量均大于 CK，而零散地衣 1 h 产流总量相对 CK 减少 95.2%，1 h 产沙总量减少 90.6%。大雨强降雨事件中，上半地衣格局和上半苔藓格局增加径流系数，1 h 产流总量分别增加 29.6% 和 8.8%，1 h 产沙总量分别增加 275.4% 和 42.5%。

3.7 小　结

该研究以黄土丘陵区人工培育生物结皮为研究对象，以室内测定生物结皮下层土壤物理性质和入渗特征结合野外坡面侵蚀模拟试验为研究内容，以分析该区人工培育生物结皮与坡面水蚀关系为研究目的，取得以下结论。

1）人工培育 BSCs 对土壤物理性质有重要的影响。人工培育藓类结皮和地衣结皮均减小 0 ~ 5 cm 和 5 ~ 10 cm 土层土壤容重和砂粒含量，增加土壤总孔隙度、土壤毛管孔隙度和粉粒含量，而对黏粒含量的影响相对复杂。相对于 5 ~ 10 cm 土层，两种 BSCs 均对 0 ~ 5 cm 土层影响更为显著。表明人工培育 BSCs 可以有效改善土表结构，创造生态恢复的适宜微生境。

2）人工培育 BSCs 能有效促进水分入渗，对该区能量、物质和水分循环产生重要影响。两种 BSCs 均可以促进后期入渗，藓类结皮和地衣结皮稳渗速率增幅分别为 91.7% 和 58.3%，1 h 入渗量增幅分别为 73.4% 和 12.7%。由拟合决定系数 R^2 值大小可知，三种模型中 Horton 模型的拟合效果最好，说明 Horton 模型较适于描述本区人工培育 BSCs 覆盖土壤的入渗特征。

3）人工培育藓类结皮和地衣结皮具有极显著的抗水蚀效应，且减流效果好于减沙效果。两种 BSCs 影响产流历时：小雨强降雨事件中产流时间先后顺序为地衣结皮<CK<藓类结皮，大雨强降雨事件中产流时间先后顺序为 CK<地衣结皮<藓类结皮。表明人工培育 BSCs 具有较强的水土保持功能，科学管理 BSCs 可以成为该区水保措施之一。

4）从配置格局看，BSCs 格局能有效控制坡面水土流失。水土流失风险最小的格局为零散地衣，风险最大的格局为上半地衣。零散地衣，小雨强下，径流系数、1 h 产流总量和产沙总量减幅分别为 98.1%、90.6% 和 96.4%；大雨强下，3 项指标减幅分别为

85.0%、65.2%和75.4%。各藓类结皮分布格局较地衣结皮格局可以更有效地阻碍水土流失。各 BSCs 格局对径流系数、产流产沙量的调控作用在小雨强降雨事件中更为显著。表明 BSCs 分布格局与上层维管植物分布格局一样，都是影响坡面水蚀过程的重要因素。

参 考 文 献

陈洪松，邵明安，王克林 . 2006. 土壤初始含水率对坡面降雨入渗及土壤水分再分布的影响 . 农业工程学报，22（1）：44-47.
陈利顶，傅伯杰，赵文武 . 2006. “源”“汇”景观理论及其生态学意义 . 生态学报，26（5）：1444-1449.
高丽倩，赵允格，秦宁强，等 . 2012. 黄土丘陵区生物结皮对土壤物理属性的影响 . 自然资源学报，27（8）：1316-1326.
郭轶瑞，赵哈林，左小安，等 . 2008. 科尔沁沙地沙丘恢复过程中典型灌丛下结皮发育特征及表层土壤特性 . 环境科学，（4）：1027-1034.
海春兴，史培军，刘宝元，等 . 2002. 风水两相侵蚀研究现状及我国今后风水蚀的主要研究内容 . 水土保持学报，16（2）：50-52，56.
康磊，孙长忠，殷丽，等 . 2012. 黄土高原沟壑区藻类结皮的水土保持效应 . 水土保持学报，26（1）：47-52.
李金峰，孟杰，叶菁，等 . 2014. 陕北水蚀风蚀交错区生物结皮的形成过程与发育特征 . 自然资源学报，29（1）：67-79.
李莉，孟杰，杨建振，等 . 2010. 不同植被下生物结皮的水分入渗与水土保持效应 . 水土保持学报，24（5）：105-109.
李勉，姚文艺，陈江南，等 . 2005. 坡面草被覆盖对坡沟侵蚀产沙过程的影响 . 地理学报，60（5）：725-732.
李秋艳，蔡强国，方海燕 . 2010. 风水复合侵蚀与生态恢复研究进展 . 地理科学进展，29（1）：65-72.
李守中，肖洪浪，罗芳，等 . 2005. 沙坡头植被固沙区生物结皮对土壤水文过程的调控作用 . 中国沙漠，25（2）：228-233.
李新荣，贾玉奎，龙利群，等 . 2004. 干旱半干旱地区土壤微生物结皮的生态学意义及若干研究进展 . 中国沙漠，21（1）：4-11.
李新荣，陈应武，贾荣亮 . 2008. 生物土壤结皮：荒漠昆虫食物链的重要构建者 . 中国沙漠，28（2）：245-248.
李新荣，张元明，赵允格 . 2009. 生物土壤结皮研究：进展，前沿与展望 . 地球科学进展，24（1）：11-24.
李占斌，朱冰冰，李鹏 . 2008. 土壤侵蚀与水土保持研究进展 . 土壤学报，45（5）：802-809.
刘刚才，张建辉，高美荣，等 . 2003. 土壤水蚀影响因子与土壤退化研究进展 . 西南农业学报，16（S1）：23-28.
刘洁，李贤伟，纪中华，等 . 2011. 元谋干热河谷三种植被恢复模式土壤贮水及入渗特性 . 生态学报，31（8）：2331-2340.
刘利霞，张宇清，吴斌 . 2007. 生物结皮对荒漠地区土壤及植物的影响研究述评 . 中国水土保持科学，5（6）：106-112.
吕一河，刘国华，冯晓明 . 2011. 土壤水蚀的环境效应：影响因素、研究热点与评价指标的评述 . 生态与农村环境学报，27（1）：93-99.
宋阳，刘连友，严平 . 2006. 风水复合侵蚀研究述评 . 地理学报，61（1）：77-88.
田桂泉，白学良，徐杰，等 . 2005. 腾格里沙漠固定沙丘藓类植物结皮层的自然恢复及人工培养试验研究 . 植物生态学报，29（1）：164-169.
王翠萍，廖超英，孙长忠，等 . 2009. 黄土地表生物结皮对土壤贮水性能及水分入渗特征的影响 . 干旱地区农业研究，27（4）：54-59，64.
王建新，王恩志，王思敬 . 2010. 降雨自由入渗阶段试验研究及其过程的水势描述 . 清华大学学报（自然科学版），50（12）：1920-1924.
卫伟，温智，陈利顶，等 . 2012. 半干旱黄土丘陵区土壤结皮的地表水文效应 . 环境科学，33（11）：3901-3904.
夏江宝，谢文军，陆兆华，等 . 2010. 再生水浇灌方式对芦苇地土壤水文生态特性的影响 . 生态学报，30（15）：4137-4143.
肖波，赵允格，邵明安 . 2007. 陕北水蚀风蚀交错区两种生物结皮对土壤饱和导水率的影响 . 农业工程学报，23（12）：35-40.
肖波，赵允格，邵明安 . 2008. 黄土高原侵蚀区生物结皮的人工培育及其水土保持效应 . 草地学报，16（1）：28-33.
熊东红，翟娟，杨丹，等 . 2011. 元谋干热河谷冲沟集水区土壤入渗性能及其影响因素 . 水土保持学报，25（6）：170-175.
徐海燕，赵文武，朱恒峰，等 . 2009. 黄土丘陵沟壑区坡耕地与草地不同配置方式的侵蚀产沙特征 . 中国水土保持科学，7（3）：35-41.
徐敬华，王国梁，陈云明，等 . 2008. 黄土丘陵区退耕地土壤水分入渗特征及影响因素 . 中国水土保持科学，6（2）：19-25.
徐燕，龙健 . 2005. 贵州喀斯特山区土壤物理性质对土壤侵蚀的影响 . 水土保持学报，19（1）：157-159.
杨建振 . 2010. 陕北毛乌素沙地生物结皮的土壤水分效应及其人工培育技术初探 . 杨凌：西北农林科技大学硕士学位论文 .
杨凯，赵允格，马昕昕 . 2012. 黄土丘陵区生物土壤结皮层水稳性 . 应用生态学报，23（1）：173-177.
杨永胜 . 2012. 毛乌素沙地生物结皮对土壤水分和风蚀的影响 . 杨凌：西北农林科技大学硕士学位论文 .
张侃侃 . 2012. 毛乌素沙地苔藓结皮的人工培育技术 . 杨凌：西北农林科技大学硕士学位论文 .
张庆印 . 2013. 黄土高原沙黄土水蚀与风蚀交互作用模拟试验研究 . 杨凌，西北农林科技大学硕士学位论文 .
张元明，王雪芹 . 2008. 准噶尔荒漠生物结皮研究 . 北京：科学出版社 .
张元明，陈晋，王雪芹，等 . 2005. 古尔班通古特沙漠生物结皮的分布特征 . 地理学报，60（1）：53-60.
赵允格，许明祥，王全九，等 . 2006. 黄土丘陵区退耕地生物结皮对土壤理化性状的影响 . 自然资源学报，21（3）：441-448.
中国科学院南京土壤研究所土壤物理研究室 . 1978. 土壤物理性质测定法 . 北京：科学出版社 .
Abed R M M，Al-Sadi A M，Al-Shehi M，et al. 2012. Diversity of free-living and lichenized fungal communities in biological soil crusts of the Sultanate of Oman and their role in improving soil properties. Soil Biology and Biochemistry，57：695-705.
Barger N N，Herrick J E，van Z J，et al. 2006. Impacts of biological soil crust disturbance and composition on C and N loss from water erosion. Biogeochemistry，77（2）：247-263.
Belnap J，Eldridge D. 2001. Disturbance and recovery of biological soil crusts. Biological Soil Crusts：Structure，

Function, and Management: 363-383.

Belnap J. 1996. Soil surface disturbances in cold deserts: effects on nitrogenase activity in cyanobacterial- lichen soil crusts. Biology and Fertility of Soils, 23 (4): 362-367.

Boix- Fayos C, Martínez-Mena M, Arnau-Rosalén E, et al. 2006. Measuring soil erosion by field plots: understanding the sources of variation. Earth-Science Reviews, 78 (3-4): 267-285.

Bowker M A, Maestre F T, Escolar C. 2010. Biological crusts as a model system for examining the biodiversity-ecosystem function relationship in soils. Soil Biology and Biochemistry, 42 (3): 405-417.

Cantón Y, Solé-Benet A, de Vente J, et al. 2011. A review of runoff generation and soil erosion across scales in semiarid south-eastern Spain. Journal of Arid Environments, 75 (12): 1254-1261.

Chamizo S, Cantón Y, Rodríguez-Caballero E, et al. 2012. Runoff at contrasting scales in a semiarid ecosystem: A complex balance between biological soil crust features and rainfall characteristics. Journal of Hydrology, 452-453: 130-138.

Eldridge D J, Tozer M E, Slangen S. 1997. Soil hydrology is independent of microphytic crust cover: further evidence from a wooded semiarid Australian rangeland. Arid Land Research and Management, 11 (2): 113-126.

Eldridge D. 1993. Cryptogam cover and soil surface condition: effects on hydrology on a semiarid woodland soil. Arid Land Research and Management, 7 (3): 203-217.

EldridgeD J, Rosentreter R. 1999. Morphological groups: a framework for monitoring microphytic crusts in arid landscapes. Journal of Arid Environments, 41 (1): 11-25.

Fearnehough W, Fullen M A, Mitchell D J, et al. 1998. Aeolian deposition and its effect on soil and vegetation changes on stabilised desert dunes in northern China. Geomorphology, 23 (2-4): 171-182.

Li X R, Xiao H L, He M Z, et al. 2006. Sand barriers of straw checkerboards for habitat restoration in extremely arid desert regions. Ecological Engineering, 28 (2): 149-157.

Ma Y C, Chen Y Q, Sui P, et al. 2006. Research advances in affecting factors and prevention techniques of soil wind erosion. Chinese Journal of Ecology, 11: 17.

Mayor Á G, Bautista S, Small E E, et al. 2008. Measurement of the connectivity of runoff source areas as determined by vegetation pattern and topography: a tool for assessing potential water and soil losses in drylands. Water Resources Research, 44 (10): 10-23.

Miralles-Mellado I, Cantón Y , Solé-Benet A. 2011. Two-dimensional porosity of crusted silty soils: indicators of soil quality in semiarid rangelands. Soil Science Society of America Journal, 75 (4): 1330-1342.

Patrick E. 2002. Researching crusting soils: themes, trends, recent developments and implications for managing soil and water resources in dry areas. Progress in Physical Geography, 26 (3): 442-461.

Qin N, Zhao Y. 2011. Responses of biological soil crust to and its relief effect on raindrop kinetic energy. The Journal of Applied Ecology, 22 (9): 2259-2264.

Rodríguez-Caballero E, Cantón Y, Chamizo S, et al. 2013. Soil loss and runoff in semiarid ecosystems: a complex interaction between biological soil crusts, micro- topography, and hydrological drivers. Ecosystems, 1-18.

Tongway D J, Valentin C, Seghieri J. 2001. Banded Vegetation Patterning in Arid and Semiarid Environments: Ecological Processes and Consequences for Management. New York: Springer Science+Business Media.

Warren S. 2001. Synopsis: influence of biological soil crusts on arid land hydrology and soil stability//Belnap J, Lange O L. Biological Soil Crusts: Structure, Function, and Management. Berlin, Heidelberg: Springer-

Verlag: 349-360.

West N E. 1990. Structureand function of microphytic soil crusts in wildland ecosystems of arid to semi- arid regions. Advances in Ecological Rsearch, 20: 179-223.

Williams J, Dobrowolski J, West N. 1999. Microbiotic crust influence on unsaturated hydraulic conductivity. Arid Soil Research and Rehabilitation, 13 (2): 145-154.

Xu X L, Ma K M, Fu B J, et al. 2006. Research review of the relationship between vegetation and soil loss. Acta Ecologica Sinica, 26 (9): 3137-3143.

Zhang Y M. 2005. The microstructure and formation of biological soil crusts in their early developmental stage. Chinese Science Bulletin, 50 (2): 117-121.

Zhao Y, Xu M, Wang Q, et al. 2006. Impact of biological soil cmst on soil physical and chemical properties of rehabilitated grassland in hilly Loess Plateau. China Journal of Natural Resources, 21: 441-448.

第4章 土地利用/植被覆盖格局的水蚀效应

关于土地利用/植被覆盖保持水土的机理，目前国内外学者已经开展了大量研究，涉及内容也极其丰富。总体而言，植被对径流侵蚀的调控是立体的、全方位的，从其枝干、花果叶、地表凋落物直至其土体深处的根系都组成了庞大的立体结构，对降雨在不同程度上起着减缓、吸收、截留等生态水文作用，从而发挥着稳定地表结构和土体属性的功能。总体来看，以往的研究主要集中在以下几个方面。

第一，关于植被盖度对土壤侵蚀和地表径流的影响。大量研究表明，植被盖度是径流和侵蚀的主控因子之一，不同的植被盖度下土壤侵蚀的危害程度迥异（Auzet et al., 1995），良好的植被覆盖能够有效控制土壤侵蚀的发生和发展。植被覆盖能够以截流的方式削减到达地面雨水的数量和能量（Bellot and Escarr, 1998），同时也可以通过枝干流和穿透雨的方式增加地表雨水的空间异质性（López et al., 1989）。例如，有学者指出，相同条件下，植被盖度每增加20%，土壤侵蚀模数可以减少40%~50%（郑粉莉等，1994）。朱显谟等（1954）发现，当植被盖度依次由0、25%、80%增加至85%时，径流系数则由34.2%依次降低至20.1%、13.6%和7.0%。侯庆春等（1996）在研究黄土丘陵沟壑区的土壤侵蚀问题时发现，当植被盖度分别由10%依次增加到28%、56%和60%时，平均土壤侵蚀模数从1523 t/km^2依次下降到527 t/km^2、218 t/km^2和107 t/km^2，下降幅度十分明显。吴钦孝和赵鸿雁（2000）也发现，当植被盖度达到90%时，林地内基本不产生地表径流。许多研究认为，土壤侵蚀随着植被盖度的增加呈指数递减趋势（Wei et al., 2007, 2019），也有部分学者认为两者呈线性负相关关系，如Zhou等（2006）发现，黄土丘陵区的土壤侵蚀和植被盖度呈显著的线性负相关关系（$r=0.99$）。而不良的植被覆盖则容易导致地表的冲刷和侵蚀。例如，一些研究发现，当植被盖度小于30%时，土壤侵蚀最为严重，这就是“30%定律”（Francis and Thornes, 1990; Cerdà, 1997）。Bissonnais等（1998）也指出，欧洲北部现代土壤加速侵蚀的主要原因就是农地扩展导致植被盖度急剧偏低。

第二，关于地表凋落物和有机质积累。大量研究表明，地表凋落物具有良好的蓄水保土、减缓地表径流、削弱雨滴动能对地表土体的扰动和冲击的作用（Eagleson, 1982; Boer and Puigdefábregas, 2005）。地表层的枯落物不仅可以直接保护地面以防止发生土壤溅蚀，有效降低降雨的侵蚀和破坏力度，还可以大量储存雨水并将之转化为土壤水分和表层蓄养水分（侯喜禄和曹清玉，1990）。例如，有学者发现，不同土地利用类型下的地表凋落物厚度是不一样的，并且可以截留6%~13%的降雨量（Zhu et al., 2002）。同时，研究还发现，树干树枝的枯落物能够促进地表微生物活性的改善，进而加速腐殖质层的形成和发展，有效改善土壤入渗性、土体通透性、土壤团聚性及有机质含量及比例等物理化学属性，增加地表粗糙度并预防地表结皮，从而提高地表径流和土壤侵蚀发生的下限阈值（Descheemaeker et al., 2006）。而枯落物的数量和有机质层的厚度是随着植被演替和生长发育的不断推进而逐级积累的（山仑和陈国良，1993）。

第三，关于植被根系的水土保持功效。研究表明，植被根系能够增加土壤的团聚性和内敛力，提高其抗冲刷能力和抗剪切力，进而增加降雨和地表水分的入渗力并最终减少水土流失（候喜禄和曹清玉，1990；Famiglietti et al., 1998）。同时，根系形成的密集网络（如草本植物的表层根系）能够有效固定土体颗粒，减少和防止土壤的分散和悬浮，使土体或土壤结构相互串联固结在一起，从而发挥良好的固土保水效应（朱显谟等，1982）。特别是当地上部分生物量因气候出现季节性丧失，或因火灾及放牧等外在干扰而在空间上表现极大差异时，表层的根系网络结构所发挥的固土保水效应则更加突出（De Baets et al., 2006）。如有些实验证实，即便在很急的流水中，被茂密根系所固结的土块也很难冲失（朱显谟，1956）。土体-根系复合体的固土能力已经被证实远远大于土体或根系的单一因素，从而形成了组织水土运移的机械屏障（Gyssels et al., 2005）。还有研究表明，植被根系能增加土壤的通透性，加强雨水渗透能力，进而弱化降雨和地表径流对表层土壤的冲击侵蚀效应。

第四，关于植被绿篱的过滤效应。植被过滤带的设置能够拦截土壤颗粒（邱扬等，2001），对养分淋溶丧失及土壤侵蚀具有明显的抑制作用，从而有效控制点源污染（Schellinger and Clausen, 1992）。同时，还有研究发现，植被绿篱所处的空间位置（如上、中、下等坡位）及其营林方式、密度等不同，其发挥的水土保持和养分截流效应也截然不同（王丽华等，2005）。例如，游珍等（2006）发现，坡下部的植被在防止坡面土壤流失方面起着举足轻重的作用。

第五，关于土地利用/植被生长期间的各种人为干扰和管理措施。大量研究表明，土地深层耕作或松深耕、高茬覆盖、秸秆覆盖、地膜覆盖、休闲轮作等不同水土保持措施和耕作方式能够在一定程度上增加水分入渗和储水空间，增强土壤的蓄水保水能力（李开元和李玉山，1995；卫伟等，2012）。另外，坡改梯田、水平沟整地等各种方式的水土保持工程措施能够有效地改变下垫面的性质，从而降低或消除土壤侵蚀和地表径流的潜在发生风险。而相反地，不合适的扰动则会加速土壤侵蚀。例如，有研究表明，在植被遭到皆伐的裸地上及由人为破坏导致植被覆盖率很低的地区，雨滴长期直接击打地面，导致表层结构在土壤湿度大时成为一种阻隔水分下渗的防水层（seal），而干燥后变成附着在地表层的硬皮（crust），从而导致土壤对降水的吸收和入渗能力变差，因超渗而产流的机制明显增强，导致径流系数不断攀升（Neave and Rayburg, 2007）。

事实上，土地利用/植被生长演替能发挥涵养水源、保持水土的功能，主要是以上诸多因素综合作用的结果。植被这种立体结构是其他任何工程措施都无法取代的，是增加土壤抗蚀性能和保护土壤免受侵蚀的最主要的自然因素。特别是随着植被生长和其正向演替进程的不断推进，植被的枝干趋于健壮（尤以乔灌木为典型）、地上冠幅及植被密度更加茂密、地表层更新或腐殖质层逐渐积累、根系趋于发达、地下微生物（如各种细菌）和动物（如蚯蚓等）的量及活性大大增强，使得植株立体结构更趋合理和完善，植被全方位抵御土壤侵蚀的功效更加增强，因而成为消除或减弱径流侵蚀的最有效的方式（程积民等，2005）。

4.1 植被与土地利用类型的水蚀效应

选择农田、牧草地、灌丛地、松林地、荒草地五种土地利用类型的径流小区数据，涉及10°、15°和20°三个不同等级的坡度类别进行综合统计分析。首先从静态的角度探讨了不同土地利用类型下的水土保持效益；而后又对比分析了不同年份和不同季节下各个土地利用类型的径流泥沙效应。

4.1.1 不同土地利用类型与植被类型的径流泥沙效应

首先从静态的角度探讨了不同土地利用/植被类型下的水土流失状况。基于多年的小区数据，利用数理统计分析的方法推算了生长季节（5～9月）内不同土地利用类型下的多年平均径流系数、年均径流量、侵蚀模数及年均产沙量等（表4-1）。

表4-1 不同土地利用类型径流和侵蚀的平均特征值

指数	农田	牧草地	灌丛地	松林地	荒草地
多年平均径流系数（%）	8.40	7.16	2.61	5.46	3.91
年均径流量（m^3）	16.08	13.74	4.88	10.41	7.48
侵蚀模数［$t/(km^2 \cdot a)$］	8612	3321	135	600	427
年均产沙量（kg）	1013.48	389.80	15.44	84.46	62.95

从表4-1可以发现，五种土地利用/植被类型下的水土保持效益差异很大，总体来看径流和侵蚀的严重程度依次为农田>牧草地>松林地>荒草地>灌丛地。农田内栽植的作物是春小麦，它对地表径流和土壤侵蚀的控制力最差，其径流系数高达8.40%，是牧草地的1.17倍、灌丛地的3.22倍、松林地的1.54倍、荒草地的2.15倍；其侵蚀模数为8599 $t/(km^2 \cdot a)$，也远远高出其他土地利用类型的侵蚀模数，其值分别是牧草地的2.54倍、灌丛地的65.64倍、松林地11.31倍、荒草地的16.10倍。

牧草地的径流系数和侵蚀模数紧随其后，牧草地内种植作物为多年生豆科植物紫苜蓿，该类作物在黄土高原广为栽培。许多学者认为苜蓿作为优良的牧草植物，不仅是该区域内农民圈养牲畜的口粮保障，还是良好的水土保持植被类型。例如，有研究发现，苜蓿作为多年生豆科植物，适宜作为干旱半干旱地区主要的生态修复草种，因为它的根系强劲发达，可以吸收水分（主根入土可达3～4 m），根部还有根瘤菌可以固氮，而且地面生长高度可达到1 m，因此具有良好的土壤增肥功效，同时还可显著抵御土体的干旱趋势（杨玉海和蒋平安，2005）。但我们的研究结果却与之明显相悖，本研究发现苜蓿地内的土壤侵蚀相当严重，其侵蚀效应远高于灌丛地、荒草地和松林地，而仅弱于农田。径流系数和侵蚀模数分别是灌丛地的2.74倍和25.89倍、松林地的1.31倍和4.46倍、荒草地的

1.83倍和6.35倍。主要原因目前还不太清楚，但可能和以下两个方面有最直接的关系。第一，苜蓿本身是优良的饲料和草料，因而在许多区域被当地农民大面积收割，致使苜蓿生长受到压制破坏，土层扰动、地表裸露，从而导致水土保持作用下降，特别是在生长的旺盛季节（7月和8月），而这个季节被证实是水土流失的敏感时期，任何的收割和人为干扰都有可能造成土壤侵蚀的潜在风险迅速增加。第二，不少的研究表明，苜蓿具有“抽水机”效应，它的生长是建立在大量消耗深层土壤水分基础之上的，进而形成了土壤干层，严重恶化土体理化性质，造成土壤颗粒内聚力大幅下降，抗冲抗蚀性减弱。因此在一定程度上不仅没有发挥水土保持效应，还适得其反。例如，尽管大量研究表明，紫苜蓿的水土保持效益要比裸地好，但其对土体理化性质却有一定程度的恶化效应，如导致土壤水分的耗竭等（Jia et al., 2005）。但裸地不然，倘若对裸地不加干扰，放任其植被进行自我演替，从长期来看对土体理化性质的改善却是有益的。

灌丛地的水土保持效果在本研究所涉及的土地利用类型中最为理想。其径流系数和侵蚀模数分别相当于农田的31.07%和1.52%、牧草地的36.45%和3.86%、松林地的47.80%和17.24%、荒草地的66.75%和24.53%。灌丛地中生长的是沙棘，定植于1986年。大量研究发现，该植被具有很强的根蘖繁殖能力，在合适的立地条件下蔓延很快，同时该植被枝干上着生刺状叶，耗水较少、保水效果良好，是半干旱黄土丘陵沟壑区理想的先锋植被恢复物种。

松林地内定植的植被种为油松，该植被类型不是半干旱黄土丘陵沟壑区的顶级建群物种。引进该物种主要用于在无人为干扰和不经人工抚育的自然状况下，观测其生长属性和水土保持效果，以确定该物种是否可以作为该区域内一个重要的植被恢复参考种。从表4-1中可知，松林地的径流侵蚀高于灌丛地和荒草地，而远低于农田和牧草地，水土保持效果较好。但一些研究还认为，该植被容易造成林下作物生长不良和土体板结硬化，能否在更大范围内推广，有待进一步深入研究。

荒草地是多年的弃耕荒地，自弃耕以后放任植被进行演替，没有进行人为干扰。目前主要建群物种为针茅。荒草地的径流侵蚀较低，多年平均的水土保持效益仅次于灌丛地，而优于农田、松林地和牧草地。因而，如有可能，将土地弃耕也是一种比较理想的水土保持方式，既能节省大量人力、物力和财力，又能达到较好的生态恢复效果。

表4-2是水利部制定的中国几个大的区域（西北、东北/北部、西南/南部）的土壤侵蚀分级标准，从表4-2所设立的分级标准也可以发现，黄土高原地区的土壤侵蚀程度要比其他区域严峻许多。尽管中度侵蚀以上的分类标准趋于一致，但西北黄土高原区微度侵蚀的指标为1000 t/(km^2 · a) 以下，然而其规定的轻度侵蚀标准则必须达到1000 t/(km^2 · a) 以上；而东北黑土区和北方土石山区微度侵蚀标准为200 t/(km^2 · a) 以下，200 ~ 2500 t/(km^2 · a) 即属于轻度侵蚀；南方红壤丘陵/西南土石山区的标准稍高于东北黑土区/北方土石山区，其微度侵蚀为500 t/(km^2 · a) 以下，500 ~ 2500 t/(km^2 · a) 属于轻度侵蚀标准的范围。土壤平均流失厚度也有类似的规律和划分标准，均以西北黄土高原区的土壤流失厚度最深。

表 4-2　土壤侵蚀强度分类分级标准（SL 190—96，水利部）

土壤侵蚀分类等级	平均侵蚀模数 [t/(km² · a)]			平均流失厚度（mm/a）		
	西北黄土高原区	东北黑土区/北方土石山区	南方红壤丘陵/西南土石山区	西北黄土高原区	东北黑土区/北方土石山区	南方红壤丘陵区/西南土石山区
微度	<1 000	<200	<500	<0. 74	<0. 15	<0. 37
轻度	1 000 ~ 2 500	200 ~ 2 500	500 ~ 2 500	0. 74 ~ 1. 9	0. 15 ~ 1. 9	0. 37 ~ 1. 9
中度	2 500 ~ 5 000			1. 9 ~ 3. 7		
强度	5 000 ~ 8 000			3. 7 ~ 5. 9		
极强度	8 000 ~ 15 000			5. 9 ~ 11. 1		
剧烈	>15 000			>11. 1		

对比表 4-1 和表 4-2 可知，农田侵蚀模数为 8612 t/(km² · a)，属于极强度侵蚀；牧草地侵蚀模数为 3321 t/(km² · a)，属于中度侵蚀，减弱土壤侵蚀效果不理想，具体原因有待进一步深入论证和核实。而荒草地、灌丛地和松林地的侵蚀在西北黄土高原区属于微度侵蚀，水土保持效果较好，并以灌丛地内的沙棘最为理想。但如果按照其他地区的侵蚀标准来看，只有灌丛地下的土壤侵蚀属于微度侵蚀，而其他所有土地利用类型下的侵蚀相对而言都比较严重。

4.1.2　不同植被演替阶段的径流泥沙效应

基于多年连续的径流泥沙观测数据，对不同植被演替阶段下的径流泥沙效应进行了分析。小流域内的径流小区始建成于 1986 年，经过近 20 年的植被生长与演替，不同土地利用类型下水土流失的发生规律迥异。利用 SPSS13. 0 软件进行分析，得到每年的平均径流系数和侵蚀模数，如图 4-1 和图 4-2 所示。

从图 4-1 可知，不同土地利用类型和植被演替阶段下的地表径流差异很大。单从径流系数的变化来看，在大多数年份下，仍以农田的径流系数最高，其次为牧草地，径流系数最小的是灌丛地。松林地的径流系数在很多年份略低于荒草地，但其多年平均值高于荒草地。同时可以看出，灌丛地的径流系数随着生长年限的不断推移和植被的不断演替，有明显的递减趋势。在定植最初的 2 ~ 3 年，径流系数较高，随后迅速下降，并稳定在一个较低的水平上。油松林下也有类似的规律，定植的初期径流系数很高，随后有所下降。但不同的是，其径流系数年际变异较大，不像灌丛地那样稳定，而且其径流系数在不少年份显著高于荒草地。近几年的研究又发现，油松林下的径流系数在经历了降低趋势后，自 2002 年以来又有所抬升（图 4-1），这可能和油松林下其他植被更新不良及土壤有一定的板结硬化效应有关。但以后的发展趋势如何，有待继续观测，以便进一步确定其是否适合在干旱半干旱黄土丘陵沟壑区进行规模化栽植。

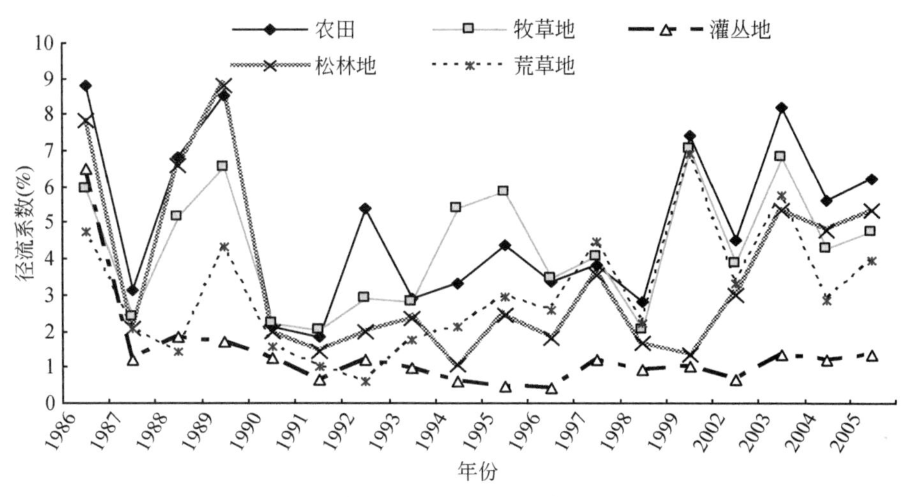

图 4-1　不同年份下各土地利用/植被演替阶段下的径流系数

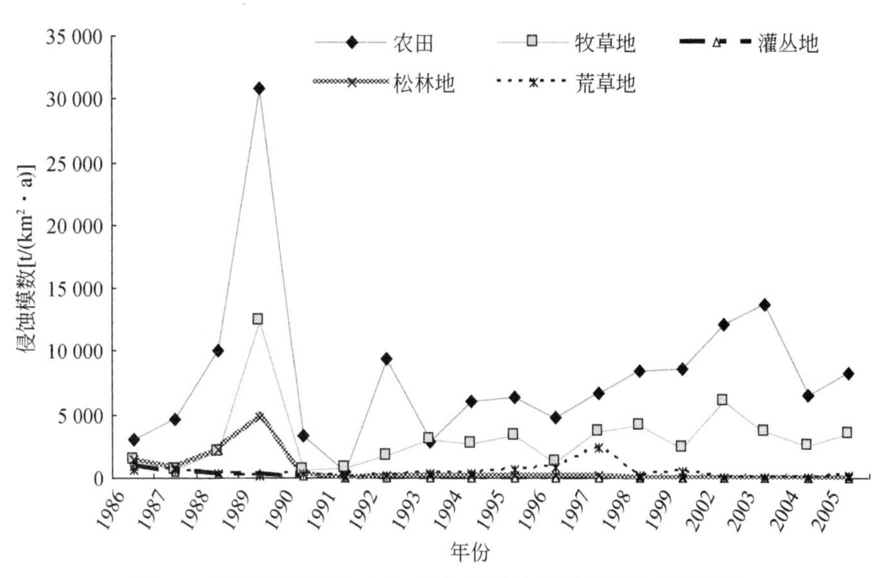

图 4-2　不同年份下各土地利用/植被演替阶段下的侵蚀模数

图 4-2 表示的是五种土地利用类型在不同年份的年平均侵蚀模数。可以看出，各土地利用类型侵蚀模数的年际变化差异很大。农田的侵蚀模数远远高于其他任何一种土地利用类型下的侵蚀模数，揭示出农田（坡耕地）是一种容易导致水土流失的土地利用方式。个别年份的侵蚀模数可高达 30 880 t/(km^2・a)，而对比表 4-2 可知，西北黄土高原区剧烈侵蚀的下限为 15 000 t/(km^2・a)，可见农田侵蚀程度是非常严重的。同时还发现，农田下的侵蚀模数年际变化很大，最低的年份侵蚀模数仅为 456 t/(km^2・a)（1991 年）。究其原因，一方面可能和降雨量、降雨强度等因素有很大关系；另一方面又可能和各种农田管理措施息息相关。这暗示着如果采取合理有效的农田防护策略（如地表覆盖、采取水土保持

耕作法、降低人为扰动等)，在一定程度上降低农田的土壤侵蚀程度是完全有可能实现的。

牧草地内的侵蚀模数位居第二，低于农田而远高于灌丛地、松林地、荒草地。与农田和牧草地内的土壤侵蚀状况相对比，松林地、灌丛地和自然草地下的土壤侵蚀较轻，并以灌丛地的侵蚀程度最弱。但在定植最初的 3 ~ 4 年，其侵蚀程度较高。1986 ~ 1989 年分别为 963 t/(km^2 · a)、554 t/(km^2 · a)、300 t/(km^2 · a) 和 340 t/(km^2 · a)，但 1990 年迅速下降至 157 t/(km^2 · a)，1991 年仅有 7.33 t/(km^2 · a)，此后虽有少许年际波动，但其值均在个位数和十位数之间浮动，水土保持效果十分理想。松林地侵蚀模数也有随着植被演替下降的趋势，荒草地的侵蚀模数低于松林地。因而在实践中配置植被和土地利用类型时，可以栽植生长良好且有较强的水土保持效益的灌丛地（如沙棘林等）为主，辅之以松林地（如油松等）和荒草地（以撂荒地为代表)，同时进一步加大基本农田建设（如坡改梯田等)，用以控制水土流失。

4.2 灌-草植被微观配置的水蚀效应

在定西安家沟流域内，选择一个典型自然坡面，根据微创（即最小限度地干扰小区内的土壤和植被）原则布设了微型径流小区，小区两边及上端用薄铁皮板围成，下端为 V 形铁皮导流挡板，并留有导流孔，接橡皮导管将水导入径流桶。铁皮板高 40 cm，埋入土中 20 cm，外露 20 cm。在植被微景观类型上，为了突出微观尺度上单一植株及其空间位置对水蚀过程的影响，重点设置了 4 类微观植被格局和配置模式，自 2010 年起系统开展了小区原位观测与模拟降雨实验。4 类主要的微观格局分别是：荒草微型小区、荒草-沙棘-荒草（沙棘中位）格局微型小区、荒草-沙棘（沙棘下位）格局微型小区、沙棘-荒草（沙棘上位）格局微型小区，每一类小区分别设置 3 个重复。同时，在研究中辅助以剪除沙棘、荒草后的结皮裸地小区和完全裸地（去除生物土壤结皮）小区等作为降雨模拟实验的结果对照，以凸现微观植被格局等下垫面特征对水土流失的影响效果。由于小区坡度近似，本研究不再考虑坡度对水蚀过程造成的影响。微型实验小区布设的基本情况见表 4-3。

表 4-3　微型小区实验设计

小区编号	植株微景观格局	主要物种	尺寸（长×宽）	坡度	坡向
1-1	荒草	赖草、长芒草、苔藓	1.2 m×1.2 m	11°	306°
1-2	荒草	赖草、长芒草、苔藓	1.2 m×1.2 m	13°	312°
1-3	荒草	赖草、长芒草、苔藓	1.2 m×1.2 m	9°	300°
2-1	沙棘居中	沙棘、赖草、苔藓	1.2 m×1.2 m	11°	302°
2-2	沙棘居中	沙棘、赖草、苔藓	1.2 m×1.2 m	14°	311°
2-3	沙棘居中	沙棘、赖草、苔藓	1.2 m×1.2 m	12°	313°
3-1	沙棘下位	沙棘、赖草、苔藓	2.0 m×1.2 m	10°	291°
3-2	沙棘下位	沙棘、赖草、苔藓	2.0 m×1.2 m	11°	330°
3-3	沙棘下位	沙棘、赖草、苔藓	2.0 m×1.2 m	9°	325°

续表

小区编号	植株微景观格局	主要物种	尺寸（长×宽）	坡度	坡向
4-1	沙棘上位	沙棘、赖草、苔藓	2.0 m×1.2 m	10°	320°
4-2	沙棘上位	沙棘、赖草、苔藓	2.0 m×1.2 m	11°	333°
4-3	沙棘下位	沙棘、赖草、苔藓	2.0 m×1.2 m	10°	330°

在此基础上于生长季节开展模拟降雨实验，所用的下喷式模拟降雨机由加拿大引进，采用美国进口的 SPRACO 锥形喷头开展实验。降雨高度为 4.5 m，调节水阀控制压力。当水压为 0.07 MKPa 时，单台降雨器可产生 30 mm/h 左右的雨强，两台模拟降雨机同时对喷实验时，可产生 50 ~ 60 mm/h 的平均降雨强度，并且在模拟降雨期间，降雨强度保持恒定。

在模拟降雨真正发生之前，对降雨模拟发生器所产生的降雨特征值进行雨强测算和均匀度率定。具体操作是：在每次模拟降雨开始时，在小区四周分别摆设四个翻斗式自计雨量筒，同时在小区内密集设置小量杯（图 4-3），测量实际降雨量，计算平均降雨强度和均匀度。降雨率定的实验结果表明，历场次模拟降雨实验的均匀度均能达到 80% 以上，满足模拟实验对降雨特征值的客观要求。

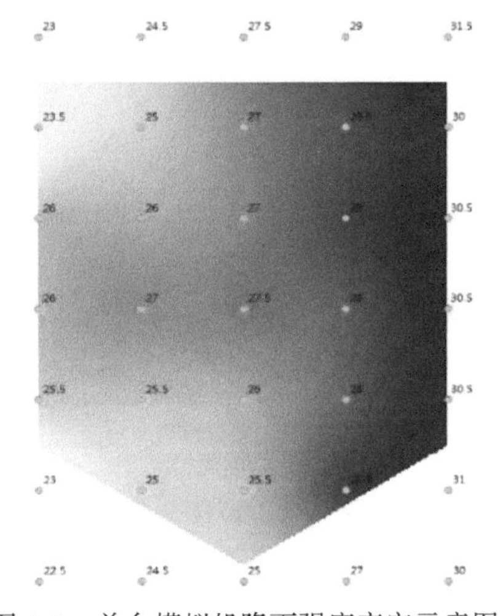

图 4-3　单台模拟机降雨强度率定示意图

野外实验以单台模拟机（小雨强为 30 mm/h）和两台模拟机对喷（大雨强为 50 ~ 60 mm/h）对 12 个微型小区实施模拟降雨，累计降雨 100 余场。经数据校正和仔细筛选，确定了其中的 75 场典型降雨实验作为进一步分析的基础数据。在相同前期土壤含水量和降雨强度的前提下，不同植株微景观类型对产流时间也有明显影响，差异性较大，相应结果如图 4-4 所示。

由图 4-4 可知，在 52 mm/h 的大雨强下，当前期土壤含水量同为 20% 时，最易产生径流的是去除灌草后的结皮裸地小区；其次是荒草小区；再次是有沙棘植株分布的小区，以沙棘下位延迟径流的能力最强；完全去除植被和结皮覆盖的裸地，产生径流所需要时间最

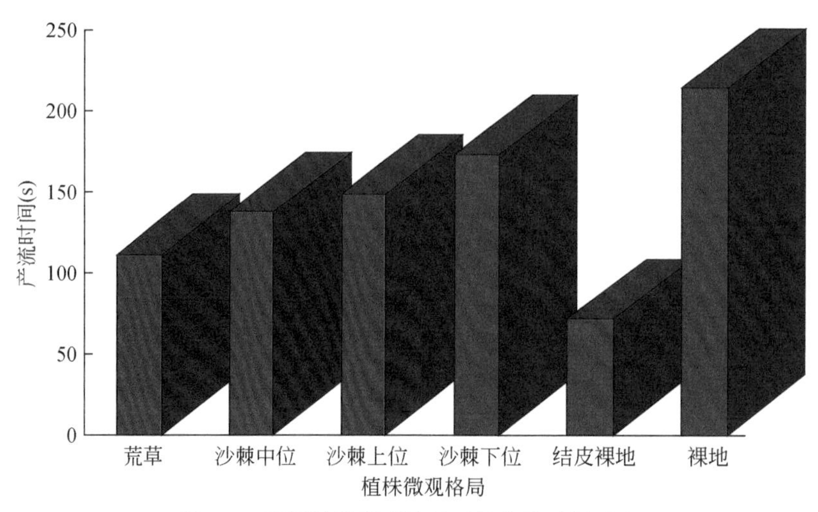

图 4-4　不同植株微观格局下的产流时间对比

长，可能与人为松弛土壤、入渗量大直接相关。进一步分析了多场模拟降雨条件下，微型小区内不同植株及其微观格局对水土流失过程的综合影响，结果如图 4-5 所示。

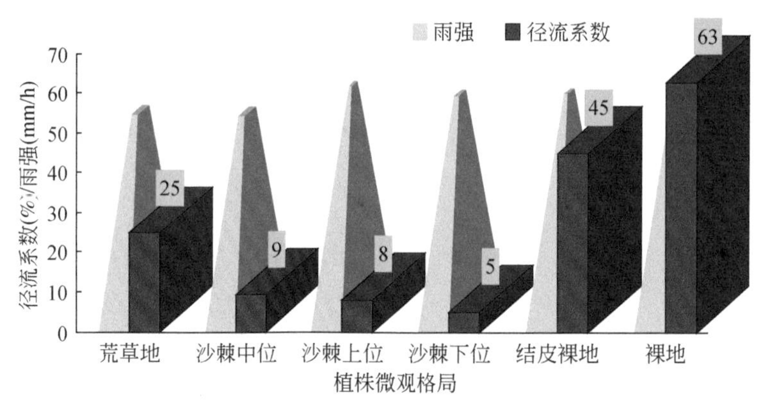

图 4-5　相近的大雨强条件下植株微观格局的地表径流效应

由图 4-5 可知，通过对比大雨强条件下（平均雨强为 58.4 mm/h），各微型景观相应径流系数的大小，取得了以下重要发现。第一，有沙棘覆盖的微型小区径流系数显著低于没有沙棘生长的荒草地、处理过的有结皮覆盖的裸地和无结皮覆盖的裸地，三者径流系数分别比其高 3 ~5 倍、5 ~9 倍和 7 ~13 倍；水土保持效果依次为沙棘>荒草地>结皮裸地>裸地。这一研究结果和本研究基于长期连续监测而得到的结论相吻合，也与国际上类似地区的结论相一致。去除植株和藓类结皮覆盖后的裸地，尽管产流时间相对滞后，但一旦产流，其径流量和径流系数依然是最高的，这也从反面证实了在灌草结构和地表结皮综合作用下，能够有效降低水蚀风险的事实。第二，从植被微观格局来看，沙棘所在小区的景观位置又显著影响了其水土保持效果。沙棘下位时，其所发挥出的水土截流（buffering role）能力最强，径流系数最低，仅有 5%；而沙棘上位和单株沙棘居中时次之，分别达到8%和9%。第三，坡长对水蚀的可能影响和不确定性。坡长是决定坡面水流能量和坡面水蚀过程的主控因素，目前对此已有广泛研究，但结论却大相径庭。本研究中，沙棘中位所在的微型小区为1.2 m长，其径流系数最大，而沙棘上位及下位均为2.0 m长。因此，除了植株微景观位置所造成的水土流失分异外，坡长作为对水蚀过程的贡献如何，有待进一步深入探讨。

综合来看，微型小区尺度上，单株灌木植株（如沙棘）、荒草及其微观格局在削减径流、降低侵蚀方面发挥着极为重要的作用。有沙棘覆盖的径流系数远低于荒草地，尤以沙棘处于小区下部时，水土保持效果最佳。而荒草地水土保持能力又远高于有藓类结皮覆盖的裸地；去除灌草和结皮覆盖的裸地尽管产流滞后，但总径流量和径流系数最高，水蚀风险最大。

微景观尺度上，降雨强度和降雨量等关键降雨特征值是影响水蚀的重要驱动力，而以前者的贡献率更大。同时，因降雨激发而带来的地表径流也是诱发大量土壤流失的重要因素和附加驱动，需要在实践中予以高度重视。前期土壤含水量和产流时间呈显著负相关，但在前期含水量相近或一致时，植被形态学及其微观格局又显著影响产流时间。这一结论对于根据前期土壤湿度预测可能的滑坡和侵蚀风险有一定参考价值。

4.3 坡面乔-灌-草立体配置的水蚀效应

植被恢复是调控水土流失最显著的方法，通过植被生长、植被群落演替，黄土高原环境可以得到改善。植被建设是防治土壤侵蚀加剧及土地退化的最有效方式。植被可以扮演"物理障碍"，有效阻止地表沉积物的运移。植被在坡面尺度的分布格局是减少产流和产沙的关键因素，植被的这种屏障效应能够导致"植生成丘"形成。其形成含有多种内在机制，如植被在与其紧密相关的环境因子影响下引起的不同侵蚀速率，或者是地表径流减少导致的泥沙堆积（Rostagno and Del VallePuerto，1988；Sanchez and Puigdefábregas，1994；Bochet et al.，2006）。同时植被斑块的自身特征，包括植株高度、密度、冠层盖度及植被根系也对侵蚀产沙产生关键影响。研究表明，植被冠层及叶面能够抗雨滴击溅，植被根系有利于固土并改良土壤（Ola et al.，2015；Vannoppen et al.，2015）。相关学者以三种代表性的植被——迷迭香、细茎针茅和野豌豆为研究对象，发现三种植被类型在斑块尺度上能够很好地防治沟间侵蚀，不同的植株形态和不同的组成能够解释三种植被对侵蚀的不同响应。冠层相对稠密的细茎针茅具有很好的截留效应，能够削弱雨滴动能，减少地表侵蚀；迷迭香除冠层具有机械保护作用外，枯落物层还可改善植株底部表土结构土质；而野豌豆这类落叶型的灌丛，对降水动能的削减作用并不明显。由此可见，冠层覆盖是减少侵蚀和产流的关键（Bochet et al.，2006）。还有学者在该地区通过定位实验分析植被覆盖与泥沙输移的关系，结果发现植被的个体结构及植被之间的组合搭配是影响泥沙输移的重要影响因子，同时也控制着侵蚀的过程和格局（Cammeraat，2002）。

综上所述，围绕植被在防治水土流失过程中的作用，学者已经开展了大量的研究（Zhang and Shao，2003；Chen et al.，2007；Fu et al.，2009；Wang et al.，2016），然而黄土高原地区的降雨量稀少，因而研究不同条件下的水土流失情况时缺乏足量的实验，这种情况下模拟降雨不失为一种有效且重要的方法（Cerdà，1999；Rodrigo-Comino et al.，2017）。采用模拟降雨方法模拟不同雨强下状态下的产流产沙响应，可以合理有效地获取较大量数据，从而比较不同条件下的水土保持效益（Chaplot and Le Bissonnais，2000）。大多的研究都单纯地集中在单种植被自身的形态和功能与水土流失之间的关系，而从植被配置和分布格局的角度出发的相关报道较少。例如，在干旱半干旱生态系统的植被恢复工程中，坡面尺度上植被配置和分布格局的水文效应是如何体现的，相关报道较少。本研究即利用模拟降雨的实验方法，通过对比不同植被分布格局下的次降雨事件后的产流产沙响应，来比较不同植被分布格局对水土流失的影响。实验拟研究的科学问题：①分析不同的植被分布格局与空间配置对坡面产流产沙过程的影响；②分析不同雨强与不同植被格局产流产沙过程和结果的相关关系。探讨在不同植被分布格局条件下的水文效应，对退化生态系统的水土资源管理而言意义重大。

4.3.1 实验方法

研究区（图4-6）位于黄土高原西部的甘肃省定西市水土保持科学研究所（35°33′N～35°35′N，104°38′E～104°41′E），属于典型的半干旱气候区。该地区的多年平均降水量为421 mm，以夏季（7～9月）的大雨和暴雨为主，这期间的降雨量占全年总降水量的60%～80%，这样的情况会加剧土壤侵蚀和退化。同时，该研究区的土壤深度达到40～60 m，某些区域的土壤深度甚至达到100 m以上。由于气候和成土母质的影响，该地区的成土过程十分缓慢（Huang et al.，2011），并且以黄绵土为主（IUSS Working Group WRB，2014），其特点是黏粒含量较高（33%～42%），土壤容重为1.09～1.36 g/cm^3（Yu et al.，2017）。

图4-6　研究小区与实验照片

2013年，在定西市水土保持科学研究所建立了六个模拟降雨小区，且与不同的植物斑块（乔木、灌木、草本）进行排列组合，设计成六种不同的植被类型分布图（图4-7）。本研究所选的三种主要类型的植被包括侧柏（*Platycladus orientalis*）、柠条锦鸡儿（*Caranana korshinskii*）和冰草（*Stipa bungeana* Trin.），分别代表乔木（arbor，A）、灌木

(shrub，S) 和草本 (grass，G)。由上坡位、中坡位到下坡位，六个试验田的植被空间分布分别为：乔-灌-草 (A-S-G)、乔-草-灌 (A-G-S)、灌-乔-草 (S-A-G)、草-灌-乔 (G-S-A)、灌-草-乔 (S-G-A) 和草-乔-灌 (G-A-S)。小区尺寸 (长×宽×高) 为 7.5 m×7.5 m×0.4 m。每种植被覆盖面积沿着坡面的大小分别为 2.5 m×1.5 m (各占小区的 33%)，小区坡度为 25°。同时，小区边界由 25 cm 厚水泥砌成，以确保水不会从实验中渗漏出来。

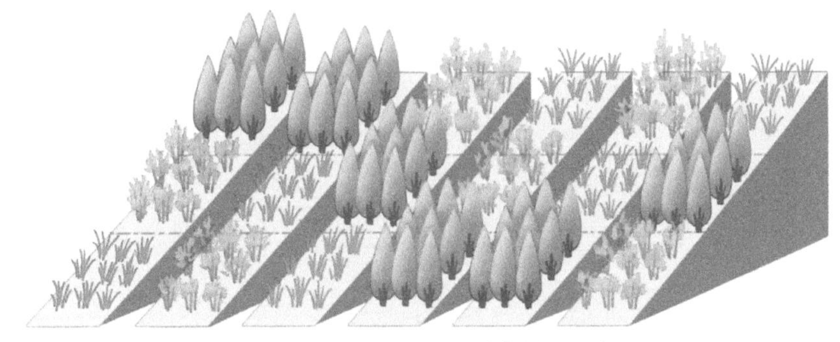

图 4-7　植被配置和空间分布格局示意图

植被的生理和属性 (如生物量和盖度) 在模拟降雨实验过程中的生长季也被测定，在不同坡位 (上、中、下) 每个小区的各植物斑块均使用每木检尺方法挑选标准株进行植被属性的测定 (Puigdefábregas，2005)。具体地说，生物量 (BM，g/m^2) 的测量方法是：使用每木检尺方法挑选标准株进行采样，先烘箱 105℃杀青 2 h，然后再恒温 95℃烘干 10 h，最后再进行称重 (Ren et al.，2016)。植被盖度 (PC,%) 通过实验小区植被俯拍照片来分析和估算。单位生物量的持水能力 (WSC，g/g) 的测定方法是选取标准株 (每木检尺方法) 进行浸泡 12 h，然后进行烘干称重，除以其生物量得到植被枝干 (叶) 持水能力 (Yu et al.，2017)。

4.3.2　不同植被配置格局对产流产沙过程的影响

在每次模拟降雨实验过程中，产流之后每隔 5 min 记录产流量，以表征各植被配置小区的产流产沙过程 (图 4-8)。总体来讲，径流从大到小分别为：A-G-S> A-S-G> G-S-A> G-A-S> S-G-A> S-A-G。结果显示，乔木植被在上坡位的小区 (如 A-G-S 或 A-S-G) 有着更大的径流和流速。在小雨强 (雨强 15 mm/h) 时，乔-草-灌植被配置的径流量和径流速率是最大的 [1.19 L/(m^2·h)]，而灌-乔-草的产流量和径流速率最小 [0.46 L/(m^2·h)]。在中雨强条件下，最大径流和最小径流分别位于乔-草-灌和灌-乔-草小区。大雨强时也是如此，以乔-草-灌的径流量最大，而灌-乔-草的径流量最小。另外，各小区的总径流量和径流速率随着雨强的增加急剧增加，如乔-草-灌和乔-灌-草两个小区在小雨强时的径流速率分别为 1.19 L/(m^2·h) 和 1.12 L/(m^2·h)，而到了大雨强时已经达到 18.34 L/(m^2·h)和 15.81 L/(m^2·h)。数据显示，在该情况下雨强只增加了 4 倍，却导致总径流量增加了 14 倍以上。

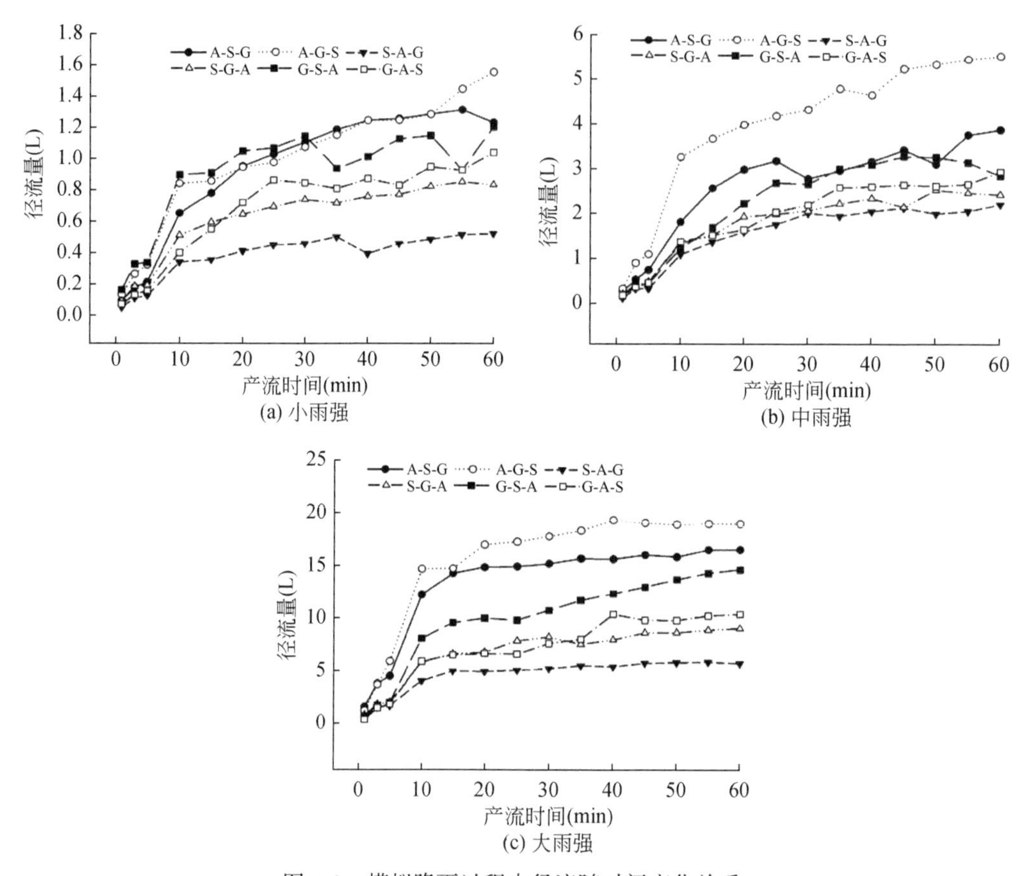

图 4-8　模拟降雨过程中径流随时间变化关系

与产流过程相似，土壤侵蚀在各雨强条件下的变化比较明显（图 4-9）。一般来讲，在产流产沙的前 10 min 产沙速率变化比较剧烈，而 10 min 过后产沙速率逐渐稳定。不同植被空间配置下的土壤侵蚀速率从高到低分别为：A-G-S> A-S-G>G-A-S> S-G-A> G-S-A> S-A-G。在小雨强时乔–灌–草的土壤侵蚀量最高，达到 4. 15 g/(m² · h)，而灌–乔–草的产沙量是最小的［0. 65 g/(m² · h)］，根据标准差（S. D.）得出产沙速率变化最大的是乔–灌–草小区（S. D. =4. 15）。在中雨强时，产沙速率最高和变化最大的小区为乔–草–灌小区［24. 67 g/(m² · h)，S. D. =17. 63］，而灌–乔–草的土壤侵蚀量是最小的，只有6. 62 g/(m² · h)。在大雨强时，乔–草–灌［197. 98 g/(m² · h)］和乔–灌–草［197. 04 g/(m² · h)］小区的土壤侵蚀量较高，而且显著高于其他植被配置情况下的小区。

总体来讲，不同植被格局和不同雨强条件下的径流总量差异明显［图 4-10（a）］。如前所述，随着雨强的增加，各小区的径流量明显上升。六个小区的径流总量，从高到低分别为 A-G-S> A-S-G> G-S-A> G-A-S> S-G-A> S-A-G，并且小区之间存在显著性差异(图 4-10)。在小雨强条件下，灌–乔–草的径流总量最低（8. 45 L），而在相同时间内(1 h)乔–草–灌的径流总量最高（13. 38 L）；在中雨强条件下，在 11. 25 m² 的径流小区内

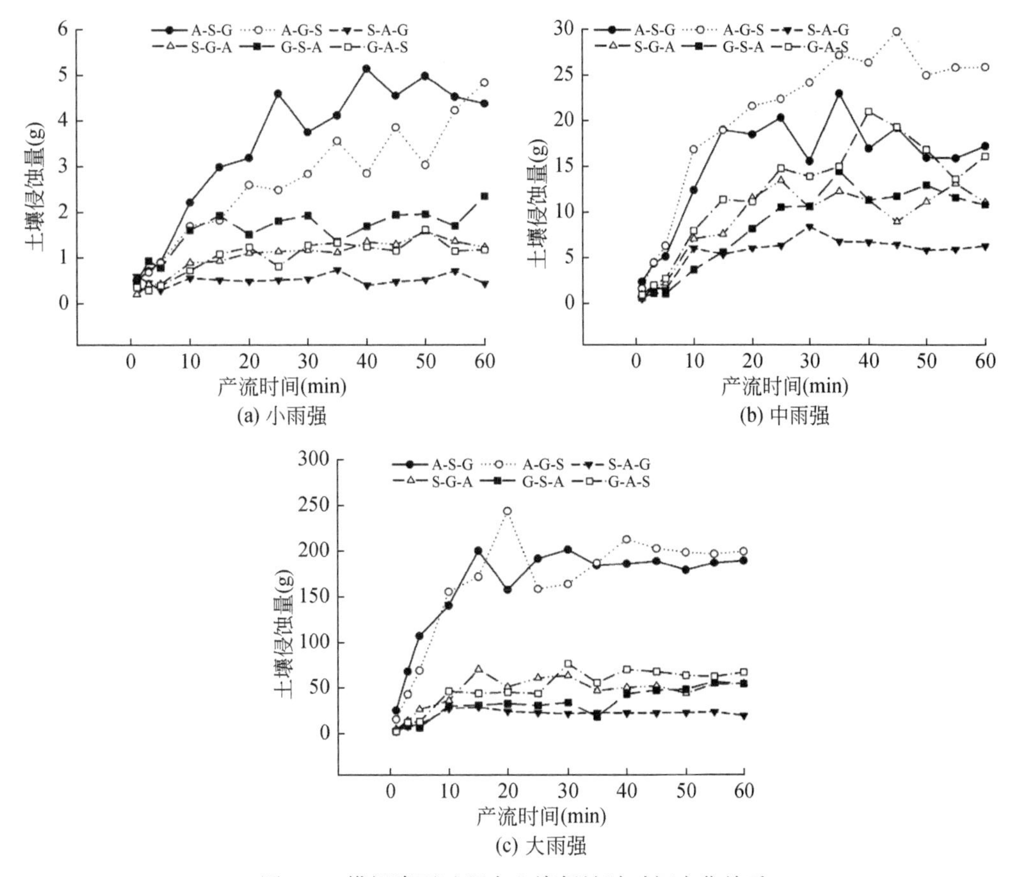

图 4-9 模拟降雨过程中土壤侵蚀随时间变化关系

的产流量最多的是乔-草-灌小区（52.69 L）并且显著高于其他植被格局小区，而灌-乔-草的径流总量是最低的（21.01 L）；在大雨强条件下，不同植被格局条件下的径流差异更加显著，与其他两个雨强条件下的径流结果相似，大雨强条件下的径流总量以乔-草-灌最高（206.33 L）而灌-乔-草最低（62.04 L）。以上均是统一产流时间内（1 h）相同小区面积（11.25 m^2）的产流数据。

图 4-10（b）显示，侵蚀总量在不同植被格局和不同雨强条件下的差异显著。六个小区的侵蚀总量从高到低分别为 A-G-S>A-S-G>G-A-S>S-G-A>G-S-A>S-A-G。在小雨强条件下，乔-灌-草的侵蚀总量最高（46.64 g），灌-乔-草的侵蚀总量最低（7.35 g），其显著低于其他植被格局小区。在中雨强条件下，乔-草-灌的侵蚀总量依然最高（206.50 g），而灌-乔-草的侵蚀总量依然最低（74.53 g）。在大雨强条件下，乔-灌-草（2216.74 g）和乔-草-灌（2227.28 g）的侵蚀总量远高于其他植被格局小区；与其他情况一样，灌乔草侵蚀总量最少（289.94 g）。

作为描述土壤径流和侵蚀的重要参数，侵蚀浓度也在本研究中进行了记录和计算。总体来讲，侵蚀浓度从高到低分别为 A-S-G> A-G-S> G-A-S> S-G-A> S-A-G> G-S-A。在小雨强条件下，乔-灌-草的侵蚀浓度最高（3.71 g/L）而灌-乔-草的侵蚀浓度最低（1.41

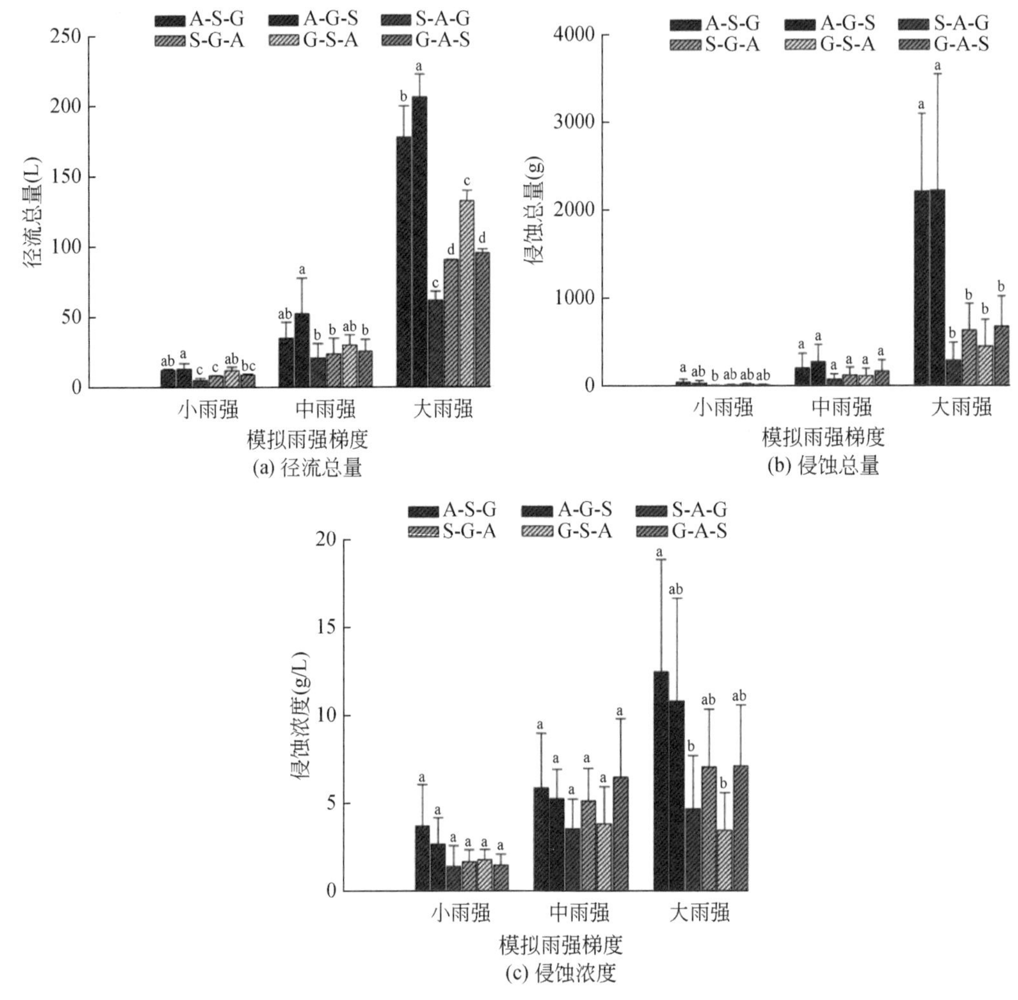

(a) 径流总量
(b) 侵蚀总量
(c) 侵蚀浓度

图 4-10　不同植被格局和不同雨强条件下的径流总量、侵蚀总量和侵蚀浓度对比

g/L)，考虑到其变量稳定性，各植被格局中产流量变化最大的是乔-灌-草（S. D. = 2. 38），但是在小雨强条件下各植被格局小区间的差异不具有显著性（p>0. 05）。在中雨强条件下，草-乔-灌的侵蚀浓度是最高且变化最大的（6. 46 g/L；S. D. =3. 36），而灌-乔-草的侵蚀浓度最低（3. 55 g/L），中雨强条件下各植被格局间的侵蚀浓度差异也不具有显著性。在高雨强条件下，乔-灌-草的侵蚀浓度最高（12. 46 g/L；S. D. = 6. 38；p< 0. 05），而草-灌-乔的侵蚀浓度最低（3. 45 g/L）。

研究结果表明，植被格局对产流产沙过程和结果有明显的影响。对于侵蚀过程，乔-灌-草和乔-草-灌植被配置下的产流速度较快，其次是灌-乔-草、草-乔-灌、灌-草-乔和草-灌-乔植被空间配置下的小区。对于侵蚀结果，乔-灌-草和乔-草-灌是产生地表径流和土壤侵蚀较多的小区，两者径流总量分别为 15. 81 L/(m^2 · h)、18. 34 L/(m^2 · h)、侵蚀总量分别为 197. 04 g/(m^2 · h) 和 197. 98 g/(m^2 · h)，而产流产沙最少的植被配置是灌-乔-草。因为每次实验的前期含水量和土壤质地在各小区当中都是相似的，所以可以看出乔木植被（特点是生物量等植被属性比较丰富）在下坡位时更能阻断径流和延迟径流的产生，相比灌木和草本，乔木的阻流阻沙能力更强（Gong et al., 2007; Jackson et al., 2001）。因为下坡位地表径流的动能相比其他坡位更高，所以径流和土壤侵蚀在该坡位更容易发生，加之若没有植被保护，大量径流和侵蚀会更容易在下坡位发生（Qin et al., 2015）。此外，植被生物量越大，越能提高其减流阻沙和防治水土流失的功效（Tang et al., 2010）。Jordán 和 Martínez-Zavala（2008）也得出了相似的结论，他们发现森林道路在植被覆盖下相比裸地可以延迟径流 55 秒（5～6 倍）。Cerdà（1997）同样发现，裸地的土壤流失量［157 g/(m² · h)］相比植被覆盖条件下明显增加，如草地覆盖时土壤流失量只有 4.29 g/(m² · h)。其他研究也显示，在不同的坡度和地形上，植物生物量增加，防止土壤侵蚀的效果更强，在坡面尺度上控制土壤侵蚀的效果更强（Seibert et al., 2007）。

研究结果同样涵盖了不同坡位（上、中、下坡位）对产流和侵蚀过程的影响，在坡面尺度，不同坡位的植被分布会影响侵蚀、地表颗粒运移和累积，特别是在进行较长时间的植被恢复后，植被与地形因素存在相互作用和影响的关系（Puigdefábregas, 2005），这样的情况下两者都会提供更好的生态效益，如增加土壤入渗（Tang et al., 2010）和增加土壤抗侵蚀能力。进一步地，由于地形因素（如坡位）影响，地表径流将更易侵蚀的颗粒运移到下坡位，所以土壤可以从坡上位和中位被搬运至下坡位沉积区域，这样在下坡位的植被覆盖就能更有效预防土壤颗粒二次搬运和侵蚀（Six et al., 2004）。这些结果与 Qin 等（2015）的研究结果相似，他们提出当植被在下坡位时，侵蚀最少。另外，Rey（2004）发现坡面尺度上植被最有效的减流阻沙区域是下坡位。

该结果具有重要意义，因为它阐述了水土流失防治工作不仅受植被类型和生物量的影响，更会受到合理的空间分布格局和地形的影响，如地表地形特点和坡面位置（Fu et al., 2009; Liu et al., 2013）。因此，这样的研究对在坡面尺度合理安排植被分布，以达到最佳的水土保持效果具有重要意义。

4.4 流域植被覆盖格局的水蚀效应

在本研究中，选择定西安家沟流域为案例区，根据 1997 年、2005 年航片和 2010 年 ALOS 影像数据，以 1∶1 万地形图为依据，在 Erdas 和 ArcGIS 软件支持下，对上述 3 期遥感数据进行处理，统计生成 1997 年、2005 年和 2010 年研究区土地利用/覆被数据，并通过空间叠加分析，得到该地区土地利用/覆被变化的动态信息，生成相关专题图。采用中国科学院资源环境数据中心的土地利用分类系统，并结合安家沟流域的实际特点，将流域内的土地利用类型划分为 8 类：梯田、坡耕地、有林地、灌木林地、草地、居住地、裸地和水域。

基于雨量筒和自动降雨记录仪记录降雨量和具体的降雨过程，通过降雨持续时间和各时段降雨量对比分析，进而计算出平均降雨强度和最大 10 min 或者 30 min 降雨强度，以及降雨事件的时间分布规律等，作为进一步分析的指标。

流域出口径流量测控采用卡口站和梯形测流槽监测法。降雨量较小时用接流筒按体积法施测，洪水时用率定水位流量关系曲线和浮标法测速计算流量，两种方法同步进行，对照检查。平水时浮标系数采用0.85，在大洪水时采用中泓一点法施测，浮标系数采用0.65。径流量和径流系数的计算公式分别为

$$Q = V \times H \times d \times \alpha \tag{4-1}$$

$$RC = (R/P) \times 100\% \tag{4-2}$$

式中，Q、V、H、d、α、RC、R、P 分别表示流量（m^3/s）、流速（m^3/s）、水深（m）、岸边距（m）、浮标系数、径流系数（%）、地表径流量（m^3）、降雨量（mm）。

泥沙测定与分析：泥沙观测采用人工取样法。用一定体积的容量瓶提取混匀的泥沙水样并沉淀烘干称重。取样次数与测流次数基本相同，为控制含沙量变化可适当增加取样次数。平水期每日观测时距相等，洪水期视水情设定测量次数，测距为几分钟到数小时，流域出口输沙模数计算公式如下：

$$SM = Q \times SY = Q \times 1000 \times W/L \tag{4-3}$$

式中，SM、Q、SY、W、L 分别代表输沙模数、流量、含沙量、取样瓶沙量、取样瓶体积。

（1）植被格局变化

根据遥感解译结果，并结合野外调查校准，获得安家沟流域的土地利用变化特征（表4-4）。该流域1997～2010年土地利用变化具有以下两个特点：①有林地、灌木林地、草地面积大幅增加；②梯田、坡耕地面积大幅减少。其中，1997～2005年，有林地、灌木林地、草地比例分别增加15.04%、120.28%和64.54%，梯田、坡耕地分别减少了8.46%、4.37%。此后，由于流域社会经济的发展和退耕还林工作力度加大，2005～2010年，有林地、灌木林地、草地比例又分别增加126.20%、25.45%和9.85%，梯田、坡耕地分别减少14.26%、22.17%。

表4-4　安家沟流域各植被类型及其变化

土地类型	面积（hm^2）			变化比例（%）		
	1997年	2005年	2010年	1997～2005年	2005～2010年	1997～2010年
梯田	442.34	404.90	347.17	-8.46	-14.26	-21.52
坡耕地	99.58	95.23	74.12	-4.37	-22.17	-25.57
有林地	38.09	43.82	99.12	15.04	126.20	160.23
灌木林地	64.51	142.10	178.26	120.28	25.45	176.33
草地	38.86	63.94	70.24	64.54	9.85	80.75

（2）不同时期流域出口径流动态规律

基于安家沟流域的野外卡口站长期监测数据，深入对比分析了不同历史时期（1997～2005年和2005～2010年）及不同季节和月份（1～12月）下的流域多年平均径流系数变异特征。由图4-11可知，流域出口径流系数变化主要呈现出两大突出特点。第一，从一个较长的时间序列来看，不同历史时期安家沟流域出口径流系数差别较大。前期（1997～2005年）流域出口径流系数和输水量要远高于后期（2005～2010年）。第二，从各月的平

均状况来看，前期流域出口径流系数也均显著高于后期，充分说明后期流域出口径流量显著降低进而导致洪水危害的潜在发生风险有效下降。

由图4-11还可以看出，2005～2010年各月径流系数比1997～2005年明显减小，且两期土地利用径流系数年内分布显著不同。对于前期土地利用，随着雨季来临，降水增多，径流系数迅速增大，8月的径流系数最高；而对于后期土地利用，随着雨季来临，径流系数变化不明显。图4-11中8月、9月的标准偏差明显很大，反映了该月份数据分布较离散，说明研究期中各年降雨量不同导致径流量明显不同。经进一步分析，土地利用后期丰水年较多，年平均降雨量为411 mm，而前期多为枯水年，年平均降雨量仅为361 mm。可见，黄土高原受梯田、造林种草等水土流失综合治理的影响，减水减沙效果明显。

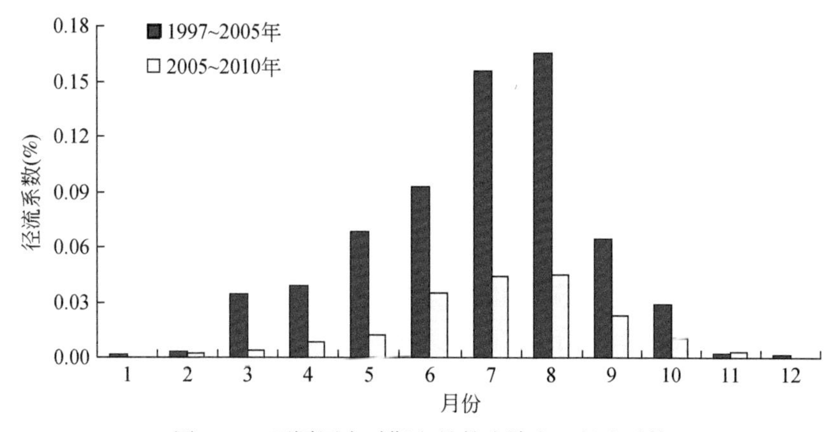

图4-11　不同历史时期和月份流域出口径流系数

(3) 不同时期流域输沙过程分析

为有效比较不同时期土地利用变化对输沙的季节性影响，本研究仍根据回归模型分别计算多年平均各月径流条件下的输沙量，剔除降水、径流的影响，计算了两期土地利用下多年月平均累计输沙量（图4-12）。可知后期各月均输沙量比前期明显减少；两期的累计输沙量曲线均在5～9月增长较快，9月以后基本平行，说明安家沟流域产沙主要集中在5～9月，其他各月侵蚀较少或无侵蚀，原因可能是5～9月降水量约占全年降水量的79.8%，降水量增多，侵蚀量也增大。9月以后曲线基本平行，表明该阶段土地利用变化对径流影响较小。这与有关学者的研究结果相似：Hornbeck等（1986）研究认为全部皆伐后在生长季能观察到明显的径流增长，而在其他季节则皆伐前后径流量几乎无明显区别；Bosch和Hewlett（1982）在比较造林前后多年平均月径流变化时也得到了相似的研究结果。

(4) 土地覆被变化与流域侵蚀产沙

安家沟流域在土地利用前期（1997～2005年），林地、草地面积分别增加22.7%、62.4%，农用地、裸地分别减少9.6%、36.4%；土地利用后期（2005～2010年），林地、草地面积分别增加22.7%、25.5%，农用地、裸地分别减少9.6%、16.8%。研究中后期植被覆盖增加的土地利用较前期的产流、产沙能力明显下降，多年平均径流系数下降约

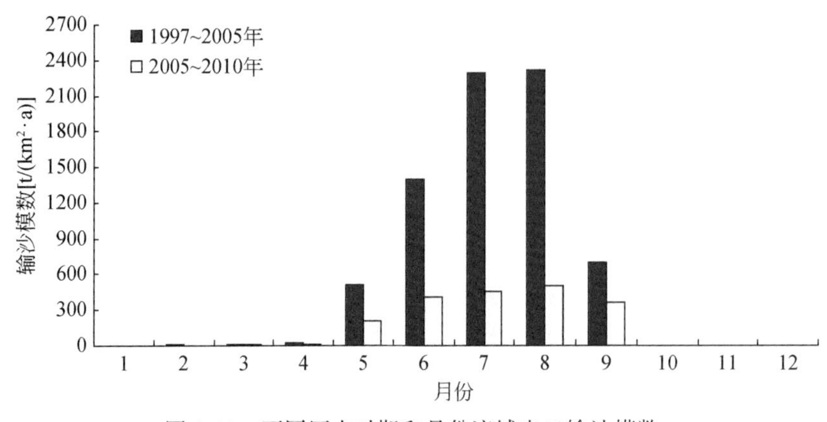

图 4-12 不同历史时期和月份流域出口输沙模数

71.5%，产沙量下降约 76.4%，且随着降雨量的增多，土地利用与植被变化对径流的影响效应增强。可见，黄土高原土地利用变化/覆被变化对流域径流产沙有显著影响。

从年内变化来看，流域产流、产沙主要集中在 5 ~9 月，与降水的季节分布一致，具有明显的季节性。土地利用前期，随着降水增多，径流系数迅速增大，土地利用后期径流系数变化不明显；根据回归方程预测相同径流条件下土地利用前期、后期输沙量时，预测所得土地利用后期的输沙量均少于前期。流域水土流失过程是气候因子、地形因子、植被因子和人类干扰等共同作用的结果，而径流间接反映了径流路径及地形的变化，因此，流域土地利用前期、后期输沙量的不同主要是受下垫面变化的影响。

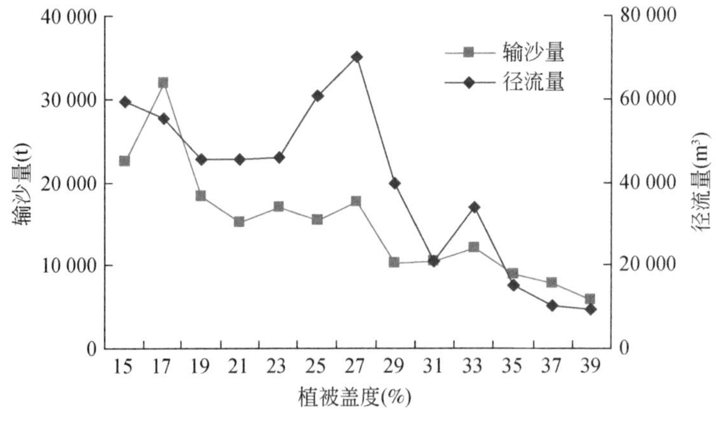

图 4-13 不同植被盖度与径流量、输沙量的动态关系

为进一步探讨不同时期覆被变化对流域径流产沙的影响，分别对植被盖度与径流量、输沙量进行拟合（图 4-13）。可以看出，植被盖度与两者呈现较明显的负相关关系，流域年径流量和输沙量均随着流域森林植被盖度的增加而减少。这一研究结果与其他学者的研究结果相似（朱显谟等，1954；侯庆春和曹清玉，1990）。

黄土高原以流域为基本单元，开展的水土流失综合治理是当前改善该区生态环境的主要措施。本研究对流域多年径流量、产沙量进行分析，结果表明该流域水土流失综合治理取得了显著成效，但流域内仍存在较大面积的坡耕地，故研究区仍存在较强的土壤侵蚀必然性。因此，安家沟流域必须继续大力推进生态修复工作，减少坡耕地面积，增加林草地面积，重点减少沟底和峁顶的土壤侵蚀，促进流域生态环境的修复与重建。

4.5 小　　结

1）长期定位监测显示，荒草地、灌丛地和松林地水土保持效果较好，其侵蚀强度属微度侵蚀，其中以沙棘灌丛最为理想。实践中配置植被和土地利用类型时，可以栽植生长良好且有较强水土保持效益的沙棘林，辅以其他合适的灌草植被群落（如油松林和撂荒草地等），用以控制水土流失。

2）单株沙棘、林下荒草和草下生物土壤结皮形成的天然立体防护机制在削减径流、降低侵蚀方面发挥着极为重要的作用。人工砍伐沙棘灌木、去除荒草皆会显著增加水土流失量。尤以破坏结皮形成裸地后土壤流失风险为最强。生物土壤结皮作为地表防控侵蚀的最后一道生物防线，需要予以高度重视。

3）坡面土壤含水量和产流时间显著负相关，但在前期含水量相近时，植被形态学及其微观格局又显著影响产流时间。同时发现，不同坡位的植被分布会影响土壤颗粒和水分运移，大生物量的乔灌植被位于下坡位时更能有效防控水土流失，促进减流入渗和坡面生态恢复。

4）退耕还林工程实施后，流域梯田、乔灌草和水域面积均呈显著增加态势，坡耕地和裸地面积显著下降，植被覆盖度有效提升。在此基础上，多年平均径流量由前期的 18 249 m^3 锐减至 2292 m^3，减幅高达 88%；而多年平均输沙量则由 7283 kg 降低至 1967 kg，降幅 73%，彰显出流域生态综合治理的显著正效应。

参考文献

程积民，万惠娥，胡相明. 2005. 黄土丘陵区植被恢复重建模式与演替过程研究. 草地学报，13（4）：324-327，333.

侯庆春，汪有科，杨光. 1996. 关于水蚀风蚀交错带植被建设中的几个问题. 水土保持通报，16（5）：36-40.

候喜禄，曹清玉. 1990. 黄土丘陵区幼林和草地水保及经济效益研究. 水土保持通报，10（4）：53-60，37.

李开元，李玉山. 1995. 黄土高原南部农田水量供需平衡与作物水肥产量效应. 土壤通报，26（3）：105-107.

邱扬，傅伯杰，王军，等. 2001. 黄土丘陵小流域土壤水分空间预测的统计模型. 地理研究，1（6）：739-751.

山仑，陈国良. 1993. 黄土高原旱地农业的理论与实践. 北京：科学出版社.

唐丽霞，张志强，王新杰，等. 2010. 晋西黄土高原丘陵沟壑区清水河流域径流对土地利用与气候变化的响应. 植物生态学报，34（7）：800-810.

王军，邱扬，杨磊，等.2007. 基于GIS的土地整理景观效应分析. 地理研究，26（2）：258-264.
王丽华，肖恩，兰海，等.2005. 攀枝花干热河谷等高生物绿篱造林技术. 攀枝花科技与信息，30（4）：30-42.
吴钦孝，赵鸿雁.2000. 黄土高原森林水文生态效应和林草适宜覆盖指标. 水土保持通报，20（5）：32-34.
卫伟，贾福岩，陈利顶，等.2012. 黄土丘陵区坡面水蚀对降雨和下垫面微观格局的响应. 环境科学，33（8）：2674-2679.
杨玉海，蒋平安.2005. 不同种植年限苜蓿地土壤理化特性研究. 水土保持学报，19（2）：110-113.
游珍，李占斌，蒋庆生.2006. 植被在坡面的不同位置对降雨产沙量影响. 水土保持通报，26（6）：28-31.
郑粉莉，唐克丽，白红英.1994. 黄土高原人类活动与生态环境演变的研究. 水土保持研究，1（5）：36-42.
周萍，刘国彬，候喜禄.2008. 黄土丘陵区不同土地利用方式土壤团粒结构分形特征. 中国水土保持科学，6（2）：75-82.
朱显谟，卢宗凡，蒋定生，等.1982. 综合治理水土流失，彻底改善生态环境——黄土高原丘陵地区振兴农业的战略措施. 水土保持通报，2（6）：1-9.
朱显谟，张相麟，雷文进.1954. 泾河流域土壤侵蚀现象及其演变. 土壤学报，2（4）：209-222.
朱显谟.1956. 黄土区土壤侵蚀的分类. 土壤学报，4（2）：99-115.
Auzet A V，Boiffin J，Ludwig B. 1995. Concentrated flow erosion in cultivated catchments：influence of soil surface state. Earth Surface Processes and Landforms，20（8）：759-767.
Bellot J，Escarre A. 1998. Stemflow and throughfall determination in a resprouted Mediterranean holm- oak forest. Annales Des Sciences Forestieres，55（7）：847-865.
Bissonnais Y L，Benkhadra H，Chaplot V，et al. 1998. Crusting，runoff and sheet erosion on silty loamy soils at various scales and upscaling from m^2 to small catchments. Soil and Tillage Research，46（1-2）：69-80.
Bochet E，Poesen J，Rubio J L. 2006. Runoff and soil loss under individual plants of a semi- arid Mediterranean shrubland：influence of plant morphology and rainfall intensity. Earth Surface Processes and Landforms，31：536-549.
Boer M M，Puigdefábregas J. 2005. Effects of spatially structured vegetation patterns on hillslope erosion in a semiarid Mediterranean environment：a simulation study. Earth Surface Processes and Landforms，30（2）：149-167.
Bosch J M，Hewlett J D. 1982. A review of catchment experiments to determine the effect of vegetation changes on water yield and evapotranspiration. Journal of Hydrology，55（1-4）：3-23.
Cammeraat E L H. 2002. A review of two strongly contrasting geomorphological systems within the context of scale. Earth Surface Processes and Landforms，27（11）：1201-1222.
Cerdà A. 1997. The effect of patchy distribution of *Stipa tenacissima* L. on runoff and erosion. Journal of Arid Environments，36（1）：37-51.
Cerdà A. 1999. Simuladores de lluvia y su aplicación a la Geomorfología：Estado de la cuestión. Cuadernos de investigación geográfica，1：45-84.
Chaplot V，Le Bissonnais Y. 2000. Field measurements of interrail erosion under different slopes and plot sizes. Earth Surface Processes and Landforms，25：145-153.
Chen L D，Huang Z L，Gong J，et al. 2007. The effect of land cover/vegetation on soil water dynamic in the hilly

area of the Loess Plateau, China. Catena, 70 (2): 200-208.

De Baets S, Poesen J, Gyssels G, et al. 2006. Effects of grass roots on the erodibility of topsoils during concentrated flow. Geomorphology, 76 (1-2): 54-67.

Descheemaeker K, Muys B, Nyssen J, et al. 2006. Litter production and organic matter accumulation in exclosures of the Tigray highlands, Ethiopia. Forest Ecology and Management, 233 (1): 21-35.

Eagleson P S. 1982. Ecological optimality in water-limited natural soil-vegetation systems, 1. Theory and hypothesis. Water Resources Research, 18: 325-340.

Famiglietti J S, Rudnicki J W, Rodell M. 1998. Variability in surface moisture content along a hillslope transect: Rattlesnake Hill, Texas. Journal of Hydrology, 210 (1-4): 259-281.

Francis C F, Thornes J B. 1990. Runoff hydrographs from three Mediterranean vegetation cover types//Thornes J. Vegetation and Erosion: Processes and Environments. New York: John Wiley and Sons. : 363-384.

Fu B J, Wang Y F, Lu Y H, et al. 2009. The effects of land-use combinations on soil erosion: a case study in the Loess Plateau of China. Progress in Physical Geography, 33: 793-804.

Gong J, Chen L D, Fu B J, et al. 2007. Integrated effects of slope aspect and land use on soil nutrients in a small catchment in a hilly loess area, China. International Journal of Sustainable Development and World Ecology, 14 (3): 307-316.

Gyssels G, Poesen J, Bochet E, et al. 2005. Impact of plant roots on the resistance of soils to erosion by water: a review. Progress in Physical Geography, 29 (2): 189-217.

Hornbeck J W, Martin C W, Pierce R S, et al. 1986. Clearcutting northern hardwoods: effects on hydrologic and nutrientionbudgets. Forest Science, 3: 3.

Huang C Q, Zhao W, Liu F, et al. 2011. Environmental significance of mineral weathering and pedogenesis of loess on the southernmost Loess Plateau, China. Geoderma, 163 (3-4): 219-226.

IUSS Working Group WRB. 2014. World Reference Base for Soil Resources 2014. Rome: FAO.

Jackson R B, Carpenter S R, Dahm C N, et al. 2001. Water in a changing world. Ecological Applications, 11: 1027-1045.

Jia G, Cao J, Wang C, et al. 2005. Microbial biomass and nutrient in soil at the different stages of secondary forest succession in Ziwuling, northwest China. Forest Ecology and Management, 217: 117-125.

Jordán A, Martínez-Zavala L M. 2008. Soil loss and runoff rates on unpaved forest roads in southern Spain after simulated rainfall. Forest Ecology and Management, 255 (3-4): 913-919.

Liu S L, Dong Y H, Li D, et al. 2013. Effects of different terrace protection measures in a sloping land consolidation project targeting soil erosion at the slope scale. Ecological Engineering, 53: 46-53.

López M M, Gorris M T, Salcedo C I, et al. 1989. Evidence of biological control of agrobacterium tumefaciens strains sensitive and resistant to agrocin 84 by different agrobacterium radiobacter strains on stone fruit trees. Applied and Environmental Microbiology, 55 (3): 741-746.

Martínez H C, Rodrigo C J, Romero A. 2017. Effects of lithology and land management on the early stages of water soil erosion in abandoned dryland terraces in southeast Spain. Hydrological Processes, 31: 3095-3109.

Meyer L D, Dabney S M, Harmon W C. 1995. Sediment-trapping effectiveness of stiff-grass hedges. Transactions of the ASAE, 38 (3): 809-815.

Neave M, Rayburg S. 2007. A field investigation into the effects of progressive rainfall-induced soil seal and crust development on runoff and erosion rates: the impact of surface cover. Geomorphology, 87 (4): 378-390.

Ola A, Dodd I, Quinton J. 2015. Can we manipulate root system architecture to control soil erosion? Soil, 1:

603-612.

Puigdefábregas J. 2005. The role of vegetation patterns in structuring runoff and sediment fluxes in drylands. Earth Surface Processes and Landforms, 30: 133-147.

Qin W, Cao W H, Zuo C Q. 2015. Review on the coupling influences of vegetation and topography to soil erosion and sediment yield. Journal of Sediment Research, 3: 74-80.

Ren Z P, Zhu L J, Wang B, et al. 2016. Soil hydraulic conductivity as affected by vegetation restoration age on the Loess Plateau, China. Journal of Arid Land, 8 (4): 546-555.

Rey F. 2004. Effectiveness of vegetation barriers for marly sediment trapping. Earth Surface Processes and Landforms, 29: 1161-1169.

Rostagno C M, Del Valle H F. 1988. Mounds associated with shrubs in aridic soils of northeastern Patagonia: characteristics and probable genesis. Catena, 15 (3-4): 347-359.

Sanchez G, Puigdefabregas J. 1994. Interactions of plant-growth and sediment movement on slopes in a semiarid environment. Geomorphology, 9 (3): 243-260.

Schellinger G R, Clausen J C. 1992. Vegetative filter treatment of dairy barnyard runoff in cold regions. Journal of Environmental Quality, 21 (1): 40-45.

Seibert J, Stendahl J, Sørensen R. 2007. Topographical influences on soil properties in boreal forests. Geoderma, 141 (1-2): 139-148.

Six J, Ogle S M, Breidt F J, et al. 2004. The potential to mitigate global warming with no-tillage management is only realized when practised in the long term. Global Change Biology, 10 (2): 155-160.

Stocking M, Elwell H. 1976. Vegetation and erosion: a review. Scottish Geographical Magazine, 92 (1): 4-16.

Tang X Y, Liu S G, Liu J X, et al. 2010. Effects of vegetation restoration and slope positions on soil aggregation and soil carbon accumulation on heavily eroded tropical land of Southern China. Journal of Soils and Sediments, 10: 505-513.

Vannoppen W, Vanmaercke M, De Baets S, et al. 2015. A review of the mechanical effects of plant roots on concentrated flow erosion rates. Earth-Science Reviews, 150: 666-678.

Wang Z J, Jiao J Y, Rayburg S, et al. 2016. Soil erosion resistance of "Grain for Green" vegetation types under extreme rainfall conditions on the Loess Plateau, China. Catena, 141: 109-116.

Wei W, Chen L D, Fu B J, et al. 2007. The effect of land uses and rainfall regimes on runoff and soil erosion in the semi-arid loess hilly area, China. Journal of hydrology, 335 (3-4): 247-258.

Wei W, Feng X R, Yang L, et al. 2019. The effects of terracing and vegetation on soil moisture retention in a dry hilly catchment in China. Science of the Total Environment, 647: 1323-1332.

Yu Y, Wei W, Chen L D, et al. 2017. Land preparation and vegetation type jointly determine soil conditions after long-term land stabilization measures in a typical hilly catchment, Loess Plateau of China. Journal of Soils and Sediments, 17: 144-156.

Zhang X C, Shao M A. 2003. Effects of vegetation coverage and management practice on soil nitrogen loss by erosion in a hilly region of the Loess Plateau in China. Acta Botanica Sinica, 45: 1195-1203.

Zhou Z C, Shangguan Z P, Zhao D. 2006. Modeling vegetation coverage and soil erosion in the Loess Plateau area of China. Ecological Modeling, 198 (1-2): 263-268.

Zhu J, Li F, Matsuzaki T, et al. 2002. Influence of thinning on regeneration in a coastal pinus thunbergii forest. Chinese Journal of Applied Ecology, 13 (11): 1361.

第5章　植被恢复对土壤属性和微生物的影响

土壤是所有陆地生态系统结构和功能的基础，植物-土壤相互反馈是生态系统恢复成功的重要标志，土壤属性也是土壤水分含量的重要影响因素。黄土高原地区针对脆弱生态系统修复的植被恢复削弱了人为干扰的程度，改变了土地利用方式，在导致植被结构和功能变化的同时也导致土壤性质发生了相应的变化。相关研究表明，植被恢复能使土壤理化性质等表现出与植物演替相似的动态（Wang et al.，2001）。植被恢复以后，植被盖度、植物枯枝落叶和植物根系增加，增加了土壤有机质含量，改善了土壤结构，提高了土壤团稳性和黏结力，并增加了土壤水分入渗，进而增强了土壤的抗冲性和增加了土壤肥力（Vermang et al.，2009；袁建平等，2001）。一般而言，随着植被恢复的进行，土壤结构可以得到一定的改善，最终使土壤容重、pH减少，土壤毛管孔隙度、饱和含水量及水稳性团聚体含量增大（Li and Shao，2006；An et al.，2010）。植被恢复以后，土壤有机质和养分含量均表现出增加的趋势（Wang et al.，2003；Chen et al.，2007；Fu et al.，2010）。相对来说，土壤速效养分含量增加最为明显；土壤有机质含量在退耕5年以后增加明显，土壤全氮、全碳和速效养分含量，以及有机碳、活性有机碳含量则在退耕10年以后增加明显。

黄土高原地区植被恢复物种选择较为多样，涉及多种草本（苜蓿、沙打旺等）、灌木（柠条、沙棘、狼牙刺等）和乔木（刺槐、山杏、杨树、油松、侧柏等），针对典型植被的研究较难全面反映不同植被恢复方式对土壤理化性质的影响。而对不同植被恢复模式土壤理化性质的比较研究，是选择合理的植被类型，进行可持续性植被恢复的前提和基础。另外，土壤理化性质是土壤水文环境的重要影响因素，直接影响土壤水分含量的大小及其实际稳定性。本章在对土壤理化性质的研究中，采用农地的土壤属性作为人工植被恢复前土壤理化性质的背景值，采用该地区自然植被天然荒草地土壤属性作为该区域土壤各样理化性质指标的背景值，采用对比分析的方法来研究植被恢复对土壤理化性质的影响。因土壤容重和土壤孔隙度、饱和含水量两种土壤物理性质呈显著负相关，因而本章仅对主要植被的土壤容重进行对比分析，其研究结果与土壤孔隙度、饱和含水量的分析结果一致。另外，因黄土中钾含量相对较高，并非该地区植被恢复的关键制约因素，因而在分析土壤化学性质中，对土壤全氮、有机质、速效磷、速效氮、全磷和全碳含量进行了对比分析。

5.1 典型植被下的土壤理化性质

5.1.1 土壤容重和土壤机械组成

图 5-1 对比了研究区主要植被类型的表层土壤容重。由图 5-1 可以看出，农地和油松林地土壤容重相对较小，平均土壤容重分别为 1.06 g/cm^3 和 1.05 g/cm^3，而柠条林地和苜蓿草地土壤容重相对较大，平均土壤容重分别为 1.19 g/cm^3 和 1.15 g/cm^3。天然草地平均土壤容重为 1.08 g/cm^3，略高于农地和油松林地。由天然草地同人工乔灌木林地土壤容重的最小显著性差异法（least significant difference，LSD）比较分析发现，人工植被恢复不一定能够改善土壤结构，减小土壤容重。相比而言，撂荒等恢复措施相比人工种植乔木和灌木能更好地改善土壤结构。通过对不同植被类型土壤容重进行方差分析，p 值为 0.006，表明不同植被类型土壤容重差异明显，植被类型是影响土壤容重的重要原因。由图 5-1 还可以看出，苜蓿草地和柠条林地对表层土壤容重有显著的提高作用。因而，对本研究区而言，种植苜蓿和柠条并不一定能有效改善土壤结构，而其他人工植被恢复类型也未表现出对土壤容重的明显改善作用。

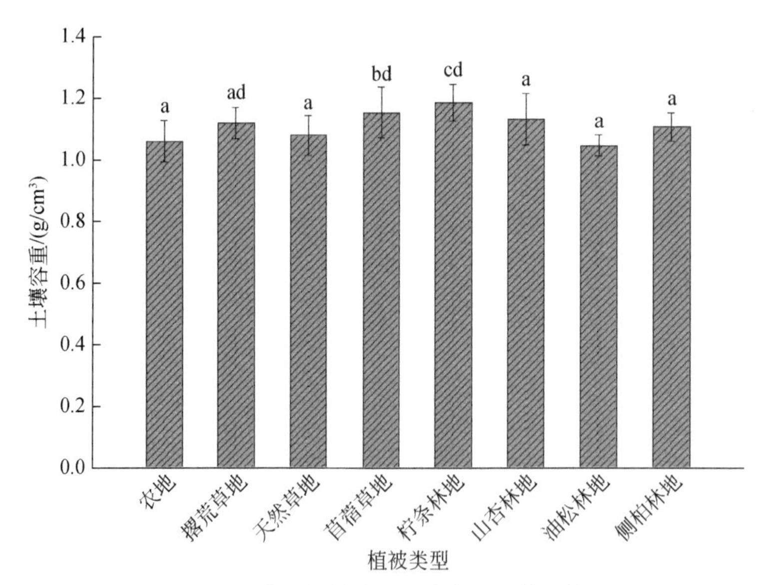

图 5-1 典型植被类型土壤容重及其比较

图中不同植被类型之间若有一个字母相同，则表示两者差异不显著（$p>0.05$，LSD 比较）

图 5-2 展示了不同植被类型下 0～10 cm、10～20 cm 和 20～40 cm 三个层次的土壤机械组成情况。由图 5-2 和表 5-1 可以明显看出，研究区土壤以粉粒为主，粉粒含量自表层 0～10 cm 深度的 75.41%～80.00% 逐渐增加到 20～40 cm 深度的 82.90%～88.45%。砂粒含量所占比例相对较小，从表层 0～10 cm 深度的 13.05%～17.08% 到 20～40 cm 深度

的 6.89% ~12.74%，随土壤深度的增加而逐渐减少。黏粒含量所占比例最低，从表层 0 ~10 cm 深度的 6.19% ~7.66% 逐渐降低到 20 ~40 cm 深度的 4.36% ~5.79%。

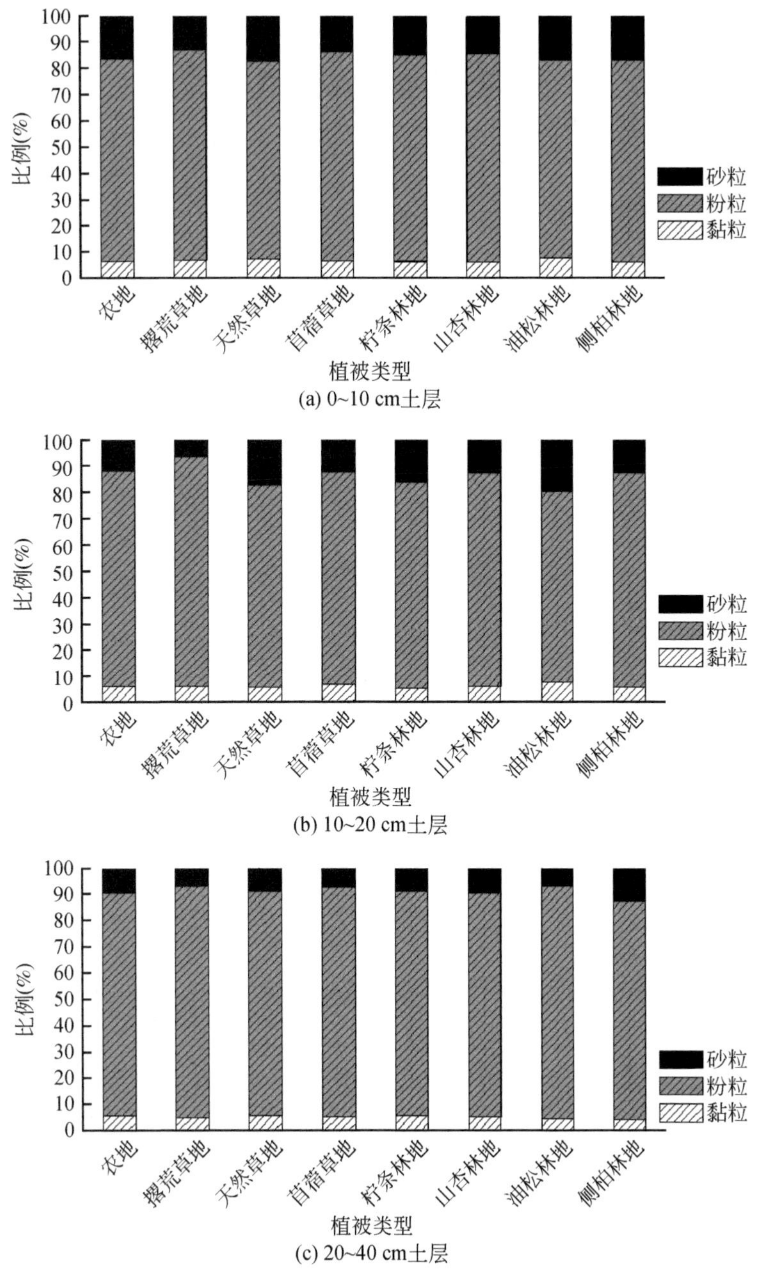

图 5-2　典型植被类型土壤机械组成

研究区不同土壤中黏粒含量虽相对较低，但黏粒含量是土壤养分含量的重要影响因素，也是影响黄土丘陵区土壤水分及其时间稳定性的重要土壤属性，故本节中对黏粒含量进行 LSD 对比分析，以发现主要植被类型之间土壤黏粒含量的差异。由表 5-1 可知，天然草地表层黏粒含量最高（7.51%），但 LSD 分析表明相比其他植被类型这种差异并没有统计上的显著性。相比而言，苜蓿草地、柠条林地、山杏林地、油松林地、侧柏林地等人工植被恢复类型的表层黏粒含量并没有显著的提高。从不同土层深度来看，表层 0 ~ 10 cm 土壤黏粒含量相对较高，黏粒含量随深度增加而逐渐降低（表 5-1）。综合以上分析可知，该地区植被恢复并没有明显改善土壤机械组成。

表 5-1　典型植被类型土壤机械组成及其对比

植被类型	0 ~ 10 cm			10 ~ 20 cm			20 ~ 40 cm		
	黏粒 (%)	粉粒 (%)	砂粒 (%)	黏粒 (%)	粉粒 (%)	砂粒 (%)	黏粒 (%)	粉粒 (%)	砂粒 (%)
农地	6.72a	76.78	16.50	6.05a	82.05	11.89	5.79a	84.62	9.59
撂荒草地	6.95a	80.00	13.05	6.17a	87.49	6.34	5.15a	87.96	6.89
天然草地	7.51a	75.41	17.08	5.95a	77.07	16.98	5.69a	85.66	8.65
苜蓿草地	6.62a	79.64	13.74	7.02a	80.95	12.03	5.48a	87.50	7.02
柠条林地	6.41a	78.89	14.70	5.33b	78.56	16.11	5.68a	85.85	8.48
山杏林地	6.35a	79.25	14.40	6.23a	81.06	12.71	5.36a	85.09	9.55
油松林地	7.66a	75.41	16.93	7.71ac	72.99	19.31	4.63a	88.45	6.91
侧柏林地	6.19a	76.93	16.88	5.71a	81.77	12.52	4.36a	82.90	12.74
p 值	0.725			0.334			0.787		

注：同一列中不同植被类型之间若有一个字母相同，则表示差异不显著（$p>0.05$）

5.1.2　土壤全碳含量

各植被类型中，农地土壤全碳含量最低，平均值为 2.37 mg/kg，天然草地土壤全碳含量最高，达到 3.69 mg/kg。通过对不同植被土壤全碳含量的 LSD 比较分析发现，农地全碳含量显著低于其他植被类型，而天然草地则显著高于其他植被类型（表 5-2，图 5-3）。人工乔木（山杏林地、油松林地、侧柏林地）、灌木（柠条林地）和牧草（苜蓿草地）中土壤全碳含量居中，表层 0 ~ 10 cm 深度土壤全碳含量介于 2.71 ~ 3.02mg/kg，且不同人工植被恢复类型土壤全碳含量在这一深度并无显著差异。由表 5-2 中不同植被土壤全碳含量的 LSD 比较可以看出，用于人工植被恢复的植被类型在固碳作用方面作用效果基本一致，没有显著差异。相比而言，该地区自然植被天然草地土壤中全碳含量显著高于其他植被类型，这一结果表明人工植被恢复有一定的固碳作用，但效果还没有达到该地区土壤全碳含量的背景值。

表 5-2 典型植被类型土壤全碳含量及其对比 （单位：mg/kg）

植被类型	0 ~ 10 cm		10 ~ 20 cm		20 ~ 40 cm	
	含量	标准差	含量	标准差	含量	标准差
农地	2.37a	0.29	2.44a	0.19	2.29a	0.23
撂荒草地	2.86b	0.32	2.81c	0.41	2.67b	0.36
天然草地	3.69c	0.33	3.48c	0.16	3.06c	0.18
苜蓿草地	2.71b	0.33	2.71ab	0.35	2.54ab	0.36
柠条林地	2.95b	0.32	2.97b	0.28	2.66b	0.35
山杏林地	3.00b	0.38	2.86b	0.33	2.50b	0.32
油松林地	3.02b	0.47	2.95b	0.31	2.67bc	0.05
侧柏林地	2.84b	0.25	2.67ab	0.23	2.40ab	0.34
p 值	0.000**		0.000**		0.024*	

注：同一列不同植被类型之间若有一个字母相同，则表示差异不显著；* 表示 $p<0.05$，** 表示 $p<0.01$

从不同土壤层次来看，各植被类型土壤全碳含量的剖面分布趋势基本为表层含量最高，随土壤深度的增加而不断降低（图 5-3，表 5-2）。农地固碳能力最低，这是由于农地地上作物基本被收割，较少作物残留转化为土壤碳，而其他植被类型地上部分均有枯枝落叶残留，最后以土壤碳等形式固定在土壤中。天然草地在 0 ~ 10 cm、10 ~ 20 cm 和 20 ~ 40 cm 三个不同深度全碳含量均显著高于其他植被类型。由图 5-3 可知，人工植被类型之间土壤全碳含量没有明显差异，不同植被恢复类型土壤固碳效果基本一致。

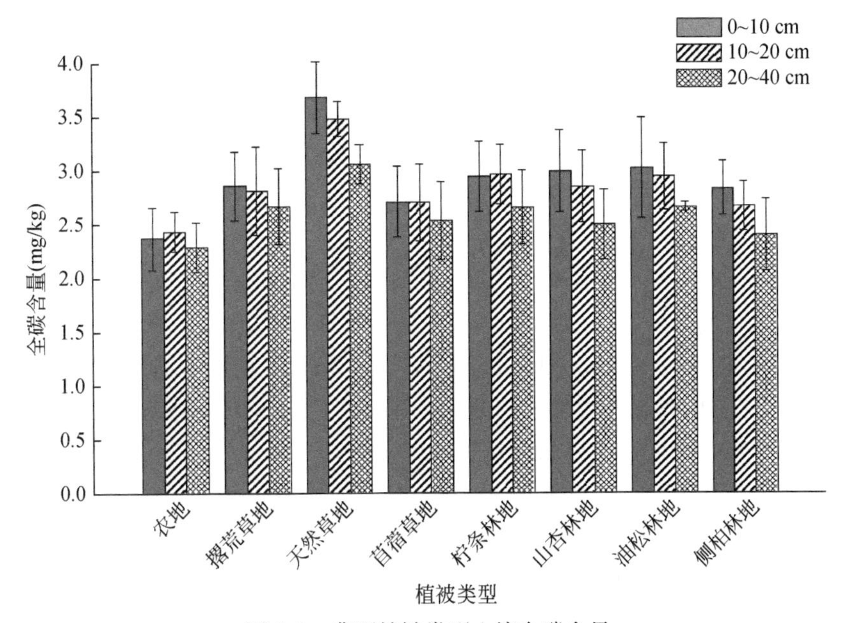

图 5-3 典型植被类型土壤全碳含量

5.1.3 土壤有机质含量

由表5-3可知，农地土壤有机质含量低于其他植被类型，平均值仅8.21 g/kg。相比农地，人工植被恢复类型有机质含量都有提高，土壤有机质含量介于9.68～15.56 g/kg。除苜蓿草地外（平均9.68 g/kg，0～10 cm），不同人工植被恢复类型土壤有机质含量并无显著性差异。而对比该地区顶级群落天然草地（平均26.52 g/kg，0～10 cm），各植被类型土壤有机质含量均较低。这一现象表明，该地区植被恢复能显著提高土壤有机质含量，但这种作用效果还没有达到该地区土壤有机质含量的背景值。不同植被类型下，土壤有机质含量基本随土层深度的增加而迅速减小（图5-4），植被恢复对土壤有机质含量的提高主要作用在表层土壤。

表5-3 典型植被类型土壤有机质含量及其对比 （单位：g/kg）

植被类型	0～10 cm		10～20 cm		20～40 cm	
	含量	标准差	含量	标准差	含量	标准差
农地	8.21a	2.95	7.75a	3.22	6.80a	3.22
撂荒草地	12.68ac	4.44	12.92bd	3.25	8.98a	4.88
天然草地	26.52b	2.42	19.70c	4.33	14.34c	4.50
苜蓿草地	9.68a	3.43	9.37ad	4.42	7.41b	3.69
柠条林地	15.56c	6.07	13.64b	4.85	9.58b	5.23
山杏林地	14.57c	2.50	14.11b	5.49	6.63b	2.62
油松林地	12.63ac	2.55	9.23ad	2.36	6.32b	0.99
侧柏林地	12.09ac	4.30	7.70a	2.62	5.46b	1.74
p 值	0.000**		0.000**		0.045*	

注：同一列不同植被类型之间若有一个字母相同，则表示差异不显著；* 表示 $p<0.05$，** 表示 $p<0.01$

通过对不同土层土壤有机质含量的对比分析可知，农地在整个0～40 cm土层土壤有机质含量均较低（表5-3，图5-4）。植被恢复对土壤有机质含量的提高在0～10 cm和10～20 cm土层比较明显，而在20～40 cm土层，农地和其他植被类型土壤有机质含量较为接近。其中，撂荒草地在20～40 cm土层土壤有机质含量同农地无显著性差异，而在0～20 cm土层相比农地有显著增加。这表明农地撂荒以后能显著增加土壤有机质含量。相比而言，人工植被恢复则同样能有效提高0～10 cm、10～20 cm土层土壤有机质含量，对不同植被类型而言，柠条（15.56 g/kg和13.64 g/kg）和山杏（14.57 g/kg和14.11 g/kg）对土壤有机质含量的提高较为明显。但在三个土壤层次内不同人工植被类型之间土壤有机质含量并无显著性差异，这一现象表明不同植被恢复类型对土壤有机质含量的提高效果基本一致，并无显著性差异。并且，相比天然草地，不同人工植被恢复类型三个土层内的土壤有机质含量均显著低于天然草地。

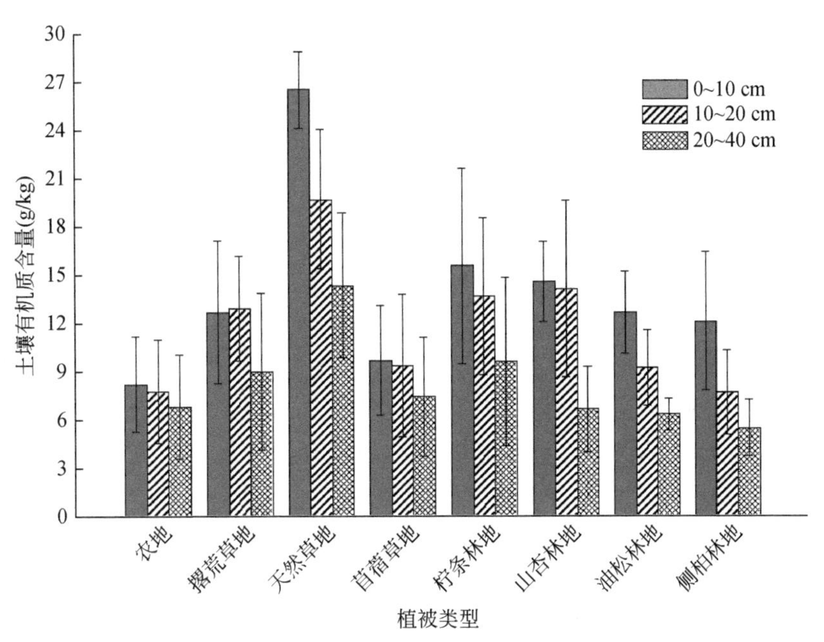

图 5-4　典型植被类型土壤有机质含量

5.1.4　土壤速效养分

由表 5-4 可知，表层 0 ~ 10 cm 深度土壤中农地和天然草地速效磷含量相对较高，平均值分别达到 14.20 mg/kg 和 15.38 mg/kg，而撂荒草地和油松林地速效磷含量低于其他植被类型，平均值仅为 9.02 mg/kg 和 7.30 mg/kg。在这一层次，人工植被恢复类型土壤速效磷含量与农地和天然草地并无显著性差异（表 5-4 中 LSD 比较），人工植被恢复类型土壤速效磷含量变化为 7.30 mg/kg ~13.68 mg/kg。农地土壤速效磷含量相对较高可能是施肥作用直接增加了土壤中速效磷含量，但其标准差表明不同农地之间速效磷含量相差较大，存在较大的空间变异。与前面所述全碳、有机质等不同，相比农地和天然草地，人工植被恢复并没有显著提高土壤速效磷含量，尤其是 20 ~ 40 cm 深度的土层，不同植被类型之间速效磷含量没有显著差异。

表 5-4　典型植被类型土壤速效磷含量及其对比　　（单位：mg/kg）

植被类型	0 ~ 10 cm		10 ~ 20 cm		20 ~ 40 cm	
	含量	标准差	含量	标准差	含量	标准差
农地	14.20a	3.22	13.67a	5.82	11.64a	7.30
撂荒草地	9.02bc	1.31	8.42bc	1.65	6.87a	2.10
天然草地	15.38a	1.82	15.00a	3.05	12.88a	6.51
苜蓿草地	12.40ac	3.42	9.58bd	4.05	9.25a	5.85

续表

植被类型	0～10 cm		10～20 cm		20～40 cm	
	含量	标准差	含量	标准差	含量	标准差
柠条林地	11.51ac	4.58	12.40ad	5.05	12.40a	5.31
山杏林地	11.02ac	4.46	10.08acd	2.62	9.25a	3.10
油松林地	7.30b	2.33	11.37acd	2.20	6.17a	1.66
侧柏林地	13.68a	3.60	7.03b	2.32	11.23a	4.21
p 值	0.030*		0.040*		0.753	

注：同一列中不同植被类型之间若有一个字母相同表示差异不显著（$p>0.05$，LSD 比较）；* 显著性差异，$p<0.05$

土壤速效磷含量的剖面分布特征与前述黏粒含量、全碳、有机质基本一致，即随土层深度的增加而逐渐减小，但油松林地和侧柏林地则有所不同。撂荒草地在 0～10 cm 和 10～20 cm 深度土壤速效磷含量显著低于其他植被，在 20～40 cm 深度则与其他植被无显著差异（图 5-5）。

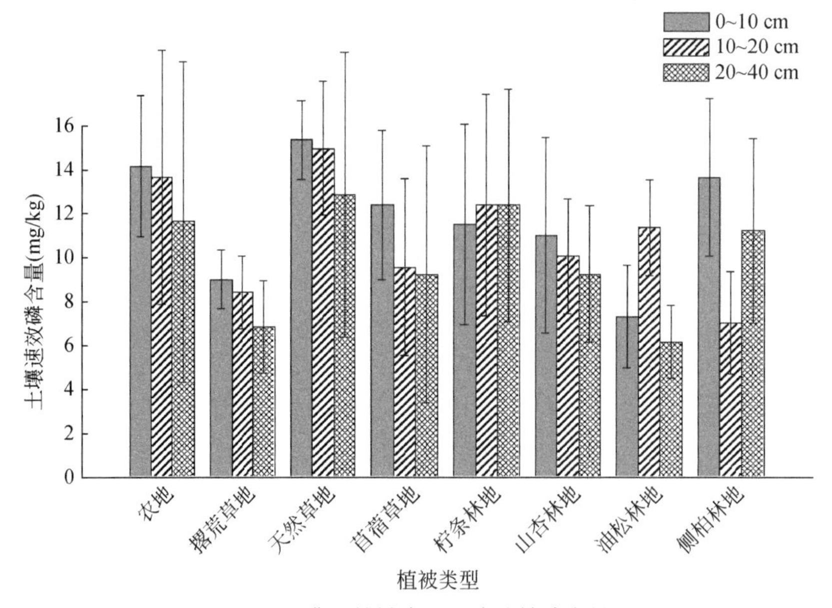

图 5-5　典型植被类型土壤速效磷含量

表 5-5 列出了主要植被类型土壤速效氮含量及其 LSD 比较。由表 5-5 可知，天然草地、柠条林地和山杏林地土壤速效氮含量较高，其平均值分别达到 98.80 mg/kg、77.57 mg/kg 和 85.43 mg/kg，并且这三种植被类型在 0～20 cm 土层并无显著性差异，只是山杏林地在 20～40 cm 土层显著低于另外两种植被。农地平均土壤速效氮含量在整个 0～40 cm 土层含量均是最低的，但农地土壤速效氮含量基本与撂荒草地、苜蓿草地、油松和侧柏林地并无显著性差异。相比而言，天然草地在整个 0～40 cm 土层平均土壤速效氮含量均较高，分别达到 98.80 mg/kg、75.25 mg/kg 和 53.00 mg/kg。从表 5-5 的对比来看，不同植

被恢复类型对土壤速效氮含量有一定的提高作用，不仅是撂荒草地，其他人工植被平均土壤速效氮含量均高于农地，并且柠条和山杏林地土壤速效氮含量有显著的增加。类似结果如前面章节所述，植被恢复作用导致的土壤速效氮含量的增加还没有达到该地区顶级演替群落的水平。

表 5-5　典型植被类型土壤速效氮含量及其对比　　（单位：mg/kg）

植被类型	0～10 cm		10～20 cm		20～40 cm	
	含量	标准差	含量	标准差	含量	标准差
农地	41.19a	17.18	32.62a	18.94	21.46a	10.72
撂荒草地	43.02a	16.28	52.26ac	29.27	45.87bc	27.59
天然草地	98.80bc	31.08	75.25bd	27.60	53.00bc	24.17
苜蓿草地	47.52a	24.86	42.00a	16.58	30.54acd	14.24
柠条林地	77.57bc	31.29	70.24bce	25.30	44.93bc	28.09
山杏林地	85.43bc	16.73	75.10bc	37.77	22.73ad	8.61
油松林地	58.94ac	15.15	34.09a	7.29	23.20ac	3.10
侧柏林地	65.60ac	41.94	53.42ade	21.28	40.54ac	25.01
p 值	0.007**		0.007**		0.064	

注：同一列中不同植被类型之间若有一个字母相同表示差异不显著（$p>0.05$，LSD 分析）；** 显著性差异，$p<0.01$

不同植被恢复方式下，土壤速效氮含量的剖面分布基本表现为随土壤深度的增加而减少，但撂荒草地在 10～20 cm 这一层次有所增加（图 5-6）。植被恢复对土壤速效氮含量的提高主要作用在 0～20 cm 表层土壤，通过 LSD 分析发现，不同人工植被恢复类型（柠条

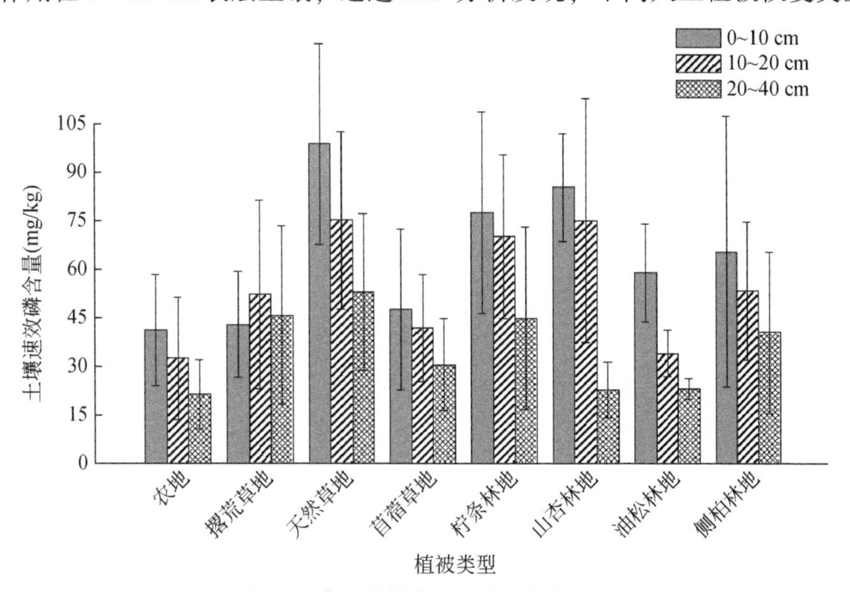

图 5-6　典型植被类型土壤速效氮含量

林地除外）20～40 cm土层土壤速效氮含量基本与农地并无显著差异。不同植被和土壤层次土壤速效氮含量标准差均较高，表明不同样地之间土壤速效氮含量差异相对较大。这一结果表明，在不同条件下，植被恢复对土壤速效氮含量的提高作用还存在较大差异，植被恢复对土壤速效氮含量的提高作用可能还受到地形、耕作管理、水土保持工程措施等因素的影响。

5.1.5 土壤全效养分

由5.1.4节土壤速效磷含量的对比分析可知，该地区农地受施肥等因素的影响，土壤速效磷含量相对较高。通过对不同植被类型土壤全磷含量的对比分析可知，不同植被类型之间0～10 cm、10～20 cm和20～40 cm不同层次土壤全磷含量并无显著性差异（表5-6）。对表层土壤而言，油松林地土壤全磷含量最高，平均值达到835.00 mg/kg，山杏林地土壤全磷含量最低，平均值仅602.24 mg/kg，但两者并无显著性差异。不同植被类型和不同土壤层次中土壤全磷含量标准差较大，表明不同样地之间土壤全磷含量存在较大的空间变异，尤其以不同农地之间变异最大（标准差为296.58）。表明不同人工植被恢复类型并没有显著提高土壤全磷含量。

表5-6 典型植被类型土壤全磷含量及其对比 （单位：mg/kg）

植被类型	0～10 cm		10～20 cm		20～40 cm	
	含量	标准差	含量	标准差	含量	标准差
农地	736.37ab	296.58	674.15ab	234.02	761.46a	157.99
撂荒草地	799.71a	107.57	685.33ab	178.13	697.25ac	196.70
天然草地	756.74ab	56.54	486.79a	287.20	497.43bc	231.28
苜蓿草地	759.99ab	167.12	655.27ab	71.25	631.05ac	188.17
柠条林地	670.04ab	129.32	727.56b	74.09	561.08bc	206.10
山杏林地	602.24b	143.00	618.28ab	264.54	606.54ac	56.90
油松林地	835.00ab	189.87	637.45ab	208.14	576.66ac	38.64
侧柏林地	768.66ab	100.71	648.61ab	120.51	537.69bc	128.22
p值	0.375		0.506		0.216	

注：同一列中不同植被类型之间若有一个字母相同表示差异不显著（p>0.05，LSD分析）

苜蓿草地、油松林地、侧柏林地土壤全磷含量的剖面分布趋势基本是表层0～10 cm最高，随土层深度的增加逐渐减小（图5-7），与其他养分含量的剖面分布特征一致。但农地因施肥和耕作等因素的影响，其20～40 cm土层土壤全磷含量反而高于其上土层，这可能是由农地的翻耕作用引起的。撂荒草地20～40 cm土层土壤全磷含量也高于10～20 cm土层，这可能是受原有农地耕作管理的影响。相比而言，天然草地和人工植被土壤全磷含量在整个0～40 cm土层的差异就相对较小，并且在10～20 cm和20～40 cm土层低于农地和撂荒草地。对比土壤速效磷的分析和讨论，该地区土壤中磷元素受耕作管理活动影响较大，植被恢复并没有表现出对土壤全磷含量的显著增加作用。

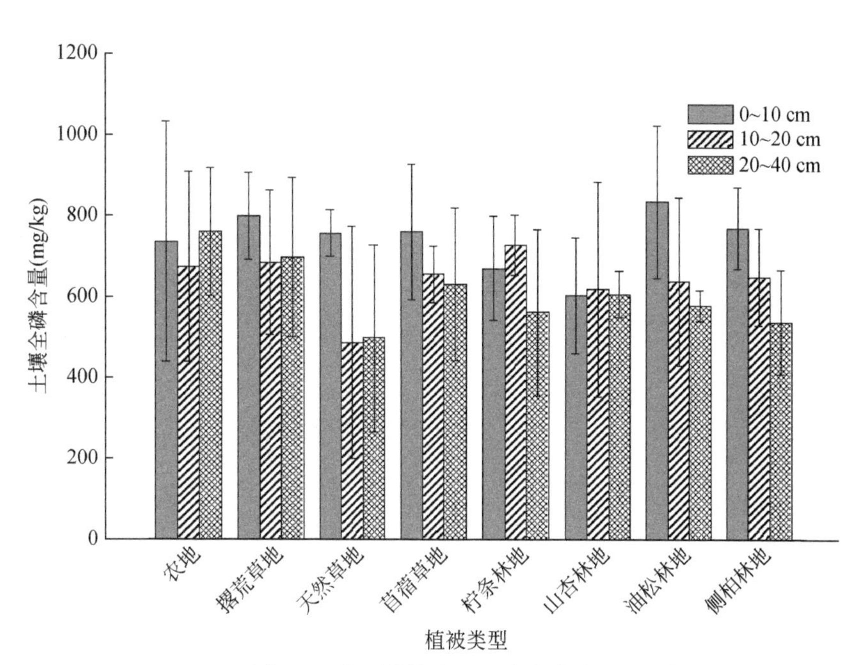

图 5-7　主要植被类型土壤全磷含量

与土壤全磷含量有所不同，土壤全氮含量在不同植被类型之间变异较大。由表 5-7 和图 5-8 可知，不同植被类型之间土壤全氮含量存在显著性差异。农地 0 ~ 10 cm 土层土壤全氮含量最低，平均仅为 0. 75 g/kg；天然草地 0 ~ 10 cm 土层土壤全氮含量最高，平均值达到 1. 91 g/kg，显著高于其他植被类型。撂荒草地土壤全氮含量略高于农地，但多重比较表明其与农地并无显著性差异。人工植被中，苜蓿草地土壤全氮含量偏低，0 ~ 10 cm 土层全氮平均含量仅为 0. 85 g/kg，尤其是 20 ~ 40 cm 土层，其平均值仅为 0. 58 g/kg。柠条（1. 17 g/kg）、山杏（1. 17 g/kg）、油松（1. 00 g/kg）、侧柏（1. 06 g/kg）0 ~ 10 cm 土层土壤全氮含量要高于农地，但均显著低于天然草地（表 5-7）。天然草地在 0 ~ 10 cm 和 10 ~ 20 cm 土层土壤全氮含量基本显著高于其他植被类型。这一结果表明，植被恢复有助于提高土壤全氮含量，不同人工植被恢复类型之间并无显著性差异，其对土壤全氮含量的提高程度均低于天然草地。

土壤全氮含量的剖面分布趋势较为明显，不同植被土壤全氮含量 0 ~ 10 cm 土层最高，随土层深度的增加逐渐减小。天然草地在整个 0 ~ 40 cm 土层的平均全氮含量均高于其他植被。人工植被对土壤全氮含量的提高作用主要集中在 0 ~ 10 cm 和 10 ~ 20 cm 土层，在 20 ~ 40 cm 土层不同植被全氮含量没有显著性差异。这一结果表明植被恢复对土壤全氮含量的提高作用集中在表层。

表 5-7　主要植被类型土壤全氮含量及其对比　　（单位：g/kg）

植被类型	0 ~ 10 cm		10 ~ 20 cm		20 ~ 40 cm	
	含量	标准差	含量	标准差	含量	标准差
农地	0. 75a	0. 33	0. 72a	0. 26	0. 61ab	0. 28
撂荒草地	0. 91ad	0. 27	0. 96ac	0. 31	0. 72ab	0. 45
天然草地	1. 91b	0. 18	1. 50b	0. 29	1. 13ab	0. 36
苜蓿草地	0. 85a	0. 32	0. 73a	0. 35	0. 58a	0. 28
柠条林地	1. 17cd	0. 29	1. 15bc	0. 45	1. 08b	0. 91
山杏林地	1. 17cd	0. 19	0. 95a	0. 21	0. 51a	0. 17
油松林地	1. 00ad	0. 19	0. 68a	0. 14	0. 63ab	0. 10
侧柏林地	1. 06ad	0. 32	0. 78a	0. 21	0. 52ab	0. 16
p 值	0. 000 **		0. 002 **		0. 154	

注：同一列中不同植被类型之间若有一个字母相同表示差异不显著（$p>0.05$，LSD 比较）；** 显著性差异，$p<0.01$

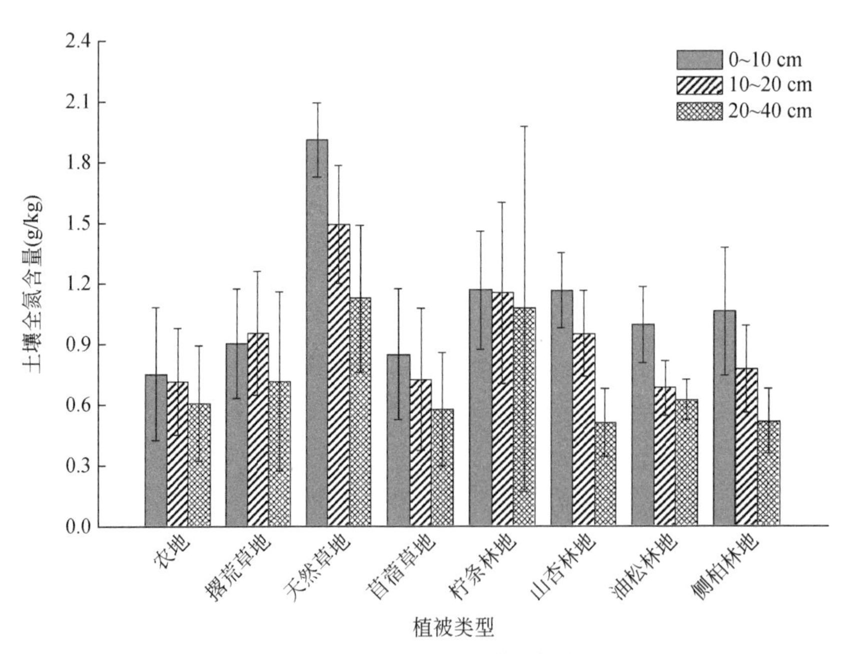

图 5-8　主要植被类型土壤全氮含量

5.2 人工林恢复与土壤微生物变化

5.2.1 不同人工林土壤微生物生物量的变化

杏树林、沙棘林和刺槐林土壤微生物生物量碳分别为 56.61 mg/kg、88.73 mg/kg 和 99.56 mg/kg（图 5-9），结果表明土壤微生物量碳含量为刺槐林 > 沙棘林 > 杏树林，其中刺槐林和沙棘林土壤微生物生物量碳显著高于杏树林（$p<0.05$），但刺槐林与沙棘林之间差异未达到显著水平。杏树林、沙棘林和刺槐林土壤微生物生物量氮分别为 20.40 mg/kg、16.41 mg/kg 和 28.81 mg/kg（图 5-9），与土壤微生物生物量碳变化趋势不同，三种人工林土壤微生物生物量氮表现为刺槐林最大，沙棘林最小，经过方差分析比较，刺槐林显著高于其他两种林地，沙棘林和杏树林间差异未达到显著水平（$p>0.05$）。

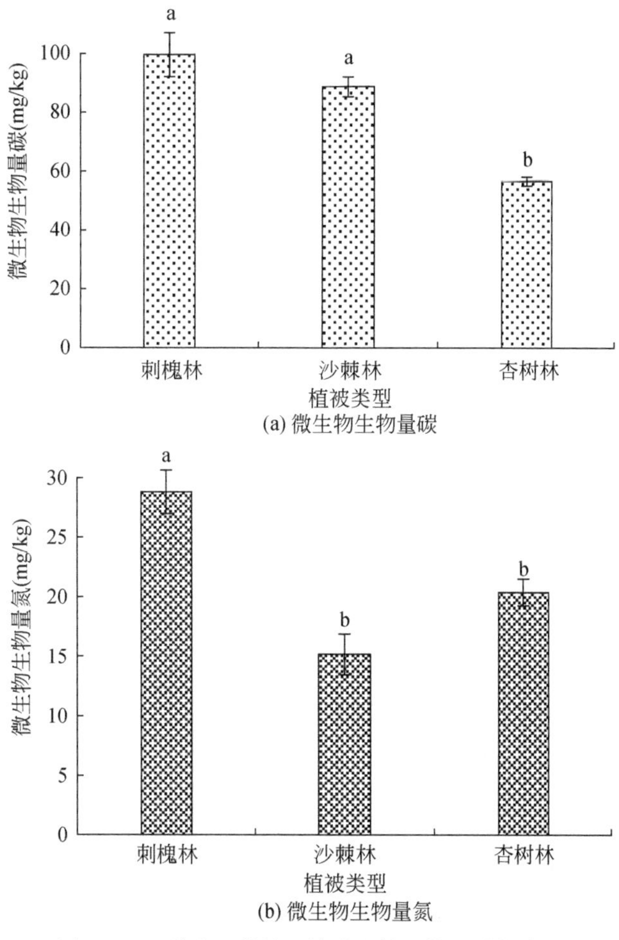

图 5-9 三种人工林的土壤微生物生物量碳氮含量

图中小写字母不同代表在 $p<0.05$ 水平上差异显著

5.2.2 不同人工林土壤微生物代谢活性的变化

平均颜色变化率（average well color development，AWCD）可以反映土壤微生物利用碳源的整体能力及微生物代谢活性，是评价利用单一碳源能力的一个重要指标。由图 5-10 可以看出，三种人工林土壤微生物 AWCD 值随着时间的延长而升高，其中刺槐林的 AWCD 值明显高于沙棘林和杏树林，三种人工林中，杏树林土壤微生物代谢活性最低。

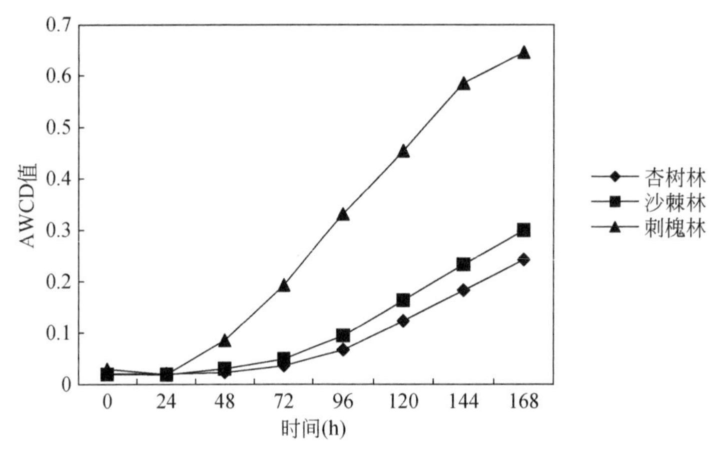

图 5-10　三种人工林的土壤微生物 AWCD 值

由图 5-11 可以看出，三种人工林土壤微生物对碳源的利用主要集中在聚合物类、糖类、羧酸类和氨基酸类四大类物质，对胺类物质的利用程度相对较低。单一人工林下土壤

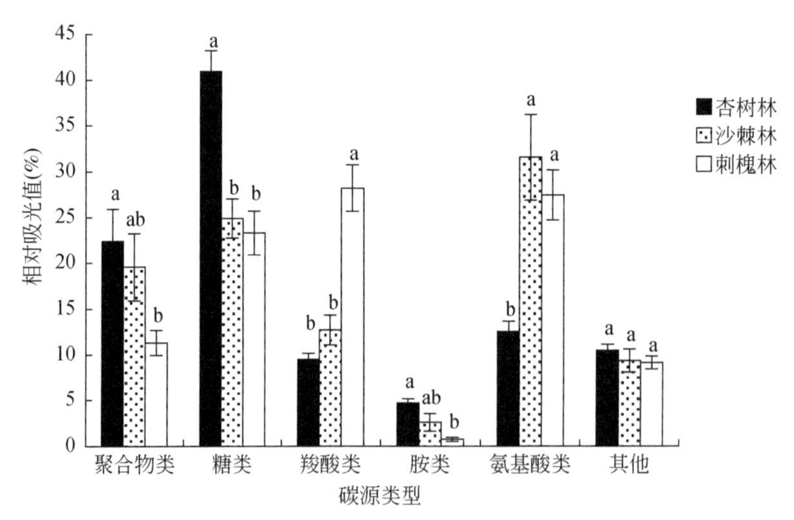

图 5-11　三种不同人工林土壤微生物对不同碳源类型的利用

图中小写字母不同代表不同人工林对同一类型碳源的利用程度在 $p<0.05$ 水平上差异显著

微生物对不同碳源类型的利用和三种不同人工林下土壤微生物对同一碳源类型的利用程度均存在显著性差异（$p<0.05$），总体来讲，杏树林土壤微生物对聚合物类及糖类物质的利用程度显著高于刺槐林和沙棘林，沙棘林土壤微生物对氨基酸类物质的利用程度较高，而刺槐林土壤微生物对羧酸类及氨基酸类物质的利用程度较其他几种碳源高。以往的研究表明，微生物群落结构和功能的差异及来源与不同优势树种的枯枝落叶的量和生物化学组成有关，同时与根系分泌物的关系也十分密切（Johansson，1995；Grayston and Campbell，1996）。杏树、沙棘和刺槐三种人工林土壤微生物对不同碳源类型的相对利用程度的差异应该与不同树种对土壤输入的有机物质的组成和根系分泌物质的不同有关。

5.2.3 不同人工林土壤微生物多样性的变化

植被的类型、数量和化学组成可能是土壤生物多样性变化的主要推进力量。植被不仅是土壤生物赖以生存的有机营养物和能源的重要来源，活的植被还影响土壤生物定居的物理环境，包括影响植物凋落物的类型和堆积深度、减少水分从土壤表面的损失率等（Waid，1999）。Shannon-Winner 多样性指数（H'）、均匀度指数（E）、Simpson 优势度指数（D_s）和丰富度指数（S）都是比较常用的表征物种多样性的指数。D_s 是测定群落组织水平最常用的指标之一，其值越大，表示群落受优势物种的影响越大。H'是将丰富度和均匀度综合起来的一个指标，能较全面测度物种多样性。S 表示群落的物种丰富度，其值越大，表示群落中的物种越丰富。由表 5-8 可知，刺槐林 Shannon-Winner 多样性指数（H'）、丰富度指数（S）均高于杏树林和沙棘林，杏树林均匀度指数（E）较高，Simpson 优势度指数（D_s）较低，而沙棘林则拥有较高的 Simpson 优势度和较低的均匀度。三种不同的人工林多样性指数间的差异均未达到显著水平，由此可见，对于恢复年限相对较短的三种人工林，土壤条件相对一致的条件下，不同的树种下土壤微生物的量和优势种群虽然发生了很大的改变，但总体的群落多样性未产生显著性的差异。

表 5-8　土壤微生物群落功能多样性的变化

林型	H'	E	D_s	S
杏树林	2.54a± 0.125	0.84a± 0.023	0.11a± 0.010	21.00a± 3.512
沙棘林	2.31a± 0.106	0.76a± 0.076	0.20a± 0.096	21.67a± 5.044
刺槐林	2.59a± 0.070	0.79a± 0.012	0.10a± 0.010	26.67a± 2.404

注：同一列中不同的小写字母代表不同人工林间差异显著（$p<0.05$）

5.2.4 微生物功能多样性与环境因子的相关性

将 Shannon-Wiener 多样性指数、AWCD 值与微生物生物量及土壤理化性质各指标进行相关性分析后发现（表 5-9），Shannon-Wiener 多样性指数与总氮和土壤水分的相关性较其他指标稍高，但与各个指标均未达到显著相关。AWCD 值与土壤微生物生物量碳、氮、土壤总氮、土壤水分及电导率均达到显著相关水平。微生物代谢活性与微生物生物量、水分和电导率关系密切，再次说明在半干旱地区，水分作为主要的环境胁迫因子限制了微生物活性，刺槐林下表层土的水分含量相对较高，这应该是其拥有较高的微生物活性的原因。与一些研究不同（Grayston et al.，2003；White et al.，2005），微生物对碳源类型的利用率与 pH 的关系不明显，并未随 pH 的升高而增加，原因可能是大多的研究土壤呈酸性，酸性抑制了微生物种群对碳的利用，而在黄土高原地区，土壤多呈碱性。

表 5-9　微生物多样性指标与微生物生物量及土壤理化性质的相关关系

指标	AWCD 值	微生物生物量碳	微生物生物量氮	有机碳	总氮	土壤水分	容重	pH	电导率
Shannon-Wiener 多样性指数	0.472	0.046	0.624	-0.464	-0.544	0.635	-0.439	-0.073	0.386
AWCD 值	1.00	0.778 *	0.817 **	0.042	-0.713 *	0.675 *	-0.079	-0.632	0.871 **

* 代表 $p<0.05$ 水平显著相关，** 代表 $p<0.01$ 水平显著相关

5.3　坡面不同植被恢复格局对土壤微生物变化的影响

5.3.1　土壤微生物生物量碳

土壤微生物生物量碳可以反映土壤中碳的同化和矿化程度。土壤养分的矿化可以导致微生物生物量的降低，养分固定则导致微生物生物量的上升（McGill et al.，1986）。如图 5-12所示，四种不同的植被格局下土壤微生物生物量碳的大小存在显著性差异（$p<0.05$）。0～10 cm 土层，林地-草地-林地植被空间配置模式下微生物生物量碳平均值为 288.82 mg/kg，在四种植被格局中最高，草地-林地-草地微生物生物量碳平均值为 169.93 mg/kg，较其他三种植被格局含量低。10～20 cm 土层土壤微生物生物量排序为碳刺槐林>林地-草地-林地>撂荒草地>草地-林地-草地，且除草地-林地-草地外，其他三种植被格局之间微生物生物量碳无显著性差异。

为了更好地理解植被格局的不同对土壤微生物生物量的影响，本研究对不同植被格局下不同坡位上的土壤微生物生物量碳进行分析（图 5-13）。结果表明，四种不同的植被格局在上、中、下三个坡位上土壤微生物生物量碳的分布规律不同。在 0～10 cm 土层，对于单一的植被格局，从上坡位到下坡位，刺槐林地土壤微生物生物量碳逐渐降低而撂荒草地逐渐升高。对于林草搭配的植被格局，草地-林地-草地土壤微生物生物量碳在中坡位较其他两个坡位高，而林地-草地-林地较其他两个坡位低。从图 5-13 中也可以看出，不同的植被格局下林地和草地两种植被类型在不同的坡位上对微生物生物量碳产生的影响不同。在上坡位，林地的微生物生物量碳高于草地。上坡位同为林地，中坡位种植林地或者草地对微生物生物量碳的影响差异不显著，而上坡位同为草地，中坡

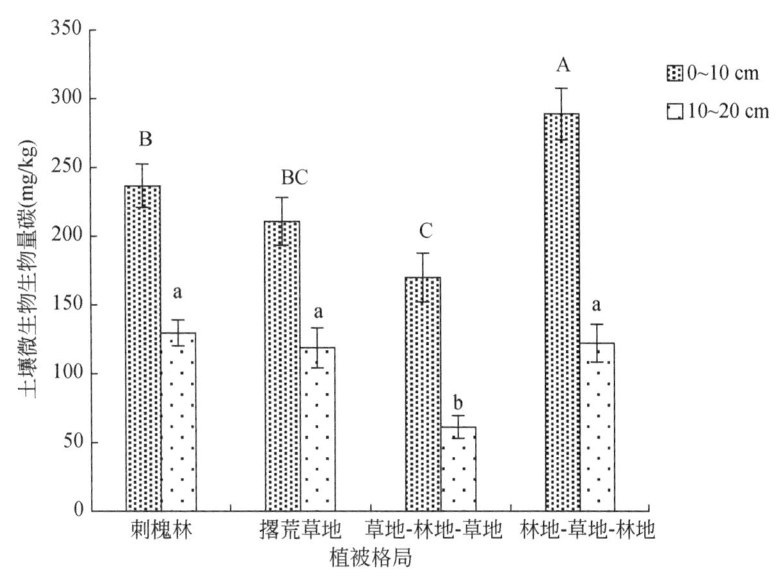

图 5-12 不同植被格局下土壤微生物生物量碳

大写字母不同代表 0 ~ 10 cm 土壤不同植被间差异显著（$p<0.05$），小写字母不同代表 10 ~ 20 cm 土壤不同植被间差异显著（$p<0.05$），图 5-14 同

位种植林地微生物生物量碳则显著高于中坡位上的撂荒草地。说明不同的植被类型在坡面上不同的搭配格局可能通过影响水土、养分迁移的过程来对微生物的分布产生影响。10 ~ 20 cm 土层土壤微生物生物量碳在不同坡位上的分布与 0 ~ 10 cm 土壤存在不同之处，但总体来说四个植被格局中，两个单一的植被格局变化趋势较为相似，两个不同的林草搭配格局较为相似。

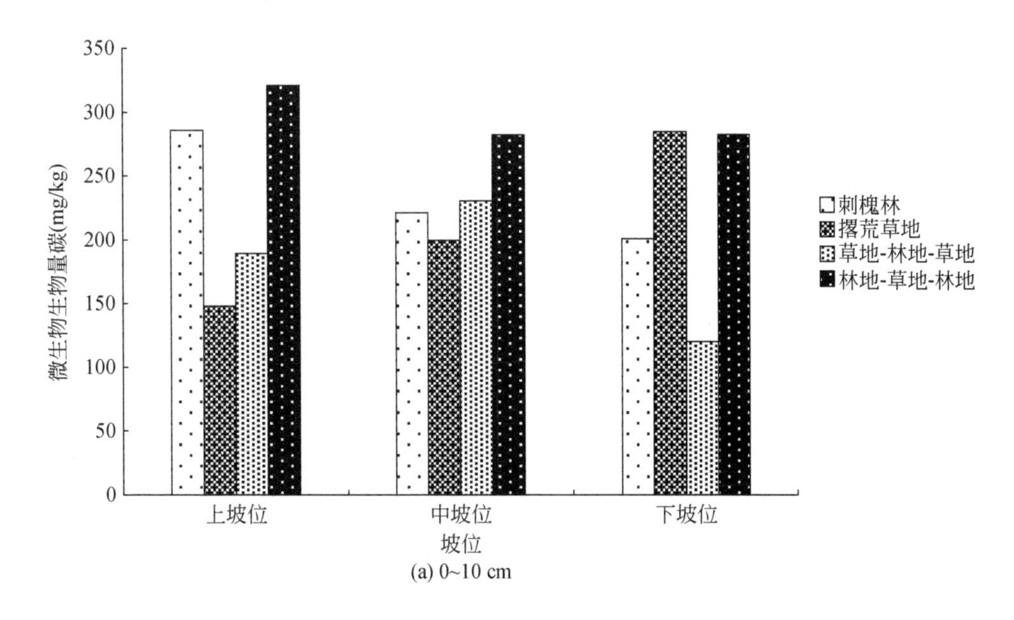

(a) 0~10 cm

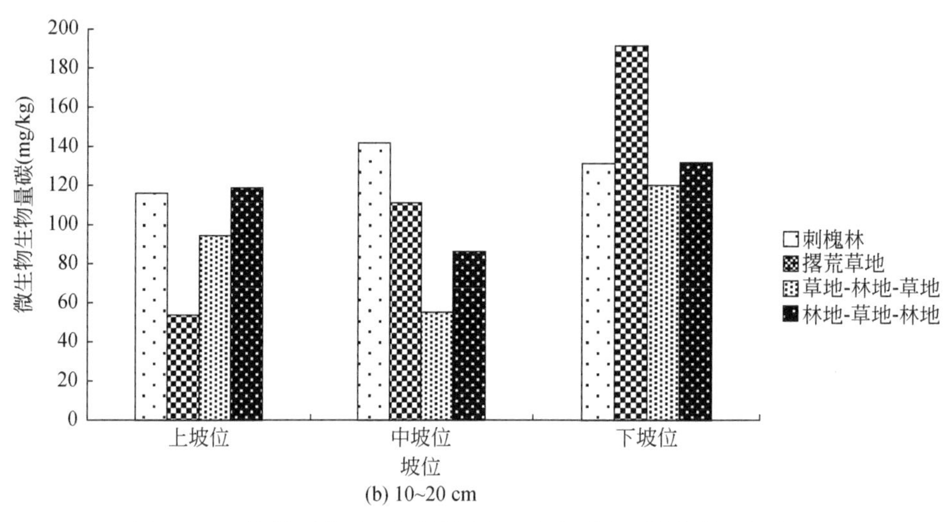

(b) 10~20 cm

图 5-13　不同植被格局下土壤微生物生物量碳在不同坡位上的分布

5.3.2　土壤微生物生物量氮

土壤微生物生物量氮是土壤微生物对氮素矿化与固持作用的综合反映，因此，凡能影响土壤氮素矿化与固持过程的因素都会影响土壤微生物生物量氮的含量。四种植被格局下土壤微生物生物量氮与微生物生物量碳的分布不同（图 5-14），0～10 cm 土壤微生

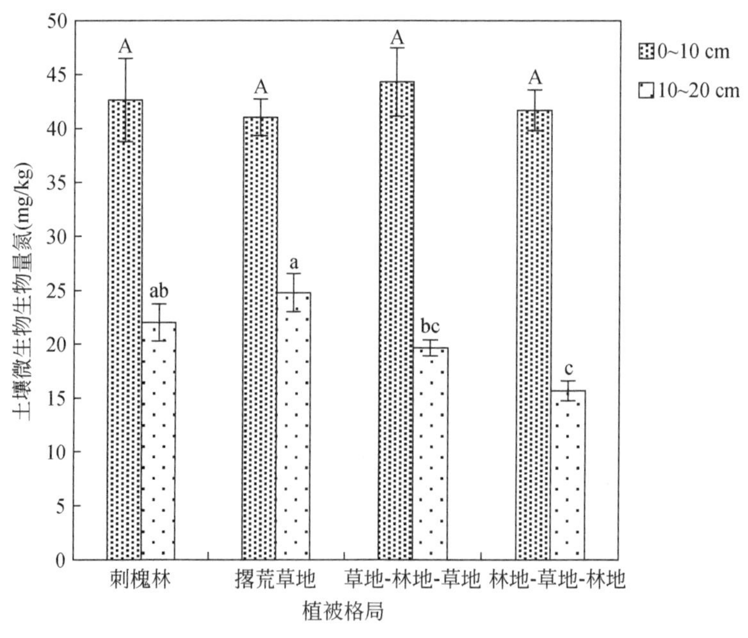

图 5-14　不同植被格局下土壤微生物生物量氮

物生物量氮的排序为草地-林地-草地>刺槐林>林地-草地-林地>撂荒草地，且四种植被格局下微生物生物量氮无显著性差异（$p>0.05$）。10～20 cm 土壤中微生物生物量氮撂荒草地最高且与两种林草搭配的植被格局之间的差异达到了显著水平（$p<0.05$）。对不同植被格局上、中、下三个坡位上的微生物生物量氮进行分析（图 5-15）后发现，四个不同植被格局下微生物生物量氮与微生物生物量碳在不同的坡位上的变化趋势基本相似，不同植被类型在坡位上的不同搭配对微生物生物量氮同样存在显著影响。

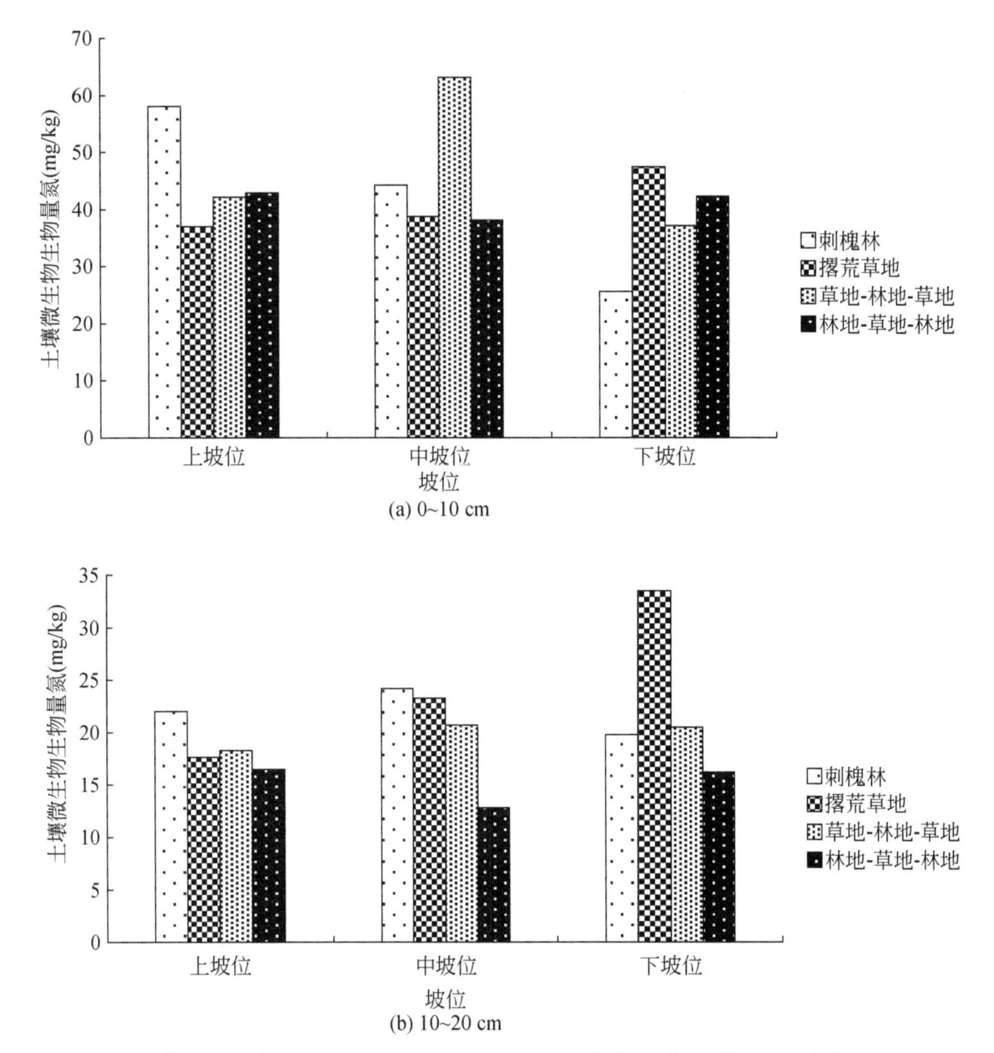

图 5-15　不同植被格局下土壤微生物生物量氮在不同坡位上的分布

5.4 不同植被格局下土壤微生物代谢活性及功能多样性

5.4.1 不同植被格局下土壤微生物的代谢活性

平均颜色变化率（AWCD）可以反映土壤微生物利用碳源的整体能力及微生物代谢活性，是评价利用单一碳源能力的一个重要指标。从图5-16可以看出，四种不同植被格局下土壤微生物AWCD值随着时间的延长呈增加趋势。0～10 cm土层，林地-草地-林地和撂荒草地的AWCD值高于刺槐林地和草地-林地-草地，这与表层土壤微生物生物量碳的含量存在较为相似的规律。10～20 cm土层不同植被格局下土壤微生物代谢活性与表层土壤不同，AWCD值排序为撂荒草地>刺槐林>草地-林地-草地>林地-草地-林地。

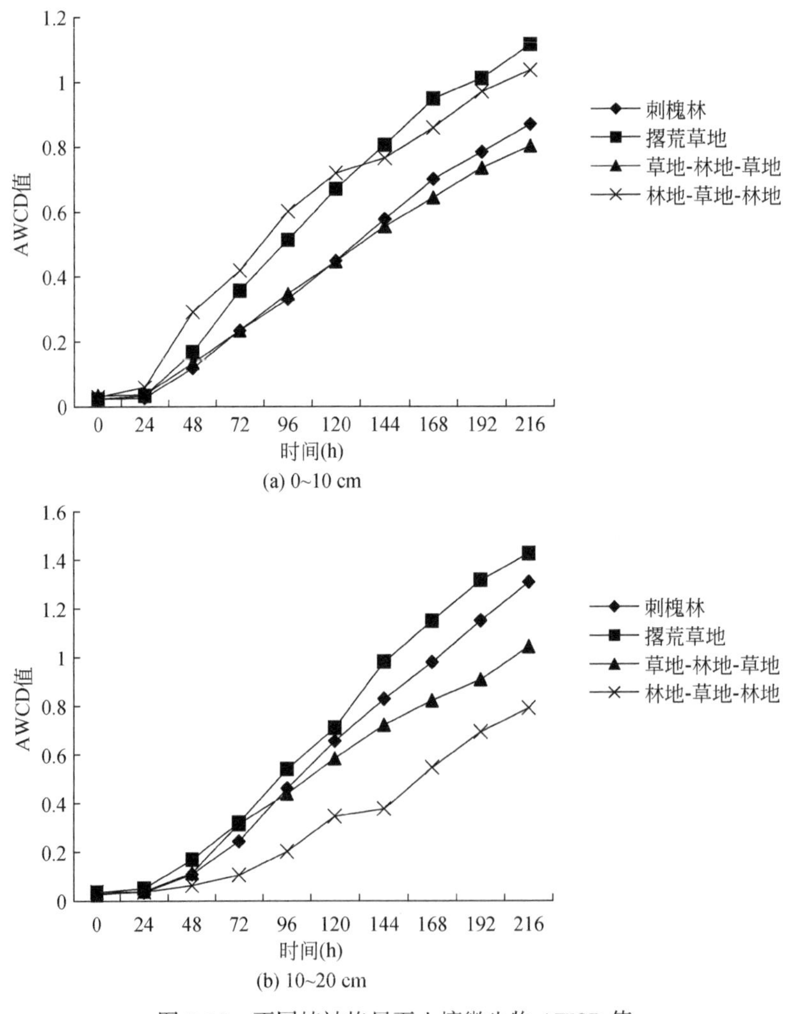

图5-16 不同植被格局下土壤微生物AWCD值

5.4.2 不同植被格局下土壤微生物对不同类型碳源的利用

由图 5-17 可以看出，对于 0 ~ 10 cm 和 10 ~ 20 cm 土层，总体来讲土壤微生物对碳源的利用主要还是集中在糖类、氨基酸类、羧酸类和聚合物类四大类物质，对胺类物质的利用程度相对较低，且四种不同的植被格局下不同碳源类型之间土壤微生物的利用上均存在显著性的差异（$p<0.05$）。但方差分析显示，对于六种不同类型碳源的利用，0 ~ 10 cm 土层四种植被格局之间差异主要存在于聚合物类和其他类型的碳源，其中聚合物类草地-林地-草地显著高于撂荒草地。10 ~ 20 cm 土层四种植被格局之间的差异主要表现在对胺类

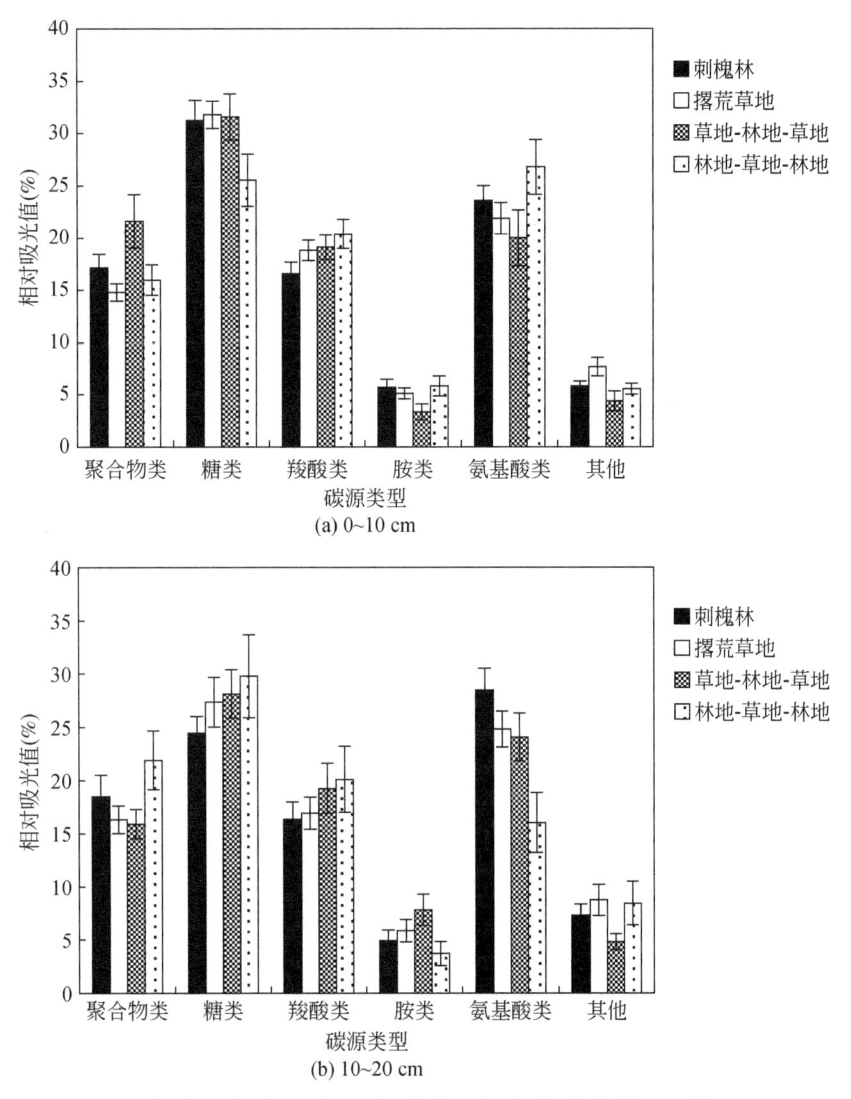

图 5-17 不同植被格局下土壤微生物对不同类型碳源的利用

和氨基酸类碳源的利用程度不同，林地-草地-林地土壤微生物对胺类物质的利用显著高于草地-林地-草地且对氨基酸类碳源的利用显著高于其他三种植被格局。对于四种不同的植被格局，0～10 cm 土层除林地-草地-林地土壤微生物利用程度最高的碳源类型为氨基酸类外，其他三种植被格局均为糖类；10～20 cm 土层除了刺槐林土壤微生物利用程度最高的碳源类型为氨基酸类外，其他三种植被格局均为糖类。

5.4.3 不同植被格局下土壤微生物代谢多样性类型的变化

利用 Canoco 4.5 软件对 96 h Biolog 数据进行主成分分析。数据矩阵包括 23 行，代表 23 个不同的采样样地，31 列代表生态板上分布的 31 种不同的碳源物质，对 0～10 cm 土层土壤微生物碳源的利用分析的结果提取出两大主成分，主成分 1 和主成分 2 分别能解释 41.56% 和 15.65% 的变异。图 5-18 中带箭头的直线代表被利用的碳源物质，直线上所标的 2～32 的数字与生态板上的 31 种碳源相一致。带箭头的向量与箭头所指的方向呈正相关关系，与箭头所指相反的方向呈负相关关系，而与箭头方向呈直角的无相关关系（Yan et al., 2000）。箭头的方向可以用来区分不同的样地对碳源的利用，一般来说，样地中的微生物群落对箭头与之完全相反方向的碳源的利用程度较低。能被所有样地微生物利用的

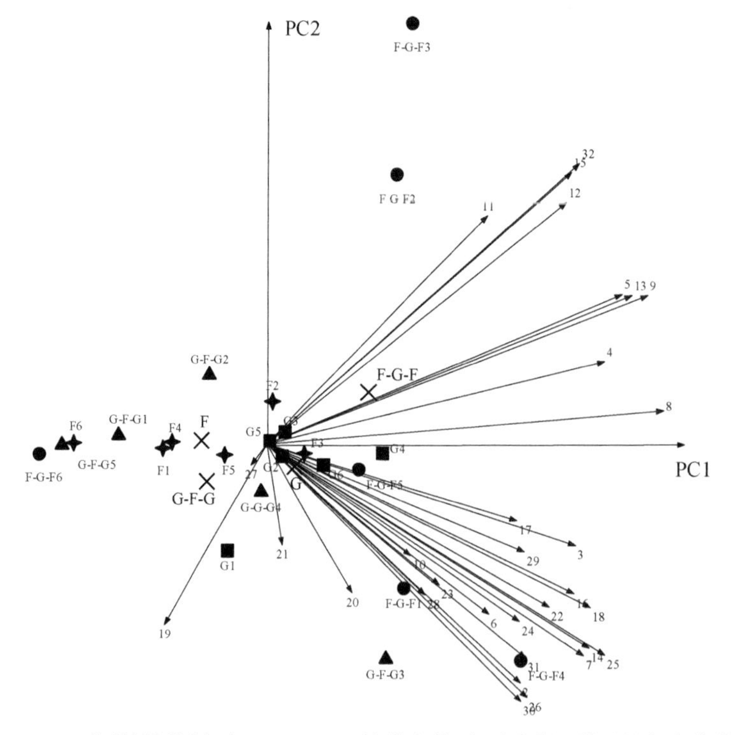

图 5-18　不同植被格局下 0～10 cm 土壤微生物对不同碳源利用的主成分分析

F、G、G-F-G、F-G-F 分别代表刺槐林、撂荒草地、草地-林地-草地及林地-草地-林地，1～6 代表自坡顶到坡趾不同的样地，图 5-19 同

碳源分布在原点的位置。样地之间分散代表着在对碳源利用的类型和数量上存在差异。0～10 cm土层，单一植被坡面上特别是撂荒草地坡面上代表不同样地的点分布比较紧凑，说明不同样地微生物群落对碳源的利用较为相似，而林地-草地-林地和草地-林地-草地两个坡面上样点的分布较为分散，不同样地微生物群落对碳源的利用差异比较大。代表不同植被格局的点之间的距离可以代表碳源利用的相似性，距离越远，差异越大。如图 5-19 所示，10～20 cm 土层，主成分 1 可以解释 38.10% 的变异，主成分 2 可以解释 11.62% 的变异。由图 5-19 中代表不同样地的点的分布情况来看，四种不同的植被格局样地的分布均较为分散，不同的样地土壤微生物群落对不同碳源的利用存在较大差异。

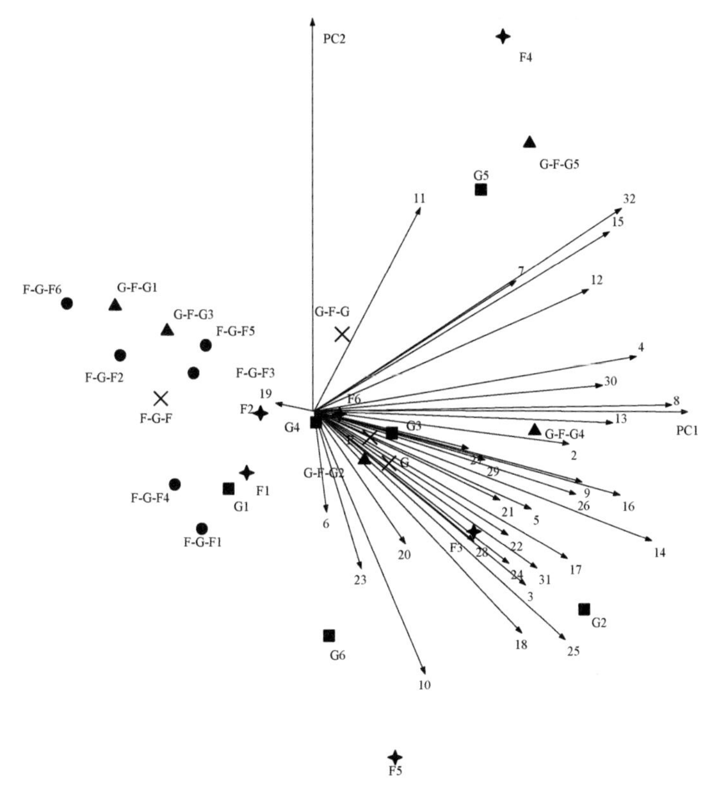

图 5-19 不同植被格局下 10～20 cm 土壤微生物对不同碳源利用的主成分分析

如表 5-10 和表 5-11 所示，对与两大主成分显著相关的碳源物质进行分析后发现，0～10 cm 土层，对主成分 1 贡献率较大的碳源主要有 17 种，分属于糖类、羧酸类、胺类、氨基酸类及其他物种碳源类型，对主成分 2 贡献率较大的碳源主要有四种，分属于羧酸类、胺类和氨基酸类三种类型的碳源。10～20 cm，与主成分 1 显著相关的碳源主要有糖类、羧酸类、胺类、氨基酸类和其他五种类型碳源中的 15 种碳源物质，与主成分 2 显著相关的主要是羧酸类物质。

表 5-10 0 ~ 10 cm 土壤与 PC1 和 PC2 相关性显著的主要碳源

碳源类型	PC1	载荷	PC2	载荷
糖类	β-甲基-D-葡萄糖苷	0.678		
	D-木糖/戊醛糖	0.614		
	D-甘露醇	0.798		
	N-乙酰-D 葡萄糖氨	0.818		
	D-纤维二糖	0.887		
	1-磷酸葡萄糖	0.704		
	α-D-乳糖	0.665		
羧酸类	D-半乳糖酸 γ-内酯	0.767	2-羟基苯甲酸	-0.686
	D-半乳糖醛酸	0.824	4-羟基苯甲酸	-0.759
	D-苹果酸	0.701		
	D-葡糖胺酸	0.722		
胺类			腐胺	-0.746
氨基酸类	L-精氨酸	0.69	L-苯丙氨酸	-0.687
	L-天门冬酰胺	0.869		
	L-丝氨酸	0.718		
	甘氨酰-L-谷氨酸	0.709		
其他	丙酮酸甲酯	0.752		
	D，L-α-磷酸甘油	0.722		

注：载荷，即主成分分析中各变量因子与主成分之间的相关系数，下同

表 5-11 10 ~ 20 cm 土壤与 PC1 和 PC2 相关性显著的主要碳源

碳源类型	PC1	载荷	PC2	载荷
糖类	β-甲基-D-葡萄糖苷	0.632		
	D-甘露醇	0.938		
	D-纤维二糖	0.738		
	1-磷酸葡萄糖	0.675		
羧酸类	D-半乳糖酸 γ-内酯	0.618	2-羟基苯甲酸	-0.701
	4-羟基苯甲酸	0.613		
	D-苹果酸	0.645		
胺类	腐胺	0.641		

续表

碳源类型	PC1	载荷	PC2	载荷
氨基酸类	L-精氨酸	0.796		
	L-天门冬酰胺	0.895		
	L-苯丙氨酸	0.636		
	L-丝氨酸	0.814		
	甘氨酰-L-谷氨酸	0.628		
其他	丙酮酸甲酯	0.613		
	D，L-α-磷酸甘油	0.731		

5.4.4 不同植被格局下土壤微生物的功能多样性

Shannon-Wiener 多样性指数（H'），Shannon-Wiener 均匀度指数（E）、Simpson 优势度指数（D_s）及丰富度指数（S）都是比较常用的表征物种多样性的指数。Simpson 优势度指数是测定群落组织水平最常用的指标之一，Simpson 优势度指数越大，表示群落受优势物种的影响越大。如表 5-12 所示，0 ~ 10 cm 土层，Shannon-Wiener 多样性指数的排序为林地-草地-林地>撂荒草地>刺槐林>草地-林地-草地，此外，四个不同植被格局相比较，撂荒草地的 Shannon-Wiener 均匀度指数最高，林地-草地-林地 Simpson 优势度指数最高，而刺槐林的丰富度指数最高，但四个不同植被格局土壤微生物功能多样性指数之间的差异均没有达到显著水平（$p>0.05$）。10 ~ 20 cm 土层，土壤微生物功能多样性指数间存在显著性差异（$p<0.05$）。单一植被格局刺槐林和撂荒草地与两种林草搭配的植被格局相比拥有较高的 Shannon-Wiener 多样性指数、Shannon-Wiener 均匀度指数和丰富度指数，而林地-草地-林地和草地-林地-草地拥有较高的 Simpson 优势度指数。

表 5-12 不同植被格局下土壤微生物群落的功能多样性

土层深度（cm）	植被格局	H'	E	D_s	S
0 ~ 10	刺槐林	2.75±0.197a	0.83±0.051a	0.089±0.033a	27.42±1.97a
	撂荒草地	2.77±0.074a	0.86±0.035a	0.079±0.010a	25.81±1.91a
	草地-林地-草地	2.75±0.145a	0.83±0.035a	0.086±0.019a	27.30±1.25a
	林地-草地-林地	2.78±0.344a	0.84±0.093a	0.092±0.069a	26.89±2.18a
10 ~ 20	刺槐林	2.83±0.094a	0.87±0.037a	0.074±0.009b	26.17±1.94a
	撂荒草地	2.83±0.171a	0.87±0.041a	0.075±0.017b	26.61±2.02a
	草地-林地-草地	2.74±0.233ab	0.86±0.062a	0.084±0.030ab	24.30±1.84a
	林地-草地-林地	2.60±0.177b	0.80±0.043b	0.107±0.023a	25.97±1.20b

注：同一列数据后不同的小写字母代表不同的植被格局之间差异显著（$p<0.05$）

5.5 不同植被格局下土壤微生物群落结构的变化

5.5.1 不同植被格局下单一脂肪酸的分布

磷脂脂肪酸的分析方法是基于非培养方式的测定方法，通过测定土壤微生物细胞膜上磷脂脂肪酸的种类和含量，来表征微生物的多样性和分析微生物的群落组成与结构。磷脂脂肪酸的分析能够更深入地了解细菌群落结构，许多研究者已经根据磷脂脂肪酸的结构确定了不同菌群所包含的化学型（Gillan and Hogg，1984；Findlay et al.，1990）。在四种不同的植被格局下的0～10 cm和10～20 cm土层中分别检测到65种和68种磷脂脂肪酸，包括直链饱和脂肪酸、支链饱和脂肪酸、环丙基脂肪酸、单不饱和脂肪酸及双不饱和脂肪酸。土壤中磷脂脂肪酸中以细菌的脂肪酸为主。对0～10 cm及10～20 cm土层中含量较高的42种和46种磷脂脂肪酸占总脂肪酸的比例进行分析后得到了磷脂脂肪酸在土壤剖面上的分布结构图，如图5-20和图5-21所示。由图5-20所示，0～10 cm土层中，四种不同的植被格局下土壤微生物的磷脂脂肪酸均以16：0含量最高，且两种单一的植被格局磷脂脂肪酸的结构较为相似，16：0、16：1ω7c和cy17：0三种脂肪酸单体的总含量占总磷脂脂肪酸含量的20%以上；两种林草搭配的植被格局磷脂脂肪酸的结构组成比较相似，其中，16：0、16：1ω7c、17：1ω8c和18：1ω9c四种磷脂脂肪酸单体的含量较高，占总磷脂脂肪酸含量的30%以上。如图5-21所示，10～20cm土层，四种植被格局下土壤微生物的磷脂脂肪酸结构较为相似，均以11：0 2OH、a15：0、16：0、16：1ω7c和cy17：0等脂肪酸的含量较高，占总磷脂脂肪酸含量的30%左右。从磷脂脂肪酸单体的含量来看，土壤微生物群落中含量较高的是细菌且不同的脂肪酸单体的含量差异显著，以主要的几种脂肪酸单体为主。

对四种不同植被格局下土壤微生物磷脂脂肪酸单体分别进行方差分析来判断不同植被格局下土壤微生物群落的差异性主要存在于哪些种类的脂肪酸。表5-13和表5-14分别列出了0～10 cm和10～20 cm土层中四种植被格局之间存在显著性差异的磷脂脂肪酸单体。表中括号里的数字代表该脂肪酸单体在不同坡面上自上而下所有样地中出现的频率。如果在样地中均出现，则表示为1，如果在其中的某几个样地中出现，则用n/m表示（n代表出现的样地数，m代表总的样地数）。由表5-13可知，在0～10 cm土层，有26种脂肪酸单体在四种不同的植被格局之间存在显著性差异（$p<0.05$），其中11：0、14：2ω6c、15：0、a15：0、i15：0、i16：0、16：12OH、a17：0、i17：0和18：0在不同植被格局下所有的样地中均出现，它们之间的差异主要源于含量之间的差异。而其他脂肪酸单体之间的差异还来源于在样地中出现频率的不同。由表5-14可知，在10～20 cm土层中，68种磷脂脂肪酸单体中只有7种脂肪酸单体在四种不同的植被格局之间存在显著性差异（$p<0.05$），且不同的脂肪酸单体在各个植被格局下样地中出现的频率存在很大的不同，因此脂肪酸单体之间存在显著的差异一方面来自含量的差异，另一方面来自坡面上分布的不均一性。

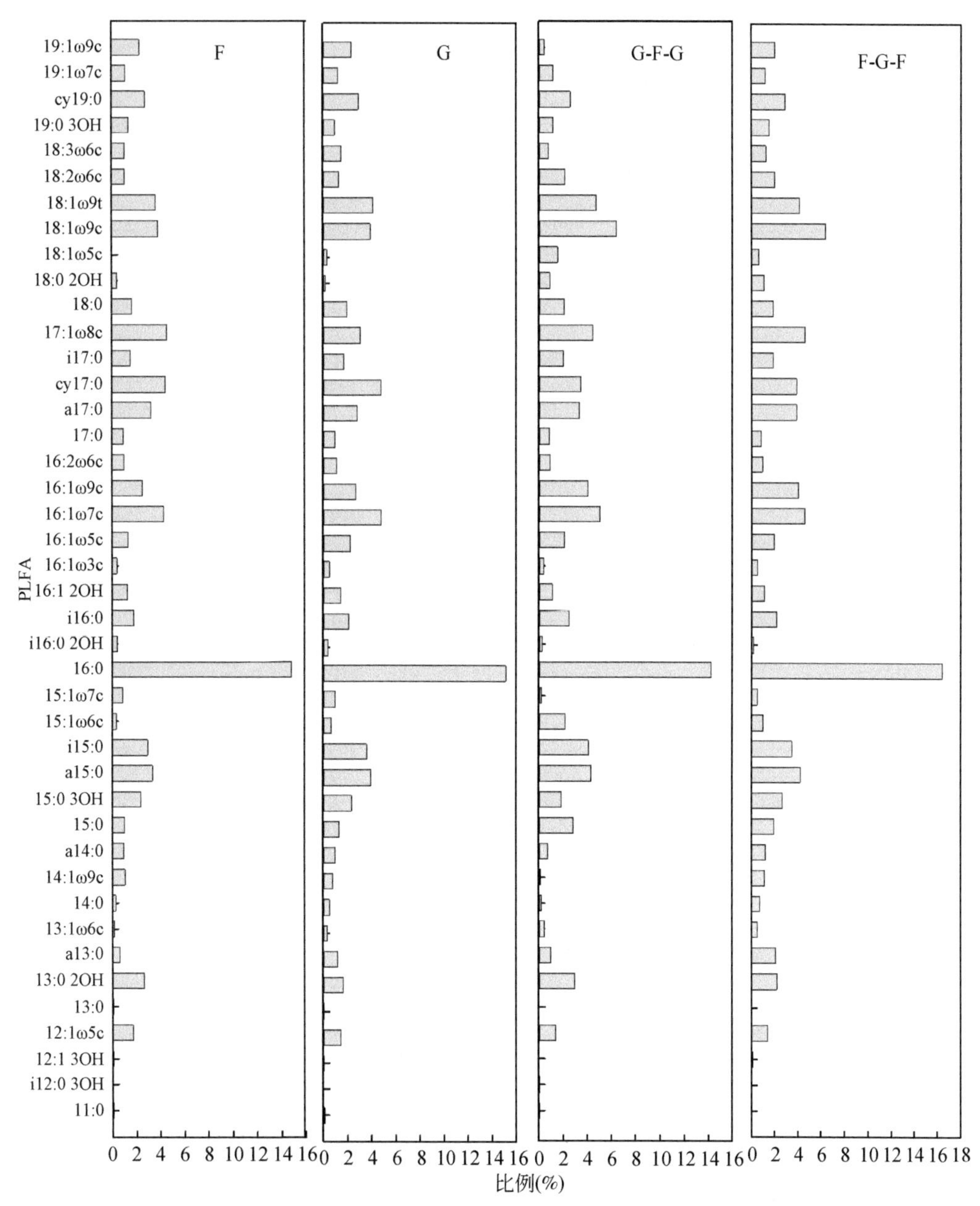

图 5-20 0～10 cm 土层不同种类磷脂脂肪酸在不同植被格局下的分布

F、G、G-F-G、F-G-F 分别代表刺槐林、撂荒草地、草地-林地-草地及林地-草地-林地，下同

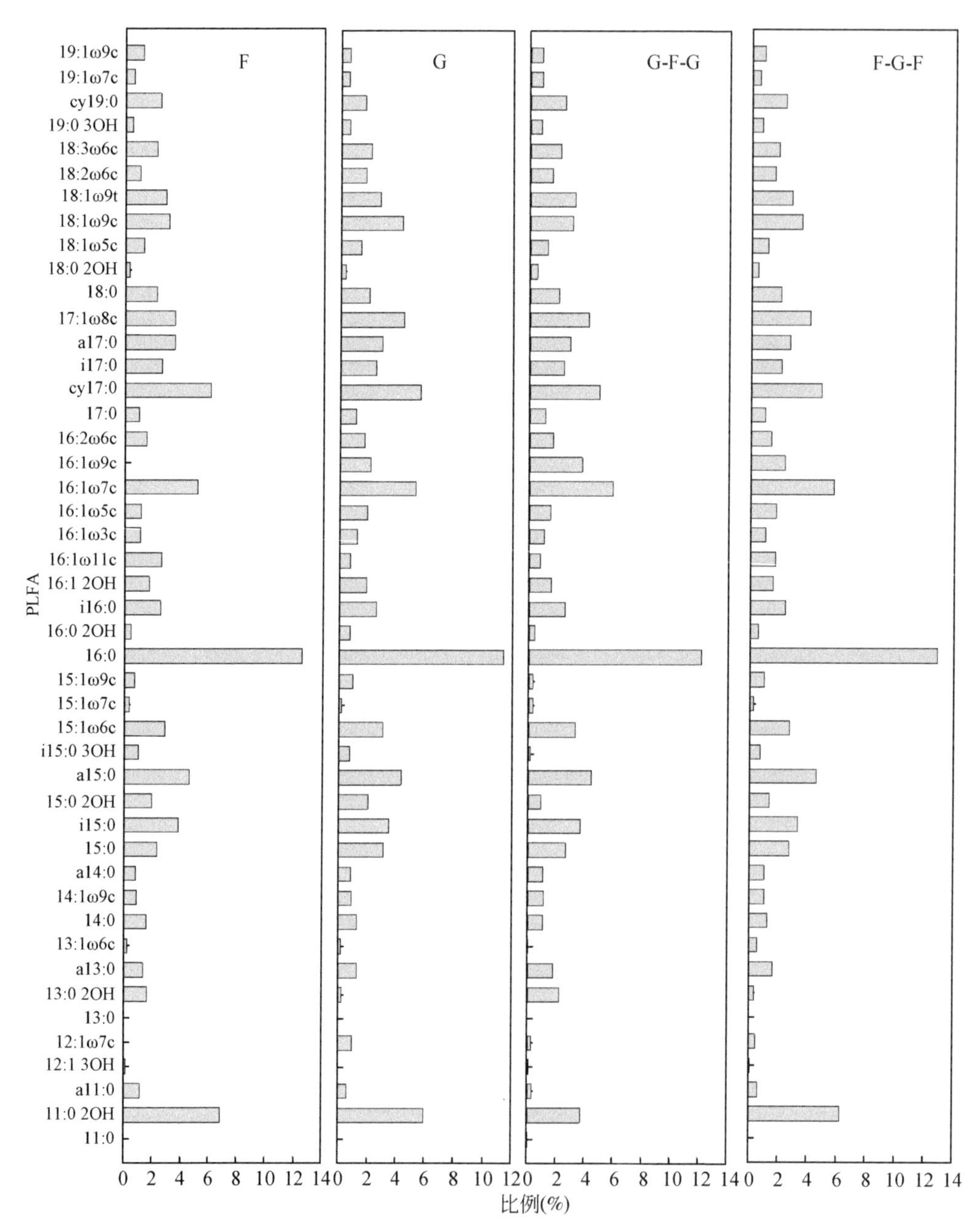

图 5-21 10 ~ 20 cm 土层不同种类磷脂脂肪酸在不同植被格局下的分布

表 5-13 0 ~ 10 cm 土层单体脂肪酸四种不同植被格局间的差异

PLFA	F (a)	G (b)	G-F-G (c)	F-G-F (d)
11 : 0	c, d (1.00)	c, d (1.00)	a, b (1.00)	a, b (1.00)
a11 : 0	(0.17)	(0.50)	c (0.00)	d (0.67)
i11 : 0 3OH	(0.67)	d (0.50)	d (0.60)	b, c (0.00)

续表

PLFA	F (a)	G (b)	G-F-G (c)	F-G-F (d)
i12 : 0 3OH	(0.50)	c (0.33)	b (1.00)	(0.33)
12 : 1 3OH	(0.50)	(0.67)	d (0.20)	c (1.00)
a13 : 0	d (0.33)	(0.83)	d (1.00)	a, c (1.00)
13 : 1ω6c	c, d (0.33)	(0.67)	a (0.8)	a (1.00)
13 : 1ω8c	(0.50)	(0.67)	d (0.00)	c (0.67)
14 : 1ω9c	c (1.00)	c (0.67)	a, b, d (0.2)	c (1.00)
14 : 2ω6c	(1.00)	(1.00)	d (1.00)	c (1.00)
15 : 0	c, d (1.00)	c (1.00)	a, b, d (1.00)	c (1.00)
a15 : 0	c, d (1.00)	(1.00)	a (1.00)	a (1.00)
i15 : 0	c (1.00)	(1.00)	a (1.00)	(1.00)
15 : 1ω6c	c (0.17)	(0.33)	a (0.80)	(0.83)
16 : 0 3OH	d (0.00)	d (0.00)	(0.60)	a, b (0.67)
i16 : 0	c (1.00)	(1.00)	a (1.00)	(1.00)
16 : 1 2OH	(1.00)	c (1.00)	b (1.00)	(1.00)
16 : 1ω5c	b (0.67)	a (1.00)	(1.00)	(1.00)
a17 : 0	(1.00)	d (1.00)	(1.00)	b (1.00)
i17 : 0	c (1.00)	(1.00)	a (1.00)	(1.00)
18 : 0	c (1.00)	(1.00)	a (1.00)	(1.00)
18 : 0 2OH	c, d (0.33)	c, d (0.17)	a, b (1.00)	a, b (1.00)
18 : 1ω5c	c, d (1.00)	c (0.17)	a, b, d (1.00)	a, c (0.67)
18 : 3ω6c	(1.00)	c (1.00)	b (0.8)	(1.00)
19 : 1ω9c	c (1.00)	c (1.00)	a, b, d (0.40)	c (0.87)
i17 : 1ω5c	c, d (0.50)	(0.17)	a (0.00)	a (0.00)

注：不同的植被格局由不同的小写字母表示，不同的植被格局与同一列中列出的植被格局之间差异显著($p<0.05$)。表 5-14 同

表 5-14　10～20 cm 土层单体脂肪酸四种不同植被格局间的差异

PLFA	F (a)	G (b)	G-F-G (c)	F-G-F (d)
a11 : 0	b, c, d (1.00)	a (1.00)	a (0.60)	a (0.83)
12 : 1ω7c	b (0.00)	a, c (0.83)	b (0.40)	(0.33)
13 : 0 3OH	(0.5)	c (0.17)	b, d (0.60)	c (0.17)
13 : 1ω6c	(0.5)	d (0.33)	d (0.20)	b, c (0.83)
13 : 1ω8c	b, d (0.5)	a (0.00)	(0.30)	a (0.00)
16 : 1ω5c	b (0.83)	a (1.00)	(0.80)	(1.00)
17 : 1ω5c	c (0.00)	c (0.00)	a, b, d (0.40)	c (0.00)

将四种植被格局下 0 ~ 10 cm 和 10 ~ 20 cm 土层中分布较为丰富的 42 种和 46 种磷脂脂肪酸单体所占总磷脂脂肪酸的比例进行主成分分析。在 0 ~ 10 cm 土层，提取出来的两大主成分能够解释 37.98% 的变异，如图 5-22 所示，四种不同的植被格局在主成分 1 方向上的得分系数差异显著（$F=5.703$，$p=0.006$），差异主要存在于两种林草搭配的植被格局与两种单一的植被格局之间，其中草地-林地-草地的植被格局与刺槐林和撂荒草地之间的差异均达到了显著水平，而林地-草地-林地只与刺槐林地之间存在显著性差异。在 10 ~ 20 cm 土层，由 46 种磷脂脂肪酸中提取出来的两大主成分分别能够解释 36.24% 和 10.33% 的变异，但如图 5-22 所示，代表四种植被格局的点分布较为集中，在主成分 1 和主成分 2 上得分系数间均未见显著性差异。与主成分 1 和主成分 2 显著相关的磷脂脂肪酸单体见表 5-15。

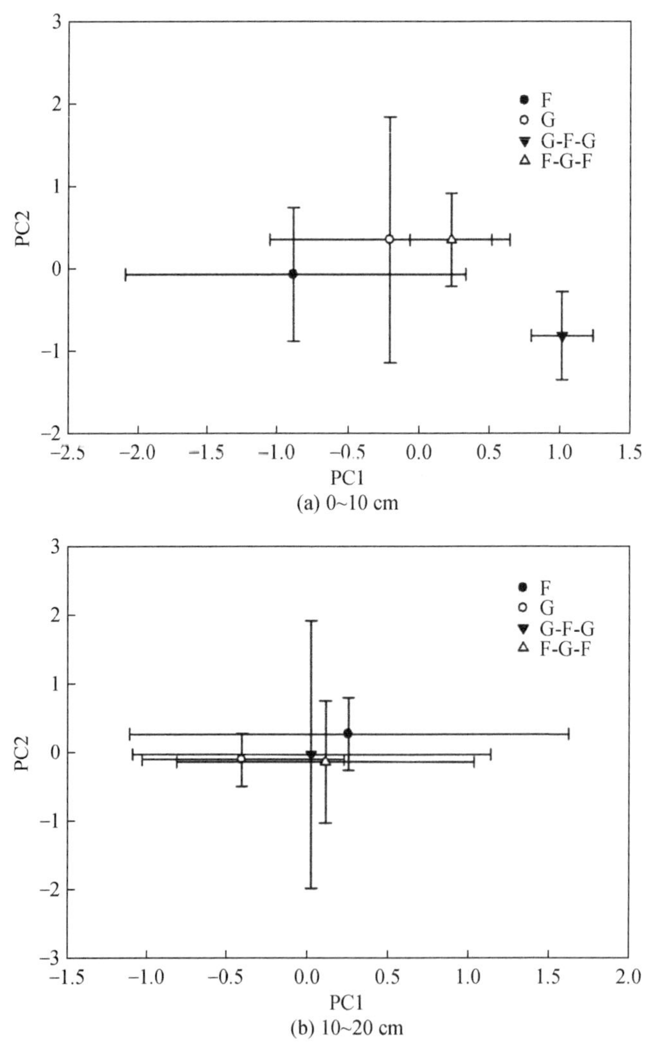

图 5-22　不同植被格局下土壤微生物 PLFA 主成分分析图

表 5-15　与主成分显著相关的土壤微生物 PLFA 单体

0 ~ 10 cm				10 ~ 20 cm			
PC1	载荷	PC2	载荷	PC1	载荷	PC2	载荷
i16 : 0	0. 825	16 : 0	0. 776	19 : 1ω9c	0. 931	11 : 0	0. 570
i15 : 0	0. 782	17 : 0	0. 693	16 : 0	0. 917	a15 : 0	0. 776
15 : 0	0. 743	15 : 0 3OH	0. 693	16 : 1ω3c	-0. 877	i15 : 0	0. 761
16 : 1ω7c	0. 743	16 : 1 2OH	0. 685	16 : 2ω6c	-0. 857	18 : 1ω9t	0. 675
15 : 1ω6c	0. 694	cy19 : 0	0. 659	a13 : 0	0. 856	14 : 0	0. 640
18 : 0	0. 664	a13 : 0	0. 607	19 : 1ω7c	0. 828	18 : 0	0. 608
16 : 1ω9c	0. 655	11 : 0	0. 558	15 : 1ω6c	-0. 825		
15 : 1ω7c	-0. 639	14 : 2ω6c	0. 537	i16 : 0	-0. 808		
18 : 1ω5c	0. 638	18 : 3ω6c	0. 505	cy19 : 0	0. 807		
18 : 1ω9t	0. 609			18 : 1ω5c	-0. 799		
i17 : 0	0. 599			13 : 0	0. 780		
a15 : 0	0. 598			15 : 1ω7c	0. 762		
13 : 0	-0. 592			12 : 1 3OH	0. 756		
14 : 1ω9c	-0. 587			14 : 2ω6c	0. 737		
16 : 1ω5c	0. 574			i17 : 0	-0. 737		
19 : 1ω9c	-0. 561			19 : 0 3OH	0. 732		
12 : 1 3OH	-0. 500			15 : 0	-0. 729		
				11 : 0	0. 713		
				14 : 1ω9c	0. 713		
				16 : 1ω7c	-0. 686		
				18 : 2ω6c	-0. 601		
				13 : 0 3OH	-0. 601		
				18 : 3ω6c	-0. 581		
				18 : 1ω9c	-0. 560		
				15 : 1ω9c	0. 556		
				16 : 1ω5c	-0. 553		
				13 : 1ω6c	0. 545		

5.5.2 不同植被格局下不同菌群的含量

用i15：0、a15：0、i16：0、16：0、16：1ω9c、16：1ω7、i17：0、a17：0、cy17：0、17：0、18：1ω7c 和 cy19：0 的量计算细菌含量，用 18：2ω6c 和 18：3ω6c 的量代表真菌含量，用 16：1ω7t、16：1ω7c、cy17：0、18：1ω7 和 cy19：0 的量计算革兰氏阴性菌（G^-）含量，用 i15：0、a15：0、i16：0、i16：1、i17：0、a17：0 的量计算革兰氏阳性菌（G^+）含量。研究结果如图 5-23 所示，除刺槐林和撂荒草地 0～10 cm 土层真菌含量高于 10～20 cm 土层外，细菌、革兰氏阴性菌和革兰氏阳性菌 0～10 cm 土层含量均高于 10～20 cm 土层。方差分析显示，四种不同植被格局下各微生物群落之间的差异主要存在于 0～10 cm 土层中，10～20 cm 土层各指标不同植被格局间均未见显著性差异。0～10 cm 土层细菌含量变化范围为 192.01～248.26 nmol/g，林地-草地-林地植被搭配格局下土壤细菌含量显著高于撂荒草地。0～10 cm 土层真菌含量的大小顺序为林地-草地-林地>草地-林地-草地>撂荒草地>刺槐林，但由于各样地之间真菌含量的变异较大，四种植被格局间未见显著性差异。0～10 cm 土层革兰氏阴性菌和革兰氏阳性菌变化范围分别为 51.36～59.92 nmol/g 和 57.94～77.89 nmol/g，其中革兰氏阴性菌含量与细菌总量在不同植被格局下的变化趋势相似，刺槐林和林地-草地-林地高于撂荒草地和草地-林地-草地。革兰氏阳性菌与革兰氏阴性菌不同，表现为两种林草搭配的植被格局高于两种单一的植被格局且林地-草地-林地显著高于撂荒草地。总体来看，种植人工林或采取林草搭配的植被模式与撂荒草地相比更有利于细菌含量的提高，而对于真菌含量的提高上无明显差异。

细菌/真菌和 G^+/G^- 也是两个表征土壤微生物群落结构的重要指标，如图 5-23 所示，0～10 cm 土层细菌/真菌在刺槐林、撂荒草地、草地-林地-草地和林地-草地-林地四种植被格局下呈递减趋势，其中刺槐林和林地-草地-林地间存在显著性差异，而 G^+/G^- 表现为草地-林地-草地显著高于刺槐林和撂荒草地。10～20 cm 土层，微生物群落在土壤中的分布较为相似，各菌群含量之间均未见显著性差异。

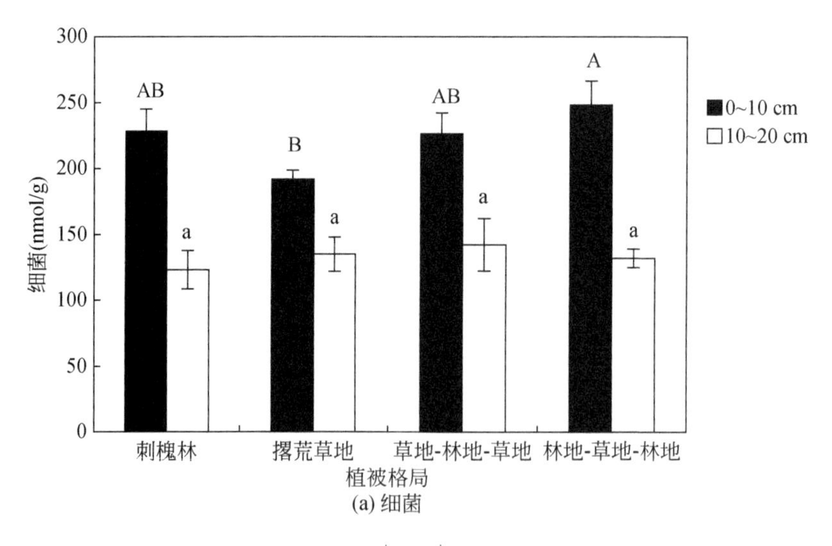

(a) 细菌

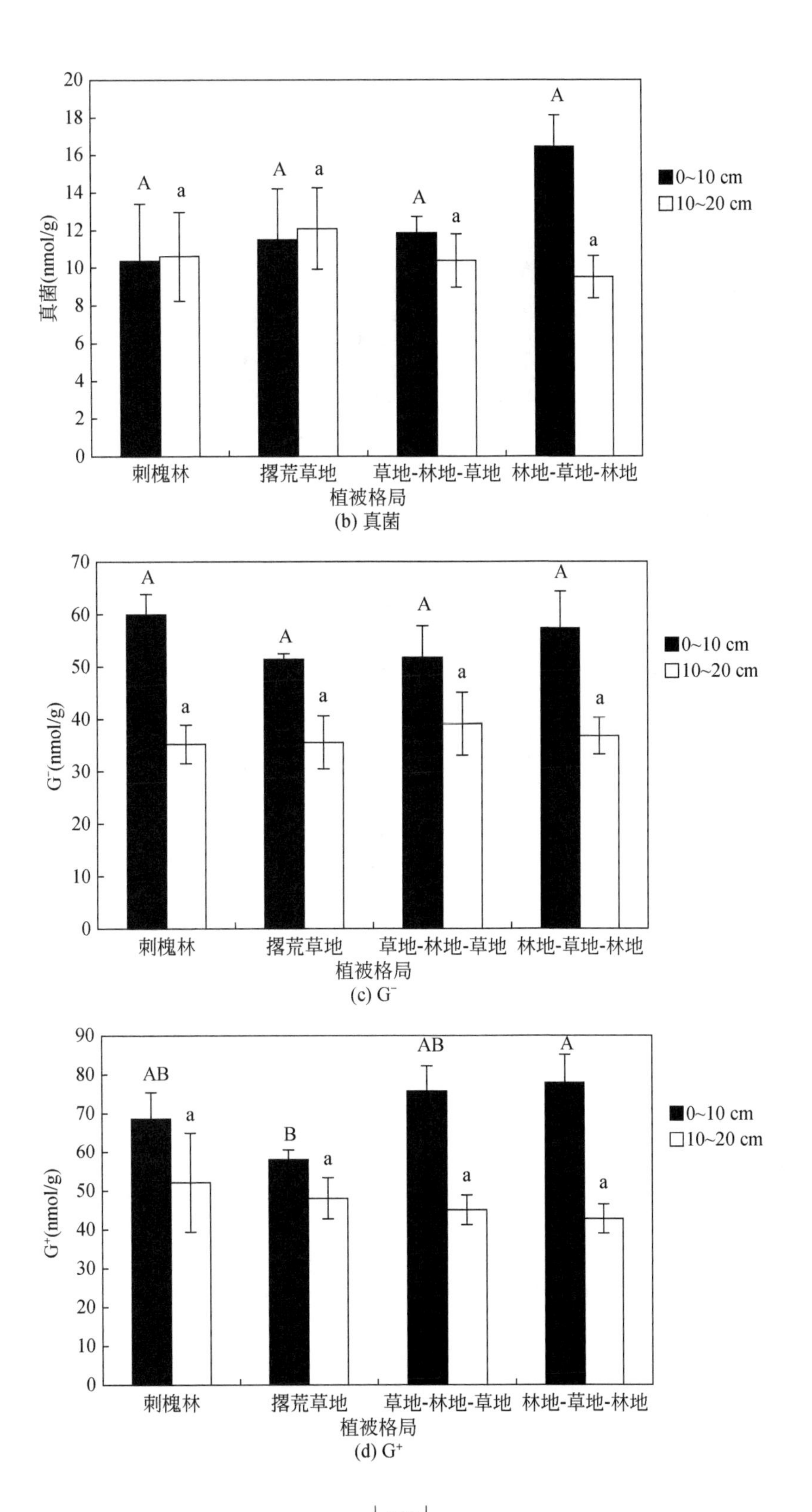
真菌(nmol/g)
0~10 cm
10~20 cm
刺槐林
撂荒草地
草地-林地-草地
林地-草地-林地
植被格局
G⁻(nmol/g)
G⁺(nmol/g)

(b) 真菌

(c) G^-

(d) G^+

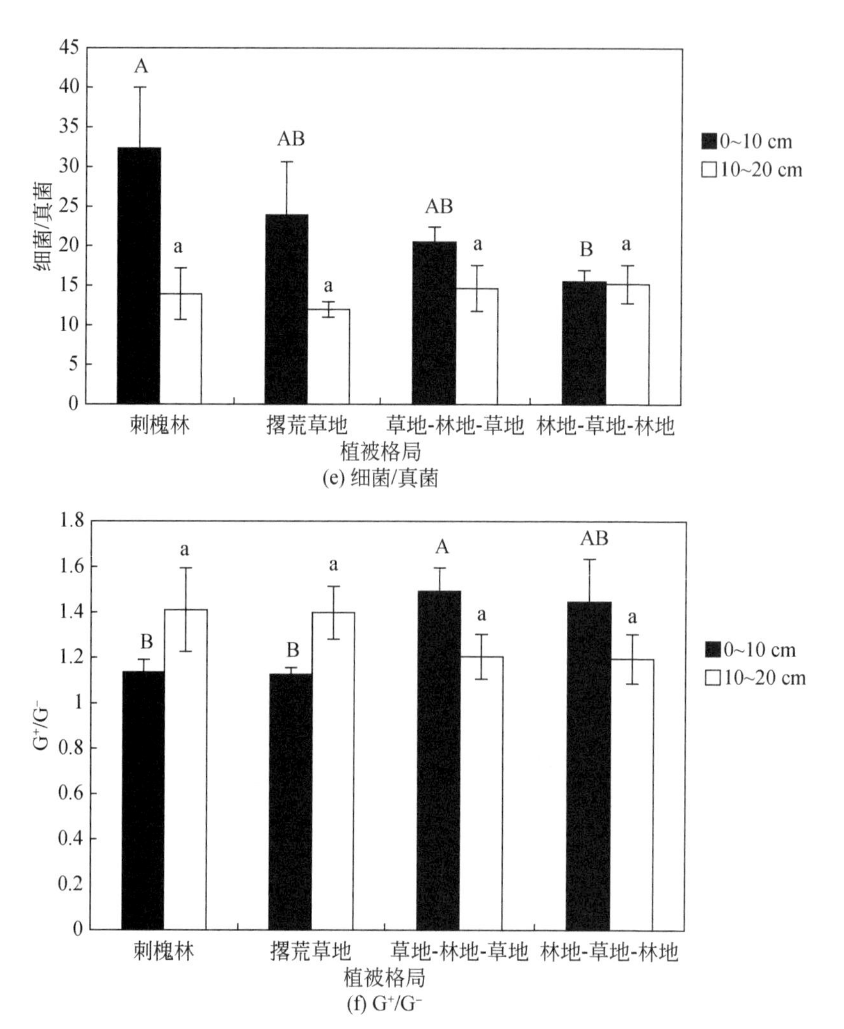

(e) 细菌/真菌

(f) G^+/G^-

图 5-23　不同植被格局下细菌、真菌、革兰氏阴性菌（G^-）、革兰氏阳性菌（G^+）含量及细菌/真菌和 G^+/G^-

不同大写字母代表 0 ~ 10 cm 土层不同植被格局间差异显著，不同小写字母代表 10 ~ 20 cm 土层不同植被格局间差异显著（$p<0.05$）

5.6 小　　结

本研究通过对黄土丘陵沟壑区不同植被恢复模式下土壤理化性质及微生物生物量与多样性的研究，得到以下结论：

1）相比传统农地和天然草地，人工植被恢复并未有效地改善土壤物理结构。不同人工植被（苜蓿、柠条、山杏、油松、侧柏）并没有显著减小土壤容重和增加土壤中的黏粒含量，对表层 0 ~ 40 cm 土壤物理结构的改善作用并不明显。植被恢复对土壤全碳、有机质、速效氮、全氮含量均有显著的提高。因研究区土壤受施肥作用的影响，农地中土壤速效磷和全磷含量相对较高，不同植被类型之间（农地、草地、人工植被恢复类型）土壤全磷和速效磷含量没有明显的差别。植被恢复对土壤养分含量的提高主要体现在0～10 cm土层和10～20 cm土层，在20～40 cm土层效果并不明显，各土壤养分指标随土层深度的增加而逐渐减少。通过对主要植被类型的对比分析发现，不同人工植被恢复类型之间土壤养分含量并无显著差异，表明不同植被恢复方式对土壤养分含量的提高作用基本一致。通过与研究区的自然植被——天然草地的比较发现，人工植被恢复类型对土壤碳、氮含量的提高接近或基本达到当地自然植被的水平。

2）植被恢复初期，不同的人工林下土壤微生物的变化与土壤理化性质的改变相比更为敏感，不同树种间微生物总量呈现显著性差异。不同人工林下微生物群落的结构和功能在恢复过程中发生改变，对不同类型碳源的利用存在显著性差异，但不同的树种对微生物群落多样性的影响不明显，微生物总体代谢活性主要由微生物生物量决定。

3）在植被生长旺盛的夏季，土壤微生物生物量碳在林地-草地-林地和单一的刺槐林的植被格局下含量较高，且林地、撂荒草地、林地-草地-林地和草地-林地-草地四种植被格局下差异显著。微生物生物量氮与微生物生物量碳不同，四种植被格局相比，草地-林地-草地的植被格局0～10 cm土层土壤微生物生物量氮最高，但四种植被格局间未见显著性差异，而10～20 cm土层撂荒草地含量最高且与两种林草搭配的格局差异显著。研究发现，林地与草地相比，微生物含量更丰富且不同的植被类型在不同的坡位上影响不同，上坡位的植被类型对中坡位和下坡位的养分及微生物生物量存在直接影响。

4）植被格局对土壤微生物群落代谢活性及功能多样性均存在较为显著的影响。0～10 cm土层，水分是微生物代谢活性和多样性的限制因子，微生物功能多样性表现为林地-草地-林地>撂荒草地>刺槐林>草地-林地-草地，AWCD值表现为林地-草地-林地和撂荒草地高于刺槐林和草地-林地-草地的植被格局，与这两种植被类型拥有较高的土壤水分和多样性有关。10～20 cm土层，土壤水分对微生物的抑制作用相对较小，微生物代谢活性和功能多样性均表现为两种单一的植被格局大于两种林草搭配的植被格局。

5）不同土层及不同植被格局间磷脂脂肪酸的结构和组成存在差异。10～20 cm土层与0～10 cm土层土壤中所包含的磷脂脂肪酸的数量相似，但不同的磷脂脂肪酸单体所占比例存在差异。不同植被格局之间磷脂脂肪酸的结构和组成在10～20 cm土层较为相似，在0～10 cm土层差异显著且差异主要存在于两种林草搭配的植被格局与两种单一植被格局之间，林草搭配的植被格局真菌菌群较单一的植被格局在微生物群落结构中的比例有所提高。土壤细菌、真菌、革兰氏阴性菌和革兰氏阳性菌的磷脂脂肪酸含量在不同植被格局之间存在差异，林地-草地-林地植被格局细菌和真菌含量均高于其他三种植被格局。细菌在0～10 cm土层中的含量高于10～20 cm土层，0～10 cm土层差异显著，人工林及林草搭配的植被格局与撂荒草地相比，一定程度上可以有效提高细菌含量，10～20 cm土层微生物含量无显著差异。真菌含量在四种植被格局间差异不显著。

参考文献

袁建平，张素丽，张春燕，等 .2001. 黄土丘陵区小流域土壤稳定入渗速率空间变异 . 土壤学报，38（4）：579-583.

An S S，Mentler A，Mayer H，et al. 2010. Soil aggregation，aggregate stablity，organic carbon and nitrogen in different soil aggregate fractions under forest and shrub vegetation on the Loess Plateau，China. Catena，81（3）：226-233.

Chen L D，Huang Z L，Gong J，et al. 2007. The effect of land cover/vegetation on soil water dynamic in the hilly area of the Loess Plateau，China. Catena，70（2）：200-208.

Findlay R H，Trexler M B，Guckert J B，et al. 1990. Laboratory study of disturbance in marine sediments：response of a microbial community. Marine Ecology Progress Series，62：121-133.

Fu X L，Shao M A，Wei X R，et al. 2010. Soil organic carbon and total nitrogen as affected by vegetation types in Northern Loess Plateau of China. Geoderma，155（1-2）：31-35.

Gillan F T，Hogg R W. 1984. A method for the estimation of bacterial biomass and community structure in mangrove associated sediments. Journal of Microbiology Methods，2（5）：275-293.

Grayston S J，Campbell C D，Bardgett R D，et al. 2003. Assessing shifts in microbial community structure across a range of grasslands of differing management intensity using CLPP，PLFA and community DNA techniques. Applied Soil Ecology，25（1）：63-84.

Grayston S J，Campbell C D. 1996. Functional biodiversity of microbial communities in the rhizosphere of hybrid larch（*Larix eurolepis*）and Sitka spruce（*Picea sitchensis*）. Tree Physiology，16：1031-1038.

Johansson M B. 1995. The chemical composition of needle and leaf litter from Scots pine，Norway spruce and white birch in Scandinavian forests. Forestry，68：49-62.

Li Y Y，Shao M A. 2006. Change of soil physical properties under long-term natural vegetation restoration in the Loess Plateau of China. Journal of Arid Environments，64（1）：77-96.

McGill M B，Gannon K R，Robertson J A，et al. 1986. Dynamics of soil microbial biomass and water soluble organic C in Breton L after 50 years of cropping to two rotations. Canadian Journal of Soil Science，66：1-19.

Qiu Y，Fu B，Wang J，et al. 2001. Spatial variability of soil moisture content and its relation to environmental indices in a semi-arid gully catchment of the Loess Plateau，China. Journal of Arid Environments，49：723-750.

Vermang J，Demeyer V，Cornelis W M，et al. 2009. Aggregate stability and erosion response to antecedent water content of a loess soil. Soil Science Society of America Journal，73（3）：718-726.

Waid J S. 1999. Does soil biodiversity depend upon metabiotic activity and influences? Applied Soil Ecology，13：151-158.

Wang J，Fu B，Qiu Y，et al. 2001. Soil nutrients in relation to land use and landscape position in the semi-arid small catchment on the Loess Plateau in China. Journal of Arid Environments，48：537-550.

Wang J，Fu B，Qiu Y，et al. 2003. Analysis on soil nutrient characteristics for sustainable land use in Danangou catchment of the Loess Plateau，China. Catena，54：17-29.

White C，Tardif J C，Adkins A，et al. 2005. Functional diversity of microbial communities in the mixed boreal plain forest of central Canada. Soil Biology and Biochemistry，37（7）：1359-1372.

Yan F，McBrantney A B，Copeland L. 2000. Functional substrate biodiversity of cultivated and uncultivated A horizons of vertisols in NW New South Wales. Geoderma，96（4）：321-343.

第6章　植被恢复的树干液流效应

植被蒸腾是植被对陆地水资源消耗的主要过程，其主要通过植物根系从土壤中吸收水分，由根、茎、枝、叶等器官进行运输并通过气孔扩散到大气中，是植物生长的重要生理过程（Macinnis-Ng et al.，2016），同时也是生态系统水文循环的重要组成部分（Fang et al.，2016；Huang and Zhang，2016），是陆地生态系统水分循环的主要驱动力，对生态恢复与水量平衡具有十分重要的作用。因此，准确测定或计算不同林地类型、不同树种蒸腾量的变化及植被蒸腾的环境响应对于评价林木生长状况、生态系统水文循环影响机制和生态系统恢复现状，正确评价植被恢复的生态学意义，以及制定合理的植被建设和生态修复方案具有十分重要的意义。同时，对植被恢复进行树种选择，合理构建林地组成格局，对于调控水分关系和更加有效地发挥林木持水、保水的生态功能，解决水分供需矛盾有重要理论价值。

近年来，随着生态学、植物学、水文学及观测技术的不断发展和进步，对植被蒸腾耗水的研究得以广泛开展，尤其是在干旱半干旱地区，植被的选取（Link et al.，2014；Doronila and Forster，2015）、植被对水文过程的影响（Jian et al.，2014）及植被对有限水资源的消耗（Cavanaugh et al.，2011）等问题是实现生态恢复可持续发展的关键。而围绕半干旱区植被恢复后，人工措施影响下的植被水文动态及现有恢复措施下的水文状况方面的相关研究较少。

基于此，本章选取区域典型人工植被（油松、侧柏、沙棘、柠条）为研究对象，以植被的蒸腾耗水变化规律为主线，通过其液流速率的动态变化与环境响应分析树种差异性与环境适应性，研究不同树种的耗水特征及其与太阳辐射、大气温度、相对湿度等气象因子的相互关系，分析树种的干旱敏感性和环境适应性，并以研究区现有植被恢复状况为基础，评估其水文效益，进而对现有植被恢复措施的水量平衡进行评估，以期为综合评价干旱半干旱地区植被选取的适宜性及优化植被结构与管理措施等提供理论参考。

6.1　植被类型与蒸腾特征

蒸腾作用是植被生长过程中最为重要的生理过程之一，是植被吸收和运输矿物质、有机质的主要动力，是实现植被内部及植物与环境间水分平衡的重要调节方式。对植被蒸腾特征的理解是了解植被耗水特征的关键。植被液流速率是基于植被蒸腾作用过程引起的水热变化而测定的，其测量方式简洁、快速，且能够实现连续实时监测，因此被广泛用于植被蒸腾特征的估算中（Vergeynst et al.，2014）。

受自身生物学和形态学因子的影响，植被在应对多变的自然环境时，其液流速率变化特征呈现树种差异性（Ewers et al.，2005；Chirino et al.，2011）。研究表明，当植被处于干旱季节时，其液流速率明显下降，并且相较于深根系树种，浅根系树种的液流速率变化更大（Kume et al.，2007）。对于干旱半干旱的黄土高原地区，土壤水分是植被水分利用的主要来源，植被水分利用势必会影响土壤水分的动态变化，同时，土壤水分的动态变化亦将影响植被的耗水动态。量化植被的蒸腾耗水量及相应的土壤水分的动态变化对于理解以人工植被种植为基础的区域水资源管理及生态恢复至关重要。

6.1.1 液流速率动态变化

由图6-1可知，油松、侧柏、沙棘、柠条液流速率的日变化特征在整体形态上基本一致，均呈现类似“几”字形的昼夜变化规律，昼高夜低。植被液流速率动态变化总体可以分为四个阶段：迅速上升期、相对稳定期、缓慢下降期及夜间平缓期。从液流速率昼夜变化的时间动态上可知，各树种之间存在明显的差异性：油松液流速率动态变化呈现明显的单峰现象，其液流速率在6：00～8：00开始启动，一般在正午之前达到峰值，随后出现明显的衰减，并在午后2～3h呈现一段相对稳定的变化趋势，之后随着太阳辐射的减少等外界环境因素的影响逐渐趋于夜间稳定状态。侧柏的液流速率动态变化与油松较为相似，基本在6：00～8：00开始启动，而其液流峰值时间较油松的液流峰值时间要早，且夜间液流的持续时间亦久于油松，即午后，侧柏比油松更先降至液流低值。沙棘的液流变化与油松和侧柏不同，其受环境因素影响，单峰与多峰现象共存，当其正午时段的液流速率变化较为平缓时，其呈现单峰现象；而当其正午时段的液流速率变化明显时，其呈现多峰现象。此外，沙棘的液流启动时间与油松和侧柏相似，介于6：00～8：00，而其峰值时间滞后于油松和侧柏，一般出现在11：00～13：00。峰值过后，其液流速率的下降速率亦明显高于油松和侧柏，在极短时间内达到液流低值。柠条的液流速率波动最为明显，在达到液流峰值后，液流速率呈现持续波动，直至降至夜间的液流低值，且液流速率多是在正午之前达到峰值。

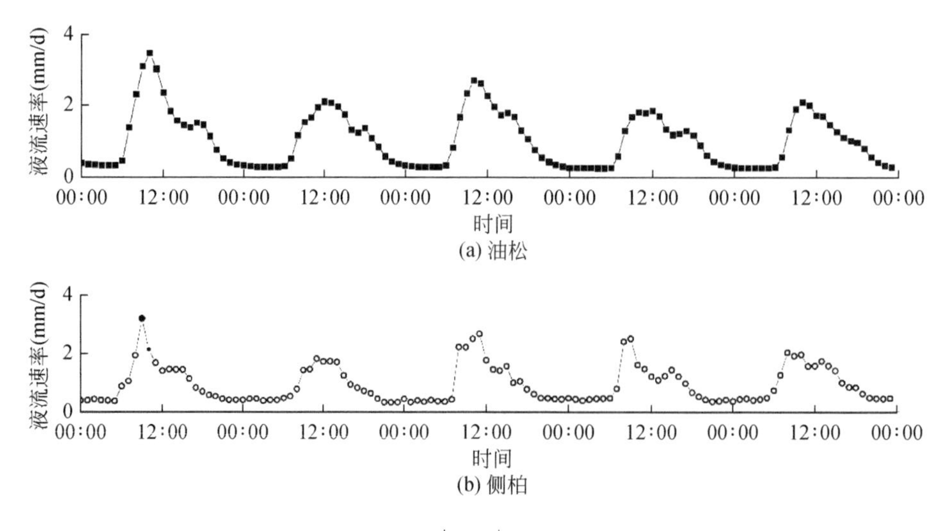

(a) 油松

(b) 侧柏

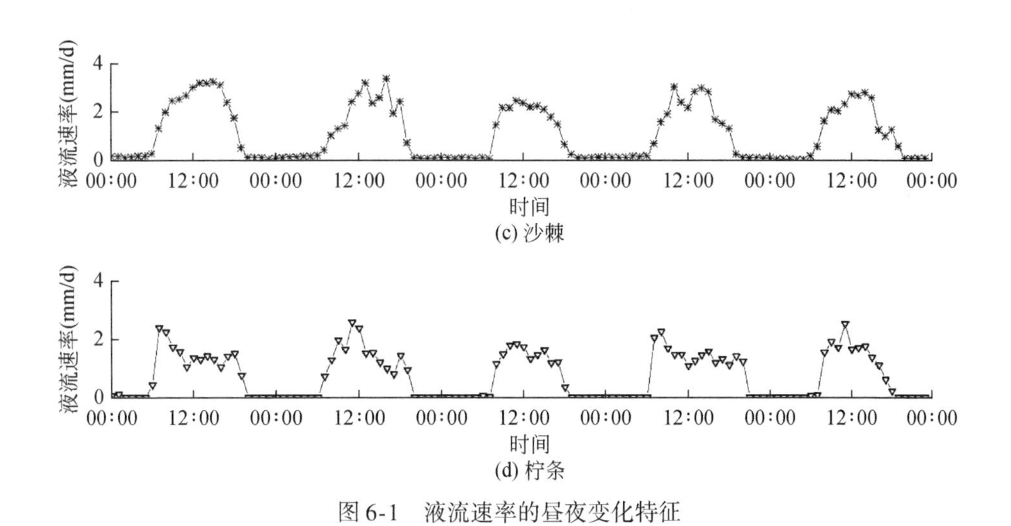

图 6-1 液流速率的昼夜变化特征

6.1.2 液流速率与植被参数的相互关系

(1) 液流速率与胸径

植被液流速率与其生长状态密切相关。植被胸径的粗细会影响水分运输的边材面积的大小，影响水力再分配与水力导度的变化，进而影响植被液流速率。本研究中，油松和侧柏采用的是插针式热扩散探针法，根据样地中测量的植被胸径（DBH）与边材面积（A_s）可建立如下关系模型，油松和侧柏的边材面积与胸径之间呈现显著的幂函数关系（图 6-2）: $A_s = 0.657\text{DBH}^{1.9413}$ ，$R^2 = 0.9965$（油松）; $A_s = 0.5519\text{DBH}^{2.117}$ ，$R^2 = 0.9938$（侧柏）。沙棘和柠条采用的是基于热平衡原理的包裹式茎流计，其边材面积即为基径（D）所对应的横断面积 $A_s = 3.14(D/2)^2$。

对样地中测量的树木胸径（基径）与液流速率建立相互关系（图 6-3）可知，四种植被液流速率与胸径（基径）之间呈现相似的变化趋势，植被液流速率均随着胸径（基径）的增加而线性增加。

(2) 液流速率与叶水势

对各树种液流速率的昼夜变化（以 1 h 为时间步长）与对应时刻的叶水势动态变化进行分析（图 6-4）可知，植被液流速率与叶水势之间呈现逆时针相互关系，白天随着叶水势的降低，植被液流速率增加，午后及夜间植被蒸腾拉力减少，植被液流速率降低，植被通过气孔作用、根系水力提升及植被自身水分的运输传导等作用调节因蒸腾而损失的水分，增加植被叶水势。此外，油松、侧柏、沙棘、柠条四种植被的叶水势与液流速率之间呈现相同的滞后现象，即植被液流速率达到峰值的时间提早于叶水势出现最低值的时间。植被液流速率动态变化主要受气孔导度调节（Addington et al., 2004; Glenn et al., 2013），随着太阳辐射、大气温度、水汽压亏缺等蒸腾拉力的增加，其气孔导度增加，促进树干的液流运动满足蒸腾及自身生长的需要，增加液流速率。而同时，气孔导度又受植物自身生

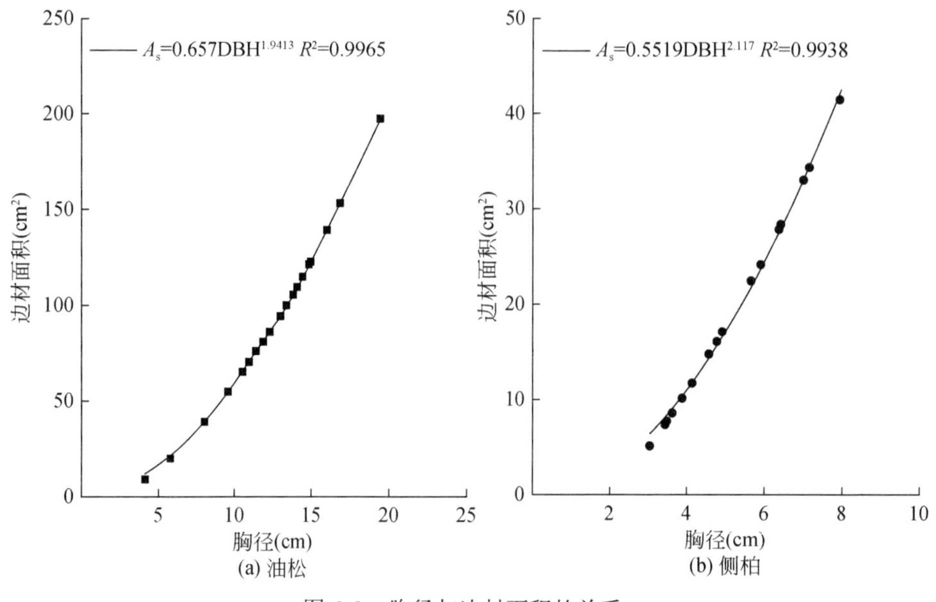

图 6-2 胸径与边材面积的关系

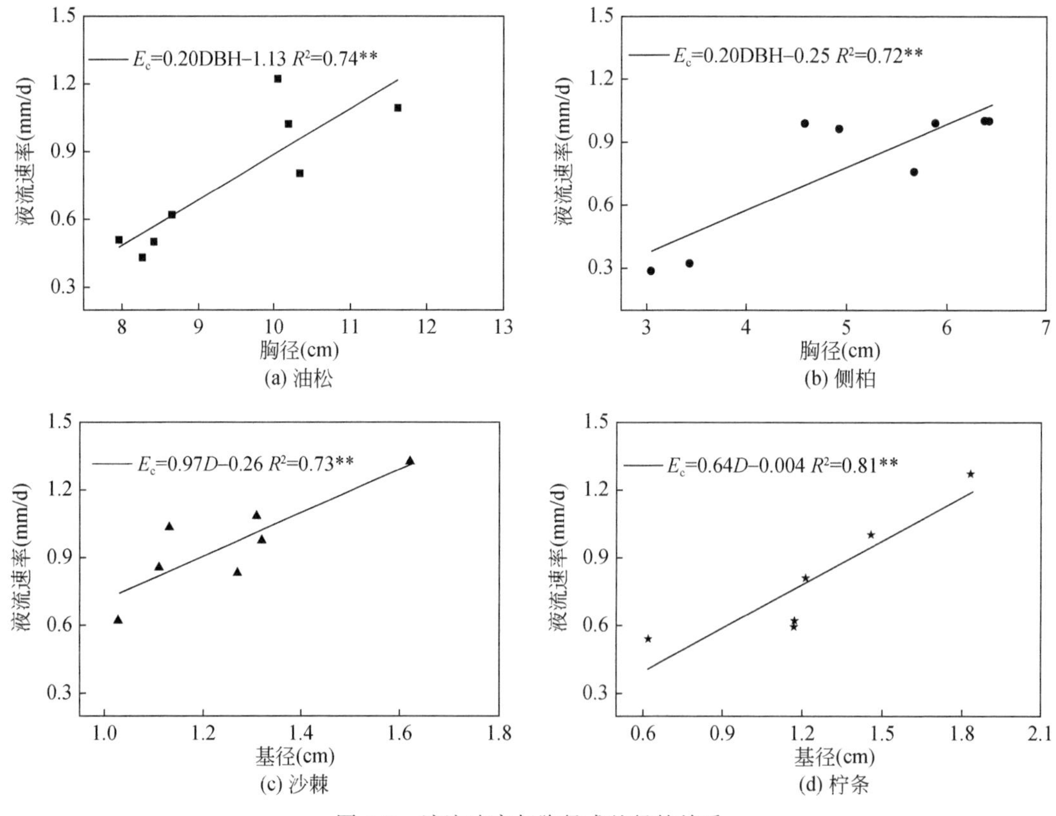

图 6-3 液流速率与胸径或基径的关系

理特性的影响，如水力结构的影响（Adiredjo et al.，2014），植物水分在不断向上运输过程中，其重力作用不断增大，随着其与向上的蒸腾拉力方向相反的作用力，即张力的增大，溶解在水分中的气体会逸出形成气泡，导致气穴现象（Vergeynst et al.，2015），影响液流的持续运输。此外，研究区土壤水分缺乏，并不能满足强蒸腾拉力下的植物持续耗水，因而植被通过气孔作用调节其液流速率，减少水分的过度散失，从而使得植被液流速率达到峰值的时间提早于叶水势最低值出现的时间，在这方面，油松、侧柏、沙棘、柠条四种植被表现出相似的干旱适应机制。

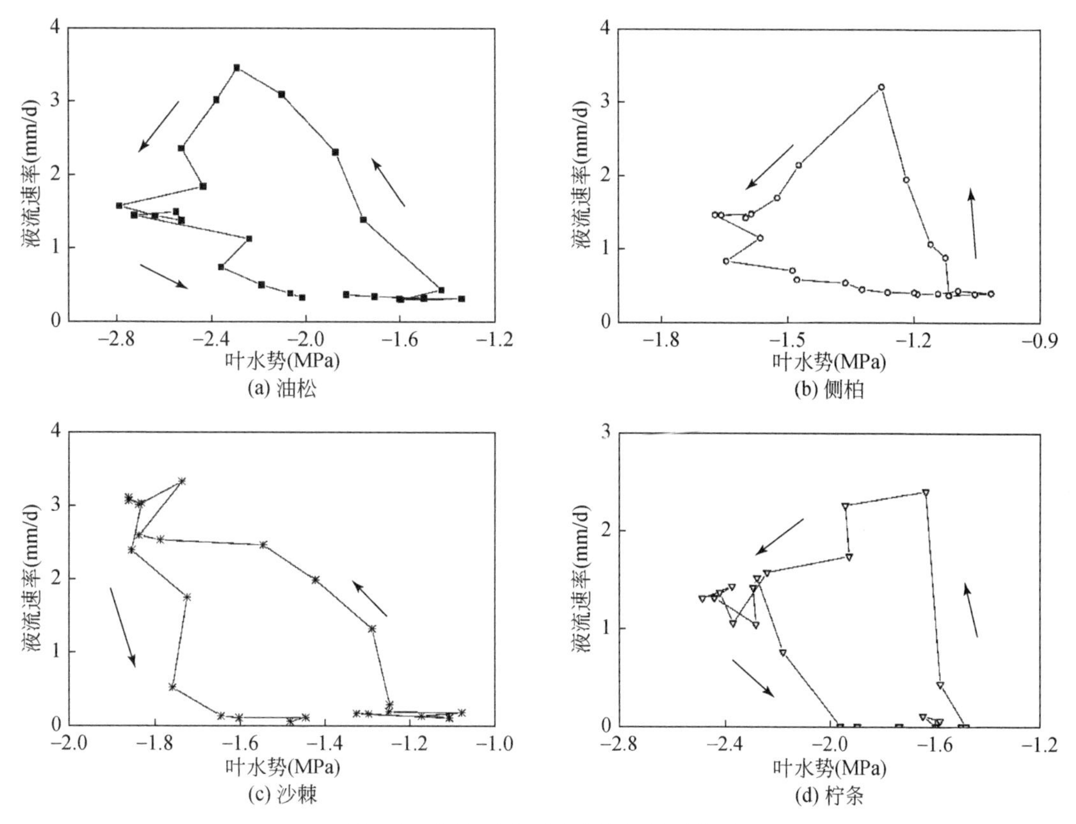

图6-4 液流速率与叶水势的相互关系

此外，从数值上可知，四种植被的叶水势均值及其变幅不同，油松叶水势的变化范围为-2.79～-1.34 MPa，均值为-2.1MPa；侧柏叶水势变化范围为-1.67～-1.02 MPa，均值为-1.34 MPa；沙棘叶水势变化范围为-1.86～-1.08 MPa，均值为-1.54 MPa；柠条叶水势变化范围为-2.49～-1.48 MPa，均值为-1.96 MPa。植物叶水势的昼夜变化是植被水分运动能量水平的反映，是衡量植被抗旱性的重要指标。水势的高低是推动水分运动的强度因素，植被叶水势越低，其吸水能力越强，反之，叶水势越高，其吸水能力越弱，而供给其他需水组织的能力则越强（李小琴等，2014）。植物叶水势日变化幅度的大小则是对外界环境因子变化的敏感性的反映，日变幅越小，说明植被受大气和土壤等环境因子的影响越小，反之则越大（尹立河等，2016）。本研究发现，四种植被叶水势日变化范围为：

油松>柠条>沙棘>侧柏，叶水势均值则表现出相反的变化趋势：侧柏>沙棘>柠条>油松，说明油松叶水势变化受外界环境的影响较大，且其对水分的吸收能力更强，其次为柠条、沙棘和侧柏。

（3）液流速率与叶面积指数

生长季内，油松、侧柏、沙棘、柠条四种植被的叶面积指数（leaf area index，LAI）呈规律性季节变化。尤其是落叶灌木（沙棘和柠条），5 月初植被生长状况开始恢复，并逐渐在生长季呈现展叶初期、中期、全叶期和凋落期的变化趋势，LAI 亦呈现先增后减的变化趋势。油松和侧柏作为常绿乔木，LAI 在生长季内变化不明显，但整体呈现增长趋势。对 2015 ~2016 年生长季植被 LAI 与植被液流速率建立相互关系（图 6-5）可知，油松、侧柏、沙棘和柠条的液流速率与 LAI 之间均呈线性相关，随着 LAI 的增加，液流速率增加。

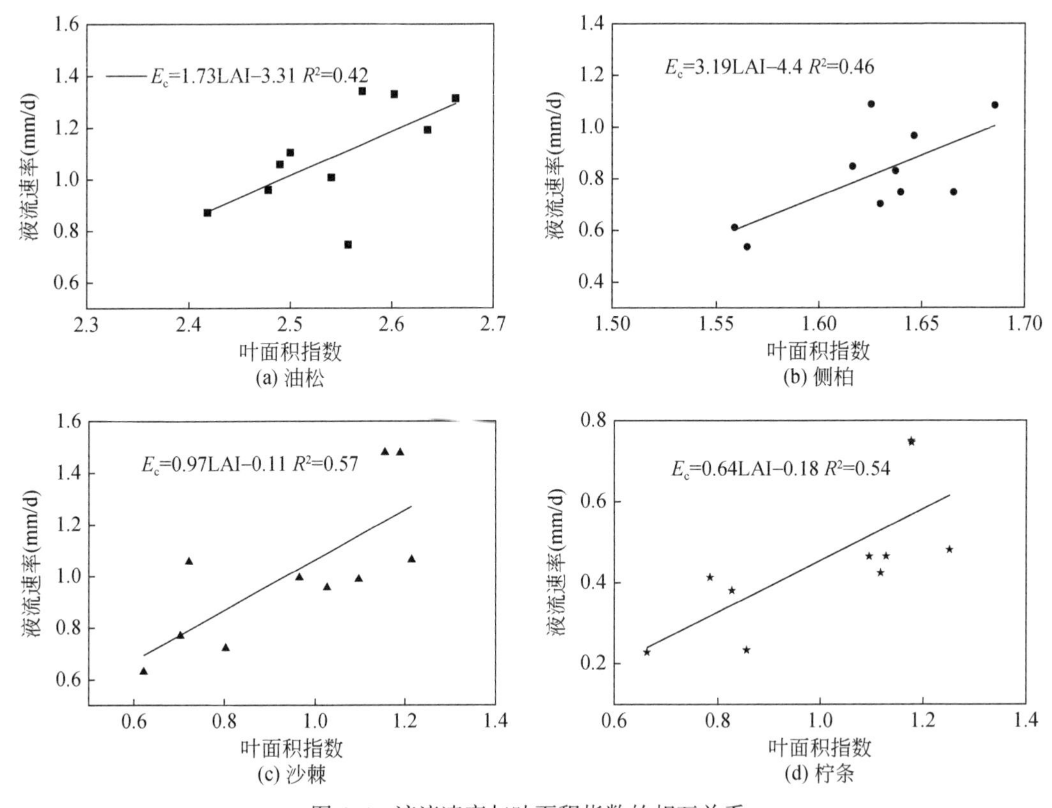

图 6-5 液流速率与叶面积指数的相互关系

6.1.3 植被耗水与土壤水分动态

（1）植被耗水动态

油松、侧柏、沙棘、柠条四种植被的耗水状况如图 6-6 所示。四种植被的蒸腾耗水量随季节变化波动明显：5 月初期，气温回暖，植被生长状况逐渐恢复，植被液流速率逐渐增加，对水分的需求量亦逐渐增加，而研究区春旱较为严重，土壤水分对植被水分需求的供应不足，在一定程度上抑制植被的液流运动，因而 6 月中后期液流速率呈下降趋势。之后，随着雨季的到来，干旱状况得到缓解，植被通过液流运动一方面为自身生长提供水分与养分，另一方面用于蒸腾散失。7 ~ 8 月太阳辐射值逐步增加，气温升高，增加了植被的水分需求，而稀少且分布不均的降水促使植被通过自身的生理调节在水分消耗与自身生长之间寻求平衡。在生长季后期，气温下降，蒸腾拉力减少，植被的液流运动亦缓慢减少。

从图 6-6 可知，植被的水分利用呈现规律性的季节变化，且年际间波动较大。其中，油松和柠条在 2014 ~ 2016 年进行液流观测，侧柏和沙棘仅在 2015 年和 2016 年进行观测。油松在 2014 ~ 2016 年的日蒸腾量变化范围分别为 0. 27 ~ 3. 99 mm、0. 28 ~ 2. 16mm 和 0. 21 ~ 2. 19mm，日平均耗水量分别为 1. 42 mm、1. 04 mm 和 1. 06 mm。柠条在 2014 ~ 2016 年的日蒸腾量变化范围分别为 0. 02 ~ 1. 67 mm、0. 02 ~ 1. 91 mm 和 0. 01 ~ 0. 81 mm，日平均耗水量分别为 0. 84 mm、0. 52 mm 和 0. 37 mm。侧柏和沙棘在 2015 年和 2016 年的日蒸腾量变化范围分别为 0. 43 ~ 1. 72 mm 和 0. 44 ~ 1. 06 mm、0. 02 ~ 2. 33 mm和 0. 05 ~ 1. 62 mm，其对应的日平均耗水量分别为 0. 92 mm 和 0. 75 mm、0. 79 mm 和 0. 70 mm ［图 6-6（a） ~图 6-6（c）］。现将本研究所选树种与黄土高原其他地区的相对应的同一树种的耗水速率进行对比分析表明，各植被类型的耗水速率表现出明显的地域差异性，即使在同一地区，亦表现出年际差异性，并且与植被的种植密度、林龄、坡向等密切相关（表 6-1）。

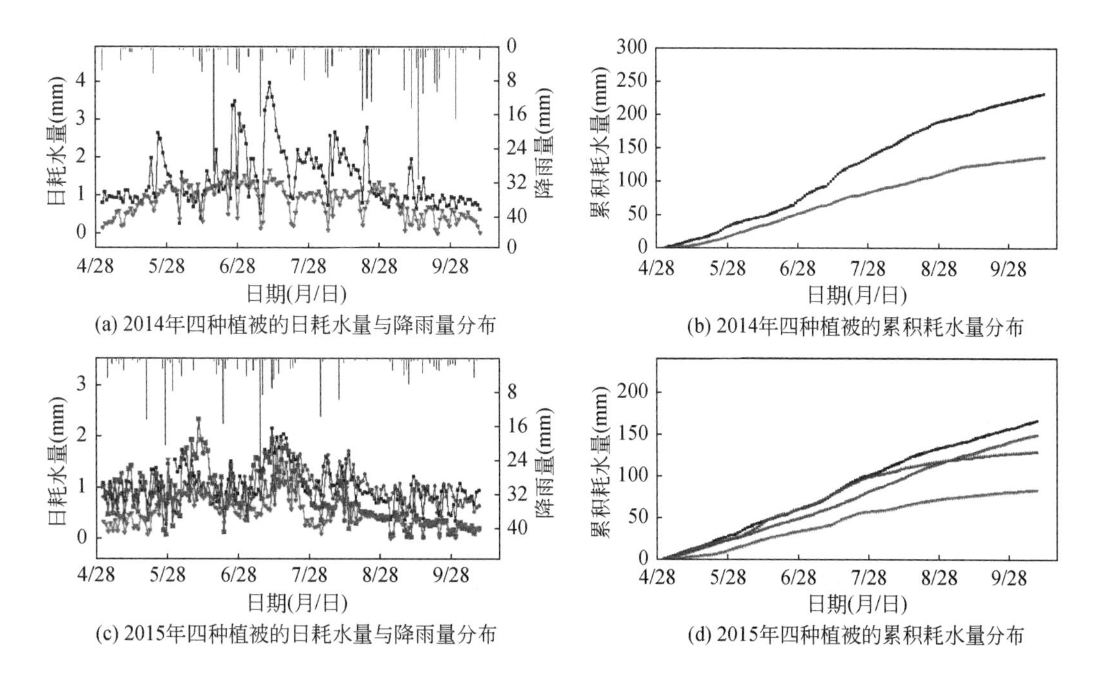

(a) 2014年四种植被的日耗水量与降雨量分布

(b) 2014年四种植被的累积耗水量分布

(c) 2015年四种植被的日耗水量与降雨量分布

(d) 2015年四种植被的累积耗水量分布

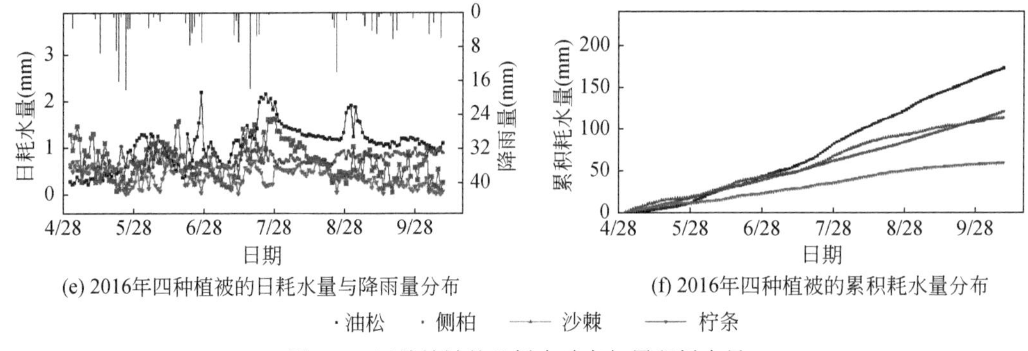

(e) 2016年四种植被的日耗水量与降雨量分布　　(f) 2016年四种植被的累积耗水量分布

·油松　·侧柏　—·— 沙棘　—·— 柠条

图 6-6　四种植被的日耗水动态与累积耗水量

选取 2014 年、2015 年和 2016 年生长季内的相同时间段（5 月 1 日至 10 月 10 日）可得，油松的蒸腾耗水量分别为 232.01 mm、167.84 mm 和 173.32 mm，柠条的蒸腾耗水量分别为 136.80 mm、83.91 mm 和 59.94 mm，侧柏的蒸腾耗水量分别为 150.10 mm 和 121.48 mm，沙棘的蒸腾耗水量分别为 129.97 mm 和 114.08 mm，可知生长季内油松的累积耗水量最高，其次为侧柏、沙棘和柠条。

（2）土壤水分动态

研究选取各植被类型共有时间段（2015 年和 2016 年的 5 月 1 日至 10 月 10 日）进行分析，分别将 5 月 1 日和 10 月 10 日的土壤含水量作为生长季初期和末期的土壤水分。由图 6-7 可知，各植被样地土壤水分总体随着土层深度的增加呈下降趋势，同时在生长季初期和末期呈现明显的衰减现象。生长季初期，油松、侧柏、沙棘、柠条的平均土壤含水量分别为 0.083 cm^3/cm^3、0.100 cm^3/cm^3、0.113 cm^3/cm^3、0.064 cm^3/cm^3；生长季末期，油松、侧柏、沙棘、柠条的平均土壤含水量分别为 0.064 cm^3/cm^3、0.079 cm^3/cm^3、0.055 cm^3/cm^3、0.060 cm^3/cm^3。其中，油松、侧柏和沙棘样地的初期土壤水分年际间变幅较大，其最大变幅分别达到 0.027 cm^3/cm^3、0.026 cm^3/cm^3 和 0.022 cm^3/cm^3，柠条的变幅最小，年际间基本无变化，仅在 0 ~ 20 cm 土层有小幅变动（0.009 cm^3/cm^3）。对比生长季初期和末期的平均土壤含水量可知，沙棘样地的土壤水分衰减比例最高，为 51.3%，其次为油松、侧柏和柠条，衰减比例分别为 22.89%、21.0% 和 6.25%。

各植被样地土壤含水量在生长季末期的衰减现象与以往的研究结果相同（杨磊等，2011；Jian et al.，2014），而其衰减程度及土壤含水量与以往的研究结果略有不同。杨磊等（2011）对油松、侧柏、柠条土壤水分亏缺程度的研究表明，三种植被样地的土壤水分亏缺现象严重，且柠条的水分亏缺程度高于油松和侧柏。Jian 等（2015）的研究表明，种植油松植被引起的土壤水分亏缺程度远高于种植沙棘和柠条等灌木树种。这与样地内植被的种植密度、林龄和冠幅相关，同时也与研究期内的降雨分布及降雨量有关。本研究中，沙棘和柠条的种植密度较小，且由于两种植被的冠幅较小，在生长季内接受太阳辐射直接照射的地表面积更大，其土壤蒸发强度高于油松和侧柏。此外，沙棘的蒸腾耗水量高于柠条（图 6-6），因而在生长季内，其土壤水分亏缺程度最高；油松与侧柏的种植密度较大，植被盖度较高，在减少太阳辐射直接照射的同时也降低了降雨对地表水分的直接补给，而且在生长季内油松和侧柏的蒸腾耗水量均高于柠条，因而相比之下，油松和侧柏的土壤水分亏缺程度高于柠条。

表 6-1　本研究估算结果与黄土高原其他地区研究结果对比

植被	研究区	年降雨量（mm）	观测期	观测期降雨量（mm）	坡向	林龄（a）	密度（株/hm²）	耗水速率（mm/d）	来源
油松	山西吉县	575.9	2008 年 7～10 月	244.3	北	16	2450	0.11～1.47	Liu et al.，2010
		579	2008 年 7～10 月	213.3	北	16	2450	0.07～0.76	Chen et al.，2014
			2009 年 7～10 月	365.83				0.05～0.70	
			2010 年 7～10 月	253.6				0.04～0.67	
	山西平顺	530	2010 年 5～10 月	445.4	北	22	1650	1.12	常建国等，2013
						58	450	0.97	
	甘肃定西	420	2014 年 5～10 月	303.6	北	36	1400	0.27～3.99	本研究
			2015 年 5～10 月	213.6		37		0.28～2.16	
			2016 年 5～10 月	206.0		38		0.21～2.19	
侧柏	陕西安塞	500	2008 年 4～10 月	203	东偏北	26	2230	0.11～1.52	于占辉等，2009
	河南济源	641.7	2010 年 5～6 月	—	北	15	—	1.45～2.24	刘庆新等，2012
	甘肃定西	420	2015 年 5～10 月	213.6	东偏南	31	1000	0.43～1.72	本研究
			2016 年 5～10 月	206.0		32		0.44～1.06	
柠条	陕西神木	437.4	2006 年 6～6 月	30	东	20	6500	3.64	夏永秋和邵明安，2008
					西		2100	1.83	
	甘肃定西	420	2013 年 6～9 月	268	北	—	—	0.52～4.21	Jian et al.，2015
		420	2014 年 5～10 月	303.6	西偏南	30	1333	0.02～1.67	本研究
			2015 年 5～10 月	213.6		31		0.02～1.91	
			2016 年 5～10 月	206.0		32		0.01～0.81	
沙棘	陕西吴起	493.4	2006 年 7～9 月	—	东南	—	—	0.16	李文华，2007
	宁夏固原	472	2004 年 6～9 月	455.8		12	9500	1.01～1.68	沈振西，2005
	甘肃定西	420	2013 年 6～9 月	268	北	—	—	0.57～3.99	Jian et al.，2015
		420	2015 年 5～10 月	213.6	北	10	1000	0.02～2.33	本研究
			2016 年 5～10 月	206.0		11		0.05～1.62	

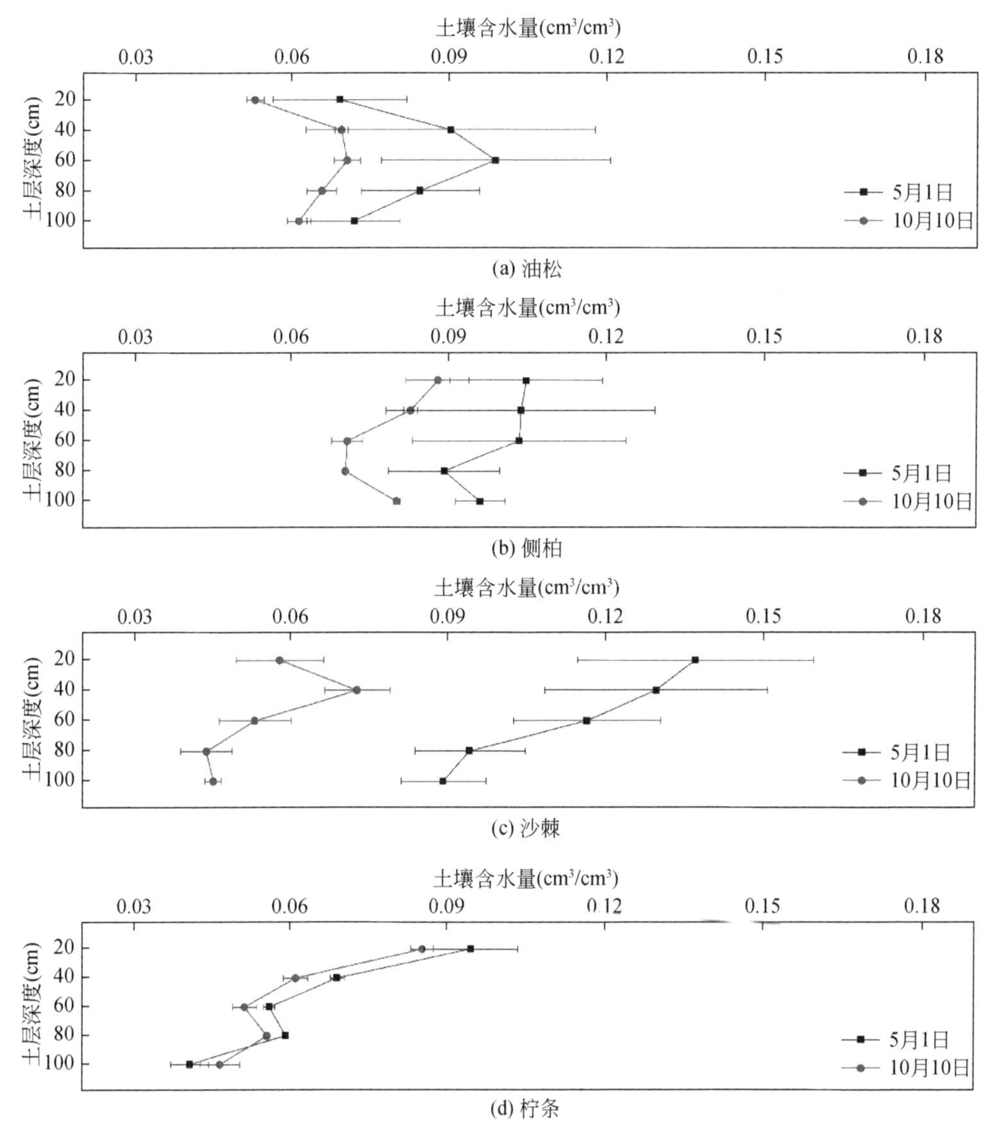

(a) 油松

(b) 侧柏

(c) 沙棘

(d) 柠条

图 6-7 生长季初期与末期各植被类型样地土壤水分垂直分布

均值和标准差分别由 2015 ~ 2016 年各土层在对应日期测得的土壤含水量计算而得

(3) 植被水分利用

基于以上分析，进而对各样地的水分输入输出及土壤水分的盈亏状况进行综合分析。在各植被样地，天然降水是土壤水分和植被水分利用的唯一来源，2015 年和 2016 年生长季内（5 月 1 日至 9 月 30 日）年降雨量分别为 208. 8mm 和 192. 4mm。从表 6-2 可知，降雨量年内分布不均，年际间差异显著。2015 年降水主要集中在 7 月，占生长季总降雨量的 30. 1%，其次是 5 月，其降雨量占生长季总降雨量的 26. 9%；2016 年与 2015 年正好相反，降水主要集中在 5 月，占生长季总降雨量的 35. 1%，其次是 7 月，占生长季总降雨量的 22. 5%。

从植被耗水方面看，由于这两年生长季初期（5 月）降水较多，分别为 56.2 mm（2015 年）和 67.6 mm（2016 年），同时，5 月正处于气温逐渐回暖的初期，平均气温普遍偏低，较高的降水进一步降低大气温度，减少了平均太阳辐射，植被耗水的蒸腾拉力较弱，因而各树种在 5 月的蒸腾耗水量均较低，分别为 29.7 mm 和 15.1 mm（油松）、25.2 mm 和 19.7 mm（侧柏）、25.7 mm 和 20.7 mm（沙棘）、13.3 mm 和 12.8 mm（柠条）。5 月降水丰富，植被蒸腾耗水量少，同时蒸发强度较弱，样地土壤水分以降水补给为主，土壤水分状况基本表现为正向增加，并且 2016 年的土壤水分增量高于 2015 年，这两年土壤水分变化量分别为：0.5 mm 和 24.6 mm（油松）、-3.1 mm 和 15.0 mm（侧柏）、19.7 mm 和 28.6 mm（沙棘）、21.3 mm 和 27.8 mm（柠条）。6 ~ 9 月气温升高，太阳辐射增强，植被蒸腾及地表蒸发强度增加，植被冠层蒸腾量增加，而同时随着植被耗水的增加和土壤蒸发强度的增加，土壤含水量整体呈现负增长，该时期土壤水分以亏缺为主，且各样地月份间水分亏缺程度各异。

表 6-2　2015 ~ 2016 年各样地水分特征　（单位：mm）

时间		降雨	油松样地		侧柏样地		沙棘样地		柠条样地	
			E_c	△SWC	E_c	△SWC	E_c	△SWC	E_c	△SWC
2015	5 月	56.2	29.7	0.5	25.2	-3.1	25.7	19.7	13.3	21.3
	6 月	33	33.1	-17.4	25.9	-2.2	36.1	-34.2	22.4	-13.6
	7 月	62.8	41.1	-1.7	33.5	-4.3	39.6	-16.1	23.2	1.9
	8 月	24.8	32.7	-10.7	33.7	-16.4	17.8	-11.4	14.9	-6.2
	9 月	32	22.4	-5.4	24.9	-7.3	8.55	-2.1	7.9	-3.7
	总计	208.8	159	-34.7	143.2	-33.3	127.75	-83.5	81.7	-0.3
2016	5 月	67.6	15.1	24.6	19.7	15.0	20.7	28.6	12.8	27.8
	6 月	32.8	30.2	-17.8	21.0	-13.7	23.7	-35.8	11.4	-22.8
	7 月	43.2	40.7	0.4	23.2	2.8	26.7	-13.0	13.2	2.4
	8 月	21.2	41.6	-4.0	23.2	-6.0	23.3	-1.1	14.4	-3.5
	9 月	27.6	35.6	-3.8	25.4	-3.4	15.6	-6.6	7.0	-4.4
	总计	192.4	163.2	-0.6	112.5	-5.3	110	-27.9	58.8	-0.5

如表 6-2 所示，油松最大的土壤水分亏缺月份为 6 月，该月份降水量较少，而气温、辐射等正适宜植被生长，在植被耗水与土壤蒸发的双重作用下，土壤水分耗水较大，且由于前期降水的影响，6 月初的土壤含水量较高，相比于 6 月末，其衰减程度更甚；而侧柏的最大土壤水分亏缺月份分别出现在 8 月（2015 年）和 6 月（2016 年），其主要受前期土壤含水量的影响。2015 年降水主要集中在 5 月（56.2 mm）和 7 月（62.8 mm），侧柏样

地在5月降水过后，土壤水分并未得到补给，相反，呈现的是水分亏缺状况（-3.1 mm），因而其在后续月份中的土壤水分变化不甚明显，而7月的强降雨在一定程度上补给了侧柏样地的土壤水分亏缺，增加了其土壤含水量，因而8月初期侧柏样地的土壤含水量保持在一个相对较高的水平，而8月较强的蒸腾蒸发强度与较少的降水使得月末土壤水分明显降低，呈现明显的水分亏缺状况（-16.4 mm）。

相比于2015年，侧柏样地在2016年的5月其土壤水分受降水补给较好（15 mm），因而在蒸腾蒸发及降水减少的6月出现明显的土壤水分衰减（-13.7 mm）；沙棘样地和柠条样地出现最大土壤水分亏缺月份的时期与油松相同，都为6月，仅在数值上有所差异：沙棘样地土壤含水量在2015年和2016年的最大亏损值分别为-34.2 mm和-35.8 mm，柠条样地土壤水分的最大亏损值分别为-13.6 mm和-22.8 mm。

但从土壤水分月变化可知，生长季内各植被样地的土壤均以水分亏缺为主，即在坡面尺度上，降雨量很难满足当地植被蒸腾与土壤蒸发损失，该结果与已有研究结果一致（Jian et al.，2015），因而，如何在现有植被建设基础上实现可持续植被恢复需进一步深入研究。

6.2 气象因素对液流速率的影响

气象因子是影响植被液流速率变化的主要环境因子，主要包括太阳辐射、水汽压亏缺、相对湿度、风速、降水等。其中，太阳辐射是植物进行光合作用的主要能量来源，是植物进行水汽交换的主要驱动力，水汽压亏缺、相对湿度、风速等影响植物与大气的水汽压差，通过改变气孔导度、空气阻力等影响植物蒸腾速率（Chirino et al.，2011；Du et al.，2011；Chen et al.，2014）。近年来关于影响植被液流变化的气象因子的研究很多，然而对于影响各植被类型液流速率的主要气象因子的结果各异。李思静等（2014）对宁夏沙地的油蒿的研究表明，水汽压亏缺是影响液流速率变化的主要气象因子，其次为空气温度、太阳辐射和相对湿度；而Huang和Zhang（2016）对于腾格里沙漠的油蒿液流速率动态的研究表明，太阳辐射对液流速率的影响要高于水汽压亏缺，且各气象因子的影响程度依次为太阳辐射、水汽压亏缺、相对湿度、大气温度和风速；Ford等（2004）、Bosch等（2014）、Shen等（2015）均得到相似结果；而Chen等（2014）则指出，植被蒸腾对水汽压亏缺的响应主要取决于土壤水分状况，当土壤水分充足时，水汽压亏缺的大小对蒸腾耗水量具有决定性作用，而当土壤水分亏缺时，植被蒸腾量受水汽压亏缺的影响较小；Kim等（2014）研究发现，风速对液流速率的影响显著；而夏永秋和邵明安（2008）则指出，液流速率主要受太阳辐射、大气温度、相对湿度、水汽压亏缺等的影响，与风速没有明显的相关性。此外，气象因子对液流速率的影响还随时间尺度的不同而不同。魏新光等（2014）对黄土丘陵区枣林的液流速率与气象因子的相互关系按小时尺度、日尺度和旬尺度的研究发现，在小时尺度上，液流速率主要受太阳辐射和风速的影响，在日尺度上主要受相对湿度的影响，在旬尺度上与气象因子之间没有明显的相关性，即随着时间尺度的增大，气象因子对液流变化的影响力逐渐减弱。

因此，在前人研究基础上，本研究以油松、侧柏、沙棘、柠条等典型人工植被为研究对象，首先以各气象因子为划分单元，对比分析各树种液流速率动态与气象因子的相互关系，并按不同时间尺度分析液流速率动态与气象因子的相关性；其次以植被类型为划分单元，构建回归模型，分析各植被液流速率与所有气象因子的综合响应，为预测植被耗水动态提供参考。

6.2.1 太阳辐射对液流速率的影响

太阳辐射是植被液流运动的主要驱动力，对液流活动起直接或间接的作用，液流的昼夜变化与太阳辐射的变化格局相一致，即随着太阳辐射增强，液流速率增加，达到峰值后逐渐下降至夜间平稳水平。

从图 6-8 和表 6-3 可知，5 月太阳辐射在 7：00 左右开始明显增强，12：00～13：00 达到峰值，并且在 18：00 左右明显下降。油松、侧柏、沙棘、柠条的液流速率均随着太阳辐射的增加而开始启动。其中，油松在 10：00～12：00 达到峰值，侧柏在 9：00～12：00达到峰值，沙棘在 12：00 左右达到峰值，相对滞后于油松和侧柏的液流峰值，柠条在 9：00～11：00 达到峰值，四种植被的液流峰值时间均提前于太阳辐射达到峰值的时间；傍晚时段液流速率均出现下降趋势，油松和侧柏在太阳辐射明显下降的 1～2 h 之后逐渐趋于稳定，沙棘和柠条的液流下降时间相对较早，一般在太阳辐射明显下降的 1 h 内逐渐趋于稳定。

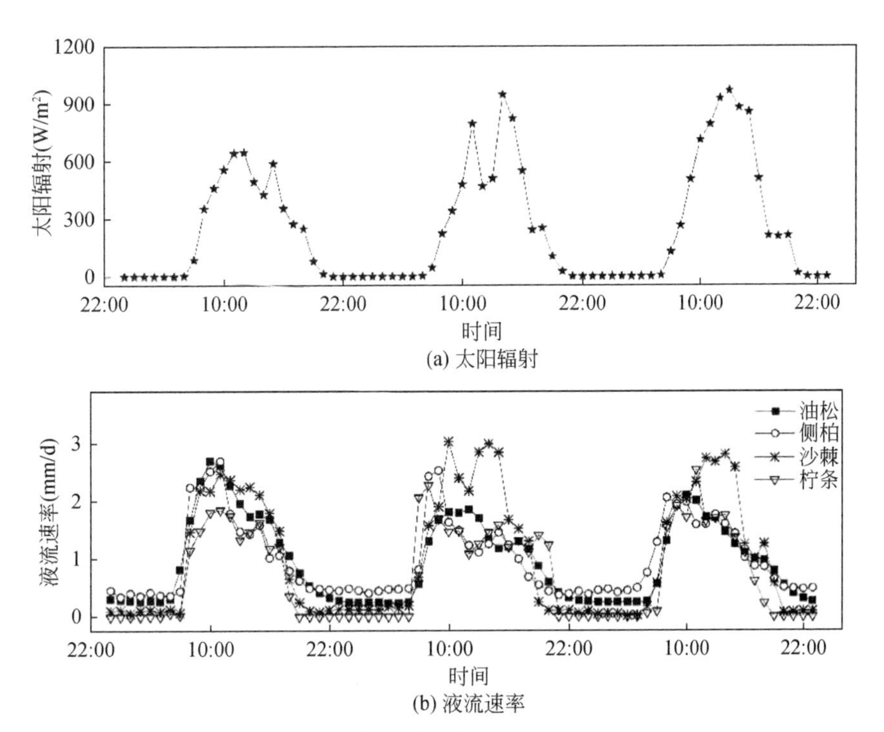

图 6-8　太阳辐射与液流运动昼夜变化

表 6-3　生长季内不同时期太阳辐射与液流运动的时间进程

日期（月-日）	太阳辐射			油松液流			侧柏液流			沙棘液流			柠条液流		
	启动	峰值	停止	启动	峰值	低值	启动	峰值	低值	启动	峰值	低值	启动	峰值	低值
5-6	7：00	13：00	18：00	8：00	10：00	19：00	7：00	10：00	19：00				7：00	10：00	19：00
5-12	7：00	13：00	18：00	7：00	10：00	20：00	7：00	9：00	19：00				7：00	9：00	19：00
5-25	7：00	12：00	18：00	7：00	12：00	20：00	7：00	12：00	20：00	7：00	12：00	19：00	7：00	11：00	19：00
6-6	6：00	12：00	18：00	7：00	10：00	20：00	7：00	9：00	20：00	7：00	11：00	19：00	6：00	9：00	19：00
6-15	6：00	13：00	20：00	7：00	13：00	21：00	7：00	11：00	21：00	6：00	13：00	20：00	7：00	12：00	20：00
6-25	6：00	13：00	19：00	6：00	11：00	20：00	6：00	10：00	20：00	7：00	11：00	20：00	6：00	10：00	19：00
7-7	6：00	12：00	20：00	7：00	10：00	21：00	6：00	9：00	21：00	7：00	11：00	20：00	7：00	11：00	20：00
7-18	6：00	12：00	20：00	6：00	11：00	21：00	6：00	11：00	21：00	6：00	12：00	21：00	6：00	11：00	20：00
7-30	7：00	13：00	19：00	7：00	11：00	20：00	7：00	9：00	20：00	7：00	11：00	20：00	7：00	9：00	19：00
8-7	7：00	13：00	20：00	7：00	11：00	21：00	7：00	9：00	21：00	7：00	10：00	20：00	7：00	9：00	20：00
8-20	7：00	14：00	19：00	7：00	11：00	20：00	7：00	9：00	20：00	7：00	10：00	20：00	7：00	10：00	20：00
8-30	7：00	13：00	19：00	7：00	10：00	20：00	7：00	9：00	20：00	7：00	9：00	20：00	7：00	10：00	19：00
9-5	7：00	13：00	18：00	8：00	12：00	20：00	8：00	14：00	20：00	8：00	13：00	19：00	8：00	12：00	18：00
9-18	8：00	14：00	18：00	9：00	12：00	20：00	9：00	12：00	19：00	9：00	13：00	20：00	9：00	12：00	19：00
9-26	8：00	13：00	18：00	9：00	13：00	20：00	9：00	11：00	19：00	8：00	12：00	18：00	9：00	12：00	18：00

6 ~ 7 月，太阳辐射的启动时间提前，在 6：00 左右即开始明显增强，在 12：00 ~ 13：00 达到峰值，太阳辐射明显下降的时间亦推迟至 19：00 ~ 20：00。在该时段内，受太阳辐射的影响，各植被液流的启动时间也都略有提前，在 6：00 ~ 7：00 开始启动，而峰值出现的时间各有差异：6 ~ 7 月，油松液流出现峰值的时间与太阳辐射的峰值时间较为接近，一般出现在 10：00 ~ 13：00，随后，在太阳辐射迅速下降的 1 ~ 2 h 后迅速下降趋于稳定；侧柏出现峰值的时间在 9：00 ~ 11：00，一般比太阳辐射的峰值时间提前 1 ~ 2 h，在太阳辐射下降后的 1 h，液流速率迅速下降并趋于稳定；沙棘出现液流峰值的时间与油松液流的峰值时间相近且略呈滞后趋势，一般在 11：00 ~ 13：00，并且亦在太阳辐射迅速下降的 1 h 后趋于稳定；柠条液流速率出现峰值的时间介于侧柏和沙棘之间，一般为 9：00 ~ 12：00，其液流速率下降至趋于稳定的时间基本与太阳辐射的时间同步。

8 ~ 9 月太阳辐射启动时间逐渐延迟至 7：00 ~ 8：00，在 13：00 ~ 14：00 出现峰值，太阳辐射出现明显减少的时间亦提前至 18：00 ~ 19：00。在该时段内，油松液流启动时间推迟至 7：00 ~ 9：00，基本在太阳辐射启动后的 1 h 内开始增加，并在 10：00 ~ 13：00 达到峰值，在太阳辐射下降后的 1 ~ 2 h 液流速率下降至夜间稳定水平；侧柏液流的启动时间也相应推迟至 7：00 ~ 9：00，在 9：00 ~ 14：00 达到峰值，并在太阳辐射下降后的 1 h 左右液流速率下降至稳定水平；柠条和沙棘亦表现出相似的变化趋势，液流启动时间均处于太阳辐射启动后的 1 h 左右（7：00 ~ 9：00），均在太阳辐射下降后的 1 h 内趋于稳定，沙棘液流出现峰值的时间相对滞后于柠条液流出现峰值的时间。

将生长季内的液流速率按昼夜变化、日变化及旬变化三个尺度进行划分，与对应尺度的太阳辐射变化之间建立相互关系，结果如图 6-9 ~ 图 6-11 所示。在昼夜尺度上，选取生长季内一晴朗日期（6 月 12 日），以 1 h 为时间步长，建立液流速率与太阳辐射的相互关系，可知，液流速率与太阳辐射之间均呈顺时针变化：上午，随着太阳辐射的增加，液流速率呈增长趋势，午后随着太阳辐射的减少而减少，与图 6-8 所示变化趋势相同。此外，从图 6-9 可知，液流运动与太阳辐射之间具有明显的时滞现象，液流速率的峰值时间提前于太阳辐射出现峰值的时间，植物体通过气孔的调节作用，减少液流速率，减少水分损失，进而缓解因逐渐增强的蒸腾拉力而引起的干旱胁迫（Du et al.，2011）。在植被的这种生理调控作用下，其下午时段的液流速率普遍低于上午时段的液流速率，该结果与 Zheng 和 Wang（2014）的研究结果相一致，在蒸腾拉力的作用下，植被持续失水，午后受到的干旱胁迫程度更高，植被通过降低液流速率，缓解干旱胁迫，是植被对干旱环境的一种适应机制。同时，液流速率与太阳辐射之间的这种时滞现象具有树种差异性。本研究中，油松和沙棘的液流峰值与太阳辐射峰值较为接近，其液流峰值所对应的太阳辐射范围在 600 ~ 700 W/m^2，即正午前后，而侧柏和柠条的液流峰值明显提前于太阳辐射的峰值，一般在太阳辐射值为 400 ~ 500 W/m^2时达到液流峰值，即 10：00 ~ 11：00。

对生长季内太阳辐射日均值与液流速率日均值建立相互关系（图 6-10），油松、侧柏、沙棘、柠条的日液流速率与太阳辐射值之间均呈现正相关关系，整体随着太阳辐射的增加而增加。从液流速率与太阳辐射在旬尺度构建的相互关系中亦得到相似结果（图 6-11），液流速率与太阳辐射之间呈正相关关系。

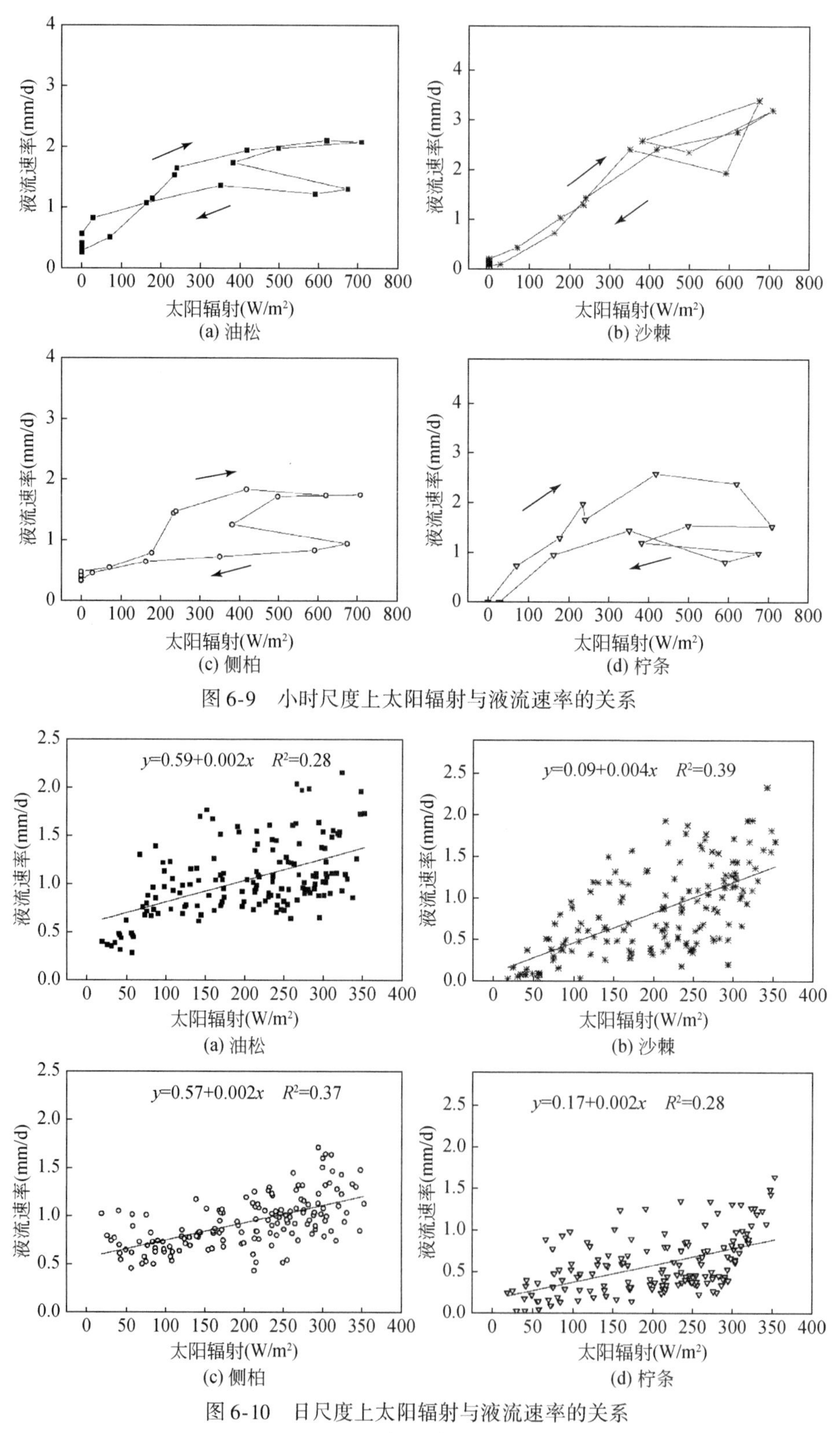

图 6-9　小时尺度上太阳辐射与液流速率的关系

图 6-10　日尺度上太阳辐射与液流速率的关系

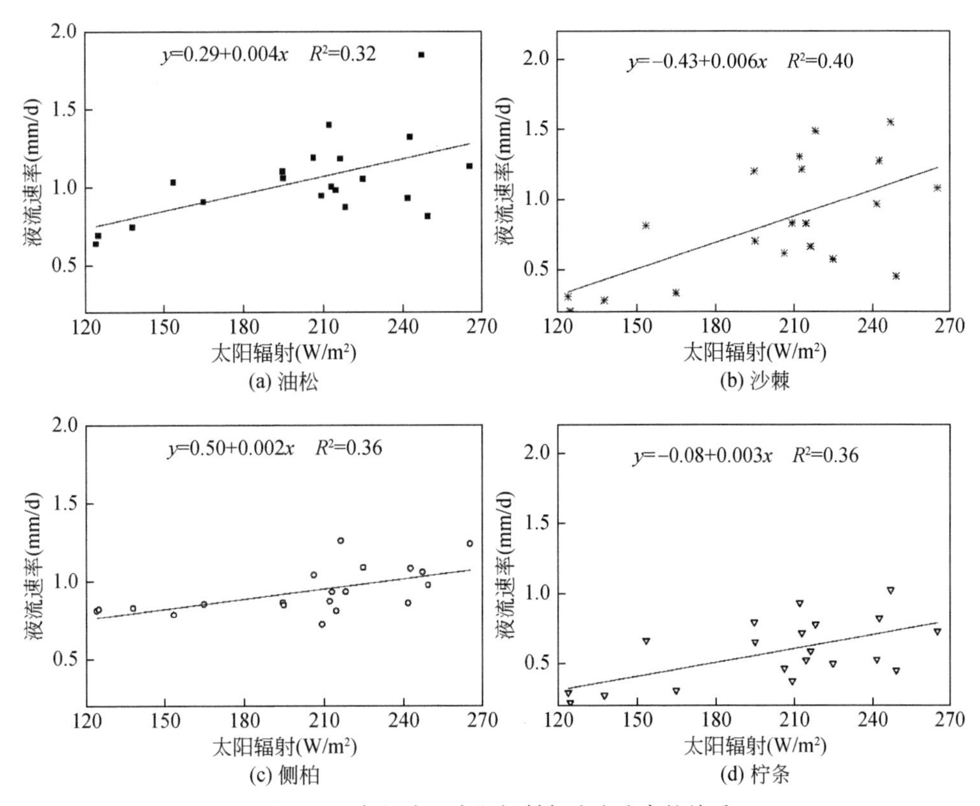

图 6-11 旬尺度上太阳辐射与液流速率的关系

在以上分析结果的基础上，将液流速率按小时尺度、日尺度、旬尺度与太阳辐射之间进行 Pearson 相关分析，结果见表 6-4。在小时尺度上，油松、侧柏、沙棘、柠条的液流速率与太阳辐射的相关系数依次为 0.777、0.701、0.737 和 0.653，在 $p<0.01$ 水平上显著相关；在日尺度上，四种植被液流速率与太阳辐射的相关系数略有下降，但仍在 $p<0.01$ 水平上显著相关，其相关系数分别为 0.536、0.604、0.617 和 0.524；在旬尺度上，四种植被的液流速率与太阳辐射变化之间均无明显的相关性。随着时间尺度的增大，太阳辐射对液流速率的影响逐渐减小。

表 6-4 不同时间尺度上液流速率与太阳辐射的相关性

树种	小时尺度	日尺度	旬尺度
油松	0.777 **	0.536 **	0.878
侧柏	0.701 **	0.604 **	0.681
沙棘	0.737 **	0.617 **	0.660
柠条	0.653 **	0.524 **	0.637

** 表示在 $p<0.01$ 水平上显著相关

6.2.2 大气温度对液流速率的影响

大气温度与液流速率的昼夜变化如图6-12所示，均呈现规律性的昼夜变化。受太阳辐射的影响，大气温度与液流速率的启动时间相似，而大气温度峰值时间滞后于液流速率。此外，夜间大气温度持续下降，一般在日出前达最小值。选择与太阳辐射分析所用的相同日期，建立大气温度的时间变化进程（表6-5）。可知，大气温度的启动时间与太阳辐射的启动时间基本保持一致，介于6：00～8：00，略微提前于液流速率的启动之间，大气温度的峰值时间一般在14：00～16：00，滞后于太阳辐射的峰值时间，同时也滞后于液流速率的峰值时间。大气温度在夜间持续降低，一般在次日日出前（6：00～7：00）达到最低值，与液流速率的运动趋势差异较大，夜间植被的液流速率值较低且基本保持稳定。

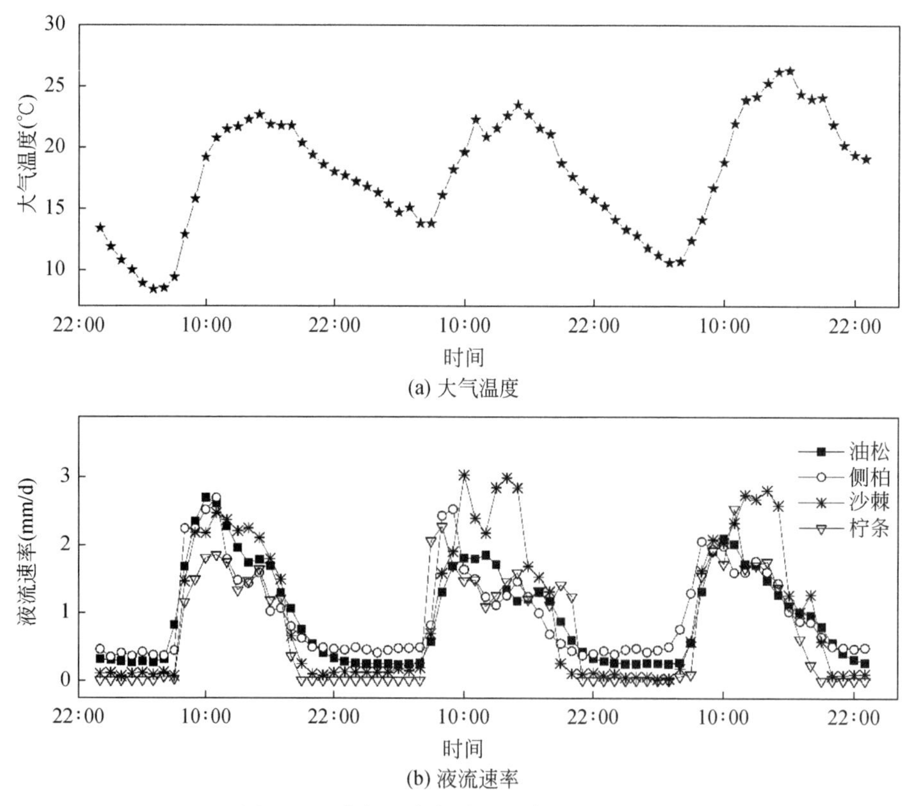

(a) 大气温度

(b) 液流速率

图6-12　大气温度与液流速率的昼夜变化

同样，将生长季内的液流速率按昼夜变化、日变化及旬变化三个尺度进行划分，与对应尺度的大气温度变化建立相关性，结果如图6-13～图6-15所示。在昼夜变化尺度上，同样选取生长季内一晴朗日期（6月12日），以1 h为时间步长，建立液流速率与大气温度的相互关系（图6-13），与太阳辐射和液流速率的关系类似，四种植被液流速率与大气温度之间均呈顺时针变化：日出前，大气温度持续降低，而液流速率变化平缓，日出之后，随着大气温度的提升，液流速率呈增长趋势，并且液流速率的峰值提早于大气温度到达峰值的时间。

油松在大气温度为 20 ~ 22 ℃时达到液流速率的峰值，侧柏和柠条在大气温度为 18 ~ 20 ℃时达到液流速率的峰值，而沙棘则是在大气温度为 22 ~ 24 ℃时达到液流速率的峰值；随后随着大气温度的下降，液流速率逐渐减少至平稳状态，与图 6-12 所示结果相同。同样地，在蒸腾拉力作用下，由于植被持续失水，在相同大气温度下，其午后的液流速率值低于上午时段。对生长季内大气温度与液流速率日均值和旬均值建立相互关系（图 6-14，图 6-15）可知，油松、侧柏、沙棘、柠条的日液流速率与大气温度之间呈现正相关关系，整体随着大气温度的增加而增加。

表 6-5　大气温度昼夜变化的时间进程

日期（月-日）	启动时刻	峰值时刻	停止时刻	启动值（℃）	峰值（℃）	停止值（℃）
5-6	7：00	14：00	06：00	3.7	21.5	8.7
5-12	7：00	16：00	07：00	3.1	25.9	8.7
5-25	7：00	13：00	07：00	12.7	16.7	10.9
6-6	7：00	15：00	07：00	11.7	22.4	13.7
6-15	6：00	16：00	06：00	10.7	26.3	15.7
6-25	6：00	16：00	06：00	12.7	26.4	16.1
7-7	6：00	15：00	05：00	13.2	25.7	14.6
7-18	7：00	16：00	06：00	9.8	26.0	8.9
7-30	7：00	17：00	06：00	15.7	30.9	16.8
8-7	7：00	14：00	06：00	14.9	25.9	15.4
8-20	7：00	14：00	07：00	9.4	25.5	8.9
8-30	7：00	15：00	06：00	12.4	27.7	11.4
9-5	7：00	16：00	07：00	13.7	25.7	8.4
9-18	8：00	16：00	06：00	10.0	20.9	11.2
9-26	8：00	14：00	06：00	6.8	20.4	7.6

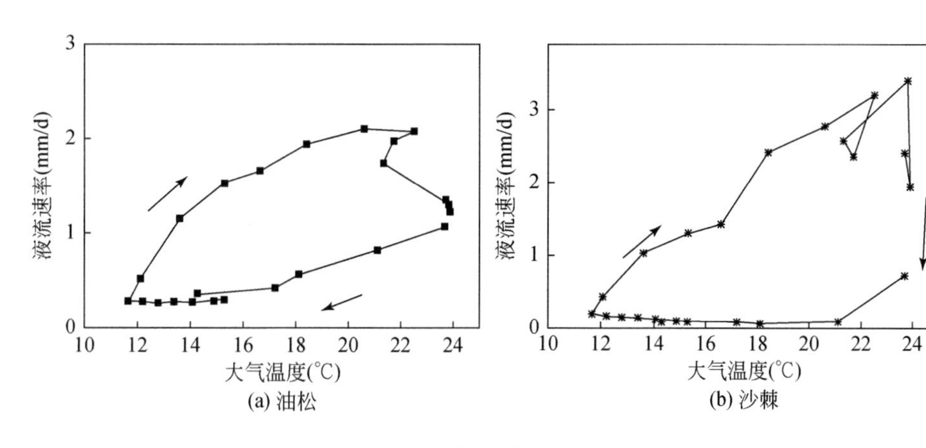

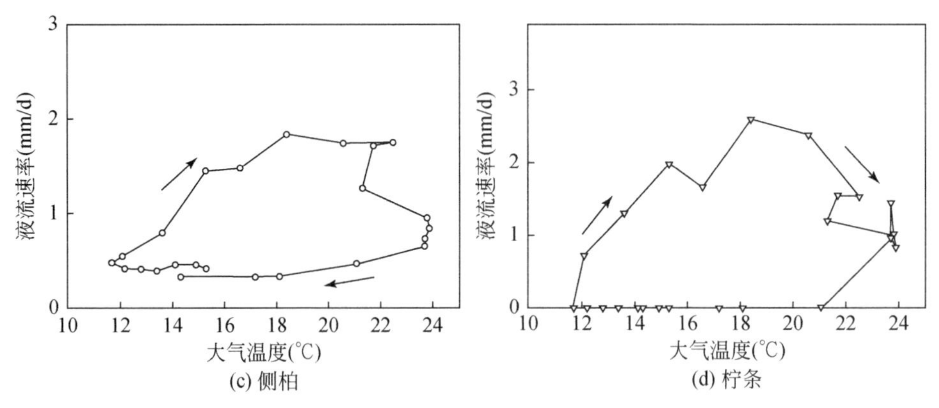

图 6-13　小时尺度上大气温度与液流速率的相互关系

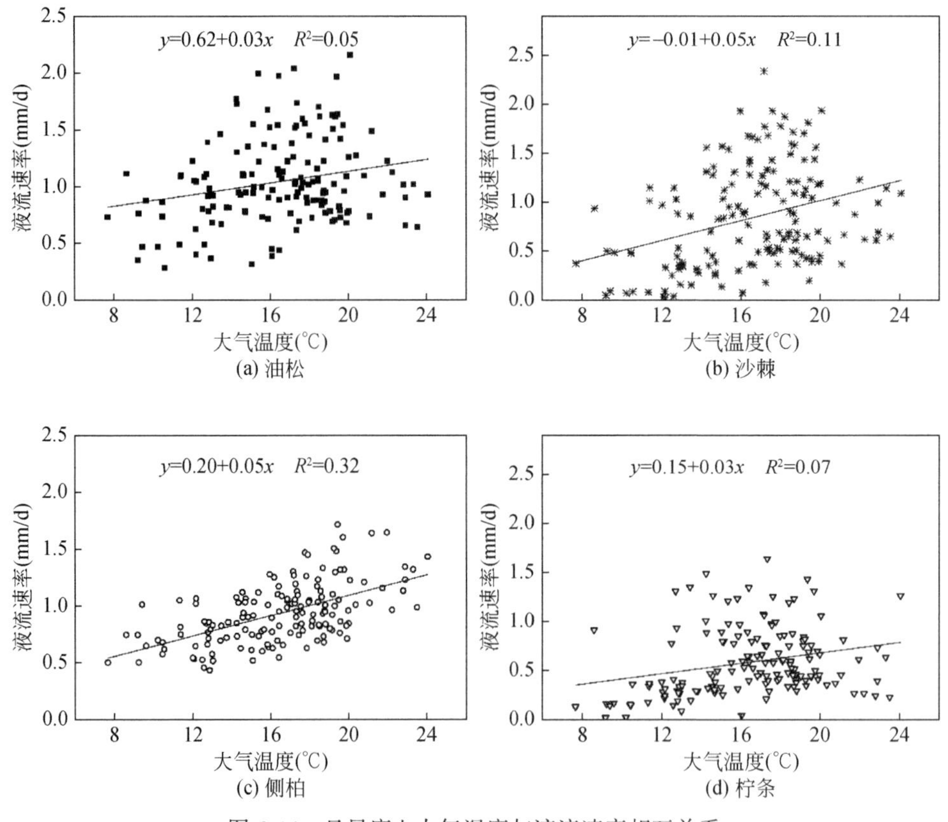

图 6-14　日尺度上大气温度与液流速率相互关系

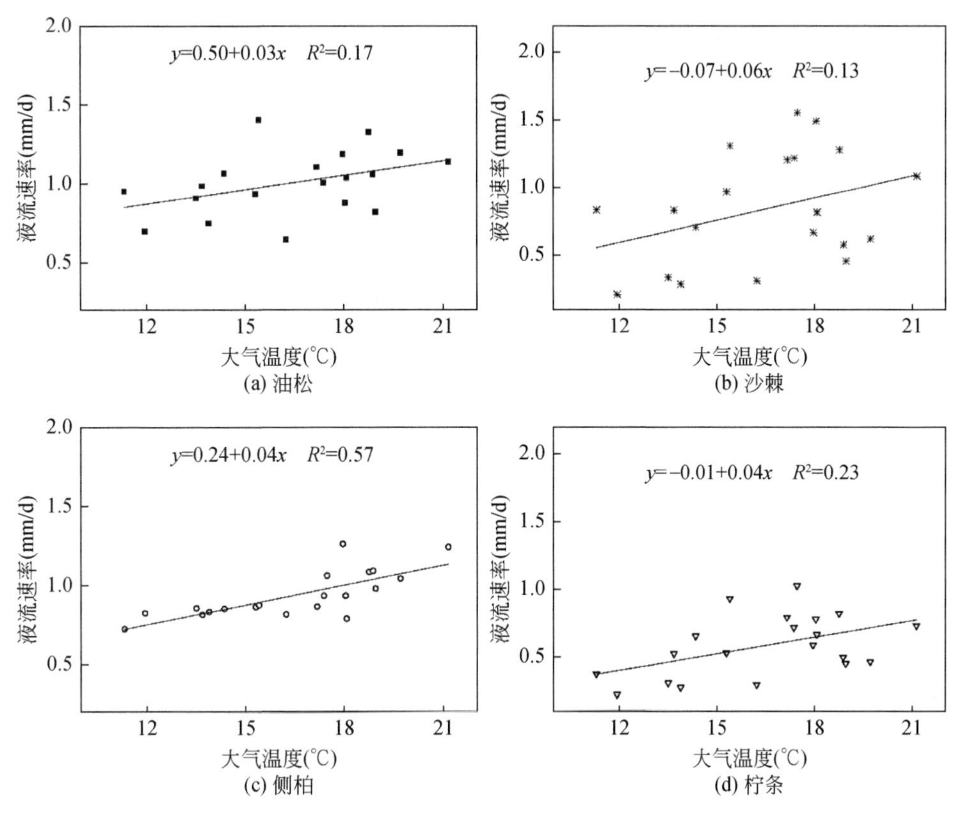

图 6-15 旬尺度上大气温度与液流速率相互关系

在以上分析结果的基础上，将液流速率按小时尺度、日尺度、旬尺度与大气温度之间进行 Pearson 相关分析，结果见表 6-6。在小时尺度上，油松、侧柏、沙棘、柠条的液流运动受大气温度影响的相关系数依次为 0. 529、0. 374、0. 648 和 0. 465，在 $p<0.01$ 水平上显著相关；在日尺度上，其相关系数分别为 0. 247、0. 598、0. 399 和 0. 331，在 $p<0.01$ 水平上显著相关，油松、沙棘、柠条液流速率与大气温度的相关性略有下降，侧柏液流速率与大气温度的相关性增加；在旬尺度上，侧柏液流速率与大气温度之间在 $p<0.05$ 水平上显著相关，相关系数为 0. 902，而油松、沙棘、柠条的液流速率在该尺度上与大气温度无明显的相关性。同样地，大气温度对液流速率的影响随着时间尺度的增加而减弱。

表 6-6 不同时间尺度大气温度与液流速率的相关性

树种	小时尺度	日尺度	旬尺度
油松	0. 529 **	0. 247 **	0. 775
侧柏	0. 374 **	0. 598 **	0. 902 *
沙棘	0. 648 **	0. 399 **	0. 487
柠条	0. 465 **	0. 331 **	0. 627

* 表示在 $p<0.05$ 水平上显著；** 表示在 $p<0.01$ 水平上显著

6.2.3 相对湿度对液流速率的影响

相对湿度与液流速率的昼夜变化如图6-16所示，液流速率与相对湿度均呈现规律性的昼夜变化，但变化趋势相反：当相对湿度呈增长趋势时，液流速率呈减少趋势，反之，当相对湿度呈减少趋势时，液流速率呈增长趋势。同样选择之前分析中所选的日期（6月12日），建立相对湿度昼夜变化的时间变化进程（表6-7）。可知，相对湿度的启动时间与太阳辐射的启动时间基本保持一致，在6：00～8：00，略微提前于液流速率的启动时间，随着太阳辐射的增加，相对湿度值逐渐减少，空气逐渐趋于干燥，在14：00～18：00相对湿度达到最小值，其峰值时间明显滞后于太阳辐射的峰值时间，同样也滞后于液流速率的峰值时间，在太阳辐射值、液流速率值逐渐减小的期间，大气中的水汽蒸散发在持续进行，直至太阳辐射值降低至低值，相对湿度的变化才逐渐趋于缓慢。夜间，太阳辐射值降为零，植被的液流运动以一种相对平缓的趋势持续进行，加之受逐渐降低的大气温度的影响，夜间的相对湿度呈增加趋势，一般在次日凌晨（3：00～5：00）达到最大值并保持相对稳定，与液流速率的运动趋势正好相反。

表6-7 相对湿度昼夜变化的时间进程

日期（月-日）	启动时刻	峰值时刻	停止时刻	启动值（%）	峰值（%）	停止值（%）
5-6	7：00	14：00	3：00	92	25	61
5-12	7：00	17：00	5：00	71	15	78
5-25	7：00	13：00	3：00	82	60	87
6-6	7：00	15：00	4：00	86	33	71
6-15	6：00	15：00	4：00	83	32	75
6-25	7：00	16：00	5：00	94	43	83
7-7	6：00	15：00	4：00	90	33	84
7-18	6：00	16：00	3：00	90	30	84
7-30	6：00	18：00	4：00	91	35	87
8-7	7：00	15：00	4：00	57	45	72
8-20	7：00	14：00	5：00	69	24	79
8-30	7：00	18：00	6：00	68	18	65
9-5	7：00	16：00	6：00	76	31	86
9-18	8：00	16：00	6：00	92	46	90
9-26	8：00	15：00	6：00	94	46	93

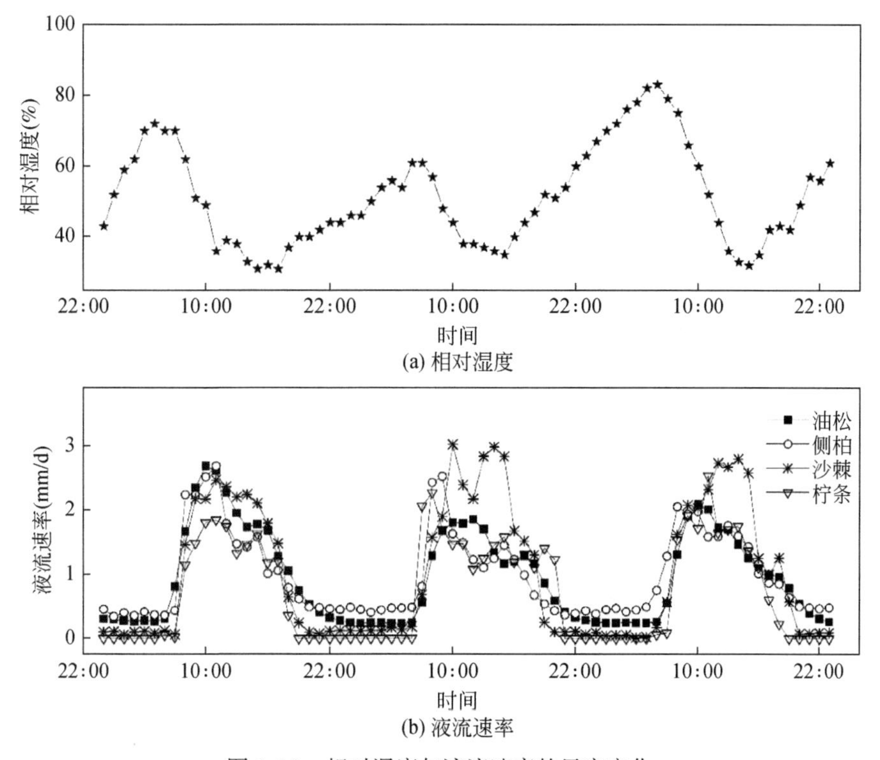

图 6-16 相对湿度与液流速率的昼夜变化

将生长季内液流速率按昼夜变化、日变化和旬变化三个尺度进行划分，与对应尺度的相对湿度建立相关性（图 6-17 ~ 图 6-19）。在昼夜变化尺度上，同样选取生长季内晴朗日期（6 月 12 日），以 1 h 为时间步建立液流速率与相对湿度的相互关系（图 6-17）。

与太阳辐射、大气温度和液流速率的变化趋势不同，液流速率与相对湿度之间均呈逆时针变化趋势：日出前（0：00 ~ 6：00），相对湿度呈平稳增长趋势，液流速率基本保持稳定，日出之后，随着太阳辐射值和气温的升高，空气干燥度增加，相对湿度值逐渐降低，而液流速率在太阳辐射等的驱动下逐渐增加直至峰值，并且从图 6-16 可知，液流速率

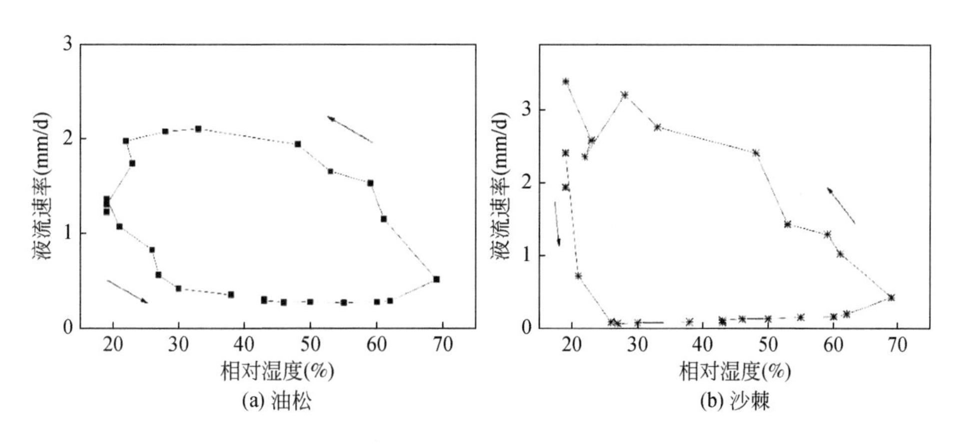

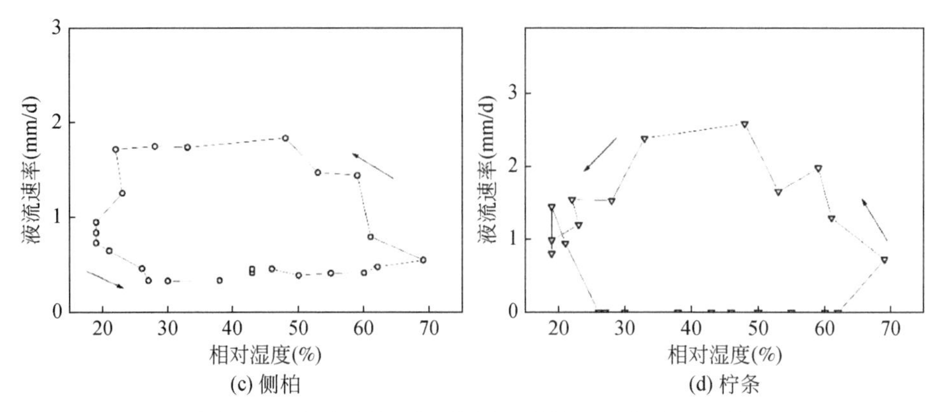

图 6-17　小时尺度上相对湿度与液流速率的相互关系

达到峰值的时期亦提前于相对湿度达到峰值（最低值）的时间：油松和沙棘在相对湿度为20% ~30 %时达到液流速率的峰值，侧柏和柠条则是在相对湿度为 40% ~50 %时达到液流速率的峰值；之后，随着太阳辐射值逐渐趋于零，相对湿度缓慢增加，而液流速率呈减少趋势直至趋于稳定。

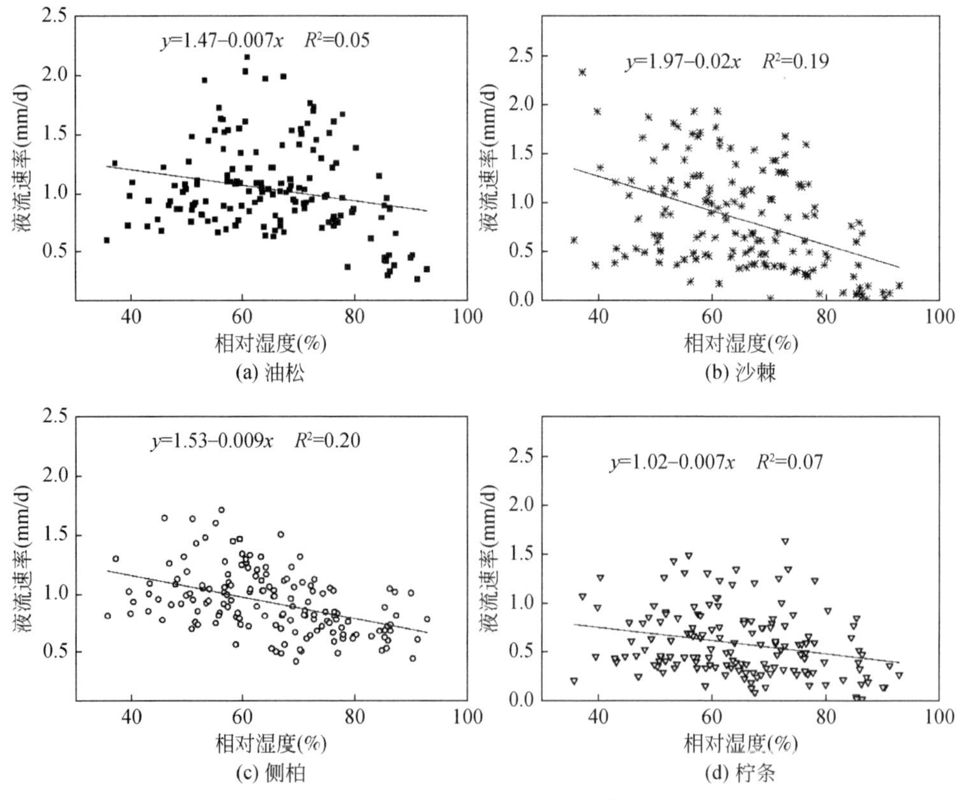

图 6-18　日尺度上相对湿度与液流速率的相互关系

对生长季内相对湿度与液流速率日均值和旬均值建立相互关系（图 6-18，图 6-19）可知，油松、侧柏、沙棘、柠条的液流速率与相对湿度之间呈现负相关关系，总体随着相对湿度的增加而减少。

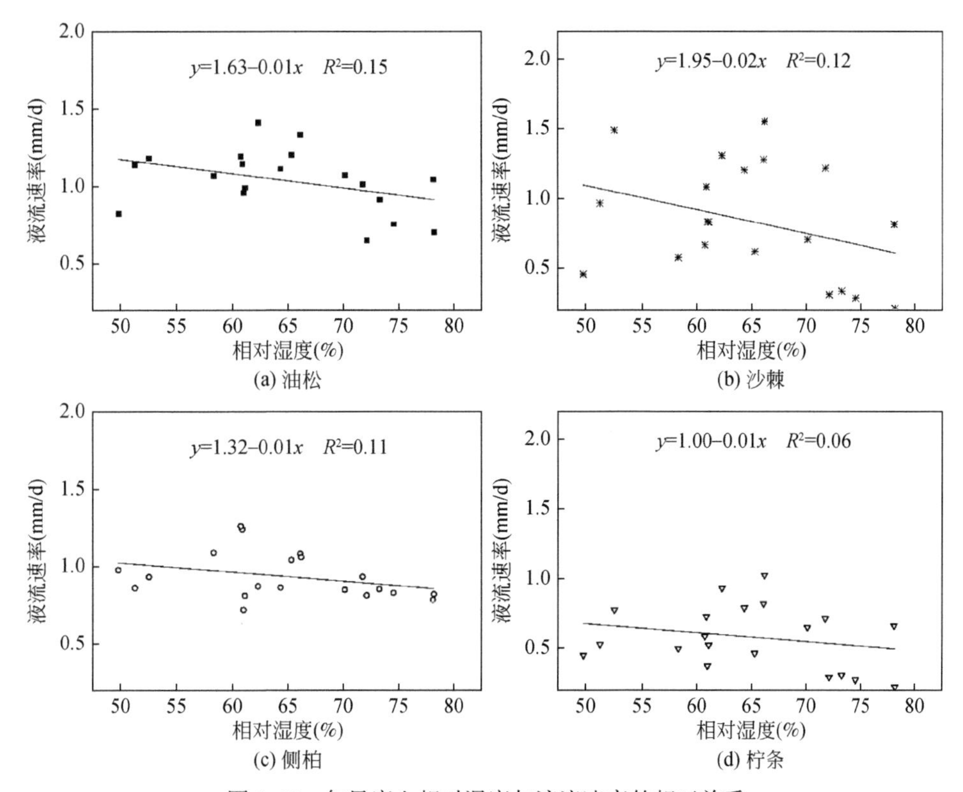

图 6-19　旬尺度上相对湿度与液流速率的相互关系

在以上分析结果的基础上，将液流速率按小时尺度、日尺度、旬尺度与相对湿度之间进行 Pearson 相关分析，结果如表 6-8 所示，相对湿度与液流速率之间呈现负相关。在小时尺度上，油松、侧柏、沙棘、柠条的液流运动受相对湿度影响的相关系数依次为 -0.444、-0.213、-0.533 和 -0.299，其中，油松、沙棘、柠条液流运动与相对湿度在 $p<0.01$ 水平上显著相关，而侧柏的液流运动与相对湿度在 $p<0.05$ 水平上显著相关；在日尺度上，其相关系数分别为 -0.225、-0.444、-0.434 和 -0.257，均在 $p<0.01$ 水平上显著相关，油松、沙棘、柠条液流运动与相对湿度的相关性略有下降，侧柏液流运动与相对湿度的相关性增加；在旬尺度上，四种植被的液流运动与相对湿度之间均无明显的相关性。随着时间尺度的增加，相对湿度对液流速率的影响程度逐渐减弱。

表 6-8　不同时间尺度相对湿度与液流速率的相关性

树种	小时尺度	日尺度	旬尺度
油松	-0.444 **	-0.225 **	-0.187
侧柏	-0.213 *	-0.444 **	-0.330

续表

树种	小时尺度	日尺度	旬尺度
沙棘	-0.533**	-0.434**	-0.346
柠条	-0.299**	-0.214**	-0.240

* 表示在 $p<0.05$ 水平上显著相关；** 表示在 $p<0.01$ 水平上显著相关

6.2.4 水汽压亏缺对液流速率的影响

水汽压亏缺是大气温度和相对湿度的综合指标，亦是空气干燥度的综合体现，其变化趋势受大气温度和相对湿度的共同影响，呈现规律性的昼夜变化。由图 6-20 可知，水汽压亏缺启动时间与液流速率的启动时间相似，在 7：00 ~ 8：00，而峰值时间明显滞后于液流速率，一般在 14：00 ~ 16：00；夜间，液流速率基本稳定，水汽压亏缺在大气温度和相对湿度的共同作用下逐渐减少，即空气干燥程度逐渐得到缓解，基本在日出前达最小值，结果见表 6-9，水汽压亏缺的时间进程与大气温度和相对湿度基本一致。

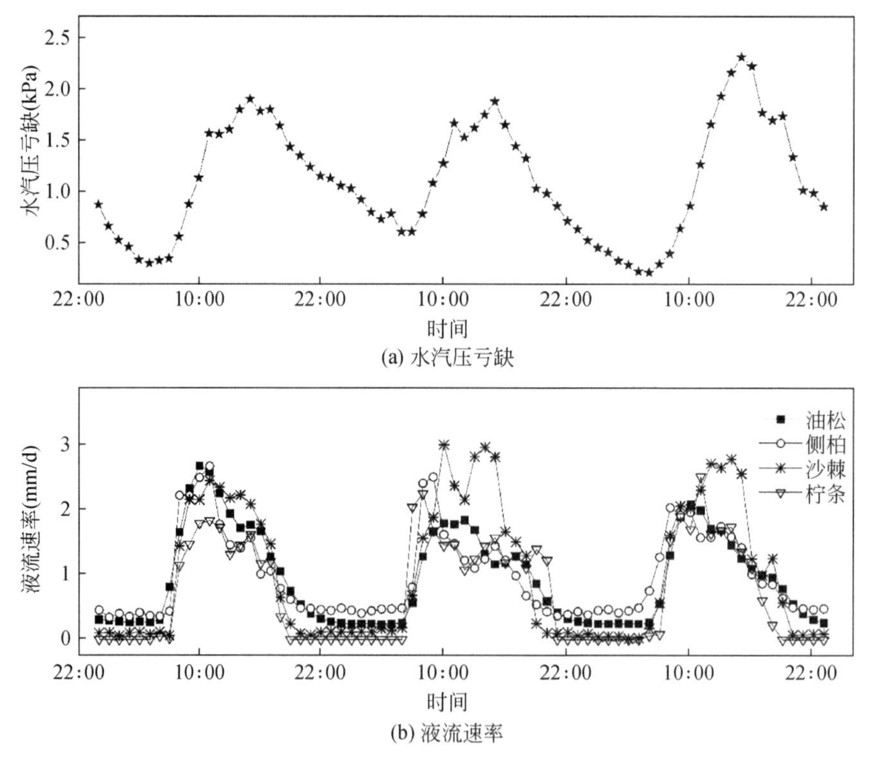

图 6-20 水汽压亏缺与液流速率的昼夜变化

将生长季内的液流速率按昼夜变化、日变化及旬变化三个尺度进行划分，与对应尺度的水汽压亏缺变化情况建立相关性，结果如图 6-21 ~ 图 6-23 所示。在昼夜尺度上，同样选取生长季内的晴朗日期（6 月 12 日），以 1 h 为时间步长，建立液流速率与水汽压亏缺的相互关系（图6-21），四种植被液流速率与水汽压亏缺之间均呈顺时针变化：日出前（0：00~6：00），水汽压亏缺值呈平稳减少趋势，液流速率基本保持稳定，日出后，大气温度增加，相对湿度减少，空气干燥程度增加，水汽压亏缺值逐渐增加，液流速率亦在太阳辐射等的驱动下逐渐增加至峰值，两者呈相同变化趋势，四种植被液流速率峰值均提前于水汽压亏缺达到峰值的时间：油松液流速率基本在水汽压亏缺值为1.5~2.0 kPa时达到峰值，侧柏和柠条液流速率在水汽压亏缺值为1.0~1.5 kPa时达到峰值，沙棘液流速率在水汽压亏缺值为2.0~2.5 kPa时达到最大值，并呈顺时针变化趋势，四种植被上午时段的液流速率值高于下午，午后液流运动受到一定程度的水分胁迫（张雷等，2009）。

表6-9　水汽压亏缺的时间进程

日期（月-日）	启动时刻	峰值时刻	停止时刻	启动值（kPa）	峰值（kPa）	停止值（kPa）
5-6	8：00	14：00	4：00	0.09	1.92	0.46
5-12	7：00	17：00	5：00	0.22	2.84	0.26
5-25	7：00	13：00	3：00	0.26	0.76	0.37
6-6	7：00	15：00	5：00	0.19	1.82	0.49
6-15	6：00	15：00	4：00	0.22	2.31	0.46
6-25	7：00	16：00	6：00	0.09	1.96	0.26
7-7	7：00	15：00	5：00	0.16	2.21	0.23
7-18	7：00	16：00	5：00	0.12	2.35	0.14
7-30	7：00	18：00	5：00	0.12	2.90	0.21
8-7	8：00	14：00	6：00	0.74	1.84	0.44
8-20	8：00	14：00	5：00	0.41	2.48	0.26
8-30	7：00	18：00	6：00	0.46	3.05	0.47
9-5	7：00	16：00	6：00	0.38	2.28	0.19
9-18	8：00	16：00	6：00	0.10	1.34	0.13
9-26	8：00	14：00	6：00	0.06	1.27	0.07

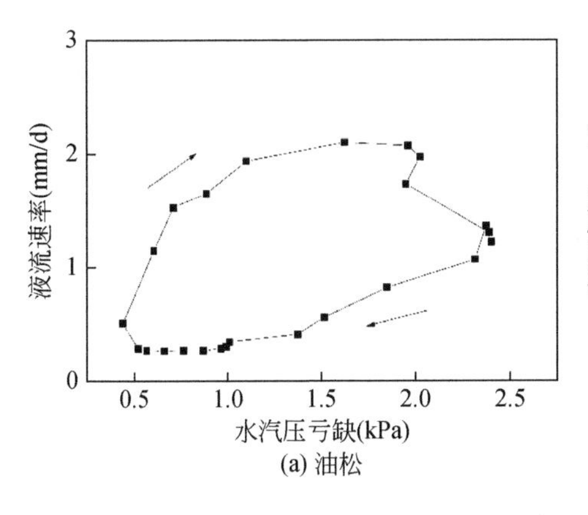

(a) 油松

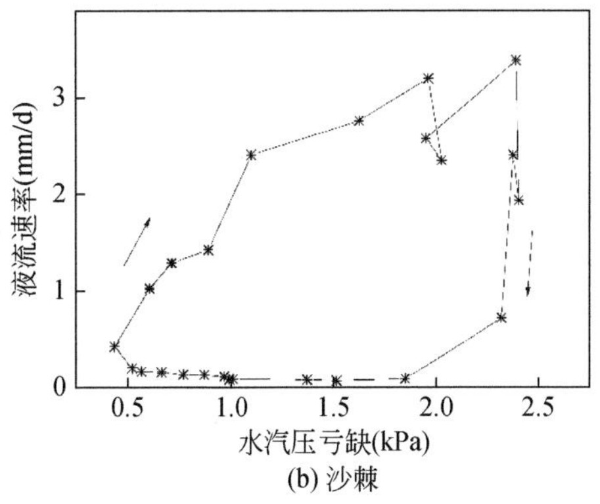

(b) 沙棘

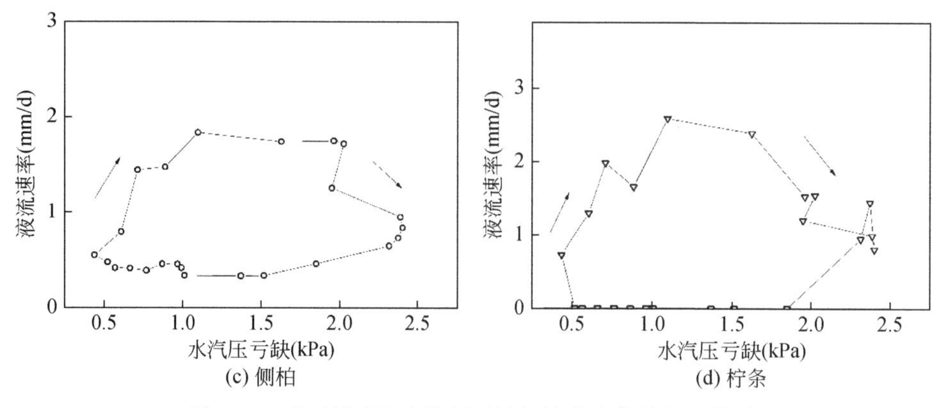

图 6-21　小时尺度上水汽压亏缺与液流速率的相互关系

对生长季内的水汽压亏缺与液流速率日均值和旬均值建立相互关系（图 6-22，图 6-23）可知，水汽压亏缺与液流速率的相关系数与其他因子和液流速率的相关性曲线描述有所不同，液流速率与水汽压亏缺之间呈曲线相关，随着水汽压亏缺的增加呈现先增后减的趋势（Chen et al.，2014；Shen et al.，2015）。在日尺度上，油松、沙棘和柠条的液流速率基本在水汽压亏缺值为 0.8 ~ 1.0 kPa 时达到峰值，侧柏的液流变化未表现出明显的峰值区。在旬尺度上，亦表现出相似的变化趋势，油松、沙棘和柠条的液流速率基本在水汽压亏缺值为 0.7 ~ 0.9 kPa 时达到峰值，而侧柏液流速率的峰值区依然不明显。

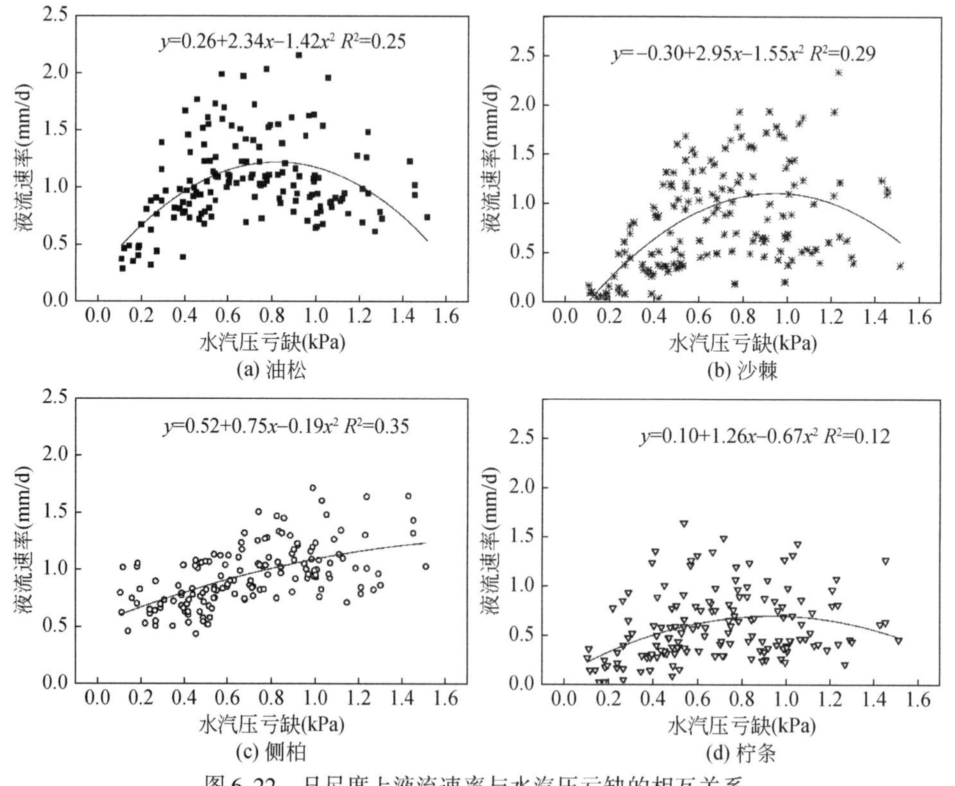

图 6-22　日尺度上液流速率与水汽压亏缺的相互关系

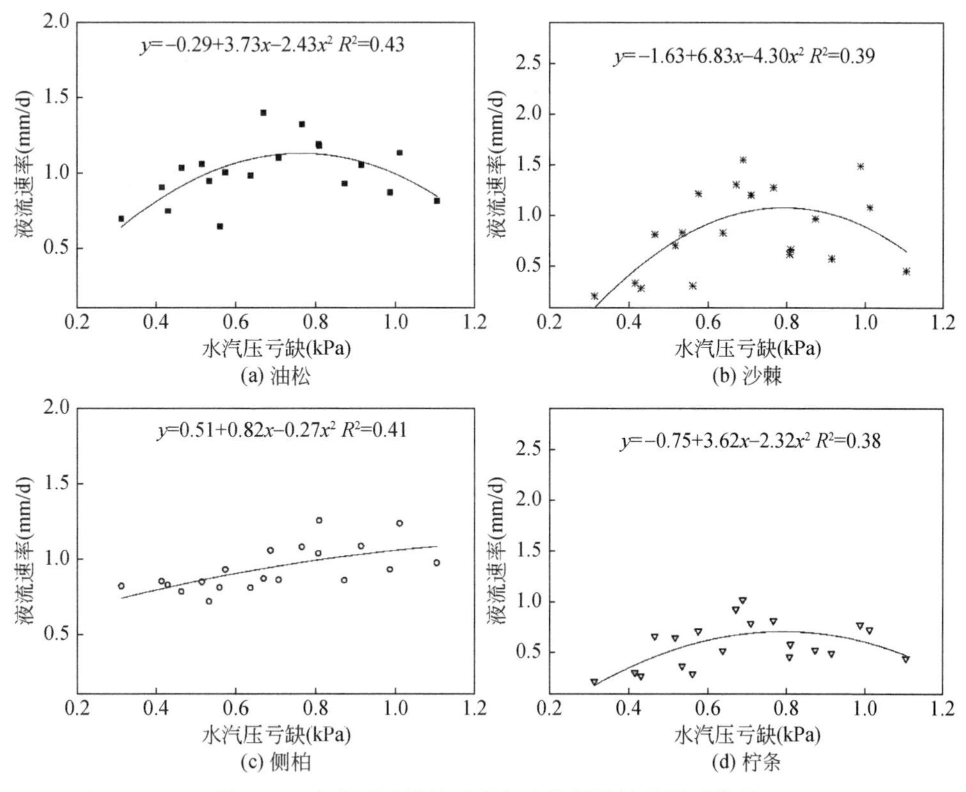

图 6-23　旬尺度上液流速率与水汽压亏缺的相互关系

在以上分析结果的基础上，将液流速率按小时尺度、日尺度、旬尺度与水汽压亏缺之间进行 Pearson 相关分析，结果见表 6-10。在小时尺度上，油松、侧柏、沙棘、柠条的液流运动受水汽压亏缺影响的相关系数依次为 0. 502、0. 296、0. 654 和 0. 404，均在 $p<0.01$ 水平上显著相关；在日尺度上，油松、侧柏、沙棘、柠条的液流运动与水汽压亏缺的相关性略有下降，其相关系数分别为 0. 212、0. 594、0. 418 和 0. 279，其中，侧柏液流运动与水汽压亏缺的在 $p<0.05$ 水平上显著相关，油松、沙棘、柠条均在 $p<0.01$ 水平上显著相关；在旬尺度上，四种植被的液流运动与水汽压亏缺之间均无明显的相关性。

表 6-10　不同时间尺度液流速率与水汽压亏缺的相关性

树种	小时尺度	日尺度	旬尺度
油松	0. 502 **	0. 212 **	0. 711
侧柏	0. 296 **	0. 594 *	0. 794
沙棘	0. 654 **	0. 418 **	0. 420
柠条	0. 404 **	0. 279 **	0. 533

* 表示在 $p<0.05$ 水平上显著相关，** 表示在 $p<0.01$ 水平上显著相关

6.2.5 风速对液流速率的影响

风速与液流速率的昼夜变化如图 6-24 所示，风速与其他气象因子不同，其昼夜变化无明显的规律性，主要以间断式和跳跃式的形态呈现。整体而言，夜间的风速较为稳定，白天（尤其是午后），风速变化较大。风速主要通过影响叶片周围的空气动力学阻力、冠层阻力及空气密度等，改变叶片边界及冠层的水汽湿度，从而影响液流速率（Kim et al.，2014）。当风速变化时，液流速率会呈现一定的波动：一般在液流速率达到峰值之前，液流速率随着风速的增加而增加，而在液流速率达到峰值之后，风速的增加并不会持续增加液流速率，风速的变化会引起液流速率在数值上的波动，但液流速率整体呈下降趋势（图 6-24）。

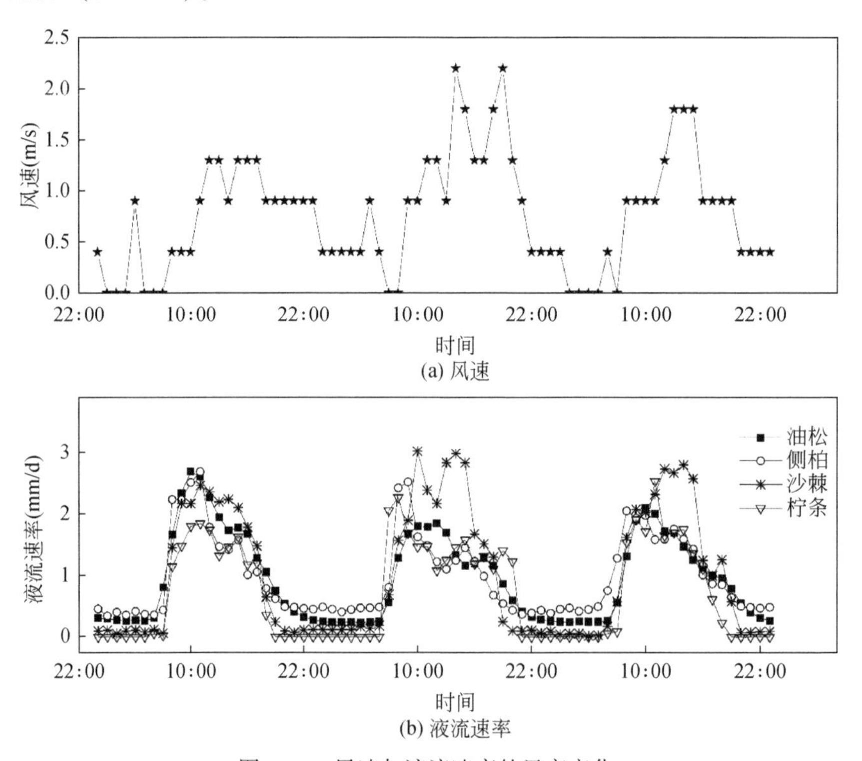

图 6-24 风速与液流速率的昼夜变化

同时，风速对液流速率的影响具有树种差异性。Kim 等（2014）指出，当风速小于 2 m/s 时，香脂杨、云杉等林木的液流速率随着风速的增加而增加，而杨树的液流速率则随着风速的增加而减少。本研究亦得到相似结果，从风速与液流速率的日变化和旬变化(图 6-25，图 6-26) 可知，油松、侧柏、沙棘和柠条的液流速率受风速的影响较小，且树种之间存在差异性。在日尺度上，油松和沙棘液流速率随着风速的增加而增加，而侧柏和柠条的液流速率的波动基本不受风速的影响（图 6-25）；在旬尺度上，油松和沙棘的液流速率与风速呈正相关，随风速增加而增加，而侧柏和柠条的液流速率随着风速增加呈减少趋势（图 6-26）。

关于风速对液流速率的影响研究结果不一。有研究表明，液流速率与风速显著相关（陈立欣等，2009）；亦有研究表明，风速与液流速率的变化没有明显的相关性（夏永秋和邵明安，2008）。尹立河等（2013）对夜间液流速率的变化研究指出，风速的变化对夜间的液流速率具有显著影响。本研究中，将液流速率按小时尺度、日尺度、旬尺度与风速之间进行 Pearson 相关分析，结果见表 6-11。在小时尺度上，油松、侧柏、沙棘、柠条的液流运动与风速均显著相关（$p<0.05$），相关系数分别为 0.392、0.245、0.539 和 0.498；而在日尺度和旬尺度上，四种植被的液流运动与风速之间均无明显的相关性。

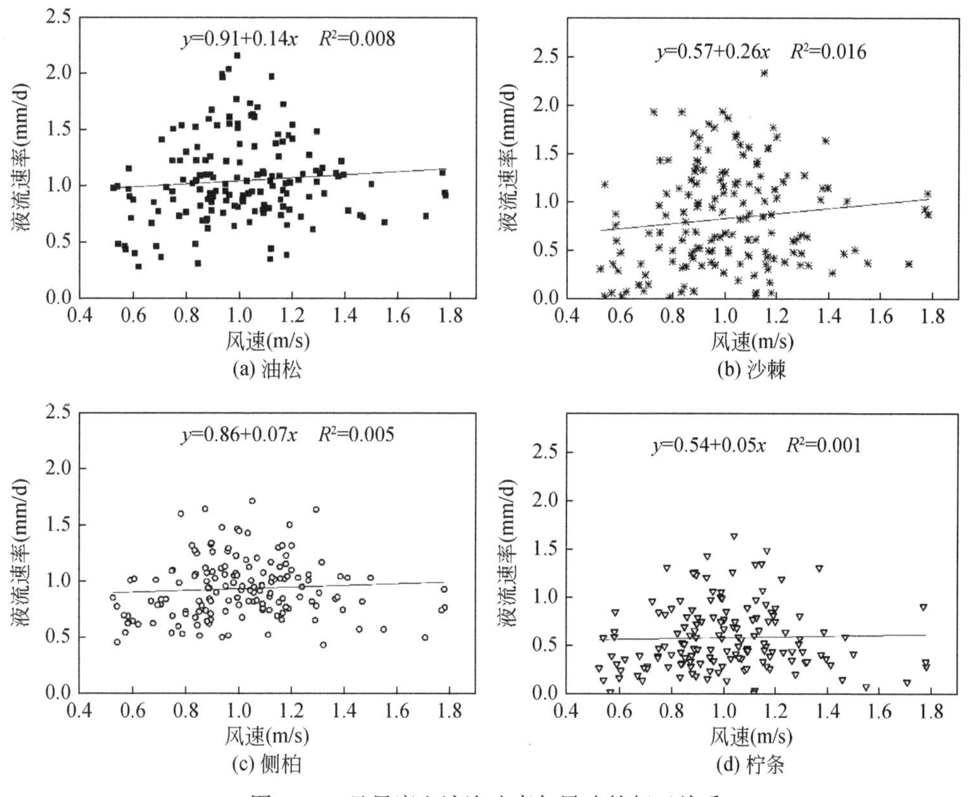

图 6-25 日尺度上液流速率与风速的相互关系

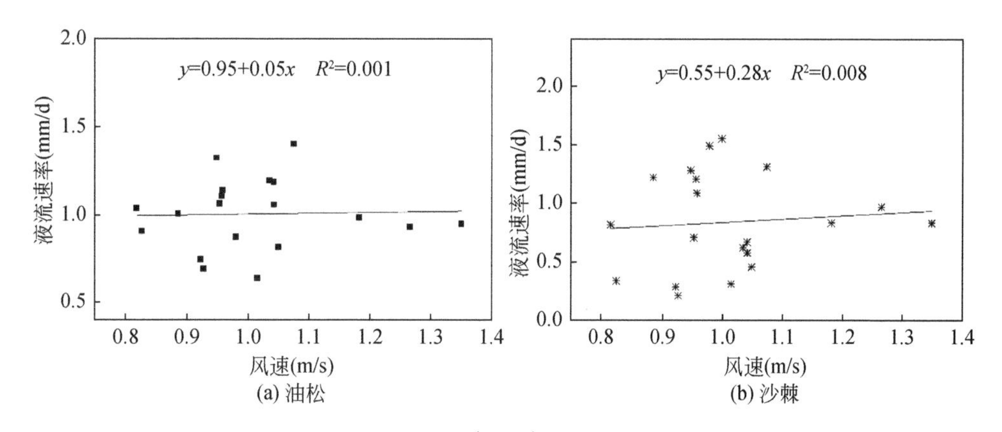

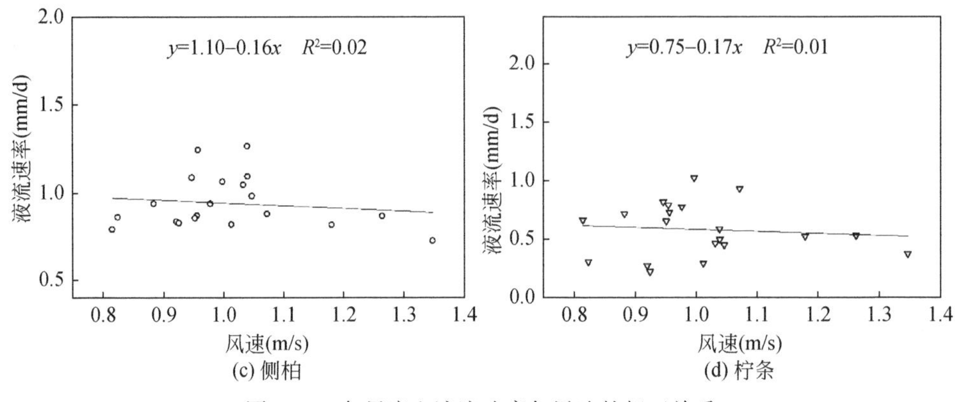

图 6-26 旬尺度上液流速率与风速的相互关系

表 6-11 不同时间尺度液流速率与风速的相关性

树种	小时尺度	日尺度	旬尺度
油松	0. 392 **	0. 077	0. 034
侧柏	0. 245 *	0. 062	−0. 142
沙棘	0. 539 **	0. 098	0. 091
柠条	0. 489 **	−0. 052	−0. 205

* 表示在 $p<0.05$ 水平上显著相关；** 表示在 $p<0.01$ 水平上显著相关

6. 2. 6 降雨对液流速率的影响

生长季内降雨次数少且以小降雨事件为主，降雨量对土壤水分的补给作用不明显（以土壤水分衰减为主），但降雨可以增加空气湿度，湿润叶片，改变叶片周围的干燥环境。在干旱半干旱地区，降水是水分的唯一来源，是植被恢复的关键限制因子，因而近年来关于降雨对液流速率的影响方面的研究较多。池波等（2013）研究表明，晴天的液流速率明显高于雨天；Huang 和 Zhang（2016）按不同降雨量级划分后指出，0 ~ 5 mm 的降雨可以增加液流速率，而大于 5 mm 的降雨则会降低液流速率；Chen 等（2014）研究表明，小降雨事件的增加会降低液流速率，而降雨总量对液流变化的影响不明显；Miyazawa 等（2014）亦得到相似结果。此外，亦有研究表明，雨后液流速率得到明显增加（Du et al., 2011）。为了定性分析降雨对液流运动的影响，本研究在生长季内选取降雨时间分布较为均匀的雨天，分别对太阳辐射和水汽压亏缺与液流速率的关系进行拟合（图 6-27 和图 6-28）。结果表明，降雨天气下四种植被的液流速率随着太阳辐射的变化由晴朗天气下的顺时针变化转变为逆时针变化。晴天，正午及午后时段光照强度达到峰值，植物在受到水分胁迫的状况下会闭合部分气孔，减少水分损失，因而午后液流速率下降；雨天，在一定程度上缓解了这种干旱胁迫，气孔导度在较弱的光照条件下更容易达到光适应状态，因而午后的液流速率增加，这与 Zheng 和 Wang（2014）的研究结果相一致。而液流速率与水汽压亏缺的变化关系则由晴朗天气下的顺时针变化转变为无明显规律性的变化。这主要是由于雨天空气湿度较高，水汽压亏缺值处相对较低的状态，水汽压差引起液流运动减少，液流速率的动态变化除了受自身生长耗水的需求之外，则主要受太阳辐射的影响。此外，分别将生长季内降雨天气的液流速率按降雨量级的大小（0～5 mm、5～10 mm 及>10 mm）进行划分，对各降雨量级对应的液流速率与降雨量之间进行 Pearson 相关分析，结果表明，各植被类型的液流速率与降雨量之间均没有显著的相关性（表 6-12）。

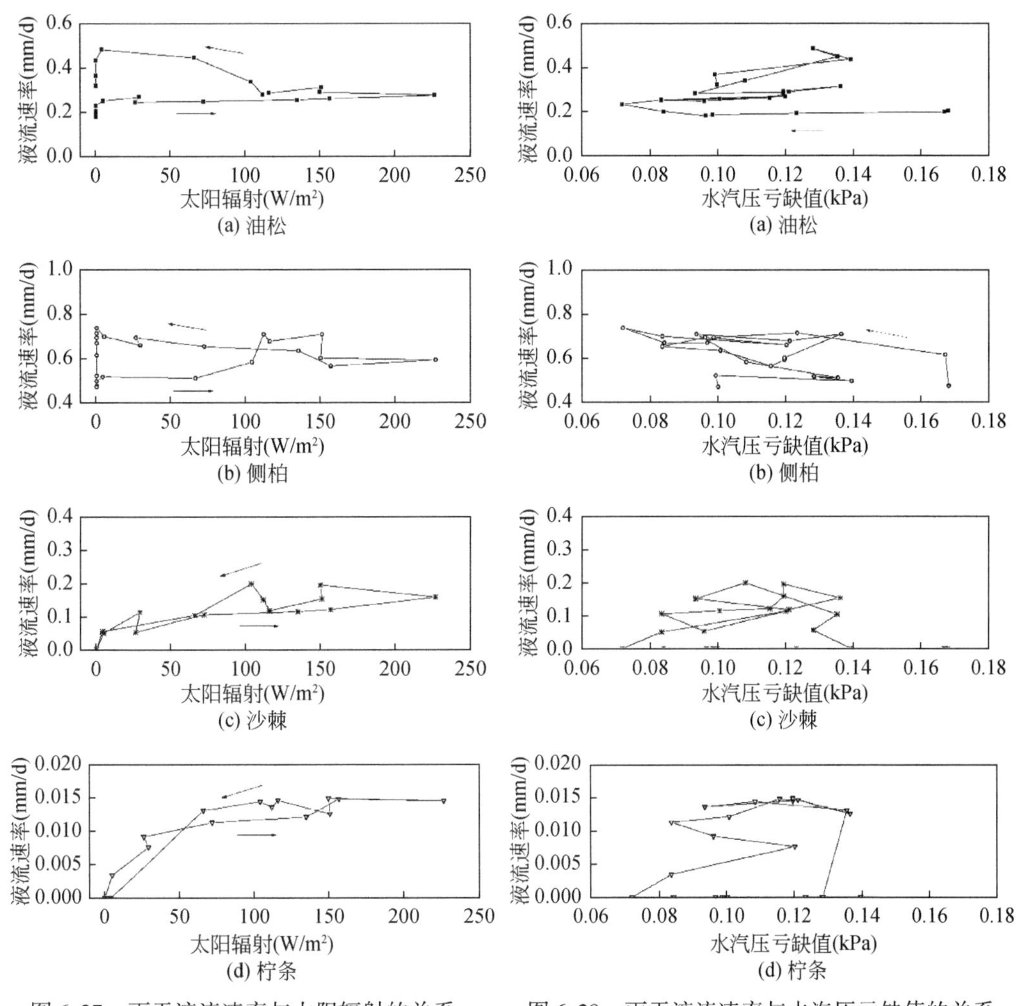

图 6-27　雨天液流速率与太阳辐射的关系　　图 6-28　雨天液流速率与水汽压亏缺值的关系

表 6-12　不同降雨量级情况下液流速率与降雨量的相关性

树种	降雨量级		
	0～5 mm	5～10 mm	>10 mm
油松	-0. 076	-0. 039	0. 602
侧柏	-0. 072	0. 265	0. 606

续表

树种	降雨量级		
	0～5 mm	5～10 mm	>10 mm
沙棘	-0.069	0.347	0.734
柠条	-0.022	0.477	0.608

将每次降雨前后的液流速率取平均值，用配对检验方法定量分析降雨对液流速率的影响，结果如图6-29所示。结果表明，降雨可以增加植被液流速率，但增加效果不明显，油松、侧柏、沙棘和柠条呈现出相同的变化规律。在此基础上，将生长季内降雨天气的液流速率按小时尺度、日尺度及旬尺度与降雨量之间进行Pearson相关分析（表6-13）。结果表明，在小时尺度上，油松、侧柏、沙棘、柠条的液流速率均与降雨量显著负相关（$p<0.05$），即在降雨天气下，随着降雨量的增加，液流速率呈降低趋势；在日尺度上，降雨量与液流速率之间没有明显的相关性；而在旬尺度上，除了侧柏以外，油松、沙棘和柠条的液流速率均与降雨量之间呈显著正相关（$p<0.05$），随着降雨量的增加，液流速率呈增长趋势。这主要与液流速率对降雨响应的滞后效应有关。研究表明，柠条的液流速率一般在降雨过后的1～2天得以恢复（Huang and Zhang，2016），而沙枣和泡泡刺的液流速率则分别在雨后的4.17天和5.13天左右才得以恢复（Zhao and Liu，2010）。旬尺度的计算在一定程度上消除了液流速率与降雨响应之间的滞后效应，而且降雨为植被的液流运动提供了水分来源，因而在该时间尺度上，液流运动与降雨量之间呈现一定的正相关关系。

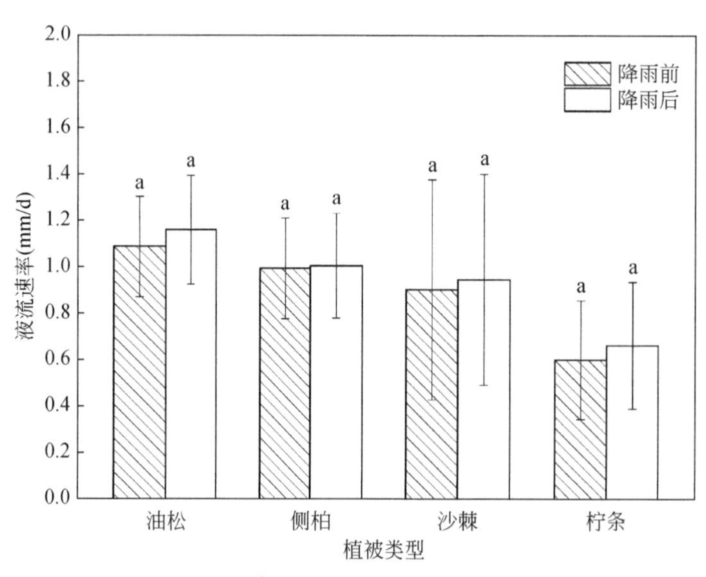

图6-29　降雨前后液流速率的变化情况

表 6-13　不同时间尺度液流速率与降雨量的相关性

树种	小时尺度	日尺度	旬尺度
油松	-0.200 **	-0.182	0.534 *
侧柏	-0.225 **	-0.046	0.403
沙棘	-0.257 **	-0.043	0.584 *
柠条	-0.154 *	-0.078	0.717 *

* 表示在 $p<0.05$ 水平上显著相关；** 表示在 $p<0.01$ 水平上显著相关

6.2.7　气象因子对液流速率的综合影响

通过对各个气象因子与各树种液流运动的影响关系进行分析，发现太阳辐射、大气温度、相对湿度、水汽压亏缺、风速、降雨与液流速率的相关性在不同时间尺度上有所不同，且单个影响因子与液流速率的线性拟合效果不好，现将生长季内各气象因子与液流速率按不同时间尺度进行综合分析，建立逐步回归模型，拟合效果较好（表 6-14）。

表 6-14　不同时间尺度上液流速率与气象因子的回归方程

树种	尺度	拟合方程	R^2
油松	昼夜变化	$y=4.246+0.002\text{Ra}-2.387\text{VPD}-0.052\text{RH}+0.089T+0.127W$	0.862
	日变化	$y=2.072+0.003\text{Ra}-1.734\text{VPD}+0.079T-0.026\text{RH}$	0.626
侧柏林地	昼夜变化	$y=0.184+0.001\text{Ra}+0.007\text{VPD}$	0.506
	日变化	$y=-0.655+0.001\text{Ra}+0.700\text{VPD}+0.013\text{RH}$	0.725
沙棘	昼夜变化	$y=-0.258+0.002\text{Ra}+0.024T$	0.830
	日变化	$y=-0.264+0.003\text{Ra}+0.025T$	0.636
柠条	昼夜变化	$y=0.240+0.002\text{Ra}$	0.793
	日变化	$y=-0.557+0.002\text{Ra}+0.006\text{VPD}+0.014T$	0.566

注：拟合方程中，y 为各树种的树干液流速率；Ra 为太阳辐射；VPD 为水汽压亏缺；RH 为相对湿度；T 为大气温度；W 为风速

结果表明，在昼夜变化尺度上，油松液流速率受太阳辐射、水汽压亏缺、相对湿度、大气温度和风速的综合影响较大，侧柏受太阳辐射和水汽压亏缺的综合影响较大，沙棘受太阳辐射和大气温度的综合影响较大，柠条受太阳辐射的影响较大；在日变化尺度上，油松液流速率受太阳辐射、水汽压亏缺、相对湿度和大气温度的综合影响较大，侧柏受太阳辐射、水汽压亏缺和相对湿度的综合影响较大，沙棘受太阳辐射和大气温度的综合影响较大，柠条受太阳辐射、水汽压亏缺和大气温度的综合影响较大。

6.3 小结

1）昼夜尺度上，油松液流速率主要受太阳辐射、大气温度、水汽压亏缺、相对湿度和风速的综合影响，与各气象因子均显著相关，各气象因子对液流速率影响的大小依次为太阳辐射>大气温度>水汽压亏缺>相对湿度>风速，液流速率与气象因子之间可构建如下逐步回归方程：$y=4.246+0.002\mathrm{Ra}-2.387\mathrm{VPD}-0.052\mathrm{RH}+0.089T+0.127W$，$R^2=0.862$；在日尺度上，油松液流速率主要受太阳辐射、大气温度、水汽压亏缺、相对湿度的综合影响，与风速的相关性不明显，各气象因子对液流速率的影响大小依次为太阳辐射>大气温度>相对湿度>水汽压亏缺，液流速率与气象因子之间的逐步回归方程为：$y=2.072+0.003\mathrm{Ra}-1.734\mathrm{VPD}+0.079T-0.026\mathrm{RH}$，$R^2=0.626$。在旬尺度上，液流速率与气象因子之间无明显相关性，各气象因子对液流速率的影响随时间尺度增加而减少。此外，油松的液流速率受降雨影响明显：昼夜尺度上，油松液流速率与降雨量显著负相关；日尺度上，油松液流速率与降雨量无明显相关性；旬尺度上，油松液流速率与降雨量显著正相关。

2）在昼夜变化尺度上，侧柏液流速率受太阳辐射、大气温度、水汽压亏缺、相对湿度和风速的影响明显，各气象因子对液流速率影响的大小依次为太阳辐射>水汽压亏缺>大气温度>风速>相对湿度，液流速率与气象因子之间的逐步回归方程为：$y=0.184+0.001\mathrm{Ra}+0.007\mathrm{VPD}$，$R^2=0.506$；在日尺度上，侧柏液流速率与风速的相关性不显著，各气象因子对液流速率的影响大小依次为太阳辐射>水汽压亏缺>相对湿度>大气温度，液流速率与气象因子之间的逐步回归方程为：$y=-0.655+0.001\mathrm{Ra}+0.700\mathrm{VPD}+0.013\mathrm{RH}$，$R^2=0.725$。在旬尺度上，液流速率与气象因子之间没有明显的相关性。此外，侧柏液流速受降雨的影响主要表现为：雨天，液流速率的昼夜变化与降雨量之间呈显著负相关。

3）在昼夜变化尺度上，沙棘液流速率受太阳辐射、大气温度、水汽压亏缺、相对湿度和风速的影响显著，各气象因子对液流速率影响的大小依次为太阳辐射>相对湿度>水汽压亏缺>大气温度>风速，液流速率与气象因子之间可构建如下逐步回归方程：$y=-0.258+0.002\mathrm{Ra}+0.024T$，$R^2=0.830$；在日尺度上，沙棘液流速率与风速的相关性不显著，各气象因子对液流速率的影响大小依次为太阳辐射>水汽压亏缺>相对湿度>大气温度，液流速率与气象因子之间的逐步回归方程为：$y=-0.264+0.003\mathrm{Ra}+0.025T$，$R^2=0.636$。在旬尺度上，液流速率与气象因子之间没有明显的相关性。此外，沙棘的液流速率受降雨影响与油松相同：在昼夜变化尺度上，沙棘液流速率与降雨量之间呈显著负相关；在日变化尺度上，其液流速率与降雨量之间无明显的相关性；在旬变化尺度上，液流速率与降雨量之间呈显著正相关。

4）在昼夜变化尺度上，柠条液流速率受太阳辐射、大气温度、水汽压亏缺、相对湿度和风速的影响显著，各气象因子对液流速率影响的大小依次为太阳辐射>大气温度>水汽压亏缺>风速>相对湿度，液流速率与气象因子之间可构建如下逐步回归方程：$y=0.240+0.002\mathrm{Ra}$，$R^2=0.793$；在日尺度上，柠条液流速率与风速的相关性不显著，各气象因子对液流速率的影响大小依次为太阳辐射>大气温度>水汽压亏缺>相对湿度，液流速率与气象因子之间的逐步回归方程为：$y = -0.557 + 0.002\text{Ra} + 0.006\text{VPD} + 0.014T$，$R^2 = 0.566$。在旬尺度上，液流速率与气象因子之间没有明显的相关性。此外，柠条的液流速率受降雨影响与油松和沙棘相同：在昼夜变化尺度上，柠条液流速率与降雨量之间呈显著负相关；在日变化尺度上，其液流速率与降雨量之间无明显的相关性；在旬变化尺度上，液流速率与降雨量之间呈显著正相关。

参考文献

常建国，王庆云，武秀娟，等. 2013. 山西太行山不同林龄油松林的水量平衡. 林业科学，49（7）：1-9.

陈立欣，李湛东，张志强，等. 2009. 北方四种城市树木蒸腾耗水的环境响应. 应用生态学报，20（12）：2861-2870.

池波，蔡体久，满秀玲，等. 2013. 大兴安岭北部兴安落叶松树干液流规律及影响因子分析. 北京林业大学学报，35（4）：21-26.

李思静，查天山，秦树高，等. 2014. 油蒿（*Artemisia ordosica*）茎流动态及其环境控制因子. 生态学杂志，33（1）：112-118.

李文华. 2007. 陕北黄土区主要造林树种蒸腾耗水及光合特性研究. 北京：北京林业大学博士学位论文.

李小琴，张小由，刘晓晴，等. 2014. 额济纳绿洲河岸胡杨（*Populus euphratica*）叶水势变化特征. 中国沙漠，34（3）：712-717.

刘庆新，孟平，张劲松，等. 2012. 基于侧柏蒸腾量分析 Granier 经验公式的测量精度. 应用生态学报，23（6）：1490-1494.

沈振西. 2005. 宁夏南部柠条、沙棘和华北落叶松的液流与蒸腾耗水特性. 北京：中国林业科学研究院博士学位论文.

魏新光，陈滇豫，汪星，等. 2014. 山地枣林蒸腾主要影响因子的时间尺度效应. 农业工程学报，30（17）：149-156.

夏永秋，邵明安. 2008. 黄土高原半干旱区柠条（*Caragana korshinskii*）树干液流动态及其影响因子. 生态学报，28（4）：1376-1382.

杨磊，卫伟，莫保儒，等. 2011. 半干旱黄土丘陵区不同人工植被恢复土壤水分的相对亏缺. 生态学报，31（11）：3060-3068.

尹立河，黄金廷，王晓勇，等. 2013. 陕西榆林地区旱柳和小叶杨夜间树干液流变化特征分析. 西北农林科技大学学报（自然科学版），41（8）：85-90.

尹立河，黄金廷，王晓勇，等. 2016. 毛乌素沙地 4 种植物叶水势变化及其影响因素分析. 植物资源与环境学报，25（1）：17-23.

于占辉，陈云明，杜盛. 2009. 黄土高原半干旱区侧柏（*Platycladus orientalis*）树干液流动态. 生态学报，29（7）：3970-3976.

张雷，孙鹏森，刘世荣. 2009. 树干液流对环境变化响应研究进展. 生态学报，29（10）：5600-5610.

Addington R N, Mitchell R J, Oren R, et al. 2004. Stomatal sensitivity to vapor pressure deficit and itsrelationship to hydraulic conductance in *Pinus palustris*. Tree Physiology, 24: 561-569.

Adiredjo A L, Navaud O, Grieu P, et al. 2014. Hydraulic conductivity and contribution of aquaporins to water uptake in roots of four sunflower genotypes. Botanical Studies, 55: 75.

Bosch D D, Marshall L K, Teskey R. 2014. Forest transpiration from sap flux density measurements in a Southeastern Coastal Plain riparian buffer system. Agricultural and Forest Meteorology, 187: 72-82.

Brito P, Lorenzo J R, González-Rodríguez Á M, et al. 2015. Canopy transpiration of a semi arid *Pinus canariensis* forest at a treeline ecotone in two hydrologically contrasting years. Agricultural and Forest Meteorology, 201: 120-127.

Cavanaugh M L, Kurc S A, Scott R L. 2011. Evapotranspiration partitioning in semiarid shrubland ecosystems: a two-site evaluation of soil moisture control on transpiration. Ecohydrology, 4: 671-681.

Chen L X, Zhang Z Q, Zeppel M, et al. 2014. Response of transpiration to rain pulses for two tree species in a semiarid plantation. International Journal of Biometeorology, 58: 1569-1581.

Chirino E, Bellot J, Sanchez J R. 2011. Daily sap flow rate as an indicator of drought avoidance mechanisms in five Mediterranean perennial species in semi-arid southeastern Spain. Trees-Structure and Function, 25: 593-606.

Doronila A I, Forster M A. 2015. Performance measurement via sap flow monitoring of three Eucalyptus species for mine site and dryland salinity phytoremediation. International Journal of Phytoremediation, 17 (1-6): 101-108.

Du S, Wang Y L, Kume T, et al. 2011. Sapflow characteristics and climatic responses in three forest species in the semiarid Loess Plateau region of China. Agricultural and Forest Meteorology, 151 (1): 1-10.

Ewers B E, Gower S T, Bond-Lamberty B, et al. 2005. Effects of stand age and tree species on canopy transpiration and average stomatal conductance of boreal forests. Plant, Cell and Environment, 28 (5): 660-678.

Fang S M, Zhao C Y, Jian S Q. 2016. Canopy transpiration of *Pinus tabulaeformis* plantation forest in the Loess Plateau region of China. Environmental Earth Sciences, 75: 376.

Ford C R, Goranson C E, Mitchell R J, et al. 2004. Diurnal and seasonal variability in the radial distribution of sap flow: predicting total stem flow in Pinus taeda trees. Tree Physiology, 24: 951-960.

Glenn E P, Nagler P L, Morino K, et al. 2013. Phreatophytes under stress: transpiration and stomatal conductance of saltcedar (*Tamarix* spp.) in a high-salinity environment. Plant and Soil, 371: 655-672.

Huang L, Zhang Z S. 2016. Effect of rainfall pulses on plant growth and transpiration of two xerophytic shrubs in a revegetated desert area: Tengger Desert, China. Catena, 137: 269-276.

Jian S, Zhao C, Fang S, et al. 2014. Soil water content and water balance simulation of *Caragana korshinskii* Kom. in the semiarid Chinese Loess Plateau. Journal of Hydrology and Hydromechanics, 62: 89-96.

Jian S, Zhao C, Fang S, Yu K. 2015. Evaluation of water use of *Caragana korshinskii* and *Hippophae rhamnoides* in the Chinese Loess Plateau. Canadian Journal of Forest Research, 45: 15-25.

Kim D, Oren R, Oishi A C, et al. 2014. Sensitivity of stand transpiration to wind velocity in a mixed broadleaved deciduous forest. Agricultural and Forest Meteorology, 187: 62-71.

Kume T, Takizawa H, Yoshifuji N, et al. 2007. Impact of soil drought on sap flow and water status of evergreen trees in a tropical monsoon forest in northern Thailand. Forest Ecology and Management, 238 (1-3): 220-230.

Link P, Simonin K, Maness H, et al. 2014. Species differences in the seasonality of evergreen tree transpiration in a Mediterranean climate: analysis of multiyear, half-hourly sap flow observations. Water Resources Research, 50 (3): 1869-1894.

Liu C F, Zhang Z Q, Guo J T, et al. 2010. Transpiration of a *Pinus tabulaeformis* and *Robinia pseudoacacia* mixed forest in hilly-gully region of the Loess Plateau, west Shanxi province. Science of Soil and Water Conservation, 8: 42-48.

Macinnis-Ng C M O, Zeppel M J B, Palmer A R, et al. 2016. Seasonal variations in tree water use and physiology correlate with soil salinity and soil water content in remnant woodlands on saline soils. Journal of Arid Environments, 129: 102-110.

Miyazawa Y, Tateishi M, Komatsu H, et al. 2014. Implications of leaf-scale physiology for whole tree transpiration under seasonal flooding and drought in central Cambodia. Agricultural and Forest Meteorology, 198-199: 221-231.

Shen Q, Gao G, Fu B, et al. 2015. Sap flow and water use sources of shelter-belt trees in an arid inland river basin of Northwest China. Ecohydrology, 8: 1446-1458.

Vergeynst L L, Dierick M, Bogaerts J A N, et al. 2015. Cavitation: a blessing in disguise? New method to establish vulnerability curves and assess hydraulic capacitance of woody tissues. Tree Physiology, 35: 400-409.

Vergeynst L L, Vandegehuchte M W, McGuire M A, et al. 2014. Changes in stem water content influence sap flux density measurements with thermal dissipation probes. Trees-Structure and Function, 28: 949-955.

Zhao W Z, Liu B. 2010. The response of sap flow in shrubs to rainfall pulses in the desert region of China. Agricultural and Forest Meteorology, 150 (9): 1297-1306.

Zheng C L, Wang Q. 2014. Water-use response to climate factors at whole tree and branch scale for a dominant desert species in central Asia: *Haloxylon ammodendron*. Ecohydrology, 7: 56-63.

第7章 植被恢复对浅层土壤水的影响

土壤水分是陆地生态系统重要的驱动力（Legates et al., 2011；Porporato et al., 2002），尤其是干旱和半干旱地区，0～2 m 土层土壤水分是多种生态过程和自然地理过程的纽带。黄土丘陵沟壑区气候干旱、降水稀少，地表水资源匮乏，地下水埋深而难以利用（李玉山，1983），除降雨外，土壤储水作为该地区植被唯一可利用的有效水资源，成为农业生产和生态恢复的核心制约因子。尤其是人工植被，对土壤水分的依赖更为强烈（Wang et al., 2011）。持续干旱及不当的物种选择和配置、人工植被群落密度过大等都极易造成对土壤水分的过分消耗（Cao et al., 2011；Chen et al., 2008；Wang et al., 2010a）。尤其是近年来，盲目片面的人工造林致使土壤储水严重亏缺，对区域生态环境产生负面影响，严重威胁土壤水资源和土地利用的可持续性（Cao et al., 2009；Fan et al., 2010；Wang et al., 2010b；Wang et al., 2009a；何福红等，2010）。另外，土壤水分的空间格局及其时间动态对农业生产、土壤侵蚀、生物多样性等有重要影响（Engelbrecht et al., 2007；Ibrahim and Huggins, 2011；李玉霞和周华荣，2011）。在黄土高原地区，土壤水分的空间变异是人工植被恢复与合理空间配置的依据，而其时间动态又是土壤水分持续利用和对位配置的科学基础。不同地貌特征可导致降雨、太阳辐射等的微域差异（Galicia et al., 1999）及地表径流的再分配，加上土壤属性和植被覆盖等的影响会造成土壤水分及其剖面特征在空间上的差异（Meerveld and McDonnell, 2006；Penna et al., 2009；潘竟虎，2008）。尤其是在地形破碎、沟壑纵横的黄土丘陵沟壑区，坡度、坡向和坡位等构成土壤水分空间变异的重要影响因素（Qiu et al., 2010；Qiu et al., 2001）。因此，在该地区进行人工植被恢复时必须综合考虑地形及土壤水分剖面分布特征的影响。

本章以研究区 0～2 m 土层土壤水分为研究对象，第一部分着重分析了不同植被类型对土壤水分含量的影响，对比分析了研究区主要植被类型土壤水分含量的差异及其剖面分布特征。第二部分介绍了土壤水分亏缺定量评估指数的构建方法，并采用构建的 CSWDI（土壤水分相对亏缺评估指数）和 PCSWDI（样地土壤水分相对亏缺评估指数）评估了研究区主要植被类型土壤水分亏缺程度。第三部分采用相关分析和典范对应分析，提取了影响土壤水分时空格局的主要因子，再利用分类-回归树模型分析了 0～0.2 m、0.2～0.4 m、0.4～1.0 m、1.0～2.0 m 四个主要层次土壤水分空间变异与主要环境因子的关系，采用分类回归树的 PRE（最小错误消减比例）值表示了环境因子对不同层次土壤水分空间差异的解释程度。第四部分针对主要植被类型不同深度土壤水分的时间动态进行了分析，并采用分类-回归树模型分析了主要环境因子对 4 个主要层次土壤水分时间稳定性差异的解释程度。

7.1 主要植被类型土壤水分含量

研究区土壤水分因植被类型和土壤层次而有所不同（表 7-1 和图 7-1）。从不同土壤层次来看，除农地外，0 ~ 0.4 m 土层平均土壤水分含量高于其下土层。相比而言，1.0 ~ 2.0 m 这一土层土壤水分含量相对较低，这主要是由植被蒸腾耗水和土壤物理蒸发两个生态水文过程综合作用引起的。在 0 ~ 0.4 m 这一土层，土壤水分虽然受较强的土壤物理蒸发作用，但也受到较强的降雨补充，从而土壤水分含量相对较高，但受降雨和土壤物理蒸发双重影响，土壤水分的变率较大。在 1.0 ~ 2.0 m 这一土层，土壤水分受物理蒸发影响相对较小，而受植被蒸腾作用影响相对较大。由于这一层次土壤水分含量较低且很难受到降雨补充，土壤水分变率相对较小。

从不同植被类型的对比来看，农地和撂荒草地土壤水分含量要高于其他植被类型，尤其是 0.4 m 以下的土层。农地采取了一定程度的耕作措施，改善了表层土壤结构，能促进降水入渗，从而有效增加土壤水分含量，因而土壤水分含量相对较高。而撂荒草地受原有农地耕作的影响，入渗能力较强，从而土壤水分含量也相对较高。相比而言，苜蓿、柠条、山杏、油松、侧柏等人工植被在 0.4 ~ 1.0 m 土层和 1.0 ~ 2.0 m 土层土壤水分含量严重降低。在 0.4 ~ 2.0 m 土层，不同植被类型之间土壤水分含量具有显著性差异（表 7-1），表明在这一土层植被类型对土壤水分存在显著性影响，植被类型不同导致土壤水分存在差异。

表 7-1　不同植被类型浅层土壤水分

植被类型	0 ~ 0.4 m 土层		0.4 ~ 1.0 m 土层		1.0 ~ 2.0 m 土层	
	土壤水分（%）	标准差	土壤水分（%）	标准差	土壤水分（%）	标准差
农地	9.90a*	2.95	11.19a	0.74	10.78a	0.93
撂荒草地	9.75a	2.75	9.75c	1.11	8.95c	0.50
天然草地	7.74bc	3.51	6.71bg	0.65	6.53b	0.30
苜蓿草地	10.46a	3.65	7.04b	0.95	6.19d	0.37
柠条林地	7.41c	3.27	4.79e	0.56	5.06e	0.30
山杏林地	8.04c	3.08	5.58f	0.76	5.42f	0.35
油松林地	10.17a	3.38	6.35g	0.53	5.80g	0.21
侧柏林地	6.85cd	2.65	5.16h	0.53	5.55f	0.46

* 同一列中不同植被类型之间若有一个字母相同，表示差异不显著（$p>0.05$，LSD 分析）

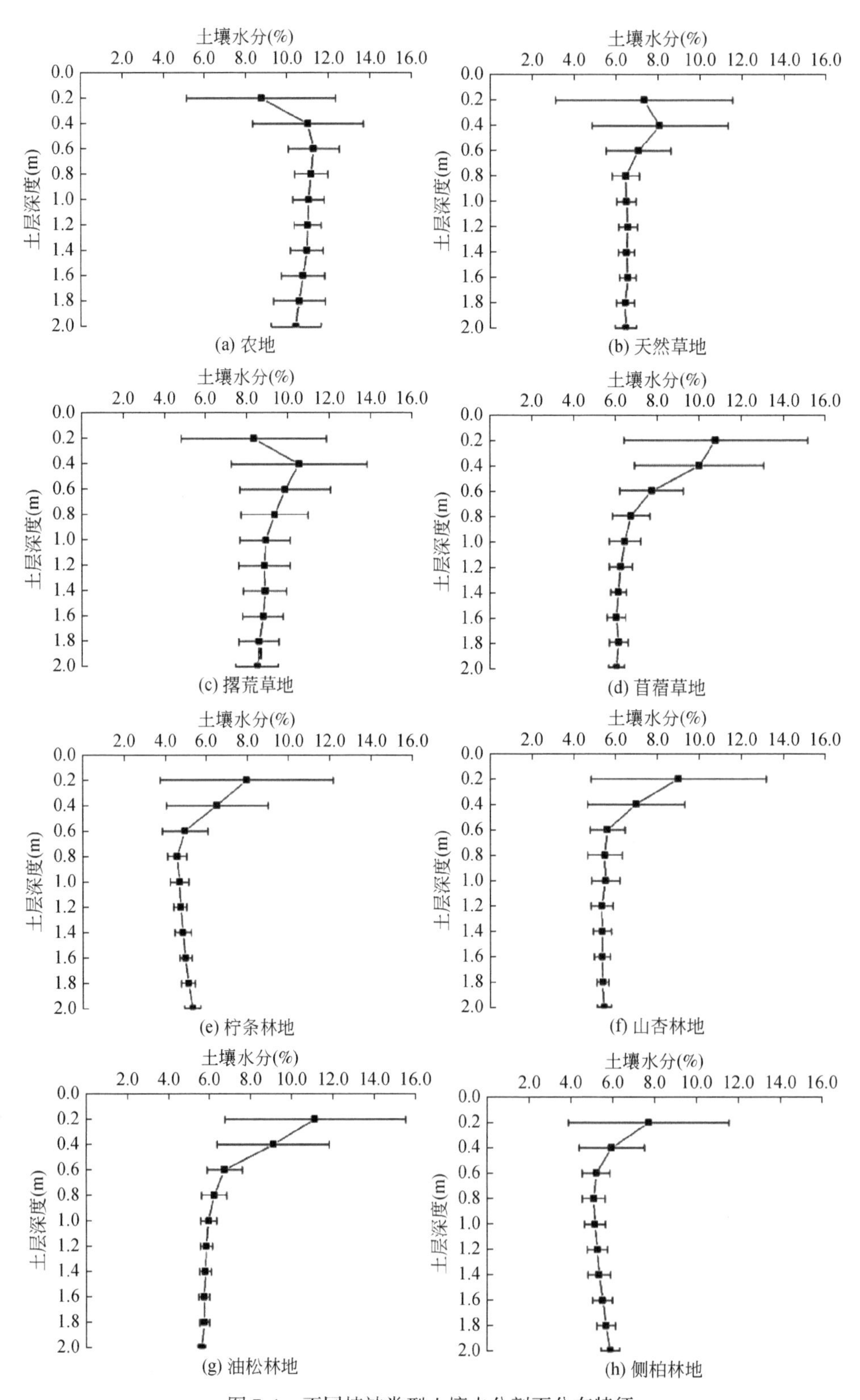

图 7-1 不同植被类型土壤水分剖面分布特征

图7-1 展示的是不同植被类型土壤水分剖面分布特征。由图7-1 可以看出，除农地外，0 ~0.4 m 土层土壤水分含量相对较高，而在此深度以下土壤水分含量则相对较低。农地和撂荒草地在整个 0 ~2m 土层土壤水分含量要高于其他植被类型。对农地和撂荒草地标准差的分析发现，其平均土壤水分含量较高的同时，也伴随着相对较大的时间波动，表明农地和撂荒草地这种水分含量较高的状态并不具有时间持续性，无法提供稳定的土壤水资源。相比而言，天然草地和人工种植的苜蓿、柠条、油松、侧柏、山杏等，土壤水分在整个 0 ~2.0 m 土层均较低，但水分含量相对稳定。标准差显示这类人工植被在 0.4 m 以下深度土壤水分没有明显的时间波动。这一结果表明农地和撂荒草地土壤水分含量在整个土层水分含量相对较高，而用于人工植被恢复的植被类型土壤水分含量相对较低，并且没有明显的时间波动。

7.2 土壤水分相对亏缺定量评估

7.2.1 土壤水分相对亏缺评估方法

对黄土高原人工植被引起的土壤干化程度的评估，已有不少探讨，但仍缺乏一个较为合理的针对不同植被类型土壤水分亏缺程度的定量评估方法。在定量化研究方面，李军等（2007）采用土壤稳定湿度和凋萎湿度作为土壤有效水分的上下限，构建了土壤干化指数作为定量化评价指标；段建军等（2007）则以田间持水量和凋萎湿度作为土壤有效水分的上下限，构建了定量化的土壤干化评价体系。相比而言，这两种方法在土壤干化的定量化评估方面取得了较大进展。但土壤稳定湿度难以直接测定，野外测定条件不易满足；土壤含水量一般也难以达到田间持水量，尤其是受降水影响较小的深层土壤，且土壤稳定湿度与田间持水量之间的水分亏缺一般认为是干旱环境下土壤正常状态的水分亏缺（李军等，2007）。因此，这两种方法在实际应用中均略有不足。在探讨不同植被的土壤水文效应方面，不少学者（Wang et al.，2009a，2009b）以天然荒草地或撂荒地为对照，进行不同植被土壤水分的对比研究。Wang 等（2008）、王力等（2009）则提出以当地顶级演替群落为参照，研究人工植被的土壤干化效应。顶级演替群落是一地区经自然选择后长期稳定的植被群落，其土壤水分是气候、植被长期作用的结果，能反映该地区土壤水分的背景情况。本研究区属典型草原带，多年生针茅、阿尔泰狗娃花、百里香群落是该地区长期稳定的植被群落。本研究根据农户走访及植被调查，选取流域内 3 块天然荒草地作为对照，以其各层平均土壤水含量为参照，比较不同植被土壤水分相对亏缺程度。

结合以上讨论，在土壤水分亏缺程度的评价中引入对照样地土壤水分和凋萎湿度（6.5%，体积含水量），构建了土壤水分相对亏缺指数（compared soil water deficit index，CSWDI）来定量评价不同土层土壤水分相对于对照样地的亏缺程度。

$$\mathrm{CSWDI}_i=\frac{\mathrm{CP}_i-\mathrm{SM}_i}{\mathrm{CP}_i-\mathrm{WM}}$$

式中，CSWDI_i为样地 i 土层土壤水分相对亏缺指数；CP_i为对照样地 i 土层土壤水分含量；SM_i为样地 i 土层土壤水分含量；WM 为凋萎湿度。CSWDI_i可明确表示出同一样地土壤剖面上不同层次土壤水分相对亏缺程度，适用于单个样地不同土层土壤水分亏缺程度的评价。CSWDI_i值越大，表明该层土壤水分相比对照样地亏缺程度越高；若 CSWDI_i小于 0，则表示相比对照样地没有土壤水分亏缺，反而对土壤水分有所补充；若 CSWDI_i大于 1，则表明该层土壤水分含量低于凋萎湿度，土壤水分亏缺严重。

CSWDI 适用于同一样地不同土层之间的比较，为进行不同样地之间土壤水分相对亏缺程度的比较研究，本研究采用土壤储水量结合 CSWDI 构建了样地土壤水分相对亏缺指数（plot compared soil water deficit index，PCSWDI）：

$$\mathrm{PCSWDI}=\frac{\sum_{i=0}^{k}\frac{\mathrm{SWScp}_i-\mathrm{SWS}_i}{\mathrm{SWScp}_i-\mathrm{SWS}_{\mathrm{WM}}}}{\sum_{i=0}^{k} i}$$

式中，PCSWDI 为样地土壤水分相对亏缺指数；SWScp_i为对照样地 i 土层土壤储水量；SWS_i为样地 i 土层土壤储水量；$\mathrm{SWS}_{\mathrm{WM}}$为凋萎湿度对应土壤储水量；$k$ 为总土层数。PCSWDI 适用于进行不同样地之间土壤水分亏缺程度的对比，PCSWDI 值越大，表明样地土壤水分相对亏缺程度越高；若 PCSWDI 小于 0，则表明相比而言土壤水分有所补充。

为量化分析不同植被恢复模式土壤水分状况，采用土壤有效储水量和相对亏缺量来表示。当土壤含水量介于田间持水量和凋萎湿度之间时，才是有效含水量；土壤含水量低于凋萎湿度和高于田间持水量的部分，均为无效水。据此，土壤有效储水量的表达式为

$$\mathrm{ESWS}=\begin{cases}\sum_{i=0}^{k}\mathrm{SWS}_i-\sum_{i=0}^{k}\mathrm{WM}_i & (\mathrm{SM}_i<\mathrm{FC})\\ \sum_{i=0}^{k}\mathrm{SWS}_{\mathrm{FC}_i}-\sum_{i=0}^{k}\mathrm{WM}_i & (\mathrm{SM}_i\geqslant \mathrm{FC})\end{cases}$$

式中，ESWS 为土壤有效储水量；SWS_i为 i 土层土壤储水量；WM_i为 i 土层凋萎湿度对应储水量；$\mathrm{SWS}_{\mathrm{FC}_i}$为 i 土层田间持水量对应土壤储水量；SM_i为 i 土层土壤水分含量；FC 为田间持水量；k 为土层深度，本研究取值为 2.0 m。

以天然草地作为参照，土壤水分相对亏缺量表示为

$$\mathrm{DSWS}=\sum_{i=0}^{k}\mathrm{SWScp}_i-\sum_{i=0}^{k}\mathrm{SWS}_i$$

式中，DSWS 为土壤水分相对亏缺量；SWScp_i为对照样地 i 土层储水量；SWS_i为样地 i 土层土壤储水量；k 为土层深度，本研究取值为 2.0 m。

7.2.2 不同植被类型土壤水分相对亏缺的定量评估

图7-2表示不同植被类型2.0 m土层土壤储水状况。可以看出，除杨树林地、撂荒草地和马铃薯农地外，其他人工植被均存在不同程度的土壤水分亏缺。其中，柠条、山杏、油松、侧柏林地土壤水分亏缺较为严重，2.0 m土壤有效储水量均不足50mm，分别仅占其总土壤储水量的17.21%、18.17%、18.25%和20.21%，呈现出严重土壤水分亏缺现象。山毛桃林地有效储水量也仅为44.6mm，苜蓿草地土壤水分亏缺则相对较轻。较为特殊的是，与其他乔灌林地相比，杨树林地2.0 m土层内并未出现明显的土壤水分亏缺，其土壤储水量略高于天然荒草地（苜蓿草地）。程积民等（2005）和万素梅等（2007）分别指出，造成土壤干化的植被生长一定年限后，土壤水分能得到一定程度的恢复。杨树受干旱缺水的影响，生长受到限制，平均树高仅3.59m，平均胸径12cm，是典型的“小老树”，且树龄达50年，生长已严重衰退，其对2.0 m土层土壤水分已没有强烈的消耗作用，在受降雨补充的情况下，相比其他乔灌林地已没有明显的土壤水分亏缺。撂荒草地和马铃薯农地受原有耕作的影响，土质疏松，降雨入渗能力强，而蒸腾蒸发量相对较少，因而土壤水分含量高，相比没有土壤水分亏缺，两者土壤有效储水量分别占其总储水量的47.95%和49.80%。

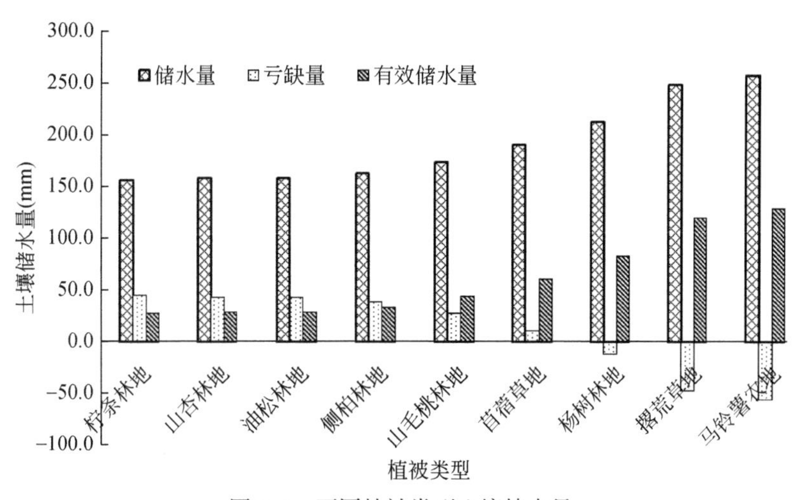

图7-2 不同植被类型土壤储水量

图7-3表示不同植被类型0~2.0 m土层土壤水分相对亏缺状况。由图7-3（a）可以看出，柠条、山杏和油松林地CSWDI剖面分布特征较为相似，土壤水分亏缺程度除表层受降雨影响而较轻以外，0.4 m土层以下均较为严重，且随深度的增加而加剧，1.0 m以下土层最为严重，CSWDI平均达到0.75。图7-3（b）显示出侧柏林地浅层土壤水分亏缺严重，1.2 m土层以下则相对较轻，0.4 m土层处CSWDI达到0.86，土壤水分接近凋萎湿度，0.4 m土层以下土壤水分亏缺程度则随深度增加而降低。这主要由于侧柏根系集中在

0～0.9 m 土层，尤其是0.4 m 土层附近根系分布最为密集，侧柏根系分布特征使其对这一层次的土壤水分有强烈的消耗，从而导致其土壤水分亏缺在这一层次最为严重。另外，研究区侧柏均分布于阳坡，太阳辐射强烈，表层土壤蒸发旺盛，一定程度上也加剧了其表层土壤水分亏缺。山毛桃林地土壤水分相对亏缺程度较轻，CSWDI 随深度增加而增加，1.0 m 以下土层较为严重，但亏缺程度相比柠条、油松、山杏和侧柏林地较轻。研究区苜蓿种植6年，在2.0 m 土层已造成中度土壤水分亏缺，且程度随深度而增加。由于苜蓿根系较深，对深层水分消耗强烈，相比而言，浅层土壤受原有耕作影响，降雨入渗较好，因而水分含量较高，土壤水分亏缺主要集中在深层。杨树林地土壤储水虽没有明显的相对亏缺，但1.0 m 土层以下仍存在轻微的水分亏缺现象，由此可以看出，50 龄杨树林地0～1.0 m 土层土壤水分已有所恢复，1.0～2.0 m 土层土壤水分亏缺则较轻微。马铃薯农地和撂荒草地的土壤容重分别为1.08 g/cm³ 和1.05 g/cm³，土质疏松、利于降雨入渗，加上其自身蒸腾作用远弱于乔灌木，土壤水分消耗量低，因而土壤水分含量高于天然草地，且在0.6～0.8 m 土层达到最高值。图7-3（c）中，马铃薯农地和撂荒草地在0～0.6 m 土层 CSWDI 偏高，这主要由区域干旱气候下的强烈土壤物理蒸发所致。

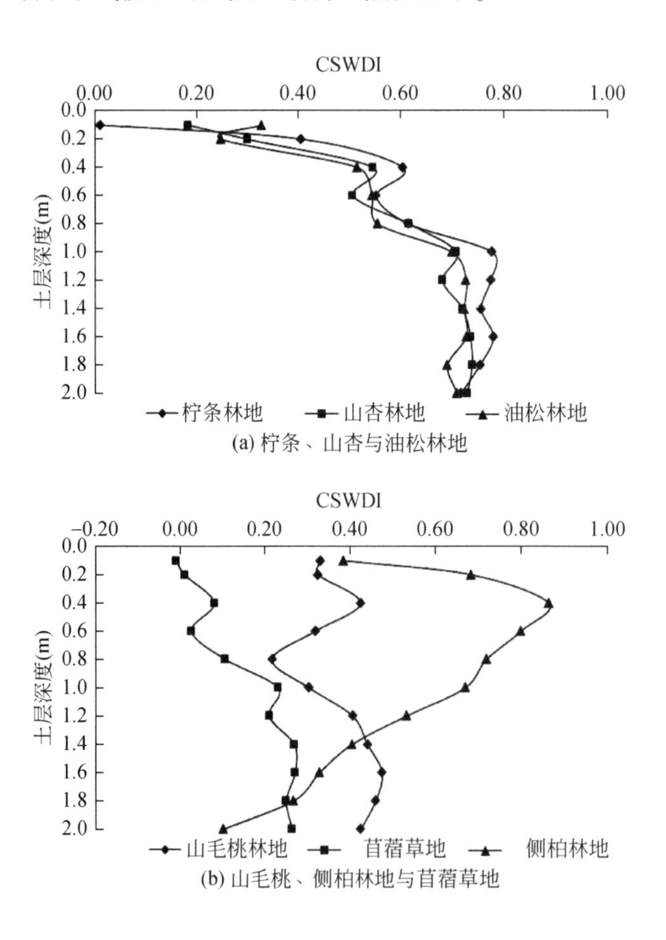

(a) 柠条、山杏与油松林地

(b) 山毛桃、侧柏林地与苜蓿草地

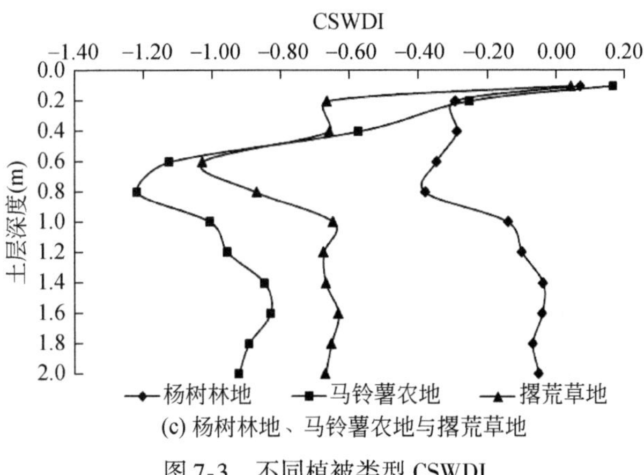

(c) 杨树林地、马铃薯农地与撂荒草地

图 7-3 不同植被类型 CSWDI

由表 7-2 可以看出，柠条林地土壤水分亏缺最为严重，PCSWDI 达到 0.65。山杏和油松林地均为 0.62，结合图 7.3（a）也可以看出，山杏和油松林地土壤水文效应较为一致，但油松林地的种植密度和生物量大于山杏林地，因而相比而言，山杏造成的土壤水分亏缺更为严重。侧柏林地 PCSWDI 为 0.52，土壤水分亏缺较严重，但主要集中在 0 ~ 1.0 m 这一土层（$PCSWDI_{100}$达到 0.72）。山毛桃林地和苜蓿草地也有一定的土壤水分亏缺现象，PCSWDI 分别为 0.38 和 0.17，但与柠条、山杏、油松和侧柏林地对比则相对较轻。杨树林地、撂荒草地和马铃薯农地均有土壤水分蓄积效应，其中，马铃薯农地 PCSWDI 为 -0.84，土壤水分蓄积作用最强。可见，研究区人工林草植被均存在不同程度的土壤水分亏缺现象，因而在植被恢复过程中，应根据当地土壤水分背景情况，调整种植密度以达到合理的植被配置，实现土壤水分资源的可持续利用。

表 7-2 不同植被类型 PCSWDI

植被类型	柠条林地	山杏林地	油松林地	侧柏林地	山毛桃林地	苜蓿草地	杨树林地	撂荒草地	马铃薯农地
PCSWDI	0.65	0.62	0.62	0.52	0.38	0.17	-0.16	-0.68	-0.84
$PCSWDI_{100}$	0.55	0.52	0.52	0.72	0.32	0.09	-0.25	-0.70	-0.79
$PCSWDI_{200}$	0.76	0.72	0.71	0.38	0.42	0.25	-0.07	-0.66	-0.91

注：$PCSWDI_{100}$表示 0 ~ 1.0 m 土层 PCSWDI；$PCSWDI_{200}$表示 1.0 ~ 2.0 m 土层 PCSWDI

7.2.3 不同植被恢复模式土壤水分亏缺剖面分布

由图 7-3 和表 7-2 可知，柠条、山杏、油松、山毛桃、杨树林地和苜蓿草地土壤水分相对亏缺程度均随土壤深度增加而增加，$PCSWDI_{200}$ 比 $PCSWDI_{100}$ 分别高出 38.18%、38.46%、36.54%、31.25%、72.00% 和 177.78%。这几类均为深根性植物，在半干旱地区，降雨不能满足其生长的情况下，其根系依靠消耗深层土壤储水以维持生长，从而造成一定深度的土壤水分严重亏缺而难以恢复。该地区降雨入渗深度小，2009 年最大降雨入渗深度仅0.6 m，0.6 m土层以下土壤水分的亏缺很难及时恢复，从而形成长期稳定的土壤水分亏缺现象。撂荒草地和马铃薯农地浅层土壤水分低于底层，这一是由于撂荒地荒草和马铃薯均为浅根性植物，以消耗浅层土壤水分为主，二是该地区气候干旱，加之植被盖度低，浅层土壤蒸发旺盛，极易引起表层土壤干化，两种生态水文过程的叠加使得0～1.0 m土层土壤水分亏缺严重，而1.0 m土层以下则相对较弱。侧柏林地的土壤水分亏缺虽然也集中在0～1.0 m土层，但主要由根系强烈耗水引起。侧柏林地的根系特征能使其较好地吸收和利用降雨，可以考虑作为降水稀少的半干旱区的植被恢复树种，但应严格控制其密度，以免造成土壤水分过度消耗。

由图7-4可以看出，土壤水分的年内变异主要集中在0～0.4 m土层，属土壤水分速变层；0.4～1.0 m土层土壤水分变异相对较小，属于次活跃层；而1.0～2.0 m土层土壤水分含量较为稳定，属相对稳定层。由于1.0 m土层以下土壤水分变异系数较小，可以认为$PCSWDI_{200}$能反映不同植被类型稳定的土壤水分亏缺情况。由表7-2可知，柠条林地$PCSWDI_{200}$达到0.76，山杏和油松林地则分别达到0.72和0.71，这三种植被1.0 m土层以下土壤水分亏缺已相当严重。侧柏林地土壤水分亏缺主要在浅层，$PCSWDI_{100}$为0.72，$PCSWDI_{200}$则减少为0.38。同样地，山毛桃林地和苜蓿草地也是1.0 m以下土壤水分亏缺相对较严重。杨树林地的土壤水分补充主要集中在0～1.0 m土层，1.0 m土层以下则相对较干。

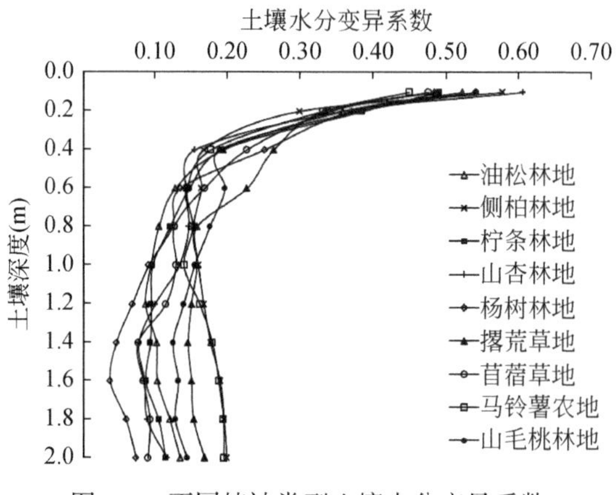

图7-4　不同植被类型土壤水分变异系数

7.3　浅层土壤水分空间变异及其与环境因子的关系

7.3.1　土壤水分与环境因子的相关分析

表7-3是土壤水分与主要地形因子（坡度、坡向、相对海拔）、土壤物理性质（容重、机械组成）、土壤化学性质（有机质、全碳、全磷、全氮、速效磷、速效氮）的相关分析

结果。在土壤水分与地形因子的相互关系中，坡度与 0～2 m 土壤水分相关系数为-0.565，呈显著负相关，表明坡度越大，土壤水分含量越低，反之，坡度越小，土壤水分含量越高。相关分析表明，东西坡向与土壤水分含量没有显著相关性，而南北坡向（南坡为阳坡、北坡为阴坡）与土壤水分含量存在显著相关性，尤其是 0～0.4 m 土层的相关系数达到 0.462，阴坡浅层土壤水分含量相对较高，而阳坡浅层土壤水分含量相对较低。阳坡由于受到较多的太阳辐射，地面温度较高，土壤蒸发作用强烈，土壤水分耗损严重，而阴坡相比阳坡受太阳辐射较少，地面温度相对较低，土壤蒸发作用相对较弱，土壤水分含量相比南坡较高，因而南北坡向与土壤水分呈显著正相关关系，这一结果与以往相关研究（Qiu et al.，2001；Western et al.，2004）一致。但是坡向对土壤水分的作用主要在表层土壤，深层次土壤受太阳辐射影响较小，因而呈现出南北坡向对 0～0.4 m 土层土壤水分有显著影响，而对 0.4～2.0 m 土层土壤水分没有显著影响（相关系数为 0.183）。相对海拔与土壤水分存在显著正相关关系，这可能是由于海拔较高，接受迎风面降雨较多，而低海拔处相对较少，因而高海拔地区土壤水分含量相对较高，而低海拔处土壤水分含量相对较低。另外，受黄土丘陵沟壑区特殊的地貌及土地利用的影响，相对海拔较高的地区原多为坡耕地，坡度相对较小。因坡度与土壤水分呈显著负相关，因而在相对海拔较高的地区，土壤水分含量也相对较高。

在土壤水分与土壤物理性质的相互关系中，黏粒含量与土壤水分呈显著正相关，尤其是 0～0.4 m 土层，相关系数达到 0.289，黏粒含量越高，土壤水分含量则越高。黏粒含量是影响土壤水分的最重要的因素，土壤水分主要通过附着在黏粒上储存，砂粒和粉粒没有很好的储水效果，因而粉粒和砂粒含量与土壤水分没有显著相关关系，Wang 等（2009a）在陕西绥德的研究也证实了这一点。土壤容重与土壤水分呈显著负相关，容重越大水分含量越低。尤其是表层土壤容重与降水入渗直接相关，表层容重越大越不利于降水入渗，因而土壤水分含量越低。相反，通过耕作等方式降低土壤容重有利于降水的有效入渗，从而提高土壤水分含量，这也是农地 0～2.0 m 土层土壤水分含量相对较高的一个重要原因。

土壤养分指标也与土壤水分有一定的相关性，但相比地形和土壤物理性质因素，土壤养分指标与土壤水分的相互关系并不显著。速效磷含量同土壤水分呈显著正相关，其中 0.4～2.0 m 土层土壤水分与土壤速效磷含量相关系数为 0.296；0～0.4 m 土层有机质含量与土壤水分相关系数为 0.293。而全磷和速效氮同土壤水分均没有显著的相关关系。此外，全碳含量在 $p<0.05$ 水平上同 0～0.4 m 土层的土壤水分呈正相关，相关系数为 0.248；全氮含量在 $p<0.05$ 的水平上同 0～2.0 m 土层的土壤水分呈正相关，相关系数达到 0.220。综合以上分析可知，土壤理化性质中仅土壤容重和黏粒含量对土壤水分有显著影响，其他土壤属性对土壤水分的影响均不太明显。相比而言，地形因子与土壤水分的相关关系较为显著，是该地区土壤水分空间变异的重要影响因子，地形因子对 0～0.4 m 土层土壤水分的作用尤为明显。

表 7-3 不同土层深度土壤水分与环境因子的相关分析

土层深度	坡度	东西坡向	南北坡向	相对海拔	容重	黏粒	粉粒
0~2.0 m	-0.565**	-0.043	0.276*	0.388**	-0.303**	0.272*	-0.003
0~0.4 m	-0.578**	-0.112	0.462**	0.375**	-0.266*	0.289**	0.040
0.4~2.0 m	-0.510**	-0.017	0.183	0.360**	-0.293**	0.239*	-0.016
土层深度	砂粒	有机质	全碳	全磷	全氮	速效磷	速效氮
0~2.0 m	-0.065	0.052	0.152	0.081	0.220*	0.273*	-0.111
0~0.4 m	-0.115	0.293*	0.248*	0.096	0.205	0.139	-0.173
0.4~2.0 m	-0.043	0.033	0.103	0.071	0.206	0.296**	-0.082

*在 0.05 水平上显著相关；**在 0.01 水平上显著相关

7.3.2 土壤水分与环境因子的 CCA 分析

通过对不同层次土壤水分与环境因子矩阵进行 CCA 分析，可以在排序图上得到不同层次土壤水分在环境梯度上的变化规律，也可以明确找出土壤水分空间变异的主要影响因子。图 7-5 为土壤水分与环境因子的 CCA 分析，其中图 7-5（a）和图 7-5（b）分别为 2009 年和 2010 年土壤水分排序结果，土壤水分与环境因子的相互关系在 CCA 排序中得到了很好的展现。

从图 7-5 中可以明显看出，植被、土壤容重、南北坡向、坡度、黏粒含量是影响土壤水分空间变异的主要因子。其中，这些环境因子与土壤水分的相关关系可以通过其箭头在坐标轴上的投影表示出来。土壤水分与环境因子的 CCA 分析与前面相关分析得出的结论基本一致，CCA 分析对相关分析的结果做了很好的验证。同时，由 CCA 分析可以看出，采用 CCA 分析同样可以找出影响土壤水分的主要因子，因此在研究与环境因子变量相关的生态过程时，可以参照 CCA 的分析结果提取主要影响因子。

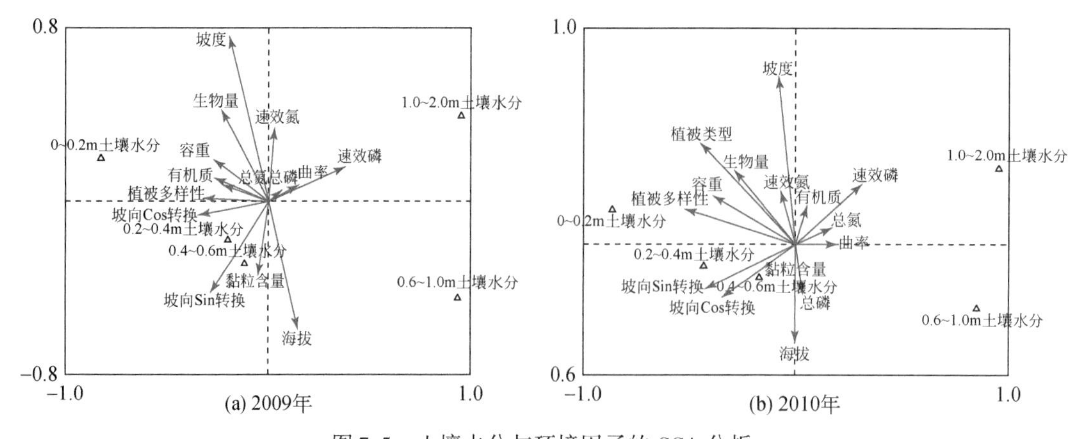

图 7-5 土壤水分与环境因子的 CCA 分析

7.3.3 土壤水分空间变异与环境因子的分类-回归树分析

根据土壤水分与环境因子的相关分析和CCA分析结果，提取出能显著影响土壤水分空间变异的主要影响因子。其中，分类型变量为植被类型，连续型变量为黏粒含量、土壤容重、有机质、速效磷、速效氮、坡面曲率、坡度、南北坡向、相对海拔。将这些提取的环境因子与2009～2011年各样地的平均土壤水分含量进行分类-回归树分析，通过PRE来确定这些环境因子对土壤水分空间变异的解释程度。本节中根据土壤水分含量的聚类分析结果，将土壤层次划分为0～0.2 m、0.2～0.4 m、0.4～1.0 m和1.0～2.0 m四个层次。图7-6～图7-9分别为4个层次土壤水分与环境因子的分类-回归树分析结果，在回归树的各个分类节点处，均标出样地数量（*N*）、平均土壤水分含量（MEAN,%）、平均土壤水分含量的标准差（SD）及消减错误比例（PRE）。

由图7-6可知，分类-回归树一共生成了6个最终节点，其对表层土壤水分空间变异的解释程度为55.4%。其中，第一级分支为坡度（SLOPE），其对土壤水分空间变异的解释程度为23.7%。其中有36个样地坡度小于21°，其平均土壤水分含量为11.622%，标准差为1.186；有25个样地坡度大于21°，其平均土壤水分含量为10.404%，标准差为0.944。在第二级分支中，分类指标为植被类型（VEGETATION）和坡面曲率（PLAN）。第三级两个分支均为黏粒含量（CLAY），其对土壤水分空间变异的解释程度分别为6.0%和6.9%。由图7-6可知，表层0～0.2 m土壤水分空间变异影响因素较为复杂，有坡度因素，也有植被、黏粒含量和坡面曲率等因素。总体而言，这一层次土壤水分空间变异影响因素主要是坡度（23.7%）、坡面曲率（13.5%）和黏粒含量（12.9%）。

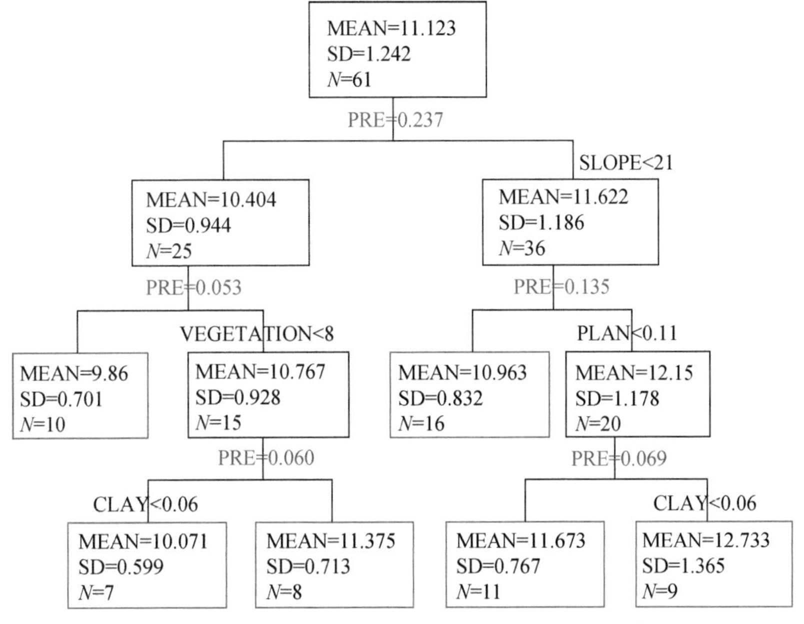

图7-6　0～0.2 m土壤水分与环境因子的分类-回归树分析

在亚表层 0.2 ~0.4 m 这一土壤层次中，土壤水分空间变异影响因素与 0 ~0.2 m 有所不同（图 7-7）。分类-回归树模型对这一层次土壤水分与环境因子的分析共生成 5 个节点。其中，第一级分支为植被类型，其可解释土壤水分空间变异的 49.2%。在这一级分支中，农地、撂荒草地、天然草地土壤水分含量相对较高，平均土壤水分含量为 13.339%，而苜蓿、柠条、山杏、油松、侧柏等人工植被类型共有 43 个样地，平均土壤水分含量为 9.767%。人工植被类型中，坡度构成第二级分支，其对人工植被类型土壤水分空间变异的解释程度为 10.6%。而在农地、撂荒草地和天然草地这一分支中，植被类型又构成第二级分支的主要影响因素。其中，天然草地（VEGETATION<2）有 6 个样地，平均土壤水分含量为 11.283%，标准差为 1.315。而农地和撂荒草地有 12 个样地，平均土壤水分含量达到 14.367%，不同样地之间土壤水分含量变异相对较大，标准差达到 2.085。垂直曲率（PROFILE）构成第三级分支，其对农地和撂荒草地土壤水分空间变异的解释程度为 5.9%，由这一级分支可知，凹形坡土壤水分含量相对较高（平均土壤水分含量为 15.633%），凸形坡土壤水分含量相对较低（平均土壤水分含量为 13.1%）。

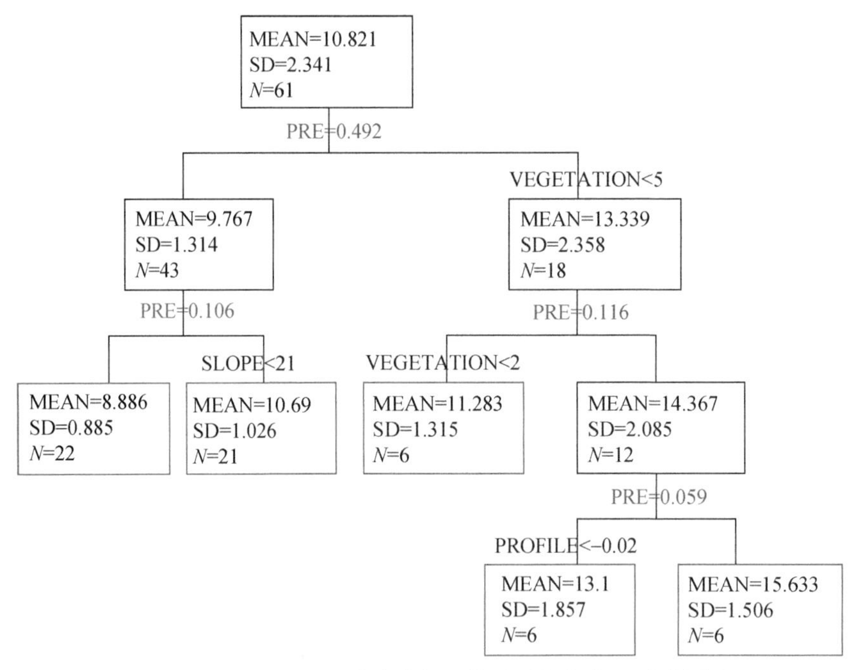

图 7-7　0.2 ~0.4 m 土壤水分与环境因子的分类-回归树分析

在 0.4 m 以下土壤层次，土壤水分空间变异受土壤属性、地形等影响相对较小，而受植被类型的影响较大（图 7-8，图 7-9）。由图 7-8 可知，植被类型构成分类-回归树的第一级分支，其对这一层次土壤水分空间变异的解释程度为 52.4%。其中，苜蓿、柠条、山杏、油松、侧柏等人工植被恢复类型共有 43 个样地，其平均土壤水分含量为 8.177%，标准差为 0.953。第一级分支以下再没有其他分支，这表明人工植被恢复类型在 0.4 ~1.0 m 这一层次的土壤水分含量主要受植被类型的影响，土壤属性、地形等因子对其作用并不明显。相比而言，农地、天然草地、撂荒草地等浅层土壤水分含量较高的植被类型出现了第二级和第三级分支，其中坡向（SIN_ASP）和坡面曲率对土壤水分空间变异的解释程度分别为 16.8% 和 5.3%。

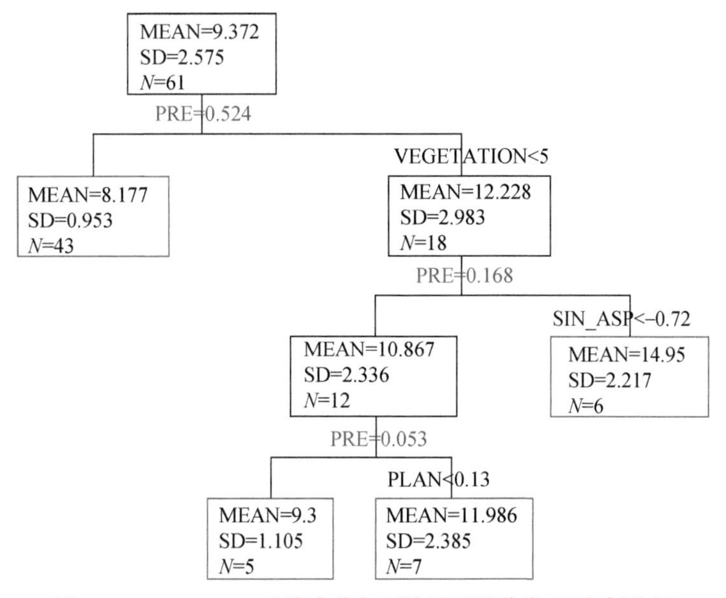

图 7-8　0.4 ~ 1.0 m 土壤水分与环境因子的分类-回归树分析

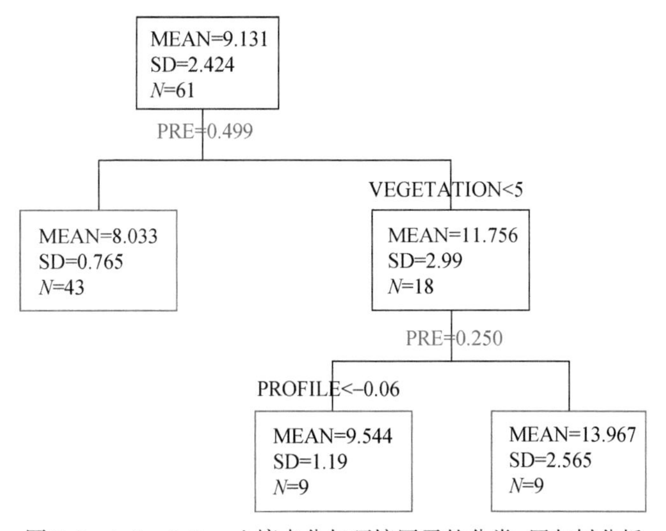

图 7-9　1.0 ~ 2.0 m 土壤水分与环境因子的分类-回归树分析

分类-回归树模型对 1.0 ~ 2.0 m 这一层次土壤水分与环境因子的分析共生成 3 个节点。其中，植被类型构成第一级节点，其对土壤水分空间变异的解释程度为 49.9%。由此表明，这一层次中土壤水分含量及其空间变异的主要决定因素为植被类型。尤其对人工植被恢复类型而言，这一层次受人工植被长期大量耗水的影响，土壤水分含量相对较低（平均土壤水分含量为8.033%)，并且基本不受其他环境因子的影响。而对土壤水分含量相对较高的农地、撂荒草地和天然草地而言，地形凸凹度对这一层次土壤水分含量有一定的影响。

7.4 土壤水分时间动态及其与环境因子的关系

7.4.1 不同植被类型土壤水分时间动态

图7-10分别表示了不同植被类型0~0.4 m、0.4~1.0 m和1.0~2.0 m深度土壤水分的时间动态。由图7-10 (a) 可以看出，在0~0.4 m这一土层中，不同植被类型土壤水分均随降雨呈现出较大的波动，前期降雨量越大，相应的土壤水分含量也越高。相比而言，苜蓿草地和油松林地平均土壤水分含量较高，而柠条、侧柏林地等平均土壤水分含量相对较低。方差分析表明 (表7-1)，这一层次不同植被类型之间土壤水分并无显著差异，造成这一现象的主要原因在于这一层次受降雨补充作用明显，土壤水分波动较大。由表7-4可知，这一层次土壤水分变异系数相对较高，表明土壤水分存在较大的时间波动。

与表层0~0.4 m土壤水分的时间动态有所不同，0.4~1.0 m土层土壤水分含量随降雨变化相对较弱，但随降雨波动也有一定程度的变化。不同植被类型中，仅农地、撂荒草地和苜蓿草地土壤水分含量随降雨波动呈现出明显的变化，而其他植被类型，尤其是人工植被类型土壤水分含量随降雨波动很小。由表7-4可以看出，这一层次土壤水分变异系数相对0~0.4 m较低。表7-1方差分析表明这一层次不同人工植被恢复类型之间存在显著性差异。由分类-回归树模型分析可知，这一层次土壤水分含量及其空间变异主要受植被类型影响，由图7-10 (b) 分析可知，不同植被类型之间土壤水分含量存在显著差异，且受降雨波动影响较小。

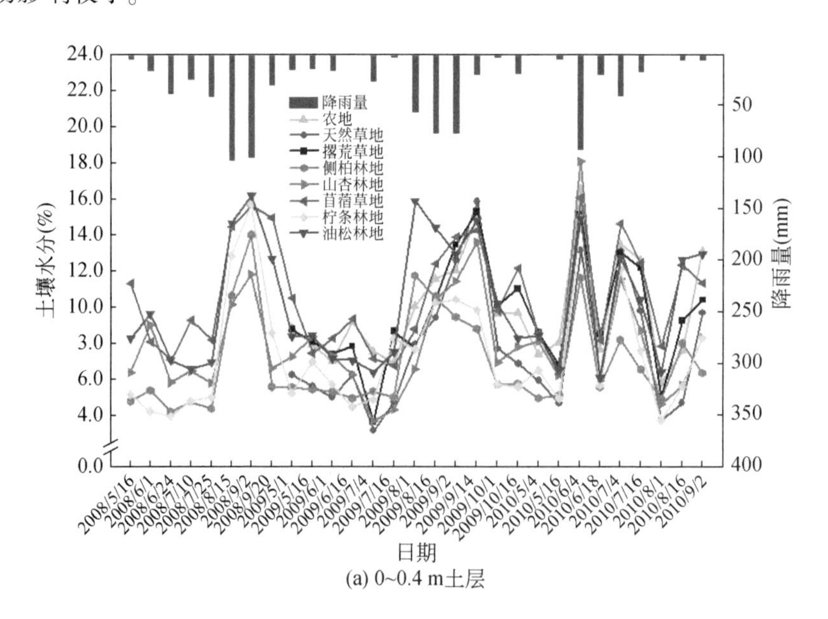

(a) 0~0.4 m土层

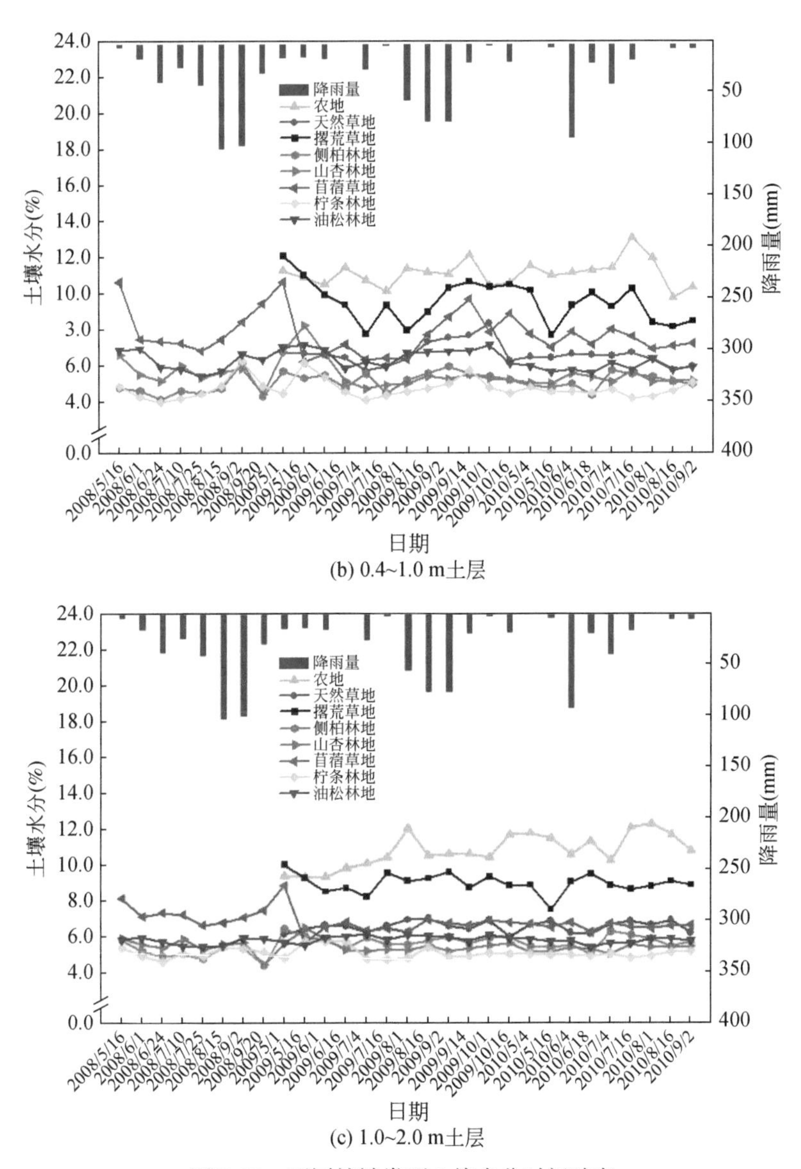

(b) 0.4~1.0 m土层

(c) 1.0~2.0 m土层

图7-10　不同植被类型土壤水分时间动态

该地区1.0~2.0 m层次土壤水分含量主要受植被类型影响，且人工植被恢复类型土壤水分含量受其他环境因子影响相对较小。由图7-10（c）可以明显看出，在监测时段内不同植被类型土壤水分含量基本没有显著变化，并且不同植被类型之间土壤水分含量存在显著性差异（表7-1）。尤其对人工植被恢复类型而言，其土壤水分含量基本不受降水波动的影响。相比农地、撂荒草地和苜蓿草地，人工植被在这一层次造成了土壤水分的过耗，导致土壤水分严重亏缺，同时受人工植被的影响，这一水分亏缺现象具有时间持续性。由此可以看出，该地区人工植被0.4 m以下土壤中水分很难受到降雨补充，尤其是1.0 m以下的土层的土壤水分变异系数不到0.1，因而人工植被造成了土壤水分的长期持续过耗，应采取一定的管理措施恢复土壤水分，以维持土壤水分的持续有效利用。

表 7-4　不同植被类型土壤水分变异系数

土层深度（m）	农地	天然荒草	撂荒草地	苜蓿草地	柠条林地	山杏林地	油松林地	侧柏林地
0～0.4	0.30	0.45	0.28	0.28	0.44	0.38	0.33	0.39
0.4～1.0	0.07	0.10	0.11	0.15	0.12	0.14	0.08	0.10
1.0～2.0	0.09	0.05	0.06	0.09	0.06	0.07	0.04	0.08

7.4.2　土壤水分时间变异性与环境因子的相关分析

采用不同层次土壤水分变异系数（CV）表示该层次土壤水分时间变异性，变异系数越小，表明土壤水分时间稳定性越高。由不同层次土壤水分时间变异性与土壤容重、黏粒含量、有机质含量、群落盖度的相关分析发现（图 7-11），表层（0～0.4 m）土壤水分时间变异性与环境因子有较为明显的相关关系。其中，土壤水分时间变异性与土壤容重呈显著正相关，土壤容重越大，土壤水分越趋于稳定，这意味着土壤容重越大，土壤水分越能保持时间稳定性。相比而言，群落盖度与土壤水分时间变异性呈显著负相关关系，群落盖度越高，土壤水分越趋于稳定，群落盖度低则导致土壤水分趋于不稳定。Fu 等（2012）在神木地区的研究发现，植被盖度能显著影响土壤水分及其时间动态，植被盖度越高，土壤水分含量越低，土壤水分也更趋于稳定，这一结果与本研究基本一致。Méndez-Barroso 等（2009）也有类似研究结果。相比而言，土壤水分时间稳定性与黏粒含量、土壤有机质等土壤化学性质没有显著相关关系。与表层土壤水分不同，亚表层（0.4～1.0 m）和浅层（1.0～2.0 m）土壤水分时间稳定性均与土壤/植被属性没有显著关系。这一结果表明，土壤属性、植被盖度等因素对表层土壤水分有一定的影响，而 0.4 m 以下土层土壤水分含量及其时间变异性均只受植被类型的影响。

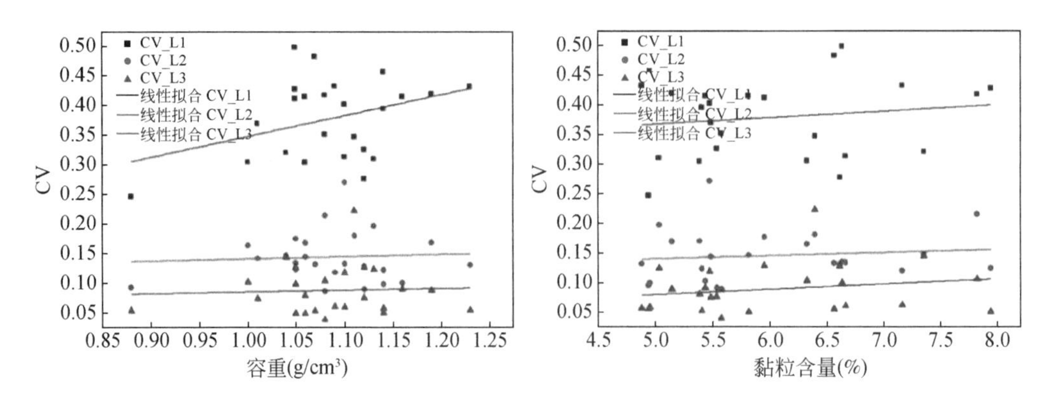

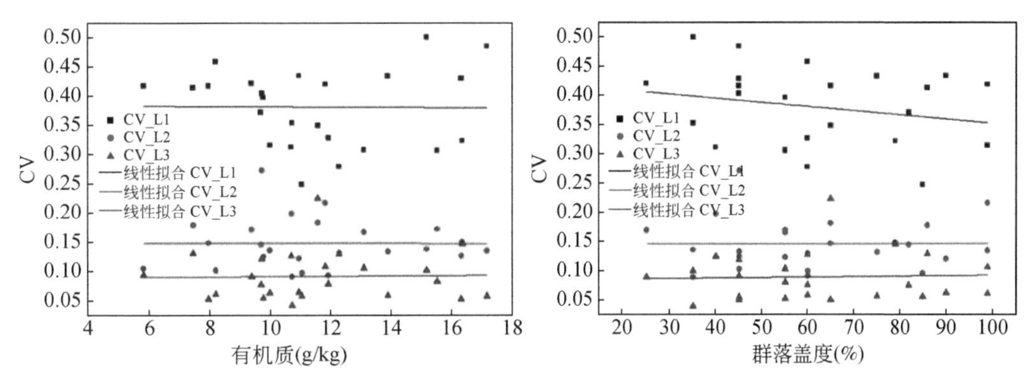

图 7-11　不同层次土壤水分时间变异性与环境因子的相关关系

L1、L2、L3 分别代表 0 ~ 0.4 m、0.4 ~ 1.0 m、1.0 ~ 2.0 m 土层

7.4.3　土壤水分时间稳定性与环境因子的分类-回归树分析

本节内容中，采用 2009 ~ 2011 年各监测样点不同层次土壤水分的标准差来表示土壤水分时间稳定性，标准差数值越小表明这一层次土壤水分含量越稳定，反之则越不稳定。图 7-12 表示了分类-回归树分析环境因子对土壤水分时间稳定性的影响，在回归树的各个分类节点处，均标出样地数量（N）、平均土壤水分含量（MEAN,%）、平均土壤水分含量的标准差（SD）及消减错误比例（PRE）。从图 7-12 可以看出，回归树共生成 3 个最终节点，其对土壤水分时间稳定性差异的解释程度为 34.1%。土壤容重（BULK_DENSITY）为回归树的第一个节点，其对表层土壤水分时间稳定性差异的解释程度为 15.8%。其中有 49 个样地的容重小于 1.18 g/cm^3，其平均土壤水分含量为 6.195%。在第二级分类中，分类指标为土壤有机质含量（SOM），其解释程度为 18.3%。土壤有机质含量大于 7.69 g/kg 的样地有 41 个，其平均土壤水分含量为 6.314%。

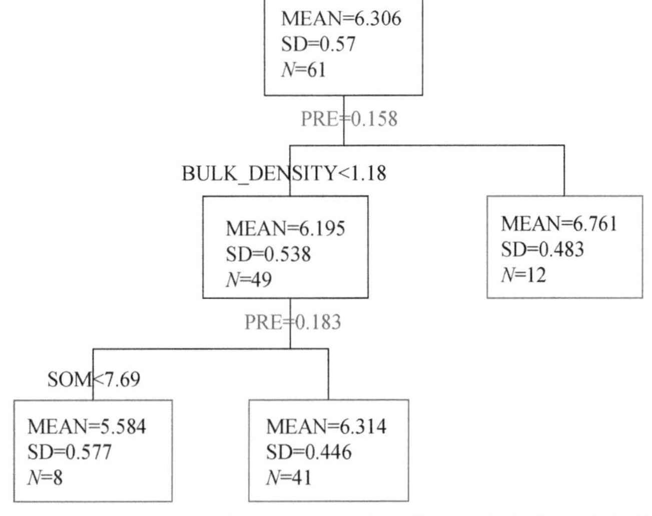

图 7-12　0 ~ 0.2 m 土壤水分时间变异与环境因子的分类-回归树分析

图 7-13 中分类-回归树模型对 0.2 ~0.4 m 深度土壤水分时间变异与环境因子的分析共生成 5 个节点，其对土壤水分时间变异的解释程度为 60.3%。其中第一节点为植被类型，其对土壤水分时间变异的解释程度为 33.9%，这一结果将人工植被恢复类型和农地、撂荒草地、天然草地明确区分开来。其中人工植被恢复类型（苜蓿草地、柠条林地、山毛桃林地、山杏林地、杨树林地、油松林地、侧柏林地）土壤水分的时间稳定性因相对海拔（REL_ALTITUDE）（解释程度 14.2%）、黏粒含量（解释程度 5.7%）和坡面曲率（解释程度 6.5%）等存在差异，而农地、撂荒草地和天然草地三种植被类型则较为一致。

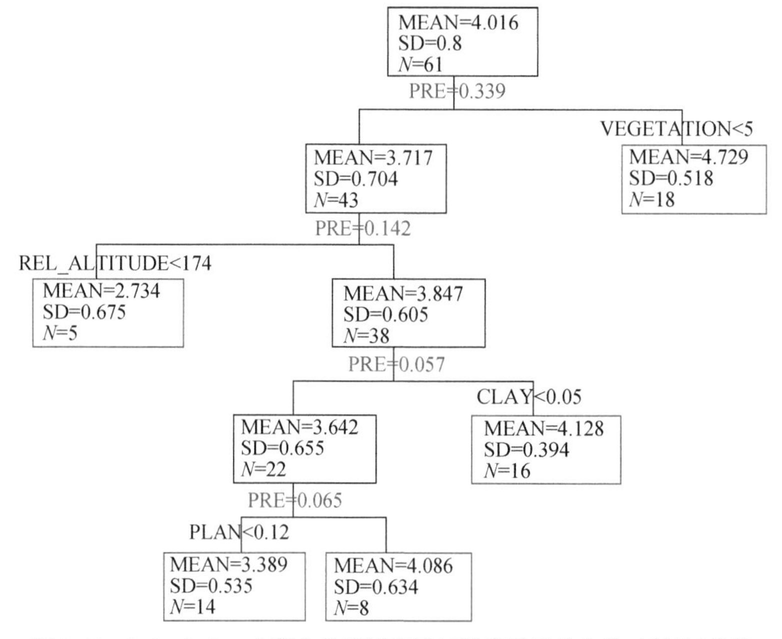

图 7-13　0.2 ~0.4 m 土壤水分时间变异与环境因子的分类-回归树分析

在 0.4 ~1.0 m 这一层次，影响土壤水分时间稳定性差异的因子及其解释程度则有所不同（图 7-14）。在这一层次中，第一级分支为植被类型，其对土壤水分时间稳定性差异的解释程度为 45.6%。这一层次土壤水分含量及其时间动态主要受植被类型的影响，尤其对人工植被恢复类型而言，受其他因子的影响相对较小。由第二级分支可知，人工植被类型中，坡度又构成一个重要影响因素，其对土壤水分时间稳定性差异的解释程度为 7.3%。在坡度小于 21°的样地有 22 个，平均土壤水分含量的标准差较小（0.364）。而在农地、撂荒草地和天然草地中，土壤容重和坡面曲率构成土壤水分时间动态变异的主要影响因素。

在 1.0 ~2.0 m 这样一个相对较深的土层，土壤水分时间稳定性与其上土层有所不同。由图 7-15 可以明确看出，植被类型是这一层次土壤水分时间动态差异的主要因素。在第一级分支上，分类-回归树模型明确地区分了人工植被恢复类型和农地、撂荒草地、天然草地等。其中，人工植被恢复类型下面没有第二级分支，表明这一层次不同人工植被恢复类型土壤水分时间动态基本一致，不受其他环境因子的影响，也不因植被类型不同而存在

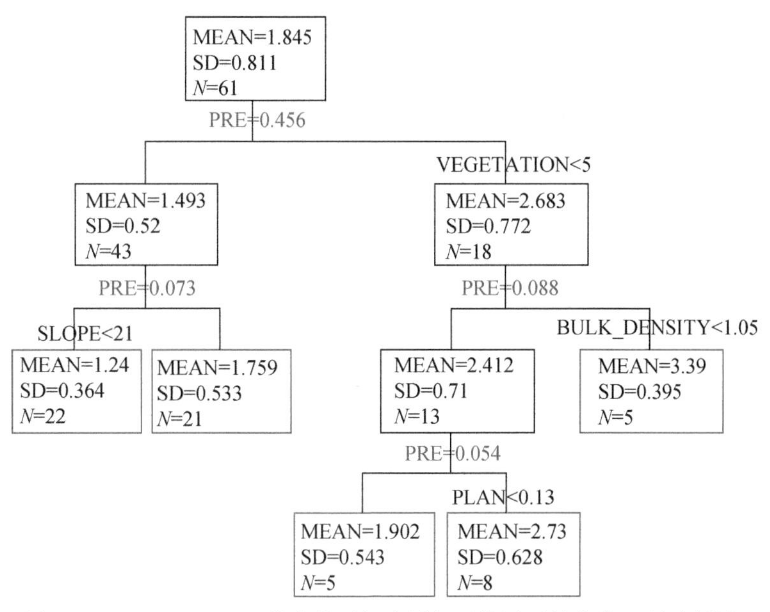

图 7-14　0.4 ~ 1.0 m 土壤水分时间变异与环境因子的分类-回归树分析

差异。与土壤水分空间变异的研究相同，在 1.0 ~ 2.0 m 深度土壤中，不同植被类型土壤水分含量和时间稳定性不受其他环境因子影响。东西坡向（解释程度 15.5%）是第二级分支的主要影响因子，其对农地、撂荒草地和天然草地等土壤水分时间动态有所影响。这主要是由于流域内农地主要集中在阳坡，因而坡向造成土壤水分时间稳定性的差异主要表现在东西坡向上，东坡土壤水分相对稳定，而西坡受太阳辐照强度的影响，土壤水分时间稳定性相对较低。

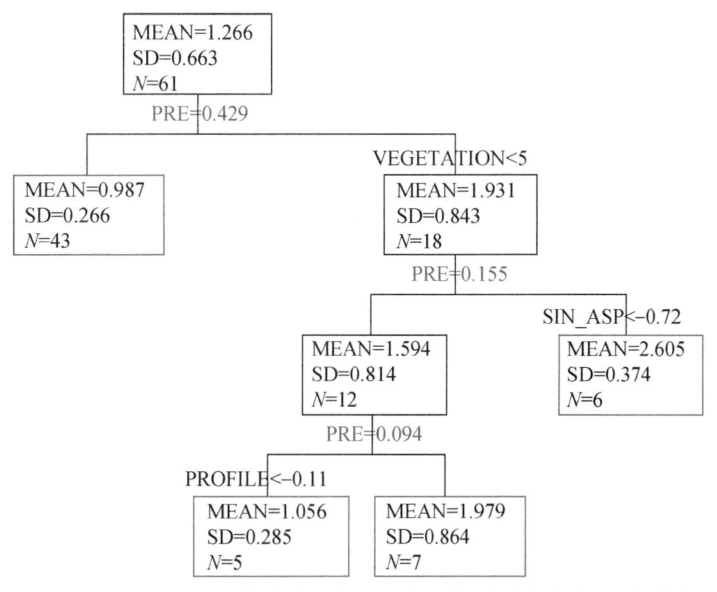

图 7-15　1.0 ~ 2.0 m 土壤水分时间变异与环境因子的分类-回归树分析

综合以上分析，研究区表层 0 ~ 0.4 m 土壤水分时间稳定性的差异主要受土壤容重、有机质等的影响，存在较大的时间变异性。而 0.4 m 以下深度中土壤水分含量及其时间稳定性的差异主要受植被类型的影响，尤其是人工植被类型（苜蓿草地、柠条林地、山毛桃林地、山杏林地、杨树林地、油松林地、侧柏林地）在 0.4 m 深度以下土壤水分含量相对稳定，受地形（坡度、坡向）、土壤（黏粒含量、容重、有机质含量）等因素的影响较小。

7.5 小 结

本章比较了不同植被类型 0 ~ 2.0 m 土壤水分状况，并通过对构建土壤水分相对亏缺的评估指数，对主要植被类型 0 ~ 2.0 m 深度土壤水分及其亏缺状况进行了定量分析，并采用相关分析、CCA 分析和分类-回归树模型系统研究了流域 0 ~ 2.0 m 土壤水分空间变异、时间稳定性，得出以下结论：

1）从土壤储水量的角度来看，相比研究区自然植被天然草地，各人工植被均有一定程度的土壤水分亏缺。其中，山杏、侧柏、柠条、油松林地土壤水分亏缺最为严重，0 ~ 2.0 m 土层土壤有效储水量不足 50 mm。柠条、山杏和油松林地 2.0 m 土层有效储水量不及土壤总储水量的 20%。人工植被生物量过大是其主要原因，亟须采取措施恢复土壤水分，缓解土壤水分亏缺状况，实现可持续性的植被恢复。

2）构建了土壤水分亏缺的定量评估指数，CSWDI 可反映土壤水分亏缺的剖面分布特征，PCSWDI 可对比分析不同植被间土壤水分亏缺程度。柠条、油松、山杏林地由于植被蒸腾和土壤物理蒸发作用，PCSWDI 分别达到 0.65、0.62、0.62，1.0 m 土层以下土壤水分严重亏缺，受该地区降雨入渗深度的影响，这类土壤水分亏缺难以恢复。侧柏林地 0 ~ 2.0 m 土层土壤水分亏缺也较为严重，主要集中在 0.2 ~ 1.0 m 土层，$PCSWDI_{100}$ 达到 0.72，而 1.0 m 土层以下则随深度增加而降低。山毛桃林地和苜蓿草地 PCSWDI 分别为 0.38 和 0.17，土壤水分亏缺程度相对较轻，CSWDI 均随深度的增加而增加。杨树林地、撂荒草地和马铃薯农地在 0 ~ 2.0 m 土层有一定的水分补充；其中，杨树林地因生长衰退在 0 ~ 1.0 m 土层土壤水分有所恢复。

3）通过对 0 ~ 2 m 不同深度土壤水分与土壤理化性质、地形等因子的相关分析和 CCA 分析，发现坡度、南北坡向和相对海拔与土壤水分存在显著相关关系，土壤属性中土壤容重和黏粒含量与土壤水分的相关关系显著，其他养分指标与土壤水分的关系并不明显。利用分类-回归树模型对流域土壤水分空间变异的研究发现，植被是影响 0.4 ~ 2.0 m 深度土壤水分空间变异的主要因素，能解释 42.9% ~ 61.5% 的空间变异。环境因子对土壤水分空间变异的影响随土层深度的不同而有所差异。坡度、黏粒含量和坡面曲率是表层 0 ~ 0.4 m 土壤水分空间变异的主要原因，而 0.4 m 深度以下土壤水分的空间变异则主要由植被类型不同造成。对人工植被而言，土壤属性、地形等因子对其 0.4 m 深度以下的土壤水分的影响相对较小。

4）降雨对不同植被 0 ~ 0.4 m 土壤水分有很好的补充，这一深度土壤水分随降雨波动存在较大的时间变异性；降雨对农地、撂荒草地和苜蓿草地 0.4 ~ 1.0 m 深度的土壤水分有一定的影响，对其他植被土壤水分没有明显作用，不同人工植被恢复土壤水分存在显著差异；降雨对 1.0 ~ 2.0 m 深度没有有效补充，土壤水分含量较为稳定，不同植被类型直接土壤水分含量差异显著。分类-回归树模型分析表明，表层 0 ~ 0.4 m 土壤水分时间稳定性受土壤容重、有机质含量等影响较大。而 0.4 m 深度以下土壤水分时间动态的差异主要受植被类型的影响，植被对 0.4 m 深度以下土层水分时间稳定性差异的解释程度为 33.9% ~45.6%。

参考文献

程积民，万惠娥，王静，等. 2005. 半干旱区柠条生长与土壤水分消耗过程研究. 林业科学，41（2）：37-41.

段建军，王小利，张彩霞，等. 2007. 黄土高原土壤干层评定指标的改进及分级标准. 水土保持学报，21（6）：151-154.

何福红，蒋卫国，黄明斌. 2010. 黄土高原沟壑区苹果基地退果还耕的生态水分效应. 地理研究，29（10）：1863-1869.

李军，陈兵，李小芳，等. 2007. 黄土高原不同干旱类型区苜蓿草地深层土壤干燥化效应. 生态学报，27（1）：75-89.

李玉山. 1983. 黄土区土壤水分循环特征及其对陆地水分循环的影响. 生态学报，3（2）：91-101.

李玉霞，周华荣. 2011. 干旱区湿地景观植物群落与环境因子的关系. 生态与农村环境学报，27（6）：43-49.

潘竟虎. 2008. 黄土丘陵沟壑区蒸散的遥感反演——以静宁县水土保持世行贷款项目区为例. 生态与农村环境学报，24（4）：6-9，41.

万素梅，贾志宽，韩清芳，等. 2008. 黄土高原半湿润区苜蓿草地土壤干层形成及水分恢复. 生态学报，28（3）：1045-1051.

王力，卫三平，吴发启. 2009. 黄土丘陵沟壑区土壤水分环境及植被生长响应——以燕沟流域为例. 生态学报，29（3）：1543-1553.

Cao S X，Chen L，Shankman D，et al. 2011. Excessive reliance on afforestation in China´s arid and semi-arid regions：lessons in ecological restoration. Earth-Science Reviews，104（4）：240-245.

Cao S，Chen L，Yu X. 2009. Impact of China´s Grain for Green Project on the landscape of vulnerable arid and semi-arid agricultural regions：a case study in northern Shaanxi Province. Journal of Applied Ecology，46：536-543.

Chen H，Shao M，Li Y. 2008. Soil desiccation in the Loess Plateau of China. Geoderma，143：91-100.

Engelbrecht B M J，Comita L S，Condit R，et al. 2007. Drought sensitivity shapes species distribution patterns in tropical forests. Nature，447：80-82.

Fan J，Shao M A，Wang Q J，et al. 2010. Toward sustainable soil and water resources use in China´s highly erodible semi-arid Loess Plateau. Geoderma，155（1-2）：93-100.

Fu W，Huang M B，Gallichand J，et al. 2012. Optimization of plant coverage in relation to water balance in the Loess Plateau of China. Geoderma，173-174：134-144.

Galicia L，López-Blanco J，Zarco-Arista A E，et al. 1999. The relationship between solar radiation interception and soil water content in a tropical deciduous forest in Mexico. Catena，36（1-2）：153-164.

Ibrahim H M, Huggins D R. 2011. Spatio-temporal patterns of soil water storage under dryland agriculture at the watershed scale. Journal of Hydrology, 404 (3-4): 186-197.

Legates D R, Mahmood R, Levia D F, et al. 2011. Soil moisture: a central and unifying theme in physical geography. Progress in Physical Geography, 35 (1): 65-86.

Meerveld H J T, McDonnell J J. 2006. On the interrelations between topography, soil depth, soil moisture, transpiration rates and species deistribution at the hillslope scale. Advances in Water Resources, 29: 293-310.

Méndez-Barroso L A, Vivoni E R, Watts C J, et al. 2009. Seasonal and interannual relations between precipitation, surface soil moisture and vegetation dynamics in the North American monsoon region. Journal of Hydrology, 377: 59-70.

Penna D, Borga M, Norbiato D, et al. 2009. Hillslope scale soil moisture variability in a steep alpine terrain. Journal of Hydrology, 364 (3-4): 311-327.

Porporato A, D'Odorico P, Laio F, et al. 2002. Ecohydrology of water-controlled ecosystems. Advances in Water Resources, 25: 1335-1348.

Qiu Y, Fu B J, Wang J, et al. 2001. Spatial variability of soil moisture content and its relation to environmental indices in a semi-arid gully catchment of the Loess Plateau, China. Journal of Arid Environments, 49 (4): 723-750.

Qiu Y, Fu B J, Wang J, et al. 2010. Spatial prediction of soil moisture content using multiple-linear regressions in a gully catchment of the Loess Platau, China. Journal of Arid Environments, 74 (2): 208-220.

Wang L, Wei S P, Wang Q J, et al. 2008. Soil desiccation for loess soils on natural and regrown areas. Forest Ecology and Management, 255 (7): 2467-2477.

Wang Y Q, Shao M A, Liu Z P. 2010a. Large-scale spatial variability of dried soil layers and related factors across the entire Loess Plateau of China. Geoderma, 159 (1-2): 99-108.

Wang Y Q, Shao M A, Shao H B. 2010b. A preliminary investigation of the dynamic characteristics of dried soil layers on the Loess Plateau of China. Journal of hydrology, 381 (1-2): 9-17.

Wang Y Q, Shao M A, Zhu Y J, et al. 2011. Impacts of land use and plant characteristics on dried soil layers in different climatic regions on the Loess Plateau of China. Agricultural and Forest Meteorology, 151 (4): 437-448.

Wang Z Q, Liu B Y, Liu G, et al. 2009a. Soil water depletion depth by planted vegetation on the Loess Plateau. Science in China Series D: Earth Sciences, 52 (6): 835-842.

Wang Z Q, Liu B Y, Zhang Y. 2009b. Soil moisture of different vegetation types on the Loess Plateau. Journal of Geographical Sciences, 19 (6): 707-718.

Western A W, Zhou S L, Grayson R B, et al. 2004. Spatial correlation of soil moisture in small catchments and its relationship to dominant spatial hydrological processes. Journal of Hydrology, 286: 113-134.

第 8 章　植被恢复对深层土壤水的影响

黄土高原人工植被对深层土壤水分的依赖较为强烈（Wang et al., 2010a, 2011）。由于气候干旱及深厚的黄土覆盖，不同深度土壤水分的消耗驱动力存在差异（牛俊杰等，2008）。例如，浅层土壤（0～2 m）水分消耗主要受植被蒸腾和强烈的土壤物理蒸发两个生态水文过程的影响，而深层土壤（2 m 以下）水分作为“土壤水库”的重要组成部分，其消耗则主要是地表林草植被强烈蒸腾的作用。由第 7 章所述可知，1.0 m 土层以下土壤水分难以获得降水补充，这一现象造成了该地区深层土壤持续干化，且难以恢复。植被恢复造成的深层土壤水分亏缺问题是目前黄土高原生态系统恢复的一个研究热点。然而，相关研究多集中于刺槐、苜蓿、柠条等单种植被造成的土壤水过耗，较少涉及同一地区不同植被类型的土壤水分亏缺效应，而这正是进行合理物种选择及配置的前提和基础，也是黄土高原进行可持续性人工植被恢复的关键科学问题之一。为探讨不同人工植被恢复方式土壤水分亏缺程度及其剖面分布特征，本研究选取不同植被类型土壤水分作为研究对象，定量分析其土壤水分亏缺程度及其剖面分布特征。

另外，黄土高原地区土壤水分受地形、植被等影响存在较大的空间变异。在该地区进行人工植被恢复时必须综合考虑地形及土壤水分剖面分布特征的影响。然而，目前对深层土壤水分的空间变异问题则少有研究，仅有一些初步的探讨和论述。例如，何福红等（2003）认为坡度、坡向和坡位等地形因子对深层土壤水分的空间分布有显著影响；Wang 等（2008，2011）、王力等（2009）研究发现，阴坡林地和草地深层土壤储水量高于阳坡；牛俊杰等（2007）认为地形对深层土壤干化的发育有重要影响。但总体而言，还缺乏对深层土壤水分空间变异的系统探讨。深层土壤水分空间变异特征是黄土高原地区进行可持续性人工植被恢复的一个关键问题，这也是目前该地区植被恢复与生态水文研究中的一个薄弱方面。本章以不同植被、地形和管理措施下 0～8 m 土壤水分为研究对象，对不同植被深层土壤水分空间变异问题进行系统探讨，以期为黄土高原植被恢复的空间合理配置提供科学依据。

土壤水分在空间上受地形特征、土壤属性、植被覆盖特征等的影响具有不连续性，在时间上受气候、降雨等的影响具有季节变化性，土壤水资源的时空异质性导致了土壤水问题的复杂化。在半干旱地区，浅层土壤水分动态主要受降雨和植被蒸发散过程的影响（Rosenbaum et al., 2012），而深层土壤水分的消耗则主要是植被的蒸腾作用（Rodrigues et al., 2014）。影响土壤水分补给主要是天然降水，降水是土壤水分及其时空异质性的直接影响因素（Grassini et al., 2010）。降雨对土壤水分的补充随着土层深度的增加而减少，浅层土壤水分一般随降雨变化存在很大的波动，而随土层深度的增加逐渐趋于稳定。例如，Takagi 和 Lin（2012）在美国宾夕法尼亚州的研究发现，流域尺度 0～0.3 m 深度土壤水分受降雨影响存在很大的季节变化性。而在我国黄土高原地区，不同区域的研究则有不同的结果。例如，Gao 等（2011）对陕北中部典型切沟的土壤水分定位监测发现，不同层次土壤水分受降雨的影响有所不同；卢建利等（2008）在陕西安塞针对沙棘林地的研究发现，0 ~ 1.5 m 土层土壤水分变化较大，容易获得降水补充；郭忠升和邵明安（2007）在上黄的研究发现，该地区降水的最大入渗深度为 1.7 ~ 2.1 m，土壤水分无深层渗漏发生。

土地利用、土壤属性及地形均对土壤水分的空间分布和变异有重要影响（Hawley et al.，1983；Wang et al.，2010a，2010b）。Seyfried 和 Wilcox（1995）指出，在非雨季里，坡向和净辐射驱动着土壤水分物理蒸散发，同时土壤水分空间变异也受植被影响。而 Schume 等（2003）则发现在干旱季节中，植被蒸腾作用的差异是土壤水分空间变异的主要原因。Western 等（1998，1999，2004）和 Gómez-Plaza 等（2001）研究发现，土壤水分空间变异也受到土壤水分含量的影响，土壤水分含量较高则空间异质性较高，在土壤水分含量较低的情况下，土壤水分空间异质性也较低。Qiu 等（2001，2003）在黄土高原的研究中也有类似的发现。Cantón 等（2004）研究发现，地形等因子对土壤水分空间变异的影响程度随干湿季节的不同而有差异。Heathman 等（2009）则研究发现，土壤水分空间变异与土层深度有关，较深层次的土壤水分差异较大，比表层土壤空间异质性要高。

土壤水分的时空分异是多重尺度上植被、降雨、地形、土壤和人类活动等多因子综合作用的结果。土壤水分也具有一定的时间稳定性。例如，Brocca 等（2007，2012）在意大利的研究发现，土壤水分具有很强的时间稳定性，并且与尺度关系密切。此外，Heathman 等（2012）和 De Souza 等（2011）采用土壤水分相对差异和 Spearman 相关系数（Vachaud et al.，1985；Vinnikov and Robock，1996）对土壤水分时间稳定性进行了研究，发现流域内特定的样点具有很强的时间稳定性，可以用来代表整个研究区区域土壤水分状况。Gao 和 Shao（2012a，2012b）在黄土高原地区也采用同样的方法进行了实测研究，发现在黄土丘陵沟壑区同样存在这样特定的样点。另外，Martínez-Fernández 和 Ceballos（2003）在西班牙的研究发现，土壤水分在干旱状态下比湿润状态下更为稳定。在湿润地区，地形和景观位置是土壤水分时空变异的主控因子，而在干旱地区，坡向、植被、质地和垂直结构的作用则更为重要（Robinson et al.，2008）。Teuling 和 Troch（2005）研究发现，在考虑土壤水分时空变异时，不能仅考虑土壤水分，还需要考虑土壤和植被的变异。

8.1 主要植被类型对深层土壤水的影响

天然荒草地是该地区顶级演替群落，其土壤水分及其剖面分布特征可以代表该地区土壤水分的原始状况。通过不同植被类型与天然荒草地土壤水分的对比，可以知道不同植被恢复方式对土壤水分的过度消耗程度。由图 8-1 可知，人工植被均对土壤水分造成了一定的过度消耗。各植被类型深层土壤水分均存在着随土层深度增加而升高的趋势。其中，覆膜玉米农地、马铃薯农地和撂荒草地各层土壤水分含量均高于天然荒草地，而其他人工植被深层土壤水分则低于天然荒草地。

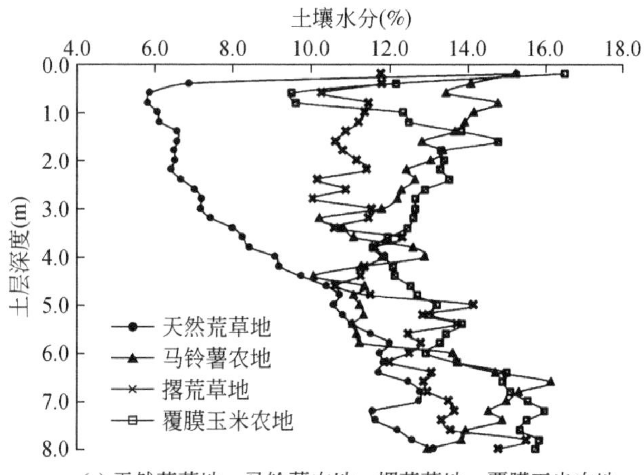

(a) 天然荒草地、马铃薯农地、撂荒草地、覆膜玉米农地
不同土层深度与土壤水分的关系

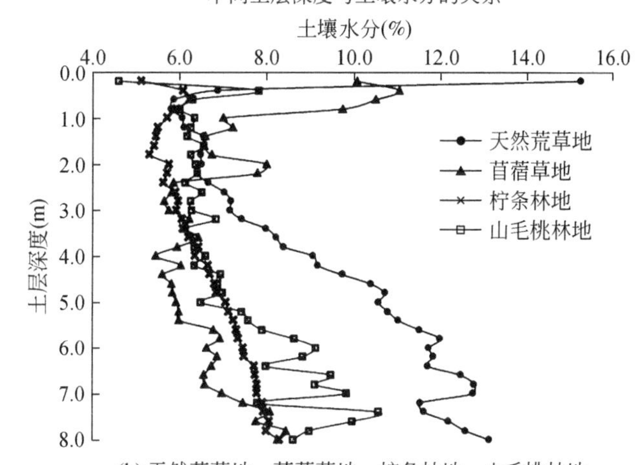

(b) 天然荒草地、苜蓿草地、柠条林地、山毛桃林地
不同土层深度与土壤水分的关系

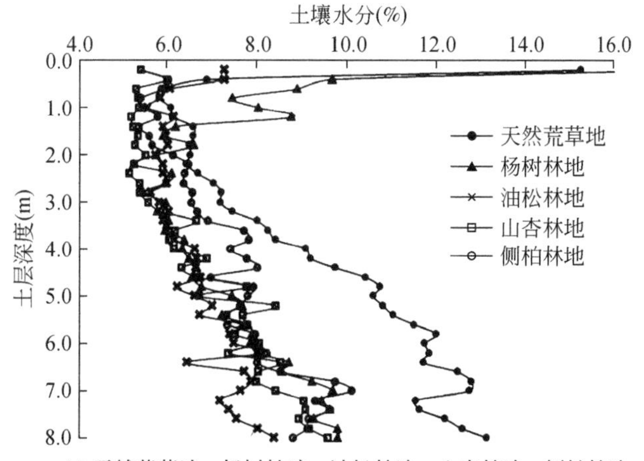

(c) 天然荒草地、杨树林地、油松林地、山杏林地、侧柏林地
不同土层深度与土壤水分的关系

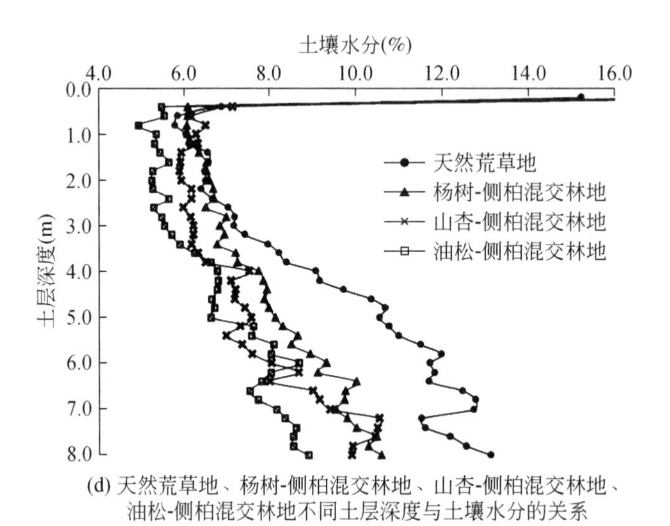

(d) 天然荒草地、杨树-侧柏混交林地、山杏-侧柏混交林地、油松-侧柏混交林地不同土层深度与土壤水分的关系

图 8-1　不同植被类型土壤水分同天然荒草地比较

由于在采样期间表层土壤水分受到一次弱降雨的影响，这里仅对各植被类型 0.2 ~2 m 及2 ~8 m土层土壤水分进行统计（表 8-1）。由表 8-1 可知，油松-侧柏混交林地和山杏纯林地浅层（0.2 ~2 m）土壤水分含量偏低，变化范围分别为 4.91% ~5.64% 和 5.16% ~5.97%，平均值分别为 5.34% 和 5.36%，低于凋萎湿度（5.4%，重力土壤水分）。侧柏、柠条、油松、山杏-侧柏混交、杨树-侧柏混交林地，在 0.2 ~2 m 土层土壤水分含量平均值低于天然荒草地（6.31%）。而山毛桃林地、杨树林地、苜蓿草地和撂荒草地、覆膜玉米农地及马铃薯农地土壤水分含量平均值则高于天然荒草地，表明这几类植被在同等降雨条件下土壤水分有较好的补充。

表 8-1　不同植被类型土壤水分及多重比较

植被类型	0.2 ~2 m 土层				2 ~8 m 土层			
	最小值（%）	最大值（%）	平均值（%）	变异系数	最小值（%）	最大值（%）	平均值（%）	变异系数
苜蓿草地	6.57	11.03	8.16jklm	0.22	5.45	8.47	6.60ab	0.13
油松林地	5.53	7.24	6.04abcd	0.08	5.62	8.37	6.80abc	0.12
柠条林地	5.31	6.23	5.71anop	0.06	5.62	8.30	6.95abh	0.12
油松-侧柏混交林地	4.91	5.64	5.34cfjot	0.04	5.22	8.91	7.08a	0.17
山杏林地	5.16	5.97	5.36as	0.05	5.11	9.56	7.18cbdh	0.19
杨树林地	5.75	9.66	7.46jqr	0.19	5.22	9.79	7.39bdhi	0.20
山毛桃林地	5.99	7.82	6.45ak	0.08	6.13	10.57	7.60dhj	0.18
山杏-侧柏混交林地	5.89	7.14	6.24belnq	0.06	5.93	10.58	7.71fi	0.19

续表

植被类型	0.2～2 m 土层				2～8 m 土层			
	最小值（%）	最大值（%）	平均值（%）	变异系数	最小值（%）	最大值（%）	平均值（%）	变异系数
侧柏林地	5.34	6.10	5.68aefg	0.05	6.10	10.09	7.80bdef	0.14
杨树-侧柏混交林地	6.07	6.59	6.28aj	0.03	6.50	10.62	8.36e	0.16
天然荒草地	5.80	6.87	6.31dgmpr	0.06	6.41	13.12	10.07j	0.22
撂荒草地	10.26	11.78	11.05ist	0.04	10.03	15.49	12.29g	0.11
马铃薯农地	12.82	14.73	13.68h	0.04	10.06	16.14	12.59g	0.13
覆膜玉米农地	9.47	14.74	12.35hi	0.15	11.55	15.96	13.55k	0.10
p 值			0.000 **				0.000 **	

注：同一列不同植被类型之间如有一个字母相同表示两者差异不显著（$p>0.05$，LSD 比较）；** 极显著（$p<0.01$）

深层（2～8 m）土壤水分则有所不同，苜蓿草地土壤水分含量平均值仅为 6.60%，变化范围为 5.45%～8.47%，而其浅层土壤水分含量则相对较高，变化范围为 6.57%～11.03%。苜蓿草地由耕地转换而来，受原有耕作的影响，浅层土质疏松，降雨入渗较好，因而土壤水分相对较高。深层土壤水分含量最高的为覆膜玉米农地，变化范围为 11.55%～15.96%，土壤水分含量平均值为 13.55%。相比而言，玉米生长期耗水量高于马铃薯，因而玉米农地浅层土壤水分含量低于马铃薯农地，但在 2 m 以下受覆膜措施的影响，土壤物理蒸发大幅度减少，土壤水分含量高于马铃薯农地。由深层土壤水分对比可知，除撂荒草地、马铃薯农地和覆膜玉米农地以外，其他各植被类型深层土壤水分均低于天然荒草地，部分土层甚至不及天然荒草地土壤水分的 50%。

该地区日照辐射强，潜在蒸发量达 1649 mm，土壤物理蒸发作用强烈，0～2 m 深度土壤水分受植被蒸腾和土壤物理蒸发两个生态水文过程的叠加影响，土壤水分因消耗严重而迅速降低，变化幅度也较小。油松、柠条、油松-侧柏、山杏、杨树、山毛桃、山杏-侧柏、侧柏和杨树-侧柏林地常年保持低湿状态，因而这一层次土壤水分变异较小；耕作对土壤水分变异有重要影响（Hébrard et al.，2006），受耕作管理等影响，撂荒草地和马铃薯农地浅层土壤水分含量相对较高，这一层次土壤水分变异较小。2 m 以下土壤水分剖面分布趋势为随深度增加而增大，如油松林地由 2 m 的 5.71% 增至 8 m 的 8.37%，柠条林地由 2 m 的 5.77% 增至 8 m 的 8.30%，而天然荒草地则由 2 m 的 6.51% 增至 8 m 的 13.12%。土壤水分由于存在这种随深度增加的趋势，2～8 m 的变异系数则相比浅层有所增加。

方差分析表明，各植被类型 0.2～2 m 及 2～8 m 土壤水分含量均存在极显著差异（表 8-1，$p<0.01$），植被是深层土壤水分存在显著差异的主要原因。但通过对典型人工植被恢复类型即苜蓿草地、柠条林地、山杏林地、油松林地、侧柏林地的多重比较可知，研

究区主要人工植被之间 2～8 m 深度土壤水分并无显著性差异（$p<0.01$）。这一结果表明，在人工植被恢复过程中，不同的物种选择所造成的土壤水分亏缺程度基本一致。这一结果与以往研究有所不同，如 Wang 等（2009a）在陕西绥德的研究及 Wang 等（2011）在延安的研究均发现不同植被深层土壤水分有所不同。可能原因如下：①本研究采用方差分析的方法，对比研究了不同植被类型深层土壤水分，发现不同植被类型之间 2～8 m 深度土壤水分没有显著差异，而以往研究多采用土壤水分含量剖面分布特征的定性比较，没有采用统计方法进行检验。②这里涉及不同层次土壤水分差异问题，不同植被类型土壤水分在 0.4～1.0 m 及 1.0～2.0 m 深度存在显著差异，而 2～8 m 深度则没有显著差异，若将 0～8 m 土壤水分进行多重比较则会发现不同植被存在显著差异。若细化土壤水分的分析层次，则会发现不同植被类型间的差异。

8.2 深层土壤水分相对亏缺定量化评估

8.2.1 深层土壤水分背景值与评估方法

由图 8-2 可以看出，各植被类型深层土壤水分存在着随深度增加而增加的趋势，但因土壤质地等因素的影响，存在一定范围的波动，为剔除这种影响，更为客观地反映主要人工植被类型深层土壤水分状况，本研究以天然荒草地为参照，采用回归分析方法研究土壤水分与土层深度的关系。3 块天然荒草地深层土壤水分含量基本一致（方差检验无显著性差异，$p<0.01$），因而将 3 块天然荒草地 1.0 m 以下土壤水分与土层深度一起进行回归分析，以获得土壤含水量同土层深度的关系式。相关分析发现，天然荒草地 1.0 m 以下土壤含水量同土层深度的相关系数达到 0.957，呈极显著正相关（$p<0.01$）。

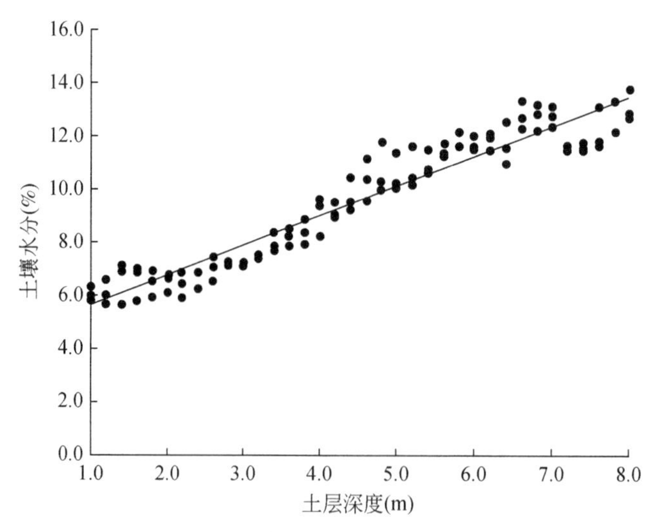

图 8-2 1 m 以下土壤水分随土层深度的变化

将天然荒草地 1.0 m 以下土壤水分含量与土层深度进行曲线拟合，发现两者存在很好的线性关系（图 8-2），将两者进行线性回归，所得模型为

$$y = 1.117x + 4.535, \ n = 108, \ R^2 = 0.915, \ p<0.01$$

式中，y 为土壤水分含量（%）；x 为土层深度（m）（$1.0 \leqslant x \leqslant 8.0$）。

8.2.2 深层土壤水分亏缺的定量评估

由前所述，覆膜玉米农地、马铃薯农地和撂荒草地因受耕作管理活动的影响，在 2 ~8 m土层都不存在土壤水分亏缺现象，尤其是 3.6 m 以上土壤水分含量相对较高，降雨入渗补充作用明显［图 8-3（a）］。苜蓿草地除浅层受原有耕作影响而土壤水分含量较高以外，深层土壤水分亏缺严重，在 4 ~5.6 m 土层平均 CSWDI 达到 0.90，接近凋萎湿度，在 5.6 m 以下才随深度增加而有所减缓。柠条林地深层土壤水分亏缺程度基本一致，CSWDI 平均达到 0.69。山毛桃林地在 1.6 m 以上土层还有一定的水分补充，但在 3.4 ~5.0 m 这一层次土壤水分亏缺程度基本与柠条林地相同，其下土层土壤水分亏缺程度稍有缓和［图 8-3（b）］。山杏林地、油松林地、侧柏林地、杨树林地四种植被深层土壤水分亏缺均较严重，但剖面分布存在差异。杨树林地因年限较长，2 m 以上土壤水分有所恢复，但在 2 ~4.8 m 这一层次土壤水分亏缺较为严重，平均 CSWDI 达到 0.76，4.8 m 以下由 0.57 减小至 0.45。侧柏林地由于其根系分布较浅（郭梓娟等，2007；赵忠和李鹏，2002），浅层土壤水分亏缺严重，而 2 m 以下平均为 0.48。油松林地深层土壤严重干化，虽然随着深度递减，但 CSWDI 总体偏高，平均达到 0.72，8 m 土层有效水分极少，急需对林木密度加以控制，降低油松生长的水分胁迫。山杏林地 2 ~2.8 m土层 CSWDI 超过 1.0，土壤水分低于凋萎湿度，这一方面是由于山杏蒸腾作用强烈，土壤水分消耗极其严重，另一方面是由于土壤物理蒸发作用强烈［图 8-3（c）］。图 8-3（d）显示三种混交配置模式区别较为明显，土壤水分亏缺程度均随深度增加而减小，油松-侧柏混交林地土壤水分亏缺较为严重。

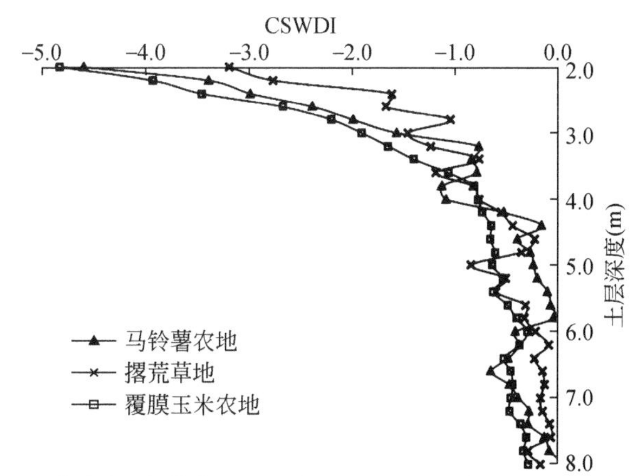

(a) 马铃薯农地、撂荒草地、覆膜玉米农地深层土壤的CSWDI分布

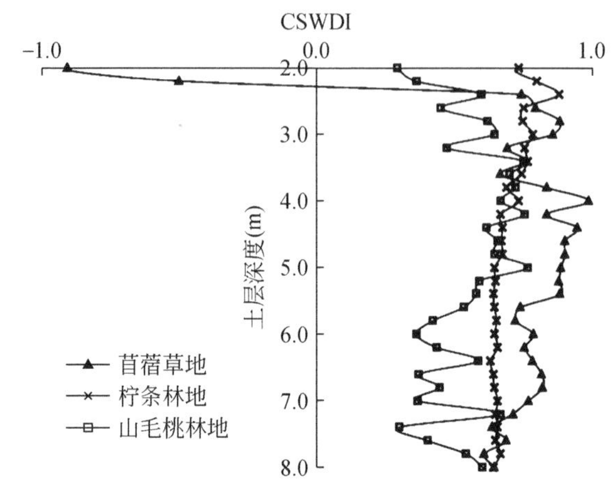

(b) 苜蓿草地、柠条林地、山毛桃林地深层土壤的CSWDI分布

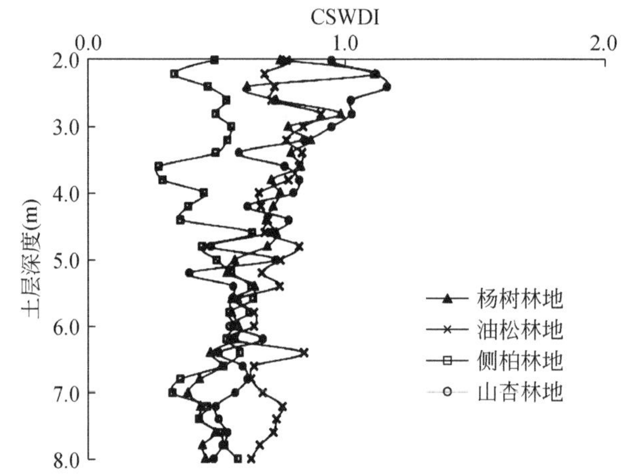

(c) 杨树林地、油松林地、侧柏林地、山杏林地深层土壤的CSWDI分布

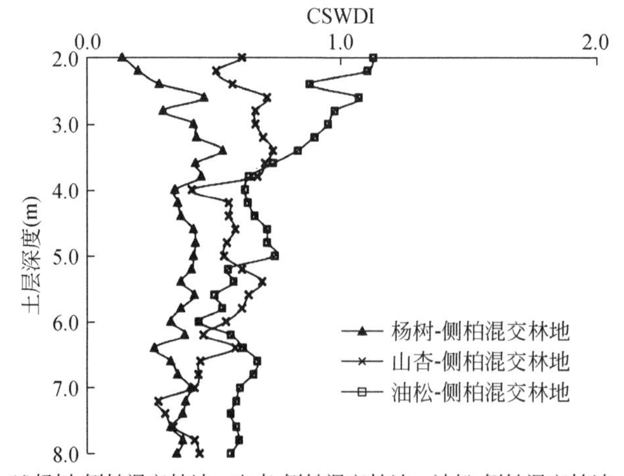

(d)杨树-侧柏混交林地、山杏-侧柏混交林地、油松-侧柏混交林地深层土壤的CSWDI分布

图 8-3　不同植被深层土壤 CSWDI

表 8-2 列出了不同植被类型 1 ~ 2 m 和 2 ~ 8 m 土层的 PCSWDI 值。由表 8-2 可以看出，不同植被深层土壤干化程度依次为油松林地>油松-侧柏混交林地>山杏林地>柠条林地>苜蓿草地>侧柏林地>山毛桃林地>山杏-侧柏林地>杨树林地>杨树-侧柏林地，撂荒草地和覆膜玉米农地、马铃薯农地相对而言没有深层土壤水分相对亏缺现象。油松林地 $PCSWDI_{2\sim8\ m}$最高，达到 0.726，土壤水分亏缺最为严重，其 1 ~ 2 m 土层也有中度干化现象。油松-侧柏混交林地、山杏林地、柠条林地和苜蓿草地 $PCSWDI_{2\sim8m}$都超过 0.5，其有效土壤水分不及天然荒草地的 50%。相比而言，撂荒草地、覆膜玉米农地、马铃薯农地土壤水分状况较好。

表 8-2　不同植被类型 1 ~ 2 m 和 2 ~ 8 m 土层的 PCSWDI

植被类型	$PCSWDI_{1\sim2m}$	$PCSWDI_{2\sim8m}$
油松林地	0.460	0.726
油松-侧柏混交林地	1.088	0.705
山杏林地	1.208	0.699
柠条林地	0.708	0.683
苜蓿草地	-1.720	0.568
侧柏林地	0.694	0.492
山毛桃林地	-0.556	0.464
山杏-侧柏混交林地	-0.282	0.458
杨树林地	-2.394	0.324
杨树-侧柏混交林地	-0.477	0.316
撂荒草地	-8.692	-1.394
覆膜玉米农地	-11.859	-1.865
马铃薯农地	-13.147	-1.866

8.3　植被恢复对深层土壤水分空间变异的影响

研究区 0 ~ 1.0 m 深度土壤水分受降雨影响较大，1 m 以下的深层土壤水分则相对稳定，Wang 等（2009b）和 Chen 等（2008b）的研究也发现，黄土丘陵沟壑区 2 m 以下深层土壤水分在植被生长一定年限后没有显著的年际差异。因而，为研究植被恢复对深层土壤水分空间变异的影响，本节分别采用各样地 2009 ~ 2011 年采集的浅层土壤水分的平均值代表浅层土壤水分状况，而采用 2010 ~ 2011 年采集的深层土壤水分数据代表深层土壤水分状况，以对比不同地形和植被条件下浅层和深层土壤水分空间变异规律。

8.3.1 不同坡位浅层和深层土壤水分对比

表8-3和图8-4、图8-5是不同坡位浅层和深层土壤水分的对比。由表8-3可知，不同坡位浅层土壤水分差异并不显著。天然草地上坡位平均土壤水分含量较高，中坡位低于下坡位。这主要是由于天然草地上坡位坡度为9°，而中坡位和下坡位坡度分别是32°和33°。上坡位因坡度较小，其平均土壤水分含量要高于中坡位和下坡位。相比而言，受地形的影响，中坡位土壤水分含量低于下坡位。侧柏林地上坡位土壤水分含量最高，但上坡位、中坡位、下坡位无显著差异，中坡位土壤水分含量略高于下坡位。苜蓿草地土壤水分虽然存在由上坡位至下坡位逐渐增加的现象，但土壤水分含量并无显著差异。通过对8个样带0～2 m浅层土壤水分的坡位对比分析发现，在坡度较为一致的情况下，中坡位土壤水分含量要低于下坡位。这表明浅层土壤水分的空间变异受到坡位的影响，下坡位平均土壤水分含量要高于其上坡位。而上坡位平均土壤水分相对偏高则主要是受坡度较小的影响。总体而言，浅层土壤水分在坡面上存在由上而下递增的趋势。

表8-3 不同坡位浅层和深层土壤水分对比

土层	坡位	天然荒草		农地		撂荒荒草		苜蓿	
		土壤水分(%)	标准差	土壤水分(%)	标准差	土壤水分(%)	标准差	土壤水分(%)	标准差
浅层(N=26)	上坡位	6.49a	1.69	8.96a	1.61	9.05a	1.31	5.48a	1.37
	中坡位	5.76bc	1.55	8.58a	1.18	8.62a	1.28	5.54a	1.19
	下坡位	6.28ac	1.21	8.54a	1.65	8.22a	1.23	5.59a	1.02
	p值	0.083		0.824		0.449		0.659	
深层(N=30)	上坡位	9.93a	2.18	11.28a	1.84	12.01a	2.20	8.18a	1.64
	中坡位	8.70b	1.96	11.54a	1.54	12.29a	1.34	7.97a	1.61
	下坡位	10.38a	1.29	11.25a	1.53	12.64a	1.99	8.26a	1.52
	p值	0.002**		0.748		0.427		0.766	
土层	坡位	柠条		油松		侧柏		山杏	
		土壤水分(%)	标准差	土壤水分(%)	标准差	土壤水分(%)	标准差	土壤水分(%)	标准差
浅层(N=26)	上坡位	5.54a	1.00	7.07a	1.17	5.69a	1.13	6.23a	1.07
	中坡位	5.55a	1.03	6.52a	0.93	5.58a	1.06	6.02a	0.98
	下坡位	5.27a	1.02	6.58a	0.98	5.17a	0.99	5.65a	0.84
	p值	0.787		0.740		0.256		0.507	

续表

土层	坡位	天然荒草		农地		撂荒荒草		苜蓿	
		土壤水分（%）	标准差	土壤水分（%）	标准差	土壤水分（%）	标准差	土壤水分（%）	标准差
深层（N=30）	上坡位	8.37a	1.65	6.83a	0.81	6.83b	1.02	7.79a	1.42
	中坡位	7.04b	0.72	7.07b	0.98	7.07a	0.92	7.03b	0.92
	下坡位	6.87b	0.89	6.86a	0.84	6.50c	0.94	6.96b	1.21
	p 值	0.000**		0.501		0.000**		0.013*	

注：同一列不同坡位之间若有一个字母相同表示两者差异不显著（p>0.05，LSD 比较）；*差异显著（p<0.05），**差异极显著（p<0.05）

深层土壤水分的坡位分异与浅层则有所不同，不同坡位深层土壤水分存在显著差异（表8-3）。对自然植被而言，天然草地深层土壤水分含量中坡位显著低于下坡位，表明自然植被下土壤水分的空间变异遵从坡位分异规律。然而，人工植被则有所不同，不同人工植被不同坡位之间深层土壤水分虽有差异，但并不是上坡位最低、下坡位相对较高的空间变异规律。结合植被调查发现，阳坡上坡位柠条平均高度为1.02m，而中坡位和下坡位平均高度分别达到1.28m和1.23m，上坡位柠条生长较差，减少了对深层土壤水分的消耗，从而呈现出上坡位深层土壤水分含量相对较高的现象。下坡位油松平均高度为4.90m，平均胸径为8.1cm，而中坡位和上坡位油松平均高度分别为4.48m和4.55m，平均胸径分别为6.9 cm和7.4 cm，下坡位油松生长最好，对深层土壤水分消耗较多，从而导致下坡位深层土壤水分分别比上坡位和中坡位低19.14%和18.72%。苜蓿草地下坡位深层土壤水分最低，下坡位苜蓿草地为水平梯田整地，上坡位、中坡位为水平沟整地，水平梯田相比水平沟能更好地拦蓄降水，提高浅层土壤水分（表8-3）。但苜蓿草地作为深根性植物仍以消耗深层土壤水分为主，对地上生物量的分析发现，上坡位和中坡位苜蓿鲜重分别为246.3g/m^{2}和248.1g/m^2，而下坡位则达到674.0g/m^2，下坡位苜蓿生物量较高从而严重消耗深层土壤水分，导致其深层土壤储水分别比上坡位和中坡位低14.22%和16.28%。

对侧柏林地而言，中坡位深层土壤水分含量要显著低于上坡位和下坡位。侧柏林地样带在最初种植时密度基本一致，均为2600株/hm^2。但中坡位侧柏林地在1998年进行了间伐，现有种植密度为1300株/hm^2。中坡位种植密度相对较小，从而深层土壤水分状况有所恢复，使得中坡位深层土壤水分含量显著高于其他两个坡位，这也验证了段劼等（2010）的研究结果。山杏林地样带也是同样情况，上坡位山杏林地种植密度为900株/hm^2，山杏平均高度为3.24 m，平均胸径为7.64 cm。中坡位和下坡位山杏林地种植密度一致，均为900株/hm^2，平均高度分别为3.24 m和3.34 m，平均胸径分别为7.45 cm和7.32 cm。山杏林地生长状况基本一致，但中坡位和下坡位在种植山杏的同时，林下也种植了柠条，种植密度为1670株/hm^2。中坡位和下坡位柠条的种植，导致其土壤水分含量显著低于上坡位。

由以上分析可知，不同坡位深层土壤水分虽有显著差异，但这种差异并非由坡位影响。深层土壤水分的坡位分异主要受人工植被耗水的影响，下坡位浅层土壤虽可积蓄较多的水分但深层土壤储水却相对较低。由此可见，植被生长弱化了地形对土壤水分的影响，甚至已经成为深层土壤水分空间变异的决定因素，浅层土壤水分受地形影响则相对较为强烈。

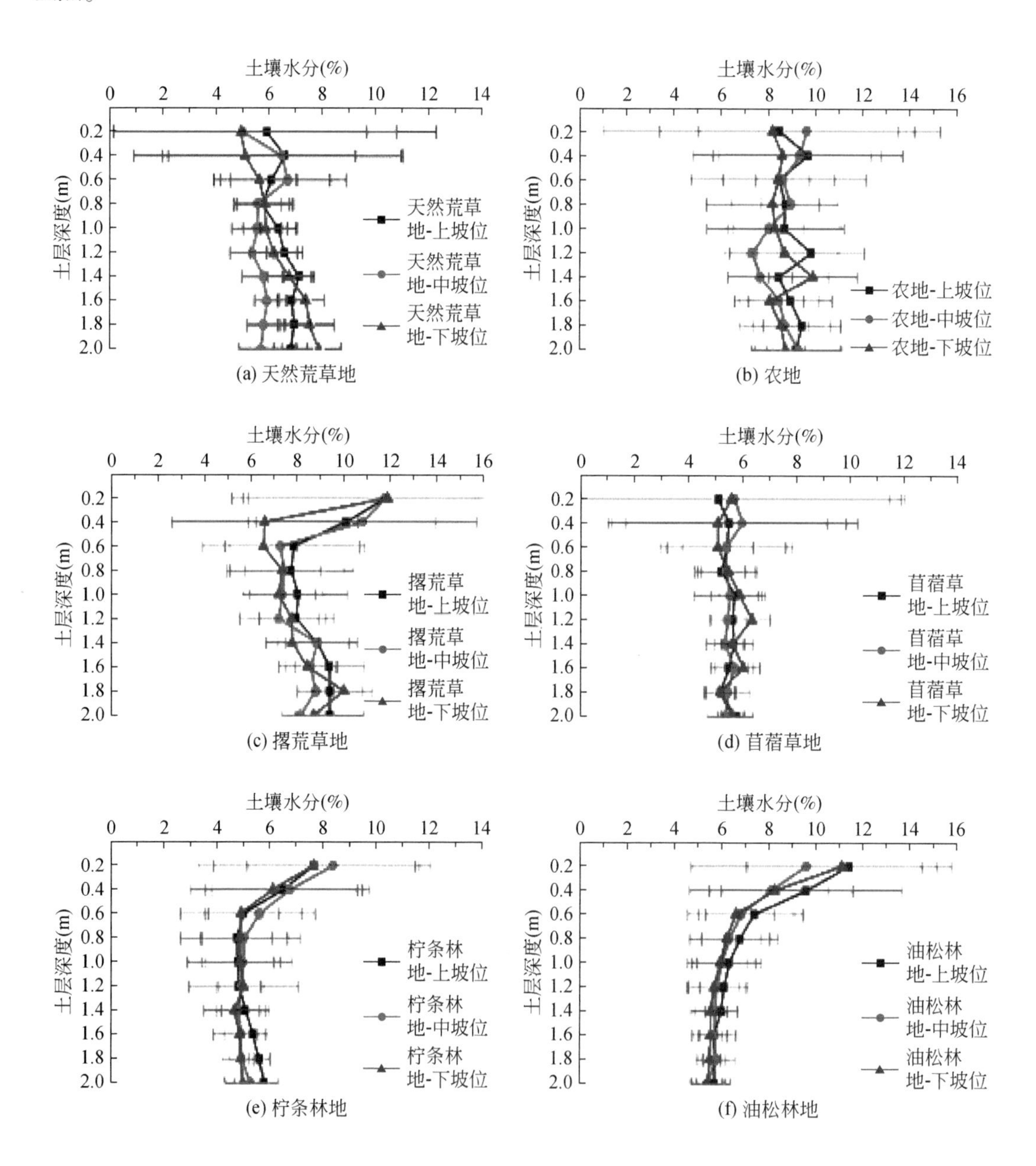

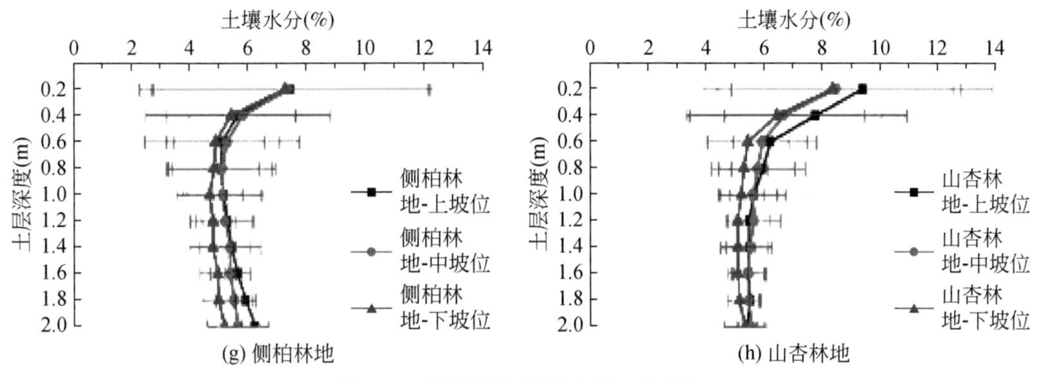

(g) 侧柏林地

(h) 山杏林地

图 8-4 不同坡位浅层土壤水分对比

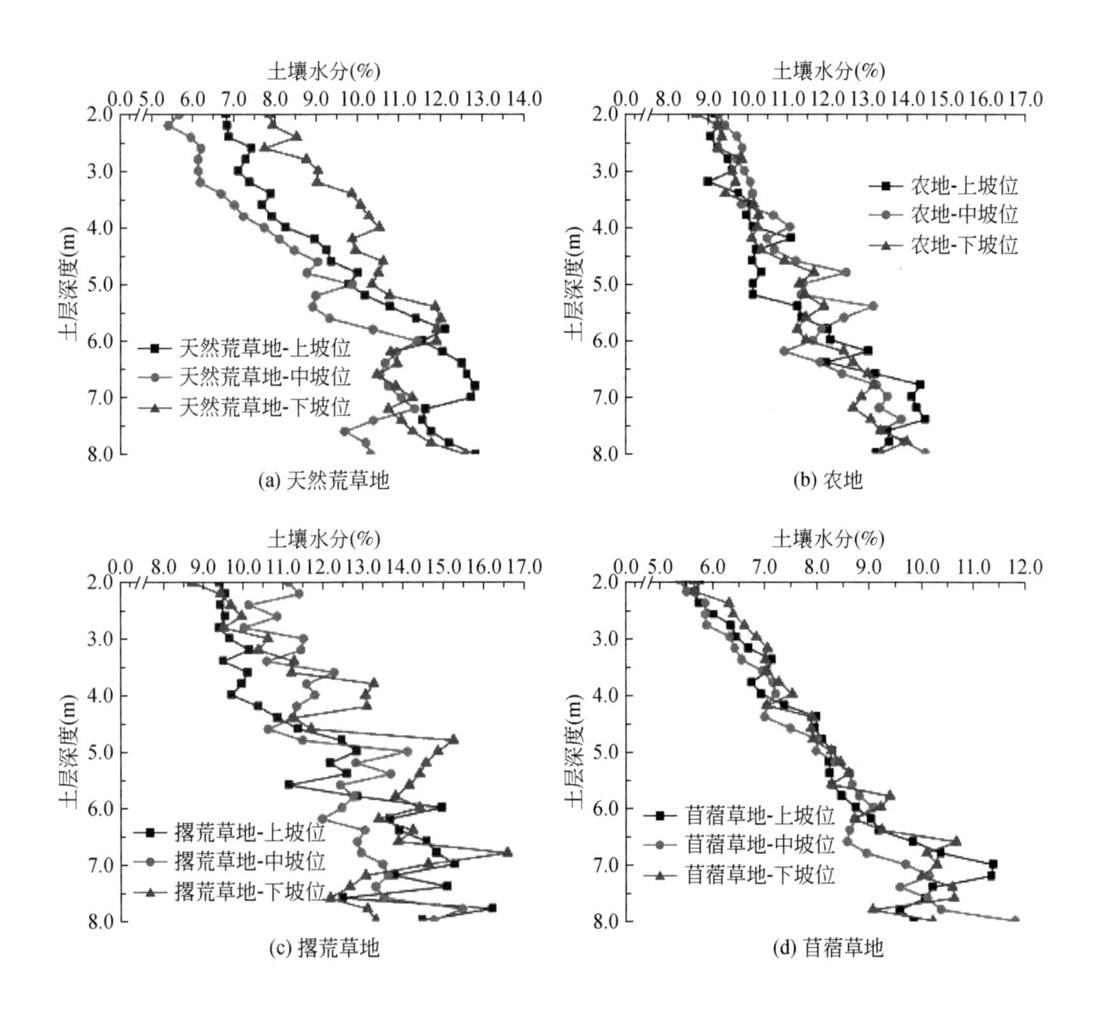

(a) 天然荒草地

(b) 农地

(c) 撂荒草地

(d) 苜蓿草地

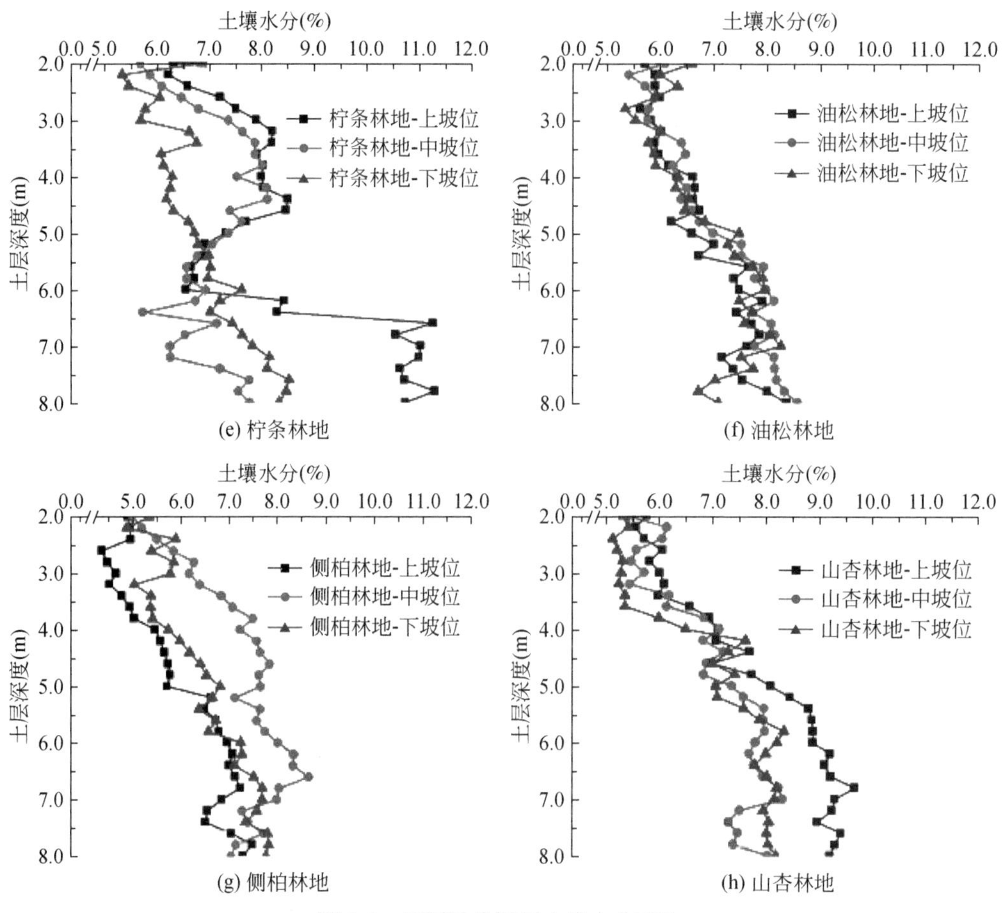

图 8-5　不同坡位深层土壤水分对比

8.3.2　不同坡向浅层和深层土壤水分对比分析

选取不同坡向的天然荒草地、马铃薯农地、撂荒草地、苜蓿草地和柠条林地（1 和 2）进行对比分析，研究同种植被条件下土壤水分的坡向差异。由图 8-6 可以看出，除马铃薯农地、苜蓿草地及柠条林地 1 外，阴坡浅层土壤水分含量显著高于阳坡，表 8-4 也同样反映了这一现象，表明坡向对浅层 0 ~ 2 m 土壤水分有显著影响。阴坡因接受太阳辐射相对较少，其土壤水分含量相对较高。与不同植被浅层土壤水分空间变异有所不同，除不同坡向撂荒草地深层土壤水分差异明显外，其他植被类型阴坡和阳坡深层土壤水分无显著差异。由此可以看出，坡向对浅层土壤水分存在显著影响，阴坡土壤水分一般高于阳坡，这与以往研究基本一致，而深层土壤水分则基本不受坡向影响（图 8-7）。

表 8-4　不同坡向浅层和深层土壤水分对比

土层	坡向	天然荒草地		马铃薯农地		撂荒草地	
		土壤水分（%）	标准差	土壤水分（%）	标准差	土壤水分（%）	标准差
浅层（N=26）	阴坡	6.66a	1.46	8.73a	1.31	8.22a	1.25
	阳坡	5.97b	1.25	8.70a	1.18	6.57b	1.14
	p 值	0.045*		0.686		0.010*	
深层（N=30）	阴坡	10.10a	2.23	11.28a	1.44	12.74a	1.34
	阳坡	10.22a	2.37	11.40a	2.14	10.56b	2.43
	p 值	0.828		0.780		0.000**	
土层	坡向	苜蓿草地		柠条林地 1		柠条林地 2	
		土壤水分（%）	标准差	土壤水分（%）	标准差	土壤水分（%）	标准差
浅层（N=26）	阴坡	7.38a	1.17	5.94a	1.08	6.58a	1.14
	阳坡	6.40a	1.19	5.54a	1.03	5.24b	1.02
	p 值	0.103		0.448		0.024*	
深层（N=30）	阴坡	7.63a	1.33	7.42a	1.12	6.83a	0.86
	阳坡	7.97a	1.34	7.04a	0.72	6.87a	0.89
	p 值	0.358		0.140		0.871	

注：同一列不同坡向之间若有一个字母相同表示两者差异不显著（$p>0.05$，LSD 比较）；* 表示显著性差异（$p<0.05$），** 表示极显著性差异（$p<0.01$）

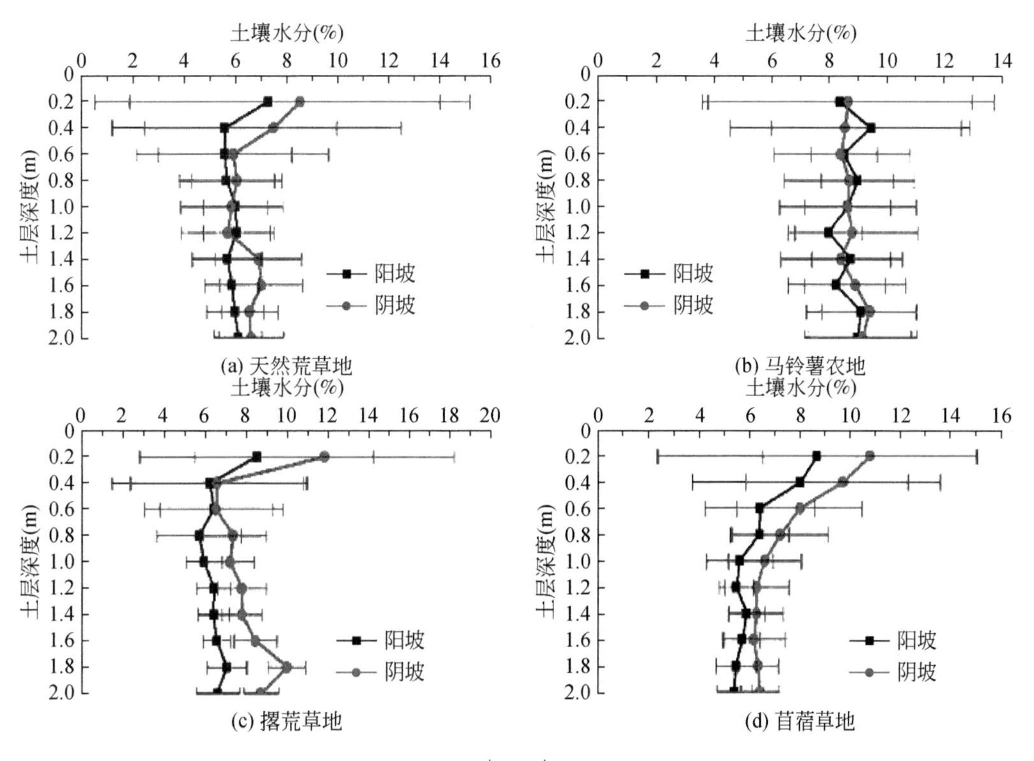

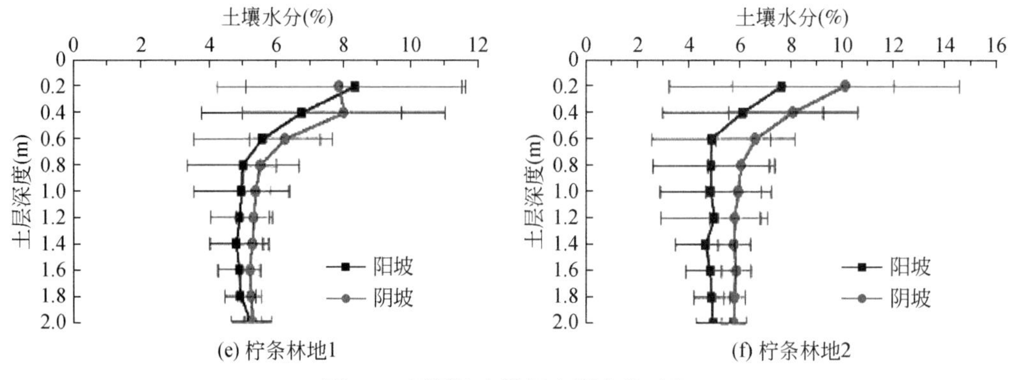

图 8-6　不同坡向浅层土壤水分对比

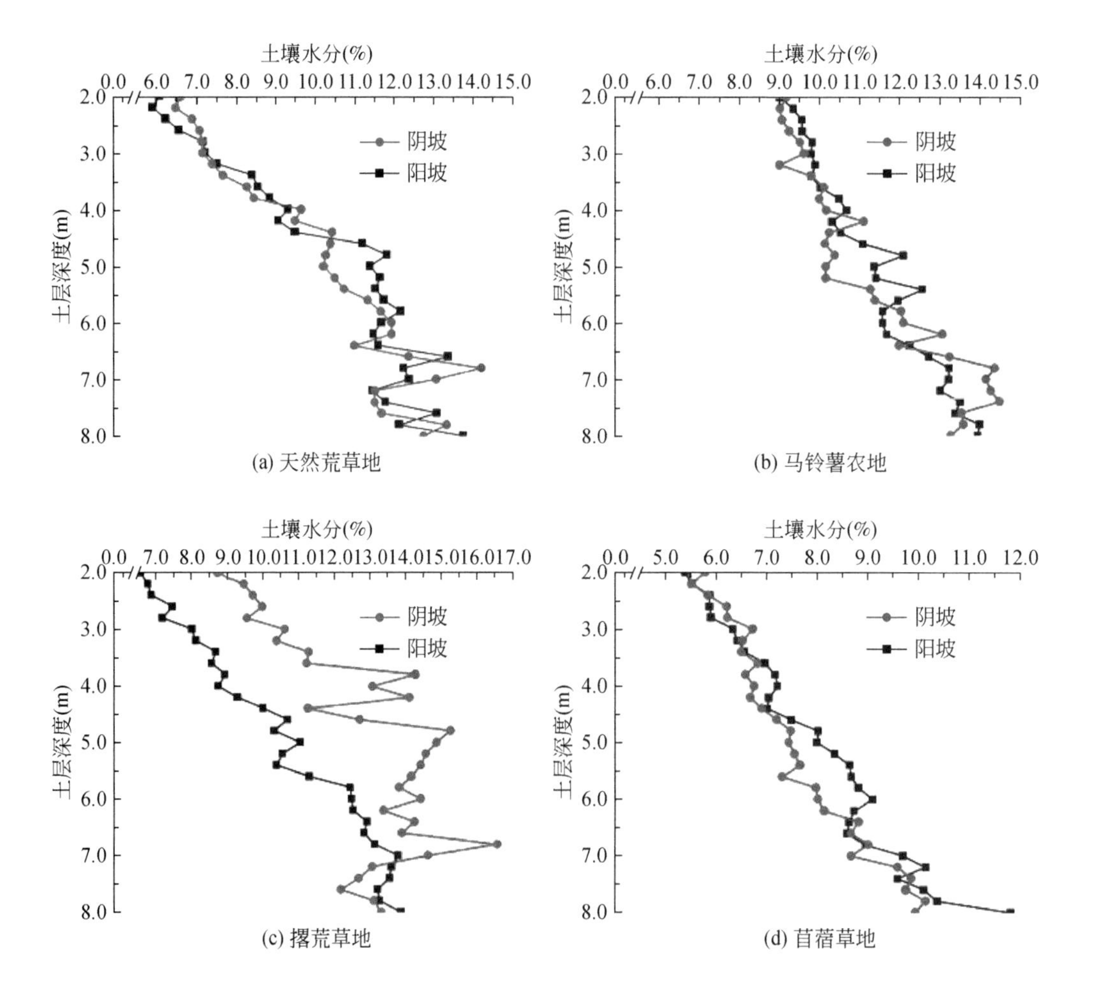

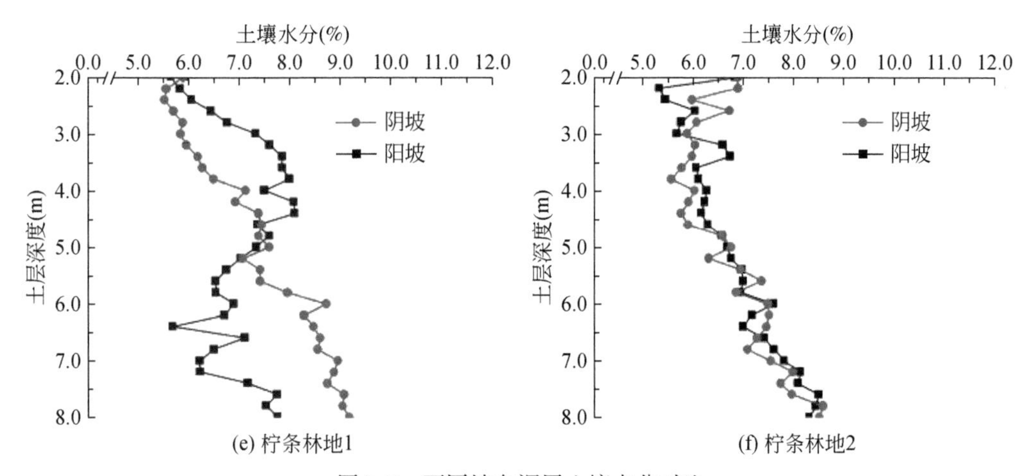

图 8-7　不同坡向深层土壤水分对比

通过天然荒草地土壤水分的对比可知，阳坡和阴坡浅层土壤水分之间存在显著差异。阳坡荒草地 2 ~ 8 m 土壤水分平均值（10.36%）虽略高于阴坡（10.21%），但方差分析表明两者并无显著差异。通过阳坡和阴坡柠条林地土壤水分的对比可知，阴坡柠条林地浅层和深层土壤水分均高于阳坡，仅下坡位的阴坡柠条林地平均深层土壤水分略低于阳坡，但两者并无统计上的显著差异。由不同坡向土壤水分的对比可以发现，坡向对浅层土壤水分有一定程度的影响，但并没有造成深层土壤水分的差异，由此可以推断，坡向是浅层土壤水分空间变异的主要因素，但并非深层土壤水分空间变异的关键因子。

8.3.3　不同坡度浅层和深层土壤水分对比分析

为探讨黄土丘陵沟壑区坡度对深层土壤水分的影响，分别选取了天然荒草地（坡度为 9°、13°和 24°）、苜蓿草地（坡度为 8°、13°和 24°）、油松林地（坡度为 7°和 23°），以及侧柏林地（坡度为 12°和 23°）进行对比，以探讨同样植被条件下，坡度是否对深层土壤水分产生显著影响。同组样地均位于梁顶，坡向基本一致，对照组内油松林地、侧柏林地和苜蓿草地种植年限与密度均一致。由图 8-8 可明显看出，不同植被土壤水分的剖面分布特征基本一致，即上层土壤水分有一定差异，土层中部水分含量较为接近，其下层次差异变大，并且坡度越小土壤水分含量越高。但不同植被类型因根系分布、耗水程度等差异，三个分层的深度有所不同。

不同坡度林地和草地深层土壤水分均存在显著差异（表 8-5），反映坡度是深层土壤水分空间变异的一个重要因素。就深层土壤水分而言，9°天然荒草地平均土壤水分为 10.10%，13°天然荒草地 8.69%，而 25°天然荒草地仅 7.96%，其对应的土壤储水量较 25°荒草地高 14.6%，12°侧柏林地比 23°侧柏林地深层土壤储水量高 29.4%，8°苜蓿草地深层土壤储水也比 14°苜蓿草地高出 14.5%。坡度越小，深层土壤水分含量越高，坡度越大则深层土壤水分含量越低。浅层土壤水分则有所不同，12°侧柏林地 0.2 ~ 2m 深度土壤水分储量比 23°侧柏林地高出 11.4%，但土壤水分并无显著性差异。天然荒草地和苜蓿草地浅层土壤水分坡度分异一致，坡度越大，浅层土壤水分含量反而越高。对天然荒草地地上生物量的分析表明，9°天然荒草地平均鲜重为226.0 g/m²，干重为106.6 g/m²，24°天然荒草地平均鲜重为139.7 g/m²，干重为83.3 g/m²，天然荒草地地上植被根系较浅，对浅层土壤水分影响较大，坡度小则地上生物量相对较大，消耗更多水分，导致9°天然荒草地与24°天然荒草地浅层土壤水分没有显著性差异。7°油松林地浅层平均土壤水分为7.07%，而23°油松林地仅为5.75%，缓坡油松林地浅层土壤水分含量显著高于陡坡油松林地。深层土壤水分则有所不同，缓坡和陡坡油松林地深层土壤水分并无显著性差异（表8-5），但由图8-8（c）和8-9（c）可以明显看出，缓坡油松林地在4.6 m以上土层水分含量要明显高于陡坡油松林地，在4.6 m深度以下则差异不明显，这可能与油松林根系分布有关。

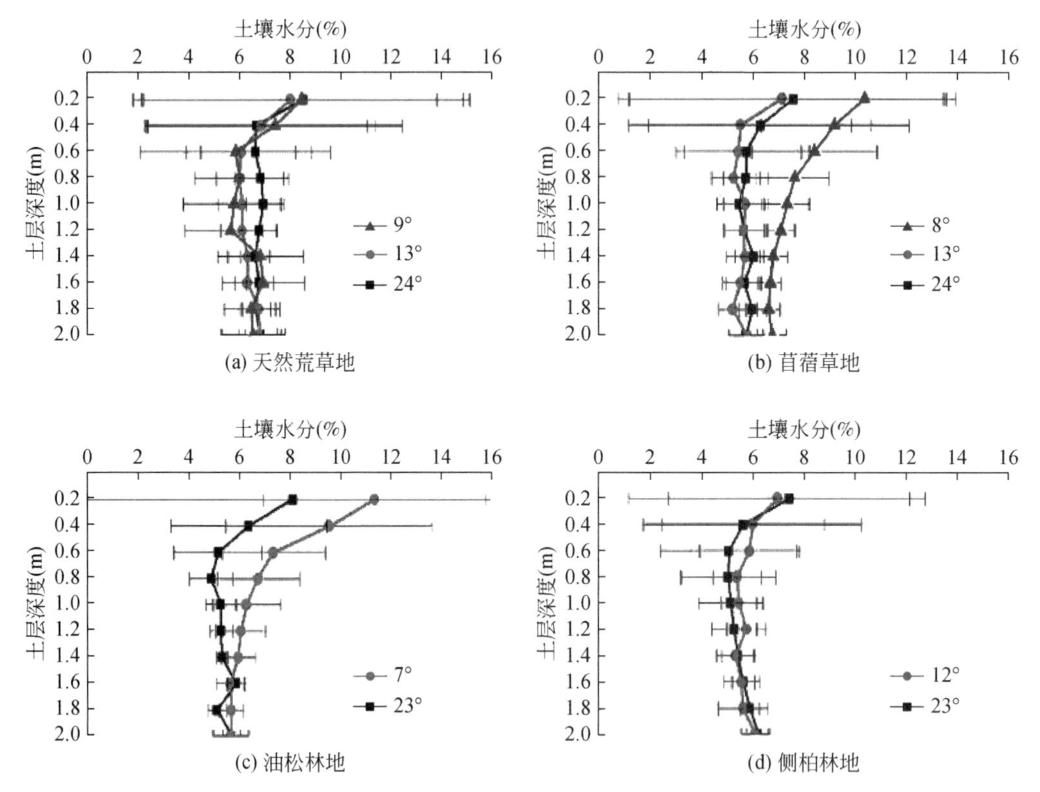

图8-8 不同坡度浅层土壤水分对比

表8-5 不同坡度浅层和深层土壤水分对比

植被类型	坡度	浅层		深层	
		土壤水分（%）	标准差	土壤水分（%）	标准差
天然荒草	9°	7.00a	1.46	10.10a	2.23
	13°	6.59a	1.00	8.69b	1.27

续表

植被类型	坡度	浅层		深层	
		土壤水分（%）	标准差	土壤水分（%）	标准差
天然荒草	24°	6.66a	1.06	7.96b	0.91
	p 值	0.388		0.000 **	
苜蓿草地	8°	7.68a	1.03	8.25a	1.50
	13°	5.68b	1.37	8.18a	1.64
	24°	5.99b	1.13	7.43b	1.31
	p 值	0.000 **		0.060	
油松林地	7°	7.07a	1.17	6.83a	0.81
	23°	5.75b	1.01	6.48a	1.11
	p 值	0.046 *		0.165	
侧柏林地	12°	5.81a	1.15	7.80a	1.09
	23°	5.69a	1.13	6.73b	0.72
	p 值	0.660		0.000 **	

注：同一列不同坡度之间若有一个字母相同表示两者差异不显著（LSD 比较，$p>0.05$）；* 表示显著性差异（$p<0.05$），** 表示极显著性差异（$p<0.01$）

综合以上分析可知，坡度对浅层和深层土壤水分均有显著影响，坡度越大，越不利于降雨入渗，土壤水分含量越低。

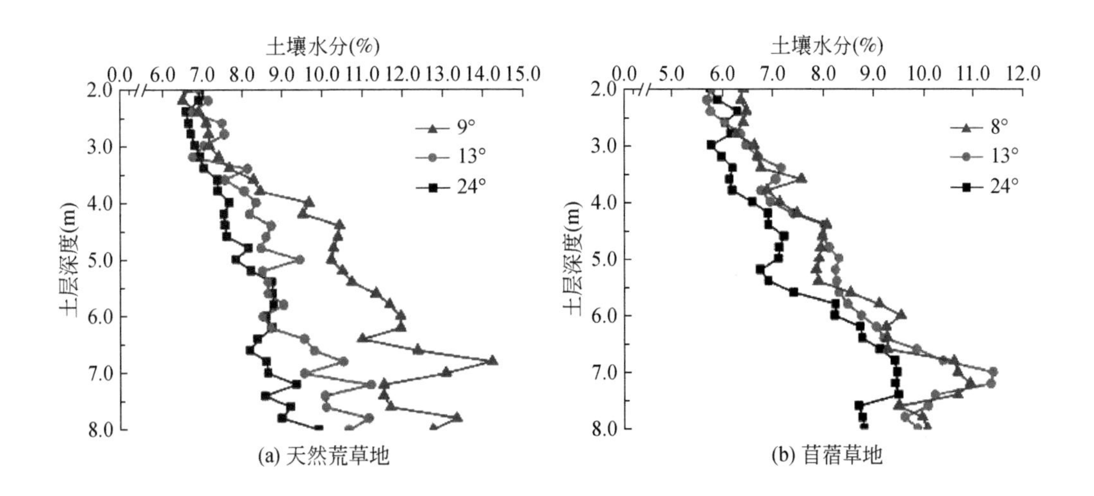

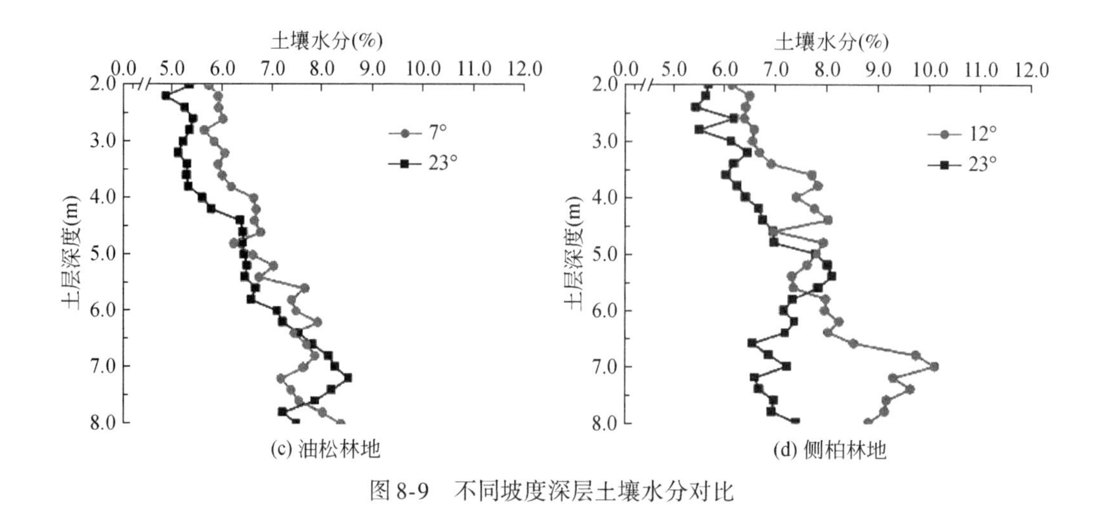

图 8-9 不同坡度深层土壤水分对比

8.4 管理措施对土壤水分的影响

8.4.1 物种配置方式对土壤水分的影响

相关研究发现，混交配置模式土壤水分状况要好于纯林地（白岗栓等，2006）。图 8-10 为混交林地同纯林地土壤水分的对比。杨树-侧柏混交林地 2 ~ 8 m 平均土壤水分为 8.36%，而杨树林地和侧柏林地分别为 7.39% 和 7.80%，方差分析表明杨树-侧柏混交林地深层土壤水分与杨树林地存在显著性差异，与侧柏林地无显著性差异。山杏-侧柏混交林地平均土壤水分为 7.71%，高于山杏林地而低于侧柏林地，方差分析表明山杏-侧柏混交林地深层土壤水分与侧柏林地无显著性差异，与山杏林地存在显著性差异。油松-侧柏混交林地土壤水分高于油松林地而低于侧柏林地，方差分析表明其与油松林地无显著性差异，与侧柏林地存在显著性差异。杨树-侧柏和山杏-侧柏两种针阔叶混交模式的深层土壤水分显著高于阔叶纯林地，可见此模式能在一定程度上改善纯林配置模式的水分状况。而油松-侧柏混交林地深层土壤水分虽略高于油松林地，但并无显著性差异，表明此种模式并未有效改善油松林地土壤水分状况。受侧柏根系分布相对较浅的影响，油松-侧柏混交林地在 1 ~ 3.4 m 土层水分含量要低于油松林地和侧柏林地，平均 CSWDI 达到 1.02，土壤水分过耗严重，应采取措施缓解土壤干化状况。

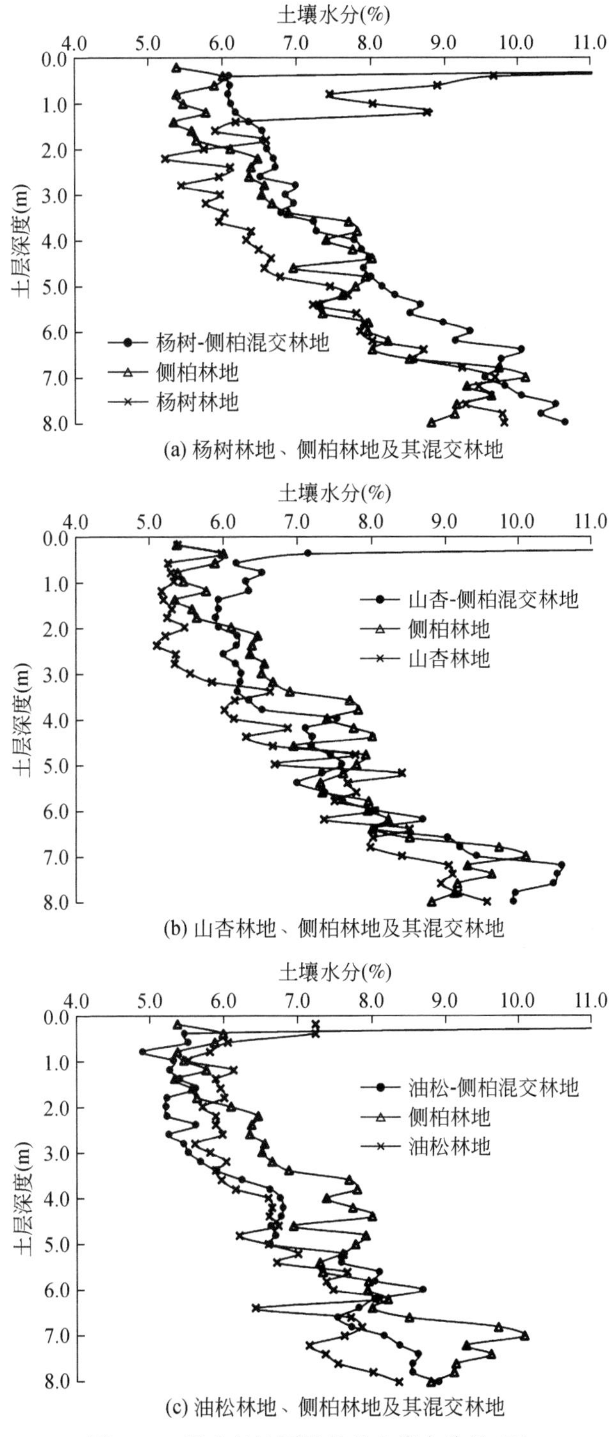

图 8-10　混交林地同纯林地土壤水分的对比

8.4.2 耕作管理对土壤水分的影响

图 8-11 中阴坡马铃薯农地 2010 年轮歇，亚麻农地则在种植以后未进行翻土、锄草等耕作管理活动，阳坡和半阳坡马铃薯农地有一定程度的耕作措施，玉米农地则为覆膜种植。可以看出，亚麻农地和阴坡马铃薯农地土壤水分随深度增加而增加，其他农地则大致在 0 ~4 m 土层随深度增加而减少，4 ~8 m 土层随深度增加而增加，4 m 以下土壤水分与亚麻农地和阴坡马铃薯农地较为接近。

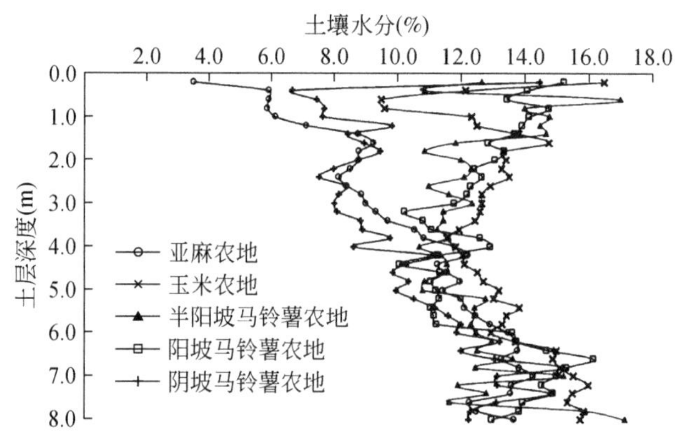

图 8-11　不同耕作方式农地土壤水分对比

方差分析（表 8-6）表明，农地因种植和管理措施不同，土壤水分差异较大。阴坡马铃薯农地和亚麻农地没有任何耕作措施，表层土壤板结，不利于降雨入渗，且浅层土壤蒸发强烈，0. 2 ~4 m 土层平均水分仅为 8. 50% 和 8. 36% ，4 ~8 m 土层土壤水分与其他农地无显著性差异。多重比较表明，玉米农地 4 ~8 m 土层土壤水分（14. 07%）显著高于其他农地，这是由于玉米是覆膜种植，降雨几乎全部从作物根部附近入渗，而土壤水分受覆膜的影响蒸发极少，仅作物蒸腾和生长耗水，从而能够很好地保蓄土壤水分，使得玉米农地土壤水分远高于其他农地。

表 8-6　不同类型农地土壤水分及多重比较

农地类型	0. 2 ~4 m 土层		4 ~8 m 土层	
	土壤水分平均（%）	储水量（mm）	土壤水分平均（%）	储水量（mm）
亚麻农地	8. 50a	369. 62	12. 79a	572. 75
玉米农地	12. 44b	561. 39	14. 07b	624. 78
半阳坡马铃薯农地	12. 43b	542. 36	12. 73a	554. 98
阴坡马铃薯农地	8. 36a	364. 08	12. 03a	505. 48
阳坡马铃薯农地	12. 74b	493. 73	12. 91a	542. 27
p 值	0. 000 **		0. 000 **	

注：同一列不同样地之间如有一个字母相同表示两者差异不显著（$p>0.05$，LSD 比较）；** 极显著（$p<0.01$）

8.4.2 水土保持工程措施对土壤水分的影响

水土保持工程和耕作等管理措施可在坡面上有效拦截降雨，增加降雨汇集和入渗，提高土壤水分含量（Previati et al.，2010；Rejani and Yadukumar，2010）。本研究以不同处理的油松林地［图8-12（a）］和苜蓿草地［图8-12（b）］为例分别讨论其对深层土壤水分的影响。

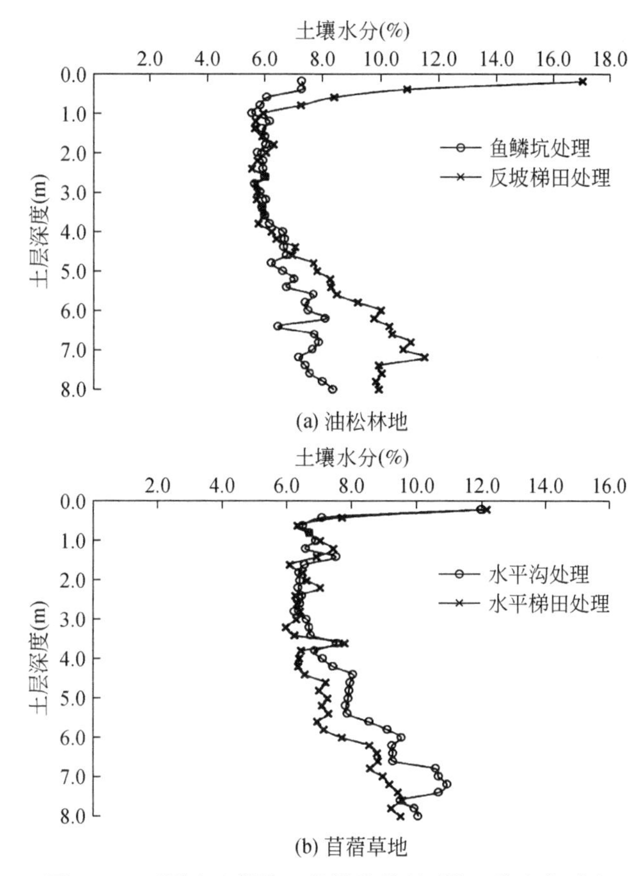

图8-12　不同水土保持工程措施处理下的土壤水分对比

不同水土保持工程措施处理下，0～8 m土壤水分剖面分异与不同坡度条件下的变异较为相似（图8-12）。反坡梯田处理和鱼鳞坑处理的油松林地在1～4.6 m土层土壤水分无显著性差异，在0～1 m和4.6～8 m土层土壤水分差异明显，反坡梯田处理的油松林地土壤水分在这两个层次明显高于鱼鳞坑处理，尤其是4.6～8 m土层，其土壤储水量要高出30%。油松林地的主根和副主根粗壮发达，可以利用较深层土壤储水。在1～4.6 m土层，平均土壤水分仅为6.06%（鱼鳞坑处理）和5.99%（反坡梯田处理），4.6～8 m土层土壤水分随深度增加而增加。相比鱼鳞坑处理，反坡梯田处理可更为有效地拦截降水，增加入渗，因而0～1 m土层土壤含水量较高，只是在1～4.6 m土层根系密集分布，造成土壤水分消耗较多，弱化了两者的差异，但在4.6～8 m土层，差异就比较明显。不同处理的苜蓿草地在0.2～3.8 m土层土壤水分无明显差异（图8-12），3.8～8.0 m土层则随土层深度增加而增加。经t检验，水平沟处理和水平梯田处理的苜蓿草地在0.2～3.8 m处无显著性差异，而在3.8～8 m土层差异显著，水平沟处理的苜蓿草地土壤水分含量高于水平梯田处理。水平梯田内苜蓿生物量较高，导致其深层土壤含水量反而低于水平沟处理。

8.5 小流域深层土壤水分时空分异格局研究

8.5.1 不同土地利用类型土壤水分基本统计

本节研究中为分析问题方便，根据研究区土壤水分的剖面动态特征，将0～8m土壤水分划分为0～1 m、1～2 m、2～4 m、4～6 m、6～8 m 5个层次，分别对5个层次内土壤水分进行基本统计分析。

由表8-7可以看出，农地在0～8 m剖面的土壤水分含量最高，但农地土壤水分含量的标准差表明不同农地之间土壤水分含量差异较大。撂荒农地土壤水分含量略低于农地，远高于天然草地，以及牧草地、灌木林地、乔木林地等人工植被。农地撂荒以后，浅层土壤水分含量略有降低。牧草地、灌木林地和乔木林地土壤水分含量较低，与前面分析结果一致，不同人工植被间土壤水分含量无显著性差异。

表8-7 不同土地利用类型深层土壤水分的基本统计

深度(m)	农地		撂荒农地		天然草地		牧草地		灌木林地		乔木林地	
	水分含量(g/g)	标准差	水分含量(g/g)	标准差	水分含量(g/g)	标准差	水分含量(g/g)	标准差	水分含量(g/g)	标准差	水分含量(g/g)	标准差
0～1	0.104	0.027	0.095	0.020	0.071	0.014	0.069	0.015	0.058	0.009	0.064	0.013
1～2	0.103	0.022	0.096	0.019	0.064	0.004	0.061	0.005	0.057	0.005	0.056	0.008
2～4	0.105	0.012	0.106	0.015	0.074	0.008	0.064	0.005	0.063	0.006	0.059	0.005
4～6	0.118	0.010	0.125	0.010	0.098	0.011	0.075	0.008	0.070	0.007	0.073	0.006
6～8	0.135	0.010	0.139	0.006	0.110	0.012	0.091	0.010	0.081	0.011	0.080	0.006

注：乔木林地包括油松林地、侧柏林地和山杏林地

本节研究重点讨论深层土壤水分的空间变异情况，浅层土壤水分因降雨、气象条件和植被根系耗水存在较大的季节波动，因而在本节内容不做重点讨论。此项研究中，采用天然草地的剖面土壤水分状况代表这一区域土壤水分的本底值，采用农地的剖面土壤水分状况代表人工植被恢复前的土壤水分状况。人工植被土壤水分含量同天然草地之间的差异代表人工植被对自然状态下的水分的消耗程度，人工植被土壤水分含量同农地之间的差异则可以代表人工植被恢复这样一个植被覆盖改变的过程对土壤水分的消耗程度。

由图8-13可以看出，农地和撂荒农地土壤水分含量显著高于其他土地利用类型，撂

荒农地在0～3 m土层土壤水分含量略低于农地，在3～8 m土层与农地没有显著性差异。天然草地土壤水分含量介于农地和人工植被之间。同表8-7统计结果，乔木林地、灌木林地和牧草地3种不同乔、灌、草植被的深层土壤水分含量并没有显著性差异，牧草地在6m以下土层土壤水分含量略高于灌木林地和乔木林地，乔木林地在2～4 m土层土壤水分含量最低（图8-13）。不同土地利用类型深层土壤水分的剖面分布特征均为随着土层深度的增加而逐渐增加。由表8-7和图8-13可以看出，农地、天然草地和人工植被间土壤水分存在显著性差异，表明土地利用是深层土壤水的重要影响因素。

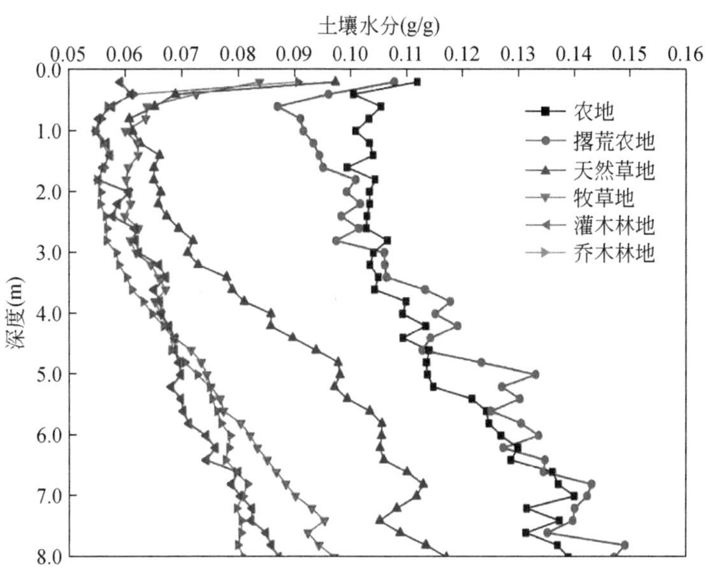

图8-13　不同土地利用类型土壤水分的垂直分布特征

8.5.2　深层土壤水分同环境因子的相关关系

由表8-8可以看出，土地利用与各层土壤水分都呈显著负相关（Spearman秩相关），结合图8-13中不同土地利用类型之间水分含量的差异，可以认为土地利用是流域尺度土壤水分空间变异最主要的决定因素。地形因子中，坡度与土壤水分的关系最为密切，呈显著负相关关系。坡度越大土壤水分含量越低，这主要是因为坡度越大越难以拦蓄地表径流促进入渗。地形湿度指数与深层土壤水分有一定的正相关关系，地形湿度指数越高，土壤水分含量越大，这表明地形对深层土壤水分有一定的影响。

相比地形特征对深层土壤水分的影响，土壤容重、有机质含量等对深层土壤水分空间变异的影响相对较小。土壤属性中仅土壤机械组成与深层土壤水分有显著的相关关系，其中黏粒含量与深层土壤水分呈显著正相关，而砂粒含量与深层土壤水分则呈显著负相关，表明黏粒含量越高越能保蓄土壤水分，这与Wang等（2009b）在陕北地区的研究结果一致。由表8-8可知，土地利用是深层土壤水分空间变异的决定因素，坡度、土壤机械组成等对深层土壤水分空间变异也有一定的影响。

表 8-8　深层土壤水分同环境因子的相关分析

深度	土地利用	地形特征				土壤属性					
		坡度	坡向	相对海拔	TWI	容重	孔隙度	黏粒含量	粉粒含量	砂粒含量	有机质含量
0 ~ 1 m	-0.561 *	-0.672 *	-0.138	0.394 *	0.296 *	-0.148	-0.145	0.152	0.184	-0.214	0.052
p 值	0.000	0.000	0.290	0.002	0.020	0.256	0.265	0.244	0.155	0.098	0.688
1 ~ 2 m	-0.794 *	-0.678 *	-0.064	0.258 *	0.271 *	-0.210	-0.139	0.200	0.240	-0.283 *	0.054
p 值	0.000	0.000	0.626	0.045	0.034	0.105	0.284	0.123	0.062	0.027	0.680
2 ~ 4 m	-0.820 *	-0.624 *	-0.100	0.181	0.236	-0.167	-0.077	0.327 *	0.254 *	-0.334 *	0.184
p 值	0.000	0.000	0.444	0.162	0.067	0.198	0.554	0.010	0.049	0.008	0.157
4 ~ 6 m	-0.753 *	-0.629 *	-0.101	0.190	0.266 *	-0.149	0.038	0.412 *	0.258 *	-0.365 *	0.334 *
p 值	0.000	0.000	0.439	0.142	0.038	0.253	0.772	0.001	0.045	0.004	0.009
6 ~ 8 m	-0.828 *	-0.662 *	-0.107	0.208	0.247 *	-0.180	0.073	0.417 *	0.223	-0.328 *	0.321 *
p 值	0.000	0.000	0.411	0.107	0.055	0.165	0.578	0.001	0.085	0.010	0.012

* 表示显著相关（$p<0.05$）；TWI 表示地形湿度指数；土地利用与土壤水分的相关性为 Spearman 秩相关，土壤水分与地形因子、土壤属性之间的相关为 Pearson 相关

不同深度土壤水分与环境因子的 CCA 分析表明，地形和土壤等环境因子对浅层 0 ~ 1 m 土壤水分的驱动作用与深层土壤水分有所不同。由图 8-14 可以看出，浅层土壤水分受

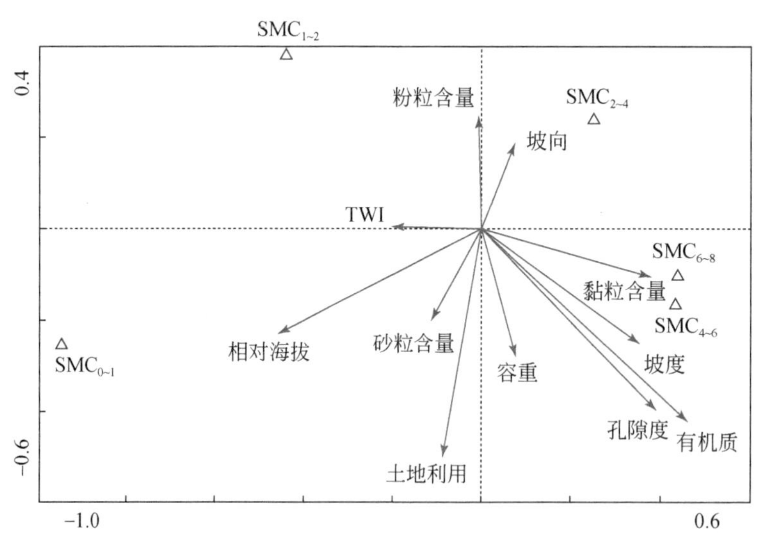

图 8-14　不同深度土壤水分同环境因子的典范对应分析

$SMC_{0\sim1}$表示 0 ~ 1 m 深度的土壤水分含量，$SMC_{1\sim2}$表示 1 ~ 2 m 深度的土壤水分含量，$SMC_{2\sim4}$表示 2 ~ 4 m 深度的土壤水分含量，$SMC_{4\sim6}$表示 4 ~ 6 m 深度的土壤水分含量，$SMC_{6\sim8}$表示 6 ~ 8 m 深度的土壤水分含量；TWI 表示地形湿度指数

相对海拔、有机质、土壤黏粒含量、坡度等诸多因子的影响，反而土地利用这一重要因素对浅层土壤水分的影响相对较小。CCA 排序图的第二轴表明土地利用对土壤水分的剖面分布特征有重要影响，不同土地利用类型之间土壤水分的剖面分布特征有所不同。

8.5.3 流域不同土地利用类型土壤水分动态

图 8-15 表示的是 2009 ~ 2012 年农地、天然草地、牧草地、灌木林地和乔木林地 0 ~ 2 m土层土壤水分动态。由图 8-15 可以看出，农地在整个 0 ~ 2 m 剖面深度土壤水分均随降雨波动，降雨波动是农地土壤水分动态的重要驱动因素。农地表层土壤水分受降雨影响最大，随着土层深度的增加，土壤水分随降雨的波动幅度逐渐减小。相比而言，天然草地仅 0 ~ 0.4 m 土层土壤水分随降雨的波动幅度较大，降雨入渗对 0.4 ~ 2 m 土层土壤水分虽有一定的影响，但总体而言相对较小。牧草地不同深度土壤水分对降雨的响应特征与天然草地基本一致，但其在 0.4 ~ 2 m 土层的土壤水分含量要低于天然草地。灌木林地和乔木林地表层土壤水分同样受降雨影响较大，但其在 0.6 ~ 2 m 土层的土壤水分没有显著的季节波动和年际变化。一般而言，土壤水分受降雨、气候和根系耗水影响而呈现出时间尺度上的异质性。而本研究中土壤水分监测数据表明，牧草地、灌木林地和乔木林地 0.6 ~ 2 m 土层土壤水分季节动态并不十分明显。而 0.6 ~ 2 m 土层同样也是苜蓿、柠条、油松、山杏等植物根系的主要分布深度（Yang et al.，2014）。表层土壤水分的耗损又更易受到气温、风、大气水汽压等的影响，随着土层深度的增加，这些影响逐渐减弱，土壤水分含量较为稳定，能给植被提供持续的水分来源。而人工植被恢复则使得降雨入渗深度减小，较深层次的土壤难以获得降雨补充。较深层次的土壤储水被植被消耗以后，就难以再为地表植被提供有效的水分来源。这也是黄土高原地区深层土壤干燥化问题出现的一个重要原因。

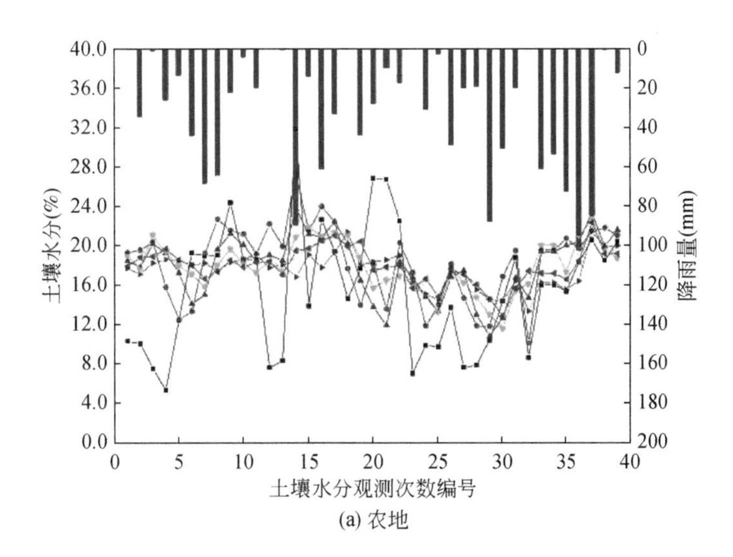

(a) 农地

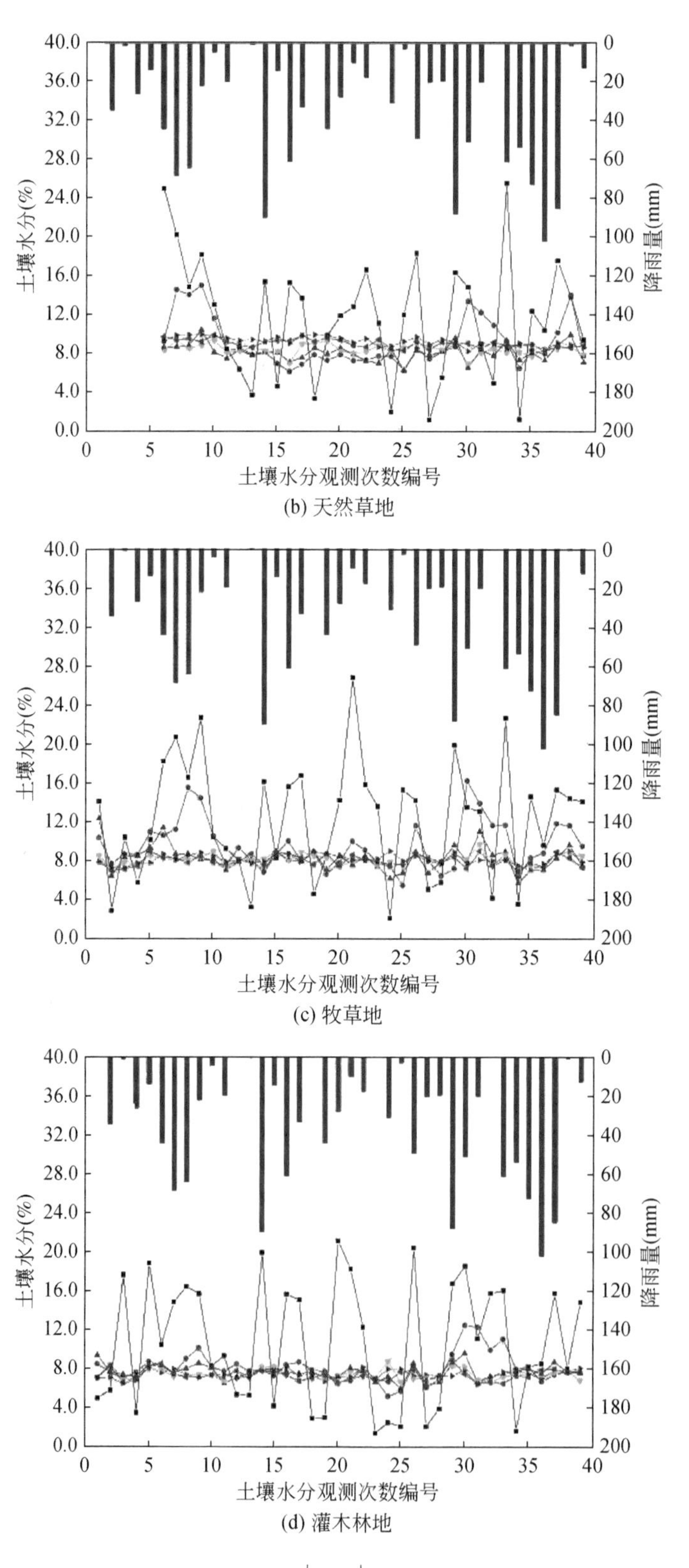

(b) 天然草地

(c) 牧草地

(d) 灌木林地

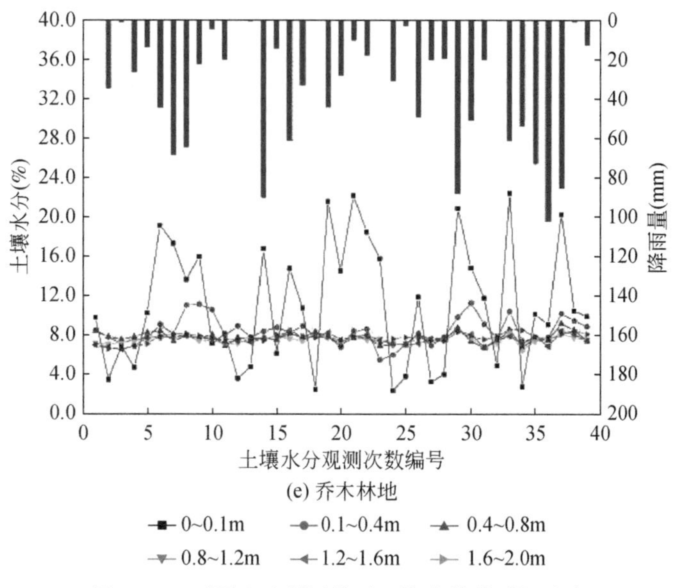

图 8-15　不同土地利用类型土壤水分的时间动态

8.5.4　土壤水分稳定性及其与环境因子的关系

本节研究采用 2009 ~ 2012 年各层次土壤水分变异系数来表示土壤水分时间稳定性，土壤水分变异系数越高，表明土壤水分的波动越强烈，土壤水分时间稳定性越低，反之则表示土壤水分时间稳定性越高（Brocca et al., 2007；Hu et al., 2012）。

图 8-16 表示不同深度土壤水分的时间稳定性与降雨的相关关系，可以看出，土壤水分时间稳定性随着土层深度的增加而增加，在 1.4 m 土层深度处土壤水分时间稳定性最高，之后随着土层深度的增加而逐渐增加。在 1.2 m 土层深度以上，土壤水分时间稳定性与降雨有着较高的相关系数，表明这一地区降雨的影响深度在 1.2 m 处，在此深度以下土壤水分含量较为稳定，难以受到降水波动的影响。表层 0 ~ 0.2 m 深度的土壤水分波动最大，受降雨影响最为强烈。研究发现，土壤水分含量越高，其时间稳定性越低，而土壤水分含量越低，则其时间稳定性越高。结合前面土壤水分的剖面分布特征可以看出，整个剖面层次土壤水分含量的最低值出现在 1 ~ 2 m 土层深度，这也是这一层次土壤水分时间稳定性最高的原因之一。另外，前面的研究同样发现 1 ~ 2 m 深度土壤水分在坡面尺度没有明显的空间分异规律，土壤水分含量较低也是一个重要的影响因素。

土壤水分时间稳定性与环境因子的 CCA 排序图将 0 ~ 2 m 深度土壤剖面进行了较为明确的划分。与前文中相关分析结果较为一致，在第一排序轴上 1 ~ 2 m 深度的土壤水分时间稳定性与环境因子的关系较为一致，越往表层，土壤水分受环境因子的影响就越为复杂（图 8-17）。由图 8-17 可以看出，土地利用、坡度是影响土壤水分时间稳定的主要因素，而砂粒含量也对土壤水分时间稳定性有重要影响。坡度越高、砂粒含量越高，土壤水分的时间波动就越为显著。

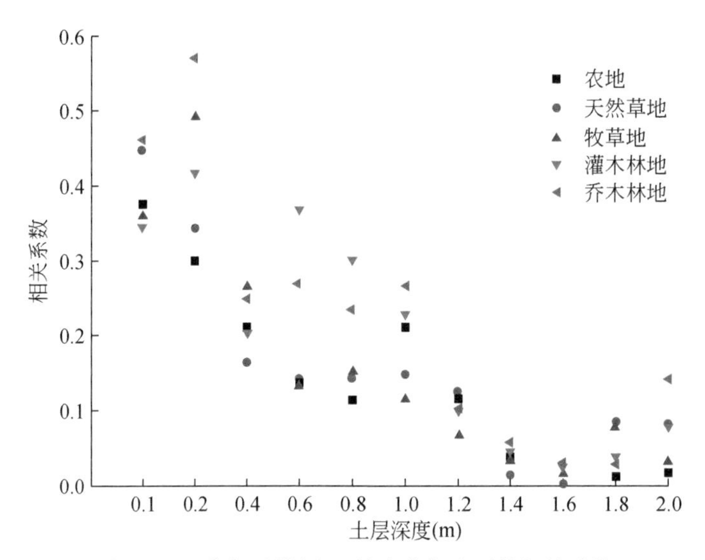

图 8-16　不同土层深度土壤水分与降雨的相关系数

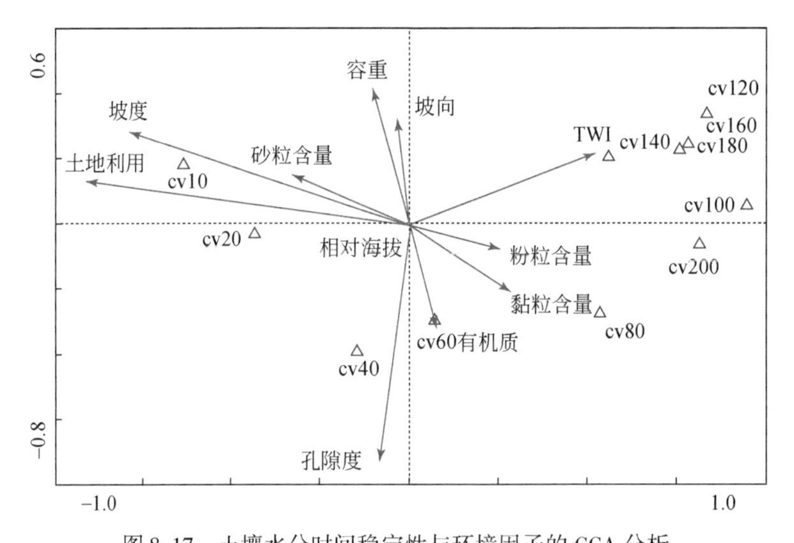

图 8-17　土壤水分时间稳定性与环境因子的 CCA 分析

图中 cv10 表示 0～10 cm 深度 2009～2012 年土壤水分定位监测值的变异系数，cv20 表示 10～20 cm 深度土壤水分变异系数，其他以此类推

由于黄土的特殊性状，深层土壤水分成为黄土高原人工植被的重要水分来源，通过对不同植被、不同地形和不同土壤条件下 2～8 m 深度土壤水分的对比研究，初步得出以下结论。统计分析和 CCA 分析表明，土地利用是流域尺度深层土壤水分空间变异的决定性因素，其次为坡度、机械组成等。长期土壤水分定位监测数据表明，人工植被土壤水分在降雨入渗深度（1.2 m）以下没有明显的季节波动和年际变化，具有较高的时间稳定性，且时间稳定性随着土层深度的增加而增加，土壤水分不受降水波动和根系耗

水的影响。土地利用是流域尺度土壤水分时间稳定性差异的主要影响因素，其次为坡度和砂粒含量。不同年份深层土壤水分的时间动态监测研究表明长期人工植被恢复以后，深层土壤水分没有明显的年际变化，深层土壤水分难以为植被生长和蒸腾作用提供有效的水分来源。

8.6 小　　结

本章以不同植被、地形和管理措施下 0 ~ 8 m 土壤水分为研究对象，比较不同植被类型的深层土壤水分差异及其动态变化，对深层土壤水分进行相对亏缺定量化评估，采用方差分析、回归分析、相关分析和 CCA 分析等方法系统探究植被恢复对深层土壤水分的空间变异的影响，并分析深层土壤水分时空变异规律，得出以下主要结论：

1）通过不同植被类型与天然荒草地 0 ~ 8 m 土壤水分的对比，发现人工植被均对土壤水分造成了一定的过度消耗，且深层土壤水分均存在着随土层深度增加而升高的趋势。各植被类型深层浅层土壤水分含量均存在极显著差异，0 ~ 2 m 浅层土壤水分受植被蒸腾和土壤物理蒸发影响消耗严重而迅速降低，变化幅度也较小，而 2 ~ 8 m 深层土壤水分随深度增加，且变异系数较大。

2）研究分析了深层土壤水分亏缺的定量评估指数 CSWDI 和 PCSWDI 可知，玉米农地、马铃薯农地和撂荒草地因受耕作管理活动的影响在整个 2 ~ 8 m 土层都不存在土壤水分亏缺现象，而苜蓿草地深层土壤水分亏缺严重，在 4 ~ 5.6 m 范围内平均 CSWDI 为 0.90，在 5.6 m 以下才随深度增加而有所减缓。柠条林地深层土壤水分亏缺程度基本一致，CSWDI 平均达到 0.69。山毛桃林地在 1.6 m 以上水分状态良好，但在 3.4 ~ 5.0 m 这一层次土壤水分亏缺程度基本与柠条相同，其下土层稍有降低。山杏、油松、侧柏、杨树四种植被深层土壤均有严重的土壤水分亏缺现象，但剖面分布存在差异。此外，不同植被深层土壤干化程度依次为油松林地>油松-侧柏混交林地>山杏林地>柠条林地>苜蓿草地>侧柏林地>山毛桃林地>山杏-侧柏林地>杨树林地>杨树-侧柏林地，撂荒草地和农地相对而言没有深层土壤水分相对亏缺现象。油松林地 PCSWDI 最高，达到 0.726，土壤水分亏缺最为严重，其 1 ~ 2 m 土层也有中度干化现象。

3）不同坡位深层土壤水分虽有显著差异，但并非坡位影响，而主要受人工植被耗水的影响，导致下坡位浅层土壤虽可积蓄较多的水分但深层土壤储水却相对较低。坡向对浅层土壤水分存在显著影响，而深层土壤水分则基本不受坡向影响。坡度对浅层和深层土壤水分均有显著影响，坡度越大，越不利于降雨入渗，从而土壤水分含量越低。植被生长弱化了地形对土壤水分的影响，甚至成为深层土壤水分空间变异的决定因素，而浅层土壤水分受地形影响则相对较为强烈。

4）在不同水土保持措施处理下，1 ~ 4.6 m 土层水分无显著差异，在 0 ~ 1 m 和 4.6 ~ 8 m 土层差异明显。此外，土地利用是流域尺度深层土壤水分空间变异的决定性因素，其次为坡度、机械组成等，但对浅层土壤水分的影响相对较小，且农地因种植和管理措施不同，土壤水分差异较大。

5）土壤水分的时间稳定性随着土层深度的增加而增加，在1.4m深度土壤水分的时间稳定性最高，之后随着深度的增加而逐渐增加。人工植被土壤水分在降雨入渗深度（1.2m）以下没有明显的季节波动和年际变化，具有较高的时间稳定性，且时间稳定性随着土层深度的增加而增加，土壤水分不受降水波动和根系耗水的影响。土地利用是流域尺度土壤水分时间稳定性差异的主要影响因素，其次为坡度和砂粒含量。长期人工植被恢复以后，深层土壤水分没有明显的年际变化，深层土壤水分难以为植被生长和蒸腾作用提供有效的水分来源。

参考文献

白岗栓，侯喜禄，张占雄．2006. 油松-沙棘混交模式对生境和油松生长的影响．林业科学，42（8）：37-43.

段劼，马履一，贾黎明，等．2010. 抚育间伐对侧柏人工林及林下植被生长的影响．生态学报，30（6）：1431-1441.

郭忠升，邵明安．2007. 人工柠条林地土壤水分补给和消耗动态变化规律．水土保持学报，21（2）：119-123.

郭梓娟，宋西德，赵宏刚．2007. 沙棘-侧柏混交林生物量、林地土壤特征及其根系分布特征的研究．水土保持通报，27（3）：18-23.

何福红，黄明斌，党延辉．2003. 黄土高原沟壑区小流域土壤干层的分布特征．自然资源学报，18（1）：30-36.

何福红，蒋卫国，黄明斌．2010. 黄土高原沟壑区苹果基地退果还耕的生态水分效应．地理研究，29（10）：1863-1869.

卢建利，陈云明，张亚莉，等．2008. 黄土丘陵半干旱区沙棘生长对土壤水分及养分影响．水土保持研究，15（3）：137-140，145.

牛俊杰，赵景波，王尚义．2007. 汾河流域上游人工林地深层土壤干燥化探讨．地理研究，26（4）：773-781.

牛俊杰，赵景波，王尚义．2008. 论山西褐土区农田土壤干燥化问题．地理研究，27（3）：519-526.

王力，卫三平，吴发启．2009. 黄土丘陵沟壑区土壤水分环境及植被生长响应——以燕沟流域为例．生态学报，29（3）：1543-1553.

赵忠，李鹏．2002. 渭北黄土高原主要造林树种根系分布特征及抗旱性研究．水土保持学报，16（1）：96-99，107.

Brocca L，Morbidelli R，Melone F，et al. 2007. Soil moisture spatial variability in experimental areas of central Italy. Journal of Hydrology，333（2-4）：356-373.

Brocca L，Tullo T，Melone F，et al. 2012. Catchment scale soil moisture spatial-temporal variability. Journal of Hydrology，422-423：63-75.

Cantón Y，Solé-Benet A，Domingo F. 2004. Temporal and spatial patterns of soil moisture in semiarid badlands of SE Spain. Journal of Hydrology，285（1-4）：199-214.

Cao S X，Chen L，Shankman D，et al. 2011. Excessive reliance on afforestation in China's arid and semi-arid regions：Lessons in ecological restoration. Earth-Science Reviews，104（4）：240-245.

Chen H S，Shao M A，Li Y Y. 2008b. The characteristics of soil water cycle and water balance on steep grassland under natural and simulated rainfall conditions in the Loess Plateau of China. Journal of Hydrology，360（1-4）：242-251.

Chen H, Shao M and Li Y. 2008a. Soil desiccation in the Loess Plateau of China. Geoderma, 143: 91-100.

De Souza E R, De Assunção M A A, Montenegro S M G, et al. 2011. Temporal stabillity of soil moisture in irrigated carrot crops in Northeast Brazil. Agricultural Water Management, 99 (1): 26-32.

Fan J, Shao M A, Wang Q J, et al. 2010. Toward sustainable soil and water resources use in China's highly erodible semi-arid Loess Plateau. Geoderma, 155 (1-2): 93-100.

Gao L, Shao M A. 2012a. Temporal stability of soil water storage in diverse soil layers. Catena, 95: 24-32.

Gao L, Shao M A. 2012b. Temporal stability of shallow soil water contente for three adjacent transects on a hill-slope. Agricultural Water Management, 110: 41-54.

Gao X D, Wu P, Zhao X N, et al. 2011. Soil moisture variability along transects over a well-developed gully in the Loess Plateau, China. Catena, 87 (3): 357-367.

Grassini P, You J S, Hubbard K G, et al. 2010. Soil water recharge in a semi-arid temperate climate of the Central U. S. Great Plains. Agricultural Water Management, 97 (7): 1063-1069.

Gómez-Plaza A, Martnez-Mena M, Albaladejo J, et al. 2001. Factors regulating spatial distribution of soil water content in small semiarid catchments. Journal of Hydrology, 253 (1-4): 211-226.

Hawley M E, Jackson T J, McCuen R H. 1983. Surface soil moisture variation on small agricultural watersheds. Journal of Hydrology, 62 (1-4): 179-200.

Heathman G C, Larose M, Cosh M H, et al. 2009. Surface and profile soil moisture spatio-temporal analysis during an excessive rainfall period in the Southern Great Plains, USA. Catena, 78 (2): 159-169.

HeathmanG C, Cosh M H, Han E, et al. 2012. Field scale spatiotemporal analysis of surface soil moisture for evaluating point-scale in situ networks. Geoderma, 170: 195-205.

Hu W, Tallon L K, Si B C. 2012. Evaluation of time stablity indices for soil water storage upscaling. Journal of Hydrology, 475: 229-241.

Hébrard O, Voltz M, Andrieux P, et al. 2006. Spatio-temporal distribution of soil surface moisture in a heterogeneously farmed Mediterranean catchment. Journal of Hydrology, 329: 110-121.

Martínez-Fernández J, Ceballos A. 2003. Temporal stability of soil moisture in a large-field experiment in spain. Soil Science Society of America Journal, 67: 1647-1656.

Previati M, Bevilacqua I, Canone D, et al. 2010. Evaluation of soil water sotrage efficiency for rainfall harvesting on hillslope micro-basins built using time domain reflectometry measurements. Agricultural water management, 97: 449-456.

Qiu Y, Fu B J, Wang J, et al. 2001. Spatial variability of soil moisture content and its relation to environmental indices in a semi-arid gully catchment of the Loess Plateau, China. Journal of Arid Environments, 49 (4): 723-750.

Qiu Y, Fu B J, Wang J, et al. 2003. Spatiotemporal preidiction of soil moisture content using multiple-linear regression in a small catchment of the Loess Plateau, China. Catena, 54: 173-195.

Rejani R, Yadukumar N. 2010. Soil and water conservation techniques in cashew grown along steep hill slopes. Scientia Horticulturae, 126 (3): 371-378.

Robinson D A, Campbell C S, Hopmans B K, et al. 2008. Soil moisture measurement for ecological and hydrological watershed-scale obervatories: a review. Vadose Zone Journal, 7 (1): 358-389.

Rodrigues T R, Vourlitis G L, De A. Lobo F, et al. 2014. Seasonal variation in energy balance and canopy conductance for a tropical savanna ecosystem of south central Mato Grosso, Brazil. Journal of Geophysical Research-Biogeosciences, 119: 1-13.

Rosenbaum U, Bogena H R, Herbst M, et al. 2012. Seasonal and event dynamics of spatial soil moisture patterns at the small catchment scale. Water Resources Research, 48: W10544.

Schume H, Jost G, Katzensteiner K. 2003. Spato-temporal analysis of the soil water content in a mixed Norway spruce (*Picea abies* (L.) Karst.) -Eruopean beech (*Fagus sylvatica* L.) stand. Geoderma, 112 (3-4): 273-287.

Seyfried M S, Wilcox B P. 1995. Scale and the nature of spatial variability: filed examples having implications for hydrologic modeling. Water Resources Research, 31 (1): 173-184.

Takagi K, Lin H S. 2012. Changing controls of soil moisture spatial organization in the Shale Hills Catchment. Geoderma, 173-174: 289-302.

Teuling A J, Troch P A. 2005. Improved understanding of soil moisture variability dynamics. Geophysical Research Letters, 32: 1-4.

Vachaud G, De Silans A P, Balabanis P, et al. 1985. Temporal stability of spatially measured soil water probabiliy density function. Soil Science Society of America Journal, 49: 822-828.

Vinnikov K Y, Robock A. 1996. Scales of temporal and spatialo variability of midlatitude soil moisture. Journal of Geographysical Research, 101 (D3): 7163-7174.

Wang L, Wei S P, Wang Q J, et al. 2008. Soil desiccation for loess soils on natural and regrown areas. Forest Ecology and Management, 255 (7): 2467-2477.

Wang Y Q, Shao M A, Zhu Y J, et al. 2011. Impacts of land use and plant characteristics on dried soil layers in different climatic regions on the Loess Plateau of China. Agricultural and Forest Meteorology, 151 (4): 437-448.

Wang Y, Shao M, Liu Z P. 2010a. Large-scale spatial variability of dried soil layers and related factors across the entire Loess Plateau of China. Geoderma, 159 (1-2): 99-108.

Wang Y, Shao M, Shao H B. 2010b. A preliminary investigation of the dynamic characteristics of dried soil layers on the Loess Plateau of China. Journal of hydrology, 381 (1-2): 9-17.

Wang Z Q, Liu B Y, Liu G, et al. 2009a. Soil water depletion depth by planted vegetation on the Loess Plateau. Science in China Series D-Earth Sciences, 52 (6): 835-842.

Wang Z Q, Liu B Y, Zhang Y, et al. 2009b. Soil moisture of different vegetation types on the Loess Plateau. Journal of Geographical Sciences, 19 (6): 707-718.

Western A W, Blöschl G. 1999. On the spatial scaling of soil moisture. Journal of Hydrology, 217 (3-4): 203-224.

Western A W, Blöschl G, Grayson R B. 1998. Geostatisitcal characterisation of soil moisture patterns in the Tarrawarra catchment. Journal of Hydrology, 205 (1-2): 20-37.

Western A W, Grayson R B, Blöschl G, et al. 1999. Observed spatial organization of soilmoisture and its relation to terrain indices. Water Resources Research, 35 (3): 797-810.

Western A W, Zhou S L, Grayson R B, et al., 2004. Spatial correlation of soil moisture in small catchments and its relationship to dominant spatial hydrological process. Journal of Hydrology, 286 (1-4): 113-134.

Yang L, Wei W, Chen L D, et al. 2014. Response of temporal variation of soil moisture to vegetation restoration in semi-arid Loess Plateau, China. Catena, 115: 123-133.

第9章 草地群落功能性状对降水和土壤水的响应

植物功能性状（plant functional trait）是植物响应生存环境变化并/或对生态系统功能有一定影响的属性，这些属性是大多数植物具有的共有或常见性状，如植物高度、叶片面积、种子大小、光合速率等（Díaz et al., 2004; Violle et al., 2007）。植物功能性状与植物特定的新陈代谢和生态系统的特定功能密切相关，物种往往沿一定的生态策略轴排列于最适应或最具竞争力的位置。越来越多的研究表明，植物群落通过某些性状的组合和权衡来响应环境变化、土地利用变化、全球变化等，这些性状被称为响应性状（response traits）（Fauset et al., 2012; Maestre et al., 2012）。基于功能性状的研究框架能够揭示和预测环境变化、土地利用变化等导致的生态系统过程、结构和功能的改变，为植被与环境相互关系的研究提供新的思路（Suding et al., 2008）。

植物功能性状决定植物的生长、存活和繁殖，因此在物种沿环境梯度的分布格局中起重要作用。物种间形态和生理性状的迥异使植物形成了一系列生活策略（Grubb, 1998）。这些策略最终在不同的生态系统和生物群落间表现为沿基础资源轴排列，资源轴的一端聚集了资源快速获取的生活策略，另一端则聚集了资源高度保存的生活策略。资源轴即代表了各种各样的环境因子。而在不同尺度上，对植物功能性状分布起决定性作用的环境因子是不同的。功能性状在特定地点的分布往往是从大尺度到小尺度层层过滤、多重因子共同作用后的结果。大部分研究都证实，在全球尺度或大尺度上，气候因子对植物功能性状的分布起决定性作用（Gleason et al., 2013; Moles et al., 2014）；在中等尺度上，土地利用和干扰对植物功能性状的分布起决定性作用（Bernhardt-Römermann et al., 2011）；而在小尺度或局地范围内，地形因子和土壤因子对植物功能性状的分布起决定性作用（Gross et al., 2008）。

水分是决定植物物种分布和群落组成的一个重要因子，特别在是干旱半干旱等水分散失很快的地区，水分是制约植物功能性状分布最重要的因子。因此，沿水分梯度，植物选择快速吸收水分还是更多地保存水分是主要的生态策略（Fauset et al., 2012）。水分的保存可以通过有效利用有限的水分资源（耐旱策略）或者通过避免干旱的策略（避旱策略）来实现。在种群水平或者功能群水平上，植物对干旱的适应机制已经比较清晰：植物对干旱的适应包括气孔导度、光合速率、渗透压、水分利用效率、叶片元素、抗氧化酶含量等硬性状（hard traits）的变化，最终体现在种子、叶、根、植株形态等软性状（soft traits）的改变方面（Chen et al., 2012）。软性状易于获取和量化，又与硬性状相互联系，适合于群落水平上的研究。

在群落水平上，植物功能性状分布取决于生境过滤和群落内部的竞争排斥（Liu et al.,

2013)。在特定的环境条件下，共存的物种必须拥有一套与环境条件相适应的植物功能性状，即一方面在生境过滤（habitat filtering）的作用下，共存物种的性状往往表现出趋同的一面，另一方面由于竞争排斥，共存物种的性状又会表现出趋异的一面，即不同的物种对同一种环境胁迫会采取不同的对策，这种生态位分化（niche differentiation）降低了种间竞争强度从而使物种共存（Maire et al., 2012）。例如，为适应干旱环境（功能趋同），植物可表现出若干适应对策（性状趋异），如气孔下陷、叶片被毛或蜡质层、叶片小型化或肉质化等。因此，在群落水平上，植物功能性状沿环境梯度上的分布规律应归因于局地群落间和群落内功能性状的差异，主要表现在群落权重均值（community-weighted mean, CWM）和功能多样性（functional diversity, FD）两个方面（Valencia et al., 2015）。群落权重均值定义为群落内植物功能特征的加权平均值，对环境梯度的响应与种群水平的规律基本一致，即少数核心性状或性状组合是最好的指示性状，沿环境梯度的显著变化是生境过滤的结果。功能多样性是指影响生态系统功能的物种所具有的功能性状的大小、范围及分布，能直接体现生态位分化在生态系统中所起的作用，用以预测和解释若干重要的生态学问题，如功能多样性沿环境梯度的变化规律、基于功能多样性的种间竞争机制及群落结构形成机制，以及功能多样性对生态系统过程和功能的影响等。例如，对地中海半干旱区灌草丛的研究结果表明，生境过滤和生态位分化分别作用于不同的功能性状进而决定干旱梯度上的群落结构。本章主要从区域尺度（样地）和小流域尺度解析黄土高原草地群落功能性状对降水和土壤水的响应。

9.1 草地群落功能性状沿水热梯度的分布格局

植物功能性状可以综合衡量植物在不同环境中的适合度并强烈影响生态系统过程，如初级生产力、物质分解和养分循环。针对不同物种和生物群落的研究有助于深入认识关键生态策略的限制和权衡（Ackerly, 2004）。根据功能性状预测植物群落对环境梯度的响应，可以为植被模型的发展提供新思路（Li et al., 2015）。全球气候变化引起的未来降水模式的改变，将会影响植被蒸散性能和土壤水分，进而影响物种分布，因此与水分密切相关的功能性状受到了格外的关注（Fernandez-Going et al., 2012; Díaz et al., 2015）。一般情况下，越适应干旱的物种越矮小，生长越缓慢，叶片性状越“保守”（Ackerly and Cornwell, 2007）。因此，与水分密切相关的功能性状往往沿干旱梯度发生相应变化，而这种变化通常与水分供给和需求的权衡一致（Gleason et al., 2013）。可以通过测定物种功能性状来预测群落结构对环境梯度的影响，研究表明这种关系可以上推至群落水平（Ames et al., 2015）。在干旱地区，有关物种和功能群水平的研究较多，但有关群落水平上功能性状的空间格局的研究较少（Gross et al., 2008）。

影响植物功能性状的潜在因子广受争议，一般认为取决于空间尺度。越来越多的研究表明，土壤水分可以在局地（Katatuchi et al., 2012）和区域尺度（Douma et al., 2012）影响植物功能性状的分布和结构。温度和水分被认为是在区域尺度（Gleason et al., 2013）和全球尺度（Moles et al., 2014）影响植物功能性状的关键因子。温度可以影响植物生长速率、代谢速率和叶片能量平衡等，因而与很多植物功能性状密切相关，如比叶重、叶片寿命和木材密度等（Tian et al., 2016）。很多植物功能性状与降水密切相关，特别是与适应干旱相关的植物功能性状，如植物高度、比叶重和种子大小等（Ames et al., 2015）。温度还可以通过影响蒸发量进而影响水分可利用性，有学者认为水分和温度往往共同决定功能性状的分布（Moles et al., 2014）。尽管这些研究已经表明温度和水分对植物功能性状的决定作用，但是仍有两点局限性。首先，一些研究关注于植物功能性状与单个环境因子或多个环境因子的相关性（Douma et al., 2012），但在群落水平上植物功能性状与多个环境因子的关系仍然不清楚。水分可利用性作为关键的影响因素，在实际研究中往往采用年均降水量和土壤水分指代，而实际上两者在区域尺度上的重要性有一定差异（Breshears and Barnes, 1999; Ames et al., 2015）。其次，研究往往倾向于使用更精确的仪器或技术测量土壤水分，但多数研究集中在表层土壤（Cornwell and Ackerly, 2009）。而实际上表层土壤往往在时间上表现出较大的波动性，尽管在小尺度上可以通过多次测量获取均值，但在区域尺度上难以重复测量，因此表层土壤水分用于指示土壤水分可利用性具有较大的局限性。

黄土高原是检验多个环境因子影响植物功能性状分布的理想场所，其严重的干旱和水土流失导致了生态系统的脆弱性和退化（Wang et al., 2017），水分可利用性制约植物的生存和生长发育，对植被状况和生态恢复有很大的限制作用。草地是黄土高原生态系统的主体，从东南到西北具有明显的水热梯度。因此水分和温度可能是黄土高原区域尺度上群落结构和相关功能性状分布变化的主导因素。为此，本章以黄土高原草地为对象，研究群落功能性状沿水热梯度的变化特点，探讨降水、温度和 0～3 m 土壤水分对群落功能性状的影响规律，研究结果可为黄土高原草地生态系统的适应性管理提供重要参考意义。

9.1.1 研究方法

沿降水梯度从东南向西北布设样带（图 9-1），地理位置为 35.08°N～37.95°N，103.12°E～112.47°E，海拔为 400～2800 m。降水量为 250～500 mm，80% 的降水集中在 5～8 月的生长季节；年均温为 6～13°C。样带长 520 km，从东南到西北，植被类型从暖温带落叶阔叶林向典型草原、荒漠草原过渡。

沿降水梯度以年均降水量 50 mm 为间隔将研究区划分为 6 个降水区，在每个降水区至少设置 3 个代表性样地，共布设 47 个草地样地（图 9-1）。手持 GPS 和地质罗盘仪记录各个样地的海拔、坡向、坡度和坡位。土壤水分采样深度为 0～3 m，采用轻型人力钻采集相应土壤剖面的样品，每隔 0.2 m 取样一次，取出的土样放入铝盒内封闭，称取鲜重以后在 105℃恒温烘箱内烘干 12 h，用 1/100 的电子天平测量烘干后的土壤样品重量。用烘干前后土壤样品重量的差值（土壤水分的重量）并除以干土重，即为重力土壤水分含量（单位：g/g）。每个草地样地随机设置 4 个 1 m×1 m 的草本样方，调查样方时分别记录各个植物种的盖度和高度，47 个草地样地一共出现 168 个物种，物种名录示意图见图 9-2。

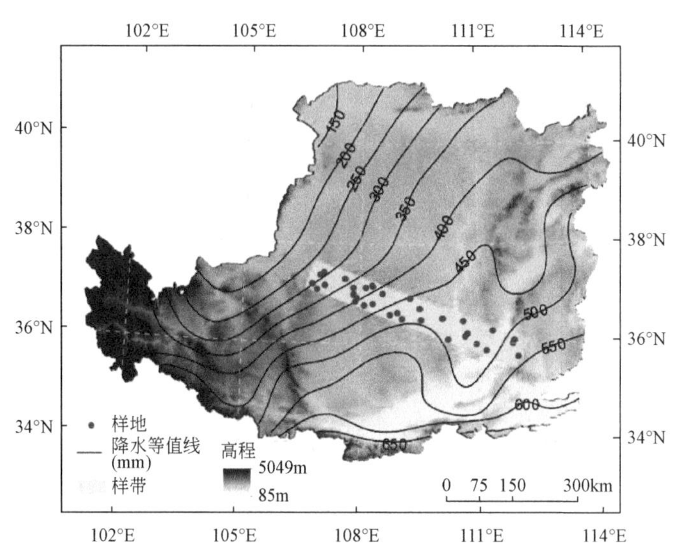

图 9-1　黄土高原东南—西北样带设置及草地样地布设

图 9-2　黄土高原东南—西北样带草地物种名录示意图（按 APG Ⅲ 分类系统）

本研究选择了易于观测且对水热梯度敏感的 8 个关键性状（表 9-1）：①与植物结构和大小相关的性状，包括植株高度和茎比密度；②与水分胁迫耐受性相关的性状，包括叶长、叶宽、叶长宽比和叶面积；③与植物生长速率相关的性状，包括比叶面积和叶干物质含量。每个性状测定的物种数见表 9-1。每样地测定的物种以相对多度大小顺序筛选，涵盖 80% 以上的生物量。根据植物功能性状测定手册测定以下指标（Cornelissen et al.，2003；Pérez-Harguindeguy et al.，2013）。植株高度：每种植物取 5 ~ 10 棵植株，用钢尺直接测量植物高度（cm）。茎比密度：利用体积替代法将茎完全侵入盛水的量筒（精度为 1 mL）约 5 s，读取增加的体积。将茎在 105℃下烘干 15 min 杀青，再在 85 ℃下烘干 48 h 后称重，茎比密度= 茎干重/茎体积（mg/mm^3）。叶性状：每种植物取 5 ~ 10 棵植株，每个植株上摘取 5 ~ 10 片未遮阴、完全展开、没有病虫害的叶片，复叶选取小叶测定以下指标。叶长、叶宽：分别用电子游标卡尺测量叶片最长和最宽处（mm）。叶面积：用佳能 LiDE120 扫描仪进行叶面积扫描，用 Leafarea 进行叶面积计算（mm^2）。叶干物质含量、比叶面积：将叶片置于两片湿润的滤纸之间，连同自封袋放入黑暗环境储存 12 h，取出后迅速用滤纸吸干叶表面的水分，在 1/100 的电子天平上称重（饱和鲜重）。再将叶片放入 85℃烘箱烘干 48 h 后取出称重（干重），叶干物质含量=叶片干重/叶片饱和鲜重（mg/g），比叶面积=叶面积/叶干重（mm^2/mg）。研究表明，种内变异往往具有与种间变异相似的生态效应，能够显著影响群落间的植物功能性状差异，对群落构建和生态系统功能同样有重要影响，因此需要测定物种在每个样地的本底数值。假定生境过滤发生在群落水平上，物种功能性状在该样地（群落）的平均值可以反映该物种对当前环境条件的响应水平。如果物种在该样地缺失功能性状数据，用临近 4 个样地该物种的功能性状均值替代。

表 9-1　本研究测定的植物功能性状

部位	性状（缩写）	类型（单位）	物种数
整株	植株高度（VH）	连续型（cm）	168
茎	茎比密度（SSD）	连续型（mg/mm^3）	106
叶	叶长（LL）	连续型（mm）	112
	叶宽（LW）	连续型（mm）	112
	叶长宽比（LL/LW）	连续型	112
	叶面积（LA）	连续型（mm^2）	112
	比叶面积（SLA）	连续型（mm^2/mg）	112
	叶干物质含量（LDMC）	连续型（mg/g）	112

由于植物功能性状数据不满足正态分布，在进行分析前采用 lg（x+1）进行数据转化。群落功能性状用群落权重均值（CWM）表示，可以反映环境梯度的生境过滤过程（Zhu et al.，2015)。物种权重即物种的相对多度，因此群落权重均值主要反映了既定群落中优势种的性状大小。计算公式如下：

$$CWM_j = \sum_{i=1}^{n} P_{ij} T_{ij}$$

式中，P_{ij}表示种 i 在样地 j 的相对多度；T_{ij}表示种 i 某性状在样地 j 的均值。

Pearson 相关用于检验群落功能性状与年均降水量、年均温和土壤水分的相关性，与环境因子相关的性状（$p<0.05$）被认为是响应性状。每个性状可能与不同深度的土壤水分密切相关，因此自上至下选择相关关系一致的连续深度范围用于后续分析。通过一般线性回归拟合单个性状和环境因子的关系。性状组合已经被用于识别在既定环境压力下多性状的响应，采用方差分解（variation partitioning）分离降水、温度和土壤水分对性状组合的影响。方差分解在 CANOCO 5.0 软件中的基于偏冗余分析（partial redundant analysis，pRDA）模块完成（Šmilauer and Lepš，2014）。

9.1.2 重要进展

Pearson 相关结果表明（图 9-3）：除茎比密度外，其余 7 个植物功能性状至少与 1 个环境因子显著相关（$p<0.05$），因此可以认为是草地在群落水平对水热梯度上的响应性状。其中，叶宽、比叶面积和叶干物质含量与年均降水量和年均温呈极显著相关（$p<0.01$），植株高度、叶面积与年均降水量呈显著正相关，而叶长和叶长宽比与年均温呈显著负相关。而土壤水分与植物功能性状关系相对较为复杂。首先，尽管表层（0～0.2 m）土壤水分往往用于指示土壤水分有效性，但是在黄土高原样带上却并未与任何植物功能性状表现出显著相关性，而其他层次的这种相关性均高于表层，说明表层土壤水分在区域尺度上对功能性状的预测能力较低。0.2～1.8 m 深度的土壤水分与多数植物功能性状显著相关，但是与其他土层相比，土壤水分在 1.0～1.6 m 深度与茎比密度、叶长的相关性和其他土层相反。因此，自上而下选择相关性一致的次表层（0.2～1.0 m）土壤水分用于后续分析。次表层土壤水分与年均降水量（$r=0.663$，$p<0.001$）和年均温（$r=0.700$，$p<0.001$）均呈正相关。

与水分可利用性相关的植物功能性状在很大程度上取决于土壤水分及其在深度上的分布（Breshears and Barnes，1999）。在干旱区，浅层土壤水分更易受降水、植被蒸腾和土壤表面蒸发影响。一般情况下，降水发生之后，土壤含水量会快速增加，然后由于植物蒸腾及土壤表面蒸发而逐渐降低，浅层土壤水分往往在两次降雨事件之间相对较低。浅层特别是表层（0～0.2 cm）土壤水分往往在时间尺度上波动较大（Wang et al.，2014）。因此，多数基于表层土壤水分的研究往往通过多次采样获取相对稳定的均值（Gross et al.，2008），但是重复取样耗时较长，难度较大，不宜在大尺度上实施。本研究的土壤水分基于一次取样，表层土壤水分并未和任何植物功能性状表现出显著相关（图 9-3）。

相较于表层土壤水分，表层以下的土壤水分不仅是干旱地区植物生长的重要水分来源，同时在时间上稳定性更高。在本研究中，次表层（0.2～1.0 m）土壤水分与植物功能

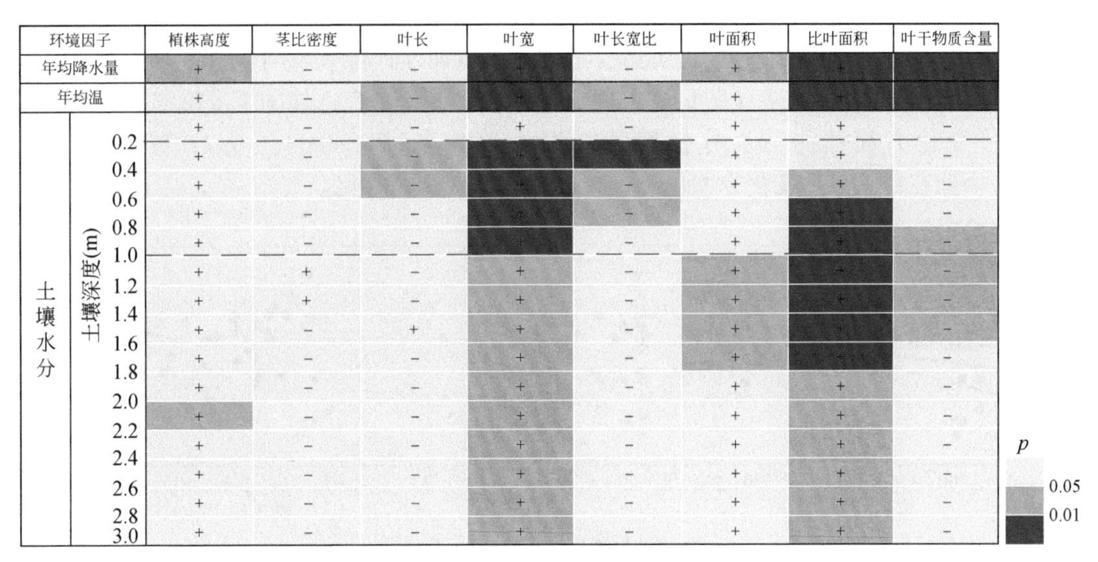

图9-3　群落功能性状与年均降水量、年均温和剖面土壤水分的 Pearson 相关

+表示正相关，-表示负相关

性状显著相关（图9-3）。研究表明，草地根系主要分布在1.0 m以内，因此次表层土壤水分可以反映可供草地利用的土壤水分条件，可以用于研究草地群落功能性状在区域尺度上的空间变化。次表层土壤水分不仅与叶宽、叶长宽比、比叶面积等单个响应性状显著相关（图9-4），还对响应性状组合具有最大的解释能力（图9-5）。

单个响应性状与年均降水量、年均温和次表层土壤水分的回归分析结果显示，尽管并非所有性状同时与3个环境变量显著相关，但同一性状在3个环境梯度的变化趋势一致（图9-4）。需要注意的是，东南—西北样带上年均降水量和年均温表现为极显著相关（r = 0.696，$p<0.001$），说明在西北样地干旱总是与寒冷耦合。在干冷区域（图9-4左侧纵坐标附近），群落往往表现出耐旱性状：植株矮小，叶片窄而小，比叶面积小，叶干物质含量高等。随着降水增多、温度升高，群落逐渐转变为水分快速利用性状：植株高大，叶片宽而大，比叶面积大，叶干物质含量低。其中，叶宽和比叶面积随着年均降水量增多、年均温升高、次表层土壤水分增多均呈显著的线性增加趋势（$p<0.05$）。对比三个环境变量的R^2可知，年均降水量、年均温和次表层土壤水分的解释能力有所差异。年均温对于单个响应性状变异的揭示能力一般低于年均降水量和次表层土壤水分，年均降水量与多数植物功能性状（植株高度、叶面积、比叶面积和叶干物质含量）的相关性均高于次表层土壤水分。但是次表层土壤水分对叶宽、叶长宽比的解释能力更强，说明其作为植物的直接水分来源对某些植物功能性状的影响可能更大。

沿环境梯度，植物功能性状的分布很大程度上取决于种内变异和种间变异（Cornwell and Ackerly，2009）。这种变异使植物形成了一系列生活策略，并最终在不同的生态系统和生物群落间表现为生活策略连续体沿环境梯度的排列（Díaz et al.，1999）。对于水分可利用性而言，环境梯度的一端聚集了水分快速利用策略，另一端则聚集了水分保守利用策略（Maharjan et al.，2011）。本研究中，年均降水量、年均温和次表层土壤水分的变异系数分别为 17.86%、11.46% 和 42.93%，表明东南—西北样带呈急剧变化的态势，因此耐旱性表现为首要的生态策略（图9-4）。已有文献表明，本研究选择的8个植物功能性状在物种水平变化方面往往与水分梯度紧密相关（Díaz and Cabido，1997；Wright et al.，2004），因此在群落水平变化方面也可能将随干旱梯度发生变化。

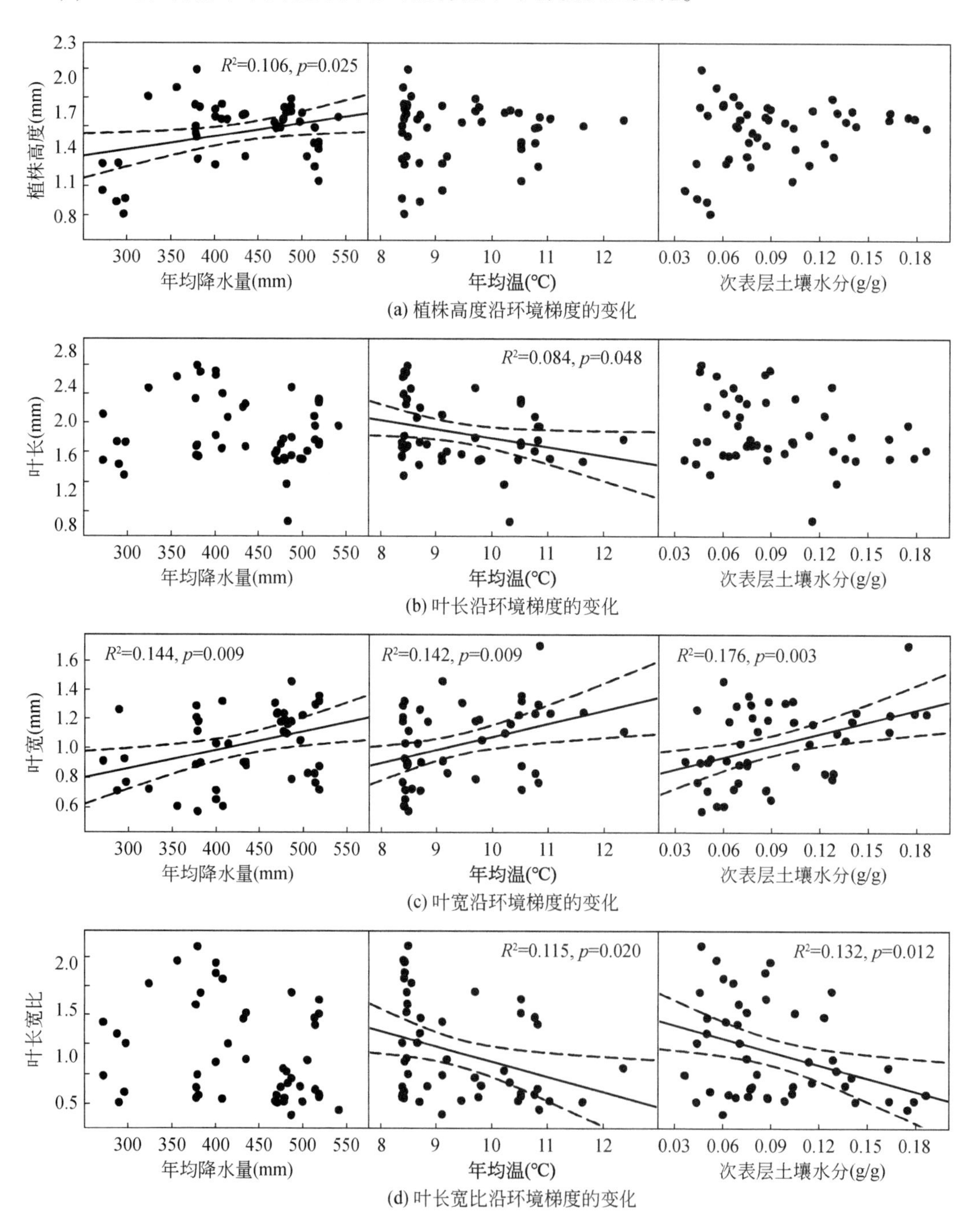

(a) 植株高度沿环境梯度的变化

(b) 叶长沿环境梯度的变化

(c) 叶宽沿环境梯度的变化

(d) 叶长宽比沿环境梯度的变化

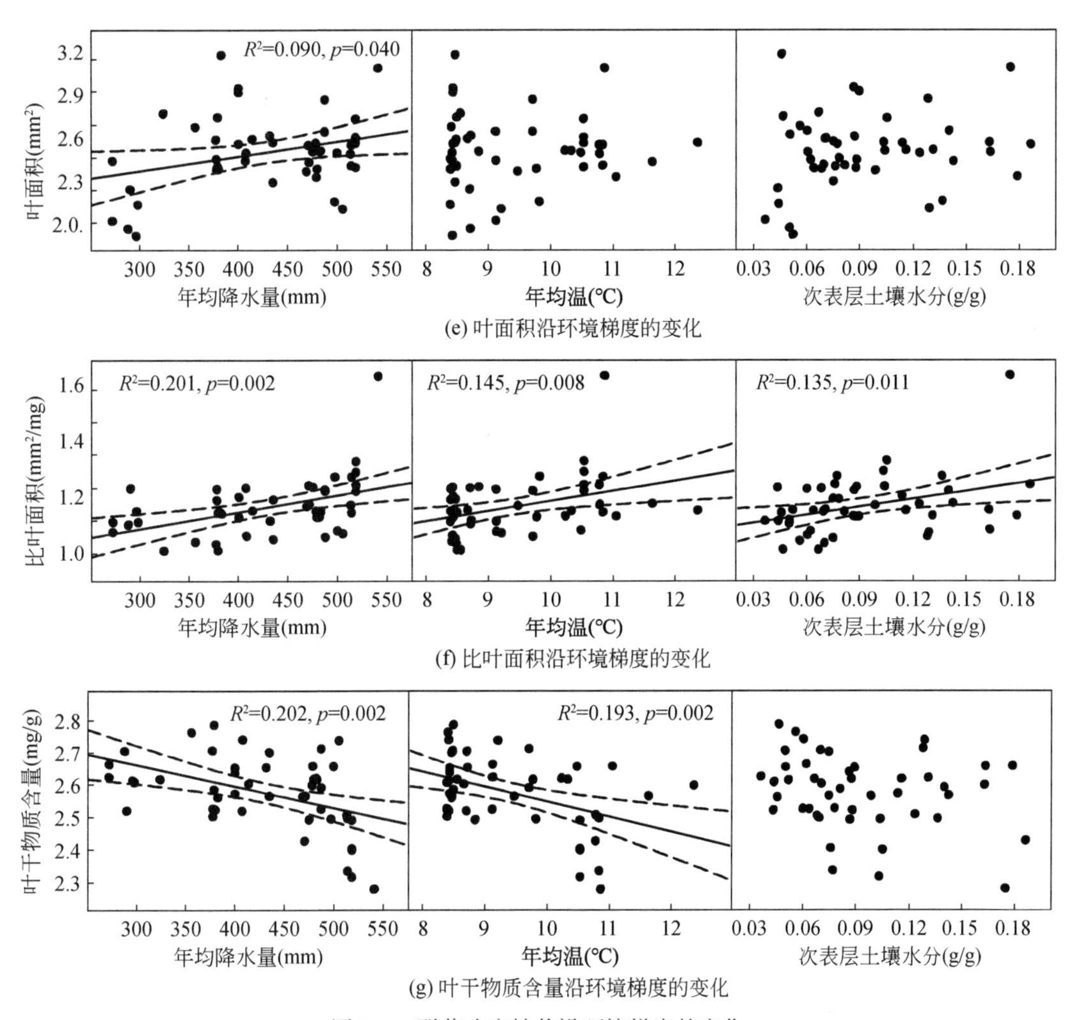

图 9-4　群落响应性状沿环境梯度的变化

在本研究中，耐旱群落在耐旱适应策略轴上与耗水群落分离（图 9-4）。耐旱群落出现于降水少、温度低、土壤干燥的区域（图 9-4 左侧），响应性状表现为植株矮小，叶片窄而小，生长速度慢（比叶面积小）和干物质积累多（叶干物质含量高），这些性状均有利于提高水分利用策略和降低植被蒸腾。耗水群落出现于相对降水多、温度高、土壤湿润的区域，响应性状表现出相反的趋势（Wright et al.，2005）。叶宽、比叶面积和叶干物质含量受水分梯度影响强烈，因而在样带上表现出明显的变化趋势（图 9-4）。实质上，在既定水分条件下，水分分配在生理和结构层面存在权衡关系，而这 3 个关键性状是这种权衡关系的最好的指示性状。同时，研究证实比叶面积和叶干物质含量能够对生态系统初级生产和物种分解等功能产生强烈影响（Ames et al.，2015），因此这些关键性状不仅是水分利用策略的重要标识，也是能够强烈影响生态系统功能及反映植被对环境变化响应的核心性状。

与以往研究（McGill et al.，2006）不同的是，本研究中茎比密度与3个环境因子的相关性较小（图9-3）。原因之一是，不同生活史的物种可能对于水分梯度存在不同的适应策略（Grubb et al.，1998）。除耐旱外，植物也可以通过避旱来实现保守水分利用策略（Maharjan et al.，2011）。一般来说，耐旱物种往往具有较高的茎比密度，如冬青叶兔唇花和银灰旋花等。而避旱物种往往具有肉质的茎，因此茎比密度较小，如山蒿（*Artemisia brachyloba*）和多裂骆驼蓬［*Peganum multisectum*（Maxim.）Bobr.］等。这种性状分离结果是生态位分化，最终促进物种的共存（Spasojevic et al.，2014）。但是本研究中采用群落加权均值仅能反映另外一个决定过程：在既定条件下，生境过滤使性状汇聚于最适应的位置。因而，茎比密度的加权均值未能响应水分梯度的变化。

方差分解结果表明（图9-5），3个环境因子对7个响应性状组合的方差解释量是15.4%，可见其对响应性状在样带上的分布具有重要影响。次表层土壤水分、年均温和年均降水量对功能性状变异的方差解释量依次是13.4%、11.2%和8.3%，表明次表层土壤水分和年均降水量代表的水分梯度对响应性状的影响大于温度梯度。此外，年均降水量和次表层土壤水分的综合作用（年均降水量∪次表层土壤水分）与次表层土壤水分的单独作用相当，说明次表层土壤水分比年均降水量更能指示水分可利用性。从图9-5也可看出，对功能性状变异解释最大的是年均降水量、年均温和次表层土壤水分的共线性作用，说明水热耦合共同影响草地群落的功能性状分布。另外，年均温可以额外解释2.0%的方差。

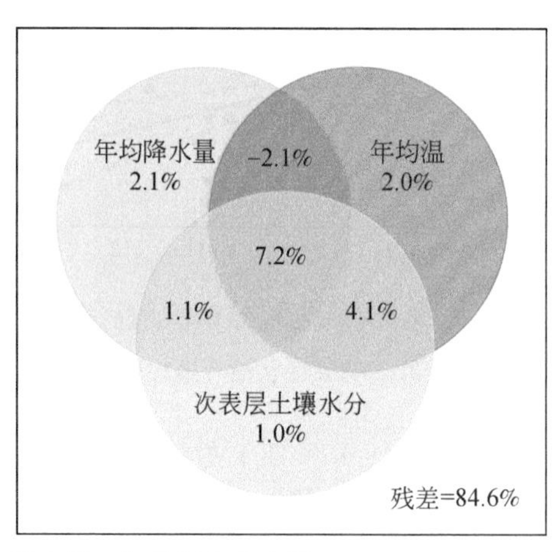

图9-5 年均降水量、年均温和次表层（0.2～1.0 m）土壤水分对群落功能性状变异的方差分解结果

本研究中，群落响应性状在区域尺度不仅受水分的影响，还受温度的影响，其中水分是关键因素。水分和温度共同影响植物的水分代谢，因而两者具有明显的共线性作用（图9-4）。植物功能性状对干旱的响应与对寒冷的响应相似（图9-4），这可能是由于两种胁迫往往耦合发生，忍耐干旱胁迫的群落必然也要忍耐寒冷胁迫。此外，年均温对功能性状组合还有附加效应（2.0%），这就意味着同时发生的寒冷胁迫加剧了干旱胁迫的影响。在这种情况下，干旱和寒冷耦合会导致植株更矮小、叶片更窄更小、生长速度更慢、干物质积累更多。因此，干旱和寒冷胁迫耦合发生时，群落功能性状的响应特征加剧，对胁迫

的适应性增强（Valencia et al.，2015）。

在不同的研究中，年均降水量和次表层土壤水分都被用来指示水分可利用性（Breshears and Barnes，1999；Gross et al.，2008）。但是在本研究中，年均降水量对功能性状组合的方差解释量最小（图 9-5），因此与次表层土壤水分相比，年均降水量在区域尺度上可能不是指示水分可利用性的合适指标。相反，次表层土壤水分不仅受气候特别是降水的影响，还受地形、海拔和土壤类型等局地因素的影响。次表层土壤水分在特定地点的分布往往是从大尺度降水到小尺度局地因素层层过滤、多重因子共同作用后的结果，是影响植被结构和组成的直接水分来源（Ruiz-Sinoga et al.，2011）。因此，在区域尺度上使用次表层土壤水分指示水分可利用性，可以增强对功能性状分布的解释能力（Moles et al.，2014），这与本研究结果一致（图 9-5）。因此，笔者建议在区域尺度上采用土壤水分，特别是次表层（0.2 ~ 1.0 m）土壤水分指示水分可利用性。功能性状不仅能反映植被对环境变化的响应，还可以影响生态系统结构和功能，如初级生产和物种分解。近 50 年来，由于气候变化和大规模植被恢复工程，黄土高原土壤水显著下降。土壤水减少将会导致植被覆盖降低和物种多样性减少（Adler and Levine，2007；Anderson and Ferree，2010），加剧植被干旱胁迫，并最终影响整个生态系统功能。

9.2 草地群落功能性状空间异质性及环境驱动

植被功能性状是指对植物的生存、生长和适应有重要影响的，或与吸收、利用和储藏资源的能力相关的属性（Díaz et al.，2013）。受非生物环境与人为干扰的共同作用，一定空间尺度与时间尺度上植被功能性状的分布具有高度的异质性。近十几年来，关于植被功能性状的研究越来越多，群落水平的功能性状及性状变异成为衡量群落构建和生态过程的研究热点（Funk et al.，2017）。研究发现，植被功能性状空间异质性与环境有着十分密切的联系。在不同尺度下，决定植被功能性状分布的环境因子不同。在区域和全球尺度上，决定植被功能性状分布的是气候因子；而在局域尺度上，决定植被功能性状分布的是人类活动方式、土壤类型及地形因子（Lavorel et al.，2007）。植被功能性状分布是多重环境因子共同影响决定的（Funk et al.，2017）。土壤物理性质是土壤其他性质的结构性基础，可直接影响土壤的其他属性，如土壤容重是衡量土壤养分状况的重要指标之一，对土壤的肥力、入渗能力、持水性能等有显著影响，土壤物理性质会影响或者决定土壤化学性质。环境因子通过交互作用共同影响或者决定植被功能性状（Kong and Fehmi，2009）。因而明确区域内植被性状空间变异的非生物环境主导因子是合理进行植被建设的基础。

半干旱黄土丘陵区是生态修复重建的重点区域，理解其植被对环境因子的适应机制，是合理进行植被建设和生态修复的关键（Zhu et al.，2015）。多年来在该地植被恢复方面的研究多集中在群落演替过程、土壤水分养分效应、植被空间分布格局、植被类型分布及环境关系等方面，基于植被功能性状角度针对该区草地群落对环境适应机制的研究相对缺乏。为此，本节以甘肃省定西市龙滩流域为研究区，以广泛分布的草地群落为研究对象，使用方差分解计算地形因子、土壤物理性质和化学性质对草地群落功能性状的相对解释率，并采用冗余分析比较草地群落功能性状与非生物因子的相对关系，以研究非生物因子对半干旱黄土小流域草地群落功能性状的影响，辨析影响草地群落功能性状空间异质性的主导因子，以期为半干旱黄土区域植被资源管理、植被恢复重建提供理论依据。

9.2.1 研究方法

研究区设置在甘肃省定西市巉口镇龙滩流域（图 9-6），地理位置为 104°27′E ~ 104°32′E，35°43′N ~ 35°46′N，平均海拔为 1900 m，属于半干旱黄土丘陵区典型草原带，草地类型多样，具有代表性。年平均气温为 6.8℃，平均无霜期为 152 d，年均日照时数为 2052 h。年降水量为 386 mm，春季降水量稀少，降水主要集中在 7 ~ 9 月。自然植被以草本群落为主，多以禾本科（Gramineae）、菊科（Compositae）和豆科（Leguminosae）植物为优势种，主要代表植物有针茅（*Stipa capillata*）、缘毛鹅观草（*Roegneria pendulina*）、赖草（*Leymus secalinus*）、束伞亚菊（*Ajania parviflora*）、阿尔泰狗娃花（*Heteropappus altaicus*）、茵陈蒿（*Artemisia capillaris*）、碱菀（*Tripolium vulgare*）、紫苜蓿（*Medicago sativa*）、披针叶野决明（*Thermopsis lanceolata*）、甘肃棘豆（*Oxytropis kansuensis*）等。

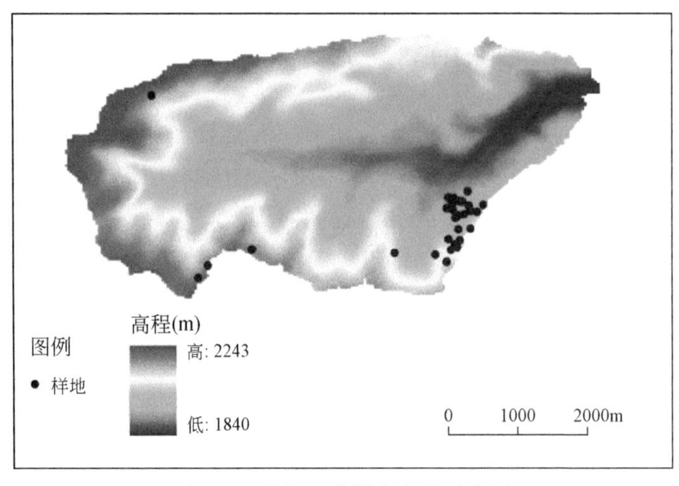

图 9-6　研究区采样点布设示意图

依据地形和植被分布状况设置了 30 个固定的典型草地群落样地，于 2016 年植被生长旺盛期，在设置好的每个固定样地中随机设置 4 个 1 m×1 m 的草地调查样方，调查样方内的物种组成，分别记录每个物种的高度和盖度，总共记录了 59 个植物种（全部为草本植物）。与此同时采用手持 GPS 和地质罗盘仪采集每个样地的海拔、坡位、坡向、坡度等信息。

对每个固定的草地群落样地中的全部物种进行功能性状测定，每个物种测量了植株高度、叶长、叶宽、叶厚、叶面积、比叶面积、叶干物质含量 7 个功能性状指标，其中植株高度测量重复 3 ~ 5 次，叶性状指标测量重复 10 次，具体叶片采集、功能性状测定方法、群落加权均值计算等参见 9.1.1 节。

在各固定样地中选取代表性测定地点，挖掘土壤剖面，用环刀采取土样，105 ℃烘干称重测量土壤容重，重复3次求平均值。选取3个0.5 m×0.5 m的草地调查样方，采用直径为4 cm的土钻对0～60 cm土层以20 cm为间隔分层采集土样，将3个采样点中同一土层的土样在1个自封袋中混合均匀，进行土样理化性质的测定，然后将分层测定的结果求和计算平均值。土壤pH采用FE20/EL20型实验室pH计（中国Mettler toledo公司）测定，粒径组成和土壤质地采用Mastersizer 2000激光颗粒测试仪（英国Malvern公司）测定，土壤全碳、全氮含量采用Vario MAX cube元素分析仪（德国Elementar公司）测定，土样速效氮含量采用碱解扩散法测定，速效磷含量采用碳酸氢钠浸提后比色法测定，速效钾含量在经乙酸铵浸提后采用PRODIGY全谱直读等离子体发射光谱仪（美国Leemans公司）测定，有机质和有机碳含量测定采用重铬酸钾氧化-外加热法。

采用Trime-FM土壤水分速测仪于5月中旬至10月下旬对每个固定样点中的土壤含水量进行测定，以20 cm为间隔进行测量，直至土层深度180 cm，每半个月测定一次。结合草地植物根系分布特点以及与土壤元素（0～60 cm）相对应，本研究选取0～60 cm土层计算土壤水分年均值（Gross et al.，2008），再将分层水分年均值求和取平均值。凋萎湿度依据粉粒、砂粒和有机质含量等参数用SPAW软件计算。土壤有效水分依据以下公式计算：

$$土壤有效水分=土壤水分-凋萎湿度$$

环境因子包括海拔、坡向、坡度、坡位、土壤容重、土壤有效水分、土壤酸碱度、土壤有机质含量、土壤有机碳含量、土壤速效氮含量、土壤速效钾含量、土壤速效磷含量、土壤全氮含量、土壤全碳含量，组成30×14的样方和环境数据矩阵。为反映环境变量对功能性状变异的影响，将上述14个环境因子分为地形因子、土壤物理性质、土壤化学性质3组，采用方差分解法解析出三组因子单独及共同解释的功能性状方差。通过冗余分析法研究环境因子与功能性状的相对关系，为避免冗余变量影响，分析前采用前向选择法（forward selection）选一组代理变量（proxy variable）进行分析（Baak and Smilauer，2012），同时采用Monte Carlo检验代理变量和功能性状是否存在显著相关性。本研究采用基于Canoco 5.0软件生成的*t*-value双序图分析群落功能性状对土壤有效水分的响应，以每个响应性状作为因变量，土壤有效水分作为自变量进行线性回归拟合，并通过Pearson相关系数分析响应性状间的相关性，采用Origin 2018软件处理数据并绘图。

9.2.2 重要进展

地形因子、土壤物理性质、土壤化学性质对群落功能性状变异的方差分解结果如图9-7所示，3组环境因子可以解释群落功能性状空间变异的78.1%。在控制地形因子和土壤化学性质后，土壤有效水分、土壤容重等土壤物理性质对群落功能性状变异的单独解释率最高（19.9%），土壤化学性质对群落功能性状变异的单独解释率次之（18.9%）。在控制土壤理化性质的各变量后，地形因子只能解释群落功能性状变异的6.3%。方差分解结果同样表明，土壤物理性质与土壤化学性质交互作用对群落功能性状变异的解释率为26.6%。而地形因子、土壤物理性质、土壤化学性质三者交互作用对群落功能性状变异的解释率为16.1%。

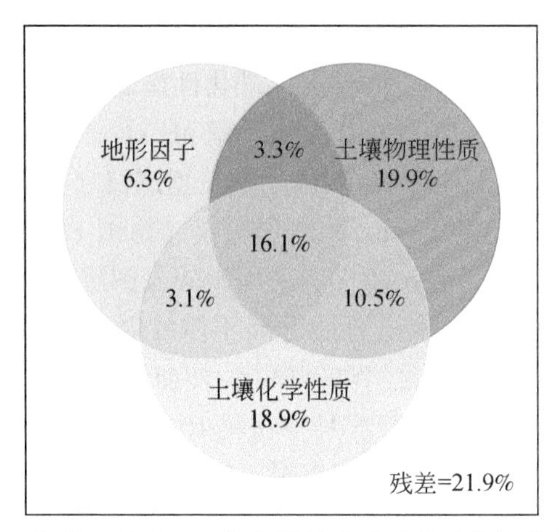

图9-7　地形因子、土壤物理性质、土壤化学性质对群落功能性状变异的方差分解结果

影响植物功能性状的主要环境因素包括光照、温度、降水、土壤养分等，这些因子的差异集中体现在地形和土壤方面，尤其在小尺度上，地形和土壤的差异能直接影响光照、温度、水分、养分等因子，从而影响植被的性状及分布。本研究将14个环境因子分为地形因子、土壤物理性质、土壤化学性质3组进行方差分解。结果表明，土壤有效水分、土壤容重等土壤物理性质对群落功能性状变异的影响最大，且地形因子、土壤物理性质、土壤化学性质三者间的相关性较强，交互作用较大。这是因为土壤是在母质、气候、地形等条件共同作用下形成的自然体，在一定尺度下，成土因素会随地形发生变化，成土过程不同，土壤理化性质也就有差异，即地形条件会影响土壤理化性质，如研究证明坡向、坡度等地形因素会影响土壤有效水分、土壤容重、土壤有机质含量、土壤速效磷含量、土壤速效钾含量等的变化。此外，土壤物理性质是土壤其他性质的结构性基础，可直接影响土壤的其他属性，如土壤容重是衡量土壤养分状况的重要指标之一，对土壤的肥力、入渗能力、持水性能等有显著影响，土壤物理性质会影响或者决定土壤化学性质。植物功能性状通常受到多种环境因子的共同影响，是对多种环境因子或者复杂环境的综合适应能力的表现（Laio et al., 2001）。

为避免冗余变量的影响，先对选用的14个环境因子进行前向选择，再用选出的代理变量同群落功能性状进行RDA分析。前向选择中，采用Monte Carlo检验确定各环境因子的边际影响（marginal effects）和条件影响（conditional effects），分析各环境因子与群落功能性状的相关性。14个环境因子前向选择的分析结果见表9-2。边际影响表示该环境因子作为唯一的环境因子时，对群落功能性状变异的影响；条件影响表示去除边际影响排位靠前的因子的影响后，该环境因子对群落功能性状变异的影响。从表9-2中可以看出，土壤有效水分对群落功能性状变异的边际影响最大（解释率为37.9%）。坡度对群落功能性状的边际影响排在第2位（解释率为21.8%），但在去除土壤有效水分的影响后，它的条件影响降到1.8%，可见坡度与土壤有效水分的相关性很强。其他因子在去除土壤有效水分的影响后，条件影响均有所下降，可见各因子与土壤有效水分均存在一定的相关性。最终 7 个因子通过检验组成代理变量（$p<0.05$），且影响顺序为土壤有效水分>土壤全碳含量>土壤速效氮含量>土壤全氮含量>土壤有机碳含量>土壤酸碱度>土壤容重，提取了 86.5% 的环境信息量，其中土壤有效水分提取的环境信息量最大（48.7%），是植被功能性状变异的主要驱动力。

表 9-2　前向选择中各环境因子的边际影响和条件影响

边际影响		条件影响		p 值	r 值	F 值
变量	解释率	变量	解释率			
土壤有效水分	0.379	土壤有效水分	0.379	0.002**	0.487	17.1
坡度	0.218	土壤全碳含量	0.058	0.016*	0.074	2.8
土壤有机碳含量	0.195	土壤速效氮含量	0.054	0.008**	0.069	3.2
土壤有机质	0.128	土壤全氮含量	0.052	0.032*	0.067	2.7
土壤全氮含量	0.082	土壤有机碳含量	0.051	0.020*	0.065	2.8
土壤全碳含量	0.072	土壤酸碱度	0.044	0.010**	0.056	3.0
坡向	0.071	土壤容重	0.037	0.046*	0.047	2.3
土壤速效氮含量	0.058	坡向	0.020	0.260		1.4
土壤容重	0.052	土壤有机质含量	0.019	0.248		1.3
海拔	0.049	坡度	0.018	0.276		1.3
土壤速效钾含量	0.022	土壤速效钾含量	0.015	0.414		1.1
土壤酸碱度	0.020	海拔	0.013	0.442		1.0
土壤速效磷含量	0.019	坡位	0.011	0.562		0.8
坡位	0.013	土壤速效磷含量	0.008	0.738		0.6

将前向选择后的 7 个代理变量与群落功能性状数据做 RDA 排序分析，以解释群落功能性状与环境因子的关系。RDA 前四轴累计贡献率为 67.6%，对功能性状-环境关系方差解释的累计贡献率为 97.7%，其中前两轴累计贡献率为 57.5%，对功能性状-环境关系方差解释的累计贡献率为 85.1%，提取的生态信息量较大，具有显著的生态意义（表 9-3）。结合表 9-4 和图 9-8 可见，RDA 第一轴与土壤有效水分和土壤有机碳含量呈极显著正相关（$p<0.01$），与土壤全氮含量呈显著正相关（$p<0.05$），其中土壤有效水分与第一轴相关性最强（相关系数为 0.868）。第二轴与土壤容重呈极显著正相关（$p<0.01$）。RDA 第一轴主要代表了土壤有效水分和土壤有机碳含量，沿第一轴从左到右土壤有效水分和土壤有机碳含量逐渐增大，植株高度、叶长、叶面积、比叶面积逐渐增大，叶宽、叶厚、叶干物质

含量逐渐减小。第二轴主要反映了土壤容重，沿第二轴从下到上土壤容重逐渐增大，土壤由疏松变紧实，植物叶长、叶宽、叶厚、叶面积均逐渐增大，而植株高度、比叶面积、叶干物质含量变化不明显，比较稳定。

表 9-3　RDA 前四轴的特征值及功能性状-环境关系方差解释的累计贡献率

项目	第一轴	第二轴	第三轴	第四轴	典范特征值之和
特征值	0.442	0.134	0.059	0.027	0.676
对功能性状方差解释的累计贡献率	44.2	57.5	63.4	66.1	
对功能性状-环境关系方差解释的累计贡献率	65.3	85.1	93.8	97.7	

表 9-4　环境因子与 RDA 前四轴的相关系数

环境因子	第一轴	第二轴	第三轴	第四轴
土壤有效水分	0.868**	0.275	0.102	0.028
土壤全碳含量	-0.268	0.346	0.353*	0.009
土壤速效氮含量	-0.246	0.067	-0.454**	-0.120
土壤全氮含量	0.351*	0.314	0.167	0.072
土壤有机碳含量	0.620**	-0.098	0.152	0.007
土壤酸碱度	0.081	-0.012	0.068	0.397*
土壤容重	-0.103	0.415**	0.289	0.120

*表示相关性在 0.05 水平上显著；**表示相关性在 0.01 水平上显著

植物功能性状决定植物的生长、存活和繁殖，在物种、群落沿环境梯度的分布格局中起重要作用。在群落水平上，受生境过滤约束，群落中的物种必须拥有一套适应环境条件的植物性状，即共存物种往往具有相似的形态结构和生理特性（Singh et al.，1998）。在不同生境下的植物，植物群落的性状特征会具有差异性。植物功能性状普遍存在变异性，不同植物、不同功能性状，甚至不同生境下相同植物的相同功能性状都可能存在差异（Thorne and Frank，2009）。由图 9-8 可知，第一轴主要代表了土壤有效水分和土壤有机碳含量，沿第一轴从左到右土壤有效水分和土壤有机碳含量逐渐增大，植株高度、叶长、叶面积、比叶面积也逐渐增大，叶宽、叶厚、叶干物质含量逐渐减小，与前人植物功能性状方面的大多研究结论相吻合。为了适应土壤水分的变化，植物会采取快速吸收水分或者更多地保存水分两种主要的适应策略（Gross et al.，2008）。干旱条件下，植物通过减小叶面积和降低比叶面积来减弱蒸腾作用；通过加大叶片细胞的体积和叶厚来增加水分的储备能力；通过降低植株高度来缩短根际水分到达叶片的距离，提高水分运输效率，快速吸收水分（Griffin-Nolan et al.，2018）。第二轴主要反映了土壤容重，沿第二轴从下到上土壤容重逐渐增大，土壤由疏松变紧实，植物叶长、叶宽、叶厚、叶面积均逐渐增大，而植株高度、比叶面积、叶干物质含量变化不明显，比较稳定。这可能是因为龙滩流域的土壤类型是黄绵土，其质地均匀，结构松散，孔隙发达，透水性能好，并不会影响植物对土壤养分、水分的吸收，而比叶面积、叶干物质含量主要反映植物获取资源的能力，植株高度与水分运输能力密切相关，因而龙滩流域的土壤容重对比叶面积、叶干物质含量、植株高度的影响作用不明显。

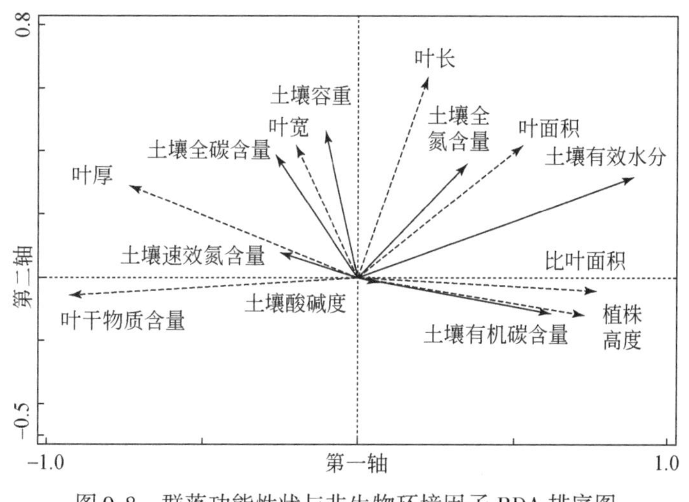

图 9-8　群落功能性状与非生物环境因子 RDA 排序图

不同空间尺度下植物群落功能性状变异的驱动因子也有所不同，在局域尺度上主要是地形和土壤因子起显著作用。本研究发现，土壤有效水分是半干旱黄土小流域植物群落功能性状变异的驱动因子。大量的研究表明，土壤水分可以在局地和区域尺度上影响植物功能性状的分布和结构（Yahdjian and Sala，2006；Zheng et al.，2015）。土壤水分是干旱和半干旱地区植被生长、生态系统结构和功能的关键制约因素，水分条件的改变会对水分限制地区的生态系统结构和功能等产生深远的影响。植被对自然环境的感知最为敏感，在诸多尺度上对水分变化会产生重要的适应和反馈作用（Lavorel and Gavnier，2002）。在小流域尺度上，受地形影响，土壤水分的空间格局呈现明显的稳定性，植被经过对水分梯度的适应和反馈过程后，往往最终形成与之适应的群落结构。因此，在干旱半干旱的小流域尺度上，植物群落功能性状对土壤水分的响应比对其他因子更为显著，土壤水分是制约黄土高原地区植被恢复和重建的主要限制因子，是干旱半干旱生态系统动态变化的主要驱动因素（Wang et al.，2017）。

对植物群落功能性状与环境因子数据做排序分析，生成以土壤有效水分为主的环境因子与植物群落功能性状的 t-value 双序图（图 9-9），可以揭示植物群落功能性状与土壤有效水分的统计显著关系。结果表明，叶长、叶面积、比叶面积和植株高度与土壤有效水分呈显著正相关，叶厚和叶干物质含量与土壤有效水分呈显著负相关，叶宽则与土壤有效水分无显著相关关系。植物群落功能性状决定植物的生长、存活和繁殖，在植物沿环境梯度的分布格局中起重要作用。物种、群落间形态和生理性状的分异是植物的一系列生存策略，这些生存策略最终体现在不同的生态系统和生物群落间沿某基础资源梯度排列，这里的基础资源梯度可以是各种各样的环境因子。本研究得出土壤有效水分是龙滩流域植物群落功能性状分异的决定因子，群落功能性状均值沿土壤水分梯度这条资源轴排列。基于此，本研究发现，7 个性状中，除叶宽与土壤有效水分无显著相关关系外，叶长、比叶面积、叶面积、植株高度、叶厚和叶干物质含量均与土壤有效水分呈显著相关，可识别为草地在群落水平上对土壤水分的响应性状。在以水分为限制因子的干旱半干旱区，沿土壤水分梯度，植物选择快速吸收水分还是更多地保存水分成为一种生存策略。水分的保存可通过高效地利用有限的水分资源或者减小水分散失的策略来实现。植物通过调整叶片大小、叶厚等性状的生物量分配方式，来提高植物对土壤水分差异的适应能力（Gross et al., 2007），因而通常情况下，叶片、比叶面积、叶面积、叶长、植株高度、叶厚和叶干物质含量与土壤有效水分相关性显著，叶长宽比是划分叶形的标准之一，物种的叶片形态会根据环境差异做出微小的调整，可能是叶长的变化掩盖了叶宽对土壤水分的响应，故而叶宽与土壤有效水分无显著相关关系。可见，植物的生长发育繁殖状况不仅取决于自身的生理特性，也是对生存环境的响应的体现。

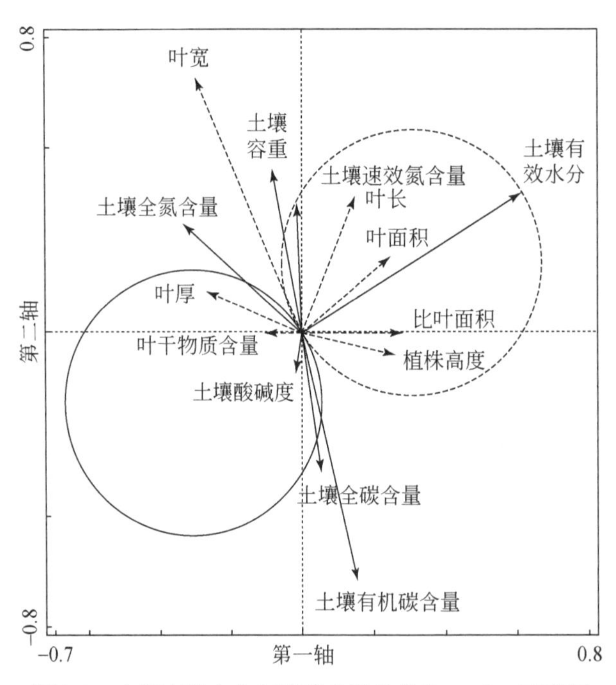

图 9-9　土壤有效水分与群落功能性状的 t-value 双序图

研究植物叶片、植株高度等性状对土壤水分梯度的响应规律，对于探究干旱区植物碳水代谢关系和维持水分平衡的生理生态学机制意义重大。本研究采用一般线性回归拟合群落功能性状加权均值沿土壤有效水分梯度的变化趋势，结果表明，响应性状均能显著地响应土壤有效水分的变化，叶长、叶面积、比叶面积和植株高度与土壤有效水分呈极显著正相关（$p<0.01$），均随土壤有效水分梯度的增大而增大；叶厚与土壤有效水分呈显著负相

关（$p<0.05$），叶干物质含量与土壤有效水分呈极显著负相关（$p<0.01$），两者随土壤有效水分梯度的增大而减小。其中，叶干物质含量对土壤有效水分梯度的响应最为敏感（$R^2=0.83$，$p<0.01$）（图 9-10）。这种响应规律是植物随土壤水分变化适当调整功能性状，进而提高其生存适合度的结果。在土壤水分缺乏的地区，植物为减小水分散失或者更多地保存水分，会增加叶厚或密度及叶干物质含量，从而增大叶片内部水分向叶片表面扩散的距离及阻力，并通过减小叶面积和降低比叶面积来减弱蒸腾作用；还会通过限制细胞的分裂和生长，减缓植物生长速度，缩小植株高度。通常情况下，在土壤水分充足的地区，群落植物叶片较薄、叶片较大、植株长势较好、叶干物质含量较低；随着土壤水分的降低，叶厚逐渐增大、叶片减小、植株变得较矮，叶干物质含量提高、比叶面积降低。综上，植物适应生存环境过程中随土壤水分的变化具有一定的规律性，其水分相关性状具有显著的响应特征。

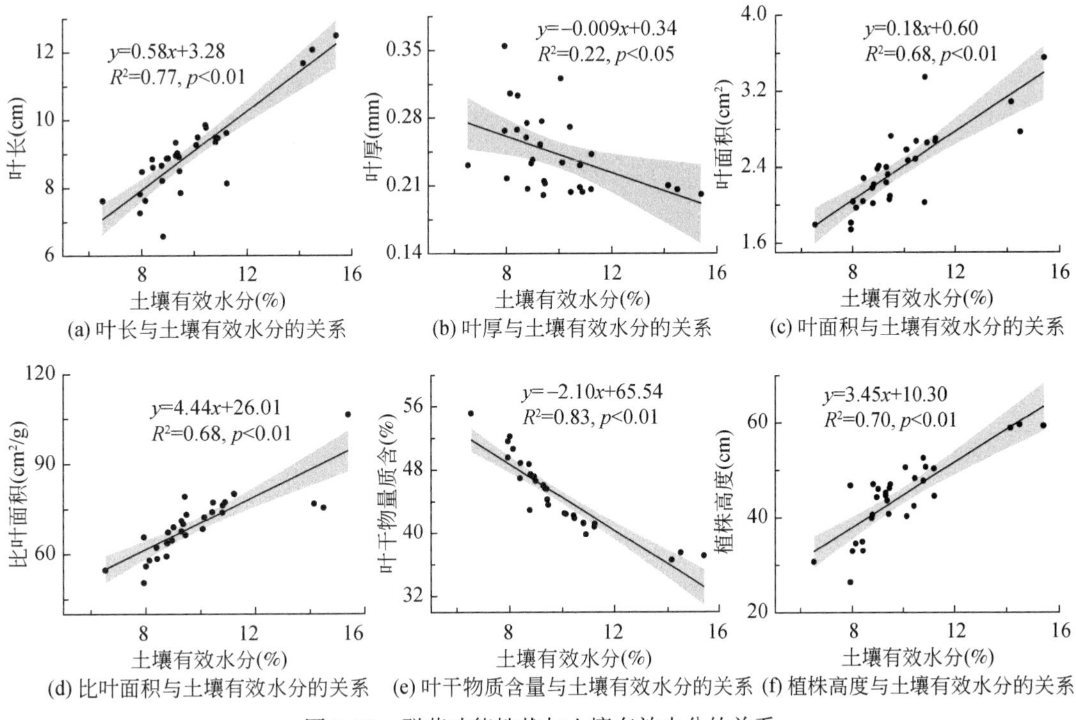

图 9-10　群落功能性状与土壤有效水分的关系

植物进化过程中各性状不仅仅是单独发挥作用，更重要的是通过各种功能性状的协同配合，进而形成适应环境的功能性状组，植物功能性状间存在多种关联，其中最普遍的是权衡关系（Lavorel et al.，2007；Griffin-Nolan et al.，2018）。植物会通过植株、叶片和根系在功能上的权衡与协同变化来适应生境。研究不同地区植物功能性状间的相关关系，不仅有助于理解不同生境间的植物功能性状的适应策略，也有助于深入探索生态位分化和物种共存的机理机制，还有助于了解生态系统净初级生产力和物质循环的流动与变化（Conti and Díaz，2013）。对 6 个土壤水分响应性状进行 Pearson 相关分析（表 9-5，

图9-10），结果显示，叶长与比叶面积、叶面积、植株高度呈极显著正相关，与叶干物质含量呈极显著负相关，与叶厚无显著相关关系；叶厚与叶面积和株高呈显著负相关，与叶干物质含量呈显著正相关，与比叶面积呈极显著负相关；叶面积与比叶面积和株高呈极显著正相关，与叶干物质含量呈极显著负相关；比叶面积与叶干物质含量呈极显著负相关，与株高呈极显著正相关；叶干物质含量与株高呈极显著负相关。除叶厚与叶长无显著相关关系外，其余功能性状间的相关关系十分显著。在资源丰富的区域，较大的比叶面积、较高的植株高度和较高的光合速率及生产率相对应，以便适应多物种共存的竞争环境；在资源匮乏的区域，较小的比叶面积、较大的叶片厚度和较低的叶片含氮量相对应，以充分利用有限的资源（Wright et al.，2004；Violle et al.，2013）。在干旱半干旱区域，较大的叶片厚度和较小的叶面积、较低的比叶面积相对应，以减小植物内部水分散失及更多地保存水分（Gross et al.，2008；Katabuchi et al.，2012）。综上所述，植物通过各功能性状间的相互平衡或协同变化来调整资源利用及分配的策略，以适应特定的生境。

表9-5　响应性状群落加权均值间的 Pearson 相关

叶性状指标	植株高度	叶长	叶厚	叶面积	比叶面积
叶长	0.67**				
叶厚	-0.58*	-0.36			
叶面积	0.71**	0.71**	-0.42*		
比叶面积	0.78**	0.68**	-0.58**	0.79**	
叶干物质含量	-0.85**	-0.76**	0.46*	-0.79**	-0.82**

*表示相关性在0.05水平上显著；**表示相关性在0.01水平上显著

9.3　小　　结

土壤水分不足是黄土高原植被恢复的关键制约因子，在全球气候变化引起的未来降水模式的改变及大规模人工植被恢复的背景下，合理利用有限的土壤水分以维持植被恢复的可持续性，是目前急需解决的一个科学问题。草地作为黄土高原地区生态系统的一个重要组分，其群落特征、土壤水分等反映了生态系统恢复和生态环境建设的背景状况。在区域尺度和流域尺度上解析草地生态系统沿降水梯度的响应规律，阐明人工植被恢复对草地生态系统影响的空间分异特征，是生态系统-水文过程相互作用机理的一个重要研究内容，也是黄土高原生态系统恢复和植被建设合理布局的前提与基础。本章以黄土高原东南—西北样带和龙滩流域草地为研究对象，探讨了草地群落功能性状对土壤水分梯度的响应规律，得到以下主要结论。

耐旱是黄土高原草地群落在区域尺度上的首要适应策略：在干旱区域，群落通过植株矮小、叶片窄而小、生长速度慢和干物质积累多等性状组合，可以实现水分利用效率最优化和降低蒸腾作用。其中，茎比密度出现耐旱和避旱两种策略分化，其加权均值在水热梯度上没有明显的规律；而叶宽、比叶面积和叶干物质含量是耐旱策略在群落水平上的指示性状，沿水热梯度表现出显著的空间分异规律。水分（年降水量和土壤水分）及其与温度的耦合是影响研究区群落功能性状的主导因子，同时温度的附加效应强化群落功能性状在干旱区域的适应特征。相较于年均降水量、表层（0～0.2 m）土壤水分，次表层（0.2～1.0 m）土壤水分可以指示水分在区域尺度上对草地群落的生境过滤作用。降水减少，特别是次表层土壤干燥化，将使得草地群落功能性状趋于旱生特点。

在流域尺度上，非生物因子对群落功能性状空间异质性的影响力大小为土壤物理性质>土壤化学性质>地形因子，而且三者间的相关性较强，表明三者间存在交互作用，并共同影响植被功能性状。土壤有效水分、土壤全碳含量、土壤速效氮含量、土壤全氮含量、土壤有机碳含量、土壤酸碱度、土壤容重7个因子对群落功能性状异质性有显著影响，其中土壤有效水分是主导因子，表明土壤有效水分是半干旱区植物功能性状变异的关键性驱动因子。7个性状中，除叶宽与土壤有效水分无显著相关性外，叶长、叶面积、比叶面积、植株高度、叶厚和叶干物质含量均与土壤有效水分显著性相关，可识别为草地在群落水平上对土壤有效水分的响应性状。草地群落通过降低植株高度，减小叶长、叶面积和比叶面积，增加叶厚和叶干物质含量以适应土壤有效水分的减少；其中叶干物质含量的解释度最大，是土壤有效水分的最优响应性状。除叶厚与叶长无显著相关性外，其余功能性状均存在显著相关性，说明草地群落的功能性状在土壤水分梯度上已基本形成了一个相互权衡或协同变化的功能性状组合。

参考文献

Ackerly D. 2004. Functional strategies of chaparral shrubs in relation to seasonal water deficit and disturbance. Ecological Monographs, 74: 25-44.

Ackerly D D, Cornwell W. 2007. A trait-based approach to community assembly: partitioning of species trait values into within-and among-community components. Ecology Letters, 10: 135-145.

Adler P B, Levine J M. 2007. Contrasting relationships between precipitation and species richness in space and time. Oikos, 116: 221-232.

Ames G M, Anderson S M, Wright J P. 2015. Multiple environmental drivers structure plant traits at the community level in a pyrogenic ecosystem. Functional Ecology, 30 (5): 1-10.

Anderson M G, Ferree C E. 2010. Conserving the stage: climate change and the geophysical underpinnings of species diversity. PloS One, 5: e11554.

Bernhardt-Römermann M, Gray A, Vanbergen A J, et al. 2011. Functional traits and local environment predict vegetation responses to disturbance: a pan-European multi-site experiment. Journal of Ecology, 99: 777-787.

Braak Ter C J F, Smilauer P. 2012. Canoco reference manual and user´s guide: software for ordination, version 5.0. Ithaca, USA: Microcomputer Power.

Breshears D D, Barnes F J. 1999. Interrelationships between plant functional types and soil moisture heterogeneity for semiarid landscapes within the grassland/forest continuum: a unified conceptual model. Landscape Ecology, 14: 465-478.

Chen F S, Niklas K J, Chen G S, et al. 2012. Leaf traits and relationships differ with season as well as among species groupings in a managed Southeastern China forest landscape. Plant Ecology, 213: 1489-1502.

Conti G, Díaz S. 2013. Plant functional diversity and carbon storage- an empirical test in semi- arid forest ecosystems. Journal of Ecology, 101: 18-28.

Cornelissen J H C, Lavorel S, Garnier E, et al. 2003. A handbook of protocols for standardized and easy measurement of plant functional traits worldwide. Australian Journal of Botany, 51 (4): 335-380.

Cornwell W K, Ackerly D D. 2009. Community assembly and shifts in plant trait distributions across an environmental gradient in coastal California. Ecological Monographs, 79: 109-126.

Díaz S, Cabido M, Zak M, et al. 1999. Plant functional traits, ecosystem structure and land-use history along a climatic gradient in central-western Argentina. Journal of Vegetation Science, 10 (5): 651-660.

Díaz S, Cabido M. 1997. Plant functional types and ecosystem function in relation to global change. Journal of Vegetation Science, 8: 463-474.

Díaz S, Hodgson J, Thompson K, et al. 2004. The plant traits that drive ecosystems: evidence from three continents. Journal of Vegetation Science, 15: 295-304.

Díaz S, Kattge J, Cornelissen J H C, et al. 2015. The global spectrum of plant form and function. Nature, 529 (7585): 167-171.

Díaz S, Purvis A, Cornelissen J H, et al. 2013. Functional traits, the phylogeny of function, and ecosystem service vulnerability. Ecology and evolution, 3: 2958-2975.

Douma J C, Bardin V, Bartholomeus R P, et al. 2012. Quantifying the functional responses of vegetation to drought and oxygen stress in temperate ecosystems. Functional Ecology, 26: 1355-1365.

Fauset S, Baker T R, Lewis S L, et al. 2012. Drought-induced shifts in the floristic and functional composition of tropical forests in Ghana. Ecology Letters, 15: 1120-1129.

Fernandez-Going B M, Anacker B L, Harrison S P. 2012. Temporal variability in California grasslands: soil type and species functional traits mediate response to precipitation. Ecology, 93 (9): 2104-2114.

Funk J L, Larson J E, Ames G M, et al. 2017. Revisiting the Holy Grail: using plant functional traits to understand ecological processes. Biological Reviews of The Cambridge Philosophical Society, 92 (2): 1156-1173.

Gleason S M, Butler D W, Waryszak P. 2013. Shifts in leaf and stem hydraulic traits across aridity gradients in Eastern Australia. International Journal of Plant Sciences, 174: 1292-1301.

Griffin-Nolan R, Bushey J A, Carroll C J W, et al. 2018. Trait selection and community weighting are key to understanding ecosystem responses to changing precipitation regimes. Functional Ecology, 32 (7): 1746-1756.

Gross N, Robson T M, Lavorel S, et al. 2008. Plant response traits mediate the effects of subalpine grasslands on soil moisture. New Phytologist, 180: 652-662.

Gross N, Suding K N, Lavorel S. 2007. Leaf dry matter content and lateral spread predict response to land use change for six subalpine grassland species. Journal of Vegetation Science, 18 (2): 289-300.

Grubb P J. 1998. A reassessment of the strategies of plants which cope with shortages of resources. Perspectives in Plant Ecology, Evolution and Systematics, 1: 3-31.

Katabuchi M, Kurokawa H, Davies S J, et al. 2012. Soil resource availability shapes community trait structure in a species-rich dipterocarp forest. Journal of Ecology, 100: 643-651.

Kong T, Fehmi J. 2009. Interactive effects of straw mulch, soil texture, and precipitation on biomass and species diversity in a semi-desert grassland. Albuquerque: ESA Convention.

Laio F, Porporato A, Ridolfi L, et al. 2001. Plants in water-controlled ecosystems: active role in hydrologic processes and response to water stress: I. Scope and general outline. Advances in Water Resources., 24 (7): 707-723.

Lavorel S, Garnier E. 2002. Predicting changes in community composition and ecosystem functioning from plant traits: revisiting the Holy Grail. Functional Ecology, 16 (5): 545-556.

Lavorel S, Díaz S, Cornelissen J H C, et al. 2007. Plant functional types: are we getting any closer to the Holy Grail? //Ganadell J G, Pataki D E, Pitelka L F. Terrestrial Ecosystems in a Changing World. Berlin, Heidelberg: Springer-Verlag: 149-164.

Li L, McCormack M L, Ma C G, et al. 2015. Leaf economics and hydraulic traits are decoupled in five species-rich tropical-subtropical forests. Ecology Letters, 18 (9): 899-906.

Liu G F, Xie X F, Ye D, et al. 2013. Plant functional diversity and species diversity in the Mongolian steppe. PloS One, 8 (10): 77565.

Maestre F T, Quero J L, Gotelli N J, et al. 2012. Plant species richness and ecosystem multifunctionality in global drylands. Science, 335: 214-218.

Maharjan S K, Poorter L, Holmgren M, et al. 2011. Plant functional traits and the distribution of West African rain forest trees along the rainfall gradient. Biotropica, 43 (5): 552-561.

Maire V, Gross N, Börger L, et al. 2012. Habitat filtering and niche differentiation jointly explain species relative abundance within grassland communities along fertility and disturbance gradients. New Phytologist, 196: 497-509.

McGill B J, Enquist B J, Weiher E, et al. 2006. Rebuilding community ecology from functional traits. Trends in Ecology and Evolution, 21 (4): 178-185.

Moles A T, Perkins S E, Laffan S W, et al. 2014. Which is a better predictor of plant traits: temperature or precipitation? Journal of Vegetation Science, 25: 1167-1180.

Pérez-Harguindeguy N, Díaz S, Garnier E, et al. 2013. New handbook for standardised measurement of plant functional traits worldwide. Australian Journal of Botany, 61 (3): 167-234.

Ruiz-Sinoga J D, Martínez-Murillo J F, Gabarrón-Galeote M A, et al. 2011. The effects of soil moisture variability on the vegetation pattern in Mediterranean abandoned fields (Southern Spain). Catena, 85 (1): 1-11.

Singh J S, Milchunas D G, Lauenroth W K. 1998. Soil water dynamics and vegetation patterns in a semiarid grassland. Plant Ecology, 134: 77-89.

Šmilauer P, Lepš J. 2014. Multivariate Analysis of Ecological Data Using CANOCO 5. Cambridge: Cambridge University Press.

Spasojevic M J, Copeland S, Suding K N. 2014. Using functional diversity patterns to explore metacommunity dynamics: a framework for understanding local and regional influences on community structure. Ecography, 37: 939-949.

Suding K N, Lavorel S, Chapin F S, et al. 2008. Scaling environmental change through the community-level: a trait-based response-and-effect framework for plants. Global Change Biology, 14 (5): 1125-1140.

Thorne M A, Frank D A. 2009. The effects of clipping and soil moisture on leaf and root morphology and root respiration in two temperate and two tropical grasses. Plant Ecology, 200 (2): 205-215.

Tian M, Yu G R, He N P, et al. 2016. Leaf morphological and anatomical traits from tropical to temperate coniferous forests: mechanisms and influencing factors. Scientific Reports, 6: 19703.

Valencia E, Maestre F T, Le Bagousse-Pinguet Y, L, et al. 2015. Functional diversity enhances the resistance of ecosystem multifunctionality to aridity in Mediterranean drylands. The New Phytologist, 206 (2): 660-671.

Vendramini F, Díaz S, Gurvich D E, et al. 2002. Leaf traits as indicators of resource-use strategy in floras with succulent species. New Phytologist, 154 (1): 147-157.

Violle C, Navas M L, Vile D, et al. 2007. Let the concept of trait be functional! Oikos, 116: 882-892.

Wang C, Wang S, Fu B J, et al. 2017. Precipitation gradient determines the tradeoff between soil moisture and soil organic carbon, total nitrogen, and species richness in the Loess Plateau, China. Science of the Total Environment, 575: 1538.

Wang C, Wang S, Fu B, et al. 2016. Soil moisture variations with land use along the precipitation gradient in the north-south transect of the Loess Plateau. Land Degradation and Development, 28 (3): 926-935.

Wright I J, Reich P B, Cornelissen J H C, et al. 2005. Modulation of leaf economic traits and trait relationships by climate. Global Ecology and Biogeography, 14: 411-421.

Wright I J, Reich P B, Westoby M, et al. 2004. The worldwide leaf economics spectrum. Nature, 428 (6985): 821-827.

Yahdjian L, Sala O E. 2006. Vegetation structure constrains primary production response to water availability in the Patagonian steppe. Ecology, 87: 952-962.

Zheng S, Li W, Lan Z, et al. 2015. Functional trait responses to grazing are mediated by soil moisture and plant functional group identity. Scientific Reports, 5: srep18163.

Zhu H X, Fu B J, Wang S, et al. 2015. Reducing soil erosion by improving community functional diversity in semi-arid grasslands. Journal of Applied Ecology, 52 (4): 1063-1072.

第 10 章　整地措施对土壤水分和植被蒸腾的影响

水资源是制约旱区生态环境建设的主要因素，干旱半干旱生态系统降水量少且蒸发较强，土壤水分较少，所以水分是影响植物生长和发育的重要环境因子，在植被恢复与生态重建过程中发挥着关键作用。土壤水作为地表水、地下水与大气水之间相互转化的纽带，是进行退耕还林的决定性要素。土壤层充当水库的角色，能够保持水分并缓解植被应对较少的或是多变的降水（Monger et al.，2015；Cantón et al.，2004）。在黄土高原大规模植被恢复背景下，土壤水分影响种子库与种子萌发、植物生长发育、养分循环、生态系统生产力、水土流失与土壤侵蚀、小气候等诸多生态过程与功能（Austin et al.，2004；Bochet，2015；Potts et al.，2010；Deng et al.，2014；Chen et al.，2007a，2007b；Wang et al.，2015）。因此，要综合评价植被恢复引起的生态系统结构与功能变化，需重点从土壤水分变化入手，围绕水量平衡进行水文过程研究。

整地措施是指人类根据科学研究或改造自然的实际需要，有目的地对地表下垫面结构进行二次改造和整理，从而形成多样的微地形单元（卫伟等，2013）。坡面整地通过改变微地形，可以有效增加景观异质性并改变物质迁移路径。由于水土流失防治的核心是促进水分就地入渗，为了实现有限水分的持续利用，在植被恢复过程中，水平沟、鱼鳞坑和反坡台等整地方式被广泛应用，原始坡面自然景观在整地后形成了微地形与植被恢复耦合的新景观。微地形改造不仅仅作用于黄土高原，同时也作用于世界范围内的其他干旱半干旱生态系统类型区，但目前学者关于整地方式对水文过程的影响的相关结论并不一致。例如，李艳梅等（2006）发现，通过对下垫面进行改造，雨季和旱季时不同坡位土壤水分水平台较坡面高；穆兴民等（2001）发现，在同一降雨条件下，水平沟整地可有效延迟径流发生时间。诸多学者围绕植被恢复过程中土壤水分动态变化、植被生产力与土壤水分之间的关系、土壤侵蚀与林木蒸腾耗水等方面开展了多尺度研究（张建军等，2011；张雷明等，2002；姚雪玲等，2012；Chen et al.，2010；Zhang et al.，2014）。然而，围绕植被恢复过程中坡面整地和植被耦合的水文效应的相关报道较少。基于此，本章通过对流域内典型整地措施土壤水分特征进行定位监测，分析坡面整地和植被耦合作用下土壤水分的变化，为旱区植被恢复与生态保护提供科学依据。

土壤中的水分并不能全部被植被利用，只有直接被植物生长利用的部分才为有效水，而整地措施的主要功能就是充分利用降水资源维系植被生长。当植物体内基质势低于土壤基质势时，水分从土壤进入植物体，反之水分则保留在土壤中，植物无法利用。那么在开展整地措施进行植被恢复的背景下，是否能够提高植被对有效水的利用？而通过分析土壤水分特征曲线，对开展整地措施后植被有效水的体积质量与相同植被类型的自然坡面进行对比后，能够找到整地措施改良立地环境，维系植被生长的直接证据。土壤水分特征曲线是描述不同基质势下土壤可保留的水分含量的曲线，其不仅可以用于研究土壤水分有效性和供水体积质量的大小，还可以用于描述土壤水分能量和数量之间的关系，反映土壤水基质和土壤水含量的函数关系，对研究土壤水的滞留与运移有重要作用。

描述土壤水分特征曲线的经验公式较多，如 Brooks-Corey 模型（1964 年）、Gardner 模型（1970 年）、Campbell 模型（1974 年）及 van Genuchten 模型（1980 年）等，人们基于不同模型在诸多生态系统开展了土壤水动力学的相关研究，并通过对求解模型参数来分析参数的空间变异性（姚其华和邓银霞，1992）。受土壤自身理化性质的变化及外界因素的影响，土壤持水能力、水分的有效性及土壤的供水特性也会发生相应的改变。在黄土高原地区，诸多学者对不同土壤和不同土地利用方式下的土壤持水能力及供水能力进行了详细研究，揭示了影响土壤水分特性变异的主要因素（刘胜等，2005；李小刚等，1994；吴华山等，2005）。但围绕长时间开展整地措施与植被耦合条件下的土壤水分物理特性的相关报道较少。整地措施改变了下垫面特征，在改变径流路径的同时也影响着颗粒物的搬运和堆积，从而影响土壤结构的变化。本章采用配对实验的研究方法，通过实测土壤水分特征曲线，并与描述土壤水分特征曲线的经验模型相结合，在与自然坡面进行对照的基础上，探讨不同整地措施的土壤肥力，深入讨论不同整地措施与坡面之间水分差异的原因，从而评价整地措施在植被恢复过程中的积极作用，并为黄土高原开展整地和生态修复提供依据。

10.1　梯田和坡面土壤水效应对比

10.1.1　样地概况

梯田整地是广泛采用的工程措施之一，研究以配对实验方式选取两相邻的坡面样地与梯田样地作为实验样地，样地面积均为 100 m^2（10 m×10 m），如图 10-1 所示，两样地均位于中坡位，坡度为 20°，坡向朝北，并且两样地种植有具有相同林龄的油松树种（均为 1978 年种植），种植密度与植被盖度相似。植被参数详见表 10-1。

10.1.2　气象条件

坡面样地与梯田样地为两相邻样地，其自然天气条件相同，对 2014 ~ 2016 年连续三年生长季内（5 月 1 日至 10 月 10 日）的气象因子进行分析（图 10-2）可知，2014 年和 2015 年平均气温没有显著性差异，而 2016 年平均气温显著高于前两年，气温均值分别为 16.17℃、16.13℃和 17.35℃；太阳辐射分别为 193.95 W/m^2、201.91 W/m^{2}和 208.50 W/m^2，在三年间持续增加，但没有显著性差异；水汽压亏缺值变化趋势与太阳辐射相同，在三年间持续增加，并且 2016 年生长季的水汽压亏缺值与 2014 年具有显著性差异，分别为 0.64 kPa、

0. 68 kPa 和 0. 76 kPa；降雨量在三年内持续减少，从 2014 年的 299. 4 mm 下降到 2015 年的 213. 6 mm 和 2016 年的 206 mm，而对应时期的潜在蒸散量在三年间相对保持稳定，分别为 562. 26 mm、553. 43 mm 和 587. 79 mm。

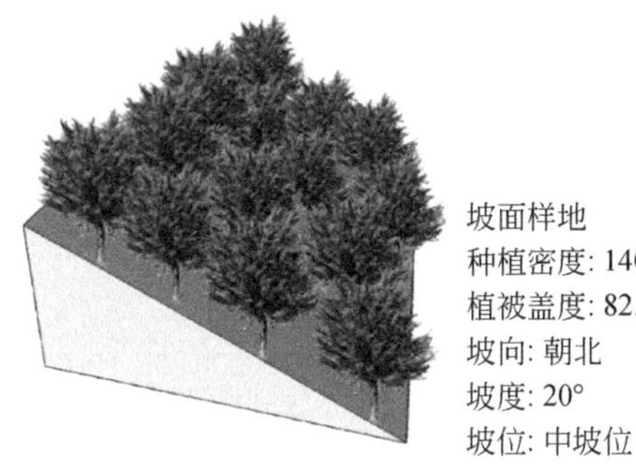

图 10-1　自然坡面样地与梯田样地示意图

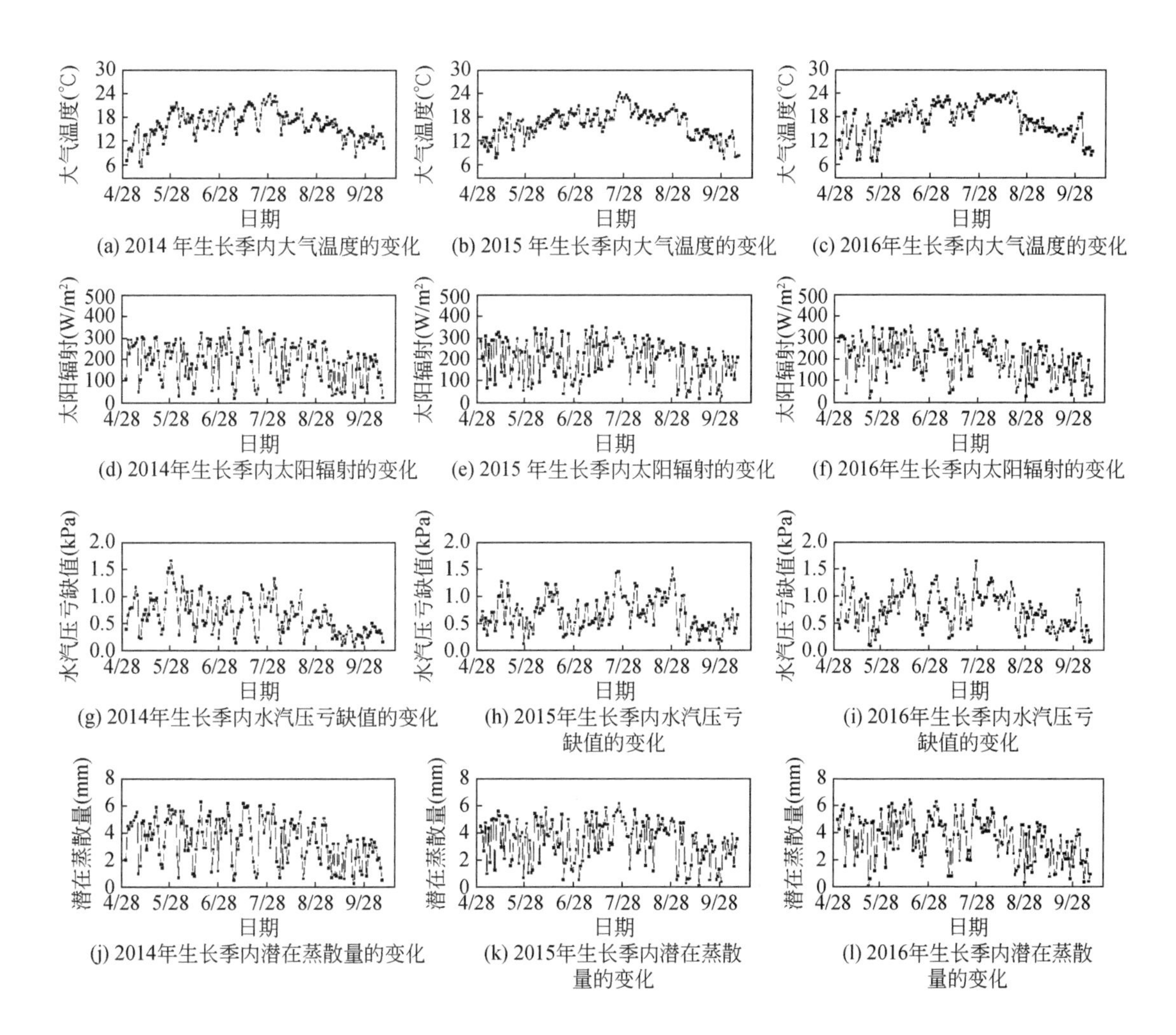

(a) 2014 年生长季内大气温度的变化　(b) 2015 年生长季内大气温度的变化　(c) 2016年生长季内大气温度的变化

(d) 2014年生长季内太阳辐射的变化　(e) 2015 年生长季内太阳辐射的变化　(f) 2016年生长季内太阳辐射的变化

(g) 2014年生长季内水汽压亏缺值的变化　(h) 2015年生长季内水汽压亏缺值的变化　(i) 2016年生长季内水汽压亏缺值的变化

(j) 2014年生长季内潜在蒸散量的变化　(k) 2015年生长季内潜在蒸散量的变化　(l) 2016年生长季内潜在蒸散量的变化

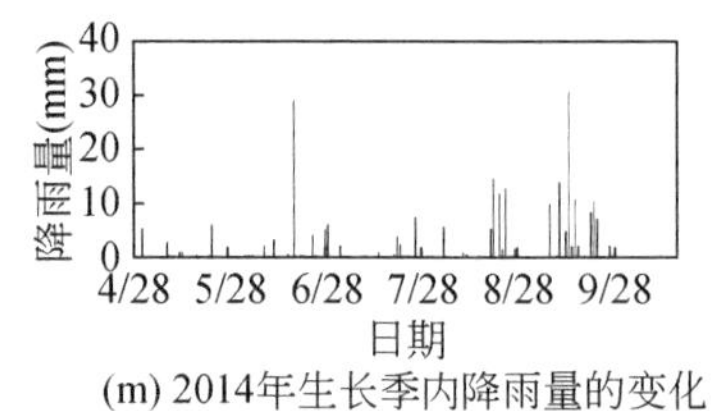

(m) 2014年生长季内降雨量的变化

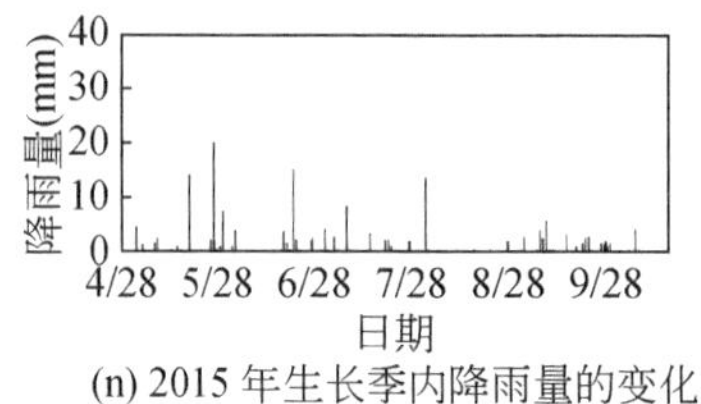

(n) 2015 年生长季内降雨量的变化

(o) 2016 年生长季内降雨量的变化

图 10-2　生长季内各气象因子的变化情况

表 10-1　植被参数

样地	胸径（cm）	边材面积（cm^2）	冠幅（m^2）	树高（m）
坡面样地	12.90a±3.66	99.09a±44.87	9.55a±3.56	6.84a±1.01
梯田样地	14.45a±2.40	117.74a±33.16	15.61b±5.11	6.94a±0.50

注：字母表示两样地之间各植被参数在 0.05 水平的差异显著性，相同字母表示差异不显著，不同字母表示差异显著

10.1.3　土壤水分时间动态

根据试验设计，将 0 ~ 100 cm 土壤深度分为 0 ~ 20 cm、20 ~ 40 cm、40 ~ 60 cm、60 ~ 80 cm 和 80 ~ 100 cm 五层。2014 ~ 2016 年，坡面样地和梯田样地各土层土壤含水量随时间动态变化如图 10-3 所示。在各生长季内，由于受降水补给作用的影响，浅层（0 ~ 40 cm）土壤含水量的水分波动较为明显，60 cm 以下土层土壤含水量变化缓慢，且以衰减趋势为主。此外，从图 10-3 可知，在 0 ~ 20 cm 土层，两样地土壤含水量对降雨的响应程度不同：坡面样地的土壤水分对降雨的响应更为明显，其波动幅度更大，从 2015 年和 2016 年的变化趋势可知，梯田样地土壤水分对降雨的响应滞后于坡面样地土壤水分对降雨的响应；在 20 ~ 40 cm 土层，梯田样地的土壤含水量对降水补给的响应时间亦滞后于坡面样地，且变化幅度较弱。与坡面样地相比，梯田由坡面和水平台地两部分组成，其水平台地有利于拦截顺坡而下的地表径流，改变水文路径，在一定程度上增加水分入渗，该过程相对比较缓慢（李艳梅等，2006），而同时，其水平台地增加了接收太阳辐射的水平面积，在一定程度上增加了地表水分的蒸发损失，因而梯田样地表层土壤含水量的降水响应变化较坡面样地缓慢。在 40 ~ 60 cm 土层，土壤含水量仍然能受到一定程度的降水影响，在较强降水影响下，其土壤水分会有一定程度的增加，但补给作用相对较弱，波动幅度较小。研究表明，在坡面尺度上，该地区的土壤含水量受降水影响的最大入渗深度一般在 40 cm 左右（Jian et al.，2014），即使在较强降雨及植物根系和树干茎流的共同作用下，其入渗深度也很难达到 60 cm 土层以下，因而 60 ~ 100 cm 土层的土壤含水量在生长季内主要受植被根系作用的影响，以衰减变化为主。

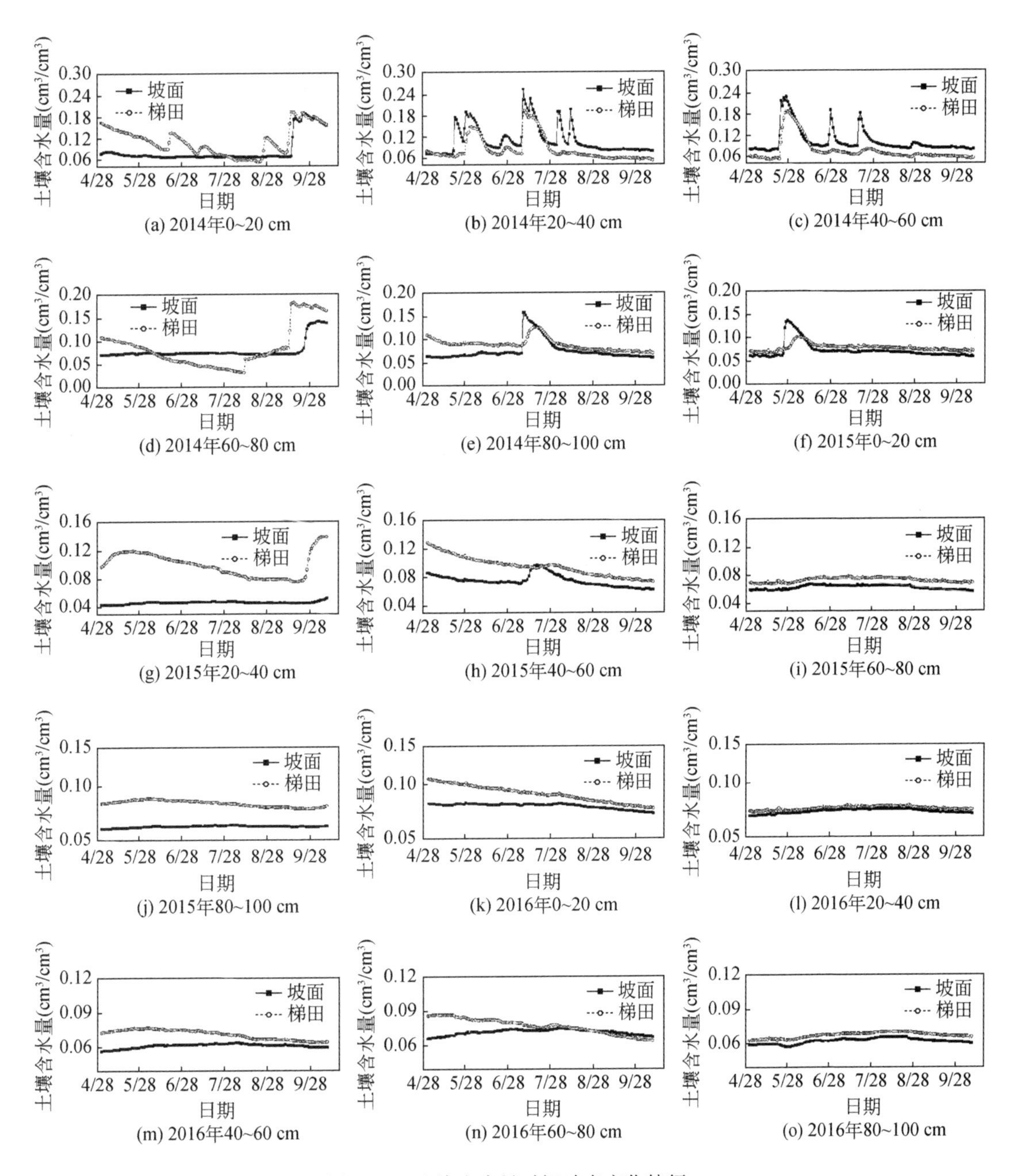

(a) 2014年0~20 cm (b) 2014年20~40 cm (c) 2014年40~60 cm (d) 2014年60~80 cm (e) 2014年80~100 cm (f) 2015年0~20 cm (g) 2015年20~40 cm (h) 2015年40~60 cm (i) 2015年60~80 cm (j) 2015年80~100 cm (k) 2016年0~20 cm (l) 2016年20~40 cm (m) 2016年40~60 cm (n) 2016年60~80 cm (o) 2016年80~100 cm

图 10-3 土壤含水量时间动态变化特征

对两样地各土层的平均土壤含水量进行分析可知，在 0 ~ 20 cm 土层，坡面样地和梯田样地的土壤含水量表现为：2014 年，梯田样地（11.13%）>坡面样地（8.37%）；2015 年，坡面样地（10.86%）>梯田样地（8.26%）；2016 年，坡面样地（10.12%）>梯田样地（7.49%），且都呈现出显著性差异（$p<0.05$）（表 10-2）。20 ~ 40 cm 土层，坡面样地

和梯田样地的土壤含水量表现为：2014 年，梯田样地（8.41%）>坡面样地（7.84%）；2015 年，梯田样地（8.78%）>坡面样地（7.50%）；2016 年，梯田样地（7.73%）>坡面样地（7.11%），该土层，两样地土壤含水量年际间差异显著（$p<0.05$），且在同一生长季，仅 2014 年无显著性差异，2015 年和 2016 年均表现出显著性差异（$p<0.05$）（表 10-2）。在 40～60 cm 土层，坡面样地和梯田样地的土壤含水量变化趋势在一定程度上受浅层土壤水分的影响，与 20～40 cm 土层的变化趋势较为相似（表 10-2），其土壤含水量整体表现为：梯田样地显著高于坡面样地，且年际间存在显著性差异（$p<0.05$）。2014～2016 年，该土层土壤含水量表现为：2014 年，梯田样地（9.94%）>坡面样地（4.57%）；2015 年，梯田样地（9.40%）>坡面样地（7.42%）；2016 年，梯田样地（7.26%）>坡面样地（6.25%）。在 60～80 cm 土层，坡面样地和梯田样地的土壤含水量变化趋势相同（表 10-2），梯田样地的土壤含水量均显著高于坡面样地（$p<0.05$）。2014～2016 年，该土层土壤含水量表现为：2014 年，梯田样地（7.64%）>坡面样地（4.47%）；2015 年，梯田样地（8.67%）>坡面样地（7.11%）；2016 年，梯田样地（6.58%）>坡面样地（6.18%）。在 80～100 cm 土层，坡面样地和梯田样地的土壤含水量变化趋势与 60～80 cm 土层相同，梯田样地的土壤含水量也均显著高于坡面样地（$p<0.05$）。2014～2016 年，该土层土壤含水量表现为：2014 年，梯田样地（7.06%）>坡面样地（6.08%）；2015 年，梯田样地（7.60%）>坡面样地（7.09%）；2016 年，梯田样地（6.68%）>坡面样地（6.18%）。此外，同一样地，不同土层深度的土壤含水量具有显著性差异，其变化趋势为随土层深度的增加而减少，2014～2016 年坡面样地各土层的平均土壤含水量分别为 9.78%、7.48%、6.08%、5.92% 和 6.45%，梯田样地的平均土壤含水量分别为 8.96%、8.31%、8.87%、7.63% 和 7.12%。

对比分析两样地土壤含水量的年际变化可知，在相同天气条件影响下，两样地各土层土壤含水量的年际变化趋势各异。在 0～20 cm 土层，坡面样地的土壤含水量年际变化趋势为先升后降，且 2015 年（10.86%）和 2016 年（10.12%）的土壤含水量显著高于 2014 年（8.37%），2015 年和 2016 年之间没有显著性差异。梯田样地在该土层的变化趋势与坡面样地不同，表现为持续减少：11.13%（2014 年）、8.26%（2015 年）和 7.49%（2016 年），并且 2014 年土壤含水量显著高于 2015 年和 2016 年。在 20～40 cm 土层，坡面样地平均土壤含水量逐年递减，分别为：7.84%（2014 年）、7.50%（2015 年）和 7.11%（2016 年）而梯田样地的土壤含水量呈现先增后减趋势：8.41%（2014 年）、8.78%（2015 年）和 7.73%（2016 年）。坡面样地在 40～60 cm 土层、60～80 cm 土层以及 80～100 cm 土层均呈先增后减趋势，分别为：4.57%、7.42%、6.25%（40～60 cm）；4.47%、7.11%、6.18%（60～80 cm）；6.08%、7.09%、6.18%（80～100 cm）。梯田样地 40～60 cm 土层的土壤含水量年际间持续减少，60～80 cm 和 80～100 cm 土层土壤含水量与坡面样地相同呈先增后减趋势，分别为：9.94%、9.40%、7.26%（40～60 cm）；7.64%、8.67%、6.58%（60～80 cm）；7.06%、7.60%、6.68%（80～100 cm）（表 10-2）。

表 10-2　坡面样地和梯田样地 2014 ~ 2016 年不同土层土壤含水量比较　（单位:%）

年份	样地	统计量	土层深度				
			0 ~ 20 cm	20 ~ 40 cm	40 ~ 60 cm	60 ~ 80 cm	80 ~ 100 cm
2014	坡面样地	平均值	8. 37a	7. 84ay	4. 57b	4. 47c	6. 08d
		标准差	3. 71	1. 92	0. 15	0. 10	0. 16
		最大值	19. 10	14. 13	5. 20	4. 85	6. 34
		最小值	6. 43	6. 93	4. 23	4. 43	5. 64
	梯田样地	平均值	11. 13e	8. 41agwx	9. 94f	7. 64g	7. 06h
		标准差	4. 00	4. 45	1. 74	0. 44	0. 44
		最大值	19. 21	18. 27	13. 83	8. 34	7. 65
		最小值	5. 15	3. 04	7. 50	6. 93	6. 33
2015	坡面样地	平均值	10. 86io	7. 50jkpy	7. 42j	7. 11k	7. 09k
		标准差	4. 03	2. 13	0. 86	0. 38	0. 23
		最大值	25. 33	15. 86	9. 61	7. 51	7. 46
		最小值	6. 92	5. 88	6. 12	6. 14	6. 56
	梯田样地	平均值	8. 26lnv	8. 78lw	9. 40 m	8. 67l	7. 60n
		标准差	3. 48	1. 34	1. 40	1. 11	0. 68
		最大值	19. 26	12. 55	12. 85	10. 67	8. 62
		最小值	5. 17	8. 87	7. 24	6. 78	6. 31
2016	坡面样地	平均值	10. 12o	7. 11p	6. 25q	6. 18q	6. 18q
		标准差	3. 45	1. 73	0. 31	0. 25	0. 23
		最大值	22. 79	13. 74	6. 71	6. 55	6. 54
		最小值	7. 44	5. 75	5. 63	5. 68	5. 68
	梯田样地	平均值	7. 49rsv	7. 73rx	7. 26s	6. 58t	6. 68u
		标准差	3. 13	0. 75	0. 32	0. 22	0. 24
		最大值	18. 83	10. 12	7. 83	7. 00	7. 01
		最小值	5. 11	6. 78	6. 76	6. 13	6. 22

注：字母表示不同样地之间土壤含水量在 0. 05 水平上的差异显著性，具有相同字母表示差异不显著，字母完全不同的表示差异显著

10. 1. 4　土壤水分垂直分布

坡面样地和梯田样地生长季初期和生长季末期土壤含水量的垂直分布如图 10-4 所示。可知，两样地的土壤含水量在垂直方向上整体变化趋势相同，均随土层深度增加而减少，而在 20 ~ 40 cm 以及 40 ~ 60 cm 土层的土壤水分变化趋势略有不同，梯田样地在该土层间的土壤水分变化以增加土壤含水量为主，而坡面样地以土壤含水量的持续减少为主。且对比生长季初期和生长季末期梯田样地与坡面样地的平均土壤含水量可知，梯田样地的土壤

含水量基本均高于坡面样地：生长季初期，梯田样地各土层的土壤含水量分别比坡面样地高：117.53%、55.63%、128.76%、73.75%、28.08%（2014 年），9.97%、70.87%、49.82%、42.35%、30.07%（2015 年），-26.46%、16.54%、16.19%、9.76%、6.50%（2016 年）；生长季末期，梯田样地与坡面样地各土层的土壤含水量差异为：2.28%、18.85%、165.79%、55.61%、7.27%（2014 年），-32.41%、16.80%、18.36%、10.46%、-5.31%（2015 年），-31.37%、21.47%、22.35%、8.69%、9.53%（2016 年）。表层（0～20 cm）土壤含水量受自然条件影响明显，其变幅差异较大，2014 年降水丰富，辐射强度较弱，梯田样地台面的集蓄作用明显，且蒸发损失较少，其土壤含水量明显高于坡面样地，而 2015 年和 2016 年，随着降水量的减少，辐射强度和气温的增加，梯田样地与坡面样地之间表层土壤含水量的差异减小，且出现低于坡面样地土壤含水量的情况（2016 年）。梯田样地对降水的集蓄作用主要通过延长降水停留时间、增加水分入渗等体现，其作用层主要为表层以下的降水所能达到的土壤水分入渗层（Stavi et al.，2015）。从图 10-4 中亦可看出，在 20～40 cm 及 40～60 cm 土层，梯田样地的土壤含水量明显高于坡面样地，梯田样地在垂直方向上有利于土壤水分的入渗与集蓄，同时也在一定程度上增加了 60～80 cm 和 80～100 cm 土层的土壤含水量。

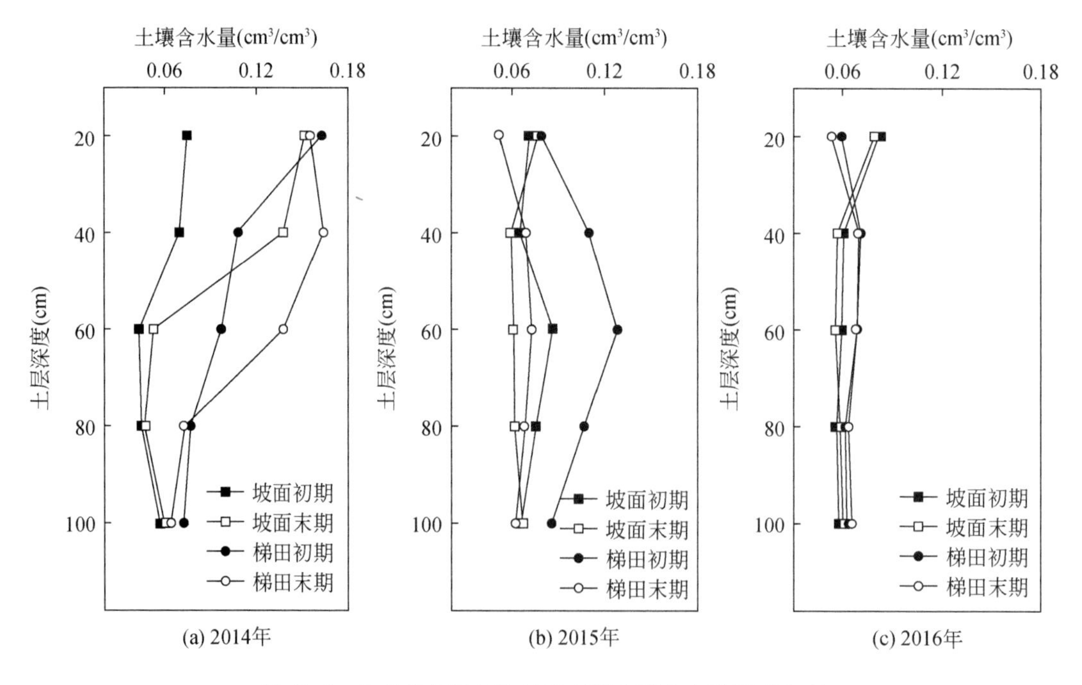

图 10-4　生长季初期与生长季末期土壤含水量垂直分布

10.1.5　工程措施对干旱胁迫的缓解

鉴于表层土壤（0～20 cm）含水量受降水影响明显，对平均土壤含水量的影响显著，年际间波动较大，本节特以 20 ~ 100 cm 土层土壤含水量为重点，研究梯田整地对土壤干旱胁迫的缓解作用。如图 10-5 所示，两样地相对可提取水（REW）数值均在 0 ~ 0. 4，处于受干旱胁迫状态。从图 10-5 亦可知，梯田样地的 REW 数值明显高于坡面样地，梯田在一定程度上缓解了样地土壤干旱胁迫状况，根据 Bréda 等（2006）对土壤水分胁迫状况的划分依据可知，坡面样地基本处于极端干旱状况（REW<0. 1），而梯田样地处于中度干旱状况（0. 1<REW<0. 4）。

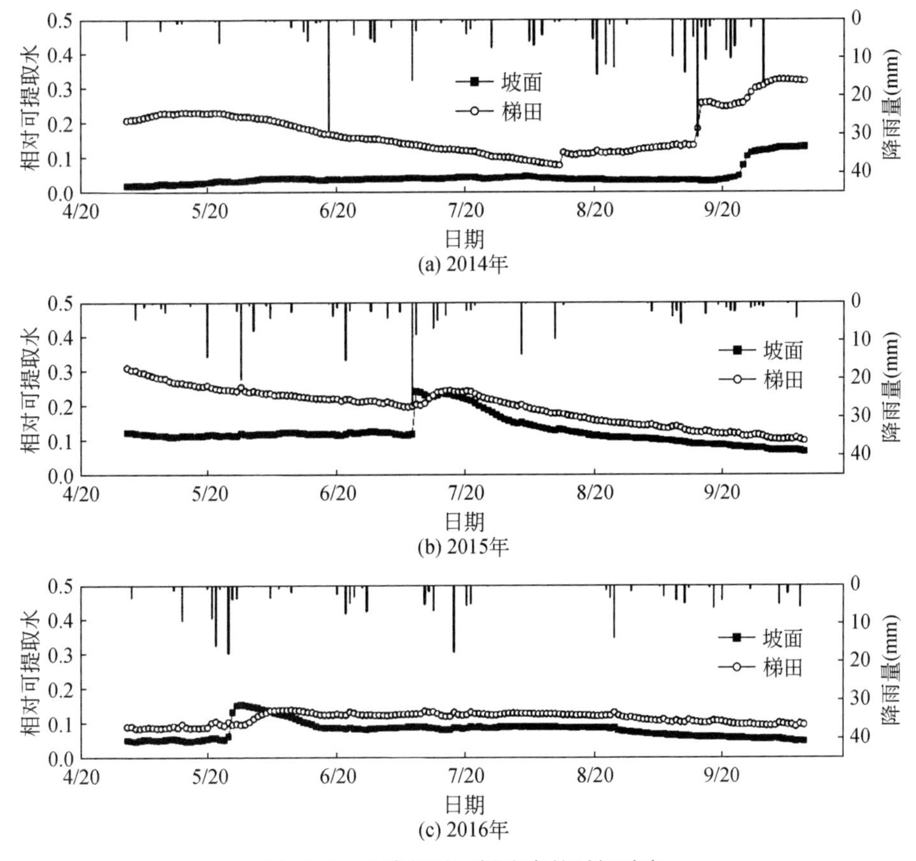

图 10-5　土壤相对可提取水的时间动态

2014 年坡面样地和梯田样地的 REW 的变幅范围分别为 0. 02 ~ 0. 13、0. 08 ~ 0. 32，生长季内两样地的 REW 均值分别为 0. 04 和 0. 17；2015 年坡面样地和梯田样地的 REW 的变幅范围分别为 0. 06 ~ 0. 24、0. 1 ~ 0. 31，生长季内两样地的 REW 均值分别为 0. 12 和 0. 19；2016 年坡面样地和梯田样地的 REW 的变幅范围分别为 0. 04 ~ 0. 15、0. 08 ~ 0. 14，生长季内两样地的 REW 均值分别为 0. 08 和 0. 11。2014 ~ 2016 年生长季，梯田样地 REW 分别比坡面样地高 325%、58. 3% 和 37. 5%。在降雨丰富的年份（2014 年），梯田样地对土壤干旱胁迫的缓解作用更为明显，随着干旱程度的增加（降水量的减少），其缓解作用略有下降。降水丰富的年份（2014 年），降落地表的雨水更利于在梯田台面汇聚、入渗补给土壤含水量，与此同时，在阴雨天气影响下亦可减小蒸发损失和蒸腾动力，利于增加土壤含水量，缓解干旱胁迫，而坡面样地则不同，连绵降落地表的降雨更易汇聚成流，进而顺坡而下形成地表径流（Li et al., 2012b），其降水的入渗补给作用较弱，因而与梯田样地的土壤含水量之间差异显著，梯田的干旱缓解作用亦更为明显。在降水贫乏的年份（2015 年和 2016 年），降水以小降雨及短历时降雨为主，雨水降落地表后极易蒸发损失，且梯田台面接受太阳辐射的面积更大，更利于水分的蒸发，其入渗补给作用减弱。此外，在植被冠层截留等的影响下，梯田台面亦大大减少了降落地表的降雨量，两样地之间的土壤水分差异随之缩小。

10.2 典型整地方式下的土壤水分变化特征

10.2.1 生长季降水特征

流域内 2014 ~2015 年生长季（5 月 1 日至 10 月 31 日）降水量分布情况如图 10-6 所示。2014 年生长季共记录降水事件 40 次，总降水量达 501.6 mm，其中最小降水量为 0.20 mm，最大降水量为 25.8 mm。7 ~9 月降水量为 331.4 mm，占生长季总降水量的 66.1%。在 40 次降水事件中，降水量大于 20 mm 的降水事件有 4 次，占生长季总降水量的 41.4%，分别发生于 6 月 28 日、7 月 8 日、8 月 21 日和 8 月 23 日；降水量介于 5 ~20 mm 的降水事件有 13 次，占生长季总降水量的 40.1%；降水量小于 5 mm 的事件有 23 次，占生长季总降水量的 18.5%。2015 年生长季降水量为 320.8 mm，生长季内降水量较 2014 年低，雨量计共记录降水事件 60 余次，其中降水量大于 20 mm 的降水事件共 4 次，分别发生于 5 月 20 日、5 月 28 日、7 月 8 日、7 月 13 日和 8 月 3 日，占生长季总降水量的 32.4%。流域内降雨以中到大雨为主，主要集中在 6 ~9 月。结合流域多年平均降水量（386 mm）进行判断，2014 年为流域降水的丰水年，2015 年为平水年。

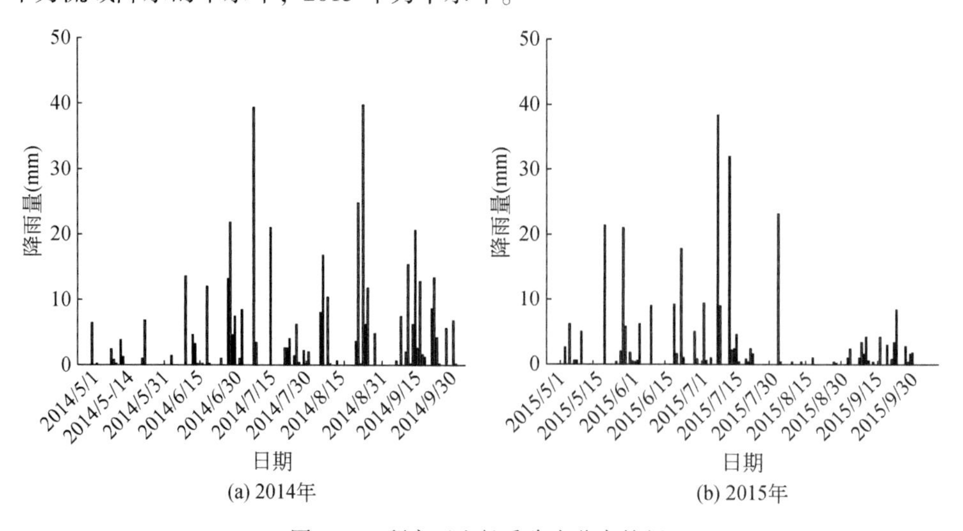

图 10-6　研究区生长季降水分布特征

10.2.2 土壤水分逐月变化

2014～2015 年生长季的定位监测结果显示，不同整地措施的土壤水分动态变化与降水量关系密切（图 10-7 和图 10-8），以 2014 年 7 月水分变化为例，0～20 cm 柠条水平阶和侧柏鱼鳞坑在该月份的水分变化较为剧烈，而油松反坡台和油松鱼鳞坑水分变化受降水干扰较小。同时侧柏反坡台与山杏水平沟的剖面水分变化较为接近。虽然柠条水平阶在 7～8 月 0～20 cm 水分变化较为剧烈，综合该月份各整地方式的水分含量，仅油松反坡台的水分含量显著低于其他整地措施（$p<0.05$），这说明不同整地方式土壤水分对次降水事件的响应不同。2014～2015 年生长季的水分逐月监测结果（表 10-3）可知，不同月份各整地措施之间土壤水分含量差异显著（$p<0.05$），具体来说，5 月山杏水平沟土壤水分含量显著高于其他整地措施（$p<0.05$），虽然侧柏反坡台和侧柏鱼鳞坑土壤水分含量无显著差异（$p>0.05$），但两者显著高于油松反坡台、油松鱼鳞坑和柠条水平阶（$p<0.05$）。6 月，油松反坡台与油松鱼鳞坑之间土壤水分含量无显著差异（$p>0.05$），但是两者显著低于山杏水平沟（$p<0.05$），同时油松鱼鳞坑与柠条水平阶之间亦无显著差异（$p>0.05$）。7 月，

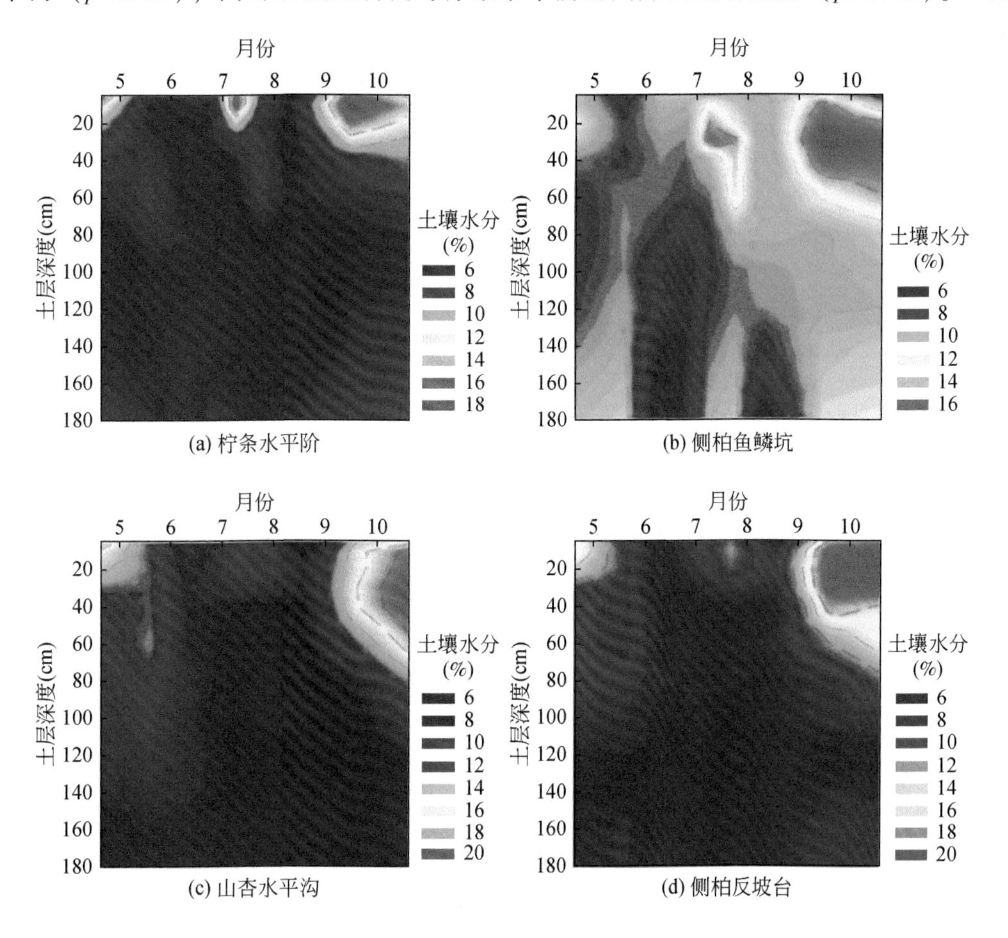

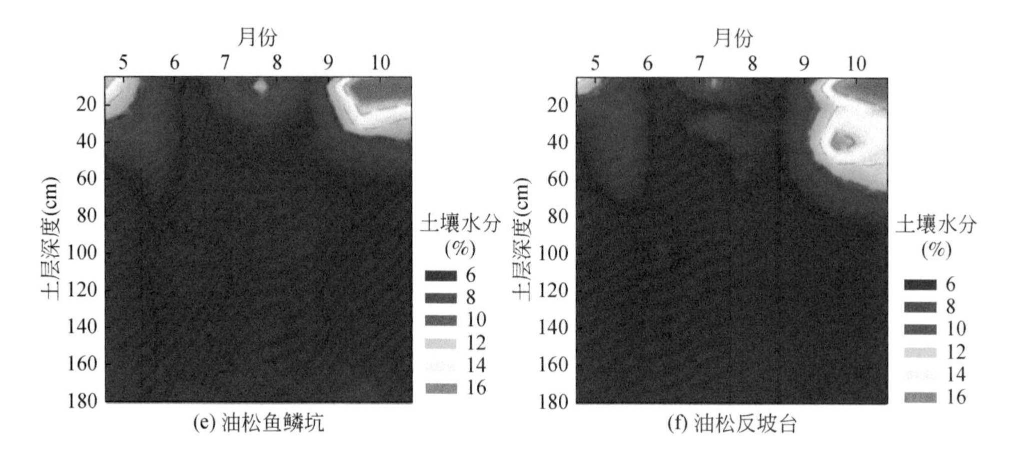

(e) 油松鱼鳞坑

(f) 油松反坡台

图 10-7　2014 年生长季不同整地措施土壤水分逐月变化

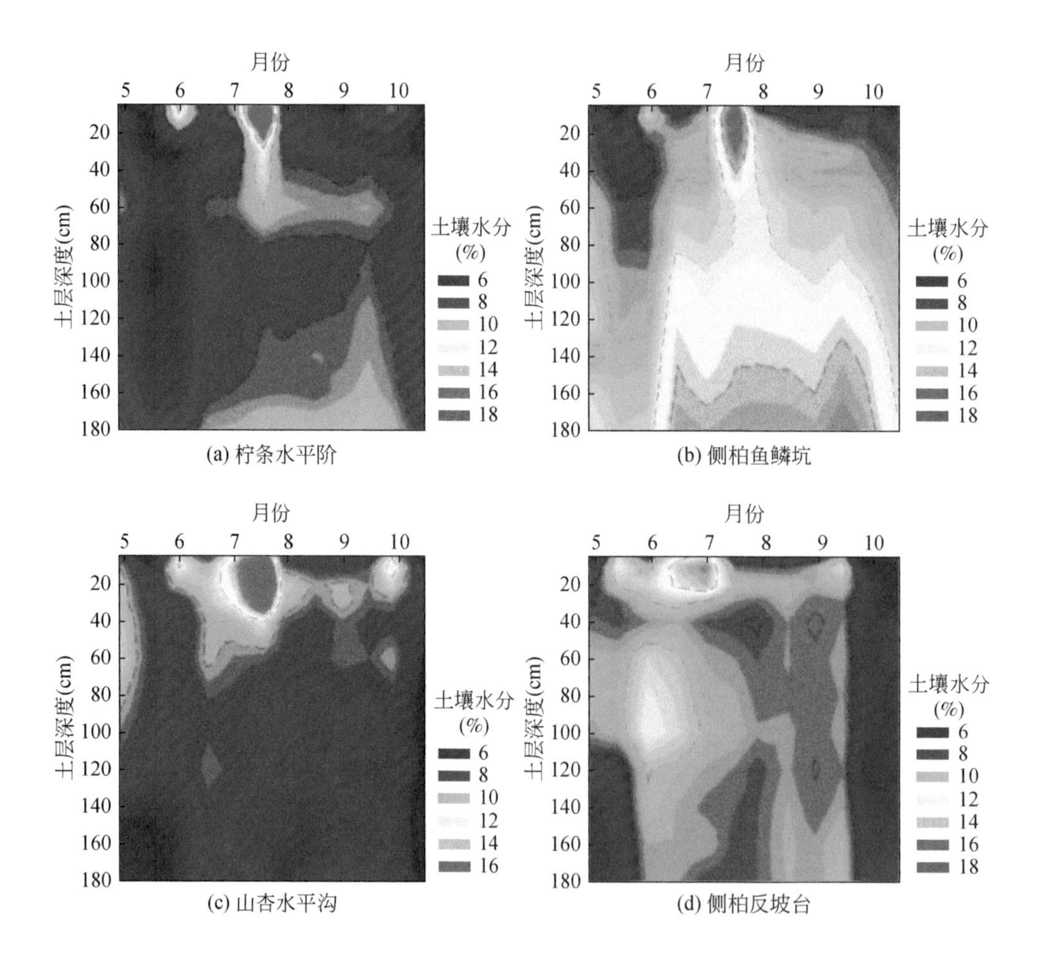

(a) 柠条水平阶

(b) 侧柏鱼鳞坑

(c) 山杏水平沟

(d) 侧柏反坡台

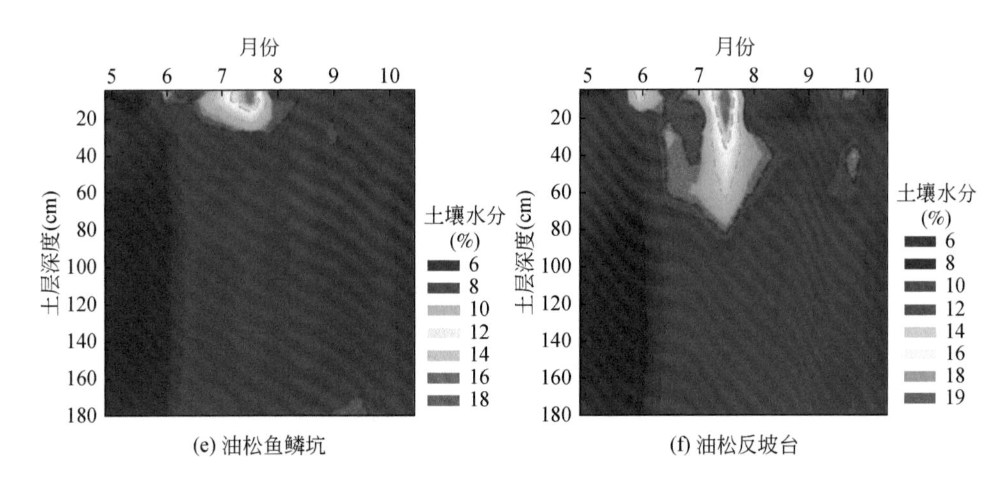

图 10-8　2015 年生长季不同整地措施土壤水分逐月变化

表 10-3　2014～2015 年生长季不同整地措施土壤水分逐月变化　　（单位:%）

时间	柠条水平阶	侧柏鱼鳞坑	山杏水平沟	侧柏反坡台	油松鱼鳞坑	油松反坡台
5 月	7.28±1.10 Cc	8.95±1.92 Bd	10.52±2.49 Aab	9.02±1.49 Bc	6.89±1.16 Cc	6.77±1.20 Cb
6 月	7.41±1.19 Cc	8.91±1.25 Bd	9.47±1.40 Abc	8.68±1.00 Bc	6.99±0.74 CDc	6.88±0.76 Db
7 月	9.70±2.76 BCab	11.84±2.41 Aa	10.78±2.72 ABa	10.11±2.07 Bb	8.65±2.16 CDb	8.40±2.35 Da
8 月	7.71±1.07 Cc	10.03±2.15 Ac	8.89±1.41 Bc	8.65±1.02 Bc	7.58±0.95 Cc	6.93±1.20 Db
9 月	9.92±1.90 BCa	11.72±1.91 Aab	10.96±2.30 ABa	11.43±2.74 Aa	9.53±2.16 Ca	8.97±2.41 Ca
10 月	9.06±1.50 Bb	10.77±2.53 Abc	11.71±3.35 Aa	11.31±2.83 Aa	8.61±2.26 Bb	8.97±2.82 Ba
5～10 月	8.51±1.19BC	10.37± 1.30A	10.39±1.03 A	9.87±1.28 AB	8.04±1.05 C	7.82±1.07 C

注：不同大写字母表示同一月份不同整地措施之间水分差异显著（$p<0.05$），不同小写字母表示同一整地措施不同月份之间差异显著（$p<0.05$）

侧柏鱼鳞坑与山杏水平沟之间土壤水分含量无显著差异（$p>0.05$），但两者显著高于油松鱼鳞坑和油松反坡台（$p<0.05$）。8 月，油松反坡台土壤水分含量显著低于其他整地措施（$p<0.05$），侧柏鱼鳞坑土壤水分含量显著高于其他整地措施（$p<0.05$）。9 月，油松鱼鳞坑和油松反坡台之间土壤水分含量无显著差异（$p>0.05$），但显著低于其他整地措施（$p<0.05$）。10 月，油松鱼鳞坑、油松反坡台与柠条水平阶土壤水分含量显著低于其他三种整地措施（$p<0.05$）。综合对比不同整地措施生长季土壤水分含量，具体表现为山杏水平沟>侧柏鱼鳞坑>侧柏反坡台>柠条水平阶>油松鱼鳞坑>油松反坡台。

10.2.3　土壤水分垂直变化

同一深度不同整地措施间土壤水分差异显著，且不同深度之间表现不同（表 10-4）。0～5 cm 土层，侧柏鱼鳞坑土壤水分含量显著低于山杏水平沟，而与其他整地措施无显著差异（$p>0.05$）。5～10 cm 土层，侧柏鱼鳞坑和油松反坡台显著低于山杏水平沟和侧柏反坡台（$p<0.05$），而两者之间水分无显著差异（$p>0.05$）。10～20 cm 土层，山杏水平沟水分含量显著高于油松反坡台、侧柏鱼鳞坑、油松鱼鳞坑、柠条水平阶（$p<0.05$），而油松反坡台、油松鱼鳞坑、侧柏鱼鳞坑和柠条水平阶之间无显著差异（$p>0.05$）。在 20～30 cm 土层，山杏水平沟、侧柏鱼鳞坑与侧柏反坡台之间无显著差异（$p>0.05$），但显著高于其他三种整地措施（$p<0.05$）。30～40 cm 土层土壤水分含量分异与 20～30 cm 土层相似。40～60 cm 土层，柠条水平阶与油松反坡台无显著差异（$p>0.05$），但显著低于侧柏鱼鳞坑、山杏水平阶、侧柏反坡台（$p<0.05$）。60～80 cm 土层土壤水分含量差异与 20～30 cm 土层一致。80～100 cm 土层，侧柏鱼鳞坑土壤水分含量显著高于其他整地措施（$p<0.05$）。100 cm 土层以下，侧柏鱼鳞坑水分含量显著高于其他整地措施（$p<0.05$）。不同整地措施深层土壤水分含量差异显著，在 140 cm 土层以下，侧柏鱼鳞坑水分含量显著高于侧柏反坡台，油松鱼鳞坑水分含量也显著高于油松反坡台。

表 10-4　2014～2015 年生长季不同整地措施土壤水分垂直变化

深度（cm）	柠条水平阶（%）	侧柏鱼鳞坑（%）	山杏水平沟（%）	侧柏反坡台（%）	油松鱼鳞坑（%）	油松反坡台（%）
0～5	9.83±3.32 ABab	8.01±2.48 Bb	10.89±2.36 Acd	10.17±2.86 ABcd	9.48±2.60 ABab	9.10±2.90 ABa
5～10	10.39±3.19 ABa	9.63±2.44 Ba	12.25±2.76 Aabc	11.77±3.05 Aab	10.52±2.83 ABa	9.62±2.99 Ba
10～20	9.03±2.27 CDbc	10.50±2.21 BCa	12.73±2.73 Aa	12.09±2.84 ABa	9.31±2.24 CDb	8.57±2.68 Da
20～30	8.41±1.79 Bcde	11.07±2.48 Aa	12.41±2.36 Aab	11.20±2.80 Aabc	8.56±2.04 Bbc	9.18±2.15 Ba
30～40	8.64±1.55 Cbcde	10.53±3.01 ABa	11.68±2.36 Aabc	10.40±2.30 ABbcd	8.18±1.57 Ccd	9.19±1.95 BCa
40～60	8.65±1.14 Bbcde	10.63±3.02 Aa	11.04±2.07 Abcd	10.39±1.38 Abcd	7.17±0.91 Cde	8.33±1.36 BCa
60～80	7.66±0.82 Bcde	10.21±2.19 Aa	9.78±1.73 Ade	9.67±0.74 Ade	6.90±0.82 Be	6.78±0.75 Bb
80～100	7.35±1.22 Ce	10.22±1.82 Aa	9.28±1.75 Bef	9.26±0.41 Bde	7.24±0.84 CDde	6.47±0.86 Db
100～120	7.56±1.16 CDde	10.60±1.50 Aa	9.33±1.50 Bef	8.33±1.11 Ce	7.22±0.80 DEde	6.46±1.10 Eb
120～140	7.62±1.03 CDde	10.79±1.58 Aa	8.57±1.58 Bef	8.36±0.93 BCe	7.14±0.84DEde	6.45±0.95 Eb
140～160	8.07±0.96 Bcde	11.03±1.20 Aa	8.21±1.20 Bf	8.48±0.96 Be	7.30±0.81 Cde	6.71±0.76 Db
160～180	8.93±1.18 Bbcd	10.21±1.31 Aa	8.44±1.31 Bef	8.29±1.01 BCe	7.51±0.82 Ccde	6.97±1.03 Db

注：不同大写字母表示同一土层深度不同整地措施之间水分差异显著（$p<0.05$），不同小写字母表示同一整地措施不同土层深度之间差异显著（$p<0.05$）

为了能够更加直观地理解不同整地方式土壤水分的垂直变化特征，采用有序分类法中的最优分割法，将土壤水分变化层次根据深度进行排序，采用标准差（S）和变异系数（cv）为指标，按土壤水分含量进行聚类，进而确定土壤水分的垂直变化层次。如图 10-9 所示，将不同整地方式 180 cm 以内土壤水分的垂直变化划分为三个层次，即活跃层、次活跃层与相对稳定层。不同整地方式土壤水分层次划分结果不同，柠条水平阶水分活跃层为 0～40 cm（S 介于 1.79～3.32，cv 介于 21.3%～35.4%），次活跃层为 40～60 cm（S 介于 1.24～1.55，cv 介于 13.2%～18.0%），相对稳定层为 60～180 cm（S 介于 0.82～1.22，cv 介于 10.7%～15.3%）；侧柏鱼鳞坑水分活跃层为 0～10 cm（S 介于 2.44～2.48，cv 介于 25.3%～31.0%），次活跃层为 10～30 cm（S 介于 2.21～2.44，cv 介于 21.0%～

22.4%)，相对稳定层为 30~180 cm（S 介于 1.31~2.19，cv 介于 10.9%~21.4%）；山杏水平沟水分活跃层为 0~60 cm（S 介于 2.07~2.76，cv 介于 18.8%~22.5%），次活跃层为 60~100 cm（S 介于 1.73~1.75，cv 介于 17.7%~20.1%），相对稳定层为 100~180 cm（S 介于 1.20~1.58，cv 介于 14.6%~16.1%）；侧柏反坡台水分活跃层为 0~30 cm（S 介于 2.80~3.05，cv 介于 23.4%~28.1%），次活跃层为 30~60 cm（S 介于 1.38~2.30，cv 介于 13.3%~22.1%），相对稳定层为 60~180 cm（S 介于 0.41~1.11，cv 介于 4.42%~13.3%）；油松鱼鳞坑水分活跃层为 0~20 cm（S 介于 2.24~2.83，cv 介于 24.0%~27.4%），次活跃层为 20~40 cm（S 介于 0.91~2.04，cv 介于 12.7%~23.8%），相对稳定层为 40~180 cm（S 介于 0.80~0.84，cv 介于 10.9%~11.8%）；油松反坡台水分活跃层为 0~40 cm（S 介于 2.15~2.99，cv 介于 23.4%~31.9%），次活跃层为 40~60 cm（S 介于 1.36~1.95，cv 介于 16.3%~21.2%），相对稳定层为 60~180 cm（S 介于 0.75~1.10，cv 介于 11.3%~17.0%）。山杏水平沟水分活跃层与次活跃层为 0~100 cm，深度均大于其他整地措施。

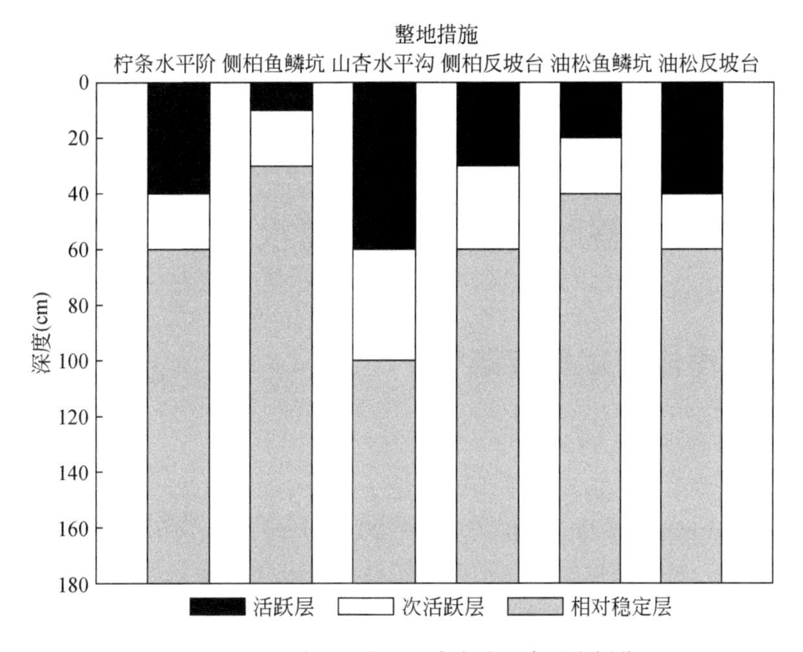

图 10-9　不同整地措施土壤水分垂直层次划分

10.2.4　整地措施与植被类型对土壤水分的影响

将整地措施与植被类型作为解释变量，将土壤水分作为响应变量，分别建立两个矩阵，采用冗余分析判别整地措施和植被类型对水分的影响。结果如图 10-10 所示，整地措施对 0~20 cm 及 20~40 cm 土壤水分的影响大于植被类型，而植被类型对 40~100 cm 土壤水分的影响大于整地措施。总体来看，40 cm 是研究区内整地措施与植被类型对土壤水分影响的边界深度，整地措施对 40 ~ 100 cm 土壤水分变化起主导作用，而植被是影响 0 ~ 40 cm 土壤水分变化的主导因素。

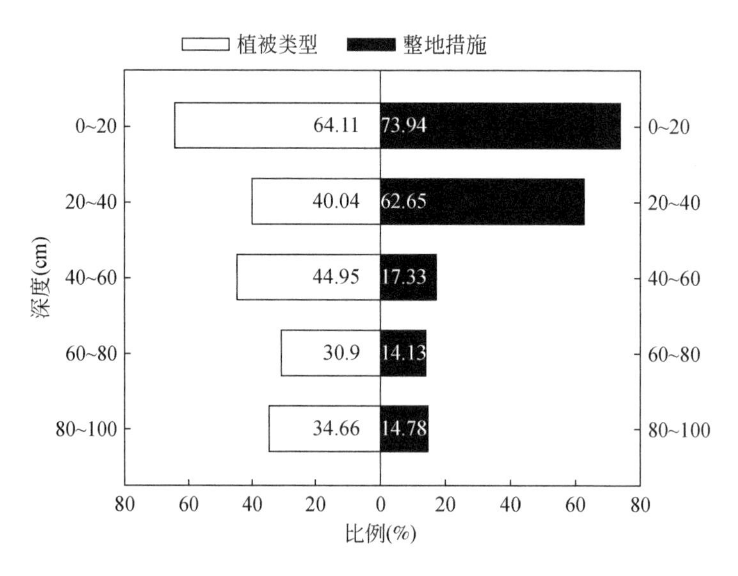

图 10-10　整地措施和植被类型对不同深度土壤水分变化的解释

10.3　整地措施下的土壤水分特征曲线

10.3.1　研究手段与定量方法

（1）土壤水分特征曲线测定

生长季，在每个采样点选地势平坦处，挖 2 m 长、1.5 m 宽、1 m 深的剖面，采用小土铲、容重环刀、1 cm 小环刀，按 0 ~ 20 cm、20 ~ 40 cm、40 ~ 60 cm 和 60 ~ 80 cm 分层取样，每层重复 3 次，将样品带回实验室内采用沙箱法和压力膜法测定土壤水分特征曲线，其中，沙箱测定范围为 0 ~ 80 cm 水柱，压力膜法可测定 0.1 ~ 15 Bar（达到萎蔫系数）下的土壤水情况。

内业实验先将装有土样的环刀放置沙箱中，打开给水瓶开关，使水慢慢上升至环刀高度一半，关掉给水瓶水阀，保持水面高度并静置 24 h，直至土样饱和，然后由低到高调节压力水头，测完基质势为-80 cm 时将环刀取出。然后将环刀土置于压力板上，进行 24 h 饱和后放入压力锅中由低压到高压依次进行脱水测试，每次加压后至水不再流出时即达到平衡。平衡后取出土样，迅速称重，再将土样重新装入压力室内。重复上述过程，直至最后一个压力，取出土样后用烘干法测其土壤含水量，通过计算得到土壤体积含水量与土壤基质势的关系。

（2）三种重要的模型选取

Brook-Corey 模型、Gardner 模型和 van Genuchten 模型是国内外学者较常使用且拟合效果较好的土壤水分特征曲线模型，三种模型均可通过多元非线性回归的方式求解参数值。模型的表现形式如下。

Brook-Corey 模型：$\frac{\theta-\theta_r}{\theta_s-\theta_r}=\left(\frac{h_d}{h}\right)^N$

Gardner 模型：$h=a\theta^{-b}$

van Genuchten 模型：$\frac{\theta-\theta_r}{\theta_s-\theta_r}=\left(\frac{1}{1+(\alpha h)^n}\right)^m \quad m=1-1/n$

式中，θ 为土壤容积含水率（%）；θ_r为滞留含水率（%）；θ_s为饱和含水率（%）；h 为土壤水吸力（MPa）；h_d为土壤进气吸力（MPa）；a、b、N、α、n、m 为拟合参数。

（3）典型整地措施持水性能评价

采用比水容量指标法进行整地措施持水性能的评价，比水容量即土壤水分特征曲线的斜率，可以用来定量评价土壤持水能力，是衡量土壤水分对植物的有效性和反映土壤持水性能的一个重要指标。通过土壤水分特征曲线的斜率可得土壤中有多少水分是可以释放并且被植物所吸收，一般来讲，比水容量随土壤吸力的增大而减小，因为较大水吸力条件下水量排除速度较快，所以在不同水力梯度条件下的比水容量是重要的土壤耐旱性指标。由模拟公式可知，比水容量的方程是对 van Genuchten 模型以土壤水吸力为自变量求导后的斜率值，所以根据各曲线的拟合方程，比水容量方程可表示为

$$C(h)=\frac{\mathrm{d}\theta}{\mathrm{d}h}=\frac{(\theta_s-\theta_r)mn\alpha|\alpha h|^{n-1}}{(1+|\alpha h|^n)^{m+1}}$$

（4）数据处理与分析方法

结合流域内的整地措施建设情况，本部分以油松鱼鳞坑和油松反坡台两种整地措施为研究对象，结合之前介绍的小区布设情况，选择侧柏鱼鳞坑、侧柏反坡台、油松鱼鳞坑和油松反坡台及各自对照小区进行土壤水分特征曲线的测定，并根据所选模型进行参数拟合。同时利用 RETC 程序并结合不同整地措施的土壤机械组成和土壤容重来对比分析典型整地措施与自然坡面的饱和导水率。

10.3.2 土壤水分特征曲线

（1）特征曲线模拟

根据实测的土壤水分含量，分别使用三种土壤水分特征曲线模型对油松和侧柏不同整地措施土壤水分特征曲线进行参数拟合，得到每个模型参数的模拟值及判别系数（表 10-5），根据不同模型的拟合结果，可知不同整地措施不同土壤深度，各模型的拟合结果并不一致。由表 10-5 可知，对于油松鱼鳞坑来说，van Genuchten 模型在 0 ~ 20 cm、20 ~ 40 cm 和 40 ~ 60 cm 深度的模拟精度较好，判别系数分别为 0.950、0.927 和 0.898，Gardner 模型对 60 ~ 80 cm 深度的模拟精度高于其他两组模型；对油松反坡台来说，Gardner 模型对 40 ~ 60 cm 的模拟精度高于其他两组模型，除 40 ~ 60 cm 外，van Genuchten 模型的模拟精度均高于 0.900；对侧柏鱼鳞坑来说，Brooks-Corey 模型和 Gardne 模型对 60 ~ 80 cm 深度的拟

合结果较差；对侧柏反坡台而言，van Genuchten 模型的拟合精度均大于等于 0.900。由此可知，三种模型均能够很好地拟合不同整地措施土壤水分特征曲线，且在不同土壤深度，模型的拟合结果不同。结合对照小区的模拟结果对比不同水吸力下的土壤含水量结果，油松鱼鳞坑与油松反坡台均高于对照小区，同时侧柏鱼鳞坑与侧柏反坡台同样高于对照小区，且同一整地措施表层土壤高于深层土壤。此外，通过重点对相同植被类型不同整地措施实测值与模型模拟的拟合结果进行比较，具体反映在曲线上可表现为低水吸力条件下曲线比较陡直，在中高水吸力条件下曲线渐趋平缓。与自然坡面相比，在开展整地措施后，鱼鳞坑和反坡台两种整地措施均有较好的保水功能，整地措施主要通过影响土壤表层结构从而影响土壤水分含量，而深层土壤水分含量受整地措施的影响较小。

表 10-5　典型整地措施对应土壤水分特征曲线模型参数

整地措施	土壤深度 (cm)	Brooks-Corey 模型			Gardner 模型			van Genuchten 模型			
		h_d	N	R^2	a	b	R^2	α	n	m	R^2
油松鱼鳞坑	0 ~ 20	0.167	0.238	0.902	0.003	3.792	0.872	1.902	1.283	0.221	0.950
	20 ~ 40	0.135	0.216	0.882	0.001	4.088	0.846	2.013	1.248	0.199	0.927
	40 ~ 60	0.103	0.199	0.869	0.001	4.377	0.875	2.021	1.240	0.193	0.898
	60 ~ 80	0.092	0.186	0.875	0.001	4.712	0.976	1.984	1.228	0.186	0.916
油松反坡台	0 ~ 20	0.220	0.238	0.918	0.003	3.856	0.895	1.502	1.285	0.222	0.966
	20 ~ 40	0.171	0.229	0.911	0.002	3.968	0.880	1.949	1.268	0.212	0.953
	40 ~ 60	0.095	0.173	0.716	0.002	4.144	0.870	2.343	1.196	0.164	0.837
	60 ~ 80	0.164	0.214	0.899	0.002	4.200	0.868	1.693	1.262	0.207	0.941
油松坡面对照	0 ~ 20	0.177	0.194	0.943	0.001	4.861	0.909	1.783	1.210	0.174	0.970
	20 ~ 40	0.231	0.193	0.930	0.002	4.791	0.907	1.458	1.224	0.183	0.963
	40 ~ 60	0.186	0.219	0.916	0.002	4.189	0.887	1.713	1.259	0.206	0.959
	60 ~ 80	0.147	0.211	0.913	0.001	4.317	0.876	1.936	1.240	0.194	0.954
侧柏鱼鳞坑	0 ~ 20	0.151	0.188	0.947	0.002	5.024	0.906	1.835	1.209	0.173	0.988
	20 ~ 40	0.156	0.222	0.969	0.002	4.359	0.926	2.122	1.243	0.195	0.987
	40 ~ 60	0.194	0.235	0.927	0.002	3.943	0.898	1.516	1.289	0.224	0.970
	60 ~ 80	0.248	0.348	0.562	0.112	1.616	0.567	2.676	1.352	0.260	0.864
侧柏反坡台	0 ~ 20	0.235	0.183	0.934	0.001	5.095	0.911	1.247	1.230	0.187	0.985
	20 ~ 40	0.204	0.180	0.927	0.001	5.144	0.900	1.409	1.215	0.177	0.974
	40 ~ 60	0.203	0.205	0.921	0.001	4.495	0.895	1.515	1.244	0.196	0.970
	60 ~ 80	0.089	0.204	0.892	0.001	4.355	0.837	2.347	1.245	0.197	0.900
侧柏坡面对照	0 ~ 20	0.095	0.174	0.948	0.001	5.462	0.885	2.142	1.203	0.168	0.977
	20 ~ 40	0.200	0.182	0.935	0.001	5.148	0.910	1.405	1.213	0.175	0.969
	40 ~ 60	0.172	0.200	0.927	0.001	4.627	0.894	1.867	1.217	0.178	0.963
	60 ~ 80	0.115	0.197	0.905	0.001	4.599	0.859	1.984	1.232	0.188	0.948

Brooks-Corey 模型、Gardner 模型及 van Genuchten 模型对土壤水分特征曲线的实测值和模拟值的拟合结果显示，不同整地措施的土壤水分特征曲线在不同的深度形状和趋势基本一致，Brooks-Corey 模型形式较 Gardner 模型复杂，参数较多，需考虑饱和含水率、残余含水率和进气吸力对土壤水分特征曲线的影响，Gardner 模型参数较少，形式简单，运算和求解较为方便。三种模型也被广泛应用于土壤水分特征曲线的拟合研究中（刘建立等，2004；吴煜禾等，2011；马昌臣等，2013；孙迪等，2010；程云等，2006；Wosten et al.，2001）。van Genuchten 模型是最常用的描述土壤水分特征曲线的模型，该模型适用的土壤质地范围和土壤含水量范围均较为广泛，是推求土壤水分运动参数的常用模型。总体来看，van Genuchten 模型拟合精度变化较小，但参数较多。相关学者基于不同水吸力下的土壤含水量和 RETC 主要涉及的四种模型，均认为 van Genuchten 模型为最优的土壤水分特征曲线拟合模型（刘彩虹等，2016，朱海清等，2015）。从运算角度看，三种模型均可适用于长期开展整地措施后土壤水分特征曲线的模拟。非线性拟合求解参数的结果表明，van Genuchten 模型的决定系数较高。

（2）土壤饱和导水率

本研究系统测定和推算了不同坡改梯整地措施（油松鱼鳞坑、油松反坡台、侧柏鱼鳞坑和侧柏反坡台）及其坡面对照的土壤饱和导水率（图 10-11）。

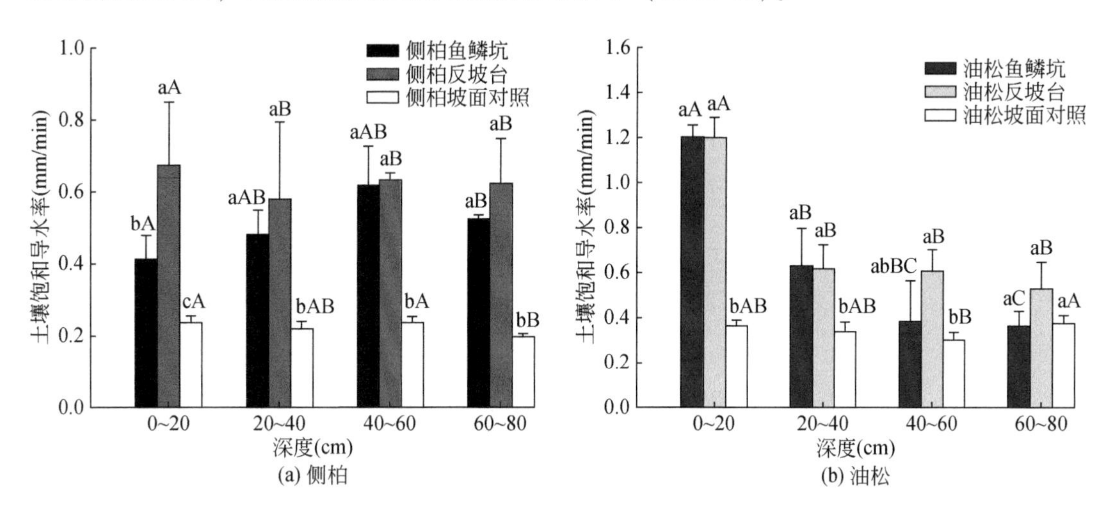

图 10-11　典型整地措施不同深度土壤饱和导水率

不同大写字母表示同一整地措施不同深度之间差异显著（$p<0.05$），不同小写字母表示同一深度不同整地措施之间差异显著（$p<0.05$）

油松鱼鳞坑、油松反坡台和油松坡面对照之间土壤饱和导水率差异显著（$p<0.05$），不同深度表现不同。具体来说，0 ~ 20 cm 土层侧柏反坡台土壤饱和导水率显著高于侧柏鱼鳞坑（$p<0.05$），同时两者显著高于坡面对照（$p<0.05$）。而在 20 ~ 80 cm 土层侧柏鱼鳞坑与侧柏反坡台之间土壤饱和导水率无显著差异（$p>0.05$），但均显著高于对照（$p<0.05$）。与此同时，油松鱼鳞坑和油松反坡台土壤饱和导水率在 0 ~ 20 cm 土层无显著差异（$p>0.05$），但两者均显著高于坡面对照（$p<0.05$），这也与 20 ~ 40 cm 土层相同，其中油

松鱼鳞坑土壤饱和导水率在40～80 cm土层与对照之间无显著差异（$p>0.05$），60～80 cm三者之间土壤饱和导水率无显著差异（$p>0.05$）。

（3）土壤持水性质与供水能力

本研究采用田间持水量、有效水含量等指标来表征不同整地措施的土壤持水能力。其中，田间持水量是指在自然状态下土壤灌溉所能保持的最大含水量，表示土壤对水分的保持能力；有效水含量是指土壤中可被植物吸收和利用的水分含量。侧柏、油松各整地措施及对照对应的土壤水分有效性常数见表10-6和表10-7。可知，不同整地措施的土壤水分有效性常数较低，侧柏鱼鳞坑0～80 cm土层田间持水量最大值为0.258 cm^3/cm^3，油松鱼鳞坑也仅为0.223 cm^3/cm^3，与此同时，侧柏鱼鳞坑、侧柏反坡台及油松鱼鳞坑和油松反坡台有效水含量均高于各自对照，其中，侧柏鱼鳞坑和侧柏反坡台有效水含量较对照分别提高20%和12%，油松鱼鳞坑和油松反坡台有效水含量较对照分别提高15%和9%。整地措施的开展改善了土壤持水能力，鱼鳞坑和反坡台对提高土壤持水能力有积极作用。

表10-6　侧柏不同整地措施及对照对应的土壤水分有效性常数

整地措施	深度（cm）	有效水含量（cm^3/cm^3）			田间持水量（cm^3/cm^3）	萎蔫含水量（cm^3/cm^3）
		全有效水	速效水	迟效水		
侧柏鱼鳞坑	0～20	0.136	0.117	0.019	0.258	0.122
	20～40	0.119	0.092	0.027	0.196	0.077
	40～60	0.139	0.118	0.021	0.198	0.060
	60～80	0.131	0.053	0.078	0.139	0.086
侧柏反坡台	0～20	0.127	0.111	0.016	0.221	0.094
	20～40	0.109	0.104	0.006	0.206	0.097
	40～60	0.120	0.117	0.003	0.207	0.086
	60～80	0.131	0.126	0.005	0.205	0.074
对照	0～20	0.104	0.090	0.014	0.203	0.099
	20～40	0.109	0.088	0.021	0.177	0.068
	40～60	0.112	0.112	0.000	0.210	0.080
	60～80	0.132	0.123	0.009	0.212	0.070

表10-7　油松不同整地措施及对照对应的土壤水分有效性常数

整地措施	深度（cm）	有效水含量（cm^3/cm^3）			田间持水量（cm^3/cm^3）	萎蔫含水量（cm^3/cm^3）
		全有效水	速效水	迟效水		
油松鱼鳞坑	0～20	0.136	0.133	0.003	0.206	0.070
	20～40	0.132	0.131	0.002	0.204	0.074
	40～60	0.144	0.139	0.005	0.221	0.077
	60～80	0.141	0.136	0.005	0.223	0.081

续表

整地措施	深度（cm）	有效水含量（cm³/cm³）			田间持水量（cm³/cm³）	萎蔫含水量（cm³/cm³）
		全有效水	速效水	迟效水		
油松反坡台	0～20	0.135	0.122	0.013	0.205	0.070
	20～40	0.122	0.113	0.010	0.194	0.074
	40～60	0.122	0.122	0.000	0.198	0.077
	60～80	0.139	0.129	0.010	0.213	0.081
对照	0～20	0.106	0.093	0.013	0.199	0.093
	20～40	0.110	0.100	0.010	0.206	0.095
	40～60	0.127	0.120	0.007	0.205	0.079
	60～80	0.130	0.120	0.010	0.200	0.080

土壤水分特征曲线的斜率为比水容量，其表示单位吸力变化时单位质量土壤可释放或者储存以供植物利用的水量。侧柏和油松不同整地措施各水吸力条件下的比水容量见表 10-8 和表 10-9。可知，比水容量随土壤水吸力的增大而逐渐减小，且不同深度比水容量表现不同。在低水吸力范围有效水的不同整地措施下供给能力高于自然坡面，以 0～20 cm 为例，侧柏鱼鳞坑、侧柏反坡台、油松鱼鳞坑和油松反坡台表层比水容量均高于各自对照，随着土壤吸力的增加比水容重逐渐减小。

表 10-8　侧柏不同整地措施各水吸力条件下的土壤比水容量

工程措施	深度（cm）	土壤水吸力（MPa）						
		0.01	0.03	0.05	0.1	0.3	0.5	1.5
侧柏鱼鳞坑	0～20	5.56×10^{-2}	1.75×10^{-2}	9.64×10^{-3}	4.19×10^{-3}	1.09×10^{-3}	5.83×10^{-4}	1.50×10^{-4}
	20～40	5.66×10^{-2}	1.74×10^{-2}	9.31×10^{-3}	3.88×10^{-3}	9.42×10^{-4}	4.85×10^{-4}	1.16×10^{-4}
	40～60	4.80×10^{-2}	1.68×10^{-2}	9.20×10^{-3}	3.84×10^{-3}	9.15×10^{-4}	4.66×10^{-4}	1.08×10^{-4}
	60～80	8.62×10^{-2}	3.19×10^{-2}	1.44×10^{-2}	4.30×10^{-3}	5.81×10^{-4}	2.27×10^{-4}	2.99×10^{-5}
侧柏反坡台	0～20	4.75×10^{-2}	1.72×10^{-2}	1.01×10^{-2}	4.48×10^{-3}	1.11×10^{-3}	5.71×10^{-4}	1.35×10^{-4}
	20～40	3.96×10^{-2}	1.64×10^{-2}	9.38×10^{-3}	4.09×10^{-3}	1.01×10^{-3}	5.23×10^{-4}	1.25×10^{-4}
	40～60	4.56×10^{-2}	1.83×10^{-2}	1.03×10^{-2}	4.34×10^{-3}	1.02×10^{-3}	5.17×10^{-4}	1.18×10^{-4}
	60～80	3.60×10^{-2}	1.03×10^{-2}	5.66×10^{-3}	2.50×10^{-3}	6.84×10^{-4}	3.74×10^{-4}	1.02×10^{-4}
对照	0～20	4.17×10^{-2}	1.24×10^{-2}	6.81×10^{-3}	2.99×10^{-3}	8.03×10^{-4}	4.35×10^{-4}	1.16×10^{-4}
	20～40	4.96×10^{-2}	2.12×10^{-2}	1.15×10^{-2}	4.53×10^{-3}	9.35×10^{-4}	4.43×10^{-4}	8.80×10^{-5}
	40～60	5.39×10^{-2}	1.91×10^{-2}	1.05×10^{-2}	4.38×10^{-3}	1.04×10^{-3}	5.29×10^{-4}	1.23×10^{-4}
	60～80	4.12×10^{-2}	1.22×10^{-2}	6.71×10^{-3}	2.94×10^{-3}	7.81×10^{-4}	4.21×10^{-4}	1.11×10^{-4}

表 10-9　油松不同整地措施各水吸力条件下的土壤比水容量

工程措施	深度（cm）	土壤水吸力（MPa）						
		0.01	0.03	0.05	0.1	0.3	0.5	1.5
油松鱼鳞坑	0~20	5.46×10^{-2}	1.71×10^{-2}	9.16×10^{-3}	3.78×10^{-3}	8.98×10^{-4}	4.58×10^{-4}	1.07×10^{-4}
	20~40	4.40×10^{-2}	1.26×10^{-2}	6.85×10^{-3}	2.95×10^{-3}	7.64×10^{-4}	4.07×10^{-4}	1.05×10^{-4}
	40~60	3.71×10^{-2}	1.08×10^{-2}	5.99×10^{-3}	2.65×10^{-3}	7.22×10^{-4}	3.94×10^{-4}	1.07×10^{-4}
	60~80	3.48×10^{-2}	1.03×10^{-2}	5.72×10^{-3}	2.56×10^{-3}	7.09×10^{-4}	3.90×10^{-4}	1.08×10^{-4}
油松反坡台	0~20	5.51×10^{-2}	1.86×10^{-2}	1.00×10^{-2}	4.11×10^{-3}	9.57×10^{-4}	4.82×10^{-4}	1.10×10^{-4}
	20~40	5.37×10^{-2}	1.62×10^{-2}	8.63×10^{-3}	3.58×10^{-3}	8.60×10^{-4}	4.42×10^{-4}	1.05×10^{-4}
	40~60	4.53×10^{-2}	1.31×10^{-2}	7.07×10^{-3}	3.03×10^{-3}	7.79×10^{-4}	4.13×10^{-4}	1.06×10^{-4}
	60~80	4.82×10^{-2}	1.47×10^{-2}	8.00×10^{-3}	3.41×10^{-3}	8.61×10^{-4}	4.52×10^{-4}	1.13×10^{-4}
对照	0~20	4.93×10^{-2}	1.64×10^{-2}	8.96×10^{-3}	3.81×10^{-3}	9.43×10^{-4}	4.90×10^{-4}	1.19×10^{-4}
	20~40	5.01×10^{-2}	1.78×10^{-2}	9.78×10^{-3}	4.11×10^{-3}	9.85×10^{-4}	5.03×10^{-4}	1.18×10^{-4}
	40~60	5.32×10^{-2}	1.76×10^{-2}	9.49×10^{-3}	3.95×10^{-3}	9.41×10^{-4}	4.80×10^{-4}	1.13×10^{-4}
	60~80	4.92×10^{-2}	1.50×10^{-2}	8.12×10^{-3}	3.44×10^{-3}	8.61×10^{-4}	4.50×10^{-4}	1.11×10^{-4}

（4）土壤水分有效性常数

土壤持水能力表示土壤对水分的保持和蓄积能力，土壤持水能力一般通过田间持水量、有效水含量等指标来表征，其中田间持水量是指在自然状态下土壤灌溉所能保持的最大含水量，它表示了土壤对水分的保持能力。有效水含量是指在土壤中可被植被吸收的有效水分含量。各小区的土壤水分有效性常数见表 10-10。

从测定数据来看，该地区的土壤水分有效性常数比较低，土壤水分保持能力较弱。0~80 cm 土层田间持水量最大值为 22.61%，饱和含水量最大值只有 38.93%，有效水含量在 10% 左右。该地区土壤孔隙较大，粒间孔隙粗，毛管力微弱，施加较小的水吸力，大孔隙中的水分就被排出，这是该地区的土壤持水量较低的内在原因。但对比整地与对照的土壤水分有效性常数变化，整地后土壤饱和含水量、有效水含量、田间持水量等水分有效性常数有显著提高（$p<0.05$）。对比饱和含水量和有效水含量，结果显示侧柏鱼鳞坑>侧柏反坡台>自然坡面对照小区，而且同样表现出表层土壤优于底层土壤的特点（相同整地和植被覆盖）。总体而言，整地小区相比自然坡面对照，表层土壤饱和含水量可以提高 7.9%，提高了 26% 左右；与对照相比，表层土壤（0~20 cm）有效水含量提高了 31.30%。由此说明，整地之后的土壤持水性相对较好，整地对提高土壤持水性有积极作用。

（5）土壤持水能力–持水性能对比

整地措施和自然坡面条件下各土层的土壤水分有效性常数如图 10-12 所示。发现土壤水分保持能力较弱，土壤水分有效性常数较低，饱和含水量最大值只有 38.93%，有效水含量

表 10-10　整地措施和自然坡面条件下各土层的土壤水分有效性常数

小区名称	土壤深度（cm）	重力水（%）	有效水（%）			无效水（%）	饱和含水量（%）	田间持水量（FC）（%）	萎蔫含水量（WP）（%）	残余含水量（%）
			全有效水(AWC)	速效水	迟效水					
侧柏鱼鳞坑	0～20	16.31±0.92Ba	11.35±2.29Aa	5.58±0.15Ba	5.77±2.13Aa	10.26±0.93Aa	38.93±2.29Aa	22.61±3.21Aa	11.26±0.93Aa	1.0
	20～40	16.96±2.10Aa	9.38±2.56Aa	7.06±2.19Aa	2.32±0.37Ab	8.60±1.14Ba	35.14±0.69Ab	18.19±1.41Ab	8.80±1.14Bb	0.2
	40～60	13.34±3.70Aa	10.47±3.39Aa	8.36±3.40Aa	2.10±0.01Ab	6.81±1.15Ba	30.91±1.45Bc	17.57±2.25Ab	7.11±1.15Ab	0.3
	60～80	17.43±0.73Aa	7.66±2.36Aa	7.66±4.81Aa	0.00±3.78Ab	7.28±0.66Ba	33.07±0.97Abc	15.64±1.70Ab	7.98±0.66Bb	0.7
侧柏反坡台	0～20	14.34±2.40Aa	10.13±2.60Aa	7.63±3.49ABa	2.50±0.89Ba	10.13±0.71Ab	34.60±0.52Bab	20.26±1.89Aa	10.130.71ABb	0.0
	20～40	14.01±3.88Aa	9.94±2.71Aa	9.94±1.25Aa	0.00±0.74Ba	11.49±0.27Aa	35.44±1.44Aa	21.43±2.44Aa	11.49±0.27Aa	0.0
	40～60	12.34±2.92Aa	9.92±2.11Aa	8.11±3.58Aa	1.81±1.47Aa	8.80±0.19Ac	31.06±0.99Bc	18.73±1.93Aa	8.80±0.19Bc	0.0
	60～80	14.23±2.35Aa	11.34±1.78Aa	9.21±3.42Aa	2.13±1.64Aa	7.17±0.25Bd	32.74±0.32Abc	18.51±2.03Aa	7.17±0.25Ad	0.0
自然坡面对照	0～20	12.42±3.32Ba	8.18±1.77Ba	8.12±0.14Aa	0.06±1.64Ba	6.43±3.43Abc	31.03±1.66Ba	18.61±1.66Ba	6.43±3.43Bb	0.0
	20～40	10.74±2.12Ba	9.08±1.86Aa	8.02±2.36Aa	1.06±0.49Ba	3.72±0.23Ba	29.74±0.49Bb	19.00±1.63Aa	9.92±0.23Ba	6.2
	40～60	15.54±3.32Aa	8.92±2.23Aa	7.91±3.25Aa	1.01±1.01Aa	9.83±0.02Cc	34.29±1.07Aa	18.75±2.25Aa	9.83±0.02Ba	0.0
	60～80	14.31±3.65Aa	10.92±2.26Aa	9.19±3.07Aa	1.72±0.81Aa	8.10±0.07Aab	33.33±1.46Aa	19.02±2.19Aa	8.10±0.07Bab	0.0

注：不同大写字母表示不同整地方式差异显著（$p<0.05$），不同小写字母表示不同土层深度之间差异显著（$p<0.05$）；下同

只在10%左右。整地可以提高土壤水分有效性常数，整地小区的土壤水分有效性常数(表层田间持水量、饱和含水量、有效水含量等）均有明显的升高，并与对照呈现显著差异性（Kruskal-Wallis *H* Test，$p<0.05$)；整地小区表层土壤（0～20 cm）的饱和含水量提高了7.9%，相同土层的有效水含量也提高31.30%；对于不同整地方式，鱼鳞坑和反坡台的表层土壤（0～20 cm）有效水含量相比自然坡面对照分别提高了38.75%和23.84%，而底层土壤（60～80 cm）的有效水含量与自然坡面对照的差异只有3.34%和3.85%。综上所述，整地之后相比自然坡面对照，土壤持水性能相对提升，整地对提高土壤持水能力有积极作用。另外，整地小区的表层土壤持水能力相比底层土壤更好，且底层土壤水在整地与自然坡面对照之间的差异没有表层土壤水差异明显。

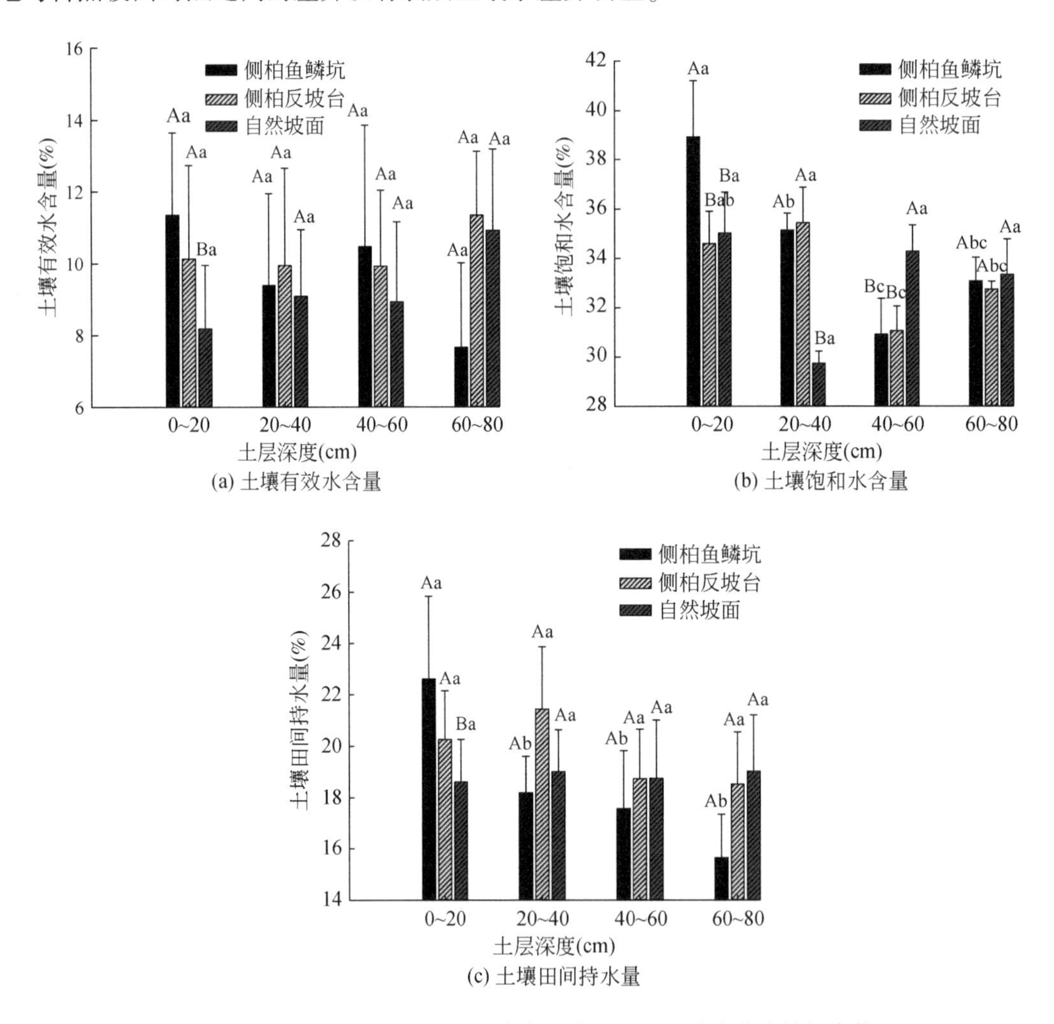

图10-12 整地措施和自然坡面条件下各土层的土壤水分有效性常数

不同大写字母表示不同整地措施和自然坡面之间的显著差异（$p<0.05$，Kruskal-Wallis *H* Test），不同小写字母表示整地措施和自然坡面在各土层水分含量的差异显著（$p<0.05$）

10.4 整地和植被恢复下的土壤水分规律

10.4.1 季节变化

不同整地措施和植被类型下土壤水分月份变化见图 10-13。

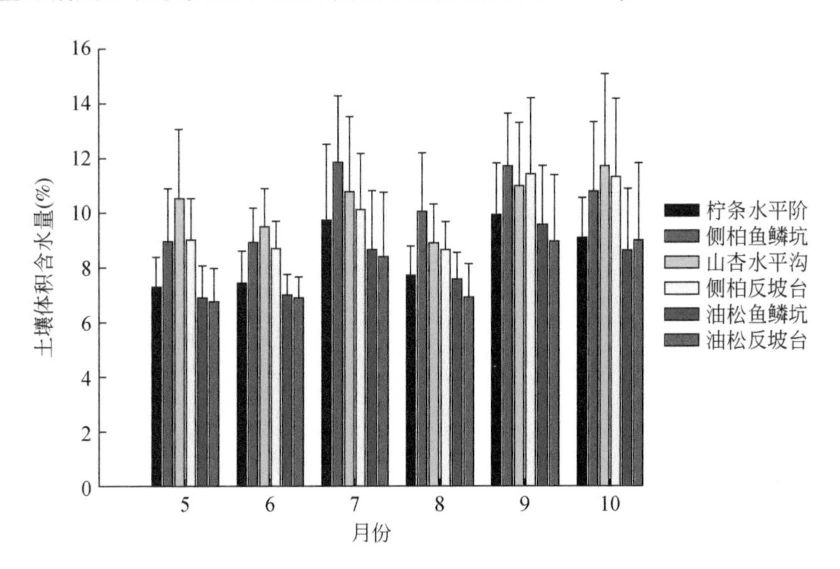

图 10-13 不同整地措施和植被类型耦合条件下的土壤水分含量月份变化

10.4.2 剖面变化

不同整地措施和植被类型条件下各月份的剖面水分变化情况如图 10-14 所示。

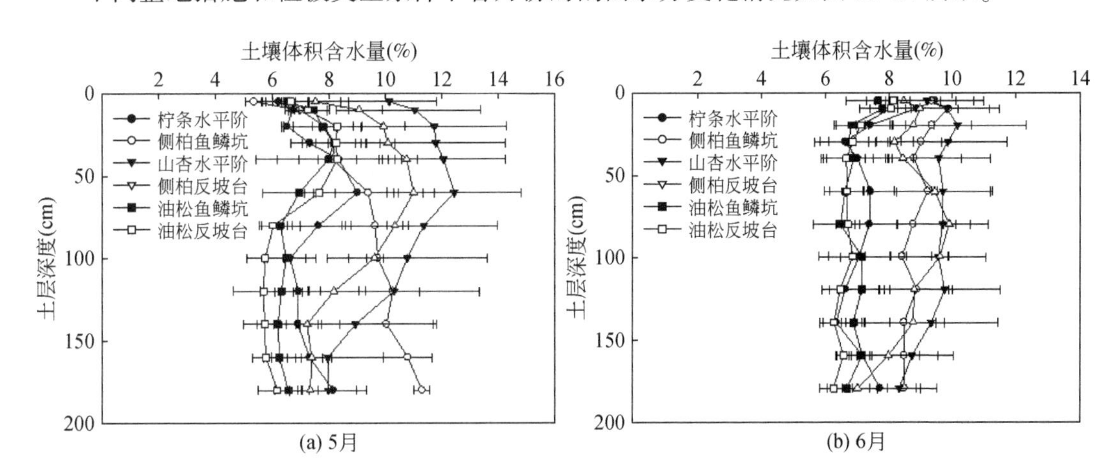

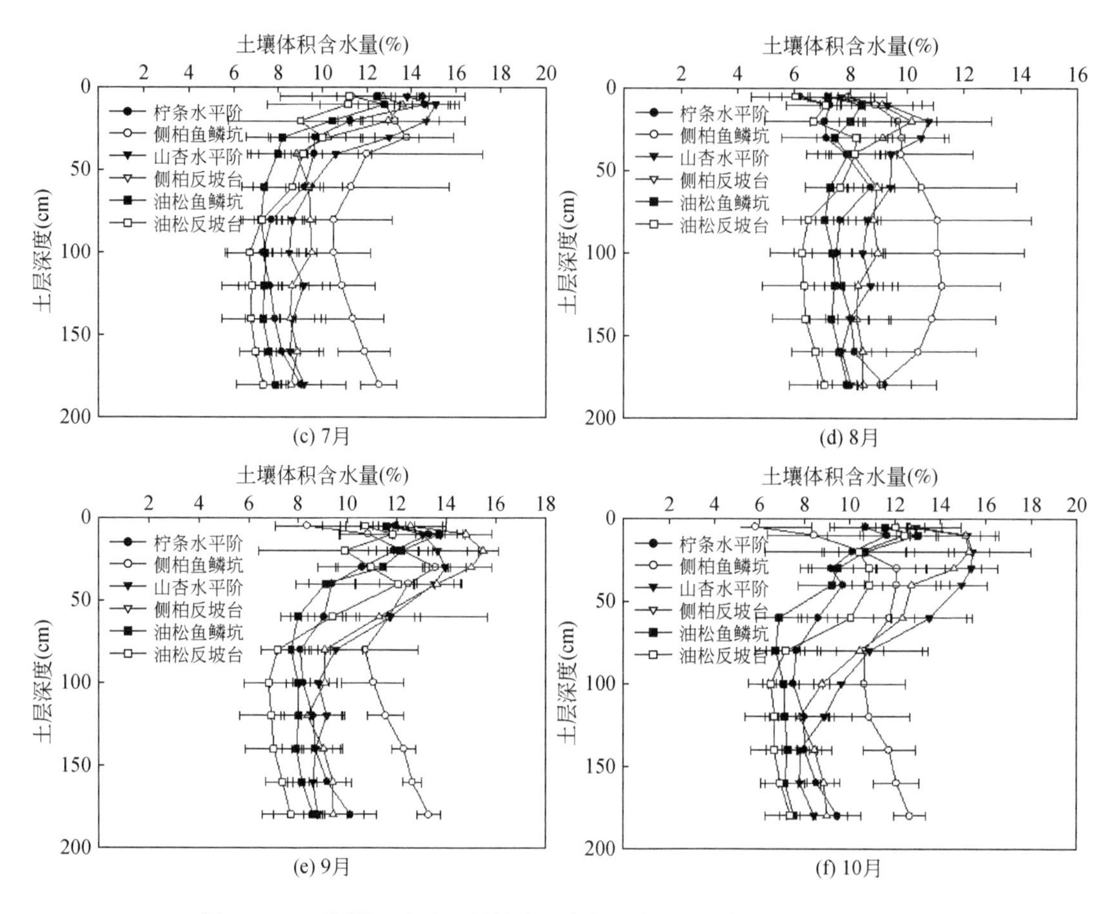

图 10-14　不同整地方式和植被类型条件下各月份的剖面水分变化规律

5 月，生长季初期的山杏水平沟水分含量显著高于其他小区，其次是侧柏反坡台，侧柏反坡台在 120 cm 以下的深层土壤占主要优势，在根层山杏水平沟和侧柏反坡台水分含量较高，表明在表层土壤反坡台比鱼鳞坑更有保水优势，鱼鳞坑对深层水分有较好的保持作用。6 月的水分变化没有 5 月生长季开始时土层变化波动大，土壤水分含量随土层变化不大，水分含量均值由大到小分别是：山杏水平沟>侧柏鱼鳞坑>侧柏反坡台>柠条水平阶>油松鱼鳞坑>油松反坡台，结合 5 月的水分数据可知，鱼鳞坑比反坡台在生长季初期有一定的水分优势，同时水分数据表明，山杏、侧柏等植被在生长季初期保水能力比较好，油松的耗水能力较强。

7 月，随着植物生长过程中气温、降雨量、太阳辐射量等的增加，水分变化呈现新的规律，浅层土壤水分含量随土壤深度的增加而减少，深层土壤水分含量略有升高，但差异不明显。表层土壤中柠条水平阶、山杏水平沟的水分含量最大，其次是侧柏反坡台、侧柏鱼鳞坑，油松反坡台、油松鱼鳞坑的水分含量较低，深层对比结果是侧柏鱼鳞坑>侧柏反坡台>山杏水平沟>柠条水平阶>油松鱼鳞坑>油松反坡台。从结果中看出，生长季中油松同样对水分消耗比较大，而比较不同整地方式对根层土壤水分的影响发现，水分含量排序为水平沟>反坡台>鱼鳞坑，但鱼鳞坑对深层水分的保持作用比较明显。8 月由于太阳辐射量和气温的增加，同时降雨少而集中，表层含水量较低，随土层深度的增加而增加，同时深层土壤水分含量变化并不显著。山杏水平沟、侧柏反坡台、侧柏鱼鳞坑水分含量较高，但侧柏反坡台和山杏水平沟的水分极大值出现在 20 cm 左右，而侧柏反坡台的水分含量随土层深度持续升高，在 100 ~ 140 cm 才出现极大值，这一点也说明了鱼鳞坑整地方式对深层水分的补给作用，而反坡台和水平沟这两种整地方式对表层水分有更好的保持作用。

9 月为生长季末期，土壤水分含量有所提升，表层过后 20 cm 以下土壤水分随土层深度的增加而减少，60 cm 以上土层侧柏反坡台土壤水分含量有明显优势，而 60 cm 以下土层侧柏鱼鳞坑水分含量有明显优势，深层水分含量还是鱼鳞坑更有优势。10 月，表层主要是侧柏反坡台和山杏水平沟占优势，深层侧柏鱼鳞坑的水分含量较高，山杏水平沟在 120 cm 以上的土壤土层中水分含量有一定优势，而 120 cm 以下土层是侧柏鱼鳞坑占优势。不同小区的水分含量对比在 80 ~ 100 cm 为分界线，80 cm 以上土壤水分含量排序为山杏水平沟>侧柏反坡台>侧柏鱼鳞坑>油松反坡台>油松鱼鳞坑>柠条水平阶；100 cm 以下土壤水分含量排序为侧柏鱼鳞坑>山杏水平沟>侧柏反坡台>柠条水平阶>油松鱼鳞坑>油松反坡台，说明在生长季末期侧柏和山杏的根层与深层水分含量较高，而整地方式对比则表明在表层反坡台比鱼鳞坑更有保水优势，鱼鳞坑对深层水分有较好的保持作用。

10.4.3 总体变化特征

从图 10-15 可以看出，7 月和 9 月是水分比较充足的月份，同时浅层水分（80 cm 以上）相较深层水分含量较高，从总体上看油松鱼鳞坑和油松反坡台的水分含量相较其他小区偏低，山杏水平沟、侧柏鱼鳞坑和侧柏反坡台水分含量较高。8 月水分含量较低，侧柏鱼鳞坑与侧柏反坡台对比，其深层水分含量明显较高，油松鱼鳞坑和油松反坡台也有相同的结果，证明在相同植被覆盖情况下，鱼鳞坑对保持深层水分有积极作用。在植被覆盖方面，油松植被覆盖明显比其他植被覆盖下的水分含量低。

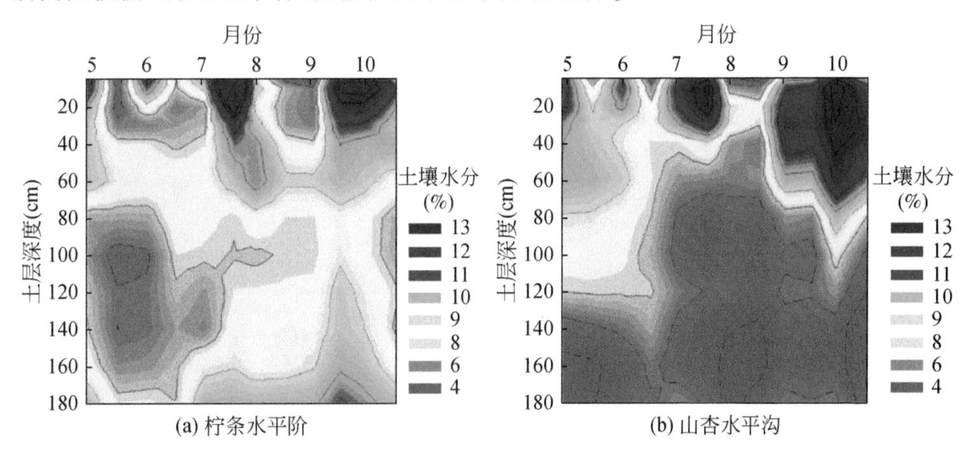

(a) 柠条水平阶 (b) 山杏水平沟

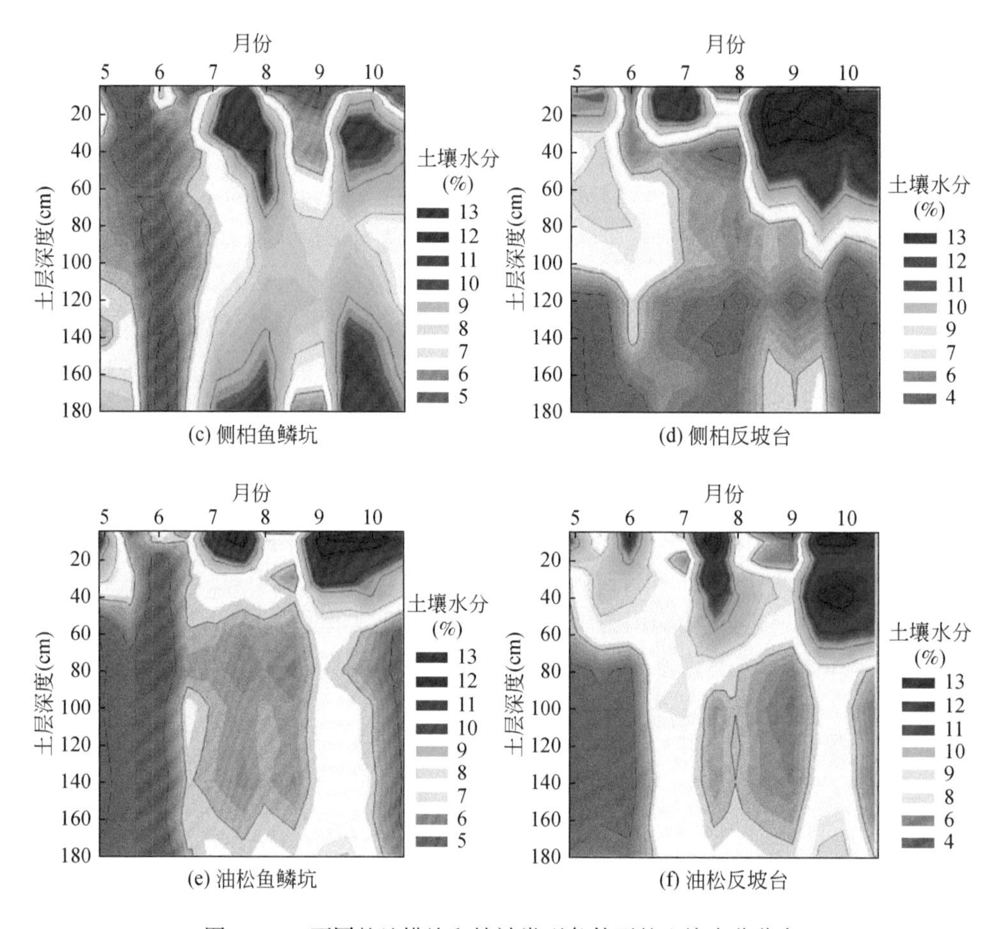

图 10-15　不同整地措施和植被类型条件下的土壤水分分布

从定位观测数据来看，整地措施对比中，鱼鳞坑水分较高，其次是水平阶和反坡台，同时发现鱼鳞坑雨水收集能力较强，而反坡台持水能力较强，所以应根据不同气象条件来合理选择整地措施。植被类型对比中，油松耗水量较大，所以不适合在黄土高原的植被恢复中推广。另外，本研究发现，不同整地方式和植被覆盖分别主要对浅层和深层土壤水分含量影响较大。人工整地方式和植被恢复物种选择是黄土高原植被恢复成功与否的关键，因此，在干旱少雨的地区应选择反坡台作为主要的人工整地方式，而降雨较多的地区，鱼鳞坑水分含量较高。油松因为耗水较大，应慎重选择作为黄土高原植被恢复的植被物种。

如图 10-16 所示，各小区在不同环境下土壤环境的差异，直接导致在相同的降雨条件下水分含量的差异。通过水分数据的对称性比较，发现高水分含量数据相对分散，而低水分含量数据比较集中，说明当地水资源比较贫瘠。

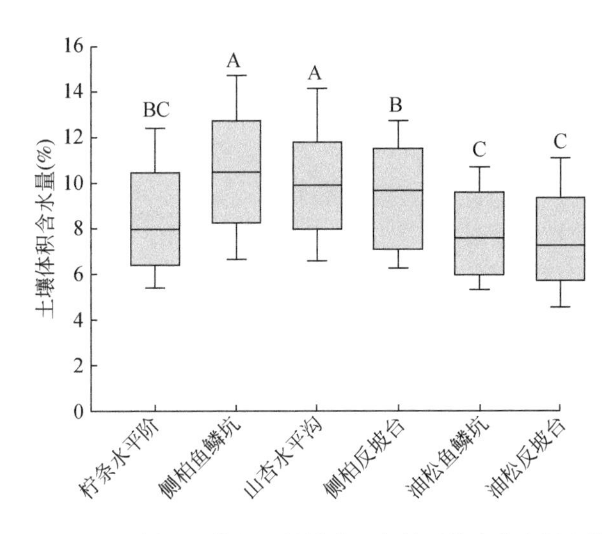

图 10-16 不同整地措施和植被类型条件下的水分含量比较

箱形图是通过每个小区 432 组数据得出的水分含量总体分布图，通过箱形图可以看出数据的集中趋势，柠条水平阶的两年水分含量的中位数为 8.01%，其上下四分位值分别为 10.42% 和 6.38%；侧柏鱼鳞坑的两年水分含量的中位数为 10.49%，其上下四分位值分别为 12.73% 和 8.21%；山杏水平沟的两年水分含量的中位数为 9.83%，其上下四分位值分别为 11.74% 和 7.92%；侧柏反坡台的两年水分含量的中位数为 9.72%，其上下四分位值分别为 11.51% 和 7.17%；油松鱼鳞坑的两年水分含量的中位数为 7.58%，其上下四分位值分别为 9.57% 和 6.05%；油松反坡台的两年水分含量的中位数为 7.27%，其上下四分位值分别为 9.36% 和 5.69%。可以看出按水分的分布的集中趋势即中位数来排序是侧柏鱼鳞坑>山杏水平沟>侧柏反坡台>柠条水平阶>油松鱼鳞坑>油松反坡台，所以从总体的水分分布来看，鱼鳞坑相比反坡台的整地措施更能保持水分的稳定性。

10.5 整地措施对植被蒸腾耗水的影响

植被蒸腾的影响因素很多，除了气象因素以外，土壤水分是影响植被蒸腾的另一个重要的环境因子，土壤水分动态变化对液流速率的影响明显。Pataki 等（2000）研究发现，当土壤含水量下降 31.4%，处于水分亏缺状态时，洛杉矶冷杉的液流速率下降近 50%；而经充分灌溉后的植被液流速率可增长至原先的 1.5 倍（Nasr and Ben Mechlia，2007）；当植被处于具有饱和潜水层的土壤水分条件时，其蒸腾耗水量可与潜在蒸散量相持平（Čermák and Prax，2001）。在干旱半干旱的黄土高原地区，水分是该地区生态恢复与经济发展的主要限制因子，在生态重建与植被恢复的过程中发挥关键作用。近年来的研究表明，在植被恢复的过程中出现了不同程度的土壤干层（杨磊等，2012）和植被功能退化（Li et al.，2012a）现象。为了更好地控制土壤侵蚀、保持水土、实现植被的可持续恢复，人们在总结历史经验的基础上有目的性地对地表结构进行了二次改造，形成了多样的微地形景观单元（卫伟等，2013），如鱼鳞坑、水平沟、反坡台、水平梯田等。其中，梯田是众多工程措施中发展较为良好的整地措施，在黄土高原地区应用较广。研究表明，在工程措施的影响下，水分在土壤中的存蓄时间得到有效延长（Castro et al.，2001），与自然坡面相比，其土壤含水量明显增加（Miao et al.，2006；李艳梅等，2006）；此外，工程措施与植被种植相结合能进一步提高蓄水保土效益（Stavi et al.，2015）。近年来，学者围绕黄土高原地区坡面尺度上植被恢复过程中引起的土壤水分变化、土壤侵蚀动态、林木蒸腾及植被耗水与土壤水分的相互关系等方面开展了多尺度的研究。然而，关于植被恢复过程中，坡地改造对植被耗水动态及坡地改造与植被耦合的水文效应方面的研究较少。基于此，本研究采用配对实验方法，选取区域广泛采用的工程措施——坡面梯田整地为研究对象，与具有相同自然条件的自然坡面相对比，对工程措施影响下的土壤水分变化、植被生长状况及植被耗水与土壤储水之间的动态平衡进行研究。主要回答如下问题：在植被恢复过程中，梯田整地如何影响土壤水分动态？梯田整地与自然坡面之间的土壤水分差异是否会影响植被的蒸腾动态，其影响程度如何？梯田整地是否对植被恢复具有正效应？从而为植被恢复与坡面建设提供科学依据。

10.5.1 液流速率动态变化

油松树种在坡面样地和梯田样地中的液流速率均呈现规律性的昼夜变化趋势（图 10-17），以 2014 年 8 月 29 ~ 31 日连续三个晴天为例，两样地油松树种液流速率均在 7:00 ~ 8:00 开始启动，并逐渐增加，在午时左右达到最大值，此后液流速率逐渐下降至夜间平稳水平。坡面样地油松树种的液流速率日变化幅度为 0.15 ~ 3.03 mm，梯田样地油松树种的液流速率日变化幅度为 0.17 ~ 3.50 mm。两样地油松树种的日最小液流速率值相近，而梯田样地的油松日最大液流速率比坡面样地高 15.5%。

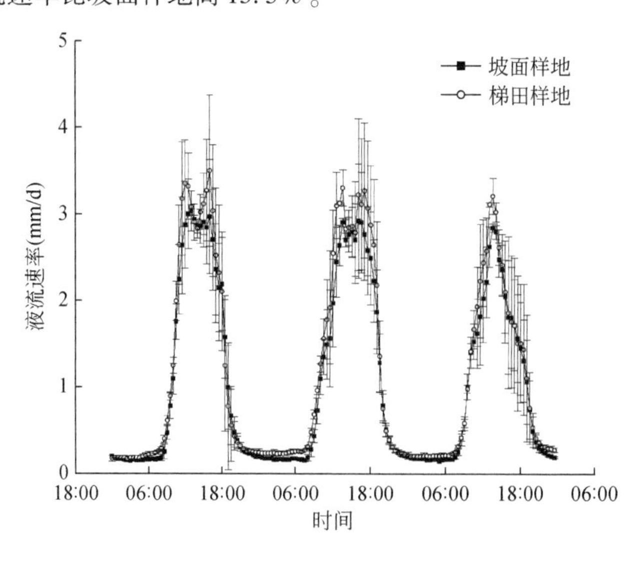

图 10-17　坡面样地和梯田样地液流速率昼夜变化规律

此外，对比 2014～2016 年相同时间段（6 月 5 日至 10 月 10 日）的日平均液流速率可知（表 10-11），梯田样地油松样地的日平均液流速率分别比坡面样地油松样地的日平均液流速率高 9.26%、4.76% 和 20.4%。2014～2016 年，坡面样地油松树种的累积耗水量分别为（138.60±24.9）mm、（107.58±36.1）mm、（69.44±15.3）mm，梯田样地油松树种的累积耗水量分别为（150.79±26.1）mm、（112.46±37.4）mm、（82.85±26.3）mm，分别占同期潜在蒸散量的 32.9%、24.9%、15.3% 和 35.7%、26.1%、18.3%。

表 10-11　坡面样地和梯田样地油松日平均液流速率与累积耗水量

年份	日平均液流速率（mm/d）		累积耗水量（mm）	
	坡面油松	梯田油松	坡面油松	梯田油松
2014	1.08±0.19	1.18±0.36	138.60±24.9	150.79±26.1
2015	0.84±0.31	0.88±0.29	107.58±36.1	112.46±37.4
2016	0.54±0.12	0.65±0.21	69.44±15.3	82.85±26.3

10.5.2　植被冠层导度的动态变化

植被冠层导度是用于衡量植被应对干旱环境而影响蒸腾速率的生理调节作用之一，被近似认为是气孔导度的一种外在表达方式（Chang et al., 2014）。从以上分析可知，两样地的土壤水分状况呈现明显的差异性。由于两样地的气象条件相同，本研究拟通过分析不同水分状况下，太阳辐射和水汽压亏缺值对冠层导度日变化的影响，进而分析植被的环境适应性及梯田整地对植被蒸腾调节的影响。

以相对可提取水（REW）为 0.1 作为划分依据，将两样地的土壤水分状况划分为极端干旱（REW<0.1）与相对湿润（REW>0.1）。从太阳辐射和水汽压亏缺值与冠层导度的拟合曲线可知，两样地的冠层导度与太阳辐射的变化均没有明显关系［图 10-18（a），（c）］，而冠层导度随水汽压亏缺值的增加呈对数递减趋势，可以用 $f(x) = a - b\ln(x)$ 表示［图 10-18（b），（d）］。随着土壤水分状况由相对湿润转变到极端干旱状态，冠层导度对水汽压亏缺值的敏感性逐渐降低，同时，在相同的水分状况下，如 REW>0.1，相较于坡面样地，梯田样地的油松植被具有更高的冠层导度，更利于进行水汽交换，与 Chang 等（2014）、Shen 等（2015）的研究结果相一致。

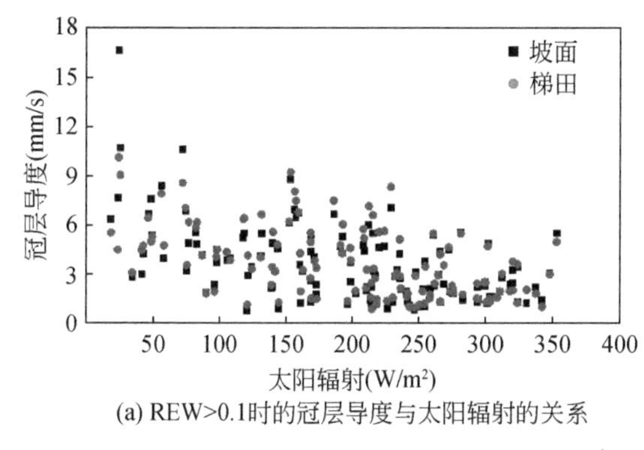

(a) REW>0.1时的冠层导度与太阳辐射的关系

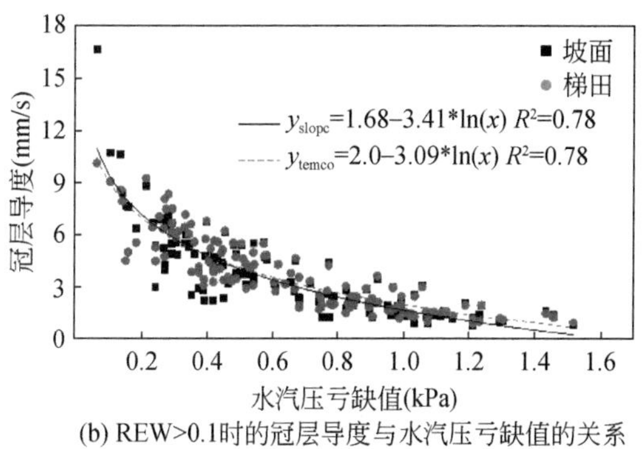

(b) REW>0.1时的冠层导度与水汽压亏缺值的关系

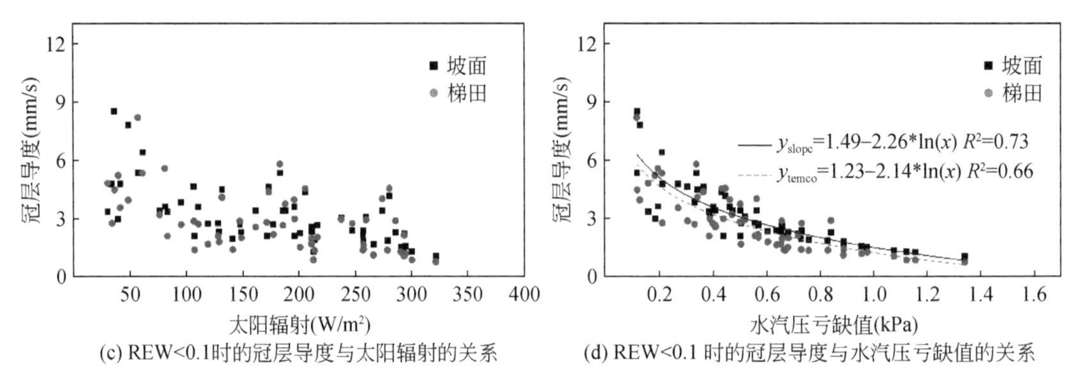

(c) REW<0.1时的冠层导度与太阳辐射的关系　(d) REW<0.1 时的冠层导度与水汽压亏缺值的关系

图 10-18　不同土壤水分状况下冠层导度与太阳辐射和水汽压亏缺值的关系

10.5.3　植被生长状况的差异

植被液流速率与水汽压亏缺出现峰值的频率分布状况如图 10-19 所示。由图 10-19 可知，两样地的植被液流速率峰值均主要出现在 12:00 之前，所占比例分别为 61.1% 和 59.2%，午后，随着水汽压亏缺出现峰值频率的增加，液流速率出现峰值的频率减少，在水汽压亏缺峰值出现的高频区（14:00～18:00），液流速率出现峰值的频率显著下降，植被通过气孔调节缓解干旱胁迫（Du et al., 2011; Chen et al., 2014）。较高的水汽压亏缺

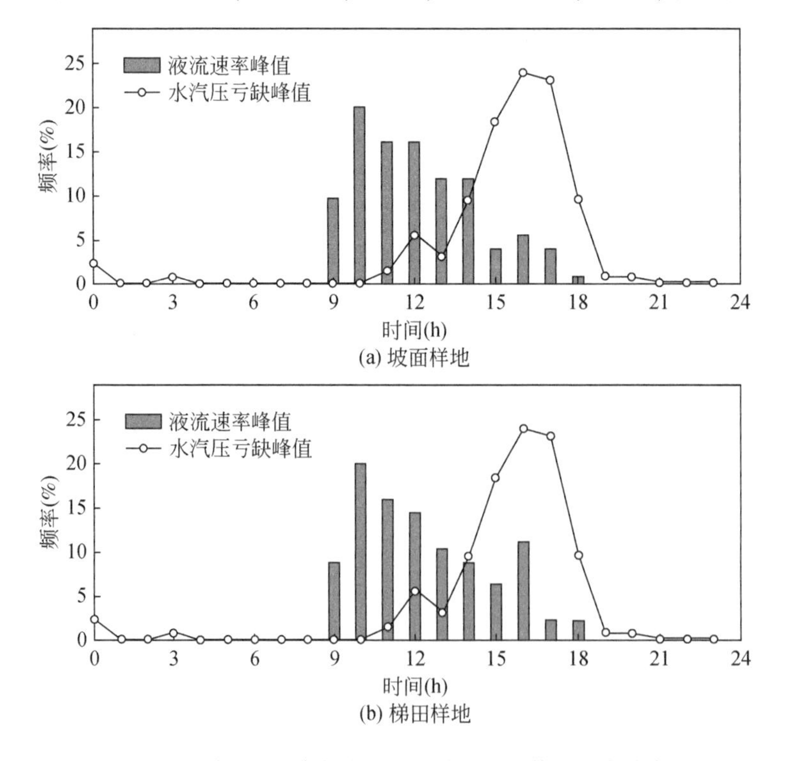

(a) 坡面样地

(b) 梯田样地

图 10-19　植被液流速率与水汽压亏缺出现峰值的频率分布状况

值，会增加植被水分运输的蒸腾拉力，进而会促进水分损失。在植被需水与土壤供水难以达到平衡的情况下，植被通过气孔调节，进而减少蒸腾损失，此为植被应对干旱环境的适应机制，两样地的油松树种呈现相同的变化趋势。同时，与坡面样地的油松树种相比，梯田样地的油松树种在水汽压亏缺出现峰值的高频区，其液流速率出现峰值的频率高于坡面样地的油松树种，尤其在 16:00 左右，水汽压亏缺出现峰值的频率最高，在这一时间段，梯田样地的油松树种液流速率出现峰值的频率达坡面样地的油松树种的两倍之多。相比于坡面样地，梯田样地对植被耗水的水分供给能力更强，其集蓄的土壤水分更利于缓解干旱胁迫，促进植物体进行水汽交换。

结合表 10-1 可知，梯田样地的油松树种比坡面样地的长势更好，其具有更高的树高、更粗的胸径、更大的边材面积和冠幅，分别超出坡面样地的油松树种 1.5%、12.0%、18.8% 和 63.5%。此外，统计分析表明，两样地的冠幅具有显著性差异（$p<0.05$）。正如 Kim 等（2008）研究表明，增加土壤水分，促进植被生长，在植被耗水与碳固定方面达到动态平衡，对于干旱缺水的脆弱环境至关重要；此外，Kumagai 等（2014）研究表明，在特定气候条件下，某一地区的蒸散发量基本保持稳定，蒸散发各组分（蒸腾、蒸发）之间的贡献度因立地条件、植被结构等不同而存在差异（Kumagai et al., 2014）。在干旱地区，为改善脆弱的生态环境，应最大限度地增加水分的有效损失（即植被蒸腾），减少水分的无效损失（土壤蒸发）（Wang et al., 2012）。本研究中，在相同气象条件下，梯田整地增加了水分的有效损失，梯田样地油松树种的蒸腾损失量占同期蒸散发量的比例高于坡面样地油松树种，梯田整地工程对改善生态环境具有积极作用。

10.6 小　　结

本章采用配对实验方法，以研究区广泛应用的人工整地措施——梯田为主要研究对象，将相邻的具有相同坡向、坡位、坡度并种植有相同林龄、树种（油松）的自然坡面样地设为对照实验样地，探讨梯田整地对植被耗水动态的影响。同时基于野外观测和实测数据，分析比较不同整地方式和植被类型耦合作用（柠条水平阶、侧柏鱼鳞坑、山杏水平沟、侧柏反坡台、油松鱼鳞坑、油松反坡台）综合影响下的土壤水分特征变化规律。得到如下结论：

1）梯田整地可显著增加土壤含水量，改善土壤水分的干旱胁迫状况。梯田整地对植被蒸腾耗水具有促进作用，2014 ~ 2016 年梯田样地的油松日蒸腾量分别比坡面油松高 9.26%、4.76% 和 20.4%。梯田整地有利于增加植被冠层导度，促进水气交换。相比于坡面样地，梯田样地的油松植被生长状况更好，其树高、胸径、冠幅分别比坡面样地高 1.5%、12.0% 和 63.5%，其中两样地的冠幅具有显著性差异。

2）根据对比研究区土壤持水能力、供水能力，比较田间持水量、有效含水量和比水容量等水力学常数，整地小区土壤的水力学性质有明显的改善，相比对照，鱼鳞坑和反坡台饱和含水量分别提高了 7.52% 和 4.24%，有效水含量分别提高了 4.74% 和 11.40%。说明整地措施的开展改善了土壤持水能力，鱼鳞坑和反坡台对提高土壤持水能力有积极作用。

3）对比不同深度的土壤水分分布和水力学常数，发现整地使表层水力学性质显著高于底层。与对照相比，鱼鳞坑和反坡台表层土壤（0 ~ 20 cm）有效水分含量提高了38.75%和23.84%，而深层（60 ~ 80 cm）有效水分与自然坡面对照的差异只有3.34%和3.85%，说明整地对土壤表层的水分特性提高效益优于底层土。40 cm是研究区内整地措施与植被类型对土壤水分影响的边界深度，整地措施对40 ~ 100 cm土壤水分变化起主导作用，而植被是影响0 ~ 40 cm土壤水分变化的主导因素。

参考文献

程云，陈宗伟，张洪江，等. 2006. 重庆缙云山不同植被类型林地土壤水分特征曲线模拟. 水土保持研究，13（5）：80-83.

李小刚，杨治，谢恩波. 1994. 甘肃几种旱地土壤低吸力段持水性能的初步研究. 土壤通报，25（4）：155-157.

李艳梅，王克勤，刘芝芹，等. 2006. 云南干热河谷不同坡面整地方式对土壤水分环境的影响. 水土保持学报，（1）：15-19，49.

刘彩虹，卞建民，王宇. 2016. 吉林西部盐碱土壤水力学参数特征及其影响因素. 东北大学学报（自然科学版），13（5）：268-272.

刘建立，徐绍辉，刘慧. 2004. 估计土壤水分特征曲线的间接方法研究进展. 水利学报，（2）：68-76.

刘胜，贺康宁，常国梁. 2005. 黄土高原寒区青海云杉人工林地土壤水分物理特性研究. 西部林业科学，（3）：25-29.

马昌臣，王飞，穆兴民，等. 2013. 小麦根系机械作用对土壤水分特征曲线的影响. 水土保持学报，27（2）：105-109.

穆兴民，徐学选，陈霁巍. 2001. 黄土高原生态水文研究. 北京：中国林业出版社.

孙迪，夏静芳，关德新，等. 2010. 长白山阔叶红松林不同深度土壤水分特征曲线. 应用生态学报，21（6）：1405-1409.

卫伟，余韵，贾福岩，等. 2013. 微地形改造的生态环境效应研究进展. 生态学报，33（20）：6462-6469.

吴华山，陈效民，叶民标，等. 2005. 太湖地区主要水稻土水力特征及其影响因素. 水土保持学报，（1）：181-183，187.

吴煜禾，张洪江，王伟，等. 2011. 重庆四面山不同土地利用方式土壤水分特征曲线测定与评价. 西南大学学报（自然科学版），33（5）：102-108.

杨磊，卫伟，陈利顶，等. 2012. 半干旱黄土丘陵区人工植被深层土壤干化效应. 地理研究，31（1）：71-81.

姚其华，邓银霞. 1992. 土壤水分特征曲线模型及其预测方法的研究进展. 土壤通报，23（3）：142-145，133.

姚雪玲，傅伯杰，吕一河. 2012. 黄土丘陵沟壑区坡面尺度土壤水分空间变异及影响因子. 生态学报，32（16）：4961-4968.

张建军，李慧敏，徐佳佳. 2011. 黄土高原水土保持林对土壤水分的影响. 生态学报，31（23）：7056-7066.

张雷明，上官周平. 2002. 黄土高原土壤水分与植被生产力的关系. 干旱区研究，19（4）：59-63.

朱海清，虎胆·吐马尔白热合木，李慧. 2015. 干旱区盐碱土土壤水分特征曲线模拟研究. 新疆农业大学学报，38（2）：168-172.

Austin A T, Yahdjian L, Stark J M, et al. 2004. Water pulses and biogeochemical cycles in arid and semiarid ecosystems. Oecologia, 141: 221-235.

Bochet E. 2015. The fate of seeds in the soil: a review of the influence of overland flow on seed removal and its consequences for the vegetation of arid and semiarid patchy ecosystems. Soil, 1: 131-146.

Cantón Y, Solé-Benet A, Domingo F. 2004. Temporal and spatial patterns of soil moisture in semiarid badlands of SE Spain. Journal of Hydrology, 285 (1-4): 199-214.

Castro L G, Libardi P L, De Jong van Lier Q. 2001. Soil water dynamics in a Brazilian infiltration terrace under different management practices. Florence, Italy: International Conference on Sustainable Soil Management for Environmental Protection.

Čermák J, Prax A. 2001. Water balance of a Southern Moravian floodplain forest under natural and modified soil water regimes and its ecological consequences. Annals of Forest Science, 58: 15-29.

Chang X X, Zhao W Z, Liu H, et al. 2014. Qinghai spruce (*Picea crassifolia*) forest transpiration and canopy conductance in the upper Heihe River Basin of arid northwestern China. Agricultural and Forest Meteorology, 198-199: 209-220.

Chen L D, Wang J P, Wei W, et al. 2010. Effects of landscape restoration on soil water storage and water use in the Loess Plateau Region, China. Forest Ecology and Management, 259 (7): 1291-1298.

Chen L D, Huang Z L, Gong J, et al. 2007a. The effect of land cover/vegetation on soil water dynamic in the hilly area of the Loess Plateau, China. Catena, 70 (2): 200-208.

Chen L D, Wei W, Fu B J, et al. 2007b. Soil and water conservation on the Loess Plateau in China: review and prospective. Progress in Physical Geography, 31 (4): 389-403.

Chen L X, Zhang Z Q, Zeppel M, et al. 2014. Response of transpiration to rain pulses for two tree species in a semiarid plantation. International Journal of Biometeorology, 58: 1569-1581.

Deng L, Shangguan Z P, Sweeney S. 2014. "Grain for Green" driven land use change and carbon sequestration on the Loess Plateau, China. Scientific Reports, 4: 7039.

Du S, Wang Y L, Kume T, et al. 2011. Sapflow characteristics and climatic responses in three forest species in the semiarid Loess Plateau region of China. Agricultural and Forest Meteorology, 151 (1): 1-10.

Jian S, Zhao C, Fang S, et al. 2014. Soil water content and water balance simulation of *Caragana korshinskii* Kom. in the semiarid Chinese Loess Plateau. Journal of Hydrology and Hydromechanics, 62: 89-96.

Kim H S, Oren R, Hinckley T M. 2008. Actual and potential transpiration and carbon assimilation in an irrigated poplar plantation. Tree Physiology, 28: 559-577.

Kumagai T O, Tateishi M, Miyazawa Y, et al. 2014. Estimation of annual forest evapotranspiration from a coniferous plantation watershed in Japan (1): water use components in Japanese cedar stands. Journal of Hydrology, 508: 66-76.

Li J, Li Y, Zhao L, et al. 2012a. Effects of site conditions and tree age on *Robinia pseudoacacia* and *Populus simonii* leaf hydraulic traits and drought resistance. Chinese Journal of Applied Ecology, 23: 2397-2403.

Li J, Zhang W J, Zhang J P. 2012b. Comparative Analysis of water reduction benefits between terrace and slope land in southern area of Ningxia: taking Haoshuichuan Watershed as an example. Advances in Hydrology and Hydraulic Engineering, Pts 1 and 2, 212-213: 83-87.

Miao X J, Xu G H, Song F, et al. 2006. Analysis on soil and water conservation benefit experiment of runoff collecting terrace project take Huangqian Basin as an example. Research of Soil and Water Conservation, 13: 220-221, 224.

Monger C, Sala O E, Duniway M C, et al. 2015. Legacy effects in linked ecological- soil- geomorphic system of drylands. Frontiers in Ecology and the Environment, 13: 13-19.

Nasr Z, Ben Mechlia N. 2007. Measurements of sap flow for apple trees in relation to climatic and watering conditions//Bogliotti C, Lamaddalena N, Scardigno A, et al. Water Saving in Mediterranean Agriculture and Future Research Needs. Bari: Ciheam.

Pataki D E, Oren R, Smith W K. 2000. Sap flux of co- occurring species in a western subalpine forest during seasonal soil drought. Ecology, 81: 2557-2566.

Potts D L, Scott R L, Bayram S, et al. 2010. Woody plants modulate the temporal dynamics of soil moisture in a semi- arid mesquite savanna. Ecohydrology, 3: 20-27.

Shen Q, Gao G, Fu B, et al. 2015. Sap flow and water use sources of shelter- belt trees in an arid inland river basin of Northwest China. Ecohydrology, 8: 1446-1458.

Stavi I, Fizik E, Argaman E. 2015. Contour bench terrace (shich/shikim) forestry systems in the semi- arid Israeli Negev: effects on soil quality, geodiversity, and herbaceous vegetation. Geomorphology, 231: 376-382.

Wang L, D'Odorico P, Evans J P, et al. 2012. Dryland ecohydrology and climate change: critical issues and technicaladvances. Hydrology and Earth System Sciences, 16: 2585-2603.

Wang Y Q, Shao M A, Zhang C C, et al. 2015. Choosing an optimal land-use pattern for restoring eco-environments in a semiarid region of the Chinese Loess Plateau. Ecological Engineering, 74: 213-222.

Woesten J H M, Pachepsky Y A, Rawls W J. 2001. Pedotransfer functions: bridging the gap between available basic soil data and missing soil hydraulic characteristics. Journal of Hydrology, 251: 123-150.

Zhang J G, Guan J H, Shi W Y, et al. 2014. Interannual variation in stand transpiration estimated by sap flow measurement in a semi- arid black locust plantation, Loess Plateau, China. Ecohydrology, 8 (1): 137-147.

第11章 整地措施和植被恢复对土壤属性的影响

地处半干旱地区的黄土高原气候属温带大陆季风气候，春冬两季寒冷而干燥，多风多沙；夏秋两季气候炎热且降雨集中，多为暴雨。此外，黄土高原的黄土土质疏松深厚，土壤颗粒较细。这样的气候条件和土质条件，容易导致水土流失，从而导致养分的流失（Zhao et al.，2017）。植被对土壤养分起到了补充物质来源的作用，同时土壤养分对植物生长至关重要，植被生长对改善土壤环境和保持土壤养分有着重要作用，研究整地措施和植被类型对土壤养分条件的影响对合理地进行土壤改善和生态恢复有重要意义（Fu et al.，2000；Gao et al.，2017）。另外，由于生态环境的持续恶化，黄土高原通过一系列整地措施来改善该地区的生态环境状况（Yang and You，2013），为了提高植被存活率，防治水土流失，不同地区于不同时期多次进行尝试，许多实验证明，整地措施对黄土高原的生态恢复和环境质量改善有着重要作用（Fu et al.，2009；Chen et al.，2007；Ding et al.，2016）。与自然坡面相比，整地措施和植被恢复可发挥阻拦径流、保水保墒、改善土壤环境、提高植被生长状况等功效（Gong et al.，2007）。因此，对现有土地利用方式的改坡整地，是保护黄土高原土地资源利用和治理黄土高原生态环境问题的重要手段，并且具有重要意义。

土壤质地及其理化属性是影响土壤水力学性质的主要因素。土壤水分特征曲线、土壤持水能力、比水容量主要受土壤质地和土壤结构的影响。整地措施和植被恢复对土壤改良有积极作用，整地后土壤持水能力和供水能力都在一定程度上有所提高。黄土土质通常颗粒较粗且发育缓慢，很难形成良好的土壤结构和颗粒组成，导致其持水、保水和供水能力较差。人工整地和较长时期的植被恢复，可以加速土壤颗粒细化，改善土壤结构，最终达到改善土壤持水能力的作用。土壤机械组成和土壤容重对土壤饱和导水率的模拟结果显示，侧柏鱼鳞坑和侧柏反坡台0～20 cm饱和导水率与自然坡面之间差异显著，油松鱼鳞坑和油松反坡台饱和导水率虽然显著高于自然坡面，但两者间无显著差异，由此可见，整地措施的开展对土壤环境的改良主要体现在对表层土壤的影响方面。油松和侧柏不同整地措施水分有效性常数和比水容量的结果表明，与自然坡面相比，整地措施开展后土壤供水和持水能力得到有效提高，尤其对表层土壤持水和供水能力的改善在开展整地和长期植被恢复后表现更为显著。

11.1 土壤理化属性测定方法

1）土壤物理属性：土壤容重采用环刀法测定。土壤机械组成使用 Mastersizer 2000

(Malvern Instruments, Malvern, England) 测定。采用容重环刀和 1 cm 小环刀取土壤样品供测土壤水力学性质。采用沙箱法结合水吸力膜法测定土壤水分特征曲线，其中沙箱测定范围为 0 ~ 80 cm 水柱，压力膜法可测定 0.01 ~ 1.5 MPa 水吸力下土壤水分，然后通过计算得到土壤含水量与土壤基质势的关系，并推算其他重要的土壤水力学性质，如田间持水量、有效水含量、比水容量等（马昌臣等，2013）。

2）土壤化学属性：选择径流小区内上、中、下不同坡位来表示样地内土壤质量状况，保证样点选取的分布均匀性、科学性，以尽量不破坏小区为前提，在所选样品点按 0 ~ 100 cm 分为 8 个土层（0 ~ 5cm、5 ~ 10 cm、10 ~ 20 cm、20 ~ 30 cm、30 ~ 40 cm、40 ~ 60 cm、60 ~ 80 cm、80 ~ 100 cm）进行取土，各重复 3 次，均匀混合后取样袋带回实验室进行化验和测定（冯天骄等，2016）。土壤全氮采用凯氏蒸馏法进行测定，土壤全磷采用 NaOH 熔融-钼锑抗比色法进行测定，土壤全钾采用碱融-原子吸收分光光度法进行测定，土壤速效养分的测定方法分别是：土壤碱解氮采用碱解扩散法，土壤速效磷采用 $NaHCO_3$ 浸提-钼锑抗比色法（Storer，1984）。

11.2 整地措施和植被恢复对土壤物理性质的影响

11.2.1 土壤容重

土壤容重可以反映土壤紧实程度和孔隙分布状况，其作为重要的土壤物理性质指标，对植物的生长有显著影响。土壤容重较低时，土质疏松，水分入渗更快，土壤通气性更好，水分散失更快。但是，土壤容重过低时，土质会阻碍作物根系和土壤接触；土壤容重过高则会造成土壤紧实，影响土壤的肥、热、水、气调节，对植被生长产生不良影响。整地措施和植被恢复均是调节土壤容重的重要措施。不同整地措施和植被类型的土壤容重变化，如表 11-1 和图 11-1 所示。

表 11-1 不同整地方式和植被类型下土壤容重的垂直变化

土壤深度 (cm)	柠条水平阶 (g/cm^3)	侧柏鱼鳞坑 (g/cm^3)	山杏水平沟 (g/cm^3)	侧柏反坡台 (g/cm^3)	油松鱼鳞坑 (g/cm^3)	油松反坡台 (g/cm^3)
0 ~ 10	1.22±0.07	1.29±0.02	1.15±0.02	1.15±0.10	1.01±0.03	0.96±0.02
10 ~ 20	1.16±0.02	1.31±0.05	1.21±0.08	1.17±0.05	0.97±0.03	1.08±0.11
20 ~ 40	1.18±0.03	1.26±0.04	1.22±0.02	1.20±0.08	1.15±0.08	1.17±0.03
40 ~ 60	1.26±0.02	1.22±0.06	1.24±0.04	1.17±0.01	1.25±0.08	1.16±0.06
60 ~ 80	1.27±0.05	1.26±0.02	1.22±0.03	1.17±0.04	1.24±0.01	1.19±0.02
80 ~ 100	1.22±0.03	1.26±0.01	1.22±0.02	1.26±0.01	1.25±0.05	1.20±0.01

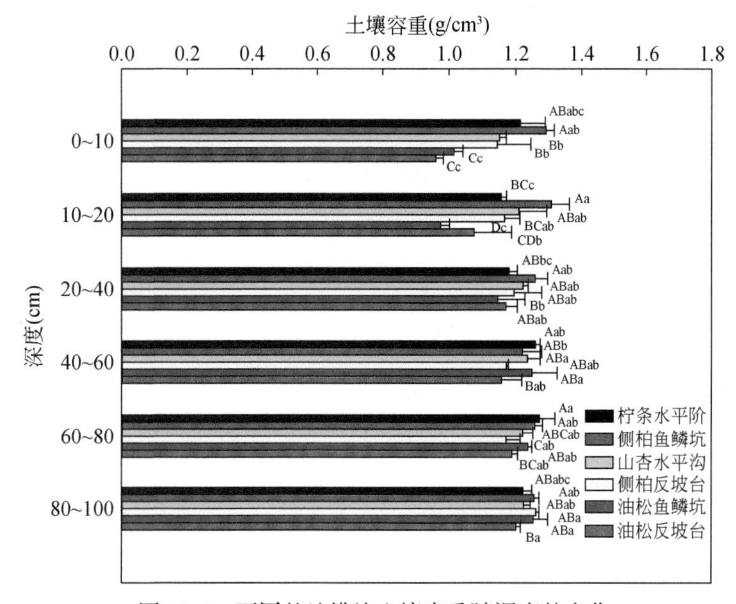

图 11-1　不同整地措施土壤容重随深度的变化

不同大写字母表示同一深度不同整地措施之间差异显著（$p<0.05$），不同小写字母表示同一整地措施不同深度之间差异显著（$p<0.05$）

由图 11-1 可知，不同整地措施的土壤容重差异显著（$p<0.05$），且同一整地措施不同深度差异不同。具体来说，0 ~ 10 cm，侧柏鱼鳞坑土壤容重与柠条水平阶无显著差异（$p>0.05$），但显著高于其他整地措施（$p<0.05$），同时，柠条水平阶显著高于油松鱼鳞坑和油松反坡台（$p<0.05$），但与侧柏鱼鳞坑无显著差异（$p>0.05$）。10 ~ 20 cm，油松鱼鳞坑显著低于其他整地措施（油松反坡台除外），而侧柏鱼鳞坑土壤容重显著高于其他整地措施（山杏水平沟除外）。40 ~ 100 cm 土壤容重均高于 0 ~ 20 cm。总的来看，油松反坡台平均值最低（1.13 g/cm^3），侧柏鱼鳞坑平均最高（1.27 g/cm^3）。

11.2.2　土壤质地与土壤机械组成

本研究选取典型样地——侧柏鱼鳞坑、侧柏反坡台和自然坡面，以比较梯田建设前后不同整地措施下土壤质地和机械组成的差异与变化。由表 11-2 可知，土壤质地是粉砂质壤土，在土壤水分变化曲线图上表现为：在低水吸力段曲线比较陡直，在中高水吸力段曲线逐渐平缓。这是因为在低水吸力段的土壤水势范围内，土壤释放水分的过程主要取决于土壤结构较粗的孔隙分布。因为低水吸力和高水吸力下，脱水过程主要靠毛管力和土壤颗粒表面的吸附力起作用，所以土壤质地是主要的影响因素。研究区土壤样品机械组成分析结果显示，土壤颗粒粒径中粉砂粒（0.002 ~ 0.001 mm）和砂粒（>0.02 mm）含量较少，黏粒含量不足 10%，所以该地区土壤属粉砂质壤土，而非黄土母质普遍发育的砂质壤土，原因是该地区常年有效的植被恢复和土地整地措施，使得土壤环境和土壤质地有了明显的改善，其粉粒含量明显增加，土壤质地逐渐变为粉砂质壤土。从表 11-2 中还可以看出，不同土层之间的土壤机械组成趋势基本一致，这也说明该地区的土壤发育时间较短，或在人为干扰（整地措施、人工植被恢复）条件下，土壤土层之间颗粒组成和土壤持水性质之间的差异不明显。

表 11-2　试验地土壤机械组成

小区	深度(cm)	颗粒组成(%)					物理性黏粒(%)	质地
		0.25～2 mm	0.05～0.25 mm	0.01～0.05 mm	0.002～0.01 mm	<0.002 mm	<0.01 mm	
侧柏鱼鳞坑	0～20	3.023±1.640	24.124±1.780	54.161±2.308	10.585±1.066	8.107±0.483	18.692±1.352	粉砂质壤土
	20～40	0.000±0.000	18.725±2.496	58.160±1.601	14.119±0.938	8.996±0.840	23.115±1.596	粉砂质壤土
	40～60	2.257±0.909	20.969±3.512	56.089±2.786	13.223±1.602	7.462±1.290	20.685±2.809	粉砂质壤土
	60～80	0.000±0.000	20.231±1.639	57.845±1.334	14.231±1.221	7.693±1.232	21.924±2.442	粉砂质壤土
侧柏反坡台	0～20	1.298±0.279	19.923±4.313	56.461±2.610	12.033±1.930	10.284±1.228	22.317±3.070	粉砂质壤土
	20～40	0.760±0.316	19.890±3.974	56.974±1.987	11.848±1.734	10.528±1.215	22.376±2.949	粉砂质壤土
	40～60	0.000±0.000	23.138±2.054	55.827±1.363	11.064±0.401	9.971±0.343	21.035±0.710	粉砂质壤土
	60～80	0.000±0.000	21.394±4.350	56.410±2.821	11.762±0.840	10.433±0.722	22.196±1.532	粉砂质壤土
侧柏自然坡面对照	0～20	1.994±0.169	19.334±2.503	55.608±2.092	12.509±1.145	10.556±0.982	23.064±1.985	粉砂质壤土
	20～40	0.000±0.000	23.242±1.851	55.619±2.537	12.473±0.428	8.667±0.543	21.139±0.917	粉砂质壤土
	40～60	0.000±0.000	17.793±2.445	60.045±3.340	12.077±0.327	10.085±0.900	22.162±1.044	粉砂质壤土
	60～80	0.000±0.000	15.536±2.469	58.614±1.326	14.189±1.390	11.661±0.363	25.850±1.451	粉砂质壤土

11.2.3　土壤分形维数

不同整地措施各深度土壤机械组成与分形维数见表 11-3。整地措施的土壤粒径分布均以粉粒（2～50 μm）为主，不同深度整地措施之间黏粒、粉粒和砂粒含量差异显著（$p<0.05$）。0～10 cm 土层，山杏水平沟和油松鱼鳞坑的土壤黏粒含量显著高于其他整地措施和植被类型耦合的小区（$p<0.05$），总体来说，山杏水平沟的黏粒含量最高。0～10 cm 土层，山杏水平沟分形维数最高，而侧柏鱼鳞坑分形维数最低。10～20 cm 土层，侧柏鱼鳞坑的分形维数也显著低于山杏水平沟和油松鱼鳞坑（$p<0.05$）。10～100 cm 土层，油松鱼鳞坑分形维数最高，而侧柏鱼鳞坑分形维数最低。不同整地措施下的分形维数具体表现为侧柏鱼鳞坑<柠条水平阶<侧柏反坡台<油松反坡台<山杏水平沟<油松鱼鳞坑。

表 11-3　不同整地措施和植被类型下土壤粒径分布与分形维数

整地措施	深度（cm）	黏粒（%）	粉粒（%）	砂粒（%）	分形维数
柠条水平阶	0～10	9.71±1.61aB	66.32±2.11aB	23.97±3.73aB	2.52±0.04aBC
	10～20	9.75±1.19aAB	70.58±1.62abA	19.68±2.81abA	2.54±0.03aAB
	20～40	9.96±1.37aAB	72.63±1.81bA	17.41±1.47bAB	2.55±0.03aAB

续表

整地措施	深度（cm）	黏粒（%）	粉粒（%）	砂粒（%）	分形维数
柠条水平阶	40～60	9.94±1.99aB	72.40±2.34bB	17.66±3.13bAB	2.55±0.04aB
	60～80	9.27±0.86aBC	68.39±3.53abB	22.34±4.22abA	2.52±0.03aC
	80～100	9.69±0.52aAB	69.02±2.65abB	21.29±2.45abAB	2.54±0.01aB
侧柏鱼鳞坑	0～10	7.75±0.25aB	62.38±3.49aC	29.86±3.66aA	2.47±0.02aC
	10～20	9.10±0.93aB	70.81±0.79bA	20.09±0.89bA	2.53±0.02bB
	20～40	8.61±0.34aB	72.41±3.72bA	18.98±3.55bAB	2.52±0.01bB
	40～60	7.46±1.29aC	69.31±4.34bBC	23.23±3.41bA	2.48±0.04abC
	60～80	7.69±1.23aC	72.08±0.75bB	20.23±1.64bA	2.50±0.03abC
	80～100	7.68±0.90aB	73.05±2.22bAB	19.27±2.46bB	2.50±0.02abB
山杏水平沟	0～10	11.94±0.44aA	74.38±2.37aA	13.67±2.81bC	2.59±0.01aA
	10～20	11.22±0.54abA	72.59±2.21aA	16.18±2.68abA	2.57±0.01abA
	20～40	10.47±1.52abB	70.86±1.03aAB	18.67±1.79abAB	2.56±0.03abAB
	40～60	10.05±0.06abB	70.21±0.71aBC	19.74±0.76aAB	2.55±0.01abB
	60～80	9.64±0.50bB	69.67±0.57aB	20.69±0.82aA	2.54±0.01bBC
	80～100	9.70±0.57bAB	70.06±0.30aAB	20.24±0.85aAB	2.54±0.01bB
侧柏反坡台	0～10	9.85±0.92aB	66.47±1.56aBC	23.67±2.46aB	2.53±0.02aBC
	10～20	10.68±0.73aAB	69.52±2.65aA	19.80±3.09aA	2.56±0.02aAB
	20～40	10.05±0.69aAB	67.69±1.97aB	22.26±2.64aA	2.54±0.02aB
	40～60	9.97±0.34aB	66.89±1.72aC	23.14±2.05aA	2.53±0.01aB
	60～80	10.43±0.72aB	68.17±2.64aB	21.39±4.35aA	2.55±0.02aBC
	80～100	10.45±0.68aA	67.57±0.81aB	21.98±1.37aAB	2.55±0.02aAB
油松鱼鳞坑	0～10	10.61±0.55bA	68.45±0.95aB	20.95±1.01aB	2.55±0.01bB
	10～20	11.31±0.70abA	71.70±2.00aA	16.99±2.62abA	2.57±0.02abA
	20～40	11.78±0.23abA	72.48±5.00aA	15.74±4.91abB	2.59±0.01abA
	40～60	12.41±2.30abA	78.45±1.86bA	9.13±3.56cB	2.61±0.04aA
	60～80	13.11±2.24a	77.30±0.45bA	9.59±2.59cB	2.62±0.04aA
	80～100	11.53±0.58abA	73.80±1.33abA	14.67±0.59bcB	2.58±0.01aA
油松反坡台	0～10	8.31±1.55aB	68.53±2.68bB	23.16±4.01aB	2.50±0.04aC
	10～20	10.33±1.33bAB	73.06±4.48abA	16.61±5.77bA	2.56±0.04bAB
	20～40	10.63±2.61bA	73.88±5.77aA	15.49±1.57bB	2.56±0.08bAB
	40～60	10.88±0.88bA	74.62±2.70aA	14.50±3.58bB	2.57±0.02bA
	60～80	10.62±2.00bA	77.00±4.97aA	12.38±1.11bB	2.57±0.05bB
	80～100	8.07±0.34aB	66.82±1.09bB	25.11±1.40bA	2.49±0.01aB

注：不同大写字母表示同一深度不同整地措施之间差异显著（$p<0.05$）；不同小写字母表示同一整地措施不同深度之间差异显著（$p<0.05$）。黏粒粒径<2 μm，粉粒粒径介于 2～50 μm，砂粒粒径介于 50～2000 μm

11.3 整地措施和植被恢复对土壤化学性质的影响

11.3.1 对土壤有机质的影响

土壤有机质对评价土壤质量、保持和供给土壤养分、保证养分利用效率非常重要。此外，土壤有机质还能够促进土壤形成良好的团粒结构，增强土壤的抗干扰性、缓冲性等。不同整地措施和植被耦合条件下：柠条水平阶、侧柏鱼鳞坑、山杏水平沟、侧柏反坡台、油松鱼鳞坑和油松反坡台土壤有机质分析结果如图 11-2 所示。

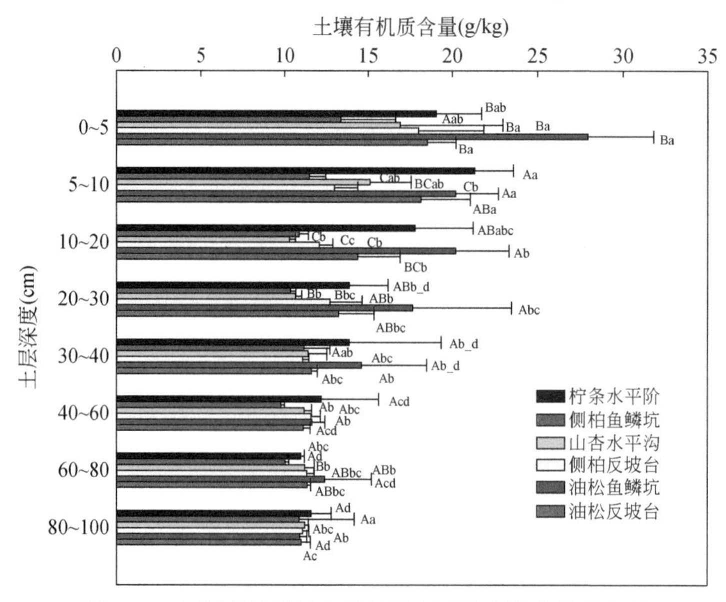

图 11-2 不同整地措施和植被类型下的土壤有机质含量

不同大写字母表示同一深度不同整地措施之间差异显著（$p<0.05$），不同小写字母表示同一整地措施不同土层深度之间差异显著（$p<0.05$），下同

不同整地措施和植被类型条件下土壤养分含量差异显著（$p<0.05$），且不同深度亦是如此。由图 11-2 可知，除柠条水平阶外，其他小区土壤有机质含量均在 0 ~ 5 cm 土层最高，呈现出明显的表聚性，而柠条水平阶在5 ~ 10 cm 土层最高，这可能是柠条特有的根系活动造成的。土壤有机质平均含量由高至低依次为油松鱼鳞坑>柠条水平阶>油松反坡台>侧柏反坡台>山杏水平沟>侧柏鱼鳞坑。与对照相比，整地措施下土壤有机质含量增量的排序为鱼鳞坑（1.89g/kg）>反坡台（1.24g/kg）>水平沟（0.76g/kg）>水平阶（0.64g/kg），增幅分别为 9.39%、15.26%、6.22% 和 4.27%；与对照相比，整地措施下土壤有机质平均含量增量为 1.134g/kg，增幅为 8.78%。

在此基础上，本研究进一步分析了不同整地措施下土壤有机质含量的垂直变化（图 11-3）。发现各处理的有机质含量随土层深度逐渐减少。在油松植被的对比中，鱼鳞坑比反坡台整地措施更有利于增加土壤有机质，特别是土壤表层有机质含量，主要表现为油松鱼鳞坑 0 ~5 cm 土层土壤有机质含量达到 29.5 g/kg，而在 60 ~100 cm 土层中，与油松反坡台土壤有机质含量相近。同样的结果出现在侧柏植被情况下，鱼鳞坑同样表现出了表层有机质累积的优势性，由此可以看出，在垂直方向上的有机质积累对比中，鱼鳞坑较其他整地方式有明显的优势。

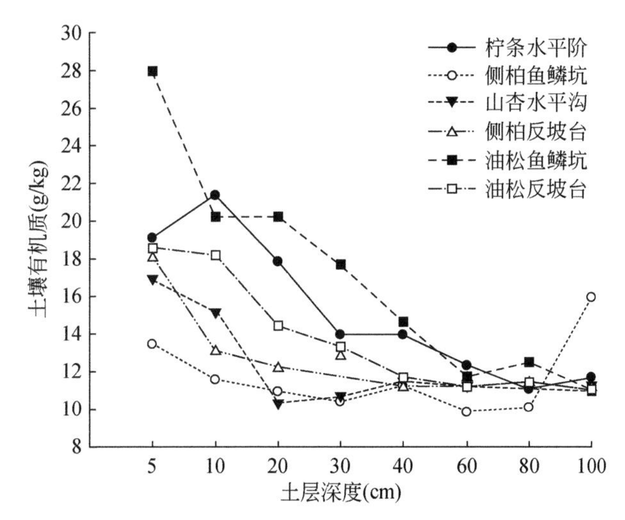

图 11-3　不同整地措施和植被类型下土壤有机质含量的垂直分布

11.3.2　对土壤氮的影响

研究区不同整地措施和植被类型下土壤全氮含量如图 11-4 所示。

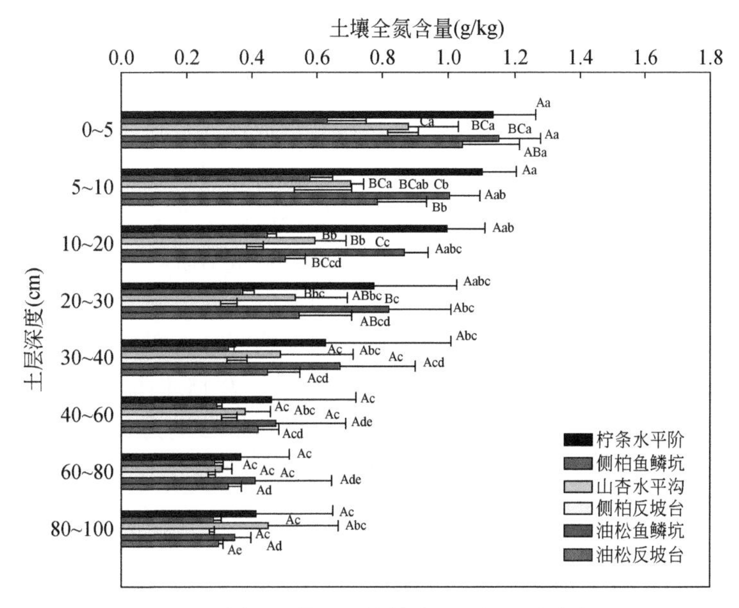

图 11-4　不同整地措施和植被类型下的土壤全氮含量

不同整地措施下，土壤全氮含量均在0～5 cm土层最高（图11-4），呈现出明显的表聚性。土壤全氮平均含量以柠条水平阶最高，可能的原因是柠条属于豆科植物，其根系具有固氮作用从而提高了土壤氮素含量。其他整地措施和植被类型下土壤全氮含量由高至低依次为油松鱼鳞坑>油松反坡台>山杏水平沟>侧柏鱼鳞坑>侧柏反坡台。

不同整地措施和植被类型下土壤全氮含量的垂直分布如图11-5所示。不同整地方式中土壤全氮含量明显随土层深度增加而减少，柠条水平阶和油松鱼鳞坑的全氮含量较其他整地措施高，在0～40 cm土层表现得更加明显，40～100 cm土层土壤全氮含量相对差异不大。与对照相比，水平阶和水平沟整地措施下的土壤全氮含量变化不如鱼鳞坑和反坡台大，四种整地措施下的土壤全氮含量增幅分别为2.89%、7.07%、14.35%和30.58%；与对照相比，整地措施下的土壤全氮平均含量增幅为16.69%。

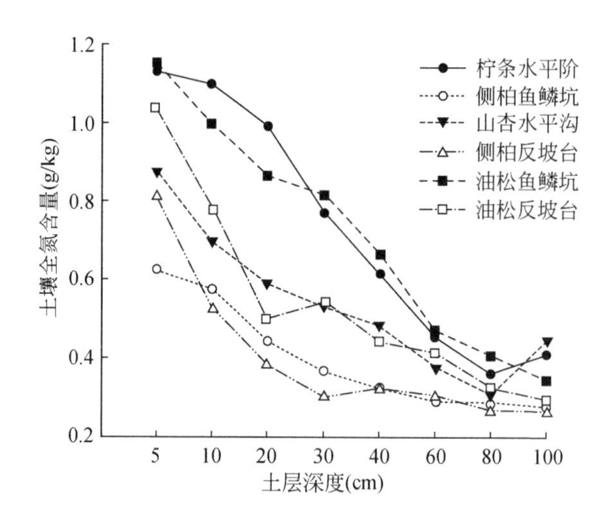

图11-5 不同整地措施和植被类型下土壤全氮含量的垂直分布

不同整地措施和植被类型下土壤碱解氮含量及其垂直分布，如图11-6和图11-7所示。土壤碱解氮含量随土层深度的增加而逐渐减少，下降趋势明显。从植被类型来看，柠条和山杏植被覆盖下的土壤碱解氮含量相对较高，而油松植被覆盖下的土壤碱解氮次之，侧柏植被覆盖下的土壤碱解氮含量较低；从整地措施来看，水平阶、水平沟的土壤碱解氮含量较高，而且深层土壤碱解氮含量的优势更明显，而反坡台的土壤碱解氮含量较低。与土壤全氮含量变化相比，整地措施对土壤碱解氮含量的影响明显占主导作用。

与对照相比，整地措施下土壤碱解氮平均含量增幅为15.01%，其中，水平沟略低于对照6%，水平阶、鱼鳞坑和反坡台土壤碱解氮含量增量分别为7.26 mg/kg、3.53 mg/kg和6.73 mg/kg，增幅分别为28%、14.75%和34.52%，可见，反坡台增幅最明显。

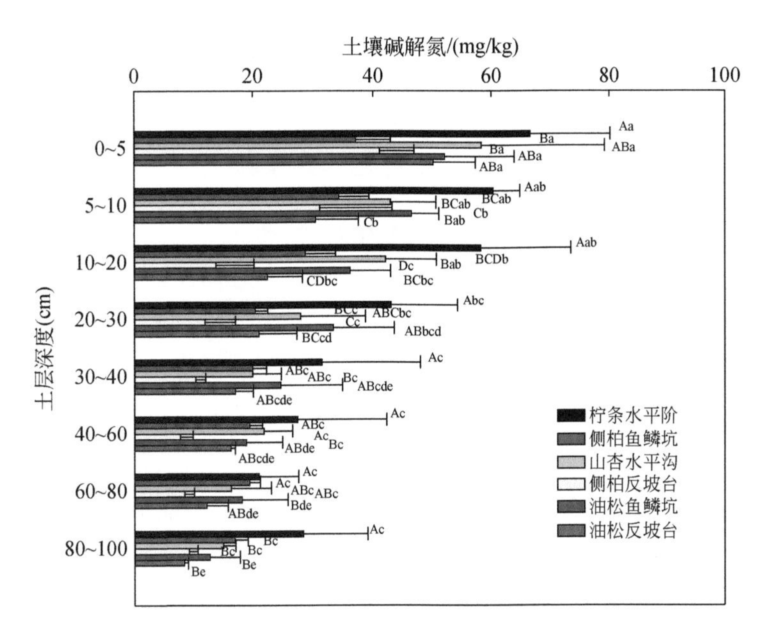

图 11-6　不同整地措施和植被类型下的土壤碱解氮含量

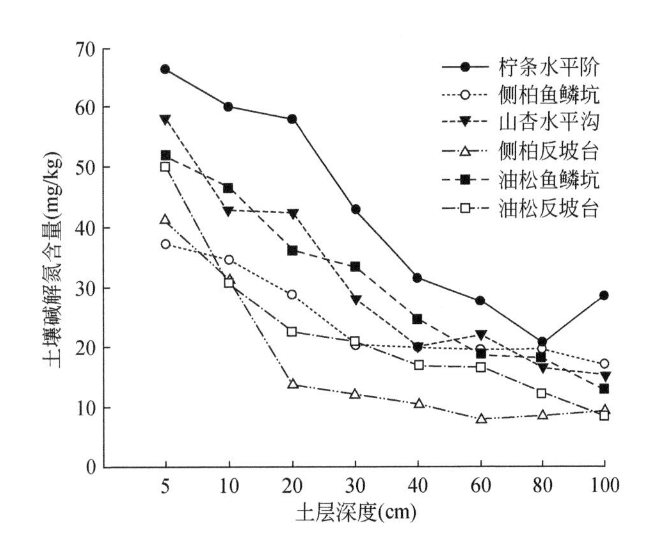

图 11-7　不同整地措施和植被类型下土壤碱解氮含量的垂直分布

11.3.3　对土壤磷的影响

研究区不同植被恢复措施条件下，土壤全磷含量分布如图 11-8 所示，可以看出土壤全磷含量在各土层中变化明显。

不同整地措施下，土壤全磷含量波动变化于 0.6 ~ 18 g/kg（图 11-9）。土壤全磷含量

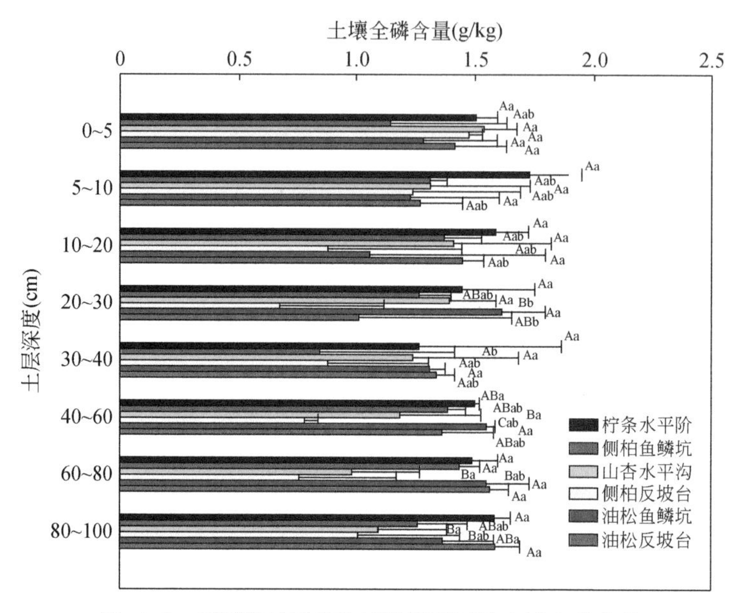

图 11-8　不同整地措施和植被类型下的土壤全磷含量

随土层的变化规律并不明显，可能原因是磷元素在土壤中的移动性较弱，不易随着雨水淋溶或者土壤水分下渗，从而使土壤全磷含量在各土层中变化不大。与油松、柠条植被覆盖相比，侧柏植被覆盖下的土壤全磷含量较低，其中，侧柏反坡台 30 cm 土层土壤全磷含量为最低值，只有 0.67 g/kg；而各处理土壤全磷含量波动较大，柠条水平阶土壤全磷含量相对较高。由此反映出侧柏对全磷的消耗量较大，而柠条对全磷的消耗量较小。土壤全磷含量变化不大，与对照相比，水平阶土壤全磷含量减少了 0.21 g/kg，其余 3 种整地措施下土壤全磷含量增幅不大，只提高了 1% 左右。

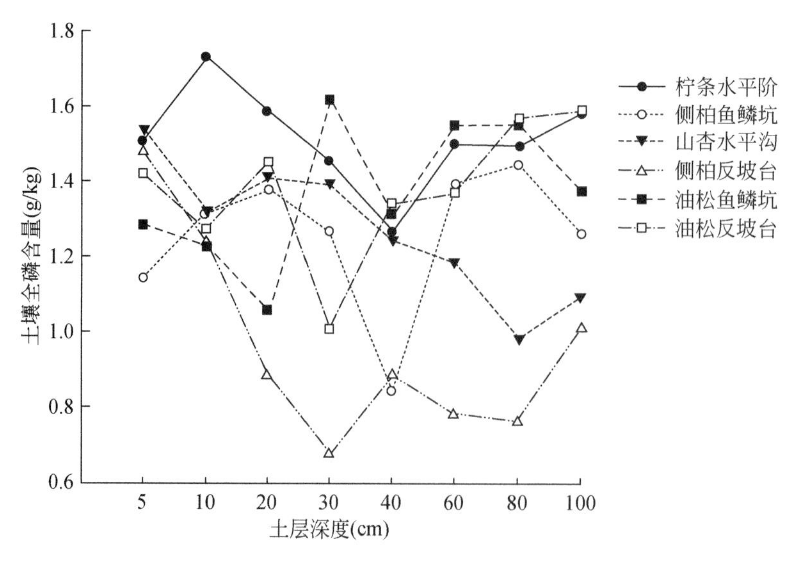

图 11-9　不同整地措施和植被类型下土壤全磷含量的垂直分布

不同整地措施和植被类型下的土壤速效磷含量变化和垂直分布如图 11-10 和图 11-11 所示。

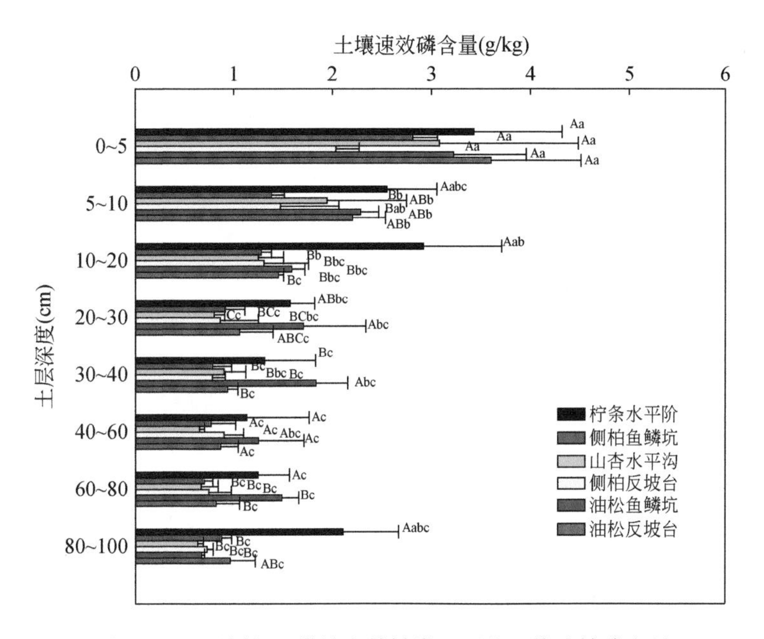

图 11-10　不同整地措施和植被类型下的土壤速效磷含量

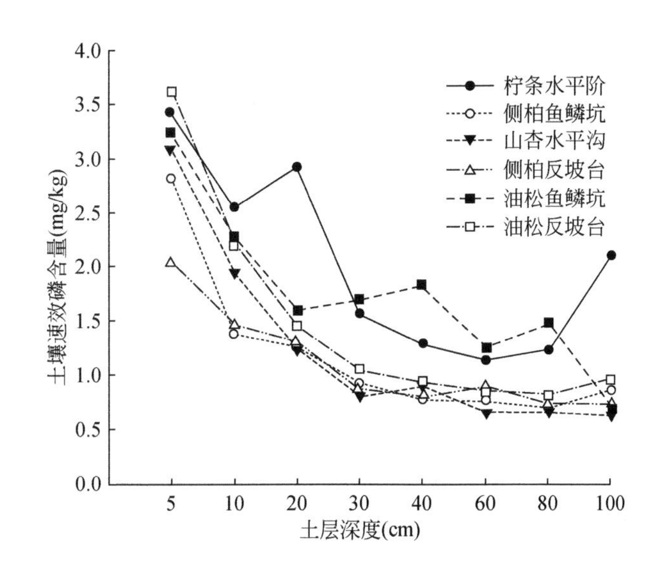

图 11-11　不同整地措施和植被类型下的土壤速效磷含量的垂直分布

不同整地措施和植被类型下土壤速效磷含量的变化趋势与土壤碱解氮含量大体相同，主要趋势是随土层深度的增加而逐渐减少，而柠条水平阶的土壤速效磷含量相对较高，可能原因是柠条对土壤速效磷的保持作用比较好，而 20 cm 和 100 cm 土层的土壤速效磷含量较高可能与柠条的根系分布有关，柠条根系主要集中在 0 ~ 100 cm 土层，从数据上看 20 cm 和 100 cm 土层的根系吸收效率低于其他位置的根系吸收效率。而在同种植被覆盖下，土壤速效磷含量排序依次是水平沟、水平阶>鱼鳞坑>反坡台，除柠条植被覆盖下的土壤速效磷含量在 20 cm 和 100 cm 土层处的波动外，其余处理表聚性明显，随土层深度增加，速效磷含量下降明显（图 11-11）。与对照相比，土壤速效磷平均含量提高了 32.69%，其中，水平阶和反坡台土壤速效磷含量增量明显，分别增加了 1.95 mg/kg 和 0.24 mg/kg，水平沟和鱼鳞坑分别增加了 0.13 mg/kg 和 0.06 mg/kg。

11.3.4 对土壤钾的影响

不同整地措施和植被类型下的土壤全钾含量分布如图 11-12 和图 11-13 所示。土壤全钾含量的垂直分布具有明显的表聚性。土壤全钾含量各处理随土层深度变化程度不大，各土层含量相对较高，均在 20 ~ 25 g/kg，说明区域钾素含量较为丰富（图 11-12）。

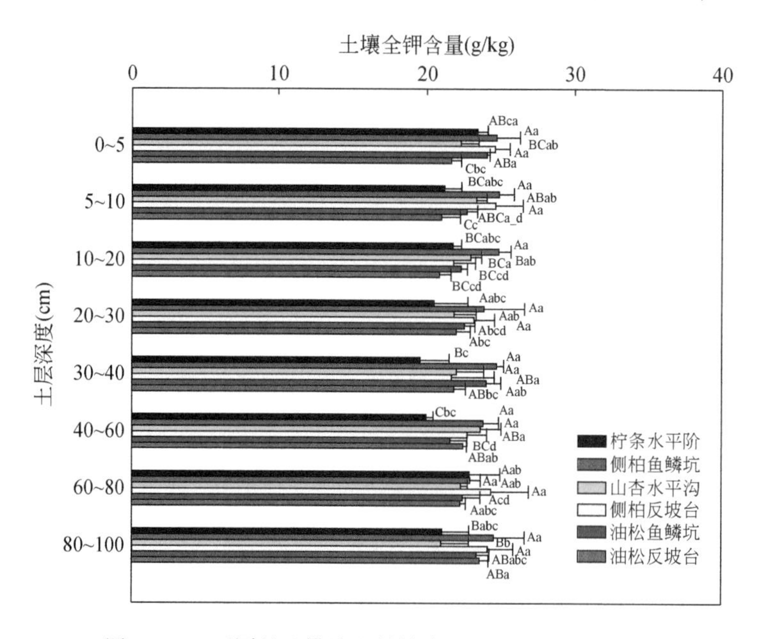

图 11-12　不同整地措施和植被类型下的土壤全钾含量

从图 11-13 中看出，柠条植被覆盖下的土壤全钾含量在 30 ~ 60 cm 土层相对较低，也是所有处理中的极小值，分别只有 20.5g/kg、19.5g/kg 和 20.0g/kg。与侧柏的全钾含量、全磷含量相比可以发现，其对土壤全钾含量的消耗较小，而对土壤全磷含量的变化比较敏感，说明侧柏对磷素的消耗和对钾素的保持有积极影响。在不同整地措施和植被类型下，柠条水平阶的土壤全钾含量相对较低。

与对照相比，水平阶整地措施下土壤全钾含量的增幅最大，达到了 11.3%，增量为 2.41g/kg；鱼鳞坑和水平沟增幅次之，分别为 3.5% 和 6.4%；反坡台增幅最小，仅为 0.5%，增量仅为 0.11g/kg。

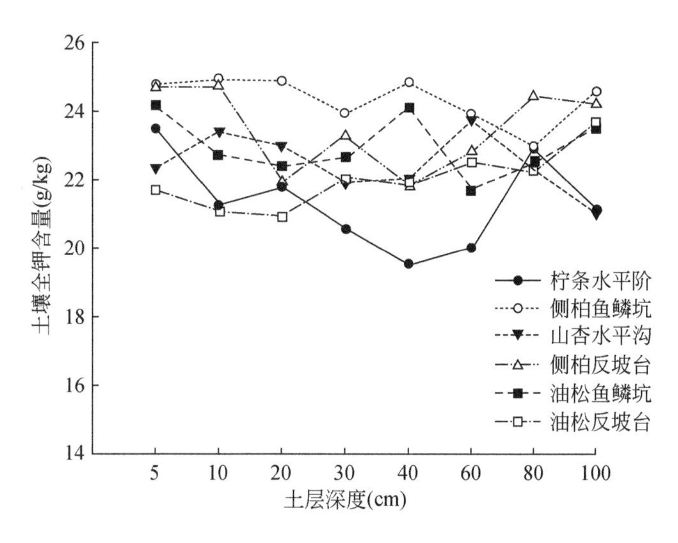

图 11-13　不同整地措施和植被类型下土壤全钾含量的垂直分布

不同整地措施和植被类型下，土壤速效钾含量垂直分布如图 11-14 和图 11-15 所示。与对照相比，整地措施下土壤速效钾含量增量为 16.43 mg/kg，增幅为 17.49%，其中，水平阶和反坡台增量分别为 21.51 mg/kg 和 23.14 mg/kg，水平沟和鱼鳞坑增量分别为 11.42 mg/kg 和 9.65 mg/kg。

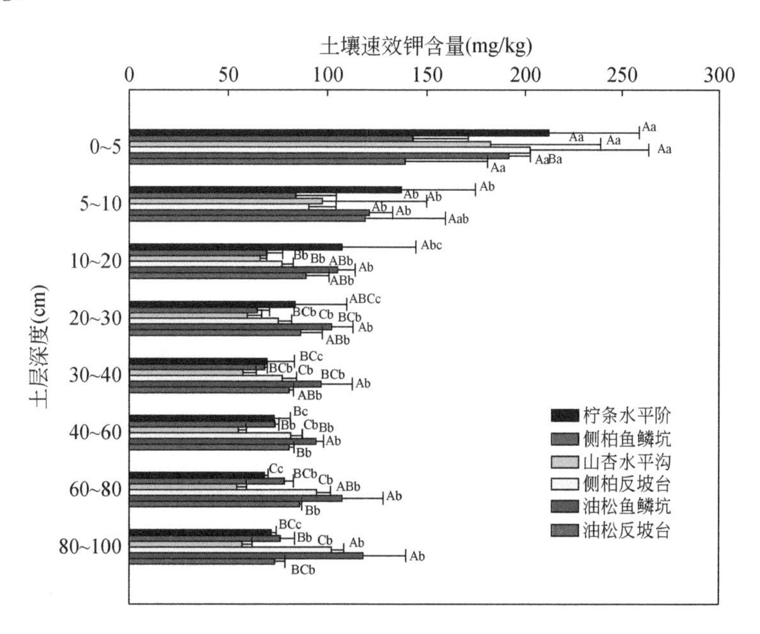

图 11-14　不同整地措施和植被类型下的土壤速效钾含量

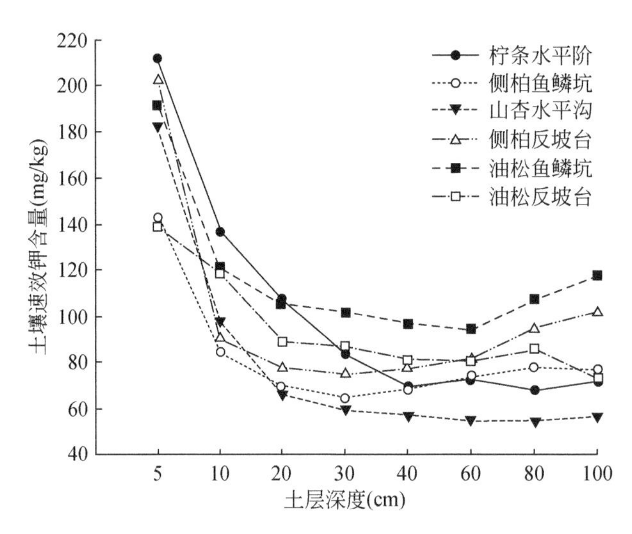

图 11-15　不同整地措施和植被类型下土壤速效钾含量的垂直分布

土壤速效钾含量具有更加明显的表聚性，即随土层深度增加而逐渐减少，这与其他速效养分相似。表层土壤速效钾含量与深层土壤速效钾含量成反比，即 0～100 cm 土壤速效钾含量总量基本相同，也说明了在该地区钾素相对充足的情况下，土壤速效钾含量相对平衡，具有明显的表聚性，各处理之间没有明显差异。不同整地措施下土壤碱解氮平均含量依次为柠条水平阶>山杏水平沟>油松鱼鳞坑>侧柏鱼鳞坑>油松反坡台>侧柏反坡台，土壤速效磷平均含量依次为柠条水平阶>油松鱼鳞坑>油松反坡台>山杏水平沟>侧柏鱼鳞坑>侧柏反坡台，土壤速效钾平均含量依次为油松鱼鳞坑>柠条水平阶>侧柏反坡台>油松反坡台>侧柏鱼鳞坑>山杏水平沟。

11.3.5　对土壤 PH 的影响

对不同整地措施和植被类型下 pH 的分析结果（图 11-16）表明：柠条水平阶的 pH 最小（8.40），而侧柏反坡台的 pH 最大（8.80）。总体上看土壤都偏碱性，但是各处理之间的土壤 pH 并无明显差异，随土壤深度变化也并不明显。与对照相比，四种整地措施下 pH 变化不大，平均减少了 0.07，因为该地区平均 pH 为 8.55，偏碱性，所以整地小区土壤酸碱环境有所改善。

综合来看，四种整地措施都在一定程度上提高了土壤全量养分性质，其中，整地小区的土壤全氮含量增幅最大，土壤全磷含量增幅最小，水平阶整地措施下土壤全钾含量增量最大，鱼鳞坑整地措施下土壤有机质含量增量最大，不同整地措施下土壤全磷含量和土壤全氮含量差异均较小。整体来看，与对照相比，整地措施下土壤有机质、全氮、全磷和全钾含量增幅分别为 8.78%、16.69%、2.21% 和 5.42%，全量养分含量平均增幅为 8.275%。整地小区有效磷与对照相比，速效钾含量平均提高了 0.599 mg/kg。从速效养分含量的变化来看，与对照相比，水平阶和反坡台整地措施下速效养分含量增幅相对较明显，分别为 33.2% 和 18.84%，水平沟和鱼鳞坑整地措施下速效养分含量增幅分别为

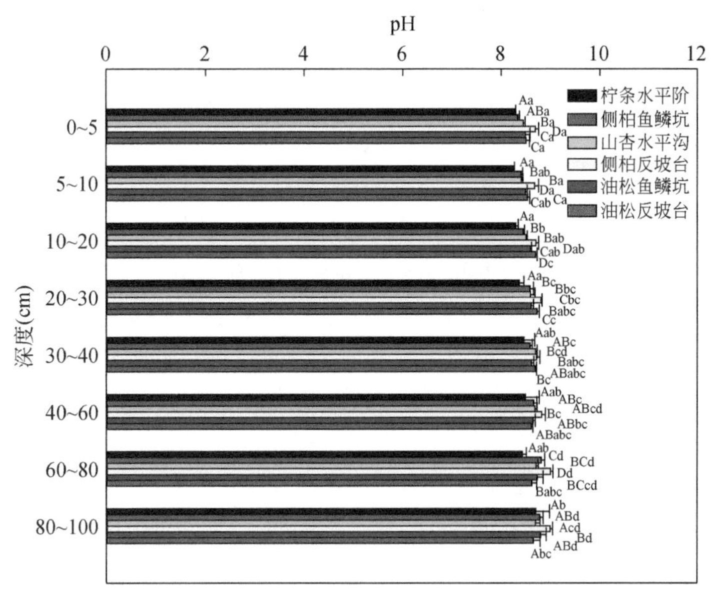

图 11-16 不同整地措施和植被类型下的土壤 pH

4.43% 和 7.85%。综上所述，与对照相比，整地措施下速效养分含量平均增幅为 16.06%，其中，土壤有效磷含量增幅最明显，pH 变化最不明显。

11.4 整地措施和植被耦合作用下的土壤固碳服务

(1) 土壤碳储量比较

如图 11-17 所示，本研究比较了不同整地措施和植被类型组合条件下的土壤碳储量。不同整地措施和植被类型组合条件下的土壤碳储量存在差异，各土层储量也存在差异。在

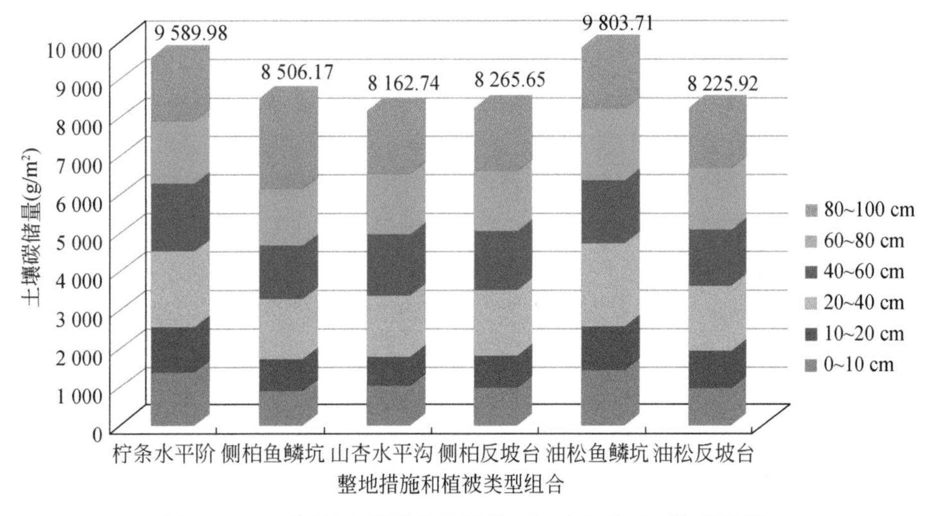

图 11-17 不同整地措施和植被类型组合条件下土壤碳储量

0~1 m 土层中，相比其他整地措施和植被类型的组合，油松和鱼鳞坑组合的土壤碳储量最多（9803.71 g/m^2），而山杏和水平沟组合的土壤碳储量最少（8174.65 g/m^2）。在不同的整地措施和植被类型组合条件下，土壤碳储量由高到低分别为：油松鱼鳞坑（9803.71 g/m^2）、柠条水平阶（9589.98 g/m^2）、侧柏鱼鳞坑（8506.17 g/m^2）、侧柏反坡台（8265.65 g/m^2）、油松反坡台（8225.92 g/m^2）、山杏水平沟（8162.74 g/m^2）。

（2）整地措施和植被恢复对土壤固碳的影响

本研究使用偏 RDA 和方差分解的方法，对整地措施和植被类型对土壤碳储量的影响进行了对比和分析，通过不同变量（组）对土壤碳储量变化程度的解释度来说明各因素对土壤碳储量的影响（图 11-18）。可以看出，整地措施对土壤碳储量变化的解释度是最大的（共计 96.9%），说明整地措施对土壤碳储量的影响非常大，即土壤碳储量主要受整地措施的影响发生变化。然而，在整体解释度中，有 66.4% 的解释度来自整地措施和植被类型的共同作用，说明虽然整地措施对土壤碳储量存在主导影响，但其对土壤碳储量的影响主要是通过整地措施和植被类型的共同作用来实现的，毕竟植被及其枯枝落叶等凋落物是土壤碳储量的物质来源。所以，结果显示，整地措施对土壤碳储量的影响较大，而整地措施和植被类型之间的共同作用在影响土壤碳储量变化方面占主导作用。

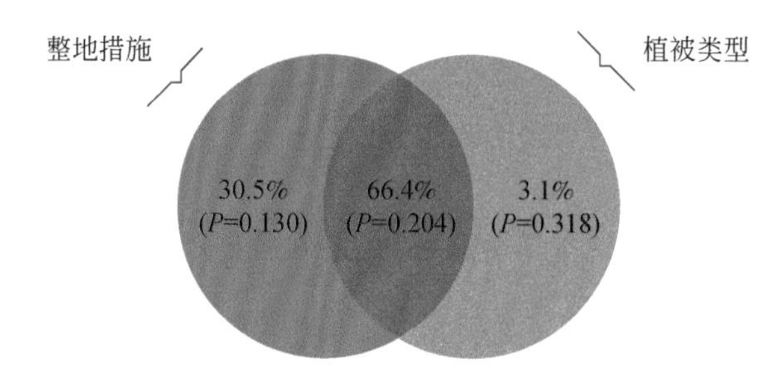

图 11-18　不同影响因素（整地措施、植被类型）对土壤碳储量的影响分析

事实上，在黄土高原的生态环境治理和植被恢复过程中，每年都会有大量的植被枯落物随土壤生物分解和雨水淋洗，转化为土壤养分进入土壤。例如，有机物质通过土壤微生物的分解变化为腐殖质，使土壤有机质增加，最终增加了土壤碳储量。在这些过程中，整地措施和植被对土壤养分积累与循环都有一定影响，如乔木的枯枝落叶层比较厚，但也存在着凋落物木质素含量较高、分解速度较慢的问题，合理的整地措施可以发挥其地形优势。所以在不同植被覆盖下的地形和地区，土壤碳储量存在差异。

本研究对不同整地措施和植被类型组合条件下的土壤碳储量进行了计算和对比分析，并利用数值方法量化了相互影响。整地措施和植被类型对土壤碳储量的影响主要是通过改善土壤性质和地形条件而实现的。本研究通过对比不同整地措施和植被类型组合条件下的土壤碳储量发现，油松具有较高的土壤碳储量和含量，原因是油松具有更高的生物量和更大的盖度，所以更高大和密集的枝干叶导致其有更多的凋落物和更厚的枯枝落叶层，因此为土壤碳储量提供了更高的物质补给，在经过转化之后储藏至土壤碳中，提高了土壤碳储量。

11.5 整地措施和植被耦合作用下的养分供给服务

(1) 土壤养分储量比较

本研究对不同整地措施和植被类型组合条件下的土壤养分储量（氮、磷、钾）进行了比较（图 11-19）。结果显示，土壤氮储量从高到低分别为柠条水平阶（721.24 g/m²）、油松鱼鳞坑（670.56 g/m²）、山杏水平沟（563.12g/m²）、油松反坡台（501.92 g/m²）、侧柏鱼鳞坑（434.62 g/m²）、侧柏反坡台（395.82 g/m²）。土壤磷储量从高到低分别为柠条水平阶（1847.00 g/m²）、油松鱼鳞坑（1680.35 g/m²）、油松反坡台（1635.80 g/m²）、侧柏鱼鳞坑（1625.00g/m²）、山杏水平沟（1461.71g/m²）、侧柏反坡台（1063.82 g/m²）。比较不同整地措施和植被类型组合条件下的土壤磷储量可以发现，柠条的养分储量确实高于

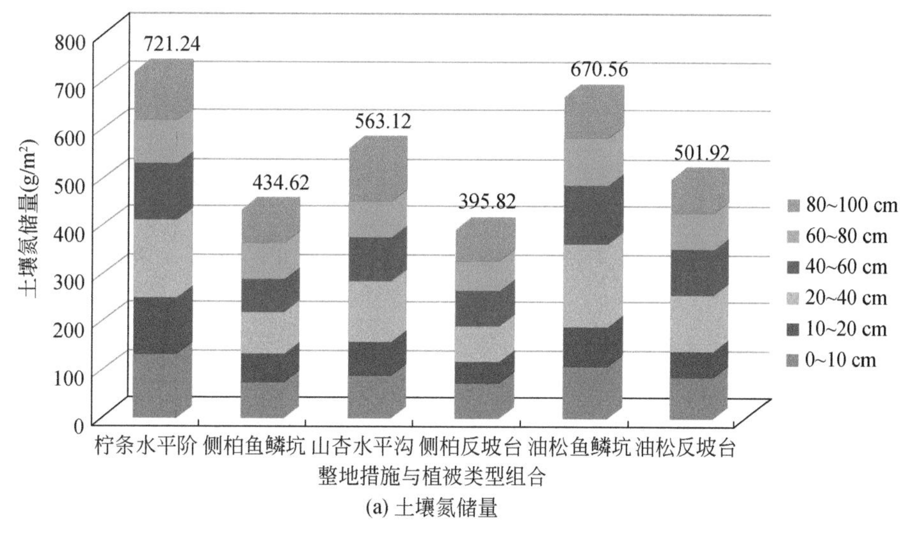

(a) 土壤氮储量

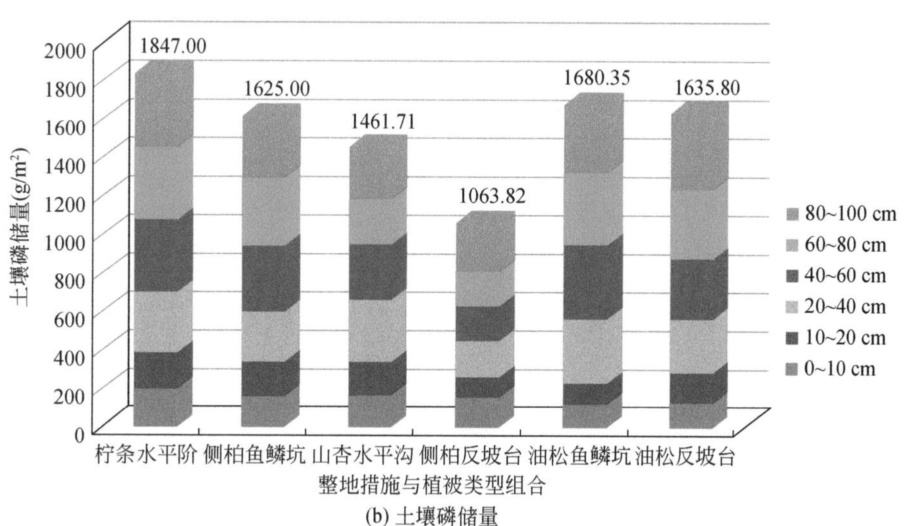

(b) 土壤磷储量

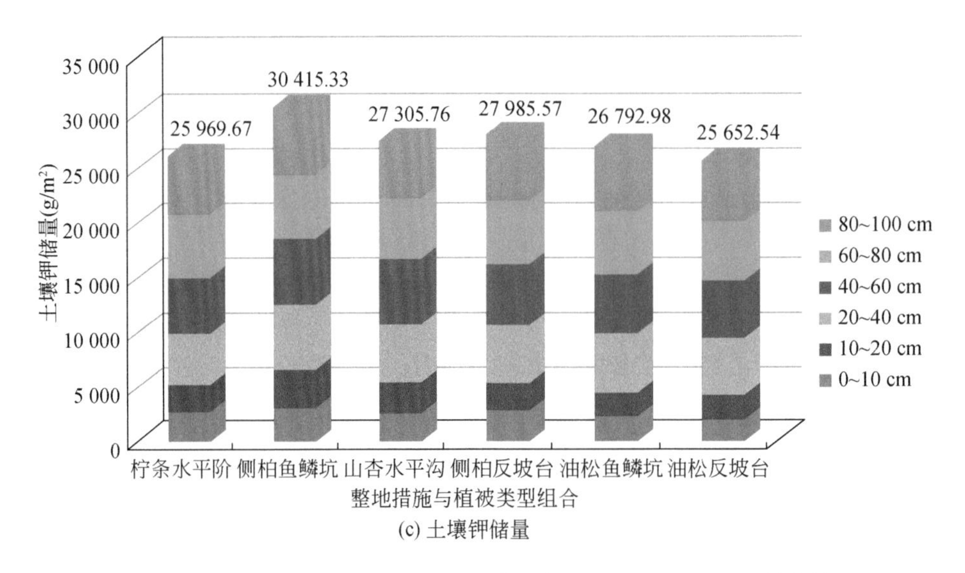

(c) 土壤钾储量

图 11-19　不同整地措施和植被类型组合条件下 0～1 m 土层土壤养分储量

其他植被，所以比较适用于土壤养分贫瘠地区。土壤钾储量从高到低分别为侧柏鱼鳞坑（30 415.33g/m^2）、侧柏反坡台（27 985.57 g/m^2）、山杏水平沟（27 305.76 g/m^2）、油松鱼鳞坑（26 792.98 g/m^2）、柠条水平阶（25 969.67 g/m^2）、油松反坡台（25 652.54 g/m^2），证明了钾含量的富集性。

（2）整地措施和植被恢复对土壤养分供给的贡献

本研究基于偏 RDA 和方差分解方法，分析不同整地措施和植被类型对土壤养分（氮、磷、钾）储量分布和变化的影响，结果如图 11-20 所示。首先，对于土壤氮储量的影响因素分析显示，植被类型对其变量解释度最大，达到了 36.5%（$p<0.05$），而相比之下，整地措施对土壤氮储量的影响较小，其解释度只有 11.7%（$p<0.05$）。这说明植被类型相比整地措施更能影响土壤氮储量，然而，两者的共同作用对土壤氮储量的解释度比两者各自的解释度都高，达到了 51.8%（$p<0.01$）。其次，对于土壤磷储量的影响因素分析显示，整地措施和植被类型各自的解释度分别为 28.5% 和 31.1%（$p<0.05$），而两者的共同作用对土壤磷储量的解释度达到了 40.4%（$p<0.01$）。最后，对于土壤钾储量的影响因素分析

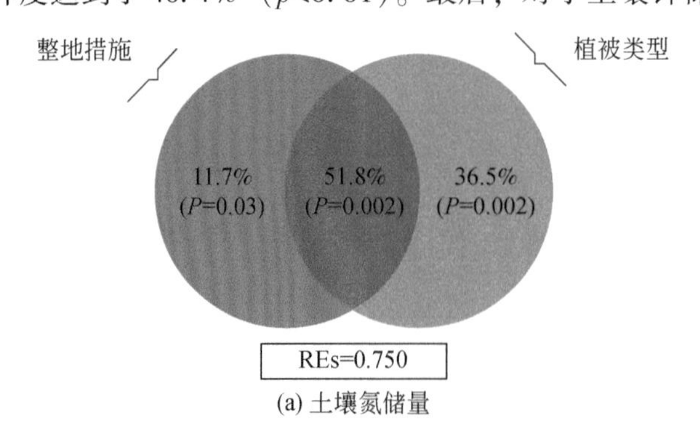

(a) 土壤氮储量

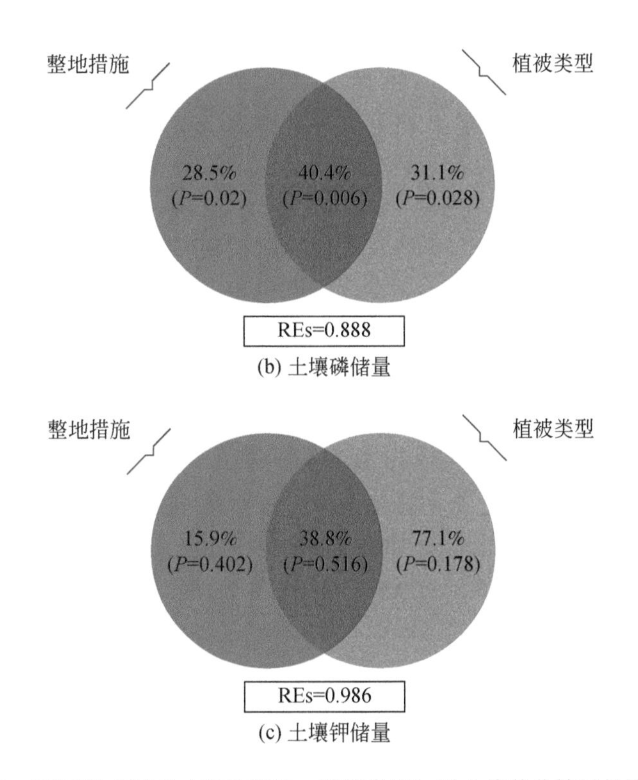

图 11-20　不同影响因素（整地措施、植被类型）对土壤养分储量的影响分析

显示，植被类型对土壤钾储量的解释度达到了 77.1%，说明植被类型对土壤钾储量含量起主导作用。相比之下，整地措施和两者共同作用的解释度分别为 15.9% 和 38.8%，均小于植被类型对土壤钾储量的解释度。

如前所述，在黄土高原植被生态恢复和环境改善过程中，在整地条件下的植被恢复对维持和提供土壤生态系统的土壤养分储量有重要作用（Chen et al., 2007）。由于气候和植物的生理活动，每年干燥的树枝和落叶脱落到地面，形成植物枯落物层（McDowell and Sharpley, 2002），然后它们经过逐渐分解，释放土壤中的营养物质（冯天骄等，2016）。例如，对于其他营养元素（如氮），具有生物固氮功能的植物可以增加土壤中的氮含量（Erkossa et al., 2005），本研究中柠条就是属于这样有固氮功能的豆科植物。这些过程在进行整地措施后更加迅速和高效，因为整地措施可以疏松土壤并增强土壤通气性，这会增加土壤生物（如土壤微生物）的生理活性，并加速营养分解（Bocchi et al., 2000）。因此，整地措施和植被类型对土壤养分积累与循环有重要影响。本研究发现，鱼鳞坑和油松组合下的土壤碳储量最大（9803.71 g/m^2），而水平沟和山杏组合下的土壤碳储量最小（8162.74 g/m^2）。而对于土壤养分储量，柠条水平阶和油松鱼鳞坑储量较高，而山杏水平沟储量偏低。

本研究发现，油松和柠条具有更好的养分状况和更高的养分储量，特别是土壤氮储量。原因是它们有更高的生物量和土壤养分转化能力，如油松具有更发达的枝干和地上部分、根系和地下部分。相比其他植被，油松对土壤养分有更好的营养补充能力。柠条作为一种固氮植物，通过根系可以固定更多的氮元素在土壤养分库（Xia et al.，2009）。所以，油松和柠条具有更高的土壤碳储量和养分储量，更重要的是，合理的整地措施会使这种养分储存优势更强地发挥出来，达到提高养分累积和土壤质量的最佳效果。

另外，由前述养分含量垂直分布情况可知，土壤养分含量同样具有表聚性，即土壤养分储量会随着土层深度的增加而减少。这是因为随着土层深度的增加，其养分循环过程的活跃程度会随之降低，当不同养分循环在表层更积极地转化和储存时，深层土壤的养分状况和养分储量相较表层会降低，其养分循环速度也相应减慢。

11.6 小　　结

1）与坡面相比，水平沟、鱼鳞坑、反坡台和水平阶四种整地措施都在一定程度上提高了土壤全量养分性质，同时，不同整地措施下土壤全磷和土壤全氮含量差异较小。与对照相比，整地措施下土壤有机质、全氮、全磷和全钾增幅分别为 8.78%、16.69%、2.21% 和 5.42%，全量养分含量平均增幅为 8.275%，速效钾含量平均提高了 0.599 mg/kg。从速效养分含量的变化来看，与对照相比，水平阶和反坡台整地措施下速效养分含量增幅较明显，分别为 33.2% 和 18.84%。

2）整地方式对土壤水力学性质有改善作用。相比对照，鱼鳞坑和反坡台土壤饱和含水量分别提高了 7.52% 和 4.24%，有效水含量分别提高了 4.74% 和 11.40%。而对于土壤碳储量，整地方式的解释度可达 96.4%，但其中有 66.4% 的解释度来自和植被的共同作用，说明整地类型和植被配置综合作用下才能达到最佳的固碳效益。

3）本研究证实，在进行土地修复和植被恢复中，应充分考虑植被的养分利用特点，因地制宜合理选择恢复植物种类。从土壤养分循环的角度，要从土壤养分的来源和去处、植被影响过程等动态考虑，合理应用各种地形地貌进行人工改造，最终科学筛选植被并合理配置整地措施，从而有效改良土壤和修复退化环境。本实验的相关研究结论为黄土高原小流域土壤肥力提升、调整和优化植被恢复措施和坡面水土流失综合治理等提供了科学参考依据。

参考文献

冯天骄，卫伟，陈利顶，等. 2016. 陇中黄土区坡面整地和植被类型对土壤化学性状的影响. 生态学报，36（1）：3216-3225.

马昌臣，王飞，穆兴民，等. 2013. 小麦根系机械作用对土壤水分特征曲线的影响. 水土保持学报，27（2）：105-109.

Bocchi S，Castrignanò A，Fornaro F，et al. 2000. Application of factorial kriging for mapping soil variation at field scale. European Journal of Agronomy，13（4）：295-308.

Chen L D，Huang Z L，Gong J，et al. 2007. The effect of land cover/vegetation on soil water dynamic in the hilly area of the Loess Plateau，China. Catena，70（2）：200-208.

Ding D Y，Feng H，Zhao Y，et al. 2016. Impact assessment of climate change and later-maturing cultivars on winter wheat growth and soil water deficit on the Loess Plateau of China. Climatic Change，138：157-171.

Erkossa T, Stahr K, Gaiser T. 2005. Effect of different methods of land preparation on runoff, soil and nutrient losses from a vertisol in the Ethiopian highlands. Soil Use and Management, 21: 253-259.

Fu B J, Wang Y F, Lu Y H, et al. 2009. The effects of land-use combinations on soil erosion: a case study in the Loess Plateau of China. Progress in Physical Geography, 33: 793-804.

Fu B J, Chen L D, Ma K M, et al. 2000. The relationships between land use and soil conditions in the hilly area of the Loess Plateau in northern Shaanxi, China. Catena, 39: 69-78.

Gao X R, Zhao Q, Zhao X, et al. 2017. Temporal and spatial evolution of the standardized precipitation evapotranspiration index (SPEI) in the Loess Plateau under climate change from 2001 to 2050. Science of the Total Environment, 595: 191-200.

Gong J, Chen L D, Fu B J, et al. 2007. Integrated effects ofslope aspect and land use on soil nutrients in a small catchment in a hilly loess area, China. International Journal of Sustainable Development and World Ecology, 14: 307-316.

McDowell R W, Sharpley A N. 2002. The effect of antecedent moisture conditions on sediment and phosphorus loss during overland flow: Mahantango Creek catchment, Pennsylvanian, USA. Hydrological Process, 16: 3037-3050.

Storer D A. 1984. A simple high sample volume ashing procedure for determination of soil organic matter. Communications in Soil Science and Plant Analysis, 15 (7): 759-772.

Xia J B, Zhang G C, Zhang S Y, et al. 2009. Growth process and diameter structure of *Pinus tabulaeformis* forest for soil and water conservation in the hilly loess region of China. African Journal of Biotechnology, 8: 5415-5421.

Yang X, You X. 2013. Estimating parameters of van Genuchten model for soil water retention curve by intelligent algorithms. Applied Mathematics and Information Sciences, 7: 1977-1983.

Zhao X, Li Z, Zhu Q. 2017. Change of precipitation characteristics in the water-wind erosion crisscross region on the Loess Plateau, China, from 1958 to 2015. Scientific Reports, 7: 1-15.

第12章 整地措施与植被类型耦合的水蚀防控效应

水土流失是陆地生态系统存在的关键环境问题之一，土壤侵蚀造成的严重后果不仅存在于人为生态系统，如作物、林地及牧草地，也存在于自然生态系统中。土壤侵蚀加速了地表径流而减小了土壤持水能力，也会导致土壤养分流和土壤生物发生不明确的运移。植被建设是防治土壤侵蚀及土地退化加剧的最有效方式。整地措施在使有限水资源得到充分利用的同时也提升了植被及作物的水分利用效率，同时也可以防止水土流失，故以黄土高原大规模工程措施为研究背景，开展工程措施与植被耦合条件下的生态水文过程研究，也能够为系统评价不同类型的水土保持工程措施提供依据。

产流与侵蚀是发生在多变下垫面上的多因素耦合过程，而植被与地形是关键组成要素，也是在不同尺度上决定侵蚀产沙的关键因子，围绕植被与整地措施耦合效应的研究目前并不系统，在实验方法及监测技术上都面临着重重的困难和限制，而基于坡面尺度，通过搭建无干扰的整地措施与植被耦合的径流小区进行长期定位观测，同时采用配对自然坡面小区进行对照，是综合评价整地措施的有效途径。

从短时间尺度来说，人类活动造成的土地利用变化是影响流域侵蚀产沙的主要原因，而在这一过程中，整地措施对阻蚀减流做出了重要的贡献。黄土丘陵区植被覆盖率大幅提高，在水土保持综合治理措施较为完善的小流域，生态环境已发生了显著的变化。而伴随整地措施的开展，在整地措施与植被耦合条件下坡面环境和“降雨–径流–泥沙”特征将与传统自然坡面不同，整地措施的应用增加了地表粗糙度，形成的汇水单元降低了坡面漫流的连通性，提升了雨水在土壤中的保持能力，然而，对典型整地措施与植被耦合条件下的水土保持效应方面的定量研究较少，优化土地利用结构，合理开展整地措施是行之有效的举措，而通过配对实验，即设计相同植被类型的自然坡面与开展整地措施的坡面小区进行对照，为定量评价整地措施的阻蚀减流效应提供了可行思路。

与此同时，在开展植被恢复的过程中，影响水土流失的因素很多，尤其是以降水为主要驱动力的黄土高原地区，降雨量、降雨强度、降雨历时及地形因子都会对水土流失过程产生不同程度的影响。当前，围绕降水对水土流失的影响方面相关报道较多，但结合次降水事件，识别整地措施与植被耦合条件下的水土流失特征方面的报道较少。在以降水为主要驱动力的黄土高原地区，究竟是雨量、雨强还是降雨历时对整地措施产流产沙的影响最为关键？这需要通过长期的定位监测及数据积累进行深入分析和判断。基于此，本章采用配对研究的方法，通过设立同一植被自然坡面的径流小区作为对照，对整地措施的减流阻蚀效应进行定量评价，并结合生长季内的侵蚀性降水事件，识别影响不同整地措施产流产沙的关键降水因子，以期为合理开展坡面整地措施及评价其水土保持效益提供依据。

围绕植被在防治水土流失过程中的作用，学者已经开展了大量的研究。然而，大多的研究都单纯地集中在植被自身的形态与功能及不同尺度的植被格局与水土流失之间的关系方面，围绕整地措施与植被耦合的相关研究较少。在干旱半干旱生态系统，水土保持工程措施已成为防治水土流失的有效举措，广泛应用于植被恢复工程中，但是在坡面尺度上，整地措施与植被耦合下的水文效应是如何体现的？关于这一问题的相关研究相对较少。所以探讨在人为干扰（整地措施）条件下的水文效应，对退化生态系统的水土资源管理而言意义重大。

12.1 研究方法和数据分析

12.1.1 配对径流小区的建立

在对不同整地措施小区进行径流泥沙测定的同时，为了能够更好地研究不同整地措施的减流阻蚀特征，采用配对实验方法在整地措施小区旁边设立同一植被类型的自然坡面小区作为对照。不同整地措施及对照小区示意图如图 12-1 所示。

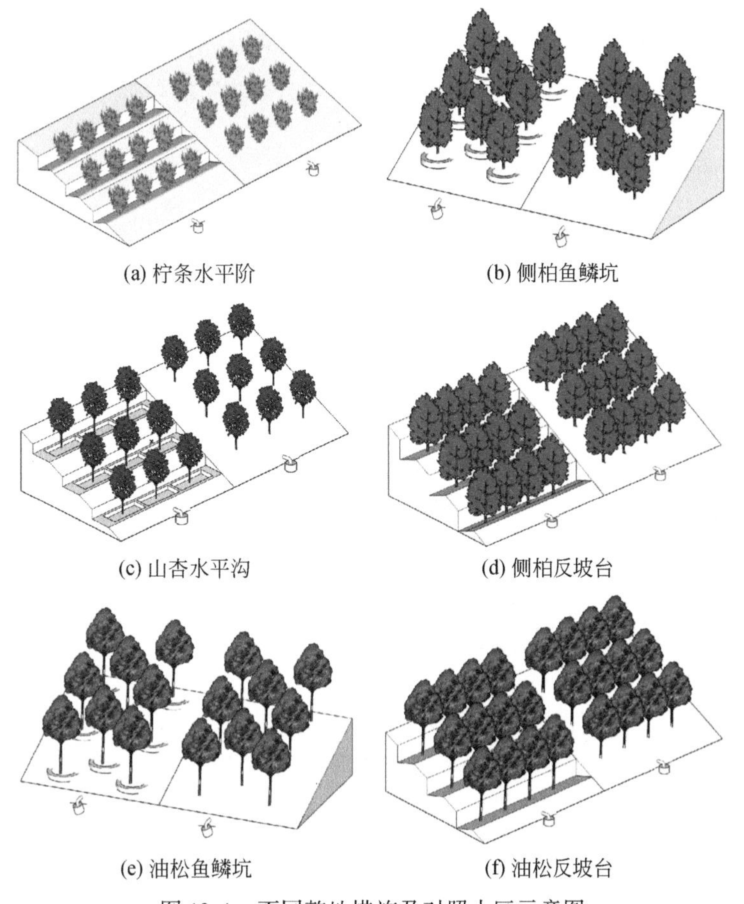

图 12-1　不同整地措施及对照小区示意图

12.1.2 产流产沙测定

结合侵蚀性降水事件对不同整地措施的径流小区进行地表径流与泥沙量的测定，于各次降水产流事件后，通过集水桶内的水深来计算径流量，同时将集水桶所收集到的径流充分搅拌均匀，取泥沙和径流的混合水样三份，带回实验室定容，待样品沉淀后进行烘干称重，测定泥沙含量。由于同步设置了配对样地，本研究根据《水土保持综合治理效益计算方法》(GB/T 15774—2008) 进行蓄水减流率和减沙率的计算，计算公式如下：

$$S=\frac{m_t-m_c}{V}=\frac{m_s}{V} \tag{12-1}$$

$$S_t=S\times R\times 10^{-3} \tag{12-2}$$

$$\eta_w=\frac{W_0-W_s}{W_0}\times 100\% \tag{12-3}$$

$$\eta_s=\frac{G_0-G_s}{G_0}\times 100\% \tag{12-4}$$

式中，S 为泥沙浓度 (g/cm^3)；m_t为烧杯和烘干泥沙总量 (g)；m_c为烧杯重量 (g)；V 为径流体积 (cm^3)；S_t为泥沙量 (kg)；R 为径流量 (m^3)；η_w和 η_s分别为减流率和减沙率；W_0和 W_s分别为整地和自然坡面径流量 (m^3)；G_s和 G_0分别为整地和对照坡面流失泥沙量 (kg)。

12.1.3 降雨事件的聚类分析

通过使用0.2 mm 精度的翻斗式雨量筒，完成对降雨数据的采集工作，记录 2014 ~ 2018 年生长季 (5 ~ 10 月) 的降雨事件，降雨特征信息包含降雨量、降雨历时、最大 30 min 雨强 (I_{30}) 及最大 10 min 雨强 (I_{10}) 等。

聚类分析是根据对象的相似性对其进行分组。K-means 方法是一种非层次聚类算法，适用于大量的案例 (Wei et al., 2007)。本研究重点分析了不同整地-植被措施下水蚀对不同降雨类型的响应，借助以上四个降雨特征值进行聚类分析。通过聚类分析来确定一个数据集中的集群数量，直到出现最合适的簇。一般来说，分类必须符合显著性水平符合方差分析 (ANOVA) 标准 ($p<0.05$)。

12.1.4 减流减沙效益曲线

本研究定义了一个效率曲线，用于评估每种整地措施的减流减沙效率。在不同的监测条件下，需要在计算过程中减小测量误差。在相同的测量条件和监测时间下，一组实验小区 (包含整地-植被组合和坡面对照) 记录的径流系数 (R_c) 和侵蚀模数 (E_m) 可以解释同一降雨事件的相对量级。因此，汇总所有降雨事件的相对量级，可以拟合得到一个最优的趋势曲线，该曲线可以用来代表不同整地措施的减流减沙效益。将整地小区的 R_c (或

E_m）值作为 x 轴，将相应的坡面对照小区的 R_c（或 E_m）值作为 y 轴。一个点对表示特定组合下的一个降雨事件。通过回归分析，所有点对可以为每个特定组合生成最优拟合曲线，每条曲线代表相应的整地措施对径流或泥沙减少的效应。

12.2 研究结果

12.2.1 降雨因子分析

本研究记录了研究区 2014 ~ 2015 年生长季（5 ~ 10 月）的日降雨量、雨强和降雨历时信息，如图 12-2 所示。结合数据和侵蚀情况，本研究监测到 25 场侵蚀性降雨，其中 2014 年有 14 场，总侵蚀性降雨量为 262 mm，2015 年有 11 场，总侵蚀性降雨量为 196.0 mm。2014 ~ 2015 年的侵蚀性降雨量分别占当年总降雨场次的 48.3% 和 47.8%，同时分别占当年总降雨量的 52.3% 和 59.1%。可见研究区的降雨分布和降雨形式比较容易发生侵蚀。2014 ~ 2015 年侵蚀性降雨的平均雨强分别为 3.02 mm/h 和 5.78 mm/h。降雨强度的总平均值、最大降雨强度、最大 10 min 雨强（I_{10}）和最大 30 min 雨强（I_{30}）分别为（6.74±1.35）mm/h，（30.47±6.09）mm/h、（15.48±3.10）mm/h。综合 2014 ~ 2015 年的降雨观测数据，降雨历时平均为（7.09±1.42）h。在监测的降雨中，共有 11 次日降雨量大于 20 cm，平均降雨强度为 0.42 ~ 24.84 mm/h，降雨历时为 0.54 ~ 23.75 h。因此研究区的降雨特征为半干旱生态系统的典型降雨形式，在黄土高原西部非常具有典型性和代表性。

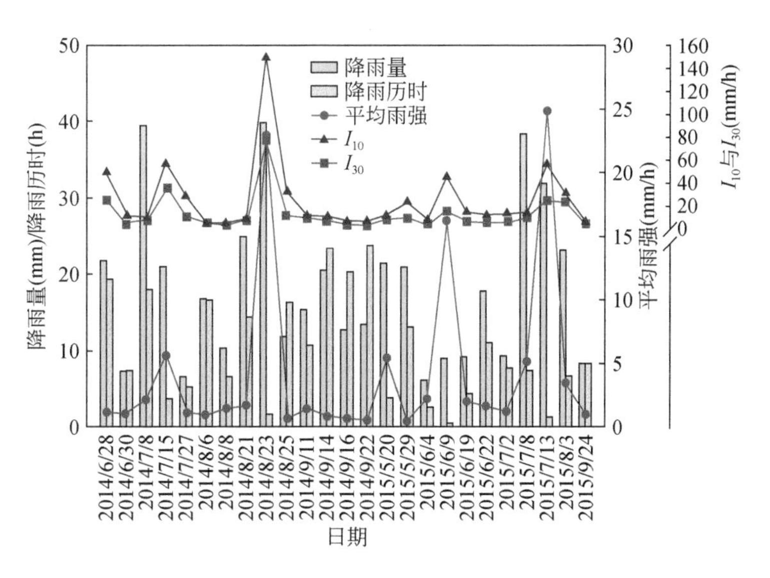

图 12-2 研究区降雨分布特征

12.2.2 整地措施和植被类型耦合的降雨径流响应规律

12.2.2.1 整地措施和植被恢复下的径流量与径流系数

2014～2015年不同整地措施径流小区共监测到产流事件46场，其中2014年有24场，2015年有22场，结合不同整地措施的产沙特征，筛选出侵蚀性降水事件25场，其中2014年有14场，2015年有11场。本研究以25场侵蚀性降水事件下不同整地措施的径流系数和侵蚀模数为本底数据，分析不同整地措施的减流阻蚀效应。不同整地措施的径流系数对次降水事件的响应如图12-3所示。不同整地措施的径流系数对相同次降水事件的响应存在差异，以2014年7月15日降水为例，该次降水量为21 mm，柠条水平阶径流系数最高，其次为侧柏鱼鳞坑和油松鱼鳞坑，而在2014年8月23日，次降水事件接近40 mm的情况下，油松鱼鳞坑径流系数最高，虽然在次降水量与该日较为接近的7月8日，油松鱼鳞坑径流系数也高于其他整地措施，但是同样的次降水量下7月8日的径流系数比8月23日低。丰水年（2014年）径流系数变化波动较为剧烈，平水年（2015年）径流系数变化较为平缓。结合2014～2015年的定位监测情况，油松鱼鳞坑平均径流系数最高（3.91%），侧柏反坡台径流系数最低（1.10%），柠条水平阶、侧柏鱼鳞坑、山杏水平沟及油松反坡台平均径流系数分别为3.02%、2.59%、2.42%和1.58%。

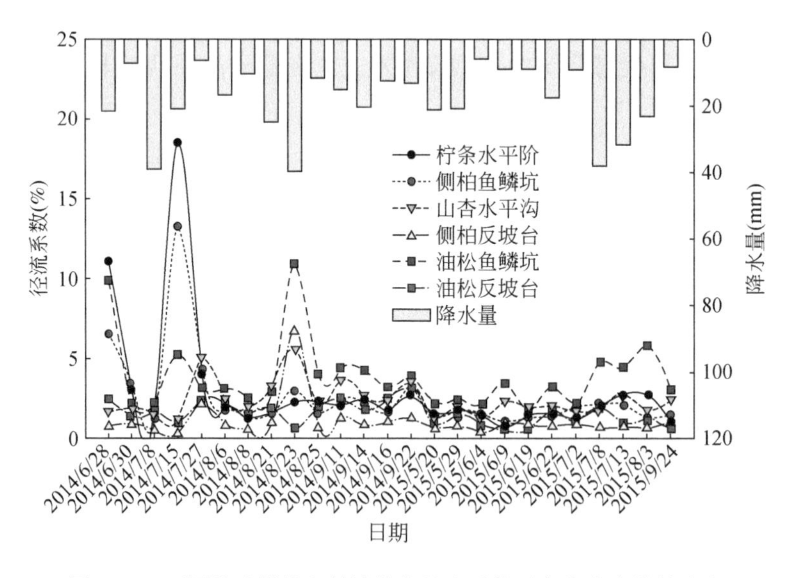

图12-3 不同整地措施和植被分布径流系数对次降水事件的响应

12.2.2.2 自然降雨下人工整地和自然坡面产流量对比

为了能够更好地体现不同整地措施的减流阻蚀效应，采用相同植被的自然坡面作为配对小区进行同步监测，配对实验监测结果显示，相同植被条件下，整地措施能够有效地防治水土流失，然而不同整地措施表现不同（图 12-4）。

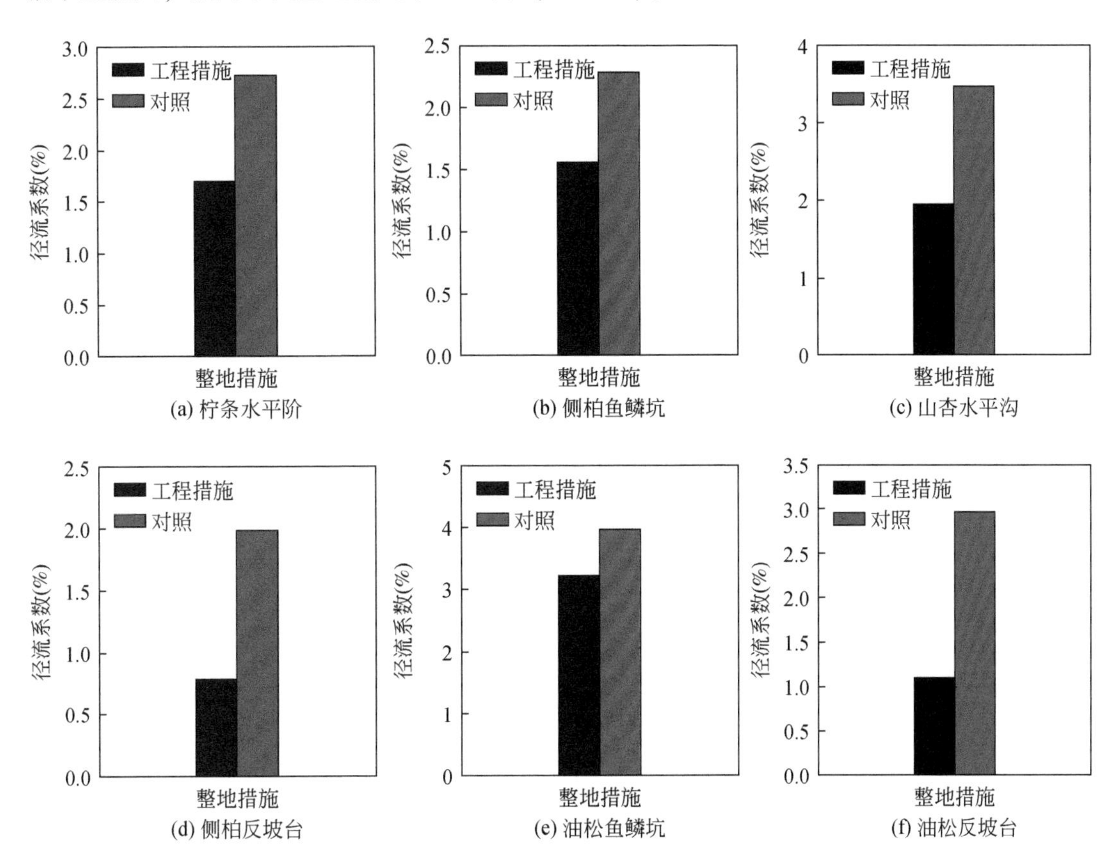

图 12-4　不同整地措施与各配对自然坡面小区径流系数

与配对小区相比，不同整地措施的径流系数分别减少 37. 7%（柠条水平阶）、31. 9%（侧柏鱼鳞坑）、44. 3%（山杏水平沟）、60. 5%（侧柏反坡台）、18. 2%（油松鱼鳞坑）和 63%（油松反坡台）。其中，油松鱼鳞坑径流系数与对照坡面相比减少的比例最小，而油松反坡台最大。

12. 2. 3　整地措施和植被恢复下侵蚀产沙短期响应规律

12. 2. 3. 1　不同整地措施和植被类型下产沙量与侵蚀模数对比

不同整地措施和植被组合下的土壤侵蚀量比较见图 12-5。不同整地措施侵蚀模数较低（图 12-6），虽然油松鱼鳞坑平均径流系数最高，然而其侵蚀模数（0. 034 t/hm^2）略低于柠条水平阶，柠条水平阶的平均侵蚀模数最高，为 0. 036 t/hm^2，油松反坡台平均侵蚀模数最低，为 0. 006 t/hm^2，侧柏鱼鳞坑、山杏水平沟和侧柏反坡台的平均侵蚀模数分别为 0. 026 t/hm^2、0. 019 t/hm^2 和 0. 015 t/hm^2。说明在整地措施对减流阻沙效益有一定贡献，研究区水土流失和水土资源得到了有效治理和保护。

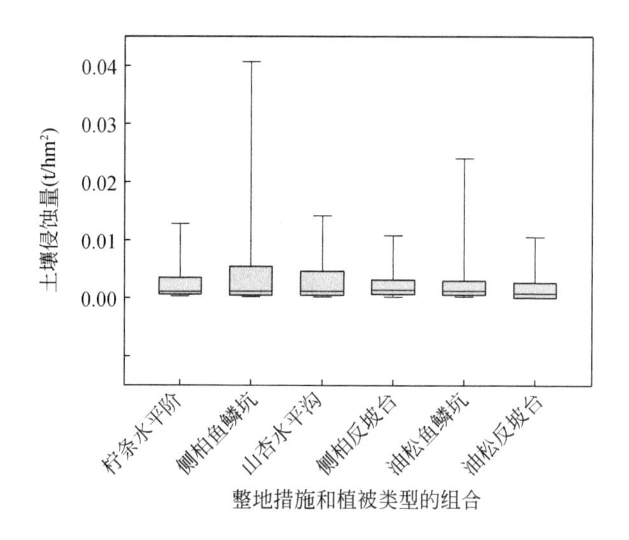

图 12-5 不同整地措施和植被组合下的土壤侵蚀量比较

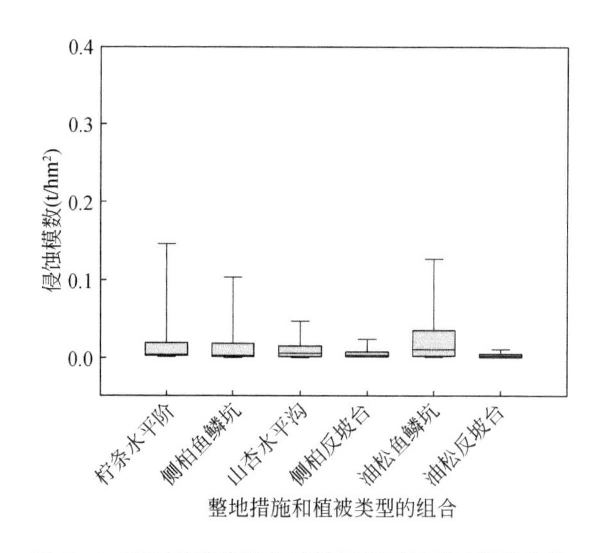

图 12-6 不同整地措施和植被组合下的侵蚀模数比较

12.2.3.2 不同整地措施产沙量与自然坡面产沙量对比

由图 12-7 可知，不同整地措施下侵蚀模数分别比对照减少 77.8%（柠条水平阶）、62.9%（侧柏鱼鳞坑）、82.6%（山杏水平沟）、84.7%（侧柏反坡台）、53.9%（油松鱼鳞坑）和 76.3%（油松反坡台）。同样地，油松鱼鳞坑和侧柏鱼鳞坑侵蚀模数与对照坡面相比减少的比例均低于 70%，侧柏反坡台侵蚀模数减少的比例最大，阻蚀效果最好。

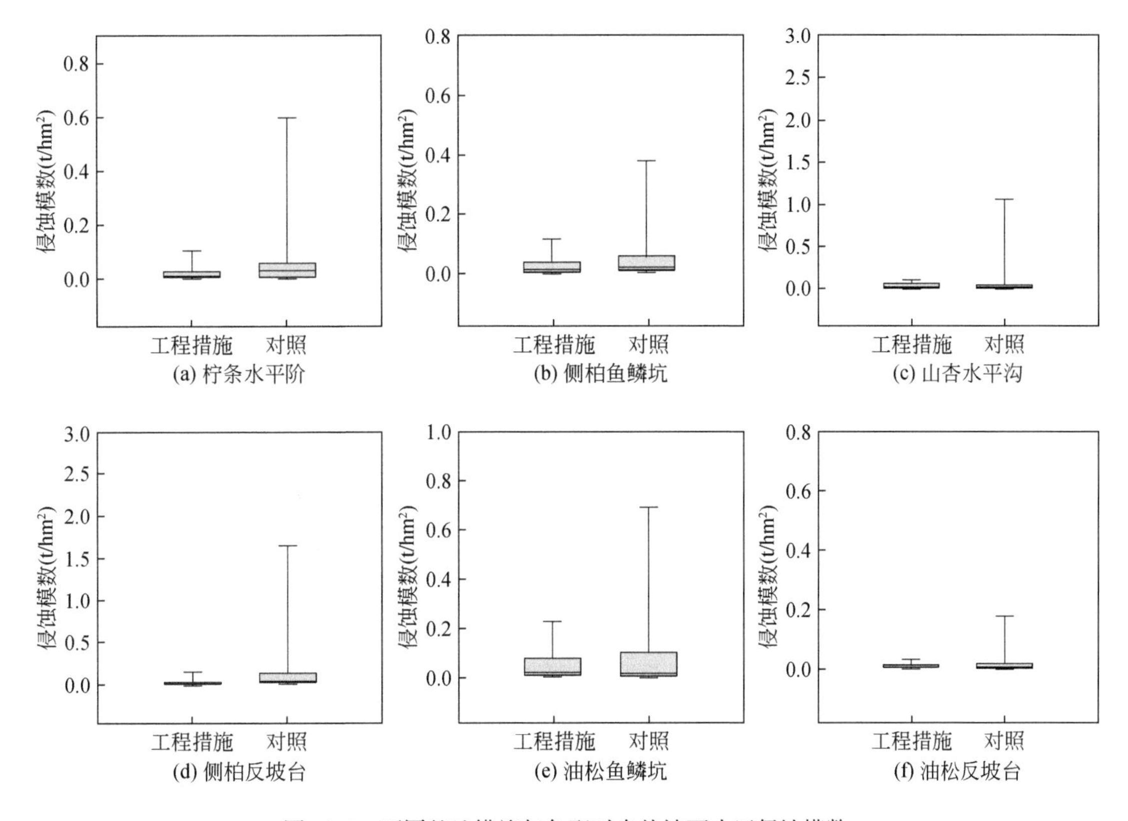

图 12-7　不同整地措施与各配对自然坡面小区侵蚀模数

12.2.4　影响不同整地措施产流产沙的关键降水因子分析

不同整地措施径流系数对次降水事件的响应不同，同时降水作为流域内的主要水源，是直接影响产流产沙的驱动因子，所以降雨因子（如降雨量、雨强和降雨历时）会直接影响径流系数和侵蚀模数的变化。基于此，通过建立不同整地措施径流系数和侵蚀模数与降雨量、降雨强度（平均雨强、最大 10 min 雨强和最大 30 min 雨强）及降雨历时的关系（图 12-8），能够识别影响不同整地措施径流系数与侵蚀模数的关键因子。对柠条水平阶和侧柏鱼鳞坑来说，最大 30 min 雨强是影响径流系数和侵蚀模数的关键降水因子，同时降水量显著影响柠条水平阶径流系数的变化，对于山杏水平沟和侧柏反坡台而言，最大 10 min 雨强和最大 30 min 雨强是影响各自径流系数和侵蚀模数的关键降水因子，而降雨量与侵蚀模数显著相关。此外，除降雨历时外，降雨量、平均雨强、最大 10 min 雨强和最大 30 min 雨强是决定油松鱼鳞坑径流系数和侵蚀模数的关键降水因子，与之相反的是，油松反坡台径流系数的关键影响因子是降雨量和降雨历时。

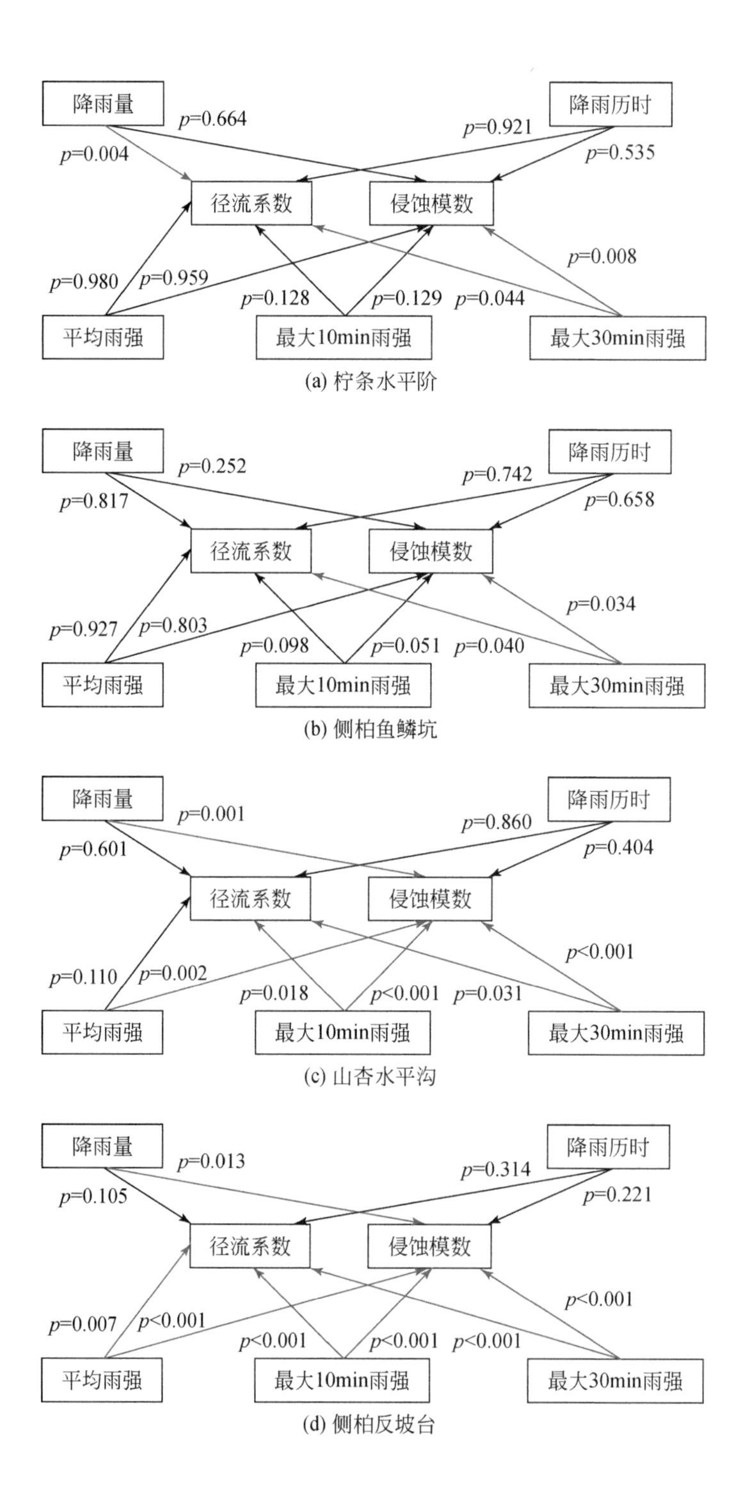

(a) 柠条水平阶

(b) 侧柏鱼鳞坑

(c) 山杏水平沟

(d) 侧柏反坡台

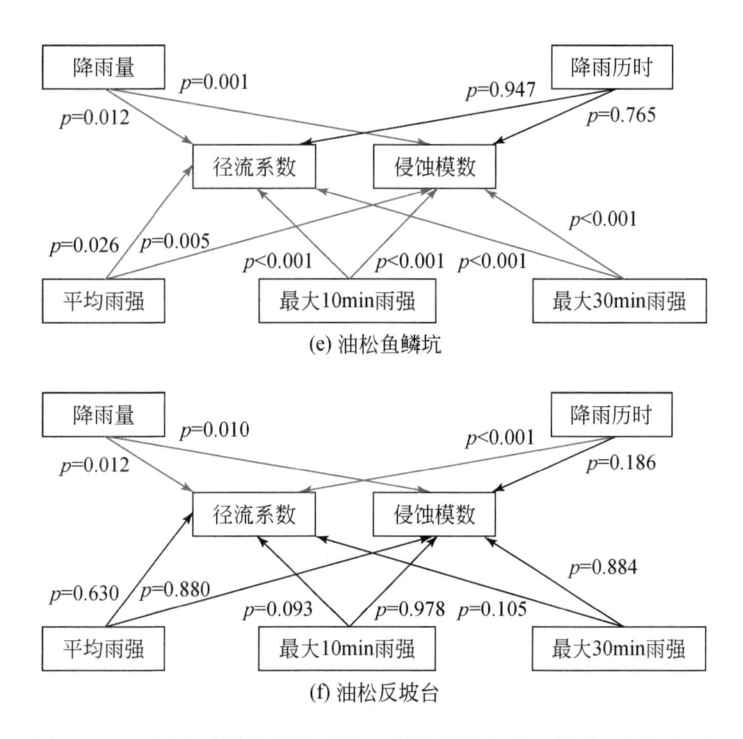

图 12-8　不同整地措施径流系数和侵蚀模数与降水因子之间的关系

12.2.5　降雨类型和不同整地措施与植被组合措施对水蚀的长期影响机制

迄今为止，大部分研究只关注了降雨事件对不同地表径流和泥沙削减的影响（Wei et al., 2007；Fang et al., 2012），同时分析也局限于基本的土地利用类型下径流和泥沙减少的效果方面。然而，鲜有研究基于降雨事件分类来探究不同整地-植被组合措施下减流和减沙的效益。本节内容基于 12.2.4 节对不同整地-植被措施产流产沙关键降水因子的研究，借助更长时间尺度的监测数据，旨在进一步分析不同整地-植被措施组合在不同降雨类型下径流减沙的效益，评价每种整地-植被组合措施的可行性和水蚀控制效果，探讨干旱地区生态系统水土流失防控的最优整地-植被组合类型（Feng et al., 2020）。

12.2.5.1　基于长时间尺度产流产沙降雨事件的分级和比较

基于以上关键降雨因子的分析，为了进一步了解不同整地措施与植被组合对不同降雨类型的响应，研究选取了更长时间尺度（2014 ~ 2018 年）下记录的降雨事件进行聚类分析。2014 ~ 2018 年生长季共记录 143 次降雨事件，其中 69 次为侵蚀性降雨。2014 年 14 次、2015 年 11 次、2016 年 12 次、2017 年 15 次、2018 年 17 次。2014 ~ 2018 年，它们分别占总降雨量的 48.3%、47.8%、44.4%、51.7% 和 48.6%，占总降雨量的 52.3%、

59.1%、35.0%、35.9%和48.8%。2014～2018年侵蚀性降雨平均强度分别为3.02 mm/h、5.78 mm/h、2.03 mm/h、1.49 mm/h、3.57 m/h；平均降雨强度为（3.09±0.65）mm/h，最大10 min降雨强度为（15.97±2.47）mm/h，最大30 min降雨强度为（7.21±2.40）mm/h。2014～2018年的平均降雨历时为（9.37±0.78）h，范围为0.51～30.11 h，平均降雨强度为0.30～30.98 mm/h（图12-9）。根据降雨量、降雨历时、最大30 min降雨强度（I_{30}）、最大10 min降雨强度（I_{10}）四个特征值，通过K-means聚类将69个降雨事件分为三类。其中，降雨类型1（RT_1）包括41个降雨事件，特点为降雨总量小、降雨历时短、降雨强度中等；降雨类型2（RT_2）包括4个降雨事件，特点为降雨总量大、降雨历时短、降雨强度大，该降雨类型为主导的侵蚀性降雨类型；降雨类型3（RT_3）包括24个降雨事件，特点为降雨历时长、降雨强度低。

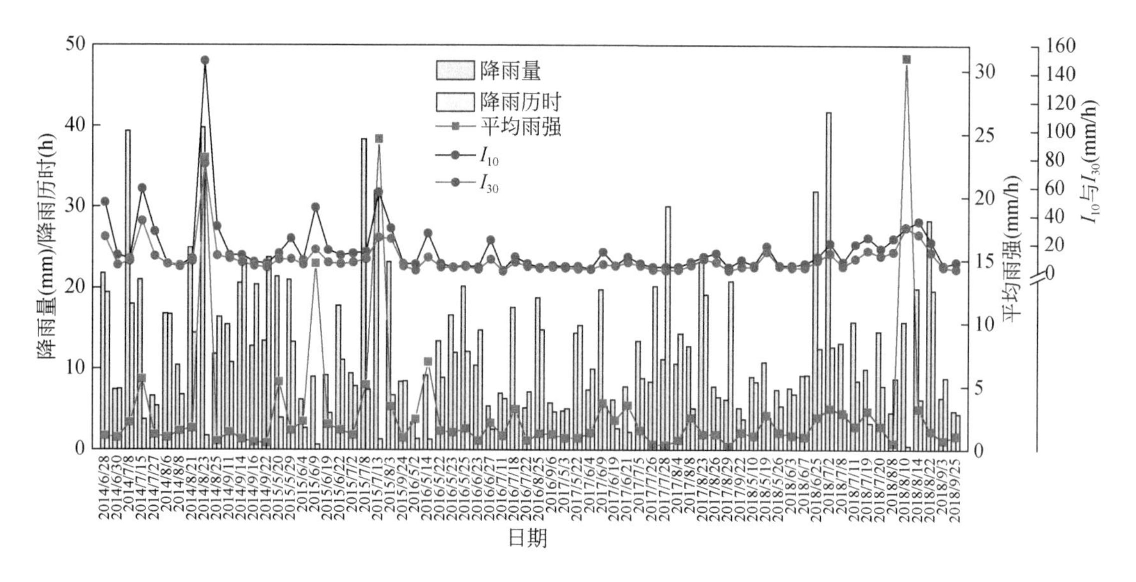

图12-9　2014～2018年生长期自然降雨特征值

12.2.5.2　不同整地措施与植被组合措施下产流产沙结果对比

不同的整地-植被组合对侵蚀性降雨事件有不同的响应（图12-10和图12-11）。6组径流小区中油松鱼鳞坑的径流系数略高于坡面对照，其余径流小区的径流系数则与之相反（图12-10）。油松鱼鳞坑的平均径流系数最高（3.37%），侧柏反坡台（1.29%）和油松反坡台（1.37%）明显低于其他整地-植被组合。柠条水平阶、侧柏鱼鳞坑和山杏水平沟的平均径流系数分别为2.49%、2.65%和2.26%。就坡面对照而言，油松反坡台的坡面对照平均径流系数最高，为3.85%；而侧柏反坡台的坡面对照平均径流系数最低，为2.60%。柠条水平阶、侧柏鱼鳞坑、山杏水平沟和油松鱼鳞坑对应的坡面对照的平均径流系数分别为3.5%、3.04%、3.63%和2.84%。

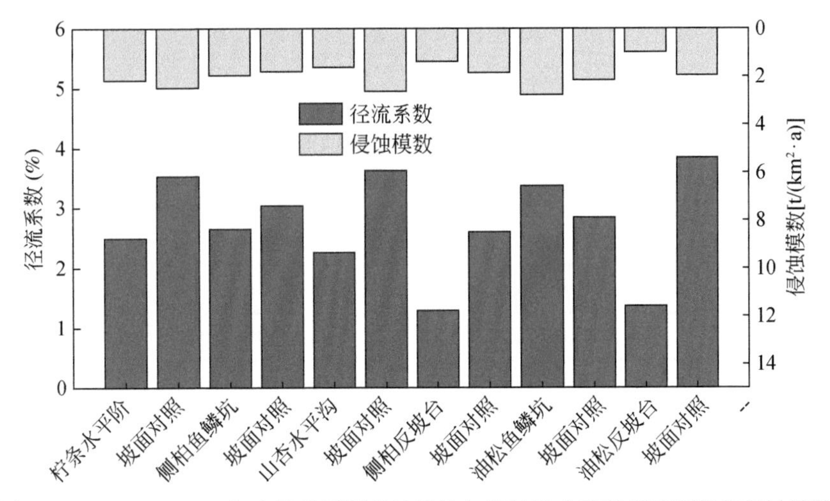

图 12-10 2014 ~ 2018 年生长季不同整地措施与植被组合下的径流系数和侵蚀模数

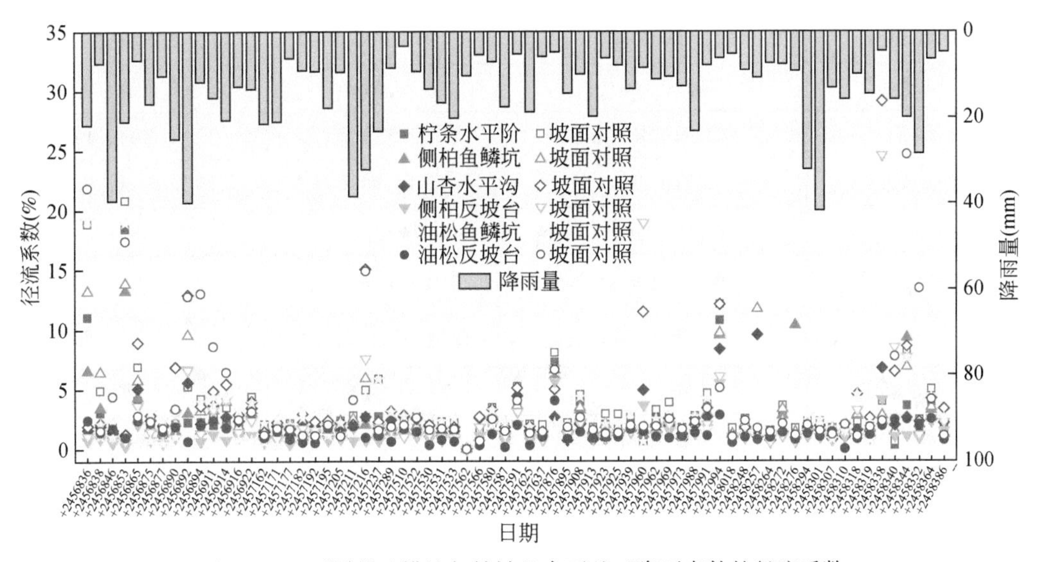

图 12-11 不同整地措施与植被组合下基于降雨事件的径流系数

除鱼鳞坑外，所有整地措施与植被组合所对应的坡面对照的平均土壤侵蚀模数均高于相应的整地小区。山杏水平沟和油松鱼鳞坑的平均土壤侵蚀模数较高，分别为 2.62 t/(km^2 · a) 和 2.76 t/(km^2 · a)，而油松反坡台的平均土壤侵蚀模数最低 [0.99 t/(km^2 · a)]。相应的坡面对照的平均土壤侵蚀模数分别为 1.62 t/(km^2 · a)、2.16 t/(km^2 · a) 和 1.96 t/(km^2 · a)。柠条水平阶、侧柏鱼鳞坑和侧柏反坡台的平均土壤侵蚀模数分别为 2.17 t/(km^2 · a)、1.95 t/(km^2 · a) 和 1.38 t/(km^2 · a)，而相应的坡面对照的平均土壤侵蚀模数分别为 2.48 t/(km^2 · a)、1.79 t/(km^2 · a) 和 1.86 t/(km^2 · a)。

对于不同降雨类型下的径流系数而言，除了山杏水平沟、侧柏反坡台、侧柏自然坡面及油松反坡台之外，所有类型的整地-植被组合都在第二类降雨（降雨历时短，降雨强度大）下显示出显著的高值（表 12-1）。而对不同降雨类型下的侵蚀模数而言，第二类降雨条件下除去山杏水平沟自然坡面、侧柏反坡台自然坡面外，其他的整地-植被组合均不显著（表12-2）。

表12-1　不同整地措施与植被组合下径流系数对降雨类型的响应　（单位:%）

整地-植被组合	RT_1	RT_2	RT_3
柠条水平阶	2.07±0.20a	5.94±4.21b	2.64±0.54a
坡面对照	3.06±0.28a	7.93±4.45b	3.61±0.80a
侧柏鱼鳞坑	2.66±0.39a	4.96±2.79b	2.26±0.39a
坡面对照	2.70±0.33a	7.69±2.65b	2.85±0.57a
山杏水平沟	2.21±0.27a	2.89±0.95a	2.24±0.33a
坡面对照	3.30±0.71a	8.94±3.14b	3.31±0.60a
侧柏反坡台	1.26±0.15a	2.22±1.51a	1.20±0.23a
坡面对照	2.38±0.60a	5.85±1.78a	2.44±0.76a
油松鱼鳞坑	3.00±0.25a	5.81±1.79b	3.60±0.59a
坡面对照	2.05±0.46a	12.46±3.04b	2.60±0.81a
油松反坡台	1.27±0.11a	1.27±0.39a	1.57±0.16a
坡面对照	2.68±0.60a	13.22±2.06b	4.27±1.02a

注：表中不同小写字母表示每种整地-植被组合类型在不同降雨类型下的差异显著（p<0.05），表12-2同

表12-2　不同整地措施与植被组合下侵蚀模数对降雨类型的响应（单位：t/km^2）

整地-植被组合	RT_1	RT_2	RT_3
柠条水平阶	1.61±1.17a	7.58±5.66a	2.23±1.72a
坡面对照	3.21±2.68a	6.12±6.07a	0.34±0.06a
侧柏鱼鳞坑	1.89±1.48a	5.61±3.36a	1.46±1.03a
坡面对照	2.34±2.14a	3.86±3.81a	0.25±0.06a
山杏水平沟	1.65±1.34a	6.51±5.18a	0.75±0.33a
坡面对照	2.66±1.99a	1.84±1.74b	0.57±0.20a
侧柏反坡台	1.33±1.09ab	6.48±5.78b	0.61±0.27a
坡面对照	1.71±1.22a	14.74±13.85b	1.86±0.96a
油松鱼鳞坑	2.67±2.17a	10.29±5.66a	1.62±0.73a
坡面对照	2.57±2.09a	10.12±9.92a	0.21±0.04a
油松反坡台	1.29±1.22a	0.57±0.27a	0.55±0.36a
坡面对照	2.66±2.40a	2.74±2.43a	0.22±0.08a

12.2.5.3 不同整地措施与植被组合在不同降雨类型下对水蚀防治的作用比较

本研究列出了不同降雨类型下整地措施与植被组合的平均减沙效率和平均减流效率(表 12-3)。与对照坡面相比，在 RT_2 下，柠条水平阶的减流减沙效益分别为 40.94% 和 28.60%。然而，在 RT_1 下仅有 1.38% 的减沙效率。对于侧柏鱼鳞坑，RT_1 下减流减沙效益分别为 -5.15% 和 -12.52%，RT_2 下分别为 33.23% 和 25.43%。RT_2 下山杏水平沟表现出最高的减沙效益（93.90%）。油松鱼鳞坑在 RT_1 下的平均减流效益和减沙效益分别为 -138.71% 和 -224.32%，RT_3 下分别为 -174.09% 和 -108.36%，仅在 RT_2 下表现出良好的减流和减沙效益，分别为 48.15% 和 59.79%。RT_2 下油松反坡台的减流效益最高(87.79%)。综上所述，最低的减流减沙效益出现在油松鱼鳞坑样地中，分别为 -140.20% 和 -180.25%，而最高的减流减沙效益出现在反坡台中，分别为 44.03% 和 39.08%。

表 12-3 不同降雨类型下整地措施与植被组合的减流减沙效率 (单位:%)

整地-植被组合	RT_1		RT_2		RT_3		平均值	
	减流效率	减沙效率	减流效率	减沙效率	减流效率	减沙效率	减流效率	减沙效率
柠条水平阶	32.07	1.38	40.94	28.60	24.95	14.32	30.11	6.13
侧柏鱼鳞坑	-5.15	-12.52	33.23	25.43	13.90	21.93	3.70	-1.12
山杏水平沟	1.42	37.67	52.88	93.90	24.46	28.12	12.42	36.94
侧柏反坡台	27.56	39.02	56.06	65.02	34.55	35.97	31.64	39.08
油松鱼鳞坑	-138.74	-224.32	48.15	59.79	-174.09	-108.36	-140.20	-180.25
油松反坡台	39.19	25.9	87.79	79.79	45.00	2.34	44.03	21.01

根据参考线（$y=x$），很容易比较不同整地措施与植被组合措施的相对效率。如图 12-12，在 $y\in(0, 35]$ 时，除了与鱼鳞坑相关的两条曲线外，几乎所有的曲线都在参考线（$y=x$）的顶部。与反坡台（侧柏反坡台、油松反坡台）相关的效益曲线在所有曲线中居首，山杏水平沟、柠条水平阶的相关曲线次之。在 $x\in(0, 15.5)$ 或 $y\in(0, 25.33)$ 时，油松反坡台的曲线出现在最上面；然而，当油松反坡台达到 $x>15.5$ 或 $y>25.33$ 的范围时，侧柏反坡台的曲线超过了油松反坡台的曲线。对于鱼鳞坑处理而言，在 $x\in(0, 13.13)$ 或 $y\in(0, 13.13)$ 时，侧柏鱼鳞坑的曲线略高于参考线，而在 $x=y=13.13$ 点以外的参考线下方。与之相反，油松鱼鳞坑的曲线首先出现在参考线的顶部，但其位置的反转发生在 $x=y=24.63$ 点之后。减沙的效益曲线（图 12-13）表征了不同整地措施与植被组合下减沙的总体趋势，侵蚀性降雨发生在间隔 x 或 $y\in(0, 40)$，而高强度降雨发生在其他时间间隔，即 x 或 $y\in(40, 100)$。从高到低，曲线的相对位置为油松反坡台、柠条水平阶、侧柏反坡台、山杏水平沟、侧柏鱼鳞坑，均高于参考线（$y=x$），油松鱼鳞坑位于参考线之下。即油松反坡台、柠条水平阶和侧柏反坡台具有较好的减沙效率，而油松鱼鳞坑的减沙效率为负向趋势。

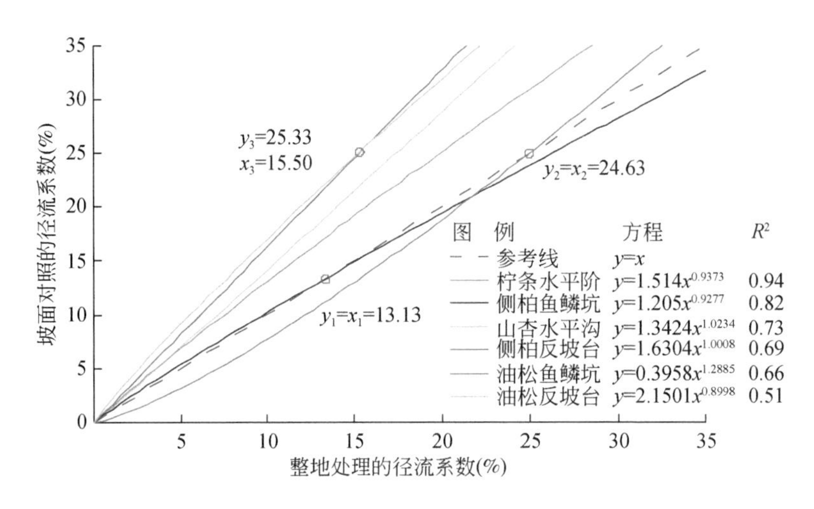

图 12-12　不同整地措施与植被组合对减流的效益曲线

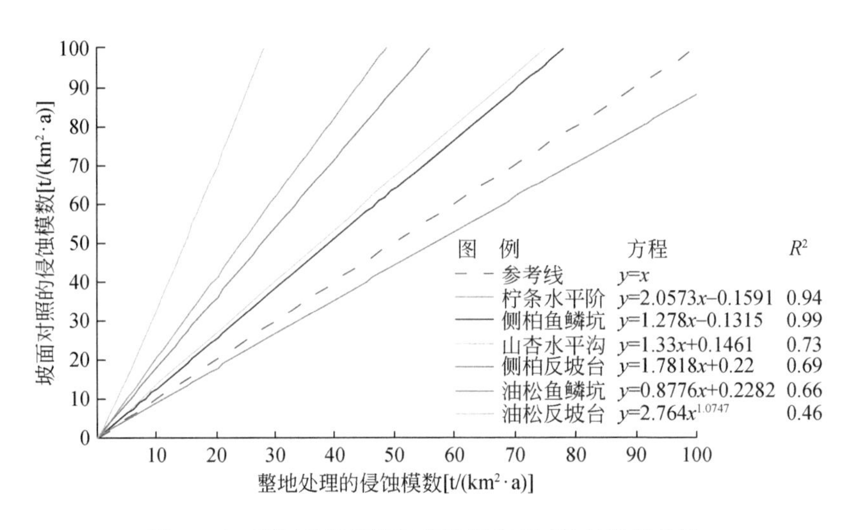

图 12-13　不同整地措施与植被组合对减沙的效益曲线

12.3　讨论与小结

整地措施作为防治水土流失的主要途径，在流域治理及植被恢复过程中得到广泛应用，诸多研究表明整地措施能够有效减少土壤侵蚀，并指出植被格局是识别径流泥沙源与汇的生物指标（Imeson and Prinsen，2004），而采用配对实验方法，对整地措施与不同植被类型耦合条件下减流阻蚀效应的研究较少。植被类型、层次结构及形态特征是斑块尺度影响产流产沙的关键因素（高光耀等，2013；Wei et al.，2014），在坡面尺度，降水因子成为影响坡面整地措施产流产沙的主导因素。

12.3.1 整地措施与植被组合对水蚀防治的效应

12.3.1.1 短期监测实验的水蚀防治效应

不同整地措施的产流产沙特征与植被类型的准确描述是研究整地措施水土流失效应的重要基础。前人对三种整地方式造林的水土保持作用研究结果显示，在暴雨次数较少和无特大暴雨的情况下，不同整地方式的水土流失效应表现不同，年土壤流失量与年径流量均表现为：水平带垦>穴垦>自然对照区（张先仪等，1991）。还有相关研究表明，顺坡全垦种植的水土流失量很大，而水平台地的水土流失量很小。对陡坡地必须实施退耕还林，将坡地改为台地，以控制山地水土流失，改善山区生态环境（刘文耀等，1993）。我们短期的研究结果表明，与对照坡面相比，虽然不同整地措施能够有效地减流阻蚀，但各自的表现并不一致。油松鱼鳞坑径流系数和侵蚀模数减少的比例最小，油松反坡台径流系数减少的比例最大。在实地调查过程中发现，虽然油松鱼鳞坑的冠幅大于油松反坡台，但在整地开展过程中，其未能严格按照鱼鳞坑的整地规范实施整地措施。不规范的整地措施导致上方来水不能够有效地被下方收集，从而影响整地措施的减流效应。同样，侧柏反坡台和侧柏鱼鳞坑与各自对照小区相比径流系数分别减少 60.5% 和 31.9%，侧柏反坡台表现出较好的减流阻蚀效应，一方面由于前者的冠幅略高于后者，另一方面也说明在相同的植被类型下，反坡台较之鱼鳞坑表现出更好的减流效应。反坡台整地对坡面产流的作用机制在于造林整地缩短了坡长、改变了坡形、增大了微集水区的平均坡度，从而使坡面的产流、产沙状况发生了变化。对同一整地措施不同植被类型来说，无论是油松反坡台还是侧柏反坡台，均表现出了较好的减流阻蚀效应。

12.3.1.2 长期监测实验的水蚀防治效应

而长期的实验结果显示，反坡台在水蚀控制方面具有最好的效益，其中减流效益为 44.3%，减沙效益为 39.08%。在侧柏反坡台和油松反坡台中，反坡台在所有降雨类型下均具有良好的减流阻沙能力。该发现与王萍等（2011）和李苗苗等（2011）的研究结果一致，他们在中国西南的研究发现，反坡台的减流减沙作用分别为 65.3%~75.98% 和 80.7%~85.91%。反坡台的结构特征可以显著地改变水文过程，从而增加雨水和沉积物的截留。从长期来看，反坡台通过补充土壤水分和减少氮、磷等营养物质的流失来促进植物生长（王萍等，2011）。反坡台的这些特征直接或间接地抑制或缓解了水蚀发生。

水平沟以第二高的减流效益和 36.94% 的减沙效益次之。山杏水平沟的组合在第二类降雨类型下有最佳的减沙效益和 52.88% 的减流效益。该结果与赵世伟等（2006）的研究结果一致，他们发现水平沟的减流阻沙效益分别为 25.7%~40.5% 和 33.7%~56.1%。水平沟具有保水性能好、入渗深、土壤储水性能好、集水均匀等特点，即使在暴雨过后，也会造成有限的冲刷和淤积。与其他措施相比，在降雨条件相同的情况下，平沟坡地可以有效地延缓径流发生时间，从而大大提高了水的利用率。此外，沟渠结构可以防止有机质流失，改善土壤团聚体结构，从而促进植被恢复，间接抵御侵蚀。即使没有沟道，作物的蒸腾速率和生物量产量也会受到严重限制。Výleta 等（2017）在研究中提出了一些关于清理沟道和淤积沉积物的可取建议，因为这些线元素阻止了土壤的剥蚀和产生直接径流，但也中断了物质的运移，从而消除了水侵蚀的影响。

此外，水平阶也能够在不同强度降雨条件下控制水蚀过程。水平阶中的台阶旨在减少边坡长度和陡度，从而减少地表径流的速度和能量，阻碍沉积物运输（Dorren and Rey，2004；Chen et al.，2017）。尽管水平阶的修建工作量较大，但较宽的平台提供了防止雨水冲刷的缓冲地带，从而减缓了径流，促进了渗透并抑制了土地退化。梯田的台阶高度应定期提高，以确保足够的存储容量（Thomas et al.，1980）。Chen 等（2017）研究发现，水平阶能够改善土壤含水量，有效地抵御极端干旱。由于能够抑制养分流失，水平阶还可以增加作物产量。然而，Sharifi 等（2014）在伊朗的研究指出了水平阶对土壤性质的一些负面影响，研究表明土地平整约增加了20%的土壤密度，减少了土壤中细菌、真菌、放线菌和线虫的数量与物种多样性。尽管严重的土壤扰动会带来这些不利影响，但在本研究区水平阶仍然是一种有效促进坡地异质性的管理措施。

鱼鳞坑在短期治理中效果较好，但相较而言，其长期效应具有不稳定性。基于2014～2018年对鱼鳞坑样地的监测发现：最初，侧柏鱼鳞坑和油松鱼鳞坑组合在2014年的表现均低于坡面对照。一种可能的解释是，在早期阶段，由于鱼鳞坑的建造，土壤受到了相当大的扰动。2015年鱼鳞坑效果良好，再后来鱼鳞坑似乎失去了减流减沙的效益，甚至加剧了水蚀过程（图12-14）。综上所述，可以推测，鱼鳞坑对截流减沙存在一个阈值，

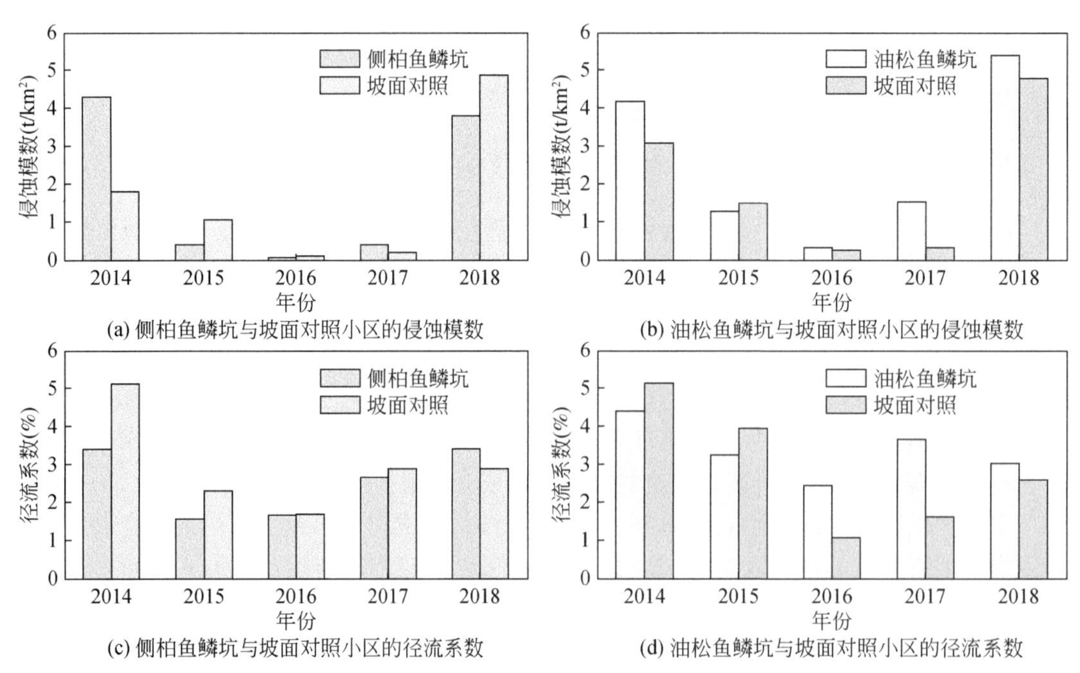

(a) 侧柏鱼鳞坑与坡面对照小区的侵蚀模数
(b) 油松鱼鳞坑与坡面对照小区的侵蚀模数
(c) 侧柏鱼鳞坑与坡面对照小区的径流系数
(d) 油松鱼鳞坑与坡面对照小区的径流系数

图12-14 鱼鳞坑实验样地逐年平均水土流失情况

该阈值可能在 2015 年或 2016 年左右达到饱和。一旦承载力超过阈值，将导致鱼鳞坑减流减沙的累年效率逐渐下降。结合进一步实地调查发现，鱼鳞坑建造中存在以下问题（图 12-15）：（a）鱼鳞坑的构建模式没有严格按照三角形和交错式排列来实施；（b）边缘损毁；（c）坑内沉积物积聚。此外，坑体蓄水能力小，也限制了水土流失的防控效果。有研究发现，植树造林的坡面上非鱼鳞坑的部位与自然修复坡面在细沟侵蚀方面无显著差异，但鱼鳞坑上下坡位的细沟侵蚀总量是平均泥沙淤积量的两倍以上（Wang et al., 2014）。虽然许多研究已经证实了鱼鳞坑在控制黄土高原水土流失方面具有短期高效率的特征（Fu et al., 2010；Li and Wang, 2012；Li et al., 2016），但这些长期潜在的问题也不应该被忽视。Wang 等（2014）发现植树造林和同时修建鱼鳞坑不适合黄土高原广大丘陵沟壑区的草原地区。除了鱼鳞坑外，水平阶也存在不确定性，而这些梯田一旦坍塌会导致连接性和径流量的显著增加（Camera et al., 2018）。由于缺乏准确的设计、技术指导和生态环境立法的限制，出现了武断式处理梯田或平整陡坡的现象，大量不稳定的人工系统相继出现（Cots-Folch et al., 2006；Ramos et al., 2007）。

图 12-15　鱼鳞坑样地现场调查

（a）鱼鳞坑的构建模式没有严格按照三角形和交错式排列来实施；（b）边缘损毁；（c）坑内沉积物积聚

12.3.2　植被对水蚀防治的效应

植被类型、层次结构和形态特征是斑块尺度上影响地表径流和水蚀强度及频率的关键因子，是识别径流和泥沙源汇的生物学指标（Imeson and Prinsen, 2004）。长期监测实验结果表明，山杏水平沟的坡面小区的径流系数大于油松鱼鳞坑、侧柏反坡台和侧柏鱼鳞坑各自的对照小区，而侵蚀模数小于油松反坡台、油松鱼鳞坑、侧柏反坡台和侧柏鱼鳞坑各自的对照小区；通过对比发现在短时强降雨类型下，山杏水平沟坡面对照小区的侵蚀模数大于油松反坡台、油松鱼鳞坑、侧柏反坡台和侧柏鱼鳞坑各自的对照小区。这些事实暗示落叶树的水蚀控制效果（如山杏）可能不如那些常绿乔木（侧柏、油松等），尽管落叶树似乎应对高强度降雨的性能更佳。植物对干旱的主要反应是叶面积指数的降低。在半干旱地区，随着植被保护层的减少，干旱有时会增加最终降雨时土壤侵蚀增强的可能性（Zuazo and Pleguezuelo，2008）。

同时，常绿乔木不同林冠结构的侵蚀控制能力也不同。例如，本研究发现两个侧柏坡面样地的侵蚀模数均小于油松坡面小区。我们推测侧柏对短时强降雨下水侵蚀控制的性能可能更佳，而油松对于其他两种降雨类型的防控能力更好。对于油松而言，冠层较稀疏（Feng et al.，2017）不利于截留降雨。此外，由于林下植被生长受限，凋落物分解率较高，松树对土壤的保护能力较低，特别是在强降雨事件中（Zuazo and Pleguezuelo，2008）。但对于侧柏而言，较高的叶面积指数和稳定的形态特征（胸径和冠幅等）有助于更好地阻碍土壤流失。雨滴动能可以抑制大空间配置的植被（Wainwright et al.，1999；Benito et al.，2003）。

此外，一些植被物种和植物凋落物也可以通过构建土壤表面覆盖物来最大限度地降低地表水的流速（Duran and Rodriguez，2008）。例如，使用修剪过的树枝作为覆盖物（Cerdà et al.，2016；Keesstra et al.，2018）和使用秸秆覆盖，这些方法均可有效降低土壤剥离率和径流量的长期影响（Keesstra et al.，2018）。在干旱地区，由于植被生长受到限制，可以考虑在林下植物稀疏期使用地表覆盖（如地膜覆盖）。此外，如有必要，还可考虑不同植被的配置及整地技术与高盖度植物种类的结合。

12.3.3 水蚀对关键降水因子的响应

降水是研究区内的主要水源，也是产流侵蚀的主要驱动力。雨量、雨强和降雨历时是刻画次降水事件的核心指标。围绕次降水事件下不同下垫面特征径流泥沙效应的研究较多（Wei et al.，2007；Wang et al.，2008；Liu et al.，2012）。对不同植被类型而言，在相同雨强条件下，裸地的径流量最大，为荒草地径流量的6倍，为灌木林地径流量的2.4倍（申震洲等，2006）。还有学者以不同整地措施为对象结合次降水事件分析了常用水土保持措施的减水减沙效益和水土保持措施因子值（符素华等，2001），结果显示：裸地鱼鳞坑、侧柏鱼鳞坑、裸地水平条、板栗水平条、板栗树盘的多年平均减流效益超过60%，减沙效益超过90%，降雨量对水土保持措施的减水减沙效益存在明显影响。通常雨强越大，径流量也越大，随雨强的增加，雨水和径流对地表冲刷的作用逐渐加强，侵蚀量也会相应增大，本研究结果表明，除油松反坡台整地措施外，最大30 min雨强是影响其他整地措施径流系数和侵蚀模数的关键因子。反坡台油松冠幅高于其他整地措施下的植被类型，故影响油松反坡台径流系数和侵蚀模数的关键降水因子是降雨历时。

12.3.4 水蚀对不同降雨类型的响应

基于水蚀对不同降雨类型响应的研究结果与前人研究一致（Fang et al.，2012；Peng

and Wang，2012)，即大部分水土流失是由短历时强降雨（即 RT_2）诱发的。这些高强度、大雨量的暴雨事件不仅破坏了土壤表层，也使得径流量和土壤流失量大幅增加。尽管该类型降雨事件占比极小，但该降雨类型的产流产沙量在多数小区中均高于其他降雨类型。在地中海的雨养农田中进行的类似的长期监测实验也表明，由于总动能更高，降雨量及降雨强度更大的事件容易诱发更严重的侵蚀（Cerdà et al.，2017)。随着降雨强度的增加，植被拦截的降雨比例通常会减少（Carlyle-Moses，2004；Nouwakpo et al.，2016)。高雨滴动能和雨滴的快速飞溅增加了雨滴的穿透性，在土壤表面形成了较深的集中流动路径。当降水速度超过入渗速度时，这些高强度的冲刷很容易携带土壤颗粒，特别是在陡坡或地表植被覆盖稀疏的地方（Carlyle-Moses，2004；Dunkerley，2010)。

研究结果表明，在开展整地措施过程中，在相同次降水条件下，工程设计规格会影响植被的生长，更重要的是直接影响其减流阻蚀功能。尤其是在以降水为主要驱动的黄土高原地区，在开展整地措施前必须要密切收集野外资料并合理选择开展整地措施。基于此，提出了整地措施的评估框架（图 12-16)，主要包括整地措施前评估，施工设计与规格、整地后的监测与追踪。首先，通过收集研究区内的降水资料及详细的野外调查明确在研究区内开展植被恢复需要使用的整地措施；其次，根据所选整地措施进行规范的规格设计；最后，进行整地后的长期监测与追踪。不仅仅从减流阻蚀这一方面，还可与生态系统服务相结合，综合评价不同整地措施的生态服务功能。

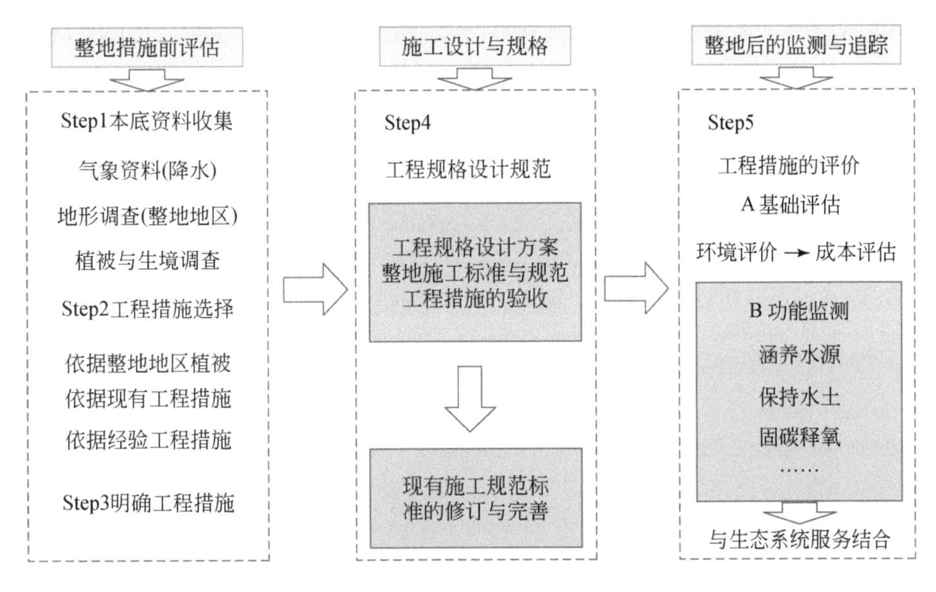

图 12-16　整地措施的评估框架

采用配对设计的方法对比不同整地措施与相同植被下自然坡面小区的径流系数和侵蚀模数发现，油松鱼鳞坑径流系数与对照坡面相比减少的比例最小，油松反坡台减小的比例最大。油松鱼鳞坑和侧柏鱼鳞坑侵蚀模数较之对照所减少的比例均低于70%，侧柏反坡台阻蚀效果最好。在开展整地措施进行植被恢复的同时，必须进行严格的工程设计与规范，充分发挥不同整地措施的优势，在开展整地措施后，还需通过长期的定位监测对不同整地措施的生态服务功能进行系统评价。

参考文献

符素华，吴敬东，段淑怀，等.2001. 北京密云石匣小流域水土保持措施对土壤侵蚀的影响研究. 水土保持学报，15（2）：21-24.

高光耀，傅伯杰，吕一河，等.2013. 干旱半干旱区坡面覆被格局的水土流失效应研究进展. 生态学报，33（1）：12-22.

李苗苗，王克勤，陈志中，等.2011. 不同坡度下反坡水平阶的蓄水减沙效益. 水土保持研究，18（6）：100-104.

刘文耀，刘伦辉，郑征.1993. 云南山区整地方式对水土流失的影响. 云南林业科技，（4）：59-61.

申震洲，刘普灵，谢永生，等.2006. 不同下垫面径流小区土壤水蚀特征试验研究. 水土保持通报，（3）：6-9，22.

王萍，王克勤，李太兴，等.2011. 反坡水平阶对坡耕地径流和泥沙的调控作用. 应用生态学报，22（5）：1261-1267.

赵世伟，刘娜娜，苏静，等.2006. 黄土高原水土保持措施对侵蚀土壤发育的效应. 中国水土保持科学，4（6）：5-12.

张先仪，邓宗付，李旭明.1991. 山区整地方式对水土流失及杉木幼林生长的影响. 中国水土保持，（8）：43-45.

Benito E，Santiago J L，De Blas E et al. 2003. Deforestation of water- repellent soils in Galicia（NW Spain）：effects on surface runoff and erosion under simulated rainfall. Earth Surface Processes Landforms，28（2）：145-155.

Camera C，Djuma H，Bruggeman A，et al. 2018. Quantifying the effectiveness of mountain terraces on soil erosion protection with sediment traps and dry-stone wall laser scans. Catena，171：251-264.

Carlyle-Moses D E. 2004. Throughfall，stemflow，and canopy interception loss fluxes in a semi-arid Sierra Madre Oriental matorral community. Journal of Arid Environments，58（2）：181-202.

Cerdà A，Gonzalez-Pelayo O，Giménez-Morera A，et al. 2016. The use of barley straw residues to avoid high erosion and runoff rates on persimmon plantations in Eastern Spain under low frequency- high magnitude simulated rainfall events. Soil Research，54：154-165.

Cerdà A，Rodrigo-Comino J，Giménez-Morera A，et al. 2017. An economic，perception and biophysical approach to the use of oat straw as mulch in Mediterranean rainfed agriculture land. Ecological Engineering，108：162-171.

Chen D，Wei W，Chen L D. 2017. Effects of terracing practices on water erosion control in China：a meta-analysis. Earth-Science Reviews，173：109-121.

Cots-Folch R，Martínez-Casasnovas J A，Ramos M C. 2006. Land terracing for new vineyard plantations in the north-eastern Spanish Mediterranean region：landscape effects of the EU Council Regulation policy for vineyards' restructuring. Agriculture，Ecosystems and Environment，115（1-4）：88-96.

Dunkerley D. 2010. Intra-storm evaporation as a component of canopy interception loss in dryland shrubs：observations from Fowlers Gap，Australia. Hydrological Processes，22（12）：1985-1995.

Dorren L，Rey F. 2004. A review of the effect of terracing on erosion. Soil Conservation and Protection for Europe：97-108.

Fang N F, Shi Z H, Li L, et al. 2012. The effects of rainfall regimes and land use changes on runoff and soil loss in a small mountainous watershed. Catena, 99: 1-8.

Feng J, Wei W, Daili P. 2020. Effects of rainfall and terracing-vegetation combinations on water erosion in a loess hilly area, China. Journal of Environmental Management, 261: 110247.

Feng T J, Wei W, Chen L D, et al. 2017. Effects of terracing and plantings of vegetation on soil moisture in a hilly loess catchment in China. Land Degradation and Development, 29: 1427-1441.

Fu S H, Liu B Y, Zhang G H. 2010. Fish-scale pits reduce runoff and sediment. Transactions of the ASABE, 53: 157-162.

Imeson A C, Prinsen H A M. 2004. Vegetation patterns as biological indicators for identifying runoff and sediment source areas for semi-arid landscapes in Spain. Agriculture Ecosystems and Environment, 104: 333-342.

Keesstra S D, Rodrigo-Comino J, Novara A, et. al. 2018. Straw mulch as a sustainable solution to decrease runoff and erosion in glyphosate-treated clementine plantations in Eastern Spain. An assessment using rainfall simulation experiments. Catena, 174: 95-103.

Li H C, Gao X D, Zhao X N, et al. 2016. Integrating a mini catchment with mulching for soil water management in a sloping jujube orchard on the semiarid Loess Plateau of China. Solid Earth Discussions, 7 (4): 3199-3222.

Li Z Q, Wang Y. 2012. Numerical simulation of flow and heat transfer in a dimpled channel with a fsh-scale pit. Numerical Heat Transfer, Part A: Applications, 62 (2): 95-110.

Liu Y, Fu B J, Lü Y H, et al. 2012. Hydrological responses and soil erosion potential of abandoned cropland in the Loess Plateau, China. Geomorphology, 138 (1): 404-414.

Nouwakpo S K, WilliamsC J, Al-Hamdan O Z, et al. 2016. A review of concentrated flow erosion processes on rangelands: fundamental understanding and knowledge gaps. ISWCR, 4: 75-86.

Peng T, Wang S J. 2012. Effects of land use, land cover and rainfall regimes on the surface runoff and soil loss on karst slopes in southwest China. Catena, 90: 53-62.

Ramos M C, Cots-Folch R, Martínez-Casasnovas J A. 2007. Effects of land terracing on soil properties in the Priorat region in Northeastern Spain: a multivariate analysis. Geoderma, 142: 251-261.

Sharif A, Gorji M, Asadi H, et al. 2014. Land leveling and changes in soil properties in paddy fields of Guilan province, Iran. Paddy and Water Environment, 12: 139-145.

Thomas D B, Barber R G, Moore T R. 1980. Terracing of cropland in low rainfall areas of Machakos District, Kenya. Journal of Agricultural Engineering Research, 25: 57-63.

Výleta R, Danáčová M, Škrinár A, et al. 2017. Monitoring and Assessment of Water Retention Measures in Agricultural Land. IOP Conference Series Earth and Environmental Science, 95 (2): 022008.

Wang D, Fu B J, Zhao W W, et al. 2008. Multifractal characteristics of soil particle size distribution under different land-use types on the Loess Plateau, China. Catena, 72: 29-36.

Wang X P, Cui Y, Pan Y X, et al. 2008. Effects of rainfall characteristics on infiltration and redistribution patterns in revegetation-stabilized desert ecosystems. Journal of hydrology, 358: 134-143.

Wang Z J, Jiao J Y, Su Y, et al. 2014. The efficiency of large-scale afforestation with fish-scale pits for revegetation and soil erosion control in the steppe zone on the hill-gully Loess Plateau. Catena, 115: 159-167.

Wei W, Chen L D, Fu B J, et al. 2007. The effect of land uses and rainfall regimes on runoff and soil erosion in the semi-arid loess hilly area. Journal of Hydrology, 335: 247-258.

Wei W, Jia, F Y, Yang L, et al. 2014. Effects of surficial condition and rainfall intensityon runoff in a loess hilly area, China. Journal of Hydrology, 513: 115-126.

Zuazo V H D, Pleguezuelo C R R. 2008. Soil-erosion and runoff prevention by plant covers. A review. Agronomy for Sustainable Development, 28: 65-86.

Zuazo V H, Ruiz J A, Raya A M, et al. 2005. Impact of erosion in the taluses of subtropical orchard terraces. Agriculture Ecosystems and Environment, 107: 199-210.

第 13 章　梯田宏观布局的综合生态效应

梯田是在丘陵山坡地上沿等高线方向修筑的条状台阶式或波浪式断面的田地，由大小和形状各异的田面结构组成，田面可用于耕作，边缘用土或石块砌成梯级状田埂，以防治水土流失（Dorren and Rey，2004）。经过科学设计、合理修建和有效管理的梯田能够通过减缓坡度、改变径流路径，从而达到削减径流冲刷力、促进降水就地入渗、减少产流产沙的目的（Shi et al.，2012；Wei et al.，2012；Hammad et al.，2006；吴家兵和裴铁璠，2002）。梯田具有保持水土、提高地力、从时空上合理调控雨水资源的独特功能，因而可以减轻极端降雨事件导致的侵蚀风险（Arnáez et al.，2015；Dorren and Rey，2004）。坡面治理在控制水土流失的同时，还可以改善生产用地的水土条件，促进农林牧业发展，并可为沟道治理、退化生态系统恢复奠定基础（Sharda et al.，2015；Liu et al.，2011；Xu et al.，2011；李仕华，2011）。梯田的通风透光条件较好，能有效地改善土壤理化性质，有利于作物生长和营养物质的积累（Hammad et al.，2006），促进农业生产力的发展，提高经济效益（Posthumus and Stroosnijder，2010）。农耕措施（如灌溉和耕作）也能提高土壤剖面的有机质和养分含量（李龙等，2014），这也是梯田始终被作为有效的水土保持措施之一的原因。

中国是世界上梯田分布最广的国家之一，按其修建时间大致分为两类：一类是人类在长期适应自然的过程中对山地改造而修建的梯田，主要分布在南方山岭地区，以水稻种植为主，其在长期的运作过程中形成了较为稳定的生态系统，并随之产生了与梯田相关的文化和社会民俗习惯，如云南元阳梯田、广西龙脊梯田、湖南紫鹊界梯田等（Yuan and Lei 2014）。稻作梯田一般为淹没灌溉，要求田面水平，地埂和田底不漏水，还要有排灌设施，同时为防止梯田串灌，需要排灌分家，多为土埂，也有少数为石埂。另一类是在新的经济建设时期，靠人力和机械在气候较干旱、水土流失严重地区修建的梯田，主要集中在黄河中上游的黄土高原地区，多为旱作梯田，如甘肃、宁夏、陕西等地的梯田（图 13-1）。旱作梯田分布在无水源的地区，主要是拦蓄降水，供给农作物生长发育。这种梯田要使地埂高出田面 20 ~ 30 cm，在干旱半干旱地区，一般不需要修筑退水口，但在多雨地区要有排水设施（梁改革等，2011；Lü et al.，2009；吴家兵和裴铁璠，2002）。

理想的梯田应该在自然和人为耦合作用下达到水力学平衡状态，但由于坡耕地坡面不稳定，加之降水和径流的冲刷，土壤结构遭到破坏，表土和土壤养分流失严重，土地生产力下降（Schonbrodt-Stitt et al.，2013；Cots-Folch et al.，2006）。20 世纪 70 年代以来，随着全球人口数量剧增，城市化和工业化进程加快，耕地面积逐渐减少、土地资源利用不合理等问题日益突出，人地矛盾加剧，最终导致了耕地保护和社会需求的不平衡。此外，大多数年轻人不再从事农业活动，农村人口减少、老龄化加剧，加之梯田耕作与维

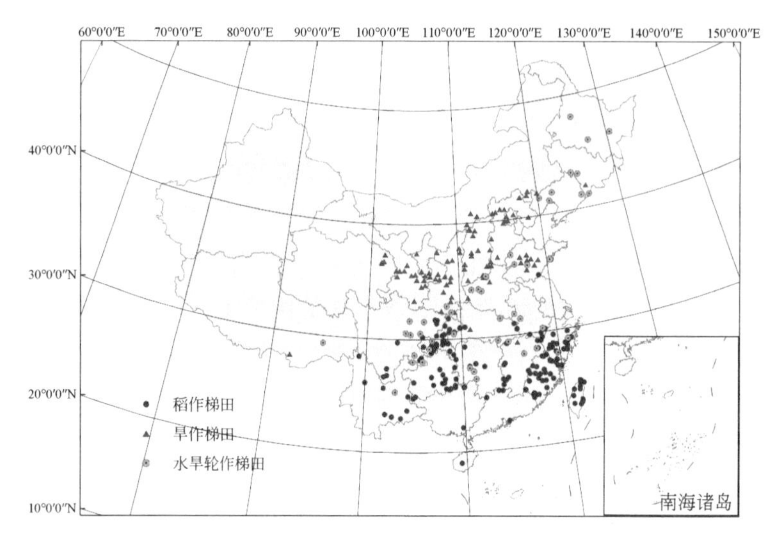

图 13-1　中国梯田耕作类型及分布特征

护的困难，许多地方的梯田遭到荒废，梯田缺乏维护进而导致侵蚀坍塌、土地退化。城市扩张和环境污染等问题，已严重威胁到世界许多地方的梯田生态系统，使之面临退化和消失（Arnáez et al.，2015）。坡面既是山区、丘陵区农林牧业生产集中之地，也是沟道泥沙和径流的策源地，因此加强该类立地条件下的生态系统服务研究，进而实现梯田的科学管理，对于促进相关地区的生境保护和人地关系和谐具有重要意义。

我国梯田分布较广、海拔差异大、区域气候和开发模式不同，如东部丘陵地区海拔较低，人为干扰较强，梯田开发利用模式较多；而云贵高原和黄土高原地区梯田海拔高差大、人为干扰较弱、梯田开发利用模式相对单一、生产方式比较传统。梯田生态系统是在大面积、多山和较高人口密度的多重作用下产生的山区土地高效利用方式，是典型的自然-社会-经济复合生态系统，在不同的自然和社会条件下，梯田具有不同的适应方式和工程技术，如梯田的修建、土壤的改良及水资源的利用和管理等。在世界各地不同的地理气候条件下产生了不同的形式，如水平梯田、反坡梯田、隔坡梯田、坡式梯田、水平沟和鱼鳞坑等（图 13-2）（Chen et al.，2017；张胜利和吴祥云，2012；Dorren and Rey，2004）。

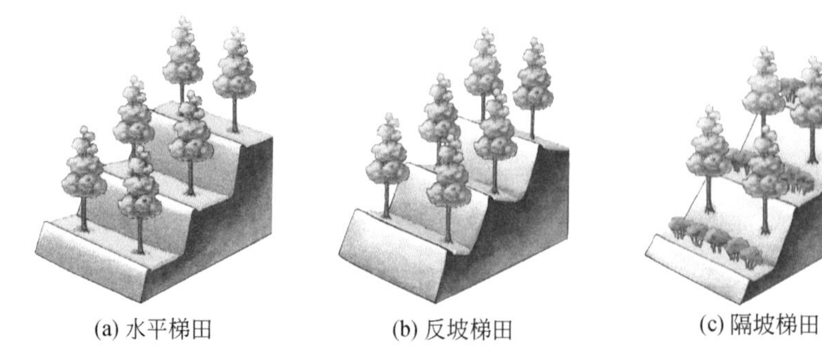

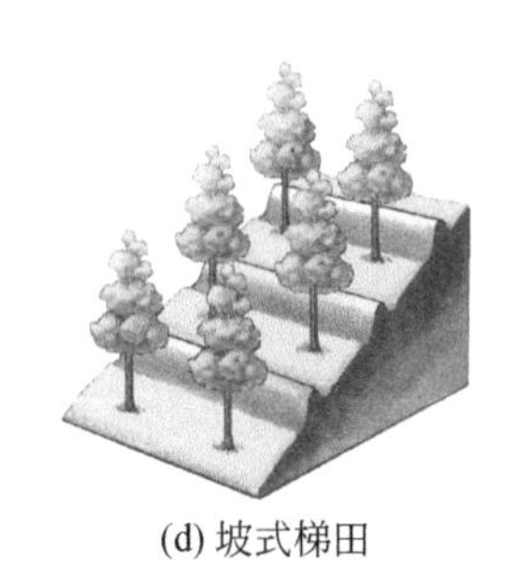
(d) 坡式梯田

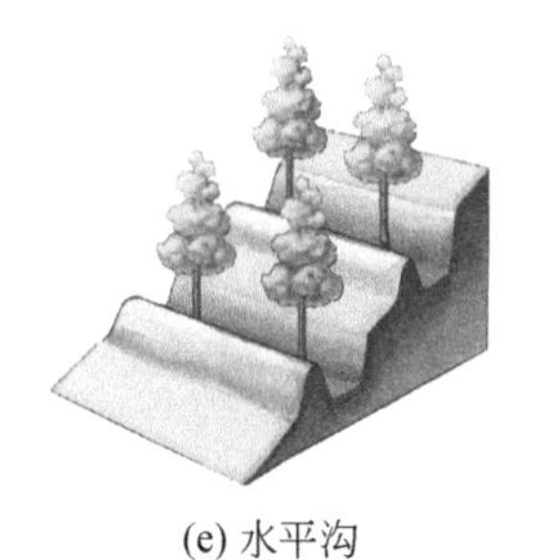
(e) 水平沟

(f) 鱼鳞坑

图 13-2　梯田结构示意图

梯田是一种特殊的自然-社会-经济复合生态系统，未来如何对梯田生态系统进行科学管理，进一步实现梯田生态系统的可持续发展，充分发挥其生态系统服务功能，增进人类福祉，是当前梯田建设的重要任务。长期以来，梯田所体现的人地关系和谐的思想并未受到应有的重视，也鲜有学者从整个国土空间的尺度和人类生存的角度审视梯田建设的价值及其在不同地区的适应性。梯田生态效益、修建管理模式受众多因素制约，单个小区的研究无法推广到全国尺度。在不同地理区域，均可发现不同用途、类型和修建年限的梯田，这种多样性也导致了梯田生态效应的差异。此外，研究方法的多样化和梯田设计标准的差异也使得很难就这一主题建立一个适用于全国甚至全球的评估体系。

为了系统地评估中国梯田的生态水文效益与影响因素，本章聚焦以下几个科学问题：①梯田在调控径流、保持土壤、蓄积降水等方面分别起到怎样的作用？②在不同的气候、土地利用、修建年限和地形等条件下，不同结构的梯田生态效应呈现怎样的变化规律？③如何通过对梯田的合理修建与管理实现最优的梯田分布格局和梯田生态效益的最大化？

13.1　梯田的径流调控与土壤保持效益及影响因素

土壤侵蚀主要分为水蚀、风蚀和冻融侵蚀三类，其中水力侵蚀是我国分布范围最广的侵蚀类型，中国受水蚀影响的土地总面积为 537 万 km^2，占全国国土面积的 56%，主要分布在北方黑土区、黄土高原、南方的红壤区和紫色土区，以及西南的喀斯特地区等（Wang et al.，2016）。水土流失受到土地覆盖、气候、地形、土质和人类活动等多种因素的影响（Feng et al.，2016；Shen et al.，2016；Cevasco et al.，2014；Koulouri and Giourga，2007；Montgomery，2007），并引发了一系列的生态问题，如土地退化、自然灾害增加、生产力下降、生物多样性减少、面源污染、温室效应等（Zhao et al.，2015；Wang et al.，2014；Mchunu and Chaplot，2012；Wei et al.，2012；Vanmaercke et al.，2011；García-Ruiz et al.，2010；Pimentel，2006；Boardman et al.，2003）。

梯田通过减缓坡度、缩短坡长、改变水流路径、增加降水入渗、减少地表径流，进而达到减少水土流失的目的（Wei et al.，2016）。国内外大量的研究证实了梯田在减少水土流失方面的重要作用（Rashid et al.，2016；Kovar et al.，2016；Vanmaercke et al.，2011；Zhang et al.，2008）。梯田的减流减沙效益受到一系列因素的影响，如土地利用、地形地貌、气候、人口和社会经济等（Park et al., 2014；Ehigiator and Anyata, 2011；Liu et al., 2011；Arnáez et al., 2007），然而，关于其时空变异性及其演变机理的研究仍相对较少，单个小区的研究无法推广到全国尺度，为了系统分析梯田的减流减沙效益随土地利用、地形坡地、修建结构等的变化规律，本章通过收集已发表的梯田产流、产沙相关的文献数据，以梯田为实验组，坡地为对照组进行整合分析。

13.1.1 梯田结构对减流减沙效益的影响

本研究共纳入46个研究区的593组径流数据和636组侵蚀数据（图13-3），将梯田按照不同的断面结构分为水平梯田、隔坡梯田、坡式梯田、反坡梯田、水平沟和鱼鳞坑6种。总体而言，在国家尺度上梯田能显著地减少径流和泥沙，平均减流、减沙效益分别为53.6%和68.2%。梯田结构取决于地形、土质、气候和修建技术等（Wei et al., 2016；Dorren and Rey, 2004），并能影响梯田的减流减沙效益。其中，水平梯田分布最为广泛，不同梯田类型的数据中，水平梯田占减流效应数据的56.5%，占减沙效应数据的53.1%，而隔坡梯田在减流效应和减沙效应中分别只占3.5%和8.5%，坡式梯田分别只占6.2%和5.0%，水平沟分别只占6.9%和7.2%（图13-4）。6种结构类型的梯田在不同环境条件下都能显著地发挥减流效益和减沙效益，其中减流效益最好的是隔坡梯田（76.9%），减沙效益最好的是隔坡梯田（72.1%）和水平梯田（71.0%）。水平梯田、反坡梯田、坡式梯田和隔坡梯田这四种台阶式梯田的减流减沙效益没有显著性差异。隔坡梯田分为水平台阶和斜坡段两部分，通常斜坡段种植有乔木和灌木以维持坡面的稳定并减少水土流失，水平台阶则用于种植农作物（图13-2）。由图13-4可知，台阶式梯田的减流减沙效益要高于水平沟和鱼鳞坑（Yuan and Lei, 2004）。水平沟的减流减沙效益最弱，分别为34.3%和41.6%，在地形较陡的山坡上，不适宜修建台阶式梯田时，修建水平沟和鱼鳞坑也能显著地减少水土流失。

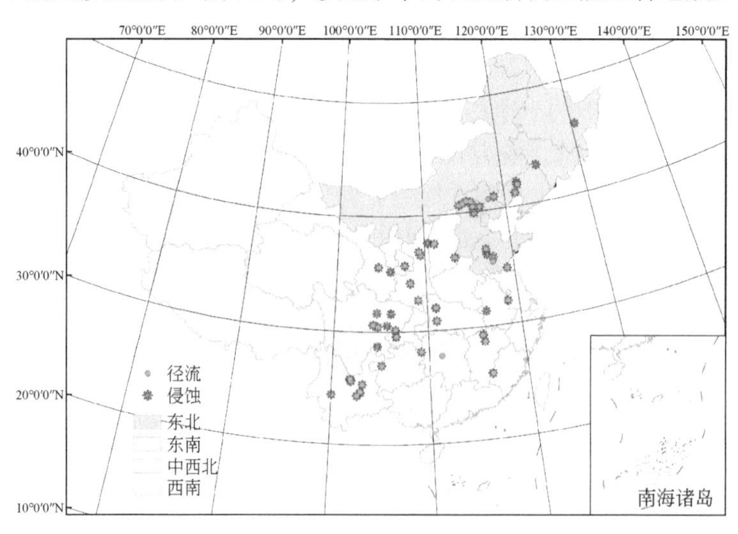

图13-3 梯田对产流产沙影响的研究区分布

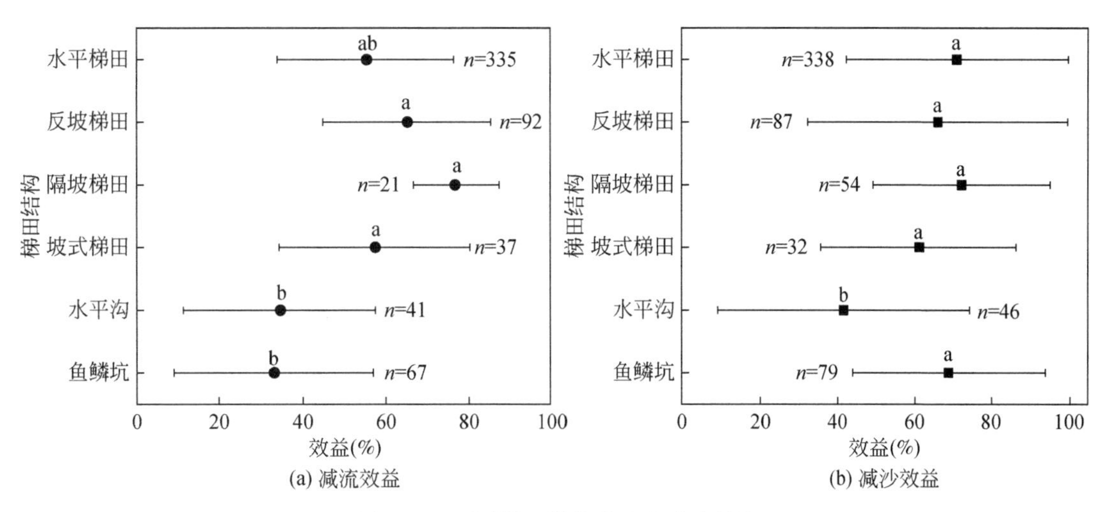

图 13-4 不同梯田结构的减流减沙效益

不同字母表示不同梯田结构之间生态效益的差异显著（$p<0.05$，Kruskal-Wallis H Test），误差线是95%的置信区间，n 表示纳入的观测数据量

13.1.2 土地利用方式对梯田减流减沙效益的影响

梯田的土地利用方式取决于当地的气候、海拔和社会经济因素等，土地利用方式是影响水土流失的最重要因素之一（Wang et al.，2016；Zuo et al.，2016）。本研究中将土地利用分为裸地、农田、草地、灌木地、经济林和生态林六类，其中纳入的观测数据中农田所占比例最大（减流效益占 31.2%，减沙效益占 38.1%），其次是灌木地和经济林，而裸地、生态林和草地所占比例相对较少（图 13-5）。不同土地利用类型梯田的减流效益和减

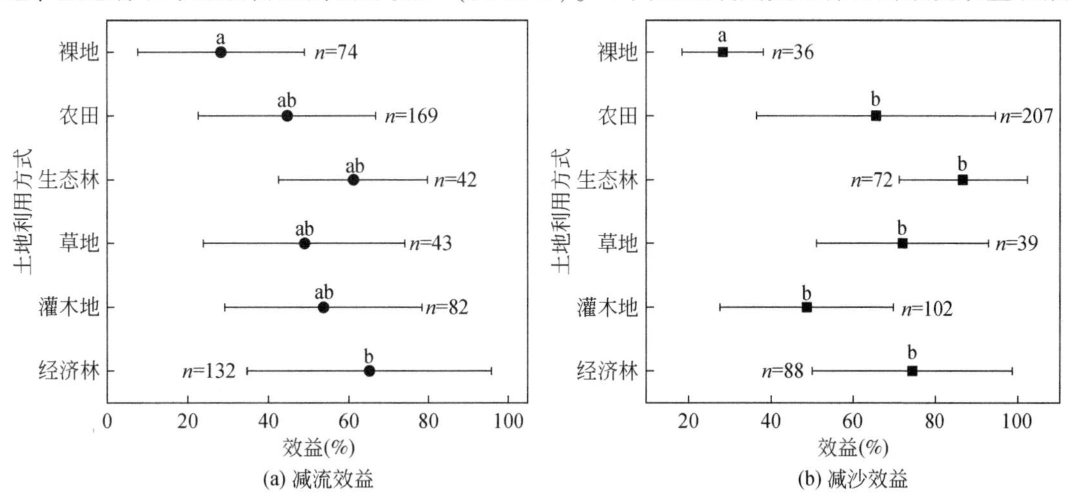

图 13-5 不同土地利用方式梯田的减流减沙效益

不同字母表示不同土地利用方式梯田之间生态效益的差异显著（$p<0.05$，Kruskal-Wallis H Test），误差线是95%的置信区间，n 表示纳入的观测数据量

沙效益，异质性都较大，说明土地利用方式对梯田的减流减沙效益具有显著的影响。通过对不同土地利用方式梯田减流减沙效益的对比发现，减流效益最好的是经济林梯田（65.2%），其次是生态林梯田（61.2%）和灌木地梯田（53.8%）；减沙效益最好的是生态林梯田（86.7%），其次是经济林梯田（74.3%）和草地梯田（72.0%）。生态林和经济林梯田的减流减沙效益较好，与乔木植物的生物量大有关，通过冠层截留和根系拦截可以有效减少径流和泥沙（Zhang et al., 2015）。农业梯田受人类活动的影响最大，其减流减沙效益相对较差，分别为44.7%和65.5%。减流减沙效益最差的是裸地梯田，分别为28.4%和28.3%。由此表明，增加地表植被覆盖也能提高梯田减流减沙效益。

13.1.3 坡度对梯田减流减沙效益的影响

将梯田按照原始坡面的坡度分为7个组，减流减沙效益均是随坡度的上升呈现先上升后下降再上升的变化趋势（图13-6）。坡度为25°~35°和10°~15°的梯田减流效益较高，坡度为15°~20°、20°~25°、7°~10°和5°~7°的梯田减流效益次之、坡度为3°~5°的梯田减流效益最低；坡度为25°~35°的梯田减沙效益最高，坡度为10°~15°、7°~10°、5°~7°、20°~25°和15°~20°的梯田减沙效益次之，坡度为3°~5°的梯田减沙效益最低。坡度是影响水土流失的最重要的地形因素（Shen et al., 2016；Mahmoodabadi and Sajjadi, 2016；Taye et al., 2013），梯田通过改变坡度、缩短坡长，进而改变水蚀格局（李龙等，2014；Dorren and Rey, 2004）。一般而言，梯田的水土保持效益在3°~15°和15°~35°，随坡度的增加而增加，这种现象可能与重力侵蚀和土地利用方式有关。Rao等（2015）研究发现，土壤侵蚀随坡度的增加呈先增加后减少的变化趋势，在15°左右侵蚀最严重。此外，关于梯田的土地利用方式，在已有研究中坡度在15°以下的梯田以农田为主，坡度在15°以上的梯田则以生态林和经济林为主。

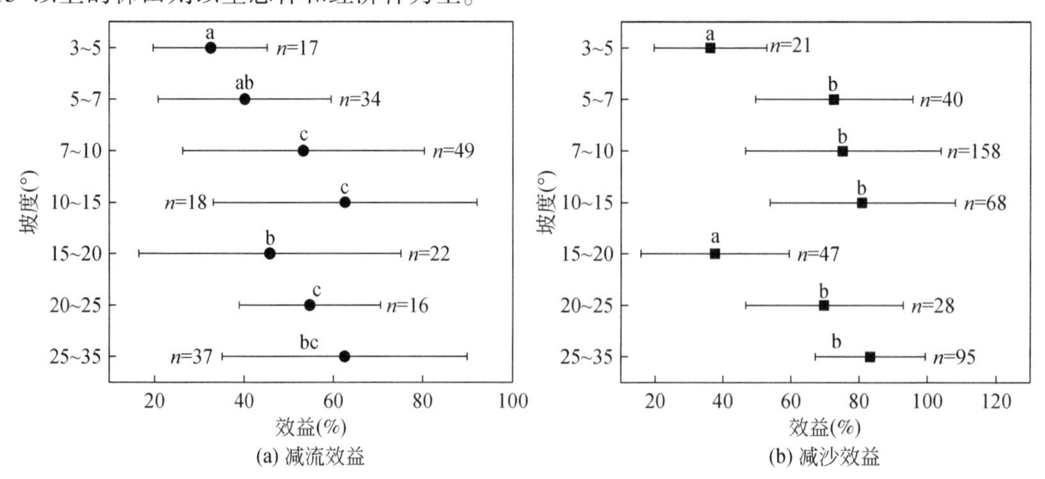

图13-6　不同坡度梯田的减流减沙效益

不同字母表示不同坡度梯田之间生态效益的差异显著（$p<0.05$，Kruskal-Wallis H Test），误差线是95%的置信区间，n表示纳入的观测数据量

13.1.4 土地利用方式对不同地区梯田减流减沙效益的影响

根据梯田的种植结构、修建年限和地理位置，将我国梯田的分布范围大致分 4 个区域——东北、中西北、东南和西南地区（图 13-3）。东南地区，草地和经济林减流效益较高，分别是 86% 和 87%；农田的减沙效益最高，达 96%，其次是经济林，减沙效益为 64%。西南地区经济林减流效益最高，其次是农田；草地减沙效益最高。中西北地区梯田的土地利用方式以旱作农业和退耕还林为主，两者都能发挥较好的水土保持效益。东北地区，经济林和农田水土保持效益较好，裸地较弱，生态林具有很好的减沙效益，而减流效益没有收集到关于生态林梯田的数据（图 13-7）。

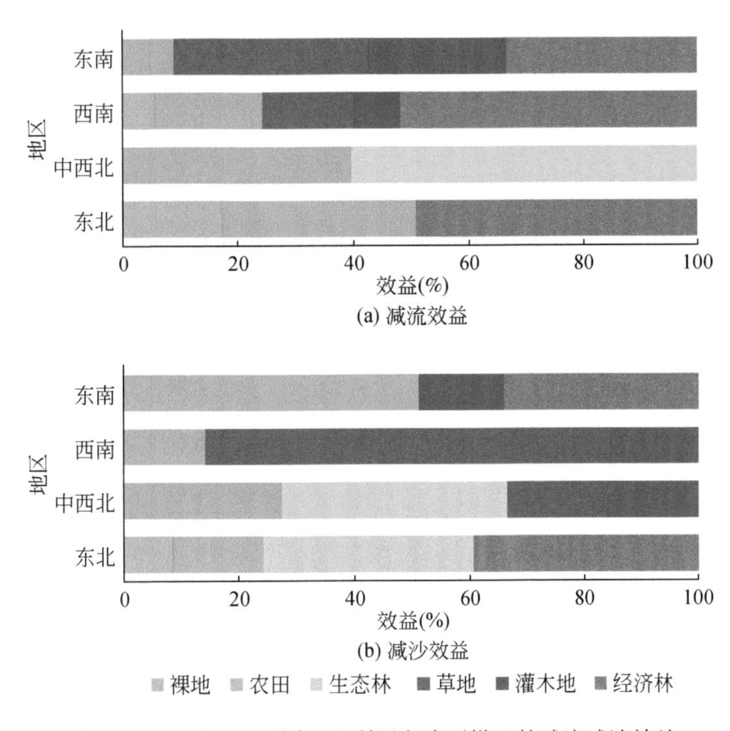

图 13-7 不同地区不同土地利用方式下梯田的减流减沙效益

13.1.5 土地利用方式与梯田结构对减流减沙效益的耦合作用

梯田的修建结构、材料、土地利用方式和田间管理等对水蚀控制都有一定的影响（Wei et al., 2016）。在台阶式梯田中（包括水平梯田、反坡梯田和坡式梯田），种植经济林始终能发挥最高的减流效益，分别为 70.8%、82.0% 和 58.5%。经济林梯田的减流减沙效益较高，除了其自身冠层、根系等对径流和泥沙的拦截作用外，人为管理和维护也是其发挥效益的关键因素。通过对不同土地利用方式的鱼鳞坑进行对比发现，生态林减流减沙效益最高，分别为64.3%和80.5%，意味着在鱼鳞坑中植树造林是生态恢复的较优选择。水平沟的土地利用方式以种植农作物和撂荒的灌木地为主，其减流减沙效益较低。经济林、生态林和农田的减沙效益较高，隔坡梯田中，农田减沙效益最高（96.4%），在坡式梯田上表现为最低的减沙效益（34.5%）。裸地在不同结构的梯田中均表现为最低的水土保持效益（图13-8）。

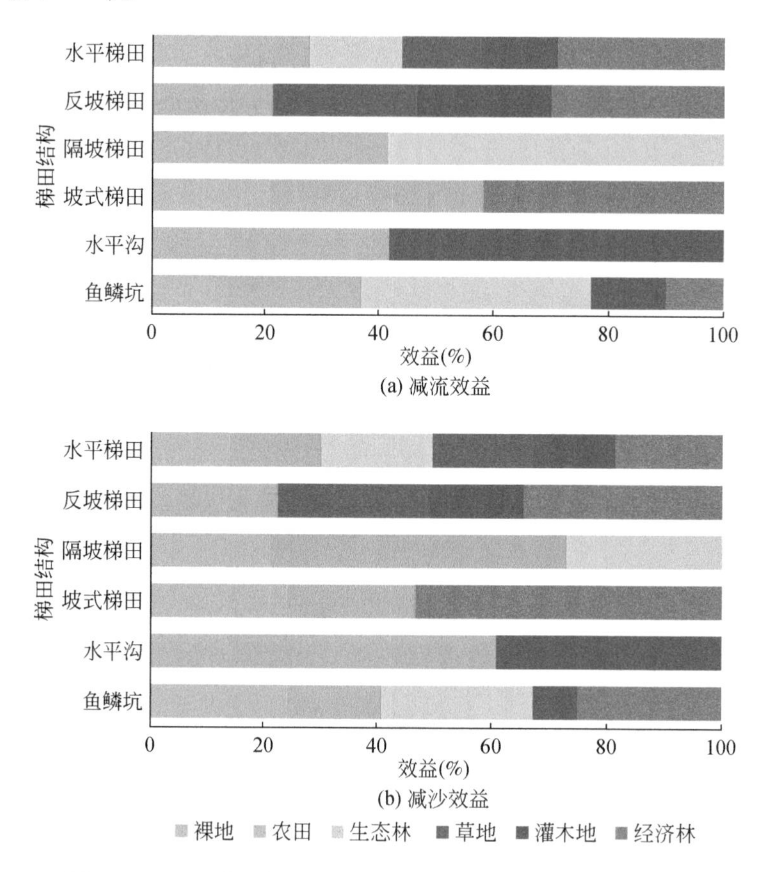

图13-8　土地利用方式与梯田结构耦合作用下的减流减沙效益

13.1.6　坡度与梯田结构耦合作用的减流减沙效益

坡度为3°～5°时，水平梯田的减流减沙效益分别比坡式梯田高18.0%和20%；坡度为5°～7°时，水平梯田、隔坡梯田和坡式梯田表现出较好的水土保持效益；坡度为7°～10°时，仅包含水平梯田和反坡梯田，反坡梯田的减流效益比水平梯田高51.2%，而减沙效益则比水平梯田低13.3%，说明反坡梯田由于其倾斜的反坡台阶有利于降水入渗，减流效益更强，而水平梯田通常具有较宽的水平台阶，其拦截泥沙的能力好于反坡梯田；坡度为10°～15°时，坡式梯田和反坡梯田表现出较好的减流减沙效益，其次是水平梯田和隔坡梯田，鱼鳞坑的效益最低；坡度为15°～20°时，水平梯田的减流效益最高，而减沙效益在水平梯田、反坡梯田和隔坡梯田间大致相当；坡度为 20°～25°时，隔坡梯田的效益高于水平梯田和坡式梯田；坡度为 25°～35°时，与前面相反，水平沟和鱼鳞坑表现出更好的水土保持效益（图 13-9）。一般而言，修建梯田时，5°以下的缓坡地应以水平梯田和坡式梯田为主，25°以上的陡坡地则应以水平沟和鱼鳞坑为主，中等坡度的坡地则应根据各地的自然社会经济条件修建各种适应于当地的台阶式梯田。梯田的修建结构除与坡度有关外，还应综合考虑当地的土壤类型、植被特征、气候条件和修建技术。

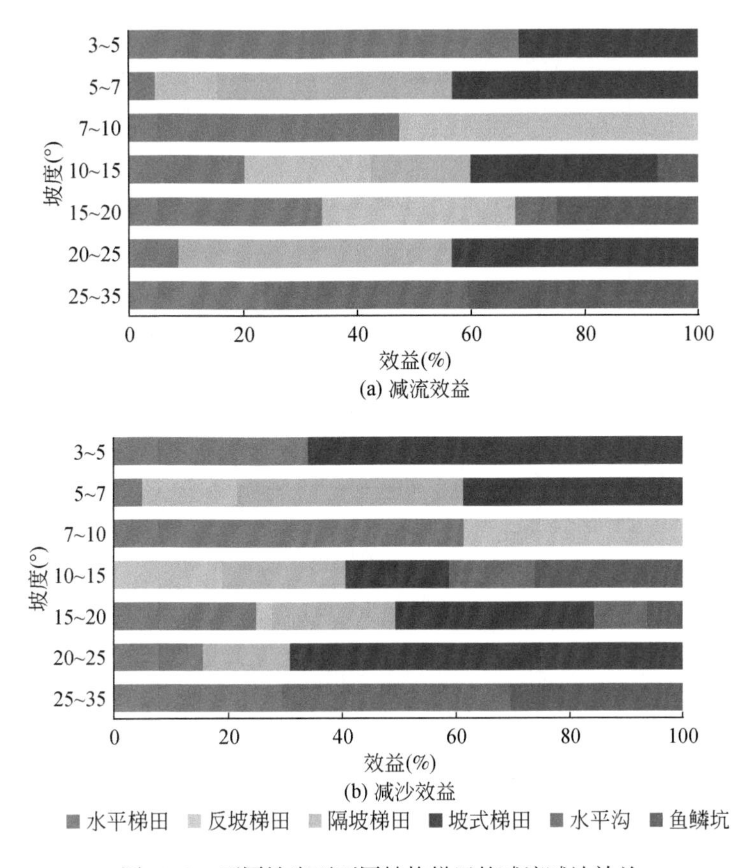

图 13-9　不同坡度下不同结构梯田的减流减沙效益

13.1.7　坡度与土地利用方式耦合作用下梯田的减流减沙效益

梯田的原始坡度影响梯田的修建结构、尺寸、规模等，进而会影响梯田的土地利用方式。在坡度为 3°～5°的缓坡上，农田和经济林效益稍低，在其他坡度上效益都大体相当；坡度为 10°～15°和 25°～35°的坡度仅包含生态林，坡度为 25°～35°的坡地上，生态林减流减沙效益分别高达 52.1% 和 48.4%；经济林梯田的水土保持效益在 25°～35°最高，其次是 15°～20°、7°～10°和 10°～15°；裸地在不同坡度上始终表现为最低的减流减沙效益（图 13-10）。先前的研究表明，植被覆盖影响产量产沙，而这种影响在陡坡上表现得更为明显，在生态脆弱区，减少人类活动也是有效且可行的水土保持措施（Schmidt and Zemadim，2015）。

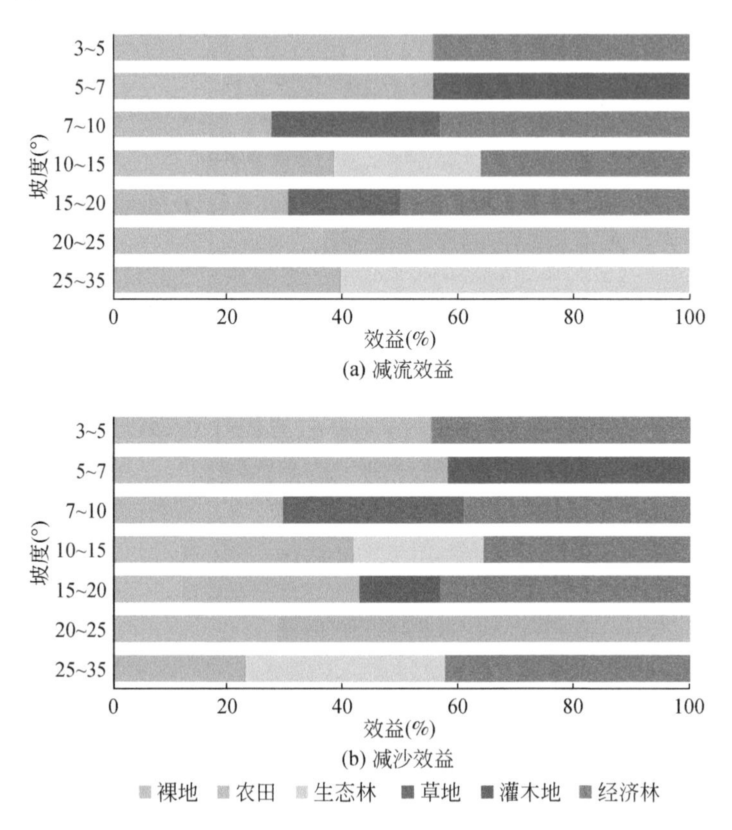

图 13-10　不同坡度下不同土地利用方式梯田的减流减沙效益

13.2　梯田的蓄水效益及其影响因素分析

水分是土壤生态系统中的主要物质成分，也是物质流动和养分循环的载体，更是影响作物产量的主要限制因子，因此土壤含水量直接或间接地影响土质、植被生长与分布，并在一定程度上影响局地小气候的变化（Maxwell et al.，2018；Fang et al.，2018；Shi et al.，2018；Ma et al.，2018；Jin et al.，2018；Elmendorf et al.，2014）。土壤含水量是降水、地表径流、地下渗漏和土壤蒸发等多种因素综合作用的结果（Maxwell et al.，2018；Feng et al.，2018；Yang et al.，2012；Rosenzweig et al.，2004；D'Odorico and Porporato，2004）。

梯田整地措施通过改造微地形，改变天然降水的分配格局，减少地表径流，强化降水入渗，增加土壤含水量（Schuh et al.，2017；Xu et al.，2016；Rashid et al.，2016）。另外，梯田修建扰动了地表，增加了土壤非毛管孔隙，切断了土壤水分蒸发的路径，这也是梯田修建后土壤含水量增加的另一原因，同时这也使强化入渗的降水能在土壤中长时间蓄存，从而为植被恢复提供了应有的水分（Wolka et al.，2018；Zhang et al.，2015；Damene et al.，

2012)。然而，梯田建设也增加了地表面积，进而增强了土壤水分的蒸发损失。在我国北方干旱少雨地区，梯田正常年份的土壤水分条件一般优于坡耕地（Wei et al., 2019；Chen et al., 2017；Strehmel et al., 2016；Nyssen et al., 2009)。但在干旱年份，梯田田面土壤含水量反而略低于坡耕地（Camera et al., 2012；张北赢等，2009)。

土壤水分变化对梯田的响应受到土地利用、气候、地形和梯田特征等多种因素的影响（Feng et al., 2018；Maxwell et al., 2018；Yang et al., 2012；D'Odorico and Porporato, 2004；Rosenzweig et al., 2004)，本研究中共纳入 83 个研究区的 1812 组土壤水分数据（图 13-11)，对国家尺度梯田蓄水效益随梯田结构、土地利用、土层深度、气候、地形等的变化规律进行系统性分析，以期为梯田的合理布设、修建与可持续利用提供科学依据。

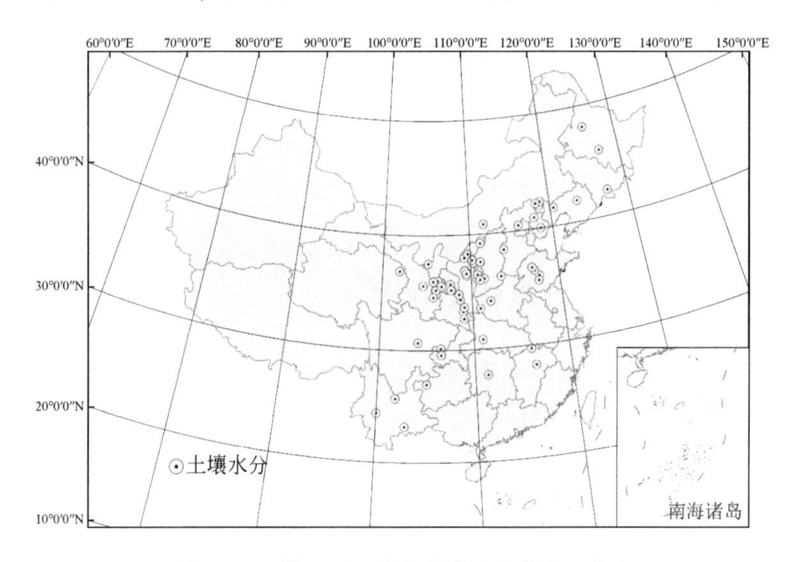

图 13-11　梯田对土壤水分影响的研究区分布

13.2.1　梯田结构对蓄水效益的影响

对比不同结构梯田的蓄水效益（图 13-12）发现，水平沟蓄水效益最高（34.9%)，这种特殊的山地蓄水结构能把绝大部分的地表径流拦截下来使之入渗到土壤中，在时空上对降雨进行了重新分配（Xu et al., 2018；虎久强等，2007)；其次是反坡梯田，其蓄水效益约为 22.9%，反坡梯田既能有效地接纳降雨、强制下渗，又能减少侧坎土壤水分的散失；鱼鳞坑的蓄水效益最低，为 8.9%。鱼鳞坑对土壤水分的效益具有双重性：一方面，在积蓄降雨方面，鱼鳞坑增加了坡面粗糙度，增加了降雨入渗量，减少了水土流失，也保证了鱼鳞坑内植物水分的供给；另一方面，鱼鳞坑增加了土壤与空气的接触面积，加剧了土壤水分的蒸发损失，甚至有研究发现无覆盖鱼鳞坑措施下土壤水分与裸地差异不显著。虎久强等（2007）在黄土高原的研究发现，同样的立地环境下，水平沟和造林结合对保持土壤水分的效益最好。

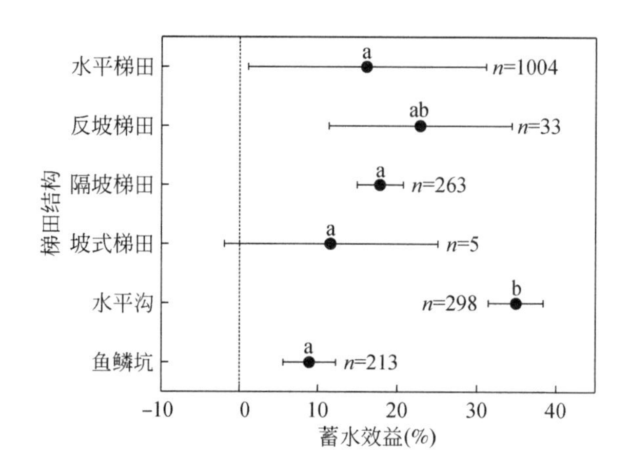

图 13-12　梯田结构对蓄水效益的影响

不同字母表示不同梯田结构之间生态效益的差异显著（$p<0.05$，Kruskal-Wallis H Test），误差线是95%的置信区间，n 表示纳入的观测数据量

13.2.2　梯田蓄水效益对气候的响应

土壤水分通过降水和温度进行补给和调节（Wang et al.，2018），为评价梯田蓄水效益在不同气候区的变化规律，本研究将研究区域按年均降水量分为四个区域，年均降水量大于800 mm为湿润区，400～800 mm为半湿润区，250～400 mm为半干旱区，小于250 mm为干旱区。本研究没有收集到干旱区梯田蓄水效益的相关文献数据。分析发现，梯田蓄水效益在不同降水量的区域有显著的差异，梯田在半湿润区的蓄水效益最高（28.6%），在半干旱区和湿润区分别是15.1%和5.4%。降水梯度因子影响土壤表面组分在调节土壤水文过程中所起的作用（Wang et al.，2017；Yang et al.，2018）。一些干旱半干旱地区经常面临严重的水资源短缺问题，在这种情况下梯田可以改善降雨入渗，促进植被恢复，同时也会导致土壤水分蒸发加剧。这些地区的降水量较低，且蒸发严重，因此梯田的蓄水效益是有限的。而在湿润地区，梯田的蓄水效益最低［图 13-13（a）］，因为坡地的土壤含水量已经足够高，在该地区建造的梯田主要用于扩大耕种面积及防洪。半湿润区降水充沛，蒸发量较低，植被盖度较高，梯田蓄水效益最高。

在土壤含水量较高的条件下，温度可被认为是导致土壤水分流失的关键因素之一。根据不同研究区的年均温度将其分为四个区域：<5℃、5～10℃、10～15℃和>15℃。分析发现，年均温大于15℃的地区蓄水效益最高，为43.3%，该地区主要是干热河谷（如云南元谋梯田区），较高的气温导致蒸发强烈，而夏季集中的降雨又造成雨季土壤侵蚀严重，旱季严重缺水。梯田建设缓解了季节土壤水分分布的不均匀性，控制了水蚀，促进了植被恢复，从而有效地提高了土壤含水量。其次分别是<5℃（23.7%）、10～15℃（21.8%）和5～10℃（13.3%）的地区［图 13-13（b）］。年均温<5℃的研究区主要位于中国东北地区，该地区为半湿润地区，气温较低。梯田可以随时拦截充足的降水；温度和蒸发量较

低，梯田能有效提高土壤储水量。

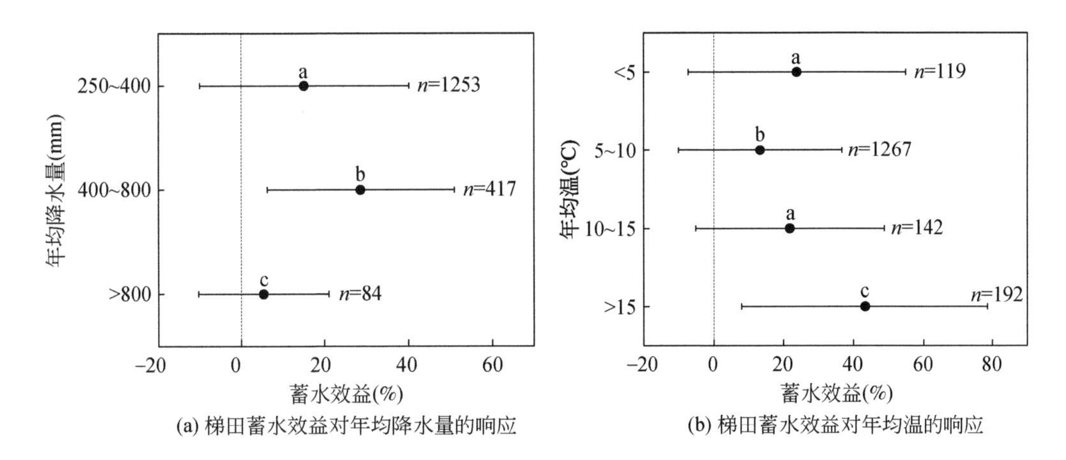

图 13-13　梯田蓄水效益对气候的响应

不同字母表示不同梯田之间蓄水效益的差异显著（$p<0.05$，Kruskal-Wallis H Test），误差线是 95% 的置信区间，n 表示纳入的观测数据量

单因素方差分析表明，梯田蓄水效益在四个不同年均温地区的差异显著（$p<0.05$）。通过对年均温、年均降水量和土壤水分补给的方差分析，发现年均降水量解释了 90% 的变异，而年均温仅解释了 10% 的变异。土壤含水量直接受降水量的制约，而土壤质地、土层厚度和整地规格等主要通过影响降水的再分配和土壤蒸发量而对土壤含水量产生影响。

13.2.3　土地利用方式对梯田蓄水效益的影响

土地利用方式影响土壤水分储存和利用效率（Gao et al.，2014；Zucco et al.，2014）。根据收集到的数据，将梯田按照土地利用方式分为：裸地梯田、农业梯田、草地梯田、生态林梯田和经济林梯田。不同土地利用方式的梯田均能显著提高土壤蓄水效益。对比不同土地利用方式下梯田的蓄水效益，草地和经济林梯田效益最好，分别为 28.2% 和 25.9%。其次是裸地和农田，蓄水效益分别为 14.4% 和 14.0%。生态林梯田蓄水效益最低，仅为 12.3%（图 13-14）。因为生态林梯田上的树种多为引进的外来树种，具有强耗水性，会导致土壤水分的亏缺。Yu 等（2018）研究发现，无论在雨季或旱季，生态林梯田的土壤水分始终低于原生草地和农田。Li 等（2018）也认为，生态林覆盖率的增加显著降低了土壤水分。Wang 等（2017）认为，草地土壤水分受降水的影响高于其他土地利用类型。此外，由于树冠拦截，不同土地利用类型的降水入渗量明显不同，生态林梯田降水入渗量低于草地梯田降水入渗量（Yu et al.，2015）。降水和土地利用影响土壤水分的来源与消耗，进一步影响土壤水分补给。梯田修建与合理的植被配置结合能减缓土壤干层的形成，提高植被自然更新能力。

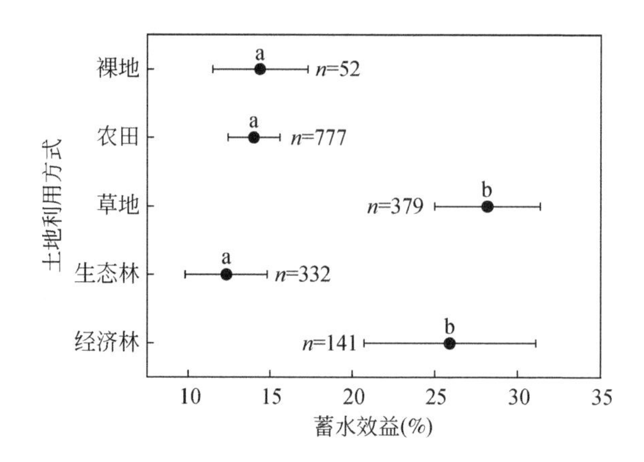

图 13-14　不同土地利用方式对梯田蓄水效益的影响

不同字母表示不同土地利用梯田之间蓄水效益的差异显著（$p<0.05$，Kruskal-Wallis H Test），误差线是95%的置信区间，n 表示纳入的观测数据量

土壤水分的消耗主要取决于植物根系吸收、蒸腾和土壤蒸发（Zhang et al.，2017）。因此，在土壤含水量较高的条件下，温度和土地利用方式可被认为是导致土壤水分流失的关键因素。年均温在 0 ~ 5℃ 和 5 ~ 10℃ 的地区，草地蓄水效益最高，分别为 50.0% 和 88.5%；年均温在 10 ~ 15℃ 的地区，经济林蓄水效益最高（30.0%），其次是裸地（16.0%）和农田（13.8%）；年均温在 15 ~ 20℃ 的地区，草地蓄水效益最高（34.5%），其次是生态林（20%）[图 13-15（a）]。

降水量影响植物类型和植被盖度，而植物类型又反过来影响土壤水分含量。Wang 等（2017）认为，不同土地利用类型的土壤水分和年均降水量之间存在显著的线性相关性。本研究发现，湿润区生态林梯田蓄水效益最高（16.0%）；半湿润区经济林梯田蓄水效益最高（42.2%），而半干旱区草地梯田蓄水效益最高（39.9%）[图 13-15（b）]。本研究为不同生态区退耕还林或还草提供了科学依据。

13.2.4　土层深度对梯田蓄水效益的影响

土壤水分的空间变化即土壤水分的垂直变化，主要受向下的入渗再分布和向上的蒸发

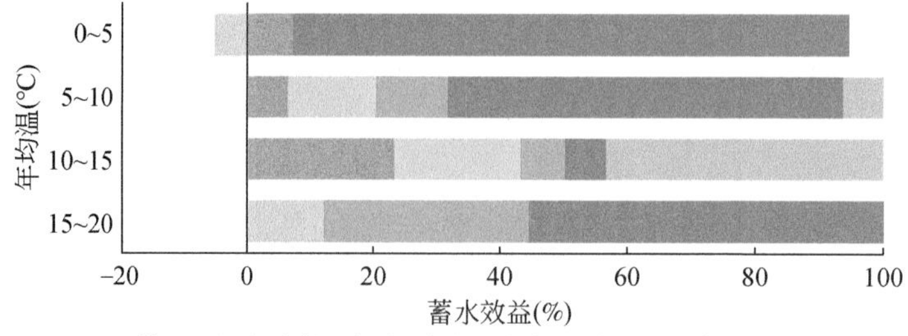

(a) 梯田不同土地利用方式与年均温的耦合作用对土壤水分动态的影响

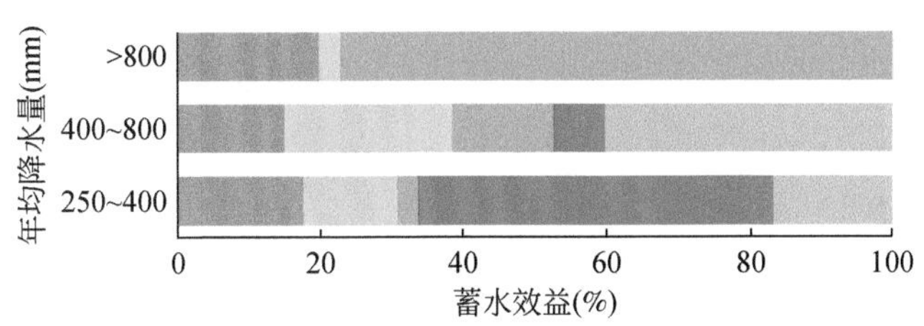

(b) 梯田不同土地利用方式与年均降水量的耦合作用对土壤水分动态的影响

■裸地 ■农田 ■生态林 ■草地 ■经济林

图 13-15　不同土地利用方式与气候的耦合作用对梯田蓄水效益的影响

过程支配，而影响这两个过程的因素较多且会随时空不断变化，故土壤剖面水分含量随土层深度的不同表现为不均匀的分布。土壤水分在垂直方向的变异特征是梯田结构、植物利用、雨水入渗、土壤和人为活动等多重因子综合作用的结果，梯田显著提高了不同土层的土壤含水量，0～20 cm 土层土壤蓄水效益最高（26.1%），0～100 cm 土层梯田蓄水效益均大于20%，而100～200 cm 土层梯田蓄水效益为10%～12%（图 13-16）。表层土壤蓄水效益较高是由于表层土壤入渗水分多，而深层土壤蓄水效益较低是由于外来树种导致了土壤干层的形成，以及侧渗损失一部分土壤水分（Ajmal et al.，2016；Yang et al.，2012）。

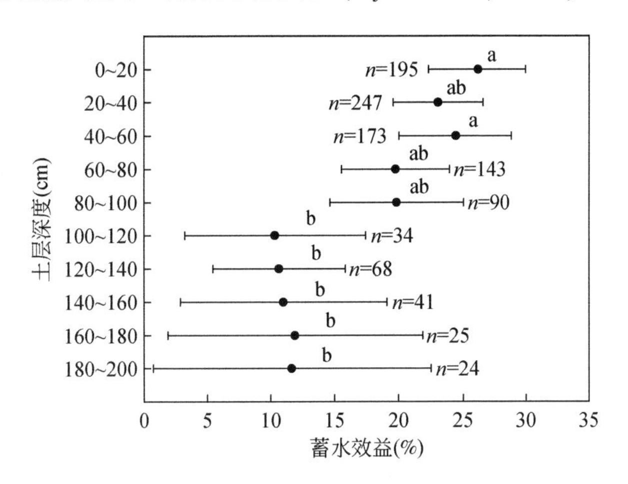

图 13-16　土层深度对梯田蓄水效益的影响

不同字母表示梯田不同土层深度之间蓄水效益的差异显著（$p<0.05$，Kruskal-Wallis H Test），误差线是95%的置信区间，n 表示纳入的观测数据量

整地措施对不同土层的蓄水效益有不同程度的影响，水平梯田 0～120 cm 土层的蓄水效益介于20%～30%，120～200 cm 土层的蓄水效益介于10%～20%。反坡梯田 0～20 cm 的蓄水效益较低，40～120 cm 土层的蓄水效益均高于30%。相反，隔坡梯田 0～20 cm 土层的蓄水效益最高（30.6%）。水平沟具有较高的蓄水效益，无论是在浅层土壤还是深层土壤中蓄水效益都大于20%。鱼鳞坑 0～20 cm 土层的蓄水效益最高（23.5%），20～200 cm 土层蓄水效益均小于20%（图 13-17）。在 0～200 cm 土层，修建梯田的土壤水分改善效果明

显，但由于侧渗损失和蒸发较大，土壤水分也只在 0 ~ 200 cm 土层有所改善，200 cm 土层以下的土壤几乎得不到任何补给，土壤水分仍维持在较低的水平。

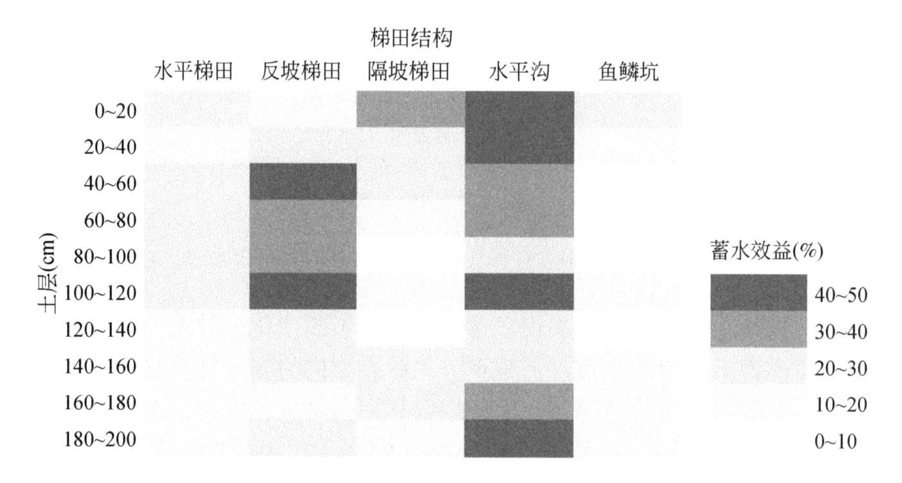

图 13-17　不同梯田结构在不同土层的蓄水效益

农田 0 ~ 80 cm 土层的蓄水效益约为 20%，80 ~ 200 cm 土层的蓄水效益小于 20%；草地在不同土层的蓄水效益均较高，特别是在 0 ~ 40 cm 土层，蓄水效益大于 50%；生态林除了 40 ~ 60 cm 土层蓄水效益高达 48.7% 外，其他土层梯田蓄水效益普遍较低，尤其是 140 ~ 160 cm 和 180 ~ 200 cm 土层表现为负效益（图 13-18）。王继夏等（2012）在陕西延安碾庄沟流域的研究发现，土壤含水量变化主要受控于降水量和作物的生长耗水，且与降水变化具有同步性，而不同的立地类型、作物根系耗水等也是主要影响因素。根系吸水是控制土壤水分动态的重要过程（Yang et al.，2014a）。与原生植物不同，许多引进的植物根系深度要低于降水入渗的深度，可以比梯田上其他物种消耗更深层次的土壤水分（Chen et al.，2010；Yang et al.，2014b），所以生态林梯田导致了深层土壤水分的亏缺。

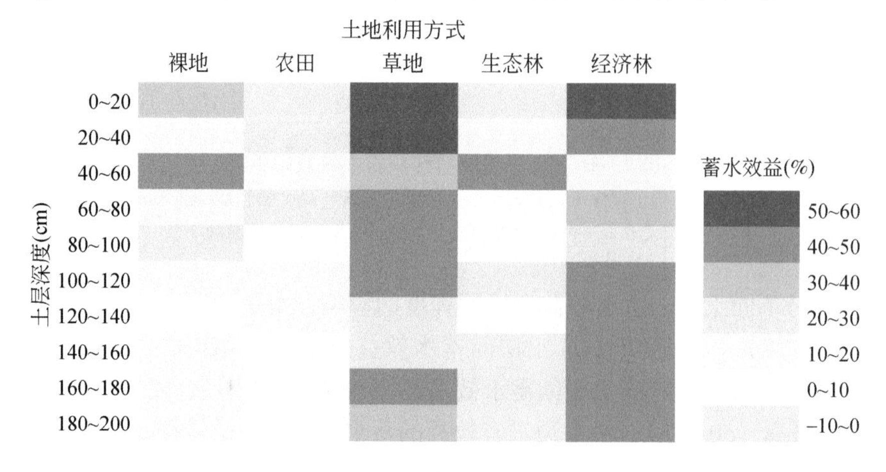

图 13-18　不同土地利用方式梯田在不同土层的蓄水效益

13.2.5 坡度对梯田蓄水效益的影响

坡改梯田的蓄水效益受到其原始坡度的影响：15°以内坡地上梯田的蓄水效益较低，约 5%；15°以上坡地上梯田的蓄水效益随坡度的增加而提高（图 13-19）。坡度对土壤水分动态的影响主要体现在两个方面：①随着坡度的增加，土壤入渗率会降低，进而会增加地表径流量；②土壤接收的有效降雨量会随着坡度的增加而减少。Mu 等（2015）研究表明，随着降雨强度和坡度的增加，土壤入渗率曲线的下降速率增加。坡度增加导致土壤入渗率下降和径流量增加。Fox 等（1997）研究了坡度对最终土壤入渗率的影响，认为径流深度和地表土壤储水量的变化是影响坡度对入渗率作用大小的主要原因。

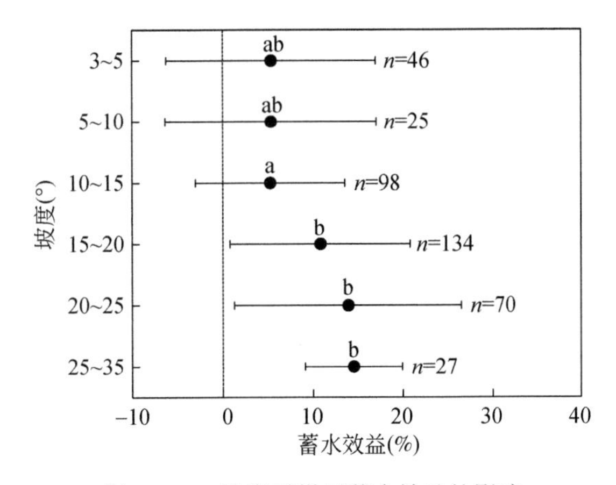

图 13-19 坡度对梯田蓄水效益的影响

不同字母表示不同坡度梯田之间蓄水效益的差异显著（$p<0.05$，Kruskal-Wallis H Test），误差线是 95% 的置信区间，n 表示纳入的观测数据量

在 10°以下的缓坡地，修建水平梯田的蓄水效益最高（6.2%），其次是隔坡梯田（4.0%）和坡式梯田（3.7%）；在 10°～20°的中等坡地，修建反坡梯田和水平沟的蓄水效益较高，分别为 34.6% 和 30.4%；在 20°以上的陡坡地，修建水平沟和鱼鳞坑的蓄水效益较高，分别为 23.1% 和 19.1%（图 13-20）。缓坡上应采用水平梯田整地措施，降雨在土壤中以垂直入渗为主；而陡坡地土壤水分通量递减快，随着土层的加深，水分侧向损失有所增加，因此较陡的坡面应采用水平沟和鱼鳞坑整地措施保持土壤水分。

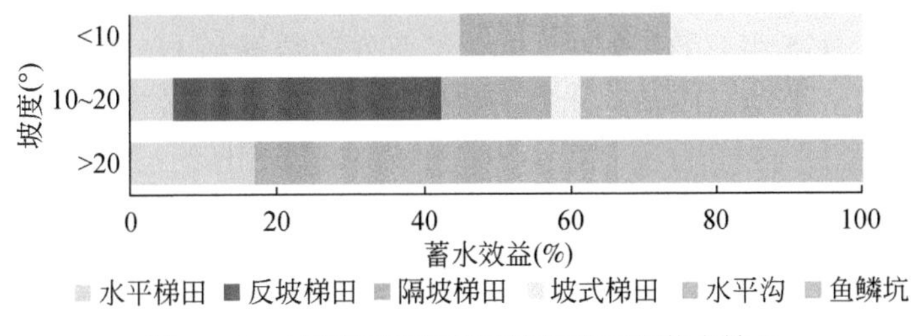

图 13-20 不同坡度下不同结构梯田的蓄水效益

在10°以下的缓坡地，裸地和农田的蓄水效益都在4%左右。而在中等坡地，草地梯田的蓄水效益最高（30.5%），其次是生态林梯田（13.0%）和经济林梯田（9.6%）。在20°以上的陡坡地，草地的蓄水效益最高，为30%；其次是农田梯田（20.9%）和经济林梯田（11.3%）（图13-21）。

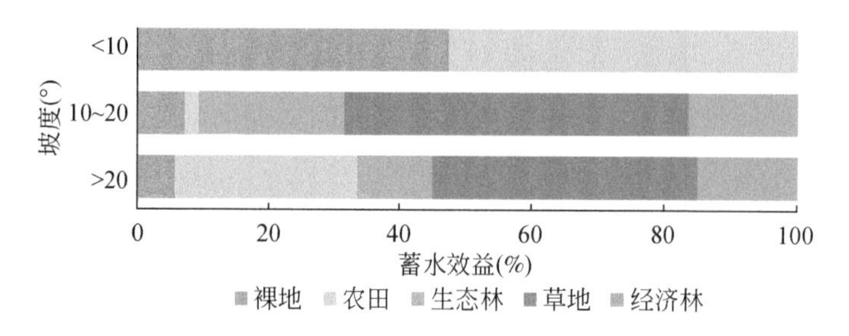

图13-21　不同坡度下不同土地利用方式梯田的蓄水效益

13.3　中国梯田的综合效应分析

坡改梯田的措施适应了中国山地多、平原少、人口众多且分布不均的特点。中国梯田分布广泛、海拔差异大、区域气候和开发模式不同，梯田生态效应、修建管理模式受到众多因素制约。在不同的自然生态条件和社会经济背景下，梯田具有不同的适应方式和工程技术，如梯田的修建、土壤的改良及水资源的利用和管理等。本研究通过对中国梯田的综合生态效应进行系统分析，为今后梯田的修建与管理提供科学参考，以实现梯田生态系统服务的最大化。

13.3.1　中国梯田的综合效应

本研究全面收集了中国范围内有关梯田生态效应研究的文献数据，包括调控径流、保持土壤、蓄积降水、改良土质、提高产量等，其中，减流、减沙、蓄水和增产效益分别共收集到数据量601组、636组、1812组和371组。通过整合分析，发现中国梯田的平均减流效益为53.6%，减沙效益为68.2%，蓄水效益为23.2%，增产效益为64.0%；其变异系数分别为56.0%、48.4%、107.8%和82.8%（图13-22）。同时收集到关于梯田对土壤养分含量影响的文献数据，包括484组土壤有机碳数据、202组总氮数据、132组总磷数据、80组总钾数据、125组有效氮数据、110组有效磷数据和113组有效钾数据。对土壤中各种养分进行分析后发现，梯田对土壤有机碳、总氮、总磷、总钾、有效氮、有效磷和有效钾都起到不同程度的提升作用，在中国范围内修建梯田后，其含量分别提升25.3%、26.6%、17.0%、16.8%、22.1%、41.2%和13.7%（图13-23），变异系数分别为185.8%、176.7%、188.2%、136.9%、176.5%、172.3%和204.4%。

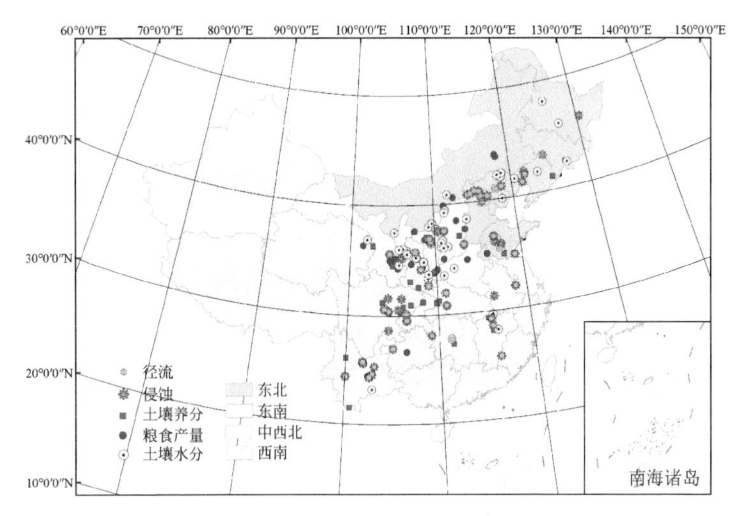

图 13-22　纳入的梯田效应研究区分布

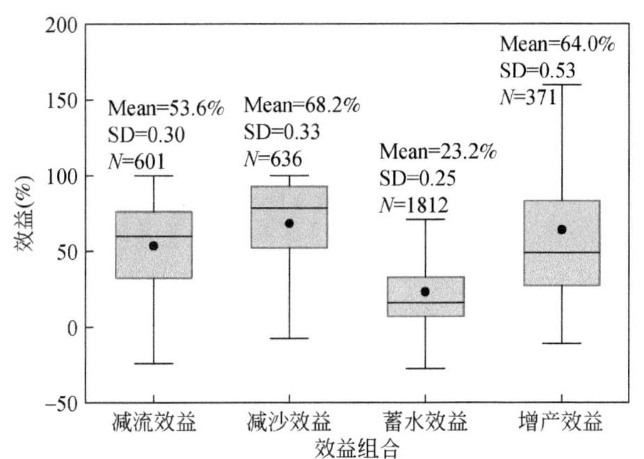

(a) 梯田建设的减流效益、减沙效益、蓄水效益和增产效益

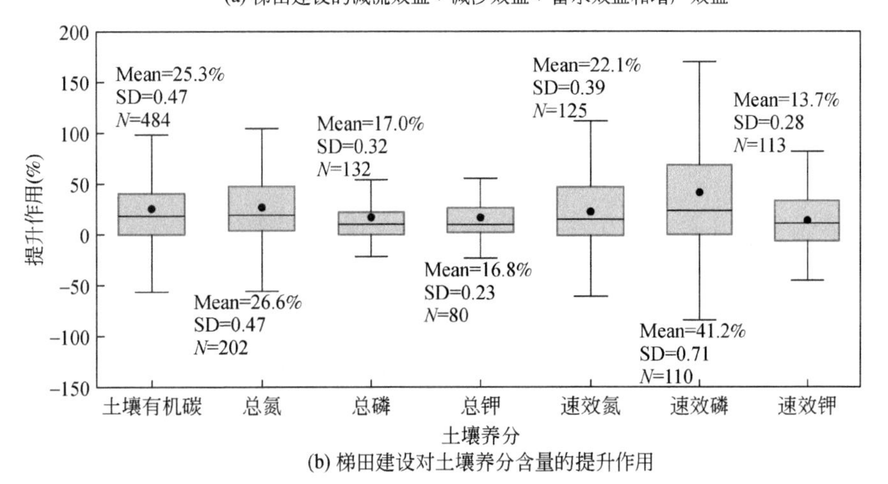

(b) 梯田建设对土壤养分含量的提升作用

图 13-23　中国梯田的综合效应

13.3.2 中国梯田效应的区域差异

由于不同地区梯田的修建目的，以及自然环境和人为活动等因素的差异，梯田的各项生态效应表现出明显的区域差异。

分析国家尺度梯田的减流效益发现，东南地区梯田的减流效益最高（56.7%），西南地区（55.6%）、中西北地区（51.7%）次之，东北地区最低（46.3%）。东南和西南地区由于降水量比北方地区大，且梯田海拔高，修建梯田能够拦截更多的降雨径流。中西北地区大多数为干旱半干旱地区，东北地区地势平缓，梯田的减流效益较低。东北地区减沙效益最高（71.3%），说明该地区梯田通过合理修建和管理，发挥了较强的防治土壤流失的功能，其次是以黄土高原为主的中西北地区，这一地区梯田修建的主要目的是防止土壤侵蚀，保持水土资源。中国南方山区土壤侵蚀程度本身低于北方，因而梯田修建的减沙效益也稍低于北方梯田。蓄水效益表现为西南地区（41.5%）显著高于东南地区（32.8%），东南地区显著高于东北地区（20.4%）和中西北地区（20.2%），东北和中西北地区蓄水效益平均值差异不大，但东北地区蓄水效益的变异系数高于中西北地区，主要原因是中西北地区降水量差异不大，基本属于干旱半干旱气候，而东北地区降水量差异很大，既包括黑龙江东部、吉林东部、辽宁东部等湿润区，黑龙江西部、吉林西部、辽宁西部、北京、天津等半湿润区，同时也包括内蒙古东部的半干旱区和内蒙古西部的干旱区。西南地区梯田以水稻田为主，且梯田上方的森林有涵养水源的作用，其蓄水效益显著高于其他地区。增产效益表现为东北地区显著高于东南地区和西南地区，北方梯田以旱作梯田为主，南方梯田以水稻梯田为主，粮食品种并不一样，但就增产效益而言，东北地区（83.0%）>中西北地区（60.4%）>东南地区（57.6%）>西南地区（47.4%）。

土壤有机碳含量的变化，表现为中西北地区（33.0%）>东北地区（31.2%）>东南地区（18.1%）>西南地区（14.0%）。中西北地区梯田能有效地减少土壤流失，其减沙效益仅次于东北地区，该地区土壤侵蚀严重，产沙量大，如果按照绝对量计算，其减沙量比其他地区大得多。梯田通过减少土壤流失，进而减少了土壤中有机碳的流失，特别是表土中丰富的有机碳。梯田修建后土壤全氮和速效氮含量在不同区域都得到一定程度的提高，土壤全氮含量变化表现为东南（34.3%）>西南（32.5%）>东北（25.9%）>中西北（23.9%），土壤速效氮含量变化表现为中西北（36.7%）>东北（17.8%）>东南（10.7%）>西南（2.8%）。土壤全磷和速效磷含量的变化在不同地区差异显著，土壤全磷含量变化表现为东北（39.1%）>东南（36.7%）>西南（17.2%）>中西北（7.9%），东部地区显著高于西部地区；而土壤速效磷含量变化表现为中西北（62.9%）>东南（50.5%）>东北（34.2%）>西南（9.8%）。梯田通过减少土壤中总磷的流失，提高养分含量，缓解了下游河流的富营养化。不同区域土壤全钾和速效钾含量变化表现一致，均表现为东北地区>东南地区>中西北地区>西南地区，土壤全钾含量分别为30.0%、25.7%、13.3%和11.4%，土壤速效钾含量分别为20.7%、15.0%、14.4%和5.1%（图13-24）。总体上，梯田的蓄水效益和减流效益南方显著高于北方，而减沙效益、增产效益和固碳效益北方高于南方。

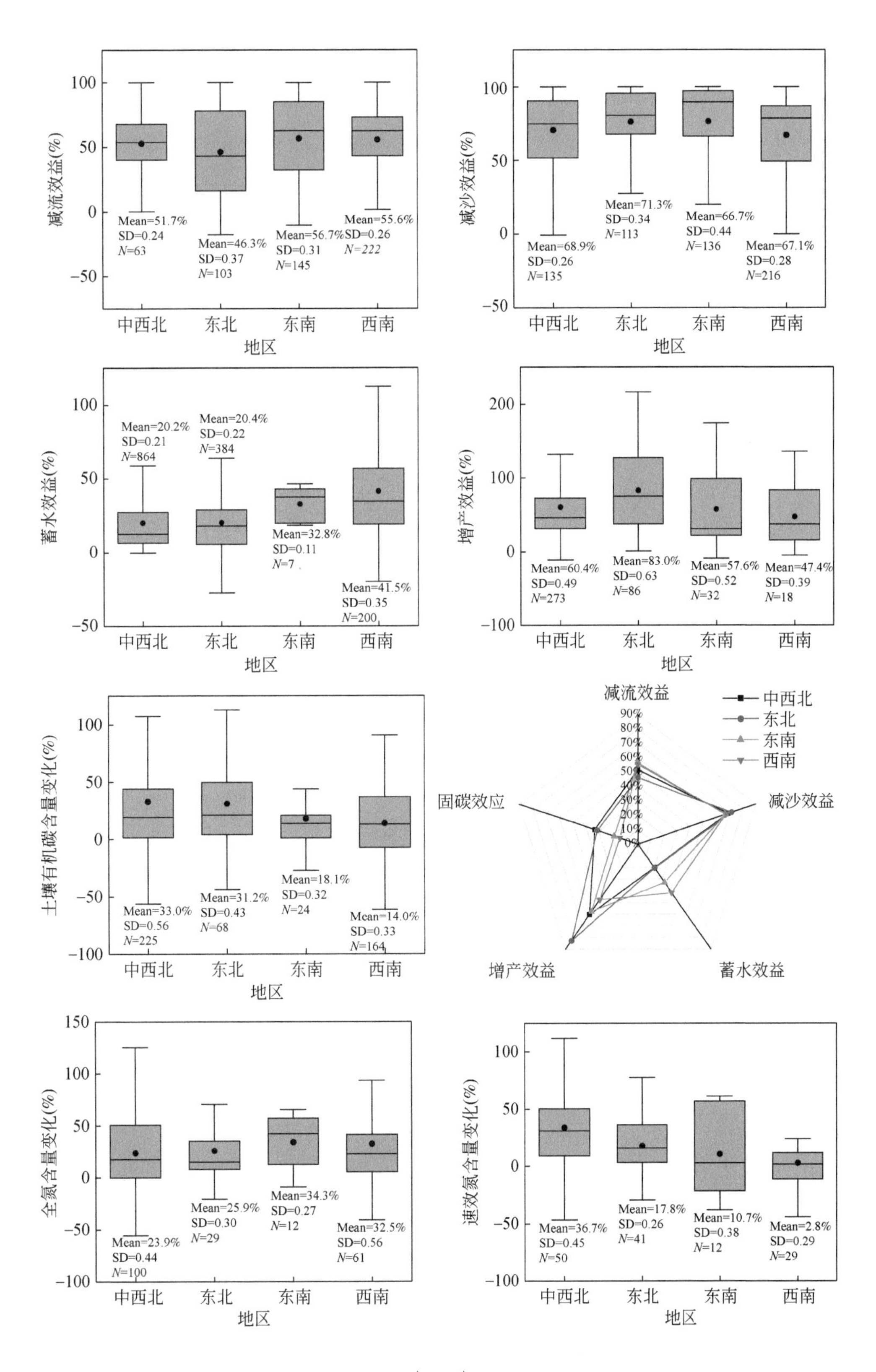
减流效益(%)
Mean=51.7%
SD=0.24
N=63
Mean=46.3%
SD=0.37
N=103
Mean=56.7%
SD=0.31
N=145
Mean=55.6%
SD=0.26
N=222
中西北
东北
东南
西南
地区
减沙效益(%)
Mean=68.9%
SD=0.26
N=135
Mean=71.3%
SD=0.34
N=113
Mean=66.7%
SD=0.44
N=136
Mean=67.1%
SD=0.28
N=216
蓄水效益(%)
Mean=20.2%
SD=0.21
N=864
Mean=20.4%
SD=0.22
N=384
Mean=32.8%
SD=0.11
N=7
Mean=41.5%
SD=0.35
N=200
增产效益(%)
Mean=60.4%
SD=0.49
N=273
Mean=83.0%
SD=0.63
N=86
Mean=57.6%
SD=0.52
N=32
Mean=47.4%
SD=0.39
N=18
土壤有机碳含量变化(%)
Mean=33.0%
SD=0.56
N=225
Mean=31.2%
SD=0.43
N=68
Mean=18.1%
SD=0.32
N=24
Mean=14.0%
SD=0.33
N=164
减流效益
减沙效益
蓄水效益
增产效益
固碳效应
中西北
东北
东南
西南
全氮含量变化(%)
Mean=23.9%
SD=0.44
N=100
Mean=25.9%
SD=0.30
N=29
Mean=34.3%
SD=0.27
N=12
Mean=32.5%
SD=0.56
N=61
速效氮含量变化(%)
Mean=36.7%
SD=0.45
N=50
Mean=17.8%
SD=0.26
N=41
Mean=10.7%
SD=0.38
N=12
Mean=2.8%
SD=0.29
N=29

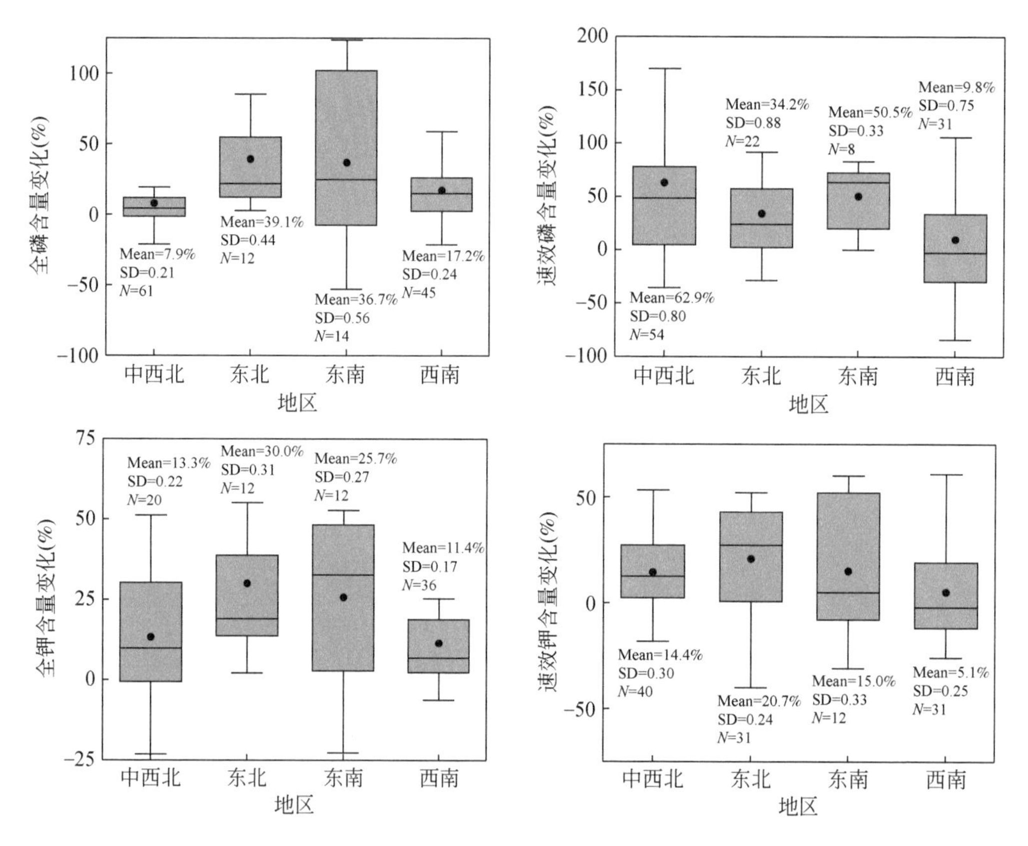

图 13-24　中国梯田生态效应的区域差异

13.3.3　梯田结构对梯田综合效应的影响

由于不同地区的降水量、土壤类型、地形、修建技术等的影响，梯田具有不同的结构类型，梯田结构又影响其土地利用方式、人为管理方式、水流和泥沙运移的路径等，因此不同梯田结构的生态效应在减流、减沙、固碳、蓄水和增产效益等方面存在一定的优劣(图 13-25)。反坡梯田和鱼鳞坑通常修建于干旱地区，土地利用方式以种树或撂荒草地为主，不用于种植粮食作物，因此没有增产效益。隔坡梯田总体的生态效益最高，主要体现在粮食增产上；此外，其减流减沙效益也最高，因为隔坡梯田通常修建在较平缓的山坡上，斜坡段用于种树，水平台面种植粮食作物，且水平台面通过蓄积斜坡段的径流和泥沙，土壤较肥沃，能有效减少径流和泥沙，并提高粮食产量。水平沟和鱼鳞坑的减流效益较弱，但固碳效益较高。水平梯田和坡式梯田整体上效益大致相当，坡式梯田虽然修建省时省工，但只适宜修建于平缓的山坡上，在中等坡度的山坡还是以水平梯田更适宜。

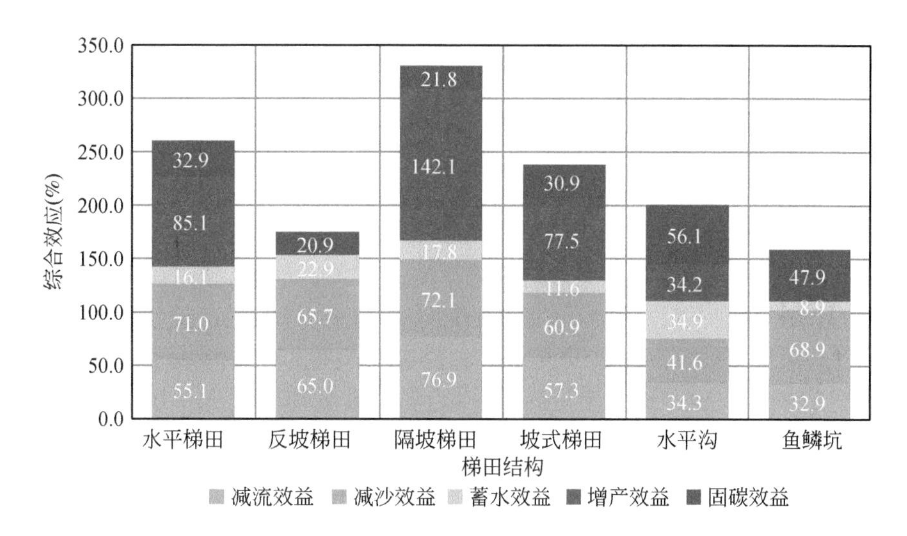

图 13-25 不同梯田结构的综合效应

13. 3. 4 土地利用方式对梯田综合效应的影响

将梯田按土地利用方式分为裸地、农田、草地、灌木地、经济林和生态林地六种，分析不同土地利用梯田的减流减沙和蓄水效益，发现裸地的各项效益均较低（图 13-26），说明不同覆盖的植被与梯田的耦合作用都能在一定程度上起到减流、减沙和蓄水的作用。灌木地减沙效益（48.6%）仅高于裸地，减流效益为 53.8%，高于草地和农田。生态林和经济林的综合效应较高，主要体现在减流效益和减沙效益上，其生物量大，通过冠层拦截和根系截留可以有效地减少水土流失，但生态林外来树种的强耗水性和经济林的合理灌溉管理，使得经济林蓄水效益显著高于生态林。

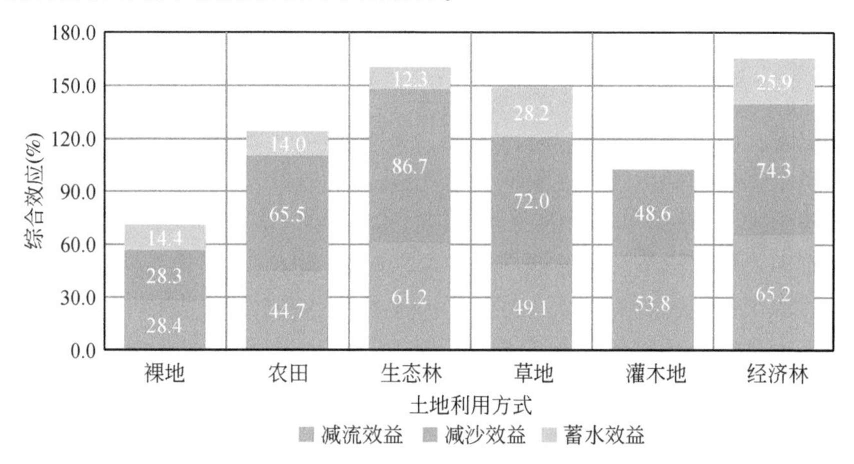

图 13-26 不同土地利用梯田的综合效应

13.3.5 坡度对梯田综合效应的影响

将梯田根据修建前的原始坡度分为 7 组，即 3° ~ 5°、5° ~ 7°、7° ~ 10°、10° ~ 15°、15° ~ 20°、20° ~ 25°和 25° ~ 35°（坡度分类含上不含下）。梯田的固碳效益随坡度增加而增加，而增产效益则正好相反。因为坡度越陡峭，修建成梯田后，改变了地形，减少了山坡表层土壤的流失，进而减少了土壤碳库的流失，提高了土壤碳的含量；然而坡度越陡，改造成梯田后的水平台面面积越小，粮食种植面积越小，梯田增产效益越低。梯田的蓄水效益在 15°以上随坡度增加而增加，在 15°以下变化不明显。减流减沙效益受到地形和土壤重力侵蚀的影响，表现一致，都是在 15°以内随坡度增加而增加，在 15° ~ 20°减流减沙效益下降，20°以上又随坡度增加而增加（图 13-27）。

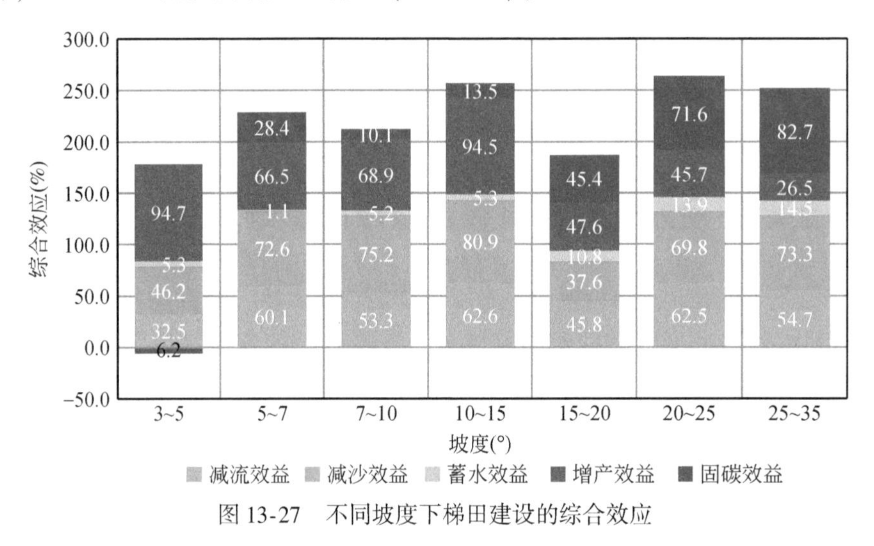

图 13-27 不同坡度下梯田建设的综合效应

13.4 全球梯田的历史分布与综合效应

数千年以来，为了消减洪涝、防控侵蚀、保持水土和获取粮食，人类在不同的坡地条件下创造了类型多样的梯田景观。根据文献资料记载，梯田与农业文明几乎同步产生，最早记载的梯田出现于 5000 多年前的巴勒斯坦、也门及中国的长江流域，随后分别向地中海干旱区和东南亚地区传播，目前已广布于热带亚热带山地、温带荒漠、干旱半干旱丘陵区乃至高寒脆弱山地，遍及亚、欧、美、非等各大洲的重要生态类型区。梯田已经成为古老农耕文明和人类智慧的重要象征与载体，除中国外，东南亚的印度、菲律宾、马来西亚、泰国、越南，地中海地区的西班牙、意大利、法国、希腊、叙利亚、黎巴嫩、巴勒斯坦、突尼斯、摩洛哥，以及日本、韩国、也门、肯尼亚、埃塞俄比亚、秘鲁、墨西哥等国家均建设有大面积的梯田。亚洲梯田主要种植水稻，欧洲则主要种植杏树、葡萄和橄榄树，南美洲的古印加梯田及非洲的广大梯田主要种植玉米、土豆。梯田农业是人类适应山地环境而形成的一种古老的生产类型，目前全球已有 14 处古梯田被联合国教育、科学及文化组织（United Nations Educational，Scientific and Cultural Organization，UNESCO）列入《世界遗产名录》，5 处被联合国粮食及农业组织（Food and Agriculture organization of the United Nations，FAO）列入全球重要农业文化遗产（globally important agricultural heritage systems，GIAHS）（表 13-1）。

表 13-1　全球主要梯田文化遗产

梯田	国家	面积 (hm^2)	修建时间	梯田类型	存在状况	入选时间	主要作用
云南哈尼梯田	中国	16 603	1300 年前	稻作梯田	维护良好	UNESCO 世界文化遗产（2013 年）GIAHS（2010 年）	水稻种植、生物多样性保护、水土保持、旅游
青山岛板石梯田	韩国	4 195	16 世纪	石坎稻作梯田	维护良好	GIAHS（2014 年）	水土保持、提高生物多样性
能登半岛梯田	日本	186 600	14 ~ 16 世纪	石坎稻作梯田	部分荒废	GIAHS（2011 年）	保持土壤水分、防止山体滑坡
科迪勒拉水稻梯田	菲律宾	10 880	2000 年前	稻作梯田	部分坍塌	UNESCO 世界文化遗产（1995 年）GIAHS（2002 年）	储水、种植水稻、旅游观光、文化教育
巴厘岛德格拉朗梯田	印度尼西亚	19 520	9 世纪	稻作梯田	维护良好	UNESCO 世界文化遗产（2012 年）	种植咖啡、保持水土
巴哈伊梯田	以色列	540 000	8 ~ 10 世纪	旱作梯田	维护良好	UNESCO 世界文化遗产（2012 年）	旅游、拦蓄径流
夸底·夸底沙梯田	黎巴嫩	95 000	2500 年前	石坎水平梯田	严重退化	UNESCO 世界文化遗产（1998 年）	粮食种植、减流减沙、增加作物产量
巴地尔梯田	巴勒斯坦	349	5000 年前	石坎梯田	维护不善	UNESCO 世界文化遗产（2014 年）	种植果树
马丘比丘梯田	秘鲁	2 471 053	13 ~ 14 世纪	石坎梯田	荒废	UNESCO 世界文化遗产（1983 年）GIAHS（2011 年）	种植土豆、调节气候、水资源管理
拉沃葡萄园梯田	瑞士	898	11 世纪	石坎梯田	维护良好	UNESCO 世界文化遗产（2007 年）	葡萄栽培、旅游观光
瓦赫奥梯田	奥地利	18 387	9 世纪	葡萄园梯田	维护良好	UNESCO 世界文化遗产（2000 年）	葡萄栽培、旅游观光
五渔村梯田	意大利	4 689	8 世纪	石坎梯田	部分荒废	UNESCO 世界文化遗产（1997 年）	栽培葡萄、橄榄树
马略卡岛梯田	西班牙	30 745	13 世纪	石坎梯田	部分荒废	UNESCO 世界文化遗产（2011 年）	果园、菜园
杜罗河梯田	葡萄牙	24 600	18 世纪	葡萄园梯田	维护良好	UNESCO 世界文化遗产（2001 年）	葡萄栽培、旅游观光

续表

梯田	国家	面积（hm^2）	修建时间	梯田类型	存在状况	入选时间	主要作用
宿库卢梯田	尼日利亚	764.40	16 世纪	干砌石坎梯田	维护良好	UNESCO 世界文化遗产（1999 年）	水土保持、文化教育
孔索梯田	埃塞俄比亚	23 000	400 年前	石坎梯田	维护良好	UNESCO 世界文化遗产（2011 年）	防止侵蚀、收集降水

鉴于梯田对生态服务和人类福祉的重要影响与研究价值，通过全球案例搜集、文献综合集成、梯田指数构建和定量耦合分析等方法，基于全球公开发表的文献数据，构建梯田和自然坡面效益比指数，研究发现全球梯田在侵蚀防控方面效益最为显著（11.46±2.34），其次是削减洪峰径流（2.60±1.79）、生物量积累和生物多样性保护（1.94±0.59）、提高土壤水分蓄积量（1.20±0.23）、提升土壤养分和土地生产力（1.20±0.48）。

同时基于全球60例梯田负效应报告，发现弃耕是造成梯田衰败损毁的最重要因素，占所有案例的49%；其次是不合理的管理方式（20%），低质量的梯田设计（18%），梯田建设与维护者的知识与技能不足（10%），其他不确定因素（如土地利用和附加田间措施，约占3%）。而梯田弃耕的原因又呈现多样化和复杂化，如全球城市化和新技术革命造成的人口迁移、观念更新和由此导致的青壮劳动力短缺，农产品价格长期低迷，投入产出比不理想，以及道路状况不佳和距离成本高而造成的偏远地区梯田废弃等（图 13-28）。

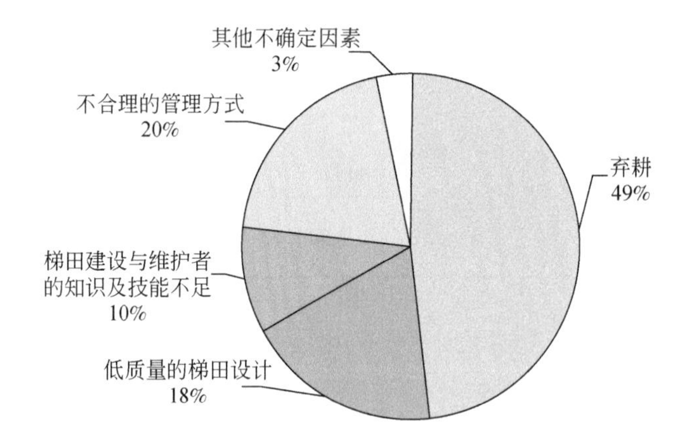

图 13-28　梯田负效应出现的主要原因

13.5　结论与展望

梯田在保持水土、提高土壤肥力和碳汇储量、保障粮食安全、减缓自然灾害、促进生态恢复等方面都有显著效益。本章以梯田效应为中心，在国家尺度上，系统探讨了梯田的减流减沙、蓄水、固碳和增产效益等，及其在不同气候、土地利用方式、修建年限、地形坡度等影响下的变化规律，同时分析了全球梯田的历史分布和综合效应。

主要结论如下：国家尺度上，梯田的平均减流效益为 53.6%，减沙效益为 68.2%，蓄水效益为 23.2%，增产效益为 64.0%。坡改梯田对土壤有机碳、总氮、总磷、总钾、速效氮、速效磷和速效钾都起到不同程度的提升作用，其含量分别增加 25.3%、26.6%、17.0%、16.8%、22.1%、41.2%和 13.7%。中国西南和东南地区梯田的蓄水效益和减流效益显著高于东北和中西北地区，而东北和中西北地区梯田的减沙、增产和固碳效益高于西南和东南地区。梯田结构显著影响其蓄水效益和增产效益，土地利用方式显著影响梯田的减流减沙效益和固碳效益。台阶式梯田适宜修建于较平缓的山坡，水平沟和鱼鳞坑则适宜修建于陡峭的山地上。农田梯田适宜修建于平缓坡地上，生态林和经济林适宜修建于陡坡上。梯田的减流减沙效益随坡度增加呈现先上升后下降再上升的趋势，固碳效益随坡度增加而增加，蓄水效益在 15°以上随坡度增加而增加，增产效益随坡度增加而下降。梯田修建初期土壤固碳效益表现为负值，6～10 年能发挥有效的固碳效益。与年均温度相比，年均降水量对梯田土壤蓄水效益和固碳效益的影响更显著。

梯田整地措施对农业生产具有重要作用，但是其经济效益受到社会、地理、气候等条件的影响，这些问题和影响还未得到广泛的研究。梯田的建设与维护需要大量劳动力和资金成本，在当前全球气候变化和社会经济发展的背景下，农村适龄劳动力转移，大面积的梯田被闲置、抛荒导致了严重的坡面坍塌和土地退化，影响梯田生态系统的稳定，严重威胁区域粮食、生态和社会安全。建议今后应在探讨梯田建设、利用和荒废过程与气候变化、国家政策、人口变迁等因素关系的基础上，对流域内梯田位置的科学布局、梯田景观空间分布格局对水土流失、粮食生产等的影响方面进行进一步研究。此外，未来还需要对梯田生态系统服务进行价值评估，根据不同地区各类梯田的开发利用模式构建不同的保护机制，建立和完善梯田生态补偿机制，提供强有力的政策支持和稳定的资金渠道，从法律、制度的角度对补偿行为予以规范化、体系化，以保障粮食安全和社会稳定，维持梯田生态系统的可持续性。

参 考 文 献

虎久强，安永平，李英武. 2007. 不同整地方法对造林成效影响的比较研究. 宁夏师范学院学报，(3)：110-113.

李龙，姚云峰，秦富仓. 2014. 内蒙古赤峰梯田土壤有机碳含量分布特征及其影响因素. 生态学杂志，33（11）：2930-2935.

李仕华. 2011. 梯田水文生态及其效应研究. 西安：长安大学博士学位论文.

梁改革，高建恩，韩浩，等. 2011. 基于作物需水与降雨径流调控的隔坡梯田结构优化. 中国水土保持科学，9（1）：24-32.

王继夏，孙虎，王祖正. 2007. 延安碾庄沟流域梯田与坝地土壤水分对比分析. 干旱地区农业研究，(1)：88-93.

吴家兵，裴铁璠. 2002. 长江上游、黄河上中游坡改梯对其径流及生态环境的影响. 国土与自然资源研究，(1)：59-61.

张北赢，徐学选，刘文兆. 2009. 黄土丘陵沟壑区不同水保措施条件下土壤水分状况. 农业工程学报，25（4）：54-58.

张胜利，吴祥云. 2012. 水土保持工程学. 北京：科学出版社.

Ajmal M, Waseem M, Ahmad W, et al. 2016. Soil moisture dynamics with hydro-climatological parameters at different soil depths. Environmental Earth Sciences, 75: 133.

Arnáez J, Lana-Renault N, Lasanta T, et al. 2015. Effects of farming terraces on hydrological and geomorphological processes. A review. Catena, 128: 122-134.

Arnáez J, Lasanta T, Ruiz-Flano P, et al. 2007. Factors affecting runoff and erosion under simulated rainfall in Mediterranean vineyards. Soil and Tillage Research, 93 (2): 324-334.

Boardman J, Evans R, Ford J. 2003. Muddy floods on the South Downs, southern England: problem and responses. Environmental Scienceand Policy, 6: 69-83.

Camera C, Masetti M, Apuani T. 2012. Rainfall, infiltration, and groundwater flow in a terraced slope of Valtellina (Northern Italy): field data and modelling. Environmental Earth Sciences, 65: 1191-1202.

Cevasco A, Pepe G, Brandolini P. 2014. The influences of geological and land use settings on shallow landslides triggered by an intense rainfall event in a coastal terraced environment. Bulletin of Engineering Geology and the Environment, 73: 859-875.

Chen L D, Wang J P, Wei W, et al. 2010. Effects of landscape restoration on soil water storage and water use in the Loess Plateau Region, China. Forest Ecology and Management, 259: 1291-1298.

Chen D, Wei W, Chen L D. 2017. Effects of terracing practices on water erosion control in China: a meta analysis. Earth-Science Reviews, 173: 109-121.

Cots-Folch R, Martinez-Casasnovas J A, Ramos M C. 2006. Land terracing for new vineyard plantations in the north-eastern Spanish Mediterranean region: Landscape effects of the EU council regulation policy for vineyards' restructuring. Agriculture Ecosystems and Environment, 115: 88-96.

Damene S, Tamene L, Vlek P L G. 2012. Performance of farmland terraces in maintaining soil fertility: a case of Lake Maybar Watershed in Wello, Northern Highlands of Ethiopia. Journal of Life Sciences, 6: 1251-1261.

D'Odorico P, Porporato A. 2004. Preferential states in soil moisture and climate dynamics. Proceedings of the National Academy of Sciences of the United States of America, 101: 8848-8851.

Dorren L, Rey F. 2004. A review of the effect of terracing on erosion. Soil Conservation and Protection for Europe: 97-108.

Ehigiator O A, Anyata B U. 2011. Effects of land clearing techniques and tillage systems on runoff and soil erosion in a tropical rain forest in Nigeria. Journal of Environmental Management, 92: 2875-2880.

Elmendorf S C, Henry G H R, Hollister R D, et al. 2014. Global assessment of experimental climate warming on tundra vegetation: heterogeneity over space and time (vol 15, pg 164, 2012). Ecology Letters, 17: 260.

Fang Q Q, Wang G Q, Xue B L, et al. 2018. How and to what extent does precipitation on multi-temporal scales and soil moisture at different depths determine carbon flux responses in a water-limited grassland ecosystem? Science of the Total Environment, 635: 1255-1266.

Feng Q, Zhao W W, Wang J, et al. 2016. Effects of different land-use types on soil erosion under natural rainfall in the Loess Plateau, China. Pedosphere, 26: 243-256.

Feng T J, Wei W, Chen L D, et al. 2018. Effects of land preparation and plantings of vegetation on soil moisture in a hilly loess catchment in China. Land Degradation and Development, 29: 1427-1441.

Fox D M, Bryan R B, Price A G. 1997. The influence of slope angle on final infiltration rate for interrill conditions. Geoderma, 80: 181-194.

Gao X, Wu P, Zhao X, et al. 2014. Effects of land use on soil moisture variations in a semi-arid catchment: implications for land and agricultural water management. Land Degradation and Development, 25: 163-172.

Garcia-Ruiz J M, Lana-Renault N, Begueria S, et al. 2010. From plot to regional scales: interactions of slope and catchment hydrological and geomorphic processes in the Spanish Pyrenees. Geomorphology, 120: 248-257.

Hammad A H, Borresen T, Haugen L E. 2006. Effects of rain characteristics and terracing on runoff and erosion under the Mediterranean. Soil and Tillage Research, 87: 39-47.

Jin Z, Guo L, Lin H, et al. 2018. Soil moisture response to rainfall on the Chinese Loess Plateau after a long-term vegetation rehabilitation. Hydrological Processes, 32: 1738-1754.

Koulouri M, Giourga C. 2007. Land abandonment and slope gradient as key factors of soil erosion in Mediterranean terraced lands. Catena, 69: 274-281.

Kovar P, Bacinova H, Loula J, et al. 2016. Use of terraces to mitigate the impacts of overland flow and erosion on a catchment. Plant Soil and Environment, 62: 171-177.

Li Y, Piao S L, Li L Z X, et al. 2018. Divergent hydrological response to large-scale afforestation and vegetation greening in China. Science Advances, 4 (5): eaar4182.

Liu X H, He B L, Li Z X, et al. 2011. Influence of land terracing on agricultural and ecological environment in the Loess Plateau regions of China. Environmental Earth Sciences, 62: 797-807.

Lü H S, Zhu Y H, Skaggs T H, et al. 2009. Comparison of measured and simulated water storage in dryland terraces of the Loess Plateau, China. Agricultural Water Management, 96: 299-306.

Ma D D, Chen L, Qu H C, et al. 2018. Impacts of plastic film mulching on crop yields, soil water, nitrate, and organic carbon in Northwestern China: a meta-analysis. Agricultural Water Management, 202: 166-173.

Mahmoodabadi M, Sajjadi S A. 2016. Effects of rain intensity, slope gradient and particle size distributionon the relative contributions of splash and wash loads to rain-induced erosion. Geomorphology, 253: 159-167.

Maxwell T M, Silva L C R, Horwath W R. 2018. Integrating effects of species composition and soil properties to predict shifts in montane forest carbon-water relations. Proceedings of the National Academy of Sciences of the United States of America, 115: E4219-E4226.

Mchunu C, Chaplot V. 2012. Land degradation impact on soil carbon losses through water erosion and CO_2 emissions. Geoderma, 177: 72-79.

Montgomery D R. 2007. Soil erosion and agricultural sustainability. Proceedings of the National Academy of Sciences of the United States of America, 104: 13268-13272.

Mu W B, Yu F L, Li C Z, et al. 2015. Effects of rainfall intensity and slope gradient on runoff and soil moisture content on different growing stages of spring maize. Water, 7: 2990-3008.

Nyssen J, Clymans W, Poesen J, et al. 2009. How soil conservation affects the catchment sediment budget-a comprehensive study in the north Ethiopian highlands. Earth Surface Processes and Landforms, 34: 1216-1233.

Park J Y, Yu Y S, Hwang S J, et al. 2014. SWAT modeling of best management practices for Chungju dam watershed in South Korea under future climate change scenarios. Paddy and Water Environment, 12: S65-S75.

Pimentel D. 2006. Soil erosion: a food and environmental threat. Environment, Development and Sustainability, 8: 119-137.

Posthumus H, Stroosnijder L. 2010. To terrace or not: the short-term impact of bench terraces on soil properties and crop response in the Peruvian Andes. Environment, Development and Sustainability, 12 (2): 263-276.

Rao E, Xiao Y, Ouyang Z, et al. 2015. National assessment of soil erosion and its spatial patterns in China. Ecosystem Health and Sustainability, 1 (4): art13.

Rashid M, Rehman O U, Alvi S, et al. 2016. The effectiveness of soil and water conservation terrace structures for improvement of crops and soil productivity in rainfed terraced system. Pakistan Journal of Agricultural Sciences, 53: 241-248.

Rosenzweig C, Strzepek K M, Major D C, et al. 2004. Water resources for agriculture in a changing climate: international case studies. Global Environmental Change-Human and Policy Dimensions, 14: 345-360.

Schmidt, E. and Zemadim, B., 2015. Expanding sustainable land management in Ethiopia: scenarios for improved agricultural water management in the Blue Nile. Agricultural Water Management, 158: 166-178.

Schonbrodt-Stitt S, Behrens T, Schmidt K, et al. 2013. Degradation of cultivated bench terraces in the Three Gorges Area: field mapping and data mining. Ecological Indicators, 34: 478-493.

Schuh C, Frampton A, Christiansen H H. 2017. Soil moisture redistribution and its effect on inter-annual active layer temperature and thickness variations in a dry loess terrace in Adventdalen, Svalbard. Cryosphere, 11: 635-651.

Sharda V N, Dogra P, Sena D R. 2015. Comparative economic analysis of inter-crop based conservation bench terrace and conventional systems in a sub-humid climate of India. Resources Conservation and Recycling, 98: 30-40.

Shen H O, Zheng F L, Wen L L, et al. 2016. Impacts of rainfall intensity and slope gradient on rill erosion processes at loessial hillslope. Soiland Tillage Research, 155: 429-436.

Shi Z H, Ai L, Fang N F, et al. 2012. Modeling the impacts of integrated small watershed management on soil erosion and sediment delivery: a case study in the Three Gorges Area, China. Journal of Hydrology, 438: 156-167.

Shi W, Wang X P, Zhang Y F, et al. 2018. The effect of biological soil crusts on soil moisture dynamics under different rainfall conditions in the Tengger Desert, China. Hydrological Processes, 32: 1363-1374.

Strehmel A, Jewett A, Schuldt R, et al. 2016. Field data-based implementation of land management and terraces on the catchment scale for an eco-hydrological modelling approach in the Three Gorges Region, China. Agricultural Water Management, 175: 43-60.

Tang S R, Cheng W G, Hu R G, et al. 2017. Decomposition of soil organic carbon influenced by soil temperature and moisture in Andisol and Inceptisol paddy soils in a cold temperate region of Japan. Journal of Soils and Sediments, 17: 1843-1851.

Taye G, Poesen J, van Wesemael B, et al. 2013. Effects of land use, slope gradient, and soil and water conservation structures on runoff and soil loss in semi-arid Northern Ethiopia. Physical Geography, 34: 236-259.

Vanmaercke M, Poesen J, Maetens W, et al. 2011. Sediment yield as a desertification risk indicator. Science of the Total Environment, 409: 1715-1725.

Wang X, Cammeraat E L H, Romeijn P, et al. 2014. Soil Organic Carbon Redistribution by Water Erosion-The Role of CO_2 Emissions for the Carbon Budget. PLoS One, 9 (5): e96299.

Wang X, Zhao X L, Zhang Z X, et al. 2016. Assessment of soil erosion change and its relationships with land use/cover change in China from the end of the 1980s to 2010. Catena, 137: 256-268.

Wang C, Wang S, Fu B J, et al. 2017. Soil moisture variations with land use along the precipitation gradient in the north-south transect of the Loess Plateau. Land Degradationand Development, 28: 926-935.

Wang Y Q, Yang J, Chen Y N, et al. 2018. The spatiotemporal response of soil moisture to precipitation and temperature changes in an arid region, China. Remote Sensing, 10 (3): 468.

Wei W, Chen L D, Yang L, et al. 2012. Microtopography recreation benefits ecosystem restoration.

Environmental Scienceand Technology, 46: 10875-10876.

Wei W, Chen D, Wang L, et al. 2016. Global synthesis of the classifications, distributions, benefits and issues of terracing. Earth-Science Reviews, 159: 388-403.

Wei W, Feng X, Yang L, et al. 2019. The effects of terracing and vegetation on soil moisture retention in a dry hilly catchment in China. Science of the Total Environment, 647: 1323-1332.

Wolka K, Mulder J, Biazin B. 2018. Effects of soil and water conservation techniques on crop yield, runoff and soil loss in Sub-Saharan Africa: a review. Agricultural Water Management, 207: 67-79.

Xu Y, Yang B, Tang Q, et al. 2011. Analysis of comprehensive benefits of transforming slope farmland to terraces on the Loess Plateau: a case study of the Yangou Watershed in Northern Shaanxi Province, China. Journal of Mountain Science, 8: 448-457.

Xu G, Ren Z P, Li P, et al. 2016. Temporal persistence and stability of soil water storage after rainfall on terrace land. Environmental Earth Sciences, 75: 966.

Xu Q X, Wu P, Dai J F, et al. 2018. The effects of rainfall regimes and terracing on runoff and erosion in the Three Gorges area, China. Environmental Science and Pollution Research, 25: 9474-9484.

Yang L, Chen L D, Wei W, et al. 2014a. Comparison of deep soil moisture in two re-vegetation watersheds in semi-arid regions. Journal of Hydrology, 513: 314-321.

Yang L, Wei W, Chen L D, et al. 2014b. Response of temporal variation of soil moisture to vegetation restoration in semi-arid Loess Plateau, China. Catena, 115: 123-133.

Yang L, Wei W, Chen L, et al. 2012. Spatial variations of shallowand deep soil moisture in the semi-arid Loess Plateau, China. Hydrology and Earth System Sciences, 16: 3199-3217.

Yang L B, Sun G Q, Zhi L, et al. 2018. Negative soil moisture-precipitation feedback in dry and wet regions. Scientific Reports, 8: 4026.

Yu B W, Liu G H, Liu Q S, et al. 2018. Soil moisture variations at different topographic domains and land use types in the semi-arid Loess Plateau, China. Catena, 165: 125-132.

Yu Y, Wei W, Chen L D, et al. 2015. Responses of vertical soil moisture to rainfall pulses and land uses in a typical loess hilly area, China. Solid Earth, 6: 595-608.

Yuan X P, Lei T W. 2004. Soil and water conservation measures and their benefits in runoff and sediment reductions. Transactions of the CSAE, 20 (2): 296-300.

Zhang J H, Su Z A, Liu G C. 2008. Effects of terracing and agroforestry on soil and water loss in hilly areas of the Sichuan Basin, China. Journal of Mountain Science, 5: 241-248.

Zhang H D, Wei W, Chen L D, et al. 2017. Effects of terracing on soil water and canopy transpiration of *Pinus tabulaeformis* in the Loess Plateau of China. Ecological Engineering, 102: 557-564.

Zhang Z Y, Sheng L T, Yang J, et al. 2015. Effects of land use and slope gradient on soil erosion in a Red Soil Hilly Watershed of Southern China. Sustainability, 7: 14309-14325.

Zhao H, Sun B F, Jiang L, et al. 2015. How can straw incorporation management impact on soil carbon storage? A meta-analysis. Mitigation and Adaptation Strategies for Global Change, 20 (8): 1569-1569.

Zucco G, Brocca L, Moramarco T, et al. 2014. Influence of land use on soil moisture spatial-temporal variability and monitoring. Journal of Hydrology, 516: 193-199.

Zuo D P, Xu Z X, Yao W Y, et al. 2016. Assessing the effects of changes in land use and climate on runoff and sediment yields from a watershed in the Loess Plateau of China. Science of the Total Environment, 544: 238-250.